U0299322

深入浅出 Windows Phone 8.1 应用开发

Windows Phone 8.1: Developing and Deploying

林政 著

Lin Zheng

清華大學出版社

北京

内容简介

本书系统论述了Windows Phone 8.1操作系统的基本架构、开发方法与项目实践。全书共分三篇：开发基础篇(第1～3章)、开发技术篇(第4～22章)和开发实例篇(第23、24章)。本书全面深入地论述了Windows Phone编程的全方位技术，包括Windows Phone技术架构、开发环境和项目工程解析、XAML语法、常用控件、布局管理、应用数据、几何图形与位图、动画编程、吐司(Toast)通知和磁贴(Tile)、触摸感应编程、数据绑定、网络编程、Socket编程、蓝牙和近场通信、传感器、联系人存储、多任务、应用间通信、语音控制、多媒体、地理位置、C#与C++混合编程、Bing在线壁纸项目开发、记账本项目开发等。

本书配套提供了书中实例源代码，最大限度地满足读者高效学习和快速动手实践的需要。

本书内容覆盖面广、实例丰富、注重理论学习与实践开发的配合，非常适合于Windows Phone 8.1开发入门的读者，也适合于从其他智能手机平台转向Windows Phone 8.1平台的读者；对于有Windows Phone开发经验的读者，也极具参考价值。

图书在版编目(CIP)数据

深入浅出：Windows Phone 8.1应用开发/林政著.—北京：清华大学出版社，2014（2015.1重印）
(清华开发者书库)
ISBN 978-7-302-37166-3

Ⅰ. ①深…　Ⅱ. ①林…　Ⅲ. ①移动电话机－应用程序－程序设计　Ⅳ. ①TN929.53

中国版本图书馆CIP数据核字(2014)第148334号

责任编辑：盛东亮
封面设计：李召霞
责任校对：白　蕾
责任印制：宋　林

出版发行：清华大学出版社
　　网　　址：http://www.tup.com.cn，http://www.wqbook.com
　　地　　址：北京清华大学学研大厦A座　　**邮　　编**：100084
　　社 总 机：010-62770175　　**邮　　购**：010-62786544
　　投稿与读者服务：010-62776969，c-service@tup.tsinghua.edu.cn
　　质 量 反 馈：010-62772015，zhiliang@tup.tsinghua.edu.cn
　　课 件 下 载：http://www.tup.com.cn，010-62795954
印 刷 者：北京鑫丰华彩印有限公司
装 订 者：三河市新茂装订有限公司
经　　销：全国新华书店
开　　本：186mm×240mm　　**印　　张**：34.75　　**字　　数**：782千字
版　　次：2014年9月第1版　　**印　　次**：2015年1月第2次印刷
印　　数：2501～4000
定　　价：79.00元

产品编号：058711-01

序

FOREWORD

微软公司1975年成立。微软的“童年”可谓光芒四射，BASIC语言、DOS、Windows 3.1等不断地惊艳当时高速发展的信息时代。在他成长到20岁时(也就是1995年)，发布了Windows 95，随后的几年，他达到一个无人可及的顶峰，那些年他几乎统治了整个IT界和几乎每个人的生活。又过了19年之后，2014年他迎来了新的掌门人——纳德拉(Satya Nadella)，面对世界的新技术、新公司、新生活方式的挑战，感受着来自各方面的压力，他为公司提出了全新的策略，简言之就是“移动为先，云为先”。他同时指出：“我坚信，在未来十年，计算将无处不在，智能将触手可及。软件的进化与新式硬件的普及会在其中起到媒介作用，目前我们在工作和生活中从事和体验的很多内容都将实现数字化，甚至整个世界也是如此。可联网设备的数量快速增长、云环境所能提供的海量计算资源，大数据的洞察力，以及机器学习所获得的智能，诸多因素让这一切变为可能。”

接近不惑之年的微软，正在不断地调整以改变自己——从内部人员到产品线，进而到产品设计理念。现在，微软的产品线不仅软件产品异常丰富，而且在硬件领域不断出击，从常用的键盘、鼠标到家用游戏机Xbox、业界最好的体感设备Kinect及随后推出的Surface RT/Surface Pro。2014年，微软更是完成了对著名移动厂商Nokia的收购，从而使公司变成了“软硬”兼备的公司。微软目前拥有数十个著名的产品品牌、数百个优秀的产品、数以千计的先进技术、数万名业界著名人才、数百万个行业技术解决方案以及数百亿美元的现金储备，这些资源在一个敢于面对变革的新CEO领导下，微软像一位围棋高手一样不断变换布局迎接全新的21世纪，这个布局的核心就是“移动为先，云为先”，换言之就是“服务＋设备”。

笔者从小就是一个非常“Geek”的人，从装收音机、电视机到给科技杂志投稿，整天畅想着如科幻小说般的未来，这一切伴随着我的少年时代。后来逐步学习各种计算机语言和各种IT技术，希望自己能够修炼成IT界的“绝世高手”。但是我天赋平凡，面对发展迅猛的IT产业，我依然像个无知的孩子，只有不断地学习新的知识。另外，一直以来，在我的内心深处都认为传道授业、教书育人是一件无上光荣的事情。1996年春天，当Windows 95中文版在中国发布后不久，我加入了微软公司，我那时的头衔是“布道师”(Evangelist)，虽然不是“老师”，但是我找到了“装老师”的感觉。从主办TechEd、PDC(Build)，到在微软研究院和最聪明的科学家一起工作……我在微软经历了人生最美好的时光。2000年，我加入了另外一家伟大的“水果”公司……直到2012年，当Windows 8.0即将发布时，我回到了微软公司，我的职业生涯和这家伟大的公司重新绑定，我相信我选择的未来之路！

清华大学出版社是令人敬仰的出版社，选题精准，作风严谨。小时候，它就是我寻找计算机和技术“武功秘籍”的地方。随着移动互联网的飞速发展，人们的时间被无情地“碎片化”——微信、微博、短信、邮件、网页，等等；但是我认为要想在技术方面有所作为，踏踏实实地读书并积极地实践是最有效的方式。很荣幸受邀为此微软技术系列图书撰写序言，当我看到这些选题和主要内容时，我迫不及待地恳请编辑务必“赐予”我一套图书，我一定会仔细拜读，我也会推荐给我的业界好友。

北京的雾霾好像越来越严重了，而周末在一个安静的地方阅读一本好书，整个人的“小宇宙”会被提升到另一个维度，大有醍醐灌顶、大彻大悟的感觉。希望您也能和我一样在阅读这套图书时找到这样的美妙感觉……

夏鹏（微软（中国）有限公司）

2014年4月25日深夜

于春雨中的北京

前言

PREFACE

创新与革命一直都是IT行业的灵魂，苹果的iPhone是一个颠覆式的革命者，它重新定义了手机的含义，给予人们一种独一无二的体验，并且打造出了一种前所未有的商业模式，让其iPhone产品，在推向市场后大受欢迎。接下来，谷歌公司收购了Android操作系统，把这场智能手机领域的革命推向了另一个高潮，谷歌的开源策略让Android手机遍地开花，大受追捧。然而，革命总是有人欢喜有人忧，昔日的王者诺基亚，已经失去了当年在手机领域呼风唤雨的地位，Symbian系统的臃肿和落后让诺基亚已经力不从心，微软的Windows Mobile操作系统的市场占有率也日渐下降。创新和革命一直都没有停止过，面对严峻的形势，微软重新审视了手机操作系统的研发，果断地抛弃了落后的Windows Mobile操作系统，研发出了Windows Phone系列手机操作系统。从2010年第一个版本Windows Phone 7开始到2012年Windows Phone 8面世，再到2014年Windows Phone 8.1的重大升级，微软一路开拓创新、精雕细琢，打造出一个强大的手机操作系统和完善的Windows Phone生态圈。2011年4月份，诺基亚和微软正式结盟，诺基亚将会渐渐地放弃Symbian操作系统而转向微软的Windows Phone操作系统；2013年9月微软宣布计划以72亿美元收购诺基亚的设备和服务部门；2014年4月微软宣布Windows Phone 8.1操作系统对9英寸以下屏幕设备免费提供。微软对Windows Phone的这些大动作表明了移动平台是微软下定决心要拿下的一块市场，也展现了Windows Phone无限的发展潜力。

Windows Phone是一个年轻的手机操作系统，它是微软面对iPhone和Android的强势，综合地考虑了许多iPhone和Android的优点以及缺点的基础上诞生的，具有无穷的发展潜力。在未来的智能手机操作系统的领域中，Windows Phone将会起着举足轻重的作用。

本书包含哪些内容

本书内容涵盖Windows Phone 8.1手机应用开发的各方面的知识，如控件、布局、应用数据、图形动画、数据绑定、网络编程、多媒体、蓝牙、近场通信、应用间通信、传感器、地理位置、C++编程等。本书讲解全面，实例丰富，深入浅出地介绍了Windows Phone 8.1应用开发的方方面面，最后以两个实战的应用开发例子介绍了一个完整的Windows Phone 8.1的应用开发的过程，并且提供全部的源代码。

如何高效阅读这本书

由于本书的实例代码主要使用C#编程语言开发(C++编程章节使用的是C++编程语

言），所以需要读者有一定的C#编程基础。本书的各章节之间有一定的知识关联，由浅至深地渐进式叙述，建议初学者按照章节的顺序来阅读和学习本书；而对于有一定 Windows Phone 编程经验的读者，可以略过一些章节，直接阅读自己感兴趣的内容。

如何快速动手实践

本书每个知识点都配有相应的实例，读者可以直接用 Microsoft Visual Studio 2013 开发工具打开工程文件进行调试和运行。由于微软的开发工具和 Windows Phone SDK 更新较频繁，所以不能保证最新的开发环境和本书中描述的内容完全一致，要获取最新的开发工具和 Windows Phone SDK 请关注微软的 Windows Phone 开发的中文网站（https://dev.windowsphone.com/zh-cn）的动态。

本书适合哪些读者

本书适合于 Windows Phone 8.1 应用开发初学者，也适合其他手机平台的开发者快速地转入 Windows Phone 8.1 的开发平台，同时对于有一定的 Windows Phone 8.1 开发经验的读者也有很好的参考学习价值。

由于作者水平有限，Windows Phone 8.1 开发知识极其广泛，书中难免存在疏漏和不妥之处，敬请广大读者批评指正。

作者联系方式：zheng-lin@foxmail.com（新浪微博@WP 林政）

编辑联系方式：shengdl@tup.tsinghua.edu.cn

作　者

2014 年 6 月

目录

CONTENTS

开发基础篇

开发技术篇

开发实例篇

开发基础篇

万丈高楼平地起，本篇将会助你快速了解 Windows Phone 操作系统，并且动手开发出第一个 Windows Phone 8.1 的应用程序。

本篇是对 Windows Phone 的一个概括性的讲解，读者可以采用快速阅读的方法来阅读本篇，了解 Windows Phone 的基础知识和语法。Windows Phone 是微软新开发的智能手机操作系统，它的一些设计理念和技术结构都和微软过去的智能手机操作系统有很大的差异，所以了解 Windows Phone 8.1 的技术结构和 Windows Phone 手机的发展情况是我们学习 Windows Phone 8.1 应用开发的第一步，也是我们进入这个领域必须要了解的一些知识。开发环境的搭建也是做手机软件开发不可缺少的一个步骤，你可以按照本篇中第 2 章搭建开发环境的步骤一步步地搭建好 Windows Phone 8.1 的应用开发环境，同时快速地开发出第一个 Windows Phone 8.1 的应用程序。在第一个应用程序中，你可能会有一些语法结构不太明白，不过不要紧，这只是一个粗略的了解和介绍，在接下来的学习中可以逐步掌握其中的原理。本篇还会对 Windows Phone 8.1 应用程序编写的基本语法进行简单的介绍，此处可以先学习和适应这种语法的结构和编程的方式，在以后的 Windows Phone 8.1 应用开发的过程中，便会一直与这种 XAML 格式的语法打交道。

开发基础篇包括了以下的章节：

第 1 章　概述

介绍了 Windows Phone 的发展情况并概括性地总结了 Windows Phone 8.1 的技术架构，让你快速了解 Windows Phone 操作系统。

第 2 章　开发环境和项目工程解析

介绍了环境的搭建的步骤、详细地讲解了第一个 Windows Phone 8.1 应用的开发以及 Windows Phone 8.1 项目工程的结构。

第3章　XAML简介

介绍了Windows Phone应用程序开发的基本语法，让你深刻地理解XAML页面文件的一个设计和控件的表示。

通过本篇的学习，可以了解到微软的智能手机操作系统发展历程，Windows Phone智能手机的发展预测以及Windows Phone 8.1的技术架构；学会Windows Phone 8.1的环境搭建并可以创建出自己的Windows Phone 8.1应用程序和了解Windows Phone 8.1应用程序的工程结构语法结构；初步地掌握Windows Phone的XAML语法知识，适用这个新的语法结构和编程方式。

第1章 概 述

Windows Phone 是一个诞生于移动互联网以及智能手机爆发期间的操作系统，是微软绝地反击苹果 iPhone 和谷歌 Android 最重要的筹码。Windows Phone 是微软这位巨人在移动领域的一次冲击，是一次风险与机遇共存的挑战。2014 年微软新上任的 CEO 提出了"移动为先，云为先"的发展战略，可以看出 Windows Phone 是微软下定决心要拿下的一块移动领地。2014 年 4 月微软发布了 Windows Phone 8.1 系统，这是 Windows Phone 系统一次重大更新，带来了更多的新特性以及更加强大的技术支撑。本章先介绍一下 Windows Phone 系统的整个发展历史以及 Windows Phone 8.1 带来了哪些新的变化和机遇。

1.1 Windows Phone 生态的发展与机遇

Windows Phone 是微软公司设计的手机操作系统，因为微软公司之前发布的手机操作系统 Windows Mobile 6.5 是最后的一款 Windows Mobile 系统，所以新的操作系统命名为 Windows Phone 并以 Windows Phone 7 作为 Windows Phone 系列的第一个版本号。目前 Windows Phone 系列最新的操作系统为 Windows Phone 8.1 操作系统。Windows Phone 8.1 和 Windows 8.1 都是运行在 Windows 运行时的架构上，使用了 Windows NT 的内核，两个操作系统可以共用大部分的相同的基于 Windows 运行时的 API。

1.1.1 Windows Phone 的发展历史

微软的手机操作系统加起来已有十几年历史了，在这十几年的时间里微软向世人树立了自己的智能手机操作系统的标杆，同时也拉开了一个时代的帷幕。微软一路走来，前半段是一路高歌，后半段是跌跌撞撞，直到现在的 Windows Phone。微软的手机操作系统发展历程如图 1.1 所示。

Windows Phone 是微软的一个在危机中诞生的产品，虽然微软在手机操作系统研发领域已有十几年的历史，但面对 iPhone 和 Android 这些更加易用和具有创新性的产品，Windows Mobile 系统所占的市场份额陡然下降。微软前 CEO 鲍尔默曾经在 All Things Digital 大会上说："我们曾在这场游戏里处于领先地位，现在我们发现自己只名列第五，我

图 1.1　微软手机发展历程

们错过了一整轮。”意识到自己需要快速追赶之后，微软最终决定按下 Ctrl＋Alt＋Del 键，重启自己止步不前的移动操作系统，迎来新的开始。

手机操作系统领域的竞争异常激烈，如果不变革就只有等待着被淘汰。面对这样的形势，微软采取了主动出击的策略。巨人并没有修补 Windows Mobile 这艘漏船，而是精心设计了一个全新的智能手机平台，以应对 iPhone 和 Android 带来的挑战——Windows Phone 以一种崭新的面貌出现在用户的面前，如图 1.2 所示。不要错误地认为微软开发 Windows Phone 的主要目的就是为了赚点授权费，其真正的动机是保卫微软的核心业务：Windows 和 Office 产品线。移动需求以及智能手机已经变得无处不在，微软必须有一个令人信服的手机系统，以防止越来越多的用户陷进苹果和谷歌的生态圈。

目前，iPhone 和 Android 手机随处可见。智能手机未来的发展趋势似乎非常明显，

iPhone 和 Android 很可能成为最主要的两大平台。不过，微软的 Windows Phone 也不可小觑，Windows Phone 这个系统代表着软件巨人的一次冲击，微软在智能机市场发展的早期击败了 Palm 和其他竞争者，却眼睁睁看着动作更快、创新更多的苹果带着出人意料的猛将 iPhone 闯入市场，提高了行业门槛，也提升了人们对手机行业的期望值。进行了一些深层次的研究以后，微软走出了正确的一步，他们从零开始，开发了一个新的手机平台，有自己的特色。跟今天的竞争者比起来，它正如曾经的 iPhone 一样充满了创新和差异性。

2013 年 9 月微软宣布计划以 72 亿美元收购诺基亚的设备和服务部门，微软表示，收购诺基亚设备和服务业务以及专利将对于"促进公司向一家设备和服务公司过渡"至关重要，这说明了微软对于 Windows Phone 的系统和设备投入了巨资，不惜一切代价来攻占这一块市场，这也将为 Windows Phone 的发展带来了历史性的新篇章。图 1.3 所示为诺基亚前 CEO 和微软前 CEO 的握手合作。微软和诺基亚在过去两年半的合作关系里，双方用各自的强项建立了一个新的全球移动生态系统，取得了不起的成就：通过屡获殊荣的手机和卓越的移动应用和服务，诺基亚的 Windows Phone 系列手机正成为全球增长最快的智能终端。微软的承诺和资源将带动诺基亚的设备和服务业务继续向前，实现 Windows 生态系统的巨大潜力，为人们的工作和生活带来最完美的移动体验。

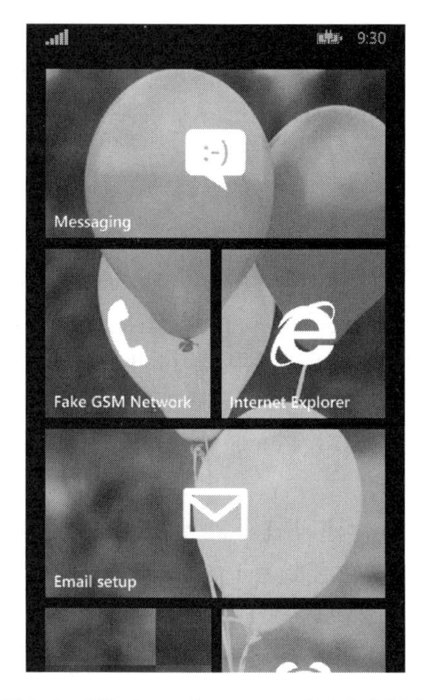

图 1.2　Windows Phone 8.1 手机的主屏幕

图 1.3　诺基亚前 CEO 史蒂芬·艾洛普(左)与微软前 CEO 史蒂夫·鲍尔默

2014 年 2 月 4 日萨蒂亚·纳德拉被任命为微软公司新任 CEO，他在多种场合中反复重申"移动为先，云为先"的战略。整个微软公司都在围绕着这一个新的战略进行重组，并且微软对诺基亚服务与设备部门的并购也是发展这项战略的第一步。这同时也说明了Windows Phone 系统对于微软新的发展战略是重中之重。

1.1.2 Windows Phone 的生态情况

当前移动平台的竞争是生态系统的竞争，生态系统是指与移动平台相关联的设备制造、开发者、用户等关联起来整条产业链的发展以及成熟度。下面我们来分析一下 Windows Phone 目前的生态情况。

1. 开发者

Windows Phone 系统使用的是微软自家的技术体系，微软的开发者群体是非常庞大的，并且 Windows Phone 的应用开发技术和早期的 WPF、Silverlight 等这些技术是非常相似的，这也可以让曾经做 WPF、Silverlight 开发的技术人员很容易就可以过渡到 Windows Phone 的开发。那么目前 Windows Phone 8.1 和 Windows 8.1 采用了共同的 Windows 运行时架构，这也让这两个平台的开发者可以共享。

调查机构 Strategy Analytics 在 2013 年 9 月对超过 1600 名移动 App 开发者进行了一项调查，结果显示在 2013 年有 16%的开发者加入了 Windows Phone 阵营，而有 32%的开发者有意愿在来年投入 Windows Phone 应用的开发。开发者看好 Windows Phone 平台的主要原因是平台的用户正在不断增长，并就目前来看这个平台的用户品质更高，对于应用付费的观念也更加深入。因此可以看到 Windows Phone 的开发者阵容正在快速地扩大，这对于 Windows Phone 生态系统的打造是一件非常利好的事情。

2. 设备的生产厂商

在纳德拉担任微软 CEO 之后，微软出现了一系列的策略变化。在移动操作系统 Windows Phone 上，微软全面放宽了授权和合作门槛，并且对 Windows Phone 的系统授权实行全面免费，促使一大批厂商加盟了微软 Windows Phone 阵营，尤其是来自中国和印度一批本地化的手机品牌。Windows Phone 的设备生产厂商除了诺基亚(2014 年并入微软)、HTC、三星和华为之外，在 Windows Phone 8.1 之后，继续新增了 9 家 Windows Phone 硬件合作伙伴，分别为富士康(Foxconn)、金立、Lava(Xolo)、联想、LG、龙旗、JSR、Karbonn 和中兴。

Windows Phone 8.1 在 2014 年提供正式更新，微软还推出一个使用高通硬件的 Windows Phone 通用设计方案，任何 OEM 厂商都能非常方便地制造 Windows Phone 手机。同时，Windows Phone 8.1 将会提供更多硬件选择，微软对 Windows Phone 系统严格的硬件要求将不复存在，Windows Phone 8.1 将能够支持更多高通芯片，像骁龙 200、400 以及 400LTE；并且也将支持 TD-LTE，TD-SCDMA 和 SGLTE，并支持双卡双待。依靠微软和高通公司参考设计计划提供构建块，来帮助设计和制造 Windows Phone 设备，微软硬件合作伙伴现在将能获得数百种 Windows Phone 设备定制方法选择，同时保持 Windows Phone 平台所带来的一贯优质体验。除此之外，现有的 Windows Phone 8 将能够直接更新为 Windows Phone 8.1。随着授权政策改革，以及厂商数量的增加，Windows Phone 手机在全球智能手机市场的份额将会迎来攀升。

3. 市场占有率

虽然目前 Windows Phone 的市场占有率还是处于第三位，但是它的增长速度是最快的。根据市场研究机构 IDC 和 Gartner 发布的数据，Windows Phone 的市场份额在 2012 年年底仅为 2.8%，排在黑莓之后位列移动操作系统第四位，但是到了 2013 年，随着黑莓市场的不断萎缩，Windows Phone 的市场占有率已经达到 3.6%，涨势可谓相当明显。而苹果虽然在 2013 年卖出了更多的 iOS 设备，但在高速增长的智能手机市场中，iOS 平台的市场份额却是下跌的，从 2012 年年底的 21%跌至 2013 年第三季度的 12.5%，这也拉近了 Windows Phone 和 iOS 之间的距离。

此外，Windows Phone 平台在个别市场的表现甚至已经超越了 iOS。市场调研机构 Kantar Worldpanel 的数据显示，2013 年第三季度，Windows Phone 在欧洲五大市场（英国、德国、法国、意大利和西班牙）的综合占有率达到 8.2%，在墨西哥更是达到了 11.6%。此外，IDC 在早些时候曾确认 Windows Phone 设备在阿根廷、印度、波兰、俄罗斯、南非和乌克兰等地的销量已经超过 iPhone，微软 COO 凯文·特纳（Kevin Turner）在 2013 年中也表示 Windows Phone 已经在全球 10 个重要市场中击败 iPhone，而在第三季度，Windows Phone 设备在整个拉丁美洲的销量已经超过 iPhone。

4. 应用市场

截至 2013 年 12 月 Windows Phone 应用商店的中的应用数量已经突破 20 万个，而 2013 年 2 月下旬时只有 13 万个，也就是说，Windows Phone 应用的数量正在以每月 8000 个的平均速度增长。谷歌 Play 应用商店在 2013 年 7 月宣布应用数量突破 100 万个，每月平均增长量为 5 万个；苹果 App Store 则在 2013 年 10 月宣布应用数量突破 100 万个，平均每月增长 2.5 万个。如果单从上面这些数据来看，Windows Phone 与 Android 和 iOS 还有很大差距，但考虑到 Windows Phone 并不算大的应用总量基数，能保持目前的增速实属难得。

此外，应用总量并不是判断一个应用商店是否优秀的唯一标准，应用的质量也非常重要。毕竟对于普通用户来说，手机所安装的应用数量基本都在 50 个以内，所以用户所需的“正确”的应用，而不是海量的应用。Windows Phone 应用商店经过一年的发展，“主流应用缺乏”现象已经得到了相当大的改观，而这种情况有望在 2014 年彻底消失。

5. 应用付费情况

2013 年年底微软宣布了自家 Windows Phone 平台的应用下载量已经超过了 30 亿次，同时对外宣布 Windows Phone 平台每天会有 1000 万次应用交易，即月交易量 3 亿，而且增速也很明显，开发者每天会上传 500 款 Windows Phone 软件。而 9 月份相应的数字为 900 万/每天，7 月份为 666 万/每天。跟 Windows Phone 系统发布之初比，付费应用收入增长了 181%。Windows Phone 在 2013 的成长速度可以用惊人来形容，尤其是 Windows Phone 8 堪称 Windows Phone 的救世主，它直接导致了 Windows Phone 月付费应用营收增加了 181%，下载量增加 290%，让 Windows Phone 平台的增长速度极具竞争力，Windows Phone 的前景依然被看好。

1.1.3 Windows Phone 对于开发者的机遇

在 Windows Phone 的生态系统分析中，Windows Phone 的快速发展有目共睹，那么下面再来谈一下 Windows Phone 对于开发者的机遇。

随着大量开发者的加入，Windows Phone 应用生态正在快速发展，而微软也在从各个层面为开发者提供更好的开发条件和赢利环境，让开发者真正能够在 Windows Phone 这片沃土中茁壮成长。Windows Phone 应用平台，作为一个快速发展的蓝海市场，正在被更多的开发者所挖掘，成长为全球开发者赢利的平台。Windows Phone App Studio 目前用户已超 35 万，启动了 30 万个应用开发项目。微软在应用商店中为开发者提供的良好生态环境，以及 Windows Phone 设备用户良好的付费习惯。使得开发者能够真正从中获利，得以在这一生态体系中形成长期发展的良性循环。

微软持续性的投入和对于开发者的承诺，成为目前 Windows Phone 生态环境中最可靠的保障。在 2013 年 3 月 17 日开始的世界级游戏开发者聚会——全球游戏开发者大会(Game Developers Conference，GDC)上，我们就能够看出游戏开发者们在当下对于 Windows Phone 生态的兴趣。在中国，随着“我叫 MT”、“王者之剑”、“魔卡幻想”、“保卫萝卜”、“开心水族箱”等知名的手机游戏的加入，依托 Windows Phone 更低的推广成本、更高的用户质量及活跃度和微软提供的跨平台游戏开发指南及本地化技术支持，在 Windows Phone 平台上都获得了空前的成功。

个人开发者是目前 Windows Phone 应用生态中不可忽视的一股重要力量。在中国市场，微软从多个层面解决开发者可能遇到的问题和障碍。提供的跨平台开发指南以及本地化支持让开发者得以轻松面对棘手问题，同时微软也致力于提供更广泛的推广渠道，帮助开发者将其产品推向市场。对于微软来说，开发者的信赖和希望正是 Windows Phone 平台持续前进的动力所在。面对用户需求和移动互联网发展趋势，Windows Phone 平台不仅带来了最佳的跨平台统一开发体验，更通过提供便捷的赢利渠道、完善的技术支持以及营销上的本地扶持，赋予更多个人开发者及开发团队绝佳的发展机遇。

对于创业来说，Windows Phone 平台也是一个非常不错的机遇。因为在目前的阶段，Windows Phone 平台还是属于蓝海，并没有类似于 iOS 和 Android 上的红海竞争，在很多的应用领域都有着非常好的机遇。在 2014 年 3 月押宝 Windows Phone 平台的创业团队“爱应用”已经拿到了千万级人民币的 Pre A 轮投资，目前“爱应用”已经累计有 600 万用户，月流水过百万元，主要来自应用分发和游戏的代理。这说明了资本市场对 Windows Phone 平台的未来也是非常看好的，未来在 Windows Phone 平台上必将会涌现出更多类似创业团队的成功案例。

1.1.4 Windows Phone 8.1 的新特性

Windows Phone 8.1 是 Windows Phone 系列操作系统一次重大的升级，它添加了很多新的特性，给 Windows Phone 8.1 的手机提供了更加强大完善的功能。

1. 跨平台应用

开发者的单一应用可以同时运行在 Windows RT 和 Windows Phone 上，虽然现在只是一个非强制要求。目前 Windows Phone 8 系统中，已有 33%的应用实现了与 Windows RT 的“代码统一”，Windows Phone 8.1 到来后，这一比例将达到 77%。

2. 多任务运行

微软一向重视系统的“生产力属性”，Windows Phone 系统在这方面也投入了不少精力。用户升级到 Windows Phone GDR3 版本之后，可以手动关闭应用后台任务运行，但通知和后台进程还是比较臃肿和低效率，Windows Phone 8.1 将解决这个问题。

3. 更大的屏幕

Windows Phone 8 的 GDR3 版本更新让 Windows Phone 的屏幕适配扩展到 5～6 英寸，Windows Phone 8.1 会更进一步，达到 7～10 英寸。

4. 精简返回按键

Windows Phone 8.1 将精简返回按键，微软的想法是，用户在退出当前应用点开另一个应用时，很少会用到左边的返回键而是选择中间的视窗按键，去除之后，就与 iPhone 的简单高效的 Home 设计看齐。重复点击左边的返回按键，让用户感到“困惑”，微软追求简洁高效，当然不会坐视 Windows Phone 的这种情况继续。

5. 低端和高端的平衡

Lumia 520 和 Lumia 620 的销售表现，隐隐显现了 Windows Phone 大有可为的“专属市场”，但微软的初衷是将 Windows Phone 定位像 iPhone 一样的高端机器，也只有成为高端品牌才有可观的获利。目前的情况表明，微软并没有放弃 Windwos Phone 低端机所带来的市场份额，因此也从技术上影响了系统平台本身的进步。Windows Phone 8.1 引入的 1080P 分辨率和支持更大的屏幕尺寸，将带动 Windows Phone 手机整体向高端进化，也丰富了设备的配置弹性。

6. Cortana 语音助手

Cortana 是 Windows Phone 8.1 系统中加入的全新语音助手功能，是微软对抗苹果 Siri 和 Google Now 语音助手的武器。它拥有和 Siri、Google Now 一样的功能，比如查询天气，通过网络搜寻附近的美食和电影院，语音拨打手机等。除了这些基本配置外，它还会支持其他更加卓越的功能。Cortana 是一款“革命性”的产品，它将超越现有所有语音助手。原因在于，Cortana 不仅仅是一款允许用户与手机互动的语音应用，未来它还将成为 Windows、Windows Phone 以及 Xbox One 操作系统的核心服务。

Cortana 同时融合了机器学习技术和 Bing 搜索的“Satori”知识库，除了能执行日常语音操作，还具备学习和适应能力。这个语音助手可以根据互动内容做出“笑”或者“皱眉”的表情。此外，这些动画效果还会集成语调，让 Cortana 看起来更像是一个“真正的人”，类似苹果 Siri，但又强于 Siri。

另外，Cortana 还能叫出用户的名字，并不断学习用户使用手机的习惯，比如活动的区域、工作地点以及用户的兴趣爱好等。所有的这些“信息”会保存到 Notebook 中，让用户可以查看 Cortana 的“学习效果”(用户也能对这些信息进行添加或者删除)。

用户也能限制 Cortana 的“学习功能”，如禁止“她”访问电子邮件、日历、联系人名单或者本地数据等。如果用户向 Cortana 开放了本地数据以及其他信息，那么，Cortana 就可以根据一些搜集到的信息提出建议，发出提醒等，包括天气情况、股市行情、导航、约会时间以及音乐推荐等。此外，Cortana 甚至还可以管理勿扰时段，在勿扰期间，她会让手机对通知信息等自动静音，并对重要联系人的消息或者来电等提供放行。

7. 通知中心

也许语音助手功能并不是所有人都能够用得到，但是对于普通用户来说，通知中心绝对是必备而且非常方便的功能。而 Windows Phone 系统一直缺少对通知中心的支持，也成为了许多用户放弃它的原因。在 Windows Phone 8.1 系统中，通知中心终于就要与广大用户见面了。Windows Phone 8.1 也将采用经典的下拉手势唤出通知中心。用户可以在通知中心中快速开启 Wi-Fi 和蓝牙，还可以将手机切换到飞行模式。当然，Windows Phone 8.1 还支持用户在快速设置菜单中自行设置通知中心的内容。这些选项包括快速启动相机，设置屏幕翻转，调节亮度以及设置网络分享，开启 VPN 等操作。另外，用户也会根据自身需要，将不想关注的内容移除。

8. 应用商店

Windows Phone 8.1 的应用商店也将迎来重大更新。系统可以根据用户的地理位置以及个人 Facebook 信息来推荐应用。新系统下，用户整理已购应用的手段也将变得更加丰富。他们可以按照购买时间或者应用名称对应用进行排序。对于应用购买大户来说，这项功能将是一个福音。另外，Windows Phone 8.1 系统的应用程序也全面支持自动更新。

9. IE 浏览器

新系统的 IE 浏览器预计将升级到最新的 IE 11。WP 8.1 下的 IE 11 能够更好地支持 HTML5。此外，IE 11 还能自动保存网页密码，允许用户通过浏览器上传文件，同时还将加入对 WebGL 的支持。同时还会支持标签同步，通过它能够打开其他使用相同 Live ID 设备上的标签页面。确认之后，手机版 IE 11 上可打开的标签页的数目不限，跟电脑版相同。

10. 短信

Windows Phone 8.1 系统将允许第三方短信应用代替系统默认的短信界面，同时还可以更好地兼容双卡双待设备的切换功能。

11. 更多的账户设置、VPN 支持

Windows Phone 8.1 将添加更多互联网账户支持，可以选择 iCloud 账户、Twitter 以及自家的 SkyDrive 等，另外也支持 VPN，所以对企业用户更具意义。另外，用户还可以更改默认消息的类型，与 Android 4.4 十分相似。

12. 更好的电池性能和存储方式

Windows Phone 8.1 将引入一种新的电池监测机制，可以查看哪些应用程序及硬件最为耗电，从而实现电池寿命优化操作。另外，还将支持应用程序、数据转移至 SD 卡的操作。

1.2 Windows Phone 的技术架构

从 Windows Phone 7 操作系统到 Windows Phone 8 操作系统最大的改变就是把 Windows CE 内核更换成 Windows NT 内核，并且底层的架构使用了 Windows 运行时的架构。那么从 Windows Phone 8 到 Windows Phone 8.1 在技术上最大的改变是与 Windows 8.1 的编程技术体系进行了进一步的融合，把 Windows Phone 8.1 的 API 和 Windows 8.1 的 API 进行了整合。在 Windows Phone 8.1 中还添加对 HTML 和 JavaScript 的支持，意味着开发人员使用通用模板来开发应用程序，实现 Windows Phone 与 Windows Store 应用的兼容。显然，这对于目前拥有三种平台(传统 Windows 桌面、Windows Store 和 Windows Phone)的微软，具有更积极的整合意义。

1.2.1 Windows 运行时

Windows 运行时，英文名称 Windows Runtime，或 WinRT，是 Windows 8/8.1 和 Windows Phone 8/8.1 中的一种跨平台应用程序架构。Windows 运行时支持的开发语言包括 C++(一般包括 C++/CX)、托管语言 C# 和 VB，还有 JavaScript。Windows 运行时应用程序同时原生支持 x86 架构和 ARM 架构，同时为了更好的安全性和稳定性，也支持运行在沙盒环境中。

由于依赖于一些增强 COM 组件，Windows 运行时本质上是一基于 COM 的 API。正因为其 COM 风格的基础，Windows 运行时可以像 COM 那样轻松地实现多种语言代码之间的交互联系，不过本质上是非托管的本地 API。API 的定义存储在以".winmd"为后缀的元数据文件中，格式编码遵循 ECMA 335 的定义，和.Net 使用的文件格式一样，不过稍有改进。使用统一的元数据格式相比于 P/Invoke，可以大幅减少 Windows 运行时调用.NET 程序时的开销，同时拥有更简单的语法。全新的 C++/CX(组件扩展)语言，借用了一些 C++/CLI 语法，允许授权和使用 Windows 运行时组件，但相比传统的 C++下 COM 编程，对于程序员来说，有更少的粘合可见性，同时对于混合类型的限制相比 C++/CLI 也更少。在新的称为 Windows Runtime C++Template Library(WRL)的模板类库的帮助下，也一样可以在 Windows 运行时组件里面使用标准 C++的代码。

在 Windows 运行时上任何耗时超过 50 毫秒的事情都应该通过使用了 Async 关键字的异步调用来完成，以确保流畅、快速的应用体验。由于即便当异步调用的情况存在时，许多开发者仍倾向于使用同步 API 调用，因此在 Windows 运行时深处建立了使用 Async 关键字的异步方法从而迫使开发者进行异步调用。

1.2.2 Windows Phone 8.1 应用程序模型

Windows Phone 8.1 支持多种开发语言来开发应用程序，包括 C#、VB、JavaScript 和 C++。本书的代码主要是采用 C#语言来开发，部分章节采用 C++。从 Windows Phone 8.1

开始，开发普通的应用程序可以选择的应用程序模型有 C#/XAML、VB/XAML、C++/XAML 和 JavaScript /HTML5。游戏开发还是采用 C++的 DirectX 的框架。在 Windows Phone 8 之前，如果开发普通的应用程序，只能够采用 C#/XAML 和 VB/XAML 这两种开发模型，而在 Windows Phone 8.1 之后新增了 C++/XAML 和 JavaScript /HTML5 这两种开发模型的支持。C#/XAML、VB/XAML 和 C++/XAML 这三种开发模型其实是类似的技术框架，它们都是使用 XAML 作为界面的编程语言，然后使用 C#/ VB/ C++作为后台的开发语言，注意这里的 C++是指 C++/CX 语法的 C++，是属于 Visual C++组件的扩展语法，对于 C++/CX 更加详细的介绍可以参考第 22 章。那么 JavaScript /HTML5 的开发模型则是使用 HTML5 作为界面的开发语言，JavaScript 作为后台的开发语言。同时在 Windows Phone 8.1 里面提供了 Windows 运行时组件来给各种不同的编程语言来共享代码，比如用 C++实现的代码或者封装的功能，可以通过 Windows 运行时组件的方式给 C#/XAML 模型的应用程序来调用，或者也可以给 JavaScript /HTML5 模型的应用程序来调用。所以在这些不同的编程模型里面 Windows 运行时组件会作为一种媒介来实现跨编程语言的代码共享。

那么，对于 Windows Phone 8.1 所采用的多种应用程序模型，开发者应该如何去选择应用程序的开发模型呢？微软给出的建议是，开发者应该选择自己所熟悉的开发语言来进行开发。如果从应用程序性能的角度去比较，采用 XAML(C#、VB 和 C++)模型的性能会比 HTML5 的性能高一些。那么对于 C#、VB 和 C++ 三种编程语言来说在 Windows Phone 8.1 上面实现的效率是差不多的，因为即使是 C++也是采用 C++/CX 语法来调用 Windows 运行时的 API，Windows 运行时的架构则是微软统一采用 C/C++语言来封装的。采用 C#语言来调用的 Windows 运行时框架和采用 C++调用的是一样的。那么，如果你采用标准 C++所实现的算法或者图形处理等这些公共的逻辑，肯定是 C++的效率更高，不过这种情况 C#、VB 和 JavaScript 的应用程序一样也可以通过 Windows 运行时组件来调用标准 C++封装的这些公共的代码。

在 Windows Phone 7、7.5 和 8.0 的时候，Windows Phone 是只支持 C#/XAML 和 VB/XAML 这两种应用程序开发模式的，同时 WPF 和 Silverlight 这两种技术也是只支持 C#/XAML 和 VB/XAML 的开发模式，而大部分的开发者都是选择 C#/XAML 来进行开发，所以目前所 C#/XAML 这种开发模式所积累下来的技术知识非常丰富，也是 Windows Phone 开发里面最受欢迎的开发模型。

1.2.3 Windows Phone 8.1 和 Silverlight 8.1 的区别

前面所介绍的开发框架都是属于 Windows Phone 8.1 的应用程序，这是完全基于 Windows 运行时框架下的应用程序开发模型，除此之外还可以创建一种叫做 Windows Phone Silverlight 8.1 的应用程序。首先了解一下为什么需要有 Windows Phone Silverlight 8.1 这种模式的应用程序，其实 Windows Phone Silverlight 8.1 这种模式的应用程序是为了兼容目前的 Windows Phone 8 的代码方便升级，并且 Windows Phone Silverlight 8.1

的应用程序会全面支持 Windows Phone 8 原来的 API 和功能，注意 Windows Phone 8.1 的 API 对 Windows Phone 8 的 API 实现了很大的修改，1.2.4 节会介绍这种差异。同时 Windows Phone Silverlight 8.1 的应用程序也会支持部分在 Windows Phone 8.1 中新增的 API 和功能。由此可以看出来，Windows Phone Silverlight 8.1 项目只是为了暂时兼容目前的 Windows Phone 8 的代码方便升级，而 Windows Phone 8.1 的应用开发模式则是 Windows Phone 未来的发展方向，并且进一步和 Windows 8.1 的开发模式融合起来。所以本书所有的代码和讲解都是针对 Windows Phone 8.1 的应用程序的，而不是 Windows Phone Silverlight 8.1 的应用程序。

1.2.4　Windows Phone 8.1 和 Windows Phone 8.0 的 API 差异

Windows Phone 8 的 UI 框架是基于 Silverlight 4.0 来进行开发的，应用程序的开发框架是基于.NET Framework 和一个精简版的 Windows 运行时框架，而 Windows Phone 8.1 的应用程序则是完全基于 Windows 运行时框架的应用程序，所使用的 Windows 运行时框架是和在 Windows 8 / 8.1 平台上开发 Windows Store 的应用程序是统一的框架。Windows Phone 8.1 和 Windows Store 的应用程序都是使用的 Windows 运行时的 UI 框架，所以在应用程序里面也可以在 Windows Phone 8.1 和 Windows Store 的应用程序之间来共享 XAML 的 UI 代码，包括模板、控件、页面等。下面再来看一下，Windows Phone 8.1 和 Windows Phone 8.0 的 API 有哪些主要的变化和差异：

(1) Windows Phone 8.0 的 XAML 控件是在 System.Windows.Controls 命名空间下，而 Windows Phone 8.1 的 XAML 控件都是在 Windows.UI.Xaml 命名空间下。

(2) Windows Phone 8.0 的应用程序栏为 AppBarButtons，而 Windows Phone 8.1 的为 CommandBar。

(3) Windows Phone 8.1 增加了 ListView 和 GridView 列表控件，Windows Phone 8.0 的 LongListSelector 控件在 8.1 修改为 SemanticZoom。

(4) Windows Phone 8.0 的 Panorama 控件在 Windows Phone 8.1 修改为 Hub 控件。

(5) Windows Phone 8.0 的页面基类 PhoneApplicationPage 类在 Windows Phone 8.1 修改为 Page 类。

(6) Windows Phone 8.1 不再支持 RadialGradientBrush 画刷。

(7) Windows Phone 8.1 的 Windows.UI.Xaml.UIElement.Clip 属性只支持 RectangleGeometry 类型的几何图形，其他的几何图形均不支持。

(8) Windows Phone 8.0 的弹窗控件 MessageBox 在 Windows Phone 8.1 里面修改为 MessageDialog，并且是异步调用的模式。

(9) Windows Phone 8.0 的页面导航方式 NavigationService.Navigate(Uri source, [object navigationState])在 Windows Phone 8.1 修改为 this.Frame.Navigate(typeof(AboutPage))；

(10) 在 Windows Phone 8.1 中取消了 Windows Phone 8.0 的 WebClient 类的 Http 编程，增加了 HttpClient 类。

(11) 对于 XAML 中命名空间的引用，有语法“clr-namespace”改为“using”。

(12) Windows Phone 8.1 取消了 Windows Phone 8.0 中的启动器和选择器的 API，可以使用 Windows.System.Launcher 来实现部分的功能。

(13) Windows Phone 8.1 重新修改了 Windows Phone 8.0 中的语音 API。

(14) Windows Phone 8.1 重新修改了 Windows Phone 8.0 中的地理位置 API，并增加了地理围栏相关的功能。

(15) Windows Phone 8.1 不再支持本地数据库 SQL Server CE 的使用。

(16) Windows Phone 8.1 不再支持独立存储的 API，取而代之的只能使用应用文件和应用设置的 API。

(17) Windows Phone 8.1 的后台任务编程采用新的 API 和机制，原来 Windows Phone 8.0 的后台任务 API 和运行机制都取消了。

(18) Windows Phone 8.1 的推送通知编程和 API 也和 Windows Phone 8.0 的不同。

(19) Windows Phone 8.1 的 Toast 通知、磁贴通知、磁贴的实现和 Windows Phone 8.0 的也不同。

(20) 大部分在 Windows Phone 8.0 中所支持的.NET API(非 Windows 运行时的 API)在 Windows Phone 8.1 中都不再支持。

第2章 开发环境和项目工程解析

“工欲善其事，必先利其器”。本章将介绍如何搭建 Windows Phone 8.1 的手机应用开发环境以及介绍开发你的第一个 Windows Phone 8.1 的手机应用程序，并解析其工程结构和代码。

2.1 搭建开发环境

本节介绍 Windows Phone 8.1 开发环境的要求和开发工具的安装。

2.1.1 开发环境的要求

进行 Windows Phone 8.1 的开发，计算机需要达到以下要求：

(1) 操作系统：Windows 8.1 64 位专业版。

(2) 系统盘需要至少 8G 的剩余硬盘空间。

(3) 内存空间达到 4GB 或者以上。

(4) Windows Phone 8.1 模拟器基于 Hyper-V，需要 CPU 支持二级地址转换技术。

注意，部分计算机会默认关闭主板 BIOS 的虚拟化技术，这时候需要进入主板 BIOS 设置页面开启虚拟化技术，然后在启动或者关闭 Windows 功能界面启动 Hyper-V 服务。

2.1.2 开发工具的安装

Windows Phone 8.1 SDK 包括在 Visual Studio 2013 Update 2 或之后版本。如果你已经安装 Visual Studio 2013，需要安装 Update 2；如果完全没有安装过，可以选择安装 Visual Studio Express 2013。关于开发工具的下载可以直接到微软的 Windows Phone 开发者网站进行下载(https://dev.windowsphone.com)，由于开发工具的更新速度较快，请以官方最新的版本为准。安装完成后，里面包含了程序的 SDK、运行模拟器和编程工具。Windows Phone Developer Tools 所包含的工具集合详细信息如下：

1. Visual Studio

Visual Studio 是 Windows Phone 8.1 的集成开发环境(IDE)，其包括了 C# 和 XAML

代码编辑功能，简单界面的布局与设计功能，编译程序，连接 Windows Phone 模拟器，部署程序，以及调试程序等功能。

2. Windows Phone Emulator

Windows Phone Emulator 是 Windows Phone 的模拟器，开发者可以在没有真实设备的情况下继续开发 Windows Phone 的应用，本书的文章讲述的内容都是基于 Windows Phone 模拟器的。当然，如果你有已经解锁好的 Windows Phone 8.1 手机，也可以直接使用手机来调试和运行你编写的程序。

3. Blend for Visual Studio

Blend for Visual Studio 是强大的 XAML UI 设计工具，使用 Expression Blend 可以补 Visual Studio 所缺乏的 UI 设计功能，例如 Animation 等。开发 Windows Phone 程序可以使用 Visual Studio 与 Expression Blend 相互协作，无缝结合。

4. Developer Registration tool

Developer Registration tool 是开发者注册解锁手机的工具，使用该工具解锁手机之后，就可以使用手机来部署应用程序和调试应用程序。使用该工具解锁手机的时候需要输入你的开发者账号和密码来在线联网解锁，如果你没有开发者账号，可以到微软的 Windows Phone 开发者网站进行注册，目前的情况是注册费用是 99 美元一年，但是学生的邮箱账号可以免费注册。注意，关于微软 Windows Phone 开发者账号的收费规则请以微软官方最新公布的价格和规则为准。

5. Application Deployment tool

我们可以使用 Application Deployment tool 工具来把应用程序的安装包部署到手机上，通常我们在发布应用程序之前，都需要把应用程序的最终的发布安装包部署到手机上进行测试，那么就是使用这个工具来部署安装包的。

2.2 创建 Windows Phone 8.1 应用

开发工具安装完毕之后，那么接下来的事情就是创建一个 Windows Phone 8.1 的应用。本节介绍如何利用 Visual Studio 开发工具来创建一个 Windows Phone 8.1 的应用和详细地解析一个 Windows Phone 8.1 的工程项目的结构。

2.2.1 创建 Hello Windows Phone 项目

1. 新建一个 Windows Phone 的应用程序

打开 Visual Studio 开发工具，选择 File 菜单，选择新建一个工程 New Project，在 New Project 中选择 Visual C#→Store Apps→Windows Phone Apps，在面板中可以选择创建的项目模板，那么我们选择一个空白的项目模板 Blank App(Windows Phone)，点击 OK 按钮完成项目的创建，如图 2.1 所示。

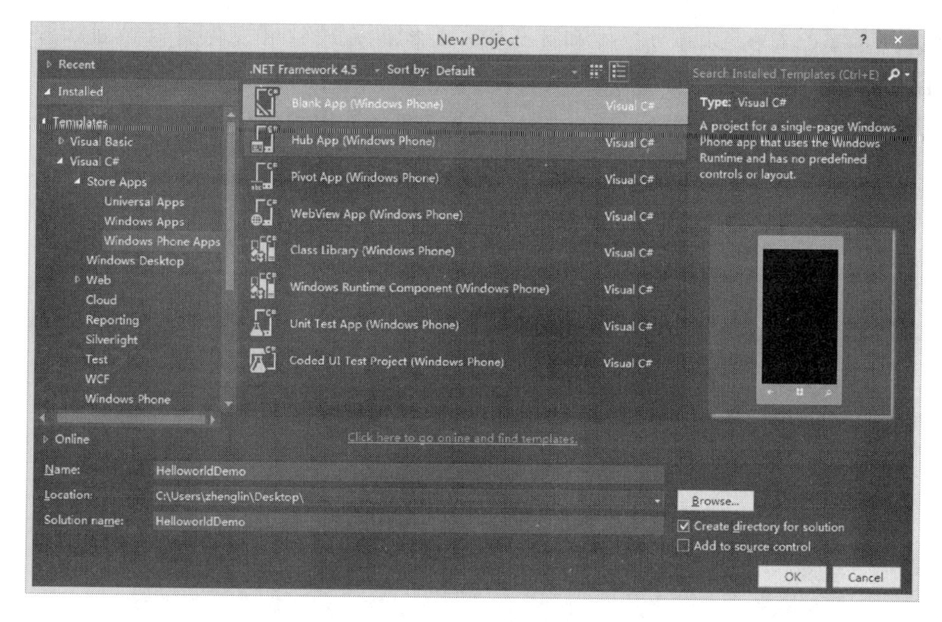

图 2.1　新建一个项目

2. 编写程序代码

新建的 Windows Phone 应用程序已经是一个可以运行的完整的 Windows Phone 应用了，所以我们只需要在上面修改一下，就可以完成了第一个 Hello Windows Phone 程序的开发。创建好的 Windows Phone 8.1 的项目工程如图 2.2 所示。

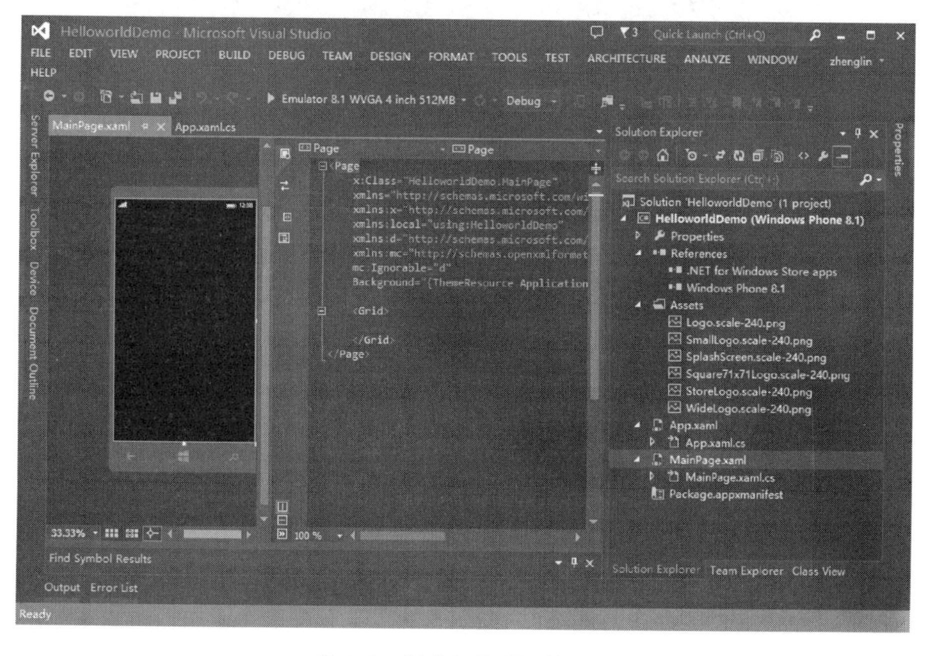

图 2.2　新建好的项目的界面

将左边的工具箱的 Button 控件和 TextBlock 控件拖放到可视化编辑界面如图 2.3 所示，然后在 MainPage. xaml 页面 TextBlock 元素里面添加代码 x:Name="textBlock1"，双击 Button 控件，然后在 MainPage. xaml. cs 页面添加以下代码：

```
private void Button_Click(object sender,RoutedEventArgs e)
{
    textBlock1.Text = "Hello Windows Phone 8.1";
}
```

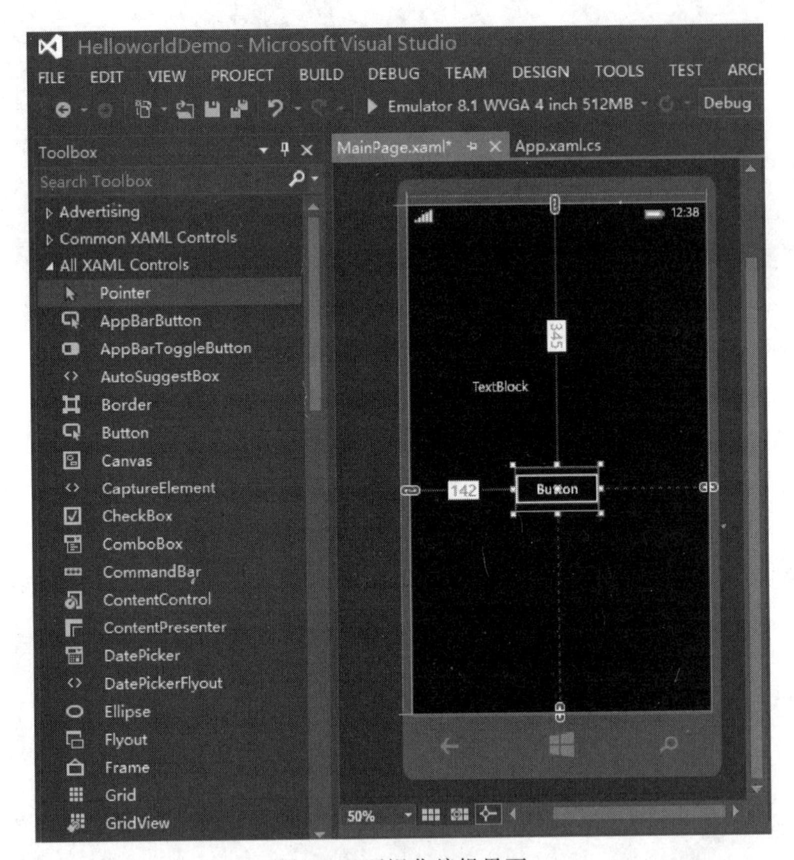

图 2.3 可视化编辑界面

3. 编译和部署程序

右击解决方案名称(HelloworldDemo)，选择 Build 或者 Rebuild 选项，表示构建或者重新构建解决方案，构建的时候，在输出窗口可以看到应用程序构建的输出结果，输出窗口的输出情况如图 2.4 所示。如果在输出窗口上看到应用程序构建成功了，那么就可以把应用程序部署到模拟器上了，继续右击解决方案名称，选择 Deploy Solution 在模拟器上运行应用程序，运行的效果如图 2.5 和图 2.6 所示。如果要选择部署到手机设备或者不同分辨率的模拟器，可以在工具栏上面进行选择，如图 2.7 所示，注意要部署到手机设备请确保手机已经解锁并且通过 USB 连接线插入计算机接口。

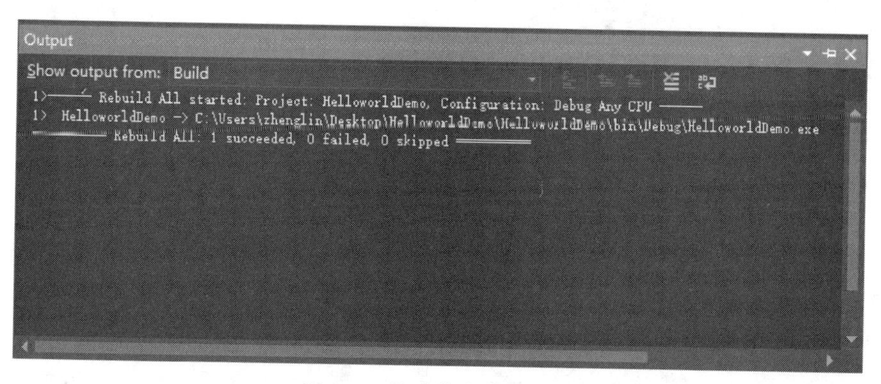

图 2.4　构建信息输出窗口

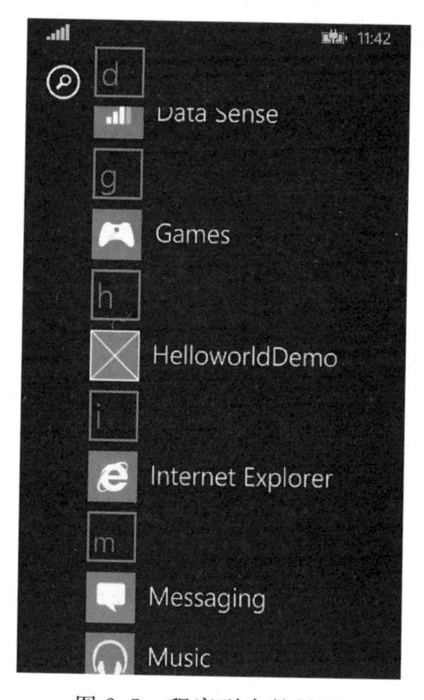

图 2.5　程序列表的界面

图 2.6　应用程序运行的效果

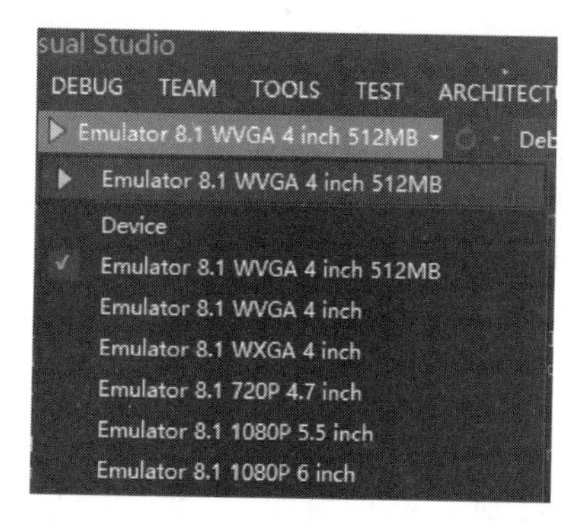

图 2.7　选择部署的模拟器和设备

2.2.2 解析 Hello Windows Phone 应用

在 Hello Windows Phone 项目工程里面包含了 MainPage. xaml 文件、MainPage. xaml. cs 文件、App. xaml 文件、App. xaml. cs 文件、Package. appxmanifest 文件、AssemblyInfo. cs 文件和一些图片文件。下面来详细地解析一下每个文件的代码和作用。

代码清单 2-1：Hello Windows Phone(源代码：第 2 章\Examples_2_1)

1. MainPage. xaml 文件

代码清单 1：MainPage. xaml 文件代码

```
<Page
    x:Class = "HelloworldDemo.MainPage"
    xmlns = "http://schemas.microsoft.com/winfx/2006/xaml/presentation"
    xmlns:x = "http://schemas.microsoft.com/winfx/2006/xaml"
    xmlns:local = "using:HelloworldDemo"
    xmlns:d = "http://schemas.microsoft.com/expression/blend/2008"
    xmlns:mc = "http://schemas.openxmlformats.org/markup - compatibility/2006"
    mc:Ignorable = "d"
    Background = "{ThemeResource ApplicationPageBackgroundThemeBrush}">

    <Grid>
        <TextBlock x:Name = "textBlock1" HorizontalAlignment = "Left" Margin = "85,225,
0,0" TextWrapping = "Wrap" Text = "TextBlock" VerticalAlignment = "Top"/>
        <Button Content = "Button" HorizontalAlignment = "Left" Margin = "142,345,0,0"
VerticalAlignment = "Top" Click = "Button_Click"/>
    </Grid>
</Page>
```

Page 元素是一个程序页面的根元素，表示当前的 XAML 代码是一个页面，当前页面的其他所有 UI 元素都必须在 Page 元素下面。在当前的页面里面有 3 个控件：Grid 控件、TextBlock 控件和 Button 控件。其中 Grid 控件是布局容器控件，所以你在可视化视图上并没有看到 Grid 控件的显示。那么 TextBlock 控件是一个文本框控件，用于显示文本的内容，在可视化视图上看到的“TextBlock”就是 TextBlock 控件。Button 控件是一个按钮控件，在该例子里面我们单击按钮，然后在 TextBlock 控件上显示“Hello Windows Phone 8. 1”。在上面的页面代码上我们看到 TextBlock 控件和 Button 控件里面有很多属性，这些属性是用于定义控件的各种特性的设置，比如“x:Name”属性定义了控件的名称，在后台代码里面就可以通过名称来访问控件，“Text”属性定义了 TextBlock 控件文本显示的内容，“Click”属性定义了 Button 控件的点击事件等。

在 MainPage. xaml 文件里面我们看到 Page 元素里面也包含着相关的属性和命名空间。说明如下：

1) Background="{ThemeResource ApplicationPageBackgroundThemeBrush}"

Background 表示设置了当前页面的背景，取值为 ThemeResource ApplicationPage

BackgroundThemeBrush 则表示当前背景使用的是系统的主题资源背景和系统的背景主题一致，也就是说系统的背景主题修改了，当前页面的背景也会一起改变。所有 Page 元素所支持的属性都可以在这里进行设置，比如 FontSize 属性等，在 Page 元素上面设置的属性对整个页面的其他元素都会产生影响，如果在 Page 元素上面设置了 FontSize="30"，那么在 Page 元素下面的 TextBlock 控件的字体也会变成 30 像素。

2）x:Class="HelloworldDemo. MainPage"

x:Class 表示当前的 XAML 文件所关联的后台代码文件是 HelloworldDemo. MainPage 类，通过这个设置编译器就会自动在项目中找到 HelloworldDemo. MainPage 类与当前的页面关联起来编译。

3）xmlns:local="using:HelloworldDemo"

xmlns:local 表示当前的页面引入的命名空间标识符，通过该标识符你就可以在 XAML 页面里面访问所指向的空间的类。当然，这个名称不一定要设置为 local，其他没有被使用的名称你都可以使用，例如可以设置为 xmlns:mycontrol 等，这个名称最好是可以跟引入的内容的特点相关，这样可读性会更好一些。

4）xmlns="http://schemas. microsoft. com/winfx/2006/xaml/presentation"

xmlns 代表的是默认的空间，如果在 UI 里面控件没有前缀则代表它属于默认的名字空间。例如，MainPage. xaml 文件里面的 Grid 标签。

5）xmlns:x="http://schemas. microsoft. com/winfx/2006/xaml"

xmlns:x 代表专属的名字空间，比如一个控件里面有一个属性叫 Name 那么 x: Name 则代表这个 xaml 的名字空间。

6）xmlns:d="http://schemas. microsoft. com/expression/blend/2008"

xmlns:d 表示呈现一些设计时的数据，而应用真正运行起来时会帮我们忽略掉这些运行时的数据。

7）xmlns:mc="http://schemas. openxmlformats. org/markup-compatibility/2006"

xmlns:mc 表示标记兼容性相关的内容，这里主要配合 xmlns:d 使用，它包含 Ignorable 属性，可以在运行时忽略掉这些设计时的数据。

8）mc:Ignorable="d"

mc:Ignorable="d"就是告诉编译器在实际运行时，忽略设计时设置的值。因为在 Visual Studio 里面的可视化编程界面可以指定一些设计上相关的属性，如 d:DesignWidth="370"就是说这个宽度和高度只是在设计时有效，也就是我们在设计器中看到的大小，并不意味着真正运行起来是这个值，有可能会随着手机屏幕的不同而自动调整，所以我们不应该刻意地设置页面的宽度和高度，以免被固定了，不能自动调整。

2. MainPage. xaml. cs 文件

代码清单 2：MainPage. xaml. cs 文件代码

```
using Windows.UI.Xaml;
```

```
using Windows.UI.Xaml.Controls;
using Windows.UI.Xaml.Navigation;

namespace HelloworldDemo
{
    ///<summary>
    ///表示和 XAML 页面关联起来的类
    ///</summary>
    public sealed partial class MainPage: Page
    {
        public MainPage()
        {
            //初始化页面组件
            this.InitializeComponent();
            //表示缓存当前的页面
            this.NavigationCacheMode = NavigationCacheMode.Required;
        }
        ///<summary>
        ///Button 按钮的单击处理事件
        ///</summary>
        ///<param name = "sender">触发该事件的对象</param>
        ///<param name = "e">触发的事件</param>
        private void Button_Click(object sender,RoutedEventArgs e)
        {
            //给文本框控件 textBlock1 的 Text 属性赋值
            textBlock1.Text = "Hello Windows Phone 8.1";
        }
    }
}
```

MainPage. xaml. cs 文件是 MainPage. xaml 文件对应的后台代码的处理，MainPage. xaml. cs 文件会完成程序页面的控件的初始化工作和处理控件的触发的事件，如 button1_Click 方法就是对应的 MainPage. xaml 中 Button 的单击事件。

3. App. xaml 文件

代码清单 3：App. xaml 文件代码

```
<Application
    x:Class = "HelloworldDemo.App"
    xmlns = "http://schemas.microsoft.com/winfx/2006/xaml/presentation"
    xmlns:x = "http://schemas.microsoft.com/winfx/2006/xaml"
    xmlns:local = "using:HelloworldDemo">

</Application>
```

App. xaml 文件是应用程序的入口 XAML 文件，一个应用程序只有一个该文件，并且它还会有一个对应的 App. xaml. cs 文件。App. xaml 文件的根节点是 Application 元素，它里面的属性定义和空间定义与上面的 MainPage. xaml 页面是一样的，不一样的地方是在

App. xaml 文件中定义的元素是对整个应用程序是公用的，比如你在 App. xaml 文件中，添加了<Application. Resources></Application. Resources>元素来定义了一些资源文件或者样式，那么这些资源在整个应用程序的所有页面都可以引用，而如果你是在 Page 的页面所定义的资源或者控件就只能否在当前的页面使用。

4. App. xaml. cs 文件

代码清单 4：MainPage. xaml. cs 文件代码

```
using System;
using System.Collections.Generic;
using System.IO;
using System.Linq;
using System.Runtime.InteropServices.WindowsRuntime;
using Windows.ApplicationModel;
using Windows.ApplicationModel.Activation;
using Windows.Foundation;
using Windows.Foundation.Collections;
using Windows.UI.Xaml;
using Windows.UI.Xaml.Controls;
using Windows.UI.Xaml.Controls.Primitives;
using Windows.UI.Xaml.Data;
using Windows.UI.Xaml.Input;
using Windows.UI.Xaml.Media;
using Windows.UI.Xaml.Media.Animation;
using Windows.UI.Xaml.Navigation;

namespace HelloworldDemo
{
    ///<summary>
    ///应用程序的入口类
    ///</summary>
    public sealed partial class App: Application
    {
        private TransitionCollection transitions;
        ///<summary>
        ///初始化一个应用程序
        ///</summary>
        public App()
        {
            //初始化应用程序的相关组件
            this.InitializeComponent();
            //添加应用程序的挂起事件
            this.Suspending += this.OnSuspending;
        }
        ///<summary>
        ///当应用程序启动的时候会执行这个方法体的代码
        ///</summary>
        ///<param name = "e">请求参数的详情</param>
```

```
        protected override void OnLaunched(LaunchActivatedEventArgs e)
        {
#if DEBUG
            //如果程序正在调试,这里设置调试的图形信息
            if (System.Diagnostics.Debugger.IsAttached)
            {
                //显示应用程序运行时的有关的计数数值,如帧速率等
                this.DebugSettings.EnableFrameRateCounter = true;
            }
#endif
            //应用程序 UI 的底层框架
            Frame rootFrame = Window.Current.Content as Frame;
            //如果框架未初始化,才对其进行初始化
            if (rootFrame == null)
            {
                //创建一个框架,然后导航到应用程序打开的第一个页面
                rootFrame = new Frame();
                //设置当前的页面框架可以缓存的页面数量
                //设置为 1 表示当前框架只能缓存一个页面
                //你可以根据程序的实际情况来修改这个数值
                rootFrame.CacheSize = 1;
                //判断程序的上一个状态
                if (e.PreviousExecutionState == ApplicationExecutionState.Terminated)
                {
                    //如果是从休眠状态启动,那么在这里要加载上一个状态的相关数据
                }
                //把初始化好的框架设置为当前应用程序的内容
                Window.Current.Content = rootFrame;
            }
            //判断框架的内容是否为空
            if (rootFrame.Content == null)
            {
                //如果相关的动画值不为空则添加动画
                if (rootFrame.ContentTransitions != null)
                {
                    this.transitions = new TransitionCollection();
                    foreach (var c in rootFrame.ContentTransitions)
                    {
                        this.transitions.Add(c);
                    }
                }
                rootFrame.ContentTransitions = null;
                //添加导航跳转完成的事件
                rootFrame.Navigated += this.RootFrame_FirstNavigated;
                //导航跳转到引用程序的 MainPage 页面
                if (!rootFrame.Navigate(typeof(MainPage),e.Arguments))
                {
                    throw new Exception("Failed to create initial page");
                }
            }
            //激活应用程序
```

```
            Window.Current.Activate();
        }
        //导航事件完成的处理程序,从新创建启动动画的集合
        private void RootFrame_FirstNavigated(object sender,NavigationEventArgs e)
        {
            var rootFrame = sender as Frame;
            rootFrame.ContentTransitions = this.transitions ?? new TransitionCollection() {
new NavigationThemeTransition() };
            rootFrame.Navigated -= this.RootFrame_FirstNavigated;
        }
        //应用程序挂起事件的处理程序,在该应用程序处理程序需要处理程序被挂起后需要保存
的状态
        private void OnSuspending(object sender,SuspendingEventArgs e)
        {
            var deferral = e.SuspendingOperation.GetDeferral();
            //在这里可以保存应用程序当前的状态和停止任何后台的一些操作
            deferral.Complete();
        }
    }
}
```

App.xaml.cs 文件是一个控制着整个应用程序的全局文件,整个应用程序的生命周期都在该文件中定义和处理。应用程序在整个生命周期的过程中会有 3 种主要状态: Running(运行中)、NotRunning(未运行)和 Suspended(挂起),这些状态的转变如图 2.8 所示。

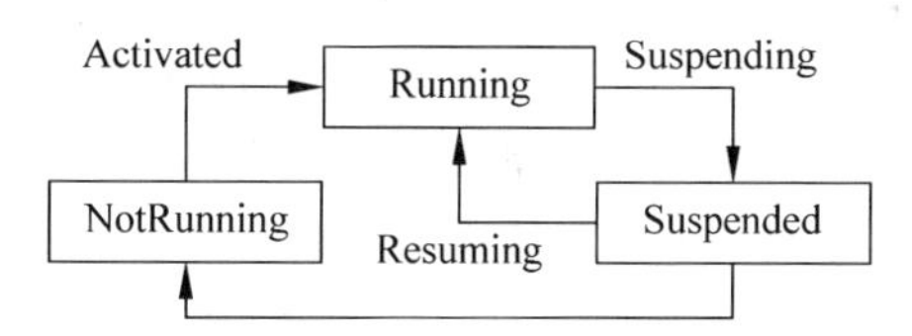

图 2.8 Windows Phone 8.1 应用程序的生命周期

1) 应用启动(从其他状态到 Running 状态)

只要用户激活一个应用,它就会启动,但是其进程会由于刚刚部署、出现了故障,或者被挂起但无法保留在内存中而处于 NotRunning 状态。当应用启动时,会显示应用的一个初始屏幕。尽管其初始屏幕已显示,应用还应该确保它已准备好向用户显示它的用户界面。应用的主要任务是注册事件处理程序和设置它需要加载的任何自定义 UI。这些任务仅应占用几秒的时间。如果某个应用需要从网络请求数据或者需要处理耗时的相关操作,那么这些操作应在激活以外完成。应用在等待完成这些长时间运行的操作时,可以使用自己的自定义加载 UI 或延长的初始屏幕。应用完成激活后,它将进入 Running 状态并且初始屏幕将关闭。

2) 应用激活(从 NotRunning 状态到 Running 状态)

当你的应用被终止后用户又重新启动它时,你的应用可以使用激活还原以前保存的数据。在你的应用挂起之后,有多种情况可以导致你的应用程序被终止。用户可以手动关闭你的应用或者关闭手机。如果用户在你的应用被终止之后启动它,该应用将收到一个

activated事件，并且用户将看到应用的初始屏幕，直到该应用激活为止。你可以通过此事件确定你的应用是否需要还原其在上次挂起时保存的数据，或者是否必须加载应用的默认数据。activated事件参数包括一个PreviousExecutionState属性，该属性告诉你应用在激活之前处于哪种状态。此属性是ApplicationExecutionState枚举值之一，如果应用程序被终止有以下的几种取值：ClosedByUser（被用户关闭）、Terminated（已由系统终止，例如，因为资源限制）和NotRunning（意外终止，或者应用自从用户的会话开始以来未运行）。PreviousExecutionState还可能有Running或Suspended值，但在这些情况下，你的应用以前不是被终止，因此不用担心还原数据。

3）应用挂起（从Running状态到Suspended状态）

应用可在用户离开它或设备进入电量不足状态时挂起，大部分应用会在用户离开它们时停止运行。当用户将一个应用移动到后台时，将等待几秒，以查看用户是否打算立即返回该应用。如果用户没有切换回来，那么系统将挂起应用。如果应用已经为Suspending事件注册一个事件处理程序，则在要挂起该应用之前调用此事件处理程序。你可以使用事件处理程序将相关应用和用户数据保存到持久性存储中。通常，你的应用应该在收到挂起事件时立即在事件处理程序中保存其状态并释放其独占资源和文件句柄，一般只需1秒即可完成。如果应用未在5秒内从挂起事件返回，系统会假设应用已停止响应并终止它。

系统会尝试在内存中保留尽可能多的挂起应用，通过将这些应用保留在内存中，系统可确保用户可在已挂起的应用之间快速且可靠地切换。但是，如果缺少足够的资源在内存中保存你的应用，则系统可能会终止你的应用。请注意，应用不会收到它们被终止的通知，所以你保存应用数据的唯一机会是在挂起期间。当应用确定它在终止后被激活时，它应该加载它在挂起期间保存的应用数据，使应用显示为它在挂起时的状态。

4）应用恢复（从Suspended状态到Running状态）

应用从Suspended状态恢复时，它会进入Running状态并从挂起的位置和时间处继续运行。不会丢失任何应用程序数据，因为数据是保存在内存中的。因此，大多数应用在恢复时不需要执行任何操作。但是，应用可能挂起数小时甚至数天。因此，如果应用拥有可能已过时的内容或网络连接，这些内容或网络连接应该在应用恢复时刷新。如果应用已经为Resuming事件注册一个事件处理程序，则在应用从Suspended状态恢复时调用它。可以使用此事件处理程序刷新内容。如果挂起的应用被激活以加入一个应用合约或扩展，它会首先收到Resuming事件，然后收到Activated事件。

5. Package.appxmanifest 文件

代码清单5：Package.appxmanifest 文件代码

```
<?xml version = "1.0" encoding = "utf - 8"?>
<Package xmlns = "http://schemas.microsoft.com/appx/2010/manifest"
xmlns:m2 = "http://schemas.microsoft.com/appx/2013/manifest"
xmlns:m3 = "http://schemas.microsoft.com/appx/2014/manifest"
xmlns:mp = "http://schemas.microsoft.com/appx/2014/phone/manifest">
```

```
  <Identity Name="f1e5e27c-204d-453b-a0f3-11db2ce4675b"
            Publisher="CN=zhenglin"
            Version="1.0.0.0" />

  <mp:PhoneIdentity PhoneProductId = " f1e5e27c - 204d - 453b - a0f3 - 11db2ce4675b"
PhonePublisherId="00000000-0000-0000-0000-000000000000"/>
  <Properties>
    <DisplayName>HelloworldDemo</DisplayName>
    <PublisherDisplayName>zhenglin</PublisherDisplayName>
    <Logo>Assets\StoreLogo.png</Logo>
  </Properties>
  <Prerequisites>
    <OSMinVersion>6.3.1</OSMinVersion>
    <OSMaxVersionTested>6.3.1</OSMaxVersionTested>
  </Prerequisites>
  <Resources>
    <Resource Language="x-generate"/>
  </Resources>
  <Applications>
    <Application Id="App"
        Executable="$targetnametoken$.exe"
        EntryPoint="HelloworldDemo.App">
        <m3:VisualElements
            DisplayName="HelloworldDemo"
            Square150x150Logo="Assets\Logo.png"
            Square44x44Logo="Assets\SmallLogo.png"
            Description="HelloworldDemo"
            ForegroundText="light"
            BackgroundColor="transparent">
            <m3:DefaultTile Wide310x150Logo = " Assets \ WideLogo. png" Square71x71Logo =
"Assets\Square71x71Logo.png"/>
            <m3:SplashScreen Image="Assets\SplashScreen.png"/>
            <m3:ApplicationView MinWidth="width320"/> <!-- Used in XAML Designer. DO NOT
REMOVE -->
        </m3:VisualElements>
    </Application>
  </Applications>
  <Capabilities>
    <Capability Name="internetClientServer" />
  </Capabilities>
</Package>
```

Package.appxmanifest 文件是 Windows Phone 8.1 应用程序的清单文件，清单文件声明应用的标识、应用的功能以及用来进行部署和更新的信息。你可以在清单文件对当前的应用程序进行配置，例如添加磁帖图像和初始屏幕、指示应用支持的方向以及定义应用的功能种类。Package 元素是整个清单的根节点；Identity 元素表示应用程序版本发布者名称等信息；mp:PhoneIdentity 元素表示手机应用程序相关的唯一标识符信息；Properties 元素包含了应用程序的名称、发布者名称等信息的设置；Prerequisites 元素则是用于设置应用程序所支持的系统版本号；Resources 元素表示应用程序所使用资源信息，如语言资源；

Applications 元素里面则包含了与应用程序相关的 logo 设置、闪屏图片设置等可视化的设置信息；Capabilities 元素表示当前应用程序所使用的一些手机特定功能，如 internetClientServer 表示使用网络的功能。

Package. appxmanifest 文件可以支持在可视化图形中进行设置，可以双击解决方案中的 package. appxmanifest 文件来打开此文件的可视化编辑视图，如图 2.9 所示。我们可以直接在可视化界面上设置程序的 logo、磁贴、功能权限等。在后续的应用程序开发里面有些功能会需要在 Package. appxmanifest 清单文件上进行相关的配置，到时候再进行详细的讲解。

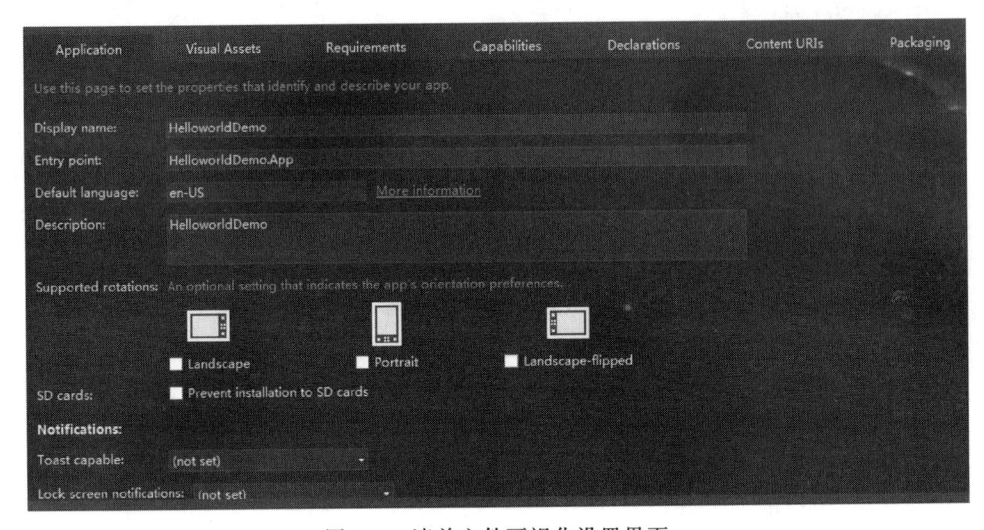

图 2.9　清单文件可视化设置界面

6. AssemblyInfo. cs 文件

代码清单 6：AssemblyInfo. cs 文件代码

```
using System.Reflection;
using System.Runtime.CompilerServices;
using System.Runtime.InteropServices;
[assembly: AssemblyTitle("HelloworldDemo")]
[assembly: AssemblyDescription("")]
[assembly: AssemblyConfiguration("")]
[assembly: AssemblyCompany("")]
[assembly: AssemblyProduct("HelloworldDemo")]
[assembly: AssemblyCopyright("Copyright © 2014")]
[assembly: AssemblyTrademark("")]
[assembly: AssemblyCulture("")]
//关联的版本号
[assembly: AssemblyVersion("1.0.0.0")]
[assembly: AssemblyFileVersion("1.0.0.0")]
[assembly: ComVisible(false)]
```

AssemblyInfo. cs 包含名称和版本的元数据，这些元数据将被嵌入到生成的程序集，这个文件在编程的过程中一般不需要修改。

第3章 XAML简介

XAML(Extensible Application Markup Language)是用于实例化.NET对象的标记语言。XAML是微软技术体系里面的UI编程语言，在Windows 8、Windows Phone、Silverlight和WPF这些技术框架下都可以使用XAML的语法来编写程序的界面。那么在Windows Phone的普通应用程序(游戏除外)中，也是使用XAML来编写程序的界面(HTML5/JS的开发模式是使用HTML和CSS的语法来实现界面的编程)，所以对XAML语法的理解和掌握是编写Windows Phone应用程序的重要基础。Windows Phone 8.1应用程序中的界面是由xaml文件组成的，和这些xaml文件一一对应起来的是xaml.cs文件，这就是微软典型的Code-Behind模式的编程方式。xaml文件的语法类似于XML和HTML的结合体，这是微软的XAML语言特有的语法结构，本章将介绍有关XAML方面的知识和语法。

3.1 理解XAML

XAML是一种声明性标记语言，它简化了为.NET Framework应用程序创建UI的过程，使得程序界面的编程更加简单和简洁。XAML直接以程序集中定义的一组特定后备类型表示对象的实例化，就如同其他的基于XML的标记语言一样，XAML大体上也遵循XML的语法规则。例如，每个XAML元素包含一个名称以及一个或多个属性。XAML文件中的每个元素代表.NET中的一个类，并且XAML文件中的每个属性代表.NET类中的一个属性、方法或事件。例如，若要在Windows Phone的界面上创建一个按钮，则可以用下面的XAML代码来实现：

```
<Button x:Name = "button 1" BorderThickness = "1" Click = "OnClick1" Content = "按钮" />
```

上面XAML代码中的按钮Button，它实际上是Windows Phone中的Windows.UI.Xaml.Controls.Button类。XAML的属性是相应类中的相关属性，如上例中的Name、BorderThickness实际上是Button类中相应的相关属性。在这句XAML语句中，我们还实现了事件处理程序，Click="OnClick1"，即XAML支持声明事件处理程序，具体逻辑在其对应的.xaml.cs的后台代码文件的OnClick1方法中。那么XAML文件可以映射到一个扩展名为.xaml.cs的后台代码文件。这些后台代码文件中的部分类包含了XAML呈现层可以使用的事件、方法和属性，以提供强大的用户体验。

编写XAML代码的时候需要注意，声明一个XAML元素时，最好用Name属性为该元素指定一个名称，这样在C#代码里面才可以访问到此元素。这是因为某种类型的元素可能在XAML页面上声明多次，但是如果不显式地指明各个元素的Name属性，则无法区分哪个是想要操作的元素，也就无法通过C#来操作该元素和其中的属性。

XAML语言是有着严格的语法标准的，所以我们在编写XAML的代码的时候需要遵循它的一些规则。下面是声明一个XAML编程必须遵循的4大原则：

(1) XAML是大小写区分的，元素和属性的名称必须严格区分大小写，例如，对于Button元素来说，其在XAML中的声明应该为<Button>，而不是<button>；

(2) 所有的属性值，无论它是什么数据类型，都必须包含在双引号中；

(3) 所有的元素都必须是封闭的，也就是说，一个元素必须是自我封闭的，<Button.../>，或者是有一个起始标记和一个结束标记，例如<Button>...</Button>；

(4) 最终的XAML文件也必须是合适的XML文档。

3.2 XAML语法概述

可以直接通过Visual Stuido或者Expression Blend这些开发工具的图形化界面来编辑Windows Phone的程序界面，这些开发工具很强大，甚至可以不用手工去编写XAML的代码就可以完成界面的编程。虽然有这些强大的工具的支持，但是我们还是非常有必要去学习和掌握XAML的相关语法的。掌握好XAML的语法才能够更加透彻地理解Windows Phone界面编程的原理，实现更佳复杂的页面编程。下面将介绍XAML的一些重要的语法。

3.2.1 命名空间

那么前面我们说了XAML里面的元素都是对应着.NET里面的类的，但是只提供类名是不够的。XAML解析器还需要知道这个类位于哪个.NET命名空间里面，这样解析器才能够正确地识别到XAML的元素。首先，来看一个最简单的Windows Phone界面的XAML代码，如下所示：

```
<Page
    x:Class = " PhoneApp.MainPage"
    xmlns = "http://schemas.microsoft.com/winfx/2006/xaml/presentation"
    xmlns:x = "http://schemas.microsoft.com/winfx/2006/xaml"
    xmlns:local = "using:HelloworldDemo"
    xmlns:d = "http://schemas.microsoft.com/expression/blend/2008"
    xmlns:mc = "http://schemas.openxmlformats.org/markup - compatibility/2006"
    mc:Ignorable = "d"
    Background = "{ThemeResource ApplicationPageBackgroundThemeBrush}">
```

```
    <Grid x:Name = "LayoutRoot">
    </Grid>
</Page>
```

上面的代码声明了若干个 XML 命名空间，XAML 文档也是一个完整的 XML 的文档。xmlns 特性是 XML 中的一个特殊特性，它专门用来声明命名空间。一旦声明一个命名空间，在文档中的任何地方都可以使用该命名空间。using:HelloworldDemo 表示引用的是应用程序里面 HelloworldDemo 空间，表示可以在 XAML 里面可以通过 local 标识符来使用 HelloworldDemo 空间下的控件或者其他类。

那么在上面的 XAML 代码里面，你还会注意到 Grid 元素并没有一个空间引用的前缀。那 Grid 元素会被解析成哪一个类呢？Grid 类可能是指 Windows. UI. Xaml. Controls. Grid 类，也可能是指位于第三方组件中的 Grid 类，或你自己在应用程序中定义的 Grid 类等。为了弄清实际上希望使用哪个类，XAML 解析器会检查应用于元素的 XML 命名空间。要弄清楚其运行的原理，我们先来看一下两个特别的命名空间：

```
xmlns = "http://schemas.microsoft.com/winfx/2006/xaml/presentation"
xmlns:x = "http://schemas.microsoft.com/winfx/2006/xaml"
```

这段标记声明了两个命名空间，在创建的所有 Windows Phone 的 XAML 文档中都会使用这两个命名空间：

http://schemas. microsoft. com/winfx/2006/xaml/presentation 是 Windows Phone 核心命名空间。它包含了大部分用来构建用户界面的控件类。在该例中，该名称空间的声明没有使用命名空间前缀，所以它成为整个文档的默认命名空间。所以没有前缀的元素都是自动位于这个命名空间下。

http://schemas. microsoft. com/winfx/2006/xaml 是 XAML 命名空间。它包含各种 XAML 实用特性，这些特性可影响文档的解释方式。该名称空间被映射为前缀 x。这意味着可通过在元素名称之前放置名称空间前缀 x 来使用该命名空间，例如上面代码中的 x:Name="LayoutRoot"。

正如在前面看到的，这两个 XAML 的命名空间的名称和任何特定的. NET 名称空间都不匹配。XAML 的创建者选择这种设计的原因有两个。第一个原因，按照约定，XML 文档命名空间通常是 URI。这些 URI 看起来像是在指明 Web 上的位置，但实际上不是。如果使用 URI 格式的命名空间，那么不同的 XML 文档格式就会互相区分开来，作为唯一的标识符，表示这是创建在某个特定环境下的 XML 文档，如 Windows Phone 的 XAML 文档就是基于 Windows Phone 的. NET 类库的。

另一个原因是 XAML 中使用的 XML 命名空间和. NET 命名空间不是一一对应的，如果一一对应的话，会显著增加 XAML 文档的复杂程度。此处的问题在于，Windows Phone 包含了多种命名空间，所有这些命名空间都以 Windows. UI. Xaml 开头的。如果每个. NET 命名空间都有不同的 XML 命名空间，那就需要为使用的每个控件都指定确切的 XML 命名空间，这会使 XAML 文档变得混乱不堪。所以 XAML 将所有这些. NET 命名空间组合到单个 XML 命名空间中。因为在不同的.NET 命名空间中都有一部分.NET 的类，并且所有这些类的名称都不相同，所以这种设计是可行的。

命名空间信息使得 XAML 解析器可找到正确的类。那么上面的 Grid 元素没有前缀，那么就会使用默认的空间名，解析器就会到 Windows Phone 的 Windows.UI.Xaml 开头的空间下去查找相关的类，最后会查找到 Windows.UI.Xaml.Controls.Grid 类与 Grid 元素匹配起来。

3.2.2 对象元素

XAML 的对象元素是指 XAML 中一个完整的节点，一个 XAML 文件始终只有一个根元素，在 Windows Phone 里面通常会是 Page 作为根元素，那么这个根元素就会是当前页面的最顶层的元素。在 XAML 中，除了根元素之外的所有元素都是子元素。根元素只有一个，而子元素理论上可以有无限多个。子元素又可以包含一个或多个子元素，某个元素可以含有子元素的多少由 Windows Phone 中具体类决定。

对象元素语法是一种 XAML 标记语法，它通过声明 XML 元素将 Windows Phone 的类或结构实例化。这种语法类似于如 HTML 等其他标记语言的元素语法。对象元素语法以左尖括号(<)开始，后面紧跟要实例化的类或结构的类型名称。类型名称后面可以有零个或多个空格，对于对象元素还可以声明零个或多个特性，并用一个或多个空格来分隔每个“特性名=值”这样的属性对。比如定义个 Button 的对象元素就会有下面的两种实现的语法，两种语法都是正确的：

```
<Button Content = "这是按钮"/>
<Button Content = "这是按钮"></Button>
```

3.2.3 设置属性

XAML 中的属性是可以用多种语法去设置的，那么不同的属性类型也会有不同的设置方式，并不是全部的属性设置都是通用的。总的来说，可以通过下面的 4 种方式来设置对象元素的属性：

(1) 使用属性语法；

(2) 使用属性元素语法；

(3) 使用内容元素语法；

(4) 使用集合语法(通常是隐式集合语法)。

这 4 种设置属性的方法，并不是对所有属性都适用的，有些属性会只适合用一种方式来设置，有一些属性则可以使用多种方式来进行设置，这是取决于属性对象的特性的。下面我们详细地看一下这 4 种属性的设置方法和相关的示例。

1. 使用属性语法设置属性

大部分的对象元素都可以使用属性语法来设置，这也是最常用的属性设置的语法。使用属性语法设置属性的语法格式如下所示：

```
<objectName propertyName = "propertyValue" .../>
```

或者

```
<objectName propertyName = "propertyValue">
...
</objectName>
```

其中，objectName 是要实例化的对象元素，propertyName 是要对该对象元素设置的属性的名称，propertyValue 是要设置的值。

下面的示例使用属性语法来设置 Rectangle 对象的 Name、Width、Height 和 Fill 属性。

```
<Rectangle Name = "rectangle1" Width = "100" Height = "100" Fill = "Blue" />
```

那么，XAML 分析器会把上面的代码解析成为 C# 的类，当然也可以直接用 C# 的代码来实现对象元素和它的属性的设置，下面的 C# 代码可以实现等效的效果：

```
Rectangle rectangle1  =  new Rectangle();
rectangle1.Width = 100.0;
rectangle1.Height = 100.0;
rectangle1.Fill  =  new SolidColorBrush(Colors.Blue);
```

2. 使用属性元素语法设置属性

属性元素语法是指把属性当作一个独立的元素来进行设置，如果要用属性元素语法去设置属性，那么该属性的值也必须是一个 XAML 的对象元素。那么使用属性元素语法，就需要为要设置的属性创建 XML 元素，让给在这个元素节点中设置属性的值。这些元素的形式为＜Object. Property＞，Object 表示对象元素，Property 表示对象元素的属性。在标准的 XML 中，这个元素会被视为在名称中有一个点的元素，但是使用 XAML 时，元素名称中的点将该元素标识为属性元素，表示 Property 是 Object 的属性。

下面用伪代码来表示属性元素语法设置属性的写法。在下面的代码中，Property 表示要设置属性的名称，PropertyValueAsObjectElement 表示声明一个新的 XAML 的对象元素，其值类型是该属性的值。

```
< Object >
    < Object. property >
    PropertyValueAsObjectElement
    </ Object. property >
</ Object >
```

下面的示例使用属性元素语法来设置 Rectangle 对象元素的 Fill 属性。因为 Rectangle 对象的 Fill 属性的值其实就是一个 SolidColorBrush 类型的值，所以可以需要声明一个 SolidColorBrush 的对象来表示 Fill 属性的值。在 SolidColorBrush 中，Color 使用属性语法来设置。

```
<Rectangle Name = "rectangle1" Width = "100" Height = "100">
  <Rectangle.Fill>
    <SolidColorBrush Color = "Blue"/>
  </Rectangle.Fill>
</Rectangle>
```

如果使用属性语法来编写上面的代码，则等同于下面的代码：

```
<Rectangle Name = "rectangle1" Width = "100" Height = "100" Fill = " Blue ">
</Rectangle>
```

3. 使用内容语法设置属性

使用内容语法设置属性是指直接在对象元素节点内容中设置该属性，忽略掉该属性的属性元素，相当于把该属性的值看作是当前对象元素的内容。那么这个内容可以是一个或者多个对象元素，这些对象元素也是完全独立的 UI 控件。那么内容语法和属性元素语法的区别就是，内容语法比属性元素语法少了 Object. Property 的属性表示。那么内容语法需要较为特殊的属性才能支持，如常见的有 Child 属性、Content 属性都是可以使用内容语法去进行设置的。例如下面的示例使用内容语法设置 Border 的 Child 属性：

```
<Border>
  <Button Content = "按钮"/>
</Border>
```

如果内容属性的属性也支持“松散”的对象模型，在此模型中，属性类型为 Object 类型或者为 String 类型，则可以使用内容语法将纯字符串作为内容放入开始对象标记与结束对象标记之间。下面的示例使用内容语法直接用字符串来设置 TextBlock 的 Text 属性：

```
<TextBlock>你好!</TextBlock>
```

4. 使用集合语法设置属性

上面讨论的属性都是非集合的值的，如果属性的值是一个集合，那么就需要使用集合语法去设置该属性。使用集合语法来设置属性是一种比较特殊的设置方式，使用这种方式的元素通常都是支持一个属性元素的集合。可以使用 C# 代码的 Add 方法来添加更多的集合元素。使用集合语法设置元素实际上是向对象集合中添加属性项，如下所示：

```
<Rectangle Width = "200" Height = "150">
    <Rectangle.Fill>
        <LinearGradientBrush>
            <LinearGradientBrush.GradientStops>
                <GradientStopCollection>
                    <GradientStop Offset = "0.0" Color = "Coral" />
                    <GradientStop Offset = "1.0" Color = "Green" />
                </GradientStopCollection>
            </LinearGradientBrush.GradientStops>
        </LinearGradientBrush>
    </Rectangle.Fill>
```

```
</Rectangle>
```

不过,对于采用集合的属性而言,XAML 分析器可根据集合所属的属性隐式知道集合的后备类型。因此,可以省略集合本身的对象元素,上面的代码页可以省略掉 GradientStopCollection,如下所示:

```
<Rectangle Width="200" Height="150">
    <Rectangle.Fill>
        <LinearGradientBrush>
            <LinearGradientBrush.GradientStops>
                <GradientStop Offset="0.0" Color="Coral" />
                <GradientStop Offset="1.0" Color="Green" />
            </LinearGradientBrush.GradientStops>
        </LinearGradientBrush>
    </Rectangle.Fill>
</Rectangle>
```

另外,有一些属性不但是集合属性,还同时是内容属性。前面示例中以及许多其他属性中使用的 GradientStops 属性就是这种情况。在这些语法中,也可以省略属性元素,如下所示:

```
<Rectangle Width="200" Height="150">
    <Rectangle.Fill>
        <LinearGradientBrush>
            <GradientStop Offset="0.0" Color="Coral" />
            <GradientStop Offset="1.0" Color="Green" />
        </LinearGradientBrush>
    </Rectangle.Fill>
</Rectangle>
```

那么集合属性语法最常见于布局控件中,如 Grid、StackPanel 等这些布局控件的属性设置。例如,下面的示例演示 StackPanel 面板的属性设置,分别由显示的属性设置和最简洁的属性设置。

显示的 StackPanel 的属性设置:

```
<StackPanel>
    <StackPanel.Children>
        <TextBlock>Hello</TextBlock>
        <TextBlock>World</TextBlock>
    </StackPanel.Children>
</StackPanel>
```

最简洁的 StackPanel 的属性设置:

```
<StackPanel>
    <TextBlock>Hello</TextBlock>
    <TextBlock>World</TextBlock>
</StackPanel>
```

3.2.4 附加属性

附加属性是一种特定类型的属性，与普通属性的作用并不一样。这种属性的特殊之处在于，其属性值受到 XAML 中专用属性系统的跟踪和影响。附加属性是可用于多个控件但是却是在另一个类中定义的属性。在 Windows Phone 中，附加属性常用于控件布局。

下面解释附加属性的工作原理。每个控件都有各自固有的属性，例如，Button 空间会有 Content 属性来设置按钮的内容等。那么当在布局面板中放置控件时，根据容器的类型控件会获得额外特征，比如在 Canvas 布局面板中放置一个按钮，那么这个按钮要放在面板的什么位置呢？那么这时候就需要使用附件属性来解决这样的一个问题。下面来看一下一个附件属性使用的示例，如下所示：

```
<Canvas>
  <Button Canvas.Left = "50"> Hello </Button>
</Canvas>
```

我们在上面使用了附件属性 Canvas.Left="50"表示是按钮放置在距离 Canvas 面板左边 50 像素的位置上，关于布局的知识后续还有更加详细的讲解，这里只是作为一个示例演示附加属性。Canvas.Left 创建为一个附加属性，因为它应该在一个 Canvas 内包含的元素上设置，而不是在 Canvas 本身上设置。任何可能的子元素使用 Canvas.Left 或者 Canvas.Top 在 Canvas 布局面板父元素中指定它的目标布局偏移。附加属性可以让你非常轻松地实现这样一种功能，而无须将基础元素对象模型与大量属性聚集在一起去进行设置。另外，还需要注意的是，该用法在一定程度上类似于一个静态属性，你可以对任何一个对象元素设置附加属性 Canvas.Left，而不是按名称引用任何实例。当然，如果对象元素并不在 Canvas 面板里面，那么设置了 Canvas.Left 附加属性是不会产生任何影响的。

3.2.5 标记扩展

标记扩展是一个在 XAML 实现中广泛使用的 XAML 语言概念。有时候我们要在 XAML 里引用静态或动态对象实例，或在 XAML 中创建带有参数的类，那么这时候，我们就需要用到 XAML 扩展了。通过 XAML 标记扩展来设定属性值，从而可以让对象元素的属性具备更加灵活和复杂的赋值逻辑。那么在 XAML 属性语法中，我们会使用大括号"{"和"}"来表示标记扩展用法。常用的 XAML 标记扩展功能包括下面的 4 种：

(1) Binding(绑定)标记扩展，实现在 XAML 载入时，将数据绑定到 XAML 对象；

(2) StaticResource(静态资源)标记扩展，实现引用数据字典(ResourceDictionary)中定义的静态资源；

(3) TemplateBinding(模板绑定)标记扩展，实现在 XAML 页面中，对象模板绑定调用；

(4) RelativeSource(绑定关联源)标记扩展，实现对特定数据源绑定；

在语法上，XAML 使用大括号{}来表示扩展。例如，下面这句 XAML：

```
<TextBlock Text = "{Binding Source = {StaticResource myDataSource},Path = PersonName}"/>
```

这里有两处使用了XAML扩展，一处是Binding，另一处是StaticResource，这种用法又称为嵌套扩展，TextBlock元素的Text属性的值为{ }中的结果。当XAML编译器看到大括号{ }时，把大括号中的内容解释为XAML标记扩展。

XAML本身也定义了一些内置的标记扩展，这类扩展包括x:Type、x:Static、x:null和x:Array。x:null是一种最简单的扩展，其作用就是把目标属性设置为null。x:Type在XAML中取对象的类型，相当于C#中的typeof操作，这种操作发生在编译的时候。x:Static是用来把某个对象中的属性或域的值赋给目标对象的相关属性。x:Array表示一个.NET数组，x:Array元素的子元素都是数组元素，它必须与x:Type一起使用，用于定义数组类型。如下所示使用x:null扩展标记把TextBlock的Background属性设置为null：

```
<TextBlock Text = "你好" Background = "{x:null} />
```

3.2.6 事件

大多数Windows Phone应用程序都是由标记和后台代码组成的，在一个项目中，XAML作为.xaml文件来编写的，然后用C#语言来编写后台代码文件。当XAML文件被编译时，通过XAML页面的根元素的x:Class属性的所指定的命名空间和类来表示每个XAML页对应的后台代码的位置。事件是XAML中非常常用的语法，下面我们来看一下事件的语法实现。

事件在XAML中基础语法如下：

```
<元素对象 事件名称 = "事件处理"/>
```

例如，使用按钮控件的Click事件，响应按钮点击效果，代码如下：

```
<Button Content = "按钮" Click = "Button_Click_1"/>
```

其中，Button_Click连接后台代码中的同名事件处理程序：

```
Private void Button_Click_1(object sender,RoutedEventArgs e)
{
    //在这里可以添加事件处理的逻辑程序
}
```

在实际项目开发中，Visual Studio的XAML语法解析器为开发人员提供了智能感知功能，通过该功能可以在XAML中方便地调用指定事件，而Visual Studio将为对应事件自动生成事件处理函数后台代码。

开发技术篇

对 Windows Phone 8.1 有一定的了解之后，开始进入本篇的学习，本篇的知识具有一定的独立性，同时也会有一些关联性，涉及 Windows Phone 8.1 应用程序开发的大部分常用的技术，每个知识点一般都会配有对应的实例，读者可以边学习边做实际编程的练习，这样会有更好的学习效果，同时也锻炼了自己开发程序的动手能力，让自己更加深刻地掌握这些知识。

本篇对 Windows Phone 8.1 的开发技术进行了全面而详细的讲解，从简单的技术开始，然后再循序渐进地深入，各章节之间会有一定的联系，后面的章节会包含前面章节的知识。本篇会涉及 Windows Phone 8.1 的控件、动画、布局、应用数据、数据绑定、网络编程，蓝牙，近场通信等方面的知识。本篇共包含了 19 章的篇幅，有一定基础的读者可以挑选自己感兴趣的技术的章节阅读。

开发技术篇包括了以下的章节：

第 4 章　常用控件

介绍默认的常用控件的使用。

第 5 章　布局管理

介绍应用程序的布局设计和管理，包括常用的绝对布局和相对布局。

第 6 章　应用数据

介绍 Windows Phone 8.1 的数据存储技术包括应用设置、应用文件以及常用的数据格式解析和存储。

第 7 章　几何图形与位图

介绍几何图形的实现以及使用图片和生成图片的编程。

第 8 章　动画编程

介绍动画编程的基础和常用的动画编程方式。

第 9 章　吐司(Toast)通知和磁贴(Tile)

介绍 Windows Phone 8.1 上吐司(Toast)通知和磁贴(Tile)的使用。

第 10 章　触摸感应编程

介绍手机上的触摸感应相关的事件以及如何利用这些触摸感应的事件实现相关的编程。

第 11 章　数据绑定

介绍数据绑定的相关知识，包括绑定的原理、绑定的属性改变事件、列表绑定等。

第 12 章　网络编程

介绍 Windows Phone 8.1 的网络编程技术，涉及 Http 协议、推送通知等多方面的网络编程的知识。

第 13 章　Socket 编程

介绍 Socket 编程的相关知识，包括 TCP 和 UDP 两种协议的编程知识。

第 14 章　蓝牙和近场通信

介绍如何使用蓝牙和近场通信的 API 去与近距离的设备进行无线通信。

第 15 章　传感器

介绍加速计传感器、罗盘传感器和陀螺仪传感器的编程。

第 16 章　联系人存储

介绍手机通信录联系人的增删改查的相关功能以及联系人编程的常用编程技巧。

第 17 章　多任务

介绍 Windows Phone 8.1 的多任务的编程方式，包括后台任务、后台上传、后台下载等内容。

第 18 章　应用间通信

介绍 Windows Phone 8.1 中不同的应用程序之间的多种通信的方式。

第 19 章　语音控制

介绍 Windows Phone 8.1 里面使用语音识别、语音控制和语音命令的编程。

第 20 章　多媒体

介绍在 Windows Phone 8.1 上的使用音频和视频的编程。

第 21 章　地理位置

介绍定位、地图控件、地理围栏的相关编程知识。

第 22 章　C# 与 C++混合编程

介绍 Windows Phone 8.1 支持的 C++/CX 语法以及如何在 C# 的项目中使用 C++进行编程。

通过本篇的学习，读者将会对 Windows Phone 8.1 的编程技术有一个深入的了解，通过运用这些知识可以很顺利地开发出一些各种功能的手机应用程序，同时也对 Windows Phone 8.1 的知识有一个较为全面的把握。

第4章 常用控件

控件是一个应用程序中最基本的组成部分，在 Windows Phone 的应用程序开发中，无法避免用到系统提供的控件，这些控件构成了应用程序的界面和实现各种交互功能，所以使用 Windows Phone 常用控件进行编程是 Windows Phone 开发中最基础的内容，也是一个 Windows Phone 程序开发的初学者首先需要掌握的知识。熟练地掌握这些控件的使用是开发 Windows Phone 应用程序的必要条件，也是给用户提供良好的用户体验的保证。在学习这些控件编程的时候，首先应理解这些控件的功能，能够达到什么样的交互效果，然后再去学习该控件的编程使用，然后使用该控件相关的属性或者 API 来实现相关的效果。

在学习 Windows Phone 的常用控件之前，有必要先简单介绍一下 Windows Phone 的 UI 风格，因为这些控件的 UI 风格都是高度统一的。实际上 Windows Phone 平台的用户界面引入了扁平化的设计风格，可以称之为 Windows Phone UI 设计的一门语言，只不过这门语言是由一些文字、界面和版式构成。Windows Phone 的 UI 在设计方面给人的感觉就是简约，无论是图片、文字还是一些色块都要具备简单和形象的风格，给用户一种清爽和舒适的感觉，Windows Phone 系统里面默认的一些控件都保持着这样的一种风格。同时，微软希望开发者也按照这样一种扁平化的设计风格来开发应用程序，所以系统所提供的控件风格都保持着这种扁平化的风格。

那么，再回到本章所要讲解的技术内容、常用控件这部分所讲解的都是普通应用程序中非常常见的一些控件，也是使用频率最高的一些控件，包括按钮控件、文本框控件等。在 Visual Studio 编程工具里面可以通过控件面板拖拉这些控件到程序界面上，很方便地生成一个最原始的控件，同时也可以通过编写 XAML 的代码来使用这些控件。本章会详细地讲解在 Windows Phone 中常用的系统控件，如何来使用这些控件来进行编程。

4.1 控件的基类

在学习控件编程之前，先来了解一下控件的相关基类。为什么要了解控件的基类？其实这是因为 Windows Phone 的控件都是有很多共同的特性的，比如宽度、高度、背景色等这些特性是很多控件的共性，而这些共同的特性是使用基类来进行封装的，然后再派生出具体的控件类，这也是面向对象的编程模式。大部分 Windows Phone 的控件都间接或者直接继承了 UIElement、FrameworkElement 或者 Control 这 3 个基类。这 3 个基类封装了 Windows Phone 应用程序界面元素的一些共同的特性，Windows Phone 的控件的实现都是通过直接或者间接继承这些基类来扩展的，然后再根据控件的特性来定义和实现控件自身的属性和方法。下面简单地介绍这 3 个基类的含义和常用的属性方法。

这 3 个基类的继承层次结构如下：

```
Windows.UI.Xaml.UIElement
      Windows.UI.Xaml.FrameworkElement
        Windows.UI.Xaml.Controls.Control
```

1. Windows.UI.Xaml.UIElement 类

UIElement 类是控件最底层的基类，是 Windows Phone 中具有可视外观并可以处理基本输入的大多数对象的基类，我们可以把它理解为是 UI 元素的共同特性。在 UI 用户界面中，大多可视元素的输入行为都是在 UIElement 类中定义的。其中包括触摸相关事件（ManipulationStarting、ManipulationStarted、ManipulationDelta、ManipulationInertiaStarting、ManipulationCompleted）、指针相关事件（PointerCanceled、PointerCaptureLost、PointerEntered、PointerExited、PointerMoved、PointerPressed、PointerReleased、PointerWheelChanged）、键盘事件（KeyDown、KeyUp）等，除了事件之外还有透明度 Opacity 属性、截取区域 Clip 属性、三维变换 Projection 属性、二维变换 RenderTransform 属性等这些都是 UI 元素通用的一些特性来的。关于这些特性的运用在后续的章节还会继续进行详细的讲解，如触摸和指针相关相关事件会用于来实现触摸感应编程的相关效果，三维变换属性和二维变换属性常用实现相关的动画效果等。

2. Windows.UI.Xaml.FrameworkElement 类

FrameworkElement 类为 Windows Phone 布局中涉及的对象提供公共 API 的框架。FrameworkElement 类中还定义在 Windows Phone 中与数据绑定、对象树等相关的 API。FrameworkElement 类相当于是扩展了 UIElement 并添加了布局、数据绑定和控件样式等重要的功能。下面来了解一下 FrameworkElement 基类所提供的这些功能。

首先来看一下布局的功能。FrameworkElement 类作为一个公共的基类，它最主要作用是对应用程序布局相关特性的封装。FrameworkElement 类在 UIElement 类的基础上引入了基本的布局协议，并增加了布局相关的概念，使得在 Windows Phone 应用程序界面的布局编程上更加具有统一性和一致性，也就是说大部分从 FrameworkElement 类派生的控件都具有同样的布局规则。所以 FrameworkElement 类封装了很多布局相关的属性，如 Height（控件高度）、Width（控件宽度）、Margin（外边框）等这些属性也是基于控件布局的属性，所谓的布局不仅仅是控件的位置还包括了控件所占的位置大小尺寸，其次还有就是布局方向相关的属性如 HorizontalAlignment（水平布局的方向）、VerticalAlignment（垂直布局的方向）等，这些布局方向的数据就是表示控件在当前的面板中的排列的方向，在程序布局中会经常使用这些属性来实现相关的布局效果，那么这些控件的属性都是通过

FrameworkElement 基类来提供的。

FrameworkElement 类除了对布局支持之外还引入的两个最关键的内容就是数据绑定和样式。直接或间接继承 FrameworkElement 基类的控件将可以使用控件的数据绑定功能和自定义样式功能。FrameworkElement 类提供的 DataContext 属性表示参与数据绑定时的数据上下文，是控件绑定的数据主体，这是非常重要的属性。关于数据绑定的知识后续还会有更加详细的讲解，这里只是先了解一下这种特性是 FrameworkElement 类所提供的。FrameworkElement 类提供的 Style 属性表示控件的样式，控件的样式是可以用来定义控件的外观展示逻辑的。

3. Windows.UI.Xaml.Controls.Control 类

Control 类相对于 UIElement 类和 FrameworkElement 类更加高级一些的用户界面元素的基类，Control 类主要封装的是控件外观的一些共同的特性，如 Background（背景颜色）、BorderBrush（边框颜色）、FontSize（字体大小）、Foreground（前景色）等。除了这些常见的外观属性之外，Control 类还定义了控件的模板，通过模板来定义其外观。Control 类的属性 Template 表示是控件的模板，是一个 ControlTemplate 类型，可以指定从 Control 类派生的控件的外观。

上面对这三个基础的控件基类做了简单的介绍，目的就是了解 Window Phone 的控件的构成的基础元素，对于控件提供的一些功能在后续的章节再进行详细的讲解，如程序布局，动画等。接下来将介绍 Windows Phone 中常用的一些控件的编程和使用。

4.2 按钮（Button）

按钮（Button）控件是一个表示“按钮”的控件，在单击之后要触发相应事件的控件，按钮控件是再常见不过的一种点击类型的控件了，模拟的场景也是现实中的按钮操作的情景，在 Windows Phone 中代表按钮的类是 Windows.UI.Xaml.Controls.Button 类。控件的 XAML 语法如下：

```
<Button .../>
```

或者

```
<Button ...>内容</Button>
```

在 Windows Phone 中每个控件都可以使用 XAML 的语法或者 C# 代码来进行编写，所实现的效果也是完全等效的，所谓的 XAML 的代码编译之后也是转换成 C# 相对应的代码进行执行的，只不过用 XAML 来编写控件会更加直观和清晰，这个在后续的控件讲解中就不再进行重复说明了。下面来介绍一下 Button 控件的一些常用的功能特性。

1. 点击事件

按钮控件最主要的作用是实现其单击的操作，单击 Button 按钮的时候，将引发一个 Click 事件，通过设置 Click 属性来处理按钮的单击事件，如设置为 Click="button1_Click"，那么在页面对应的.xaml.cs页面上会自动生成一个button1_Click事件的处理方法，在这个方法下面就可以处理按钮的单击事件了。按钮控件有3个状态，分别是按下状态(Press)、悬停状态(Hover)和释放状态(Release)。通过设置按钮控件的ClickMode属性值来控制按钮在哪种状态下才执行Click事件。例如，设置ClickMode="Release"则表示直到手指释放了按钮的时候才开始执行Click按钮的单击事件。

2. 按钮的相关属性

按钮除了点击事件之外，还有就是其外观的显示，一些基础的外观属性可以通过控件的三个基类来进行设置，如背景色、高度等。那么在这里要重点介绍一个属性——Content属性。Content属性是表示按钮内容的属性，通常会直接给Content属性赋值一个文本字符串表示按钮的含义。那么其实Content属性的值是一个object类型，并不是限制了只是string类型的值，因此我们也可以对Content属性赋予一个表示UI元素的值，如StackPanel控件等，这样就可以给按钮定义更加复杂的内容属性。除此之外，在Windows Phone 8.1中我们还可以使用Windows Phone内置的SymbolIcon图形作为Content属性，在Visual Studio里面打开按钮控件的属性窗口，找到Content属性，选择Symbol的图形就可以看到内置的一系列内置的扁平化的图标图形了，如图4.1所示。

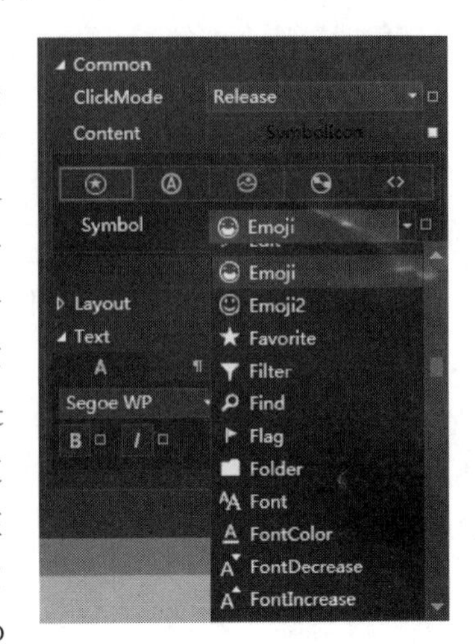

图4.1 SymbolIcon图形

下面给出设置按钮控件的示例：设置按钮尺寸、样式、图片按钮和Symbol图形按钮。

代码清单4-1：按钮控件(源代码：第4章\Examples_4_1)

MainPage.xaml文件主要代码

```
------------------------------------------------------------------------
<StackPanel>
    <!-- 添加按钮单击事件 -->
    <Button Content = "按钮 1" Height = "80" Name = "button1" VerticalAlignment = "Top" Width =
"300" Click = "button1_Click" />
    <!-- 设置按钮的样式 -->
    <Button Content = "按钮 2" FontSize = "48" FontStyle = "Italic" Foreground = "Red"
Background = "Blue" BorderThickness = "10" BorderBrush = "Yellow" Padding = "20"/>
    <!-- 图片按钮 -->
    <Button Width = "165">
        <StackPanel>
            <Image Source = "Assets/StoreLogo.scale-100.png" Stretch = "None" Height = "61"
Width = "94" />
        </StackPanel>
    </Button>
    <!-- Symbol 图形按钮 -->
    <Button>
        <SymbolIcon Symbol = "Favorite"/>
```

```
    </Button>
</StackPanel>
```

MainPage.xaml.cs 文件主要代码

```
//处理按钮单击事件,更新按钮的显示文本内容
private void button1_Click(object sender,RoutedEventArgs e)
{
    button1.Content = "你点击了我啦!";
}
```

程序运行的效果如图 4.2 所示。

图 4.2　按钮控件

4.3　文本块(TextBlock)

文本块(TextBlock)控件是用于显示少量文本的轻量控件,可以通过 TextBlock 呈现只读的文本,你可以把 TextBlock 控件理解为一种纯文本的展示控件。控件的 XAML 语法如下:

```
<TextBlock .../>
```

或者

```
<TextBlock ...>内容</TextBlock>
```

TextBlock 在 Windows Phone 应用中非常普遍,它就相当于一个只是用于呈现文本的标签一样。写过 HTML 页面的开发者都知道,在 HTML 语法中,可以直接将文本写在各

种 HTML 的标签外面，但是在 XAML 语法中，不能直接把文本写在 XAML 的各种控件之外，如果要这样做就必须将文本写到 TextBlock 控件中才能展示出来。文本内容可以直接放在<TextBlock>和</TextBlock>标签之间，也可以赋值给 TextBlock 的 Text 属性，这两种语法都是等效的。下面再来介绍 TextBlock 控件中的一些常用的功能特性。

1. 文字的相关属性

既然 TextBlock 控件是一种文本的展示的控件，那么在控件里面经常会使用到与展示文本相关的属性，如 FontFamily 属性（字体名称，可以设置为 Courier New、Times New Roman、Verdana 等字体）、FontSize 属性（文字大小，以像素为单位，可以赋值为 1、2 等数字）、FontStyle 属性字体样式，可以赋值为 Arial，Verdana 等）、FontWeight 属性（文字的粗细，可设置为 Thin、ExtraLight、Light、Normal、Medium、SemiBold、Bold、ExtraBold、Black、ExtraBlack，这些值是否起作用还要取决于所选择的字体）。使用这 4 个文字相关的属性可以对 TextBlock 的文本信息的外观进行修改，搭配出一种符合应用程序风格的文字 UI 效果。

2. 文本折行的实现

除了文字的相关属性之外，对于文本的折行也是非常常用的功能。TextBlock 控件默认并不会对文本字符串进行折行的，当文本过长就会直接把文本截断，所以要让 TextBlock 控件的文本折行是需要我们自行来实现的。TextBlock 控件提供了两种方式来实现文本的折行，一种是把 TextWrapping 属性设置为 Wrap 或者 WrapWithOverflow，当文本的长度超过了 TextBlock 控件的宽度将会另起一行来进行排列，那么 Wrap 和 WrapWithOverflow 会有一点小区别，这个区别主要是针对英文单词的，如果当这个单词的长度比 TextBlock 控件的宽度还长，那么设置为 Wrap 值就会把这个单词进行折行，如果是设置为 WrapWithOverflow 值则不会对一个完整的单词进行折行显示，对于中文本文这两个值是没有明显的区别的。另一种折行的方式就是使用<LineBreak/>标签来实现，在文本和文本之间添加<LineBreak/>标签则可以实现另起一行的效果。

3. 分割 TextBlock 控件的文本信息

分割 TextBlock 控件的文本信息是指把一个 TextBlock 控件的文本信息分成多个部分进行展示，例如在一个 TextBlock 控件里面你可以把一部分的字符串设置成红色，一部分设置成绿色，这种分割的实现需要依赖 TextBlock 控件 Inlines 属性。在 Inlines 属性里面可以通过 Run 元素标签来把文本的内容分割开来，对不同部分的文本信息设置不同的样式属性，如字体，颜色等。分割 TextBlock 控件的文本信息对于我们在一段文字中，对不同的部分的文字设置不同的样式效果的实现提供了很好的支持。

下面给出设置文本块样式设置的示例：演示如何在一个 TextBlock 控件里面的文字定义多种样式、文字断行、内容自动折行和 cs 文件生成 TextBlock 控件。

代码清单 4-2：文本块控件演示（源代码：第 4 章\Examples_4_2）

MainPage. xaml 文件主要代码

```
<StackPanel x:Name = "stackPanel">
```

```
    <!--创建一个简单的 TextBlock 控件-->
    <TextBlock x:Name="TextBlock2" FontSize="20" Height="30" Text="你好,我是 TextBlock
控件" Foreground="Red"></TextBlock>
    <!--给同一 TextBlock 控件的文字内容设置多种不同的样式-->
    <TextBlock FontSize="20">
        <TextBlock.Inlines>
            <Run FontWeight="Bold" FontSize="14" Text="TextBlock. " />
            <Run FontStyle="Italic" Foreground="Red" Text="red text. " />
            <Run FontStyle="Italic" FontSize="18" Text="linear gradient text. ">
                <Run.Foreground>
                    <LinearGradientBrush>
                        <GradientStop Color="Green" Offset="0.0" />
                        <GradientStop Color="Purple" Offset="0.25" />
                        <GradientStop Color="Orange" Offset="0.5" />
                        <GradientStop Color="Blue" Offset="0.75" />
                    </LinearGradientBrush>
                </Run.Foreground>
            </Run>
            <Run FontStyle="Italic" Foreground="Green" Text=" green " />
        </TextBlock.Inlines>
    </TextBlock>
    <!--使用 LineBreak 设置 TextBlock 控件折行-->
    <TextBlock FontSize="20">
        你好!
        <LineBreak/>
        我是 TextBlock
        <LineBreak/>
        再见
        <LineBreak/>
        --2014 年 6 月 8 日
    </TextBlock>
    <!--设置 TextBlock 控件自动折行-->
    <TextBlock TextWrapping="Wrap" FontSize="30">
        好像内容太长长长长长长长长长长长长长长长长长长长了
    </TextBlock>
    <!--不设置 TextBlock 控件自动折行-->
    <TextBlock FontSize="20">
        好像内容太长长长长长长长长长长长长长长长长长长长了
    </TextBlock>
    <!--设置 TextBlock 控件内容的颜色渐变-->
    <TextBlock Text="颜色变变变变变变" FontSize="30">
        <TextBlock.Foreground>
            <LinearGradientBrush>
                <GradientStop Color="#FF0000FF" Offset="0.0" />
                <GradientStop Color="#FFEEEEEE" Offset="1.0" />
            </LinearGradientBrush>
        </TextBlock.Foreground>
    </TextBlock>
</StackPanel>
```

MainPage. xam. cs 文件主要代码

```
public MainPage()
{
    this.InitializeComponent();
    //在.xaml.cs 页面动态生成 TextBlock 控件
    TextBlock txtBlock = new TextBlock();
    txtBlock.Height = 50;
    txtBlock.Width = 200;
    txtBlock.FontSize = 18;
    txtBlock.Text = "在 CS 页面生成的 TextBlock";
    txtBlock.Foreground = new SolidColorBrush(Colors.Blue);
    stackPanel.Children.Add(txtBlock);
}
```

程序运行的效果如图 4.3 所示。

图 4.3　TextBlock 控件

4.4　文本框(TextBox)

文本框(TextBox)控件是表示一个可用于显示和编辑单格式、多行文本的控件。TextBox 控件常用于在表单中编辑非格式化文本，例如，如果一个表单要求输入用户姓名、电话号码等，则可以使用 TextBox 控件来进行文本输入。控件的 XAML 语法如下：

```
<TextBox .../>
```

TextBox 的高度可以是一行，也可以包含多行。对于输入少量纯文本(如表单中的“姓名”、“电话号码”等)而言,单行 TextBox 是最好的选择。同时你也可以创建一个使用户可以输入多行文本的 TextBox,例如,表单要求输入较多的文字,可能需要使用支持多行文本的 TextBox。设置多行文本的方法很简单,将 TextWrapping 特性设置为 Wrap 会使文本在到达 TextBox 控件的边缘时换至新行,必要时会自动扩展 TextBox 控件以便为新行留出空间,这点是和 TextBlock 控件一样的。同时 TextBox 控件也可以设置文字的相关属性(FontFamily、FontSize、FontStyle、FontWeight)。下面我们再来介绍 TextBox 控件中的一些特别的功能特性。

1. 支持 Enter 键换行

因为 TextBox 控件是一个文本输入的控件,所以它除了对自动换行的支持之外,还支持 Enter 键换行的输入。不过在默认的情况下,TextBox 控件是不支持 Enter 键换行的,如果需要支持 Enter 键换行,需要把 AcceptsReturn 属性设置为 true。

2. 键盘的类型

由于 Windows Phone 手机并不支持第三方的输入法软件,所以在文本框输入的情况下,只能够使用系统提供的输入法和键盘类型。那么 TextBox 控件是可以通过 InputScope 属性来设置在控件输入信息的时候所提供的键盘类型,比如你的 TextBox 文本框只是要求用户输入手机号码,那么你通过设置 InputScope="TelephoneNumber"来制定电话号码的输入键盘。关于键盘的类型可以通过枚举 InputScopeNameValue 来看到所有的键盘类型,包括有 EmailSmtpAddress(邮件地址输入)、Url(网址输入)、Number(数字输入)等。如果使用 C#代码来设置 TextBox 控件的键盘类型,代码的编写会稍微麻烦一点,示例代码如下所示:

```
textBox1.InputScope = new InputScope();
textBox1.InputScope.Names.Add(new InputScopeName() { NameValue = InputScopeNameValue.
TelephoneLocalNumber });
```

3. 控件头

通常在创建一个输入框的时候都需要在输入框的上面添加相关的说明,例如“请输入用户名”等。那么 TextBox 控件会通过 Header 属性来直接支持添加这个控件头的描述说明,简化了控件的实现。Header 属性的默认样式是跟系统的文本框的控件头的样式保持一致。

4. 操作事件

TextBox 控件支持 3 个常用的操作事件,分别是 TextChanged 事件(TextBox 控件文本信息的改变会触发该事件)、SelectionChanged 事件(TextBox 控件选择信息的改变会触发该事件)、Paste 事件(在 TextBox 控件中粘贴的操作会触发该事件)。TextChanged 事件通常会用来检查用户输入信息的改变,然后再获取控件的 Text 属性的信息进行相关的操作。SelectionChanged 事件也是类似的作用,不过 SelectionChanged 事件则是检查用户选择的文本信息的改变,然后获取控件的 SelectedText 属性表示选择的文本信息,如果没有选择文本信息,则 SelectedText 的值是空的字符串。当控件中发生粘贴操作的时候会触发 Paste 事件,如果有一些信息的输入是不允许粘贴的,可以利用该事件来禁止粘贴的输入操作。

下面给出文本框的示例：创建TextBox控件演示TextBox控件的键盘选择，控件头和操作事件的实现。

代码清单4-3：文本框控件演示(源代码：第4章\Examples_4_3)

MainPage.xaml 文件主要代码

```
<StackPanel>
    <!-- 创建一个电话号码的输入文本框控件 -->
    <TextBox InputScope = "TelephoneNumber">
        <TextBox.Header>
            请输入电话号码:
        </TextBox.Header>
    </TextBox>
    <!-- 测试 TextBox 控件的相关操作事件 -->
    <TextBox x:Name = "TextBox1" TextWrapping = "Wrap" AcceptsReturn  = "true" Header = "输入信
息: " SelectionHighlightColor = "Red"
                TextChanged = "TextBox1_TextChanged"
                SelectionChanged = "TextBox1_SelectionChanged"
                Paste = "TextBox1_Paste"/>
    <TextBlock x:Name = "textBlock2" Text = "操作信息:" FontSize = "20"/>
    <TextBlock x:Name = "textBlock1" TextWrapping = "Wrap" FontSize = "20"/>
</StackPanel>
```

MainPage.xaml.cs 文件主要代码

```
//文本的信息
string text  =  "";
//选择的文本信息
string selectedText  =  "";
//是否发生粘贴
string pasteTest  =  "";
//文本变化的事件
private void TextBox1_TextChanged(object sender,TextChangedEventArgs e)
{
    text  =  TextBox1.Text;
    ShowInformation();
}
//文本选择的事件
private void TextBox1_SelectionChanged(object sender,RoutedEventArgs e)
{
    selectedText  =  TextBox1.SelectedText;
    ShowInformation();
}
//粘贴事件
private void TextBox1_Paste(object sender,TextControlPasteEventArgs e)
{
    text  =  TextBox1.Text;
    selectedText  =  TextBox1.SelectedText;
    pasteTest  =  "产生了粘贴操作";
```

```
        ShowInformation();
    }
    //操作信息展示
    private void ShowInformation()
    {
        textBlock1.Text = "文本信息:"" + text + ""选择的信息:"" + selectedText + ""粘贴的
信息:"" + pasteTest + """;
    }
```

程序运行的效果如图 4.4 所示。

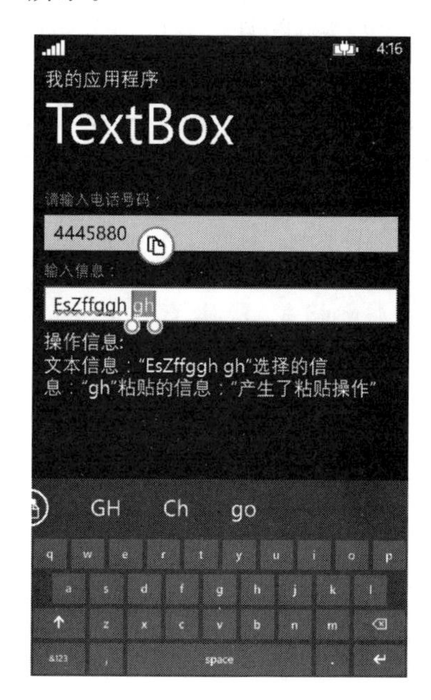

图 4.4 TextBox 控件

4.5 边框(Border)

边框(Border)控件是指在另一个对象的周围绘制边框、背景或同时绘制二者的控件。控件的 XAML 语法如下:

```
<Border>
子控件对象
</Border>
```

Border 控件通常会是其他控件的一个外观显示的辅助控件,它很少单独使用,一般都是配合其他控件一起来使用,从而展示出其他控件的边框效果。Border 控件只能包含一个子对象,如果要在多个对象周围放置一个边框,应将这些对象包装到一个容器对象中,如

StackPanel等。你可以通过设置Border控件的属性来展现出各种各样的边框效果，比如可以通过CornerRadius属性来将边框的各角改为圆角，它的值表示边框角的半径；通过BorderBrush属性来设置边框的颜色画刷；通过BorderThickness属性来设置设置边框的粗细，它的值表示边框的宽度，那么它的值会分为3种格式，一个值如BorderThickness="1"表示是上下左右的宽度为1，两个值如BorderThickness="1 2"表示是左右的宽度为1，上下的宽度是2，四个值如BorderThickness="1 2 3 4"表示是左的宽度为1，上的宽度是2，右的宽度为3，下的宽度是4。那么在这里还需要注意的一个属性是Child属性，Border控件边框包住的子控件对象默认就是Child属性的值，若使用C#代码来编写Border控件就需要把子控件对象直接赋值给Child属性。

下面给出边框控件的示例：演示了各种的Border样式的使用。

代码清单4-4：边框样式演示（源代码：第4章\Examples_4_4）

MainPage.xaml文件主要代码

```
<StackPanel>
    <!--BorderThickness 边框的宽度; BorderBrush 边框的颜色; CornerRadius 边框角的半径-->
    <Border Background="Coral" Padding="10" CornerRadius="30,38,150,29" BorderThickness=
"8 15 10 2" BorderBrush="Azure"></Border>
    <Border BorderThickness="1,3,5,7" BorderBrush="Blue" CornerRadius="10" Width="200">
        <TextBlock Text="蓝色的 Border" ToolTipService.ToolTip="这是蓝色的 Border 吗?"
FontSize="30" TextAlignment="Center"/>
    </Border>
    <!--单击后将显示边框 -->
    <Border x:Name="TextBorder" BorderThickness="10">
        <Border.BorderBrush>
            <SolidColorBrush Color="Red" Opacity="0"/>
        </Border.BorderBrush>
         <TextBlock Text="请单击一下我!" PointerPressed="TextBlock_PointerPressed"
FontSize="20"/>
    </Border>
    <!--颜色渐变的边框 -->
    <Border x:Name="brdTest" BorderThickness="4" Width="200" Height="150">
        <Border.BorderBrush>
            <LinearGradientBrush x:Name="borderLinearGradientBrush" MappingMode=
"RelativeToBoundingBox" StartPoint="0.5,0" EndPoint="0.5,1">
                <LinearGradientBrush.GradientStops>
                    <GradientStop Color="Yellow" Offset="0"/>
                    <GradientStop Color="Blue" Offset="1"/>
                </LinearGradientBrush.GradientStops>
            </LinearGradientBrush>
        </Border.BorderBrush>
    </Border>
</StackPanel>
```

MainPage.xaml.cs文件主要代码

```
public MainPage()
```

```
{
    this.InitializeComponent();
    //动态填充 brdTest 里面的子元素
    Rectangle rectBlue = new Rectangle();
    rectBlue.Width = 1000;
    rectBlue.Height = 1000;
    SolidColorBrush scBrush = new SolidColorBrush(Colors.Blue);
    rectBlue.Fill = scBrush;
    this.brdTest.Child = rectBlue;
}
//单击事件,通过修改 Opacity 来实现,当用户点击文本时,出现一个文本的边框
private void TextBlock_PointerPressed(object sender,PointerRoutedEventArgs e)
{
    //0 表示完全透明的 1 表示完全显示出来
    TextBorder.BorderBrush.Opacity = 0.5;
}
```

程序运行的效果如图 4.5 所示。

图 4.5 Border 控件

4.6 超链接(HyperlinkButton)

超链接(HyperlinkButton)控件是表示显示超链接的按钮控件,它的作用和网页上的超链接是一样的,单击之后可以打开一个网站。控件的 XAML 语法如下:

```
<HyperlinkButton .../>
```

或者

```
<HyperlinkButton>内容</HyperlinkButton>
```

HyperlinkButton 控件也继承了 ButtonBase 基类，大部分的特性和 Button 控件一样，不过 HyperlinkButton 控件多了 NavigateUri 属性，通过将 URI 的地址赋值给 NavigateUri 属性，可以实现单击 HyperlinkButton 时要导航到用户设置的 URI。单击 HyperlinkButton 后，用户可以导航到网页页面，则可以通过浏览器来打开网页的地址。HyperlinkButton 控件的跳转事件是控件内部就已经集成了的，不必去处理 HyperlinkButton 的单击事件，即可自动导航到为 NavigateUri 指定的地址。

下面给出超链接导航的示例：使用 HyperlinkButton 超链接按钮和导航打开网页。

代码清单 4-5：超链接导航演示（源代码：第 4 章\Examples_4_5）

MainPage.xaml 文件主要代码

```
<StackPanel>
    <!-- 创建一个 HyperlinkButton 按钮 -->
    <HyperlinkButton Width = "200" Content = "链接按钮" Background = "Blue" Foreground =
"Orange" FontWeight = "Bold" Margin = "0,0,0,30">
    </HyperlinkButton>
    <!-- 点击 Google 按钮，将会跳转到 IE 并打开网页 http://google.com -->
    <HyperlinkButton Content = "Google" NavigateUri = "http://google.com" />
</StackPanel>
```

程序运行的效果如图 4.6 所示。

图 4.6　HyperlinkButton 控件

4.7 单选按钮(RadioButton)

单选按钮(RadioButton)控件是表示一个单项选择的按钮控件,使用单选按钮控件,用户可从一组选项中选择一个选项。控件的 XAML 语法如下:

```
<RadioButton .../>
```

或者

```
<RadioButton ...>内容</RadioButton>
```

用户可以通过将 RadioButton 控件放到父控件内或者为每个 RadioButton 设置 GroupName 属性来对 RadioButton 进行分组。当 RadioButton 元素分在一组中时,按钮之间会互相排斥,用户一次只能选择 RadioButton 组中的一项。RadioButton 有两种状态:选定(选中)或清除(未选中)。是否选中了 RadioButton 由其 IsChecked 属性的状态决定。选定 RadioButton 后,IsChecked 属性为 true;清除 RadioButton 后,IsChecked 属性为 false。要清除一个 RadioButton,可以单击该组中的另一个 RadioButton,但不能通过再次单击该单选按钮自身来清除。但是可以通过编程方式来清除 RadioButton,方法是将其 IsChecked 属性设置为 false。

下面给出单项选择的示例:创建一组 RadioButton 按钮,并捕获你选择的按钮的内容。

代码清单 4-6:单项选择(源代码:第 4 章\Examples_4_6)

MainPage.xaml 文件主要代码

```
<StackPanel>
    <TextBlock FontSize="34" Height="57" Name="textBlock1" Text="你喜欢哪一个品牌的手机?" />
    <RadioButton GroupName="MCSites" Background="Yellow" Foreground="Blue" Content="A、诺基亚" Click="RadioButton_Click" Name="a"/>
    <RadioButton GroupName="MCSites" Background="Yellow" Foreground="Orange" Content="B、苹果" Click="RadioButton_Click" Name="b" />
    <RadioButton GroupName="MCSites" Background="Yellow" Foreground="Green" Content="C、HTC" Click="RadioButton_Click" Name="c"/>
    <RadioButton GroupName="MCSites" Background="Yellow" Foreground="Purple" Content="D、其他的" Click="RadioButton_Click" Name="d"/>
    <TextBlock FontSize="34" Height="57" Name="textBlock2" Text="你选择的答案是: " />
    <TextBlock FontSize="34" Height="57" Name="answer" />
</StackPanel>
```

MainPage.xaml.cs 文件主要代码

```
//RadioButton 按钮单击事件
private void RadioButton_Click(object sender, RoutedEventArgs e)
```

```
{
    if (a.IsChecked == true)
        answer.Text = a.Content.ToString();
    else if (b.IsChecked == true)
        answer.Text = b.Content.ToString();
    else if (c.IsChecked == true)
        answer.Text = c.Content.ToString();
    else
        answer.Text = d.Content.ToString();
}
```

程序运行的效果如图4.7所示。

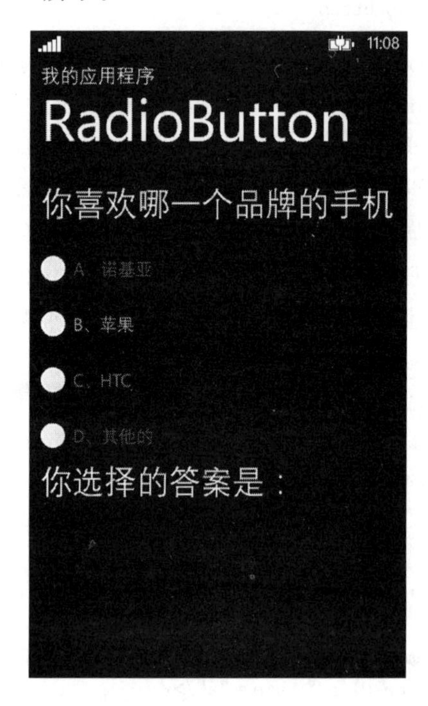

图4.7 RadioButton控件

4.8 复选框(CheckBox)

复选框(CheckBox)控件，表示用户可以选中或不选中的控件，常用于多选的场景。控件的XAML语法如下：

```
<CheckBox .../>
```

或者

```
<CheckBox>内容</CheckBox>
```

CheckBox 和 RadioButton 控件都允许用户从选项列表中进行选择，CheckBox 控件允许用户选择一组或者多个选项，而 RadioButton 控件则允许用户从互相排斥的选项中进行选择。CheckBox 控件继承自 ToggleButton，可具有 3 种状态：选中、未选中和不确定。那么 CheckBox 控件可以通过 IsThreeState 属性来获取或设置指示控件是支持两种状态还是 3 种状态的值和通过 IsChecked 属性获取或设置是否选中了复选框控件。需要注意的是，如果将 IsThreeState 属性设置为 true，则 IsChecked 属性将为已选中或不确定状态返回 true。

下面给出复选框的示例：判断复选框是否选中。

代码清单 4-7：复选框(源代码：第 4 章\Examples_4_7)

MainPage.xaml 文件主要代码

```
------------------------------------------------------------------------
<StackPanel>
    <!-- 一个 CheckBox 控件 -->
    <CheckBox x:Name = "McCheckBox1" Foreground = "Orange" Content = "Check Me" FontFamily =
"Georgia" FontSize = "20" FontWeight = "Bold" />
    <!-- 添加了选中和不选中的处理事件 -->
    <CheckBox x:Name = "McCheckBox3" Content = "Check Me" IsChecked = "True" Checked =
"McCheckBox_Checked" Unchecked = "McCheckBox_Unchecked" />
</StackPanel>
```

MainPage.xaml.cs 文件主要代码

```
------------------------------------------------------------------------
//选中事件
private void McCheckBox_Checked(object sender,RoutedEventArgs e)
{
    //第一次进入页面的时候 McCheckBox3 还没有初始化,所以必须先判断一下 McCheckBox3 是否
为 null
    if (McCheckBox3 != null)
    {
        McCheckBox3.Content = "Checked";
    }
}
//取消选中事件
private void McCheckBox_Unchecked(object sender,RoutedEventArgs e)
{
    if (McCheckBox3 != null)
    {
        McCheckBox3.Content = "Unchecked";
    }
}
```

程序运行的效果如图 4.8 所示。

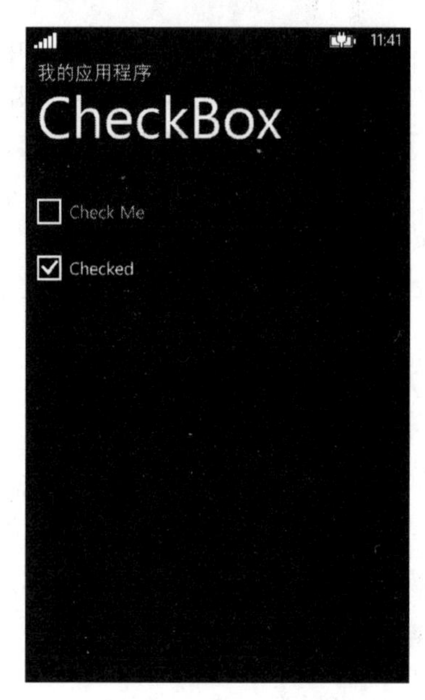

图 4.8　CheckBox 控件

4.9　进度条(ProgressBar)

进度条(ProgressBar)控件表示一个指示操作进度的控件。控件的 XAML 语法如下：

```
<ProgressBar .../>
```

ProgressBar 控件有两种不同的形式——重复模式和非重复模式。这两种类型的 ProgressBar 控件是由 IsIndeterminate 属性来区分的，下面来详细地阐述这两种模式下的进度条的特点。

1. 重复模式进度条

ProgressBar 的属性 IsIndeterminate 设置为 true 时为重复模式，也是 ProgressBar 的默认模式。当无法确定需要等待的时间或者无法计算等待的进度情况时，适合使用重复模式，进度条会一直产生等待的效果，直到关掉进度条或者跳转到其他的页面。重复模式进度条的运行效果如图 4.9 所示。

2. 非重复模式进度条

ProgressBar 的属性 IsIndeterminate 设置为 false 时为非重复模式，这种情况下的进度条是需要明确指定进度的情况的。如果对于某一个耗时任务，可以确定执行任务的时间或者可以跟踪完成任务的进度情况时，那么就适合使用非重复模式的进度条，从而可以根据完成任务的情况而改变进度条的值来产生更好的进度效果。当 IsIndeterminate 为 false 时，可以使用 Minimum 和 Maximum 属性指定范围。默认情况下，Minimum 为 0，而 Maximum 为 100。通过 ValueChanged 事件可以监控到进度条控件的值的变化，若要指定进度值，那么就需要通过 Value 属性来设置。非重复模式进度条的运行效果如图 4.10 所示。

图 4.9 重复模式的进度条的运行效果　　图4.10 非重复模式的进度条的运行效果

下面给出两种模式的进度条的示例：创建重复模式的进度条和创建非重复模式的进度条。

代码清单 4-8：两种模式的进度条(源代码：第 4 章\Examples_4_8)

MainPage. xaml 文件主要代码

```
<StackPanel>
    <TextBlock Text="选择 ProgressBar 的类型:" FontSize="20" />
    <!-- 使用 RadioButton 控件来选择进度条的类型 -->
    <RadioButton Content="Determinate 类型" Height="71" Name="radioButton1" GroupName=
"Type"/>
    <RadioButton Content="Indeterminate 类型" Height="71" Name="radioButton2" GroupName
="Type" IsChecked="True" />
    <Button Content="启动 ProgressBar" Height="72" x:Name="begin" Click="begin_Click" />
    <Button Content="取消 ProgressBar" Height="72" x:Name="cancel" Click="cancel_Click" />
    <!-- 进度条控件 -->
    <ProgressBar x:Name="progressBar1" IsIndeterminate="true" />
</StackPanel>
```

MainPage. xaml. cs 文件代码

```
public MainPage()
{
    this.InitializeComponent();
    //第一次进入页面,设置进度条为不可见
    progressBar1.Visibility = Visibility.Collapsed;
}
//启动进度条,把进度条显示
private void begin_Click(object sender,RoutedEventArgs e)
{
    //设置进度条为可见
    progressBar1.Visibility = Visibility.Visible;
    if (radioButton1.IsChecked == true)
    {
        //设置进度条为不可重复模式
        progressBar1.IsIndeterminate = false;
        //使用一个定时器,每一秒钟触发一下进度的改变
        DispatcherTimer timer = new DispatcherTimer();
        timer.Interval = TimeSpan.FromSeconds(1);
        timer.Tick += timer_Tick;
        timer.Start();
    }
    else
    {
        //设置进度条的值为 0
```

```
            progressBar1.Value = 0;
            //设置进度条为重复模式
            progressBar1.IsIndeterminate = true;
        }
    }
    //定时器的定时触发的事件处理
    async void timer_Tick(object sender,object e)
    {
        //如果进度没到达100,则在原来的进度基础上再增加10
        if (progressBar1.Value<100)
        {
            progressBar1.Value += 10;
        }
        else
        {
            //进度完成,移除定时器的定时事件
            (sender as DispatcherTimer).Tick -= timer_Tick;
            //停止定时器的运行
            (sender as DispatcherTimer).Stop();
            await new MessageDialog("进度完成").ShowAsync();
        }

    }
    //取消进度条,把进度条隐藏
    private void cancel_Click(object sender,RoutedEventArgs e)
    {
        //隐藏进度条
        progressBar1.Visibility = Visibility.Collapsed;
    }
```

程序运行的效果如图 4.11 所示。

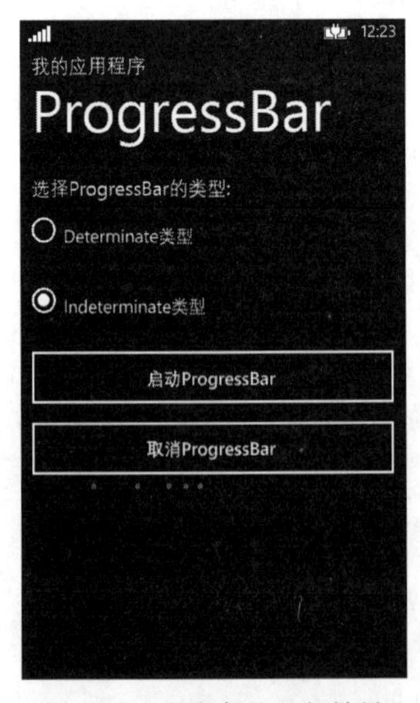

图 4.11　进度条的运行效果

4.10 滚动视图(ScrollViewer)

滚动视图(ScrollViewer)控件是一个可以水平滚动或者垂直滚动的视图容器,通常会在这个容器里面包含着其他的可视化元素,然后可以通过滚动的方式来进行浏览查看。有时候我们在应用程序中展示的内容会超过手机屏幕的范围,如填写一个很多信息的表单,那么这时候就可以使用ScrollViewer控件通过滚动的方式来展示出来。控件的XAML语法如下:

```
<ScrollViewer .../>
```

或者

```
<ScrollViewer ...>内容</ScrollViewer>
```

ScrollViewer控件是针对大内容控件的布局控件。由于该控件内仅能支持一个子控件,所以在多数情况下,ScrollViewer控件都会和Stackpanel、Canvas和Grid相互配合使用。如果遇到内容较长的子控件,ScrollViewer会生成滚动条,提供对内容的滚动支持。ScrollViewer控件的HorizontalScrollBarVisibility和VerticalScrollBarVisibility属性分别控制垂直和水平ScrollBar控件出现的条件,用于设置ScrollViewer控件是水平滚动还是垂直滚动。HorizontalOffset和VerticalOffset分别表示滚动内容的水平偏移量和垂直偏移量,这两个属性是可读属性,常用于判断当前滚动条的位置。ScrollableHeight和ScrollableWidth属性分别表示ScrollViewer控件可滚动区域的垂直大小和水平大小的值。ViewportHeight和ViewportWidth属性分别表示控件包含可见内容的垂直大小和水平大小。一般情况下可滚动区域的大小会比可见内容的大小要大,否则滚动的意义就不大了。

下面给出查看大图片的示例:创建一个ScrollViewer控件来存放一张大图片,然后在空间内可以左右上下地拖动来查看图片。

代码清单4-9:查看大图片(源代码:第4章\Examples_4_9)

MainPage.xaml文件主要代码

```
------------------------------------------------------------------------
<ScrollViewer Height="200" Width="200" VerticalScrollBarVisibility="Auto"
HorizontalScrollBarVisibility="Auto">
    <ScrollViewer.Content>
        <StackPanel>
            <Image Source="/cat.jpg"></Image>
        </StackPanel>
    </ScrollViewer.Content>
</ScrollViewer>
```

程序运行的效果如图4.12所示。

下面给出滚动图片的示例:创建一组可以向上或者向下滚动的图片。

图 4.12　ScrollViewer 控件滚动图片

代码清单 4-10：滚动图片(源代码：第 4 章\Examples_4_10)

MainPage.xaml 文件主要代码

```
<StackPanel>
    <ScrollViewer Name = "scrollViewer1" VerticalScrollBarVisibility = "Hidden" Height = "300">
        <StackPanel Name = "stkpnlImage" />
    </ScrollViewer>
    <Button Content = "往上" FontSize = "30" Click = "btnUp_Click" />
    <Button Content = "往下" FontSize = "30" Click = "btnDown_Click" />
    <Button Content = "停止" FontSize = "30" Click = "stop_Click" />
</StackPanel>

//往下滚动的定时触发器
private DispatcherTimer tmrDown;
//往上滚动的定时触发器
private DispatcherTimer tmrUp;
public MainPage()
{
    InitializeComponent();
    //添加图片到 ScrollViewer 里面的 StackPanel 中
    for (int i = 0; i <= 30; i++)
    {
        Image imgItem = new Image();
        imgItem.Width = 200;
        imgItem.Height = 200;
        //4 张图片循环添加到 StackPanel 的子节点上
```

```
            if (i % 4 == 0)
            {
                imgItem.Source = (new BitmapImage(new Uri("ms-appx:///a.jpg", UriKind.
RelativeOrAbsolute)));
            }
            else if (i % 4 == 1)
            {
                imgItem.Source = (new BitmapImage(new Uri("ms-appx:///b.jpg", UriKind.
RelativeOrAbsolute)));
            }
            else if (i % 4 == 2)
            {
                imgItem.Source = (new BitmapImage(new Uri("ms-appx:///c.jpg", UriKind.
RelativeOrAbsolute)));
            }
            else
            {
                imgItem.Source = (new BitmapImage(new Uri("ms-appx:///d.jpg", UriKind.
RelativeOrAbsolute)));
            }
            this.stkpnlImage.Children.Add(imgItem);
        }
        //初始化 tmrDown 定时触发器
        tmrDown = new DispatcherTimer();
        //每 500 毫秒跑一次
        tmrDown.Interval = new TimeSpan(500);
        //加入每次 tick 的事件
        tmrDown.Tick += tmrDown_Tick;
        //初始化 tmrUp 定时触发器
        tmrUp = new DispatcherTimer();
        tmrUp.Interval = new TimeSpan(500);
        tmrUp.Tick += tmrUp_Tick;
    }
    void tmrUp_Tick(object sender,object e)
    {
        //将 VerticalOffset -10 将出现图片将往上滚动的效果
        scrollViewer1.ScrollToVerticalOffset(scrollViewer1.VerticalOffset - 10);
    }
    void tmrDown_Tick(object sender,object e)
    {
        //先停止往上的定时触发器
        tmrUp.Stop();
        //将 VerticalOffset +10 将出现图片将往下滚动的效果
        scrollViewer1.ScrollToVerticalOffset(scrollViewer1.VerticalOffset + 10);
    }
    //往上按钮事件
    private void btnUp_Click(object sender,RoutedEventArgs e)
    {
        //先停止往下的定时触发器
        tmrDown.Stop();
```

```
        //tmrUp 定时触发器开始
        tmrUp.Start();
    }
    //往下按钮事件
    private void btnDown_Click(object sender,RoutedEventArgs e)
    {
        //tmrDown 定时触发器开始
        tmrDown.Start();
    }
    //停止按钮事件
    private void stop_Click(object sender,RoutedEventArgs e)
    {
        //停止定时触发器
        tmrUp.Stop();
        tmrDown.Stop();
    }
```

程序运行的效果如图 4.13 所示。

图 4.13　滚动的图片列表

4.11　滑动条(Slider)

滑动条(Slider)控件表示一种通过滑动位置来设置数值的控件，控件有一个指定范围的值，通过滑动来控制当前的值的大小。控件的 XAML 语法如下：

```
<Slider .../>
```

Slider 控件可让用户从一个值范围内选择一个值，同时 Slider 控件也有水平和垂直之分，通过 Orientation 属性来指定滑动的方向，要么为水平，要么为垂直。Slider 控件是在一个范围内的取值，这个取值范围可以通过 Minimum 和 Maximum 属性来设置，分别表示最小的取值和最大的取值，指定好了最小值和最大值，那么 Slider 控件的 Value 属性的值就会根据滑动的比例在取值的范围里面取值。在使用的时候，如果需要及时地跟踪 Slider 控件的取值变化，那么就需要订阅 ValueChanged 事件，当滑动滑动条的时候，Value 属性的值就会发生改变，同时也会触发 ValueChanged 事件。

下面给出调色板的示例：使用红、蓝、绿三种颜色的来调试出综合的色彩。

代码清单 4-11：调色板(源代码：第 4 章\Examples_4_11)

MainPage. xaml 文件主要代码

```
<StackPanel>
    <Grid Name = "controlGrid" Grid.Row = "0" Grid.Column = "0">
        <Grid.RowDefinitions>
                <RowDefinition Height = " * " />
            <RowDefinition Height = " * " />
                <RowDefinition Height = " * " />
        </Grid.RowDefinitions>
        <Grid.ColumnDefinitions>
            <ColumnDefinition Width = " * " />
            <ColumnDefinition Width = " * " />
            <ColumnDefinition Width = " * " />
        </Grid.ColumnDefinitions>
        <!-- 设置红色 -->
        <TextBlock Grid.Column = "0" Grid.Row = "0" Text = "红色" Foreground = "Red" FontSize =
"20" />
        <Slider x:Name = "redSlider" Grid.Column = "0" Grid.Row = "1" Foreground = "Red"
Minimum = "0" Maximum = "255" ValueChanged = "OnSliderValueChanged" />
        <TextBlock x:Name = "redText" Grid.Column = "0" Grid.Row = "2" Text = "0" Foreground = "Red"
FontSize = "20"/>
        <!-- 设置绿色 -->
         <TextBlock Grid.Column = "1" Grid.Row = "0" Text = "绿色" Foreground = "Green"
FontSize = "20" />
        <Slider x:Name = "greenSlider" Grid.Column = "1" Grid.Row = "1" Foreground = "Green"
Minimum = "0" Maximum = "255" ValueChanged = "OnSliderValueChanged" />
        <TextBlock x:Name = "greenText" Grid.Column = "1" Grid.Row = "2" Text = "0" Foreground =
"Green" FontSize = "20" />
        <!-- 设置蓝色 -->
        <TextBlock Grid.Column = "2" Grid.Row = "0" Text = "蓝色" Foreground = "Blue" FontSize =
"20"/>
        <Slider x:Name = "blueSlider" Grid.Column = "2" Grid.Row = "1" Foreground = "Blue"
Minimum = "0" Maximum = "255" ValueChanged = "OnSliderValueChanged" />
        <TextBlock x:Name = "blueText" Grid.Column = "2" Grid.Row = "2" Text = "0" Foreground =
"Blue" FontSize = "20" />
    </Grid>
    <Ellipse Height = "100" x:Name = "ellipse1" Stroke = "Black" StrokeThickness = "1" Width =
```

```
"224" />
    <TextBlock x:Name = "textBlock1" Text = "颜色" FontSize = "26"/>
</StackPanel>
```

MainPage.xaml.cs 文件主要代码

```
public MainPage()
{
    InitializeComponent();
    //3个 slider 控件的初始值
    redSlider.Value = 128;
    greenSlider.Value = 128;
    blueSlider.Value = 128;
}
//slider 控件变化时触发的事件
void OnSliderValueChanged(object sender,RangeBaseValueChangedEventArgs e)
{
    //获取调剂的颜色
    Color clr = Color.FromArgb(255,(byte)redSlider.Value,
                                    (byte)greenSlider.Value,
                                    (byte)blueSlider.Value);
    //将 3 种颜色的混合色设置为 ellipse1 的填充颜色
    ellipse1.Fill = new SolidColorBrush(clr);
    textBlock1.Text = clr.ToString();
    redText.Text = clr.R.ToString("X2");
    greenText.Text = clr.G.ToString("X2");
    blueText.Text = clr.B.ToString("X2");
}
```

程序运行的效果如图 4.14 所示。

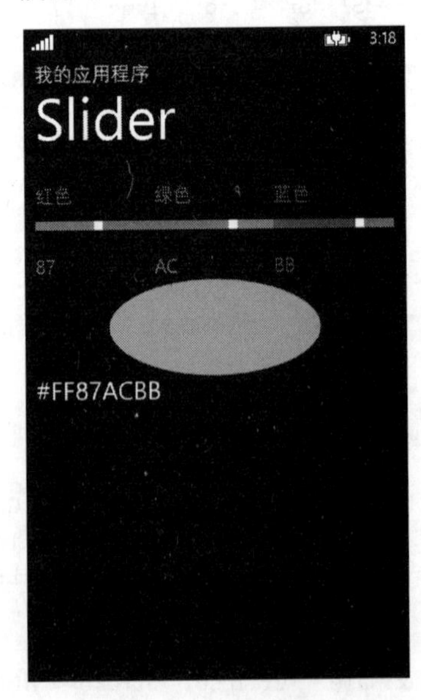

图 4.14　调色板

4.12 时间选择器(TimePicker)和日期选择器(DatePicker)

时间选择器(TimePicker)和日期选择器(DatePicker)是关于时间和日期选择的控件，TimePicker 控件选取的值是包含了时分秒的时间值，DatePicker 控件选取的值是包含了年月日的日期值。控件的 XAML 语法如下：

```
<TimePicker.../>
<DatePicker.../>
```

TimePicker 控件和 DatePicker 控件是 Windows Phone 里面标准的时间和日期控件，它们的展示效果分别如图 4.15 和图 4.16 所示。TimePicker 控件和 DatePicker 控件也有 Header 属性和 TextBox 控件的 Header 属性作用一样，作为控件说明的标头。当 TimePicker 控件和 DatePicker 控件的值发生改变的时候，也就是用户点击选取了其他的值的时候，会触发 TimePicker 控件的 TimeChanged 事件或者 DatePicker 控件的 DateChanged 事件。TimePicker 控件的 Time 属性代表着时间选择器的值，TimeSpan 类型；DatePicker 控件的 Date 属性代表着日期选择器的值，DateTimeOffset 类型。通过这两个控件结合起来，可以让用户选择出准备的日历时间。

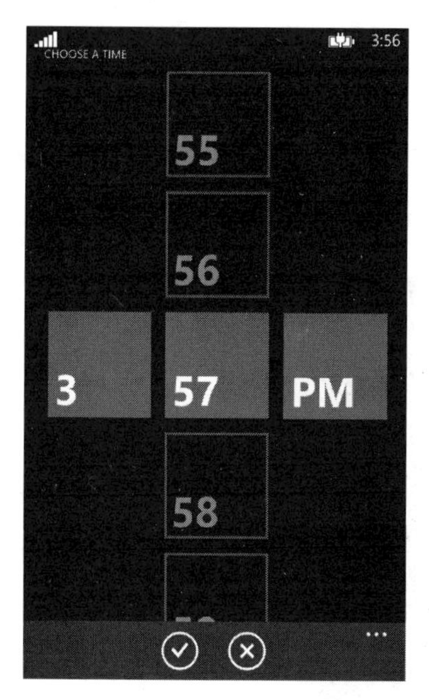

图 4.15　TimePicker 控件

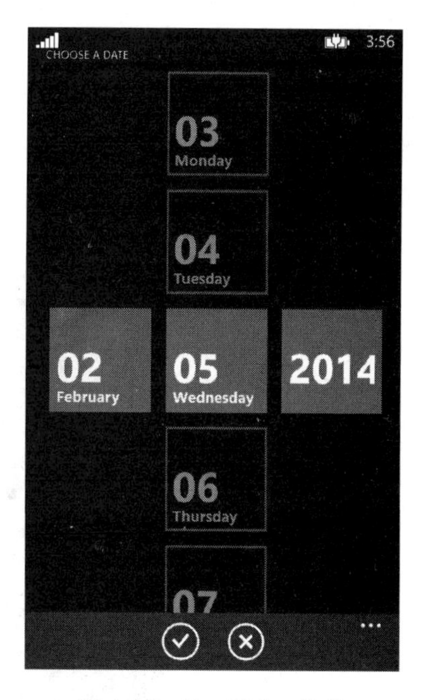

图 4.16　DatePicker 控件

下面给出时间日期的示例：演示使用 TimePicker 控件和 DatePicker 控件来选择时间和日期。

代码清单 4-12：时间日期（源代码：第 4 章\Examples_4_12）

MainPage.xaml 文件主要代码

```
<StackPanel>
    <TimePicker x:Name="time" Header="请选择时间：" TimeChanged="time_TimeChanged"/>
    <DatePicker x:Name="date" Header="请选择日期：" DateChanged="date_DateChanged"/>
    <TextBlock x:Name="info" FontSize="20" TextWrapping="Wrap"></TextBlock>
</StackPanel>
```

MainPage.xaml.cs 文件主要代码

```
public MainPage()
{
    this.InitializeComponent();
    //控件默认的时间和日期会是手机当前的时间和日期
    info.Text = "时间：" + time.Time.ToString() + " 日期：" + date.Date.ToString();
}
//日期选择器改变的时间
private void date_DateChanged(object sender,DatePickerValueChangedEventArgs e)
{
    info.Text = "时间：" + time.Time.ToString() + " 日期改变为：" + date.Date.ToString();
}
//时间选择器改变的时间
private void time_TimeChanged(object sender,TimePickerValueChangedEventArgs e)
{
    info.Text = "时间改变为：" + time.Time.ToString() + " 日期：" + date.Date.ToString();
}
```

程序运行的效果如图 4.17 所示。

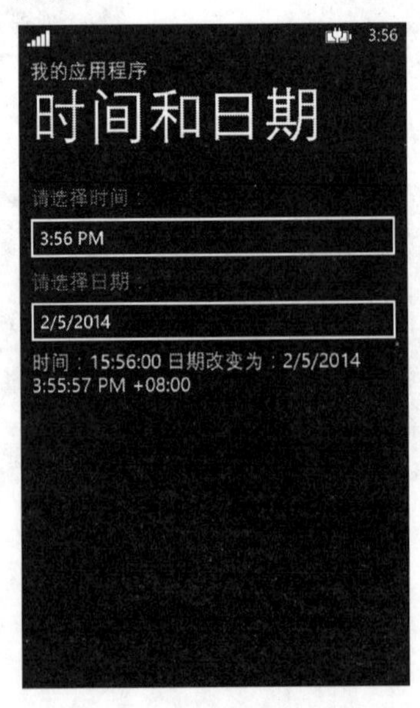

图 4.17　时间和日期选择器

4.13 枢轴控件(Pivot)

枢轴控件(Pivot)提供了一种快捷的方式来管理应用中的视图或页面,通过一种类似于页签的方式来将视图分类,这样就可以在一个界面上通过切换页签来浏览多个数据集,或者切换应用视图。枢轴控件水平放置独立的视图,同时处理左侧和右侧的导航,可以通过划动或者平移手势来切换枢轴控件中的视图。控件的 XAML 语法如下:

```
<Pivot>
    <PivotItem>
        <!-- UI 内容 -->
    </PivotItem>
    <PivotItem>
        <!-- UI 内容 -->
    </PivotItem>
</Pivot>
```

在 Windows Phone 手机上很多系统程序的页面都用到了 Pivot 控件,如图 4.18 所示,手机上的系统设置用了 Pivot 控件。Pivot 控件对于这种分类的信息展示提供了很好的支持。

如图 4.18 所示系统设置的界面上展示了一个有两个页面的枢轴视图,可以通过划动和平移手势切换页面,向左划动,就由当前页面(系统)切换到下一个页面(应用程序),如果切换到最后一个页面,同样操作会回到第一个页面,也就是说,枢轴视图的页面是循环的。另外,也可以点击标题来切换,在"系统"中,点击其后面并列的灰色"应用程序"就可以切换到相应页面。

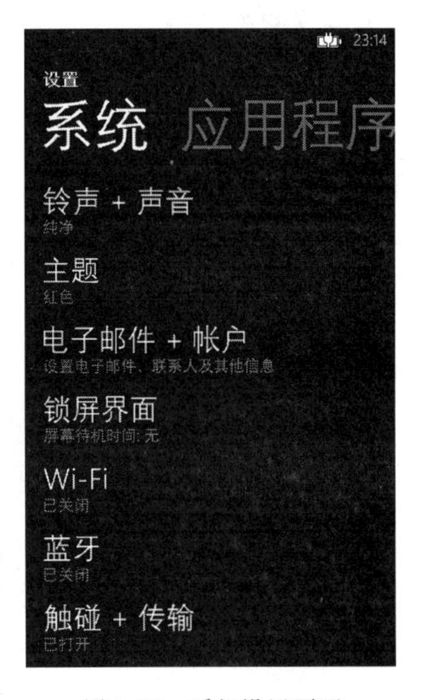

图 4.18 手机设置页面

Pivot 控件分为两个部分,分别是标题部分和内容部分。

1) 标题部分

主要包含 Pivot 的标题,通过 Pivot 的 Title 属性来设置,在图 4.18 中为"设置",还有 PivotItem 的标题,通过 PivotItem 的 Header 属性设置,在图 4.18 中为"系统"和"应用程序"。当然标题不仅仅是可以设置为存文本的文字,还可以设置为带有图标的富文本信息,因为 Title 属性和 Header 属性都是 object 类型,支持 UI 元素的赋值。

2) 内容部分

显示在枢轴视图页面的控件都需要放到 PivotItem 中,可以把 PivotItem 当作一个容器控件,将要展示的控件都放置在其中。在内容部分就可以完全按照一个单独页面来进行布局,因为 Pivot 控件只会显示出一个页签的内容,其他的都会先隐藏起来。如果页签发生了切换则会触发 SelectionChanged 事件，表示当前选择的 PivotItem 发生了改变，通过 SelectedIndex 和 SelectedItem 可以获取到当前选中的页签的索引和对象。

下面给出 Pivot 布局的示例：演示 Pivot 控件的使用。

代码清单 4-13：Pivot 控件(源代码：第 4 章\Examples_4_13)

MainPage.xaml 文件主要代码

```
<Pivot Title="Pivot 的标题" x:Name="myPivot"
                SelectionChanged="myPivot_SelectionChanged">
    <PivotItem Header="页签一">
        <Rectangle Width="200" Height="200" Fill="Orange" />
    </PivotItem>
    <PivotItem Header="页签二">
        <Rectangle Width="200" Height="200" Fill="GhostWhite" />
    </PivotItem>
    <PivotItem Header="页签三">
        <Rectangle Width="200" Height="200" Fill="DeepSkyBlue" />
    </PivotItem>
</Pivot>
```

MainPage.xaml.cs 文件主要代码

```
private void myPivot_SelectionChanged(object sender,SelectionChangedEventArgs e)
{
    myPivot.Title = "当前的页签索引是：" + myPivot.SelectedIndex;
}
```

程序运行的效果如图 4.19 所示。

图 4.19 Pivot 控件

4.14　全景视图控件(Hub)

全景视图控件(Hub)是 Windows Phone 上一个独特的视图控件,给用户提供了一种纵向的拉伸延长的视图效果,它通过使用一个超过屏幕宽度的长水平画布,提供了一种独特显示控件、数据和服务的方式。控件的 XAML 语法如下:

```
<Hub>
    <HubSection>
        <HubSection.ContentTemplate>
            <DataTemplate>
                <!-- UI 内容 -->
            </DataTemplate>
        </HubSection.ContentTemplate>
    </HubSection>
    <HubSection Header="second item">
        <HubSection.ContentTemplate>
            <DataTemplate>
                <!-- UI 内容 -->
            </DataTemplate>
        </HubSection.ContentTemplate>
    </HubSection>
</Hub>
```

Hub 控件和 Pivot 控件是同一类型的控件,都是使用页签的方式来组织页面的内容,不过两个控件的交互效果却不太一样。在 Windows Phone 手机上 Hub 控件使用也很普遍,如系统的联系人的界面如图 4.20 所示,就是通过 Hub 控件来展现的。

图 4.20　系统人脉页面

在使用 Hub 控件的时候也通常会关注 Hub 控件的三个部分:背景、全景标题、全景区域。背景是 Hub 控件包装下的整个应用程序的背景,位于全景应用的最底层,这个背景会铺满整个手机屏幕。背景通常是一张全景图,它可能是应用程序最直观的部分,也可以不设置，如联系人应用的背景就是默认的颜色。全景标题和全景区域和Pivot控件是类似的作用。

下面给出Hub控件的示例：Hub控件的使用。

代码清单4-14：Hub控件（源代码：第4章\Examples_4_14）

MainPage.xaml文件主要代码

```
<Hub>
    <!-- 在大标题上添加程序的图标 -->
    <Hub.Header>
        <StackPanel Orientation="Horizontal">
            <Image Source="Assets/StoreLogo.scale-100.png" Height="100"></Image>
            <TextBlock Text="我的应用程序"></TextBlock>
        </StackPanel>
    </Hub.Header>
    <!-- 添加背景图片 -->
    <Hub.Background>
        <ImageBrush ImageSource="PanoramaBackground.png"/>
    </Hub.Background>
    <!-- 第一个页签 -->
    <HubSection Header="first item">
        <HubSection.ContentTemplate>
            <DataTemplate>
                <StackPanel>
                    <TextBlock Text="第一个 item" FontSize="50"/>
                    <TextBlock Text="这是第一个 item!" FontSize="50"/>
                </StackPanel>
            </DataTemplate>
        </HubSection.ContentTemplate>
    </HubSection>
    <!-- 第二个页签 -->
    <HubSection Header="second item">
        <HubSection.ContentTemplate>
            <DataTemplate>
                <StackPanel>
                    <TextBlock Text="第二个 item" FontSize="50"/>
                    <TextBlock Text="这是第二个 item!" FontSize="50"/>
                </StackPanel>
            </DataTemplate>
        </HubSection.ContentTemplate>
    </HubSection>
    <!-- 第三个页签 -->
    <HubSection Header="third item">
        <HubSection.ContentTemplate>
            <DataTemplate>
                <StackPanel>
                    <TextBlock Text="第三个 item" FontSize="50"/>
                    <TextBlock Text="这是第三个 item!" FontSize="50"/>
                </StackPanel>
```

```
            </DataTemplate>
        </ HubSection.ContentTemplate>
    </ HubSection>
</ Hub>
```

程序运行的效果如图 4.21 所示。

图 4.21 Hub 控件

4.15 浮出控件(Flyout)

浮出控件(Flyout)是一个轻型的辅助型的弹出控件,通常会作为提示或者要求用户进行相关的交互来使用。Flyout 控件与 Windows Phone 里面的弹出框 MessageDialog 是有很大区别的,首先 Flyout 控件是一个辅助控件,需要与其他控件结合起来才能使用;还有就是取消的规则不一样,可以通过单击或在外部点击都可以轻松消除 Flyout 控件。可以使用 Flyout 控件收集用户输入、显示与某个项目相关的更多信息或者要求用户确认某个操作。只有当为了响应用户点击时才应显示 Flyout 控件,也就是说 Flyout 控件并不是直接就显示出来,而是必须要用户的操作才能呈现出来;当用户在弹出窗口外部点击时,Flyout 控件就会消失,这也是 Flyout 控件默认的关闭规则。控件的 XAML 语法如下:

```
<Button>
    <Button.Flyout>
        <Flyout>
```

```
            <!-- 浮出的 UI 内容 -->
        </Flyout>
    </Button.Flyout>
</Button>
```

从控件的 XAML 语法中可以看出，Flyout 控件本身就是一种辅助性的控件，它必须要与其他的控件结合起来使用才可以，那么通常会将 Flyout 控件附加到一个 Button 控件上直接响应 Button 控件的单击事件，因此 Button 控件拥有 Flyout 属性以简化附加和打开 Flyout 控件。单击按钮时，附加到按钮的浮出控件自动打开，这是不需要处理任何事件即可打开浮出控件。那么对于非 Button 控件是不是不能使用 Flyout 控件呢？答案是肯定的，非 Button 控件也一样可以使用 Flyout 控件，你也可以使用 FlyoutBase.AttachedFlyout 附加属性，将 Flyout 控件附加到任何 FrameworkElement 对象。因为 Flyout 控件是必须要响应某个用户的操作的，Button 控件是默认关联到了 Click 事件，如果是用 FlyoutBase.AttachedFlyout 附加属性来添加 Flyout 控件的这种情况下，就必须响应 FrameworkElement 控件上的交互，例如 Tapped，并在代码中打开 Flyout 控件。示例代码如下所示：

XAML 代码：

```
<TextBlock Text=" Tapped 事件触发 Flyout" Tapped="TextBlock_Tapped">
    <FlyoutBase.AttachedFlyout>
        <Flyout>
            <!-- 浮出的 UI 内容 -->
        </Flyout>
    </FlyoutBase.AttachedFlyout>
</TextBlock>
```

C#代码：

```
private void TextBlock_Tapped(object sender,TappedRoutedEventArgs e)
{
    FrameworkElement element = sender as FrameworkElement;
    if (element != null)
    {
        FlyoutBase.ShowAttachedFlyout(element);
    }
}
```

从上文我们知道 Flyout 控件有两种创建方式：一种是通过 Button 控件的 Flyout 属性添加；另一种是通过 FlyoutBase.AttachedFlyout 附件属性给任何的 FrameworkElement 对象来添加。那么在 Windows Phone 上 Flyout 控件一共有 6 种不同的类型：Flyout、DatePickerFlyout、TimePickerFlyout、PickerFlyout、ListPickerFlyout 和 MenuFlyout。

1. Flyout

Flyout 类型表示用于处理自定义的浮出窗口的。Flyout 控件经常会使用的事件是 Closed、Opened 和 Opening 事件，分别表示是在关闭、已打开和正在打开的三种时机触发的时间，在实际的程序开发中通常会在 Closed 事件处理程序中来获取用户的操作结果。同时这三种事件也是其他类型的 Flyout 控件的共性，所以你可以把 Flyout 类型的 Flyout 控件看作最简单和最基本的 Flyout 控件。

2. DatePickerFlyout 和 TimePickerFlyout

DatePickerFlyout 类型表示是选择日期的浮出窗口；TimePickerFlyout 表示是选择时间的浮出窗口。DatePickerFlyout 与 TimePickerFlyout 类型的 Flyout 控件实际上是和 TimePicker 与 DatePicker 控件是非常类似的，只不过 Flyout 控件可以监控到 TimePicker 与 DatePicker 控件的弹出时机。

3. PickerFlyout 和 ListPickerFlyout

PickerFlyout 表示是选择的浮出窗口，可以在页面底下添加确认的菜单栏用于用户进行确认；ListPickerFlyout 表示是列表形式展示的浮出窗口，需要通过集合数据绑定来呈现列表的选择。PickerFlyout 和 ListPickerFlyout 类型的 Flyout 控件是选择类型的浮出窗口，它们与其他的 Flyout 控件的主要区别是提供了选中确认的时间分别是 PickerFlyout 对应的 Confirmed 事件和 ListPickerFlyout 对应的 ItemsPicked 事件，而需要注意的是 ListPickerFlyout 需要通过数据绑定来实现选择的列表，关于数据绑定的知识在后续的章节还会进行更加详细的介绍。

4. MenuFlyout

MenuFlyout 表示是上下文菜单的选择浮出窗口。一个 MenuFlyout 会包含若干个 MenuFlyoutItem，每个 MenuFlyoutItem 表示一个选项，用户可以进行单击，同时同时通过 MenuFlyoutItem 的 Click 单击事件来处理用户的单击请求。MenuFlyout 还有一个很大的特点就是当用户当其弹出的时候，会把程序页面的其他部分会往里面凹下去以强调弹出的 MenuFlyout 浮出层。

下面给出 Flyout 控件的示例：6 种类型的 Flyout 控件的使用和 Button 与非 Button 控件对 Flyout 控件的集成。

代码清单 4-15：Flyout 控件（源代码：第 4 章\Examples_4_15）

MainPage.xaml 文件主要代码

```
<StackPanel>
    <!-- 最基本的 Flyout 控件,自定义其浮出的内容 -->
    <Button Content = "Show Flyout">
        <Button.Flyout>
            <Flyout>
                <StackPanel>
                    <TextBox PlaceholderText = "请输入名字"/>
                    <Button HorizontalAlignment = "Right" Content = "确定"/>
                </StackPanel>
            </Flyout>
        </Button.Flyout>
    </Button>
    <!-- 浮出上下文菜单,点击菜单后改变当前按钮上的文本内容 -->
    <Button x:Name = "menuFlyoutButton" Content = "Show MenuFlyout" >
```

```
        <Button.Flyout>
            <MenuFlyout>
                <MenuFlyoutItem Text="Option 1" Click="MenuFlyoutItem_Click"/>
                <MenuFlyoutItem Text="Option 2" Click="MenuFlyoutItem_Click"/>
                <MenuFlyoutItem Text="Option 3" Click="MenuFlyoutItem_Click"/>
            </MenuFlyout>
        </Button.Flyout>
    </Button>
    <!--浮出选择日期弹窗,单击确定后会触发 DatePicked 事件,然后可以获取选中的日期-->
    <Button Content="Show DatePicker">
        <Button.Flyout>
            <Controls:DatePickerFlyout Title="选择日期: " DatePicked="DatePickerFlyout
DatePicked"/>

        </Button.Flyout>
    </Button>
    <!--浮出选择时间弹窗,单击确定后会触发 TimePicked 事件,然后可以获取选中的时间-- ->
    <Button Content="Show TimePicker">
        <Button.Flyout>
            <Controls:TimePickerFlyout Title="选择时间: " TimePicked="TimePickerFlyout_
TimePicked"/>
        </Button.Flyout>
    </Button>
    <!--浮出选择弹窗,显示底下的确认取消菜单栏并且处理其确认事件 Confirmed-->
    <Button Content="Show Picker">
        <Button.Flyout>
            <Controls:PickerFlyout Confirmed="PickerFlyout_Confirmed" ConfirmationButtonsVisible=
"True">
                <TextBlock Text="你确定吗?????" FontSize="30" Margin="0 100 0 0"/>
            </Controls:PickerFlyout>
        </Button.Flyout>
    </Button>
    <!--浮出选择列表弹窗,绑定集合的数据,处理选中的事件 ItemsPicked-->
    <Button Content="Show ListPicker">
        <Button.Flyout>
            <Controls:ListPickerFlyout x:Name="listPickerFlyout" Title="选择手机品牌:
"ItemsPicked="listPickerFlyout_ItemsPicked">
                <Controls:ListPickerFlyout.ItemTemplate>
                    <DataTemplate>
                        <TextBlock Text="{Binding}" FontSize="30"></TextBlock>
                    </DataTemplate>
                </Controls:ListPickerFlyout.ItemTemplate>
            </Controls:ListPickerFlyout>
        </Button.Flyout>
    </Button>
    <!--使用附加属性 FlyoutBase.AttachedFlyout 来实现 Flyout 控件-->
    <TextBlock Text="请点击我!" Tapped="TextBlock_Tapped" FontSize="20">
            <FlyoutBase.AttachedFlyout>
                <Flyout>
                    <TextBox Text="你好!"/>
```

```
            </Flyout>
        </FlyoutBase.AttachedFlyout>
    </TextBlock>
</StackPanel>
```

MainPage.xaml.cs 文件主要代码

```
public MainPage()
{
    this.InitializeComponent();
    //绑定 ListPickerFlyout 的数据源
    listPickerFlyout.ItemsSource = new List<string>{ "诺基亚","三星","HTC","苹果","华
为" };
}
//PickerFlyout 的确认事件,在事件处理程序里面可以处理相关的确认逻辑
private async void PickerFlyout_Confirmed(PickerFlyout sender,PickerConfirmedEventArgs args)
{
    await new MessageDialog("你单击了确定").ShowAsync();
}
//TimePickerFlyout 的时间选中事件,在事件处理程序里面可以获取选中的时间
private async void TimePickerFlyout_TimePicked(TimePickerFlyout sender, TimePickedEventArgs
args)
{
    await new MessageDialog(args.NewTime.ToString()).ShowAsync();
}
//DatePickerFlyout 的日期选中事件,在事件处理程序里面可以获取选中的日期
private async void DatePickerFlyout_DatePicked(DatePickerFlyout sender, DatePickedEventArgs
args)
{
    await new MessageDialog(args.NewDate.ToString()).ShowAsync();
}
//MenuFlyout 的菜单选项的单击事件,单击后直接获取菜单栏的文本显示到按钮上
private void MenuFlyoutItem_Click(object sender,RoutedEventArgs e)
{
    menuFlyoutButton.Content = (sender as MenuFlyoutItem).Text;
}
//通过 FlyoutBase.ShowAttachedFlyout 方法来展示出 Flyout 控件
private void TextBlock_Tapped(object sender,TappedRoutedEventArgs e)
{
    FrameworkElement element = sender as FrameworkElement;
    if (element != null)
    {
        FlyoutBase.ShowAttachedFlyout(element);
    }
}
//ListPickerFlyout 的选中事件,单击列表的某一项便会触发,在事件处理程序中通常会获取选中的
//项目来进行相关逻辑的处理
private async void listPickerFlyout_ItemsPicked(ListPickerFlyout sender,ItemsPickedEventArgs
args)
{
```

```
        if (sender.SelectedItem != null)
        {
            await new MessageDialog("你选择的是: " + sender.SelectedItem.ToString()).ShowAsync();
        }
    }
```

程序运行的效果如图 4.22 所示。

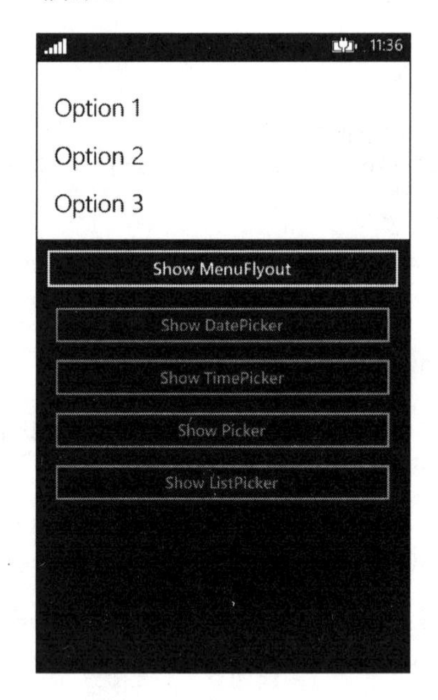

图 4.22 Flyout 系列控件

4.16 下拉框(ComboBox)

下拉框(ComboBox)是一个下拉选择的列表控件，它适用于选项较少的情况进行下拉选择，如果是选项很多的情况则建议使用上文所讲的 ListPickerFlyout 控件来实现。控件的 XAML 语法如下：

```
<ComboBox/>
```

ComboBox 控件本质上也是一个列表控件，所以列表控件的相关属性和用法在 ComboBox 控件上也是完全适用的，关于 Windows Phone 的列表控件在数据绑定的章节里面会做更加详细的讲解。如果要对 ComboBox 控件的下拉数据进行绑定可以通过 ItemTemplate 设置选项的模板和绑定的属性，然后再绑定数据源。当然，如果下拉框的下拉数据只是固定的几个文本数据也没有必要用数据绑定来处理，这时候可以直接通过 <x:String>来创建拉下的选项。ComboBox 控件还有两个常用的事件：DropDownOpened(下拉框打开时触发的事件)和 DropDownClosed(下拉框关闭时触发的事件)。DropDownClosed

事件相对来说会使用得更加广泛一些，通常的程序业务逻辑都会是在选中选项后关闭下载菜单，然后获取选中的下拉数据来进行相关的操作。

下面给出 ComboBox 控件的示例：创建一个纯文本的下拉框和一个数据绑定的下拉框。

代码清单 4-16：ComboBox 控件(源代码：第 4 章\Examples_4_16)

MainPage. xaml 文件主要代码

```
<StackPanel>
    <!-- 纯文本的下拉框 -->
    <ComboBox Header = "Colors" PlaceholderText = "Pick a color" >
        <x:String>Blue</x:String>
        <x:String>Green</x:String>
        <x:String>Red</x:String>
        <x:String>Yellow</x:String>
    </ComboBox>
    <!-- 数据绑定的下拉框 -->
    <ComboBox x:Name = "comboBox2" DropDownClosed = "comboBox2_DropDownClosed" >
        <ComboBox.ItemTemplate>
            <DataTemplate>
                <StackPanel Orientation = "Horizontal">
                    <TextBlock Text = "{Binding Name}" FontSize = "30" />
                    <TextBlock Text = "{Binding Age}" Margin = "50 10 0 0" />
                </StackPanel>
            </DataTemplate>
        </ComboBox.ItemTemplate>
    </ComboBox>
    <!-- 数据绑定的下拉框关闭后,这里显示选中的选项的信息 -->
    <TextBlock x:Name = "Info" FontSize = "20"></TextBlock>
</StackPanel>
```

MainPage. xaml. cs 文件主要代码

```
public sealed partial class MainPage: Page
{
    public MainPage()
    {
        this.InitializeComponent();
        List<Man> datas = new List<Man>{
            new Man{ Name = "张三", Age = 20},
            new Man{ Name = "李四", Age = 34},
            new Man{ Name = "黎明", Age = 43},
            new Man{ Name = "刘德华", Age = 33},
            new Man{ Name = "张学友", Age = 44},
        };
        // 绑定 ComboBox 控件的数据源
        comboBox2.ItemsSource = datas;
    }

    // 下拉框关闭的时候触发的事件处理逻辑
    private void comboBox2_DropDownClosed(object sender, object e)
    {
        // 如果选中了某个选项就把选中选项信息显示到命名为 Info 控件上
```

```
        if(comboBox2.SelectedItem!= null)
        {
            Man man = comboBox2.SelectedItem as Man;
            Info.Text = "name:" + man.Name + " age:" + man.Age;
        }
    }
}
// 数据绑定的实体类
public class Man
{
    public string Name { get; set; }
    public int Age { get; set; }
}
```

程序运行的效果如图 4.23 所示。

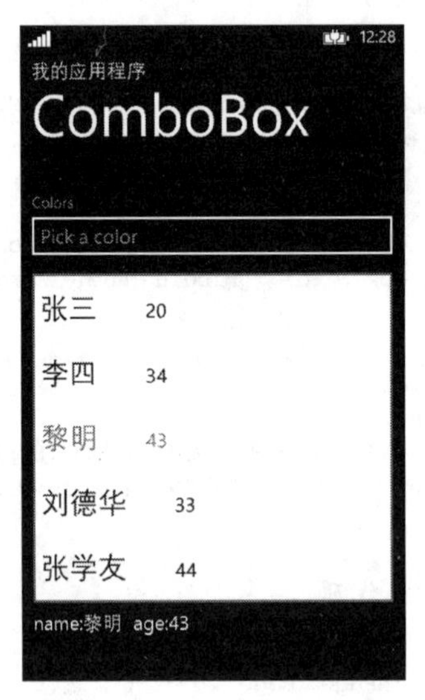

图 4.23　ComboBox 控件

4.17　命令栏/菜单栏(CommandBar)

命令栏(CommandBar)也是程序中的菜单栏控件，在 Windows Phone 的应用程序里面可以作为底部的菜单栏来使用。Page 页面的 BottomAppBar 属性表示页面的底部菜单栏，这个菜单栏就需要是 CommandBar 控件类型，所以 CommandBar 控件通常都是用在页面的底部菜单栏上。菜单栏有两种类型的按钮：一种是圆形的图形按钮，另一种是文字的菜单按钮，这两种按钮都是使用 AppBarButton 控件来表示，只不过文字的菜单按钮需要放在 CommandBar 控件的 SecondaryCommands 属性上。控件的 XAML 语法如下：

```
<Page.BottomAppBar>
    <CommandBar>
        <AppBarButton/>
```

```
        ...
        <CommandBar.SecondaryCommands>
            <AppBarButton/>
            ... ...
        </CommandBar.SecondaryCommands>
    </CommandBar>
</Page.BottomAppBar>
```

CommandBar 控件里面会由若干个 AppBarButton 控件组成，但是 Windows Phone 中的菜单栏最多可以显示 4 个图标按钮。这些图标会自动地被从左向右添加到菜单栏中，多余的将不会显示出来。如果还有额外的选项可以通过菜单项来添加，这些菜单项默认是不显示的。只有在点击菜单栏右侧的省略号(或省略号下方的区域)时才会显示出来，在电话屏幕的方向改变时，系统会自动处理菜单栏的方向(包括按钮和菜单项)。按钮中的图标是 48×48 像素的，其他的尺寸会自动被缩放为 48×48 像素的，不过这通常会导致失真。

对于 CommandBar 里面的应用栏按钮控件 AppBarButton，我们通常需要设置其 Label 和 Icon 属性用于定义应用栏按钮的内容，除此之外 AppBarButton 控件也可以作为一种圆形的图标按钮单独使用。Label 属性用于设置按钮的文本标签，Icon 属性用于设置按钮的图形图形。那么对于图形的图标可以使用 4 中类型的图标分别如下所示：

(1) FontIcon：图标基于来自指定字体系列的字型。

(2) BitmapIcon：图标基于带指定 Uri 的位图图像文件。

(3) PathIcon：图标基于 Path 数据。

(4) SymbolIcon：图标基于来自 Segoe UI Symbol 字体的字型预定义列表。

这 4 种图标元素我们都可以通过 Visual Studio 的设置窗口来进行设置，特别是 SymbolIcon 图标可以直接选择系统内置的一些系列图形，这个与 Button 控件的图标设置是一样的。那么这些菜单栏的按钮可以通过相应 Click 事件来进行相关的操作，也可以通过绑定 Command 命令来发送相关的命令，绑定 Command 的实现在数据绑定章节会进行介绍。

下面给出 CommandBar 控件的示例：测试 CommandBar 控件的各种事件和按钮的类型。

代码清单 4-17：CommandBar 控件(源代码：第 4 章\Examples_4_17)

MainPage.xaml 文件主要代码

```
---------------------------------------------------------------------------
<Page.BottomAppBar>
    <!-- 添加了打开和关闭的事件处理 -->
    <CommandBar Opened="CommandBar_Opened" Closed="CommandBar_Closed">
        <!-- SymbolIcon 图标按钮 -->
        <AppBarButton Label="buy" Icon="shop"/>
        <!-- BitmapIcon 图标按钮 -->
        <AppBarButton Label="BitmapIcon" Click="AppBarButton_Click">
            <AppBarButton.Icon>
                <BitmapIcon UriSource="ms-appx:///Assets/questionmark.png"/>
            </AppBarButton.Icon>
        </AppBarButton>
        <!-- FontIcon 图标按钮 -->
        <AppBarButton Label="FontIcon" Click="AppBarButton_Click">
```

```
                <AppBarButton.Icon>
                    <FontIcon FontFamily="Candara" Glyph="&#x03A3;"/>
                </AppBarButton.Icon>
            </AppBarButton>
            <!-- PathIcon图标按钮 -->
            <AppBarButton Label="PathIcon" Click="AppBarButton_Click">
                <AppBarButton.Icon>
                    <PathIcon Data="F1 M 20,20L 24,10L 24,24L 5,24"/>
                </AppBarButton.Icon>
            </AppBarButton>
            <!-- 文本菜单按钮 -->
            <CommandBar.SecondaryCommands>
                <AppBarButton Label="about" Click="AppBarButton_Click"/>
            </CommandBar.SecondaryCommands>
        </CommandBar>
</Page.BottomAppBar>
```

MainPage.xaml.cs 文件主要代码

```
private void CommandBar_Opened(object sender,object e)
{
    info.Text = "菜单栏打开了";
}
private void CommandBar_Closed(object sender,object e)
{
    info.Text = "菜单栏关闭了";
}
private void AppBarButton_Click(object sender,RoutedEventArgs e)
{
    info.Text = "单击了菜单栏：" + (sender as AppBarButton).Label;
}
```

程序运行的效果如图4.24所示。

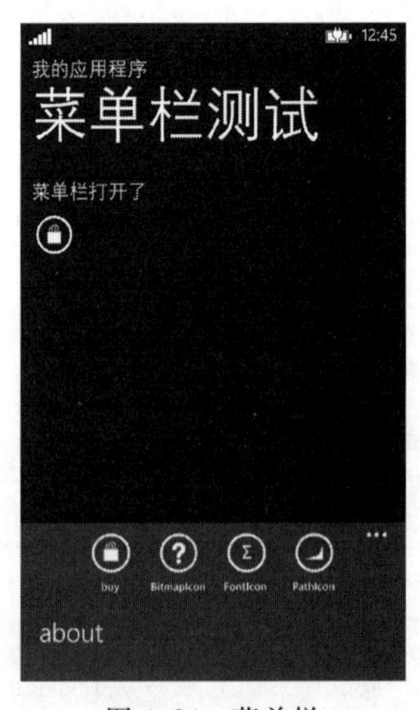

图4.24　菜单栏

第5章

布 局 管 理

布局管理是从一个整体的角度去把握手机应用的界面设计，尽管手机应用的界面相对于Web程序和电脑桌面的程序界面小了一些，但是没有一个好的界面布局，也会影响整个应用的用户体验效果。Windows Phone手机应用程序的界面布局容器主要有Grid、Canvas和StackPanel，在一个手机应用里面所有元素的最顶层必须是一个容器（通常如Grid、Canvas、StackPanel等），然后在容器中摆放元素，容器中也可能包含容器。从布局的角度来说，外层的容器管理里面的容器，而里面的容器也管理它们里面的容器，一层层地递归下去，最后展现出来的就是整个应用程序的布局效果。

每一个布局的容器都会有自己的规则，它需要按照这些规则去管理它里面的控件。这里的容器也一样，容器拥有完全的分配权，不过这里容器不仅仅是分配空间，还决定元素的位置，因为空间总是跟位置相关的。也就是说，容器给控件多大空间就只有多大的空间可使用，容器想让控件摆在什么位置，控件就处在什么位置。

那么在布局管理这块我们除了要掌握常用的布局容器的使用之外，还需要掌握与布局相关的通用的属性。这些通用的属性是每个控件都可以用来调整自己的位置的，会影响着局部控件的布局。

5.1 布局的通用属性

在第4章讲解过控件的基类FrameworkElement类，那么大部分的控件都是从FrameworkElement类派生出来的。FrameworkElement类引入了布局相关的概念和属性，使得从该类派生的控件都具有共性的布局效果。那么这些共性的布局属性可以简单地分为下面的三大类：

1. 长度相关的属性

长度相关的属性主要有Width（宽度）、Height（高度）、MaxWidth（最大宽度约束）、MaxHeight（最大高度约束）、MinWidth（最小宽度约束）和MinHeight（最小高度约束）、Height（高度）。如果一个控件我们并没有设置它的宽度和高度相关的属性，那么并不代表这宽度或者高度为0，而是控件会自适应地分配高度和宽度，例如一个TextBlock控件，如果没有设置高度，但是你设置了字体的大小，那么字体的大小越大它的高度就会越大。那么什么时候我们该设置控件的高度和宽度呢？一种情况是这个界面呈现的数据是动态的，导致页面的布局也会产生影响，如果相关的控件并不想受到这个变化的影响那么就要设置固定的高度或者宽度。下面我们来看一段示例的代码，演示长度属性对布局的影响。

代码清单5-1：通用布局属性(源代码：第5章\Examples_5_1)

MainPage.xaml文件主要代码

```
---------------------------------------------------------------------------
<StackPanel Orientation="Horizontal">
    <TextBlock x:Name="info" Text="你好" FontSize="30"></TextBlock>
    <TextBlock Text="你好" FontSize="30"></TextBlock>
</StackPanel>
<TextBox TextChanged="TextBox_TextChanged"></TextBox>
```

MainPage.xaml.cs文件主要代码

```
---------------------------------------------------------------------------
private void TextBox_TextChanged(object sender,TextChangedEventArgs e)
{
    info.Text = (sender as TextBox).Text;
}
```

在示例中有两个TextBlock控件，都没有设置宽度大小，但是第一个TextBlock控件的内容是可以变化的，会获取TextBox控件的输入内容，第二TextBlock控件的内容是固定的。程序的运行效果如图5.1所示，但是我们会发现，当第一个TextBlock控件发生变化之后，这两个TextBlock控件的排列也会发生改变。如果我们对一个TextBlock控件设置一个宽度，那么这两个TextBlock控件的布局就不会动态地改变了，代码如下所示：

```
<TextBlock x:Name="info" Width="150" Text="你好" FontSize="30"></TextBlock>
```

假如我们要实现的功能是一定要这两个TextBlock控件的内容是相邻的，只有当第一个的TextBlock到了一定的长度才截断，不让第二个TextBlock控件的内容被挤出到可视范围之外，这时候就可以使用MaxWidth属性来设置最大的宽度，当第一个TextBlock控件达到这个最大的宽度的值的时候，就不会再增加宽度了。代码如下所示：

```
<TextBlock x:Name="info" MaxWidth="350" Text="你好" FontSize="30"></TextBlock>
```

那么除了界面呈现的数据是动态的这种情况之外，还有一种情况就是不同的分辨率对布局也会有影响。

2. 排列相关的属性

排列相关的属性主要有HorizontalAlignment属性和VerticalAlignment属性。下面分表介绍一下这两个属性的含义和取值。

HorizontalAlignment属性表示获取或设置在布局父级(如面板或项控件)中构成

FrameworkElement 时应用于此元素的水平对齐特征。它有 4 种取值：Left 表示与父元素布局槽的左侧对齐的元素；Center 表示与父元素布局槽的中心对齐的元素；Right 表示与父元素布局槽的右侧对齐的元素；Stretch 表示拉伸以填充整个父元素布局槽的元素。

VerticalAlignment 属性表示获取或设置在父对象（如面板或项控件）中构成 FrameworkElement 时应用于此元素的垂直对齐特征。它也有 4 种取值：Top 表示元素与父级布局槽的顶端对齐；Center 表示元素与父级布局槽的中心对齐；Bottom 表示元素与父级布局槽的底端对齐；Stretch 表示元素被拉伸以填充整个父元素的布局槽。

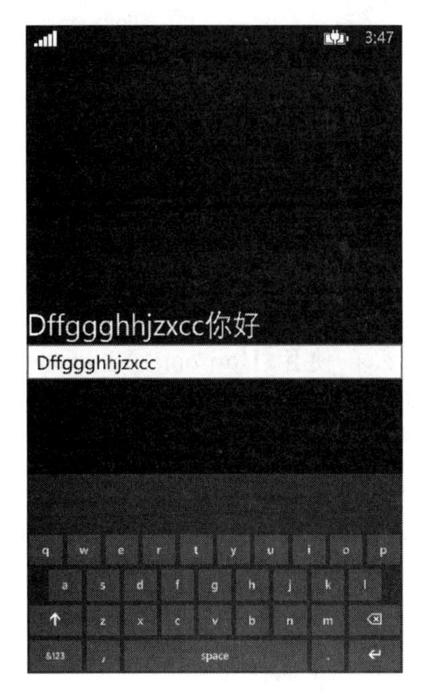

图 5.1 TextBlock 宽度的控制

HorizontalAlignment 属性和 VerticalAlignment 属性是针对于控件本身的相对位置的布局，也就是左对齐，上对齐等的这些布局方式。比如在上一个例子里面我们把显示的内容放在页面的中间就可以把 HorizontalAlignment 属性和 VerticalAlignment 属性都设置为 Center。下面是一个使用 VerticalAlignment 和 HorizontalAlignment 属性在一个 Grid 面板上实现左中右和上中下结合出来的 9 个位置，布局的效果如图 5.2 所示，布局的实例代码如下所示：

```
<Grid x:Name = "ContentPanel">
    <TextBlock Text = "左上方"
                    VerticalAlignment = "Top"
                    HorizontalAlignment = "Left" />
    <TextBlock Text = "中上方"
                    VerticalAlignment = "Top"
                    HorizontalAlignment = "Center" />
    <TextBlock Text = "右上方"
                    VerticalAlignment = "Top"
                    HorizontalAlignment = "Right" />
    <TextBlock Text = "左中心"
                    VerticalAlignment = "Center"
                    HorizontalAlignment = "Left" />
    <TextBlock Text = "中心"
                    VerticalAlignment = "Center"
                    HorizontalAlignment = "Center" />
    <TextBlock Text = "右中心"
                    VerticalAlignment = "Center"
                    HorizontalAlignment = "Right" />
    <TextBlock Text = "左下方"
                    VerticalAlignment = "Bottom"
```

```
                    HorizontalAlignment = "Left" />
        <TextBlock Text = "中下方"
                    VerticalAlignment = "Bottom"
                    HorizontalAlignment = "Center" />
        <TextBlock Text = "右下方"
                    VerticalAlignment = "Bottom"
                    HorizontalAlignment = "Right" />
    </Grid>
```

那么在使用 HorizontalAlignment 属性和 VerticalAlignment 属性的时候还需要注意的事情是，在对象上显式设置 Height 和 Width 属性时，这些度量值在布局过程中将具有较高优先级，并且能够取消将 HorizontalAlignment 和 VerticalAlignment 属性设置为 Stretch 的典型效果。如果是使用 Canvas 容器在构成布局时则不使用 HorizontalAlignment 和 VerticalAlignment 属性，因为 Canvas 是基于绝对定位的，这两个属性在 Canvas 中布局将会失效。

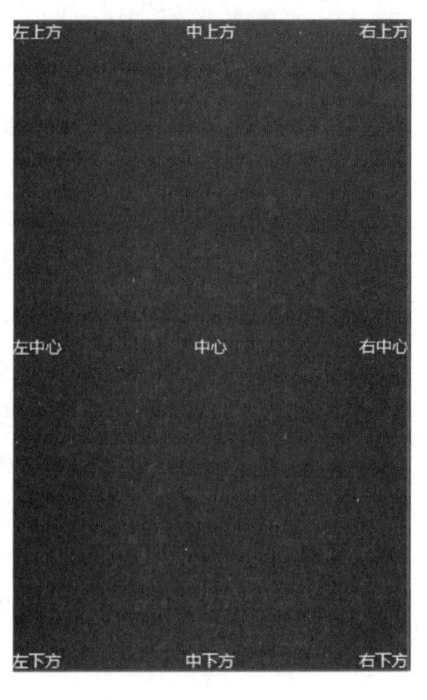

图 5.2　9 个位置布局效果

3. 边距

边距是指 Margin 属性，表示获取或设置 FrameworkElement 的外边距。它有 3 种取值的方式，分别是：Margin＝"uniform"、Margin＝"left＋right，top＋bottom"和 Margin＝"left，top，right，bottom"。Margin＝"uniform"（如 Margin＝"1"）是表示只有一个以像素为单位度量的值，uniform 值应用于全部四个边距属性（Left、Top、Right、Bottom）。Margin＝"left＋right，top＋bottom"（如 Margin＝"1，2"）则表示用两个像素值来设置边距，left＋right 用于指定对应的边距的 Left 和 Right，top＋bottom 用于指定对应边距的 Top 和 Bottom。Margin＝"left，top，right，bottom"（如 Margin＝"1，2，3，4"）表示用 4 个像素值来设置边距，用于指定边距结构的四个可能的维度属性（Left、Top、Right、Bottom）。在以上所示的 XAML 语法中，还可以使用空格来取代逗号作为值之间的分隔符。

对于上文的例子，我们给内部的 StackPanel 控件再设置一个边距 Margin＝"10，20，30，40"，那么我们可以看到两个 TextBlock 与最外面的 StackPanel 控件和底下的 TextBox 控件都分别空出了设置的边距长度，如图 5.3 所示。代码如下所示：

```
<StackPanel VerticalAlignment = "Center" HorizontalAlignment = "Center" >
    <StackPanel Orientation = "Horizontal" Margin = "10,20,30,40">
        <TextBlock x:Name = "info" MaxWidth = "350" Text = "你好" FontSize = "30"></TextBlock>
        <TextBlock Text = "你好" FontSize = "30"></TextBlock>
    </StackPanel>
    <TextBox TextChanged = "TextBox_TextChanged"></TextBox>
</StackPanel>
```

那么对于边距行为和布局我们还需要注意下面的一些情况：

(1) 大于0的边距值在布局的ActualWidth和ActualHeight外部产生空白。也就是说边距是对控件的实际宽度和高度产生作用的。

(2) 对于布局中的同级元素而言，边距是累加的，例如两个在相邻边缘都设置边距30的水平或垂直相邻对象之间将具有60个像素的空白。

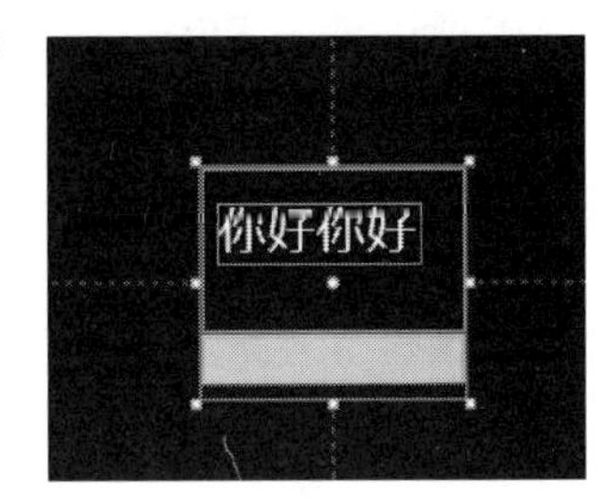

图5.3　边距的设置

(3) 对于设置边距的对象而言，如果所分配的矩形空间不够大，无法容纳边距加上对象内容区域，则对象通常不会约束指定Margin的大小。在计算布局时，将改为约束内容区域的大小，比如讲上面例子外面的StackPanel设置为Height="100"和Width="100"，这时候会只是显示出一个"你好"，因为其他的内容区域被边距约束了。同时还要对边距进行约束的唯一一种情况是已经将内容一直约束到零。不过，此行为由解释Margin的特定类型以及该对象的布局容器最终控制。

(4) 允许边距维度的值为负，但应小心使用(注意不同的类布局实现对于负边距可能有不同的解释)。负边距通常会按该方向剪辑对象内容。

(5) 从技术角度讲，允许边距的值不是整数，但通常应避免这种情况，并且一般通过默认的布局舍入行为来舍入这些值。

(6) 边距维度没有规定的上限，所以可以设置一个边距，将对象内容置于程序内容区域之外，以便不在视图中显示对象内容(尽管很少推荐这样做)。

5.2　网格布局(Grid)

网格布局(Grid)是一个类似于HTML里面的Table的标签，它定义了一个表格，然后设置表格里面的行和列，在HTML的Table里面是根据tr和td表示列和行的，而Grid是通过附加属性Grid.Row、Grid.Column、Grid.RowSpan、Grid.ColumnSpan来决定列和行的大小位置。

例如在HTML中的Table布局如下：

```
<table border = "1">
    <tr>
        <td>第 1 行第 1 列</td>
        <td>第 1 行第 2 列</td>
        <td>第 1 行第 3 列</td>
    </tr>
    <tr>
        <td>第 2 行第 1 列</td>
        <td>第 2 行第 2 列</td>
        <td>第 2 行第 3 列</td>
    </tr>
</table>
```

用 Windows Phone 的 Grid 进行布局的时候，也是一样的道理，同样需要制定 Grid 的行和列。不同的是，Grid 是先指定，后使用；而 Table 是边指定，边使用。下面是一个使用 Grid 的例子，使其达到与 Table 同样的布局效果：

```
<Grid x:Name = "ContentPanel">
    <Grid.RowDefinitions>
        <RowDefinition Height = "Auto"/>
        <RowDefinition Height = "Auto"/>
    </Grid.RowDefinitions>
    <Grid.ColumnDefinitions>
        <ColumnDefinition Width = "Auto"/>
        <ColumnDefinition Width = "Auto"/>
        <ColumnDefinition Width = "Auto"/>
    </Grid.ColumnDefinitions>
    <TextBlock Text = "第 1 行第 1 列"  Grid.Row = "0"  Grid.Column = "0" />
    <TextBlock Text = "第 1 行第 2 列"  Grid.Row = "0"  Grid.Column = "1" />
    <TextBlock Text = "第 1 行第 3 列"  Grid.Row = "0"  Grid.Column = "2" />
    <TextBlock Text = "第 1 行第 1 列"  Grid.Row = "1"  Grid.Column = "0" />
    <TextBlock Text = "第 1 行第 2 列"  Grid.Row = "1"  Grid.Column = "1" />
    <TextBlock Text = "第 1 行第 3 列"  Grid.Row = "1"  Grid.Column = "2" />
</Grid>
```

其显示的效果如图 5.4 所示。

图 5.4　Grid 排版效果

下面来看一下 Grid 布局中一些重要的功能设置：

(1) RowDefinitions 和 ColumnDefinitions

这两个属性主要是来指定 Grid 控件的行数和列数。内部嵌套几个 Definition，就代表这个 Grid 有几行几列。

(2) Grid.Row 和 Grid.Column

当使用其他控件内置于 Grid 中时，需要使用 Grid.Row 和 Grid.Column 来指定它所在行和列。

(3) RowDefinitions 中的 Height 和 ColumnDefinitions 中的 Width

如果 Height 和 Width 的值设置为绝对的像素值，那么就表示当前的行或者列示固定的高度或者宽度的。

如果设置为 Auto，如 Height="Auto"表示高度自动适应，Width="Auto"表示宽度自动适应，这种情况下，Grid 的宽度和高度便随着内部内容的大小而自动改变，就是根据行和列中的子空间的高和宽决定。

如果设置为星号 * ,如 Height=" * ",则表示是占据剩余部分,如果 * 前面还带有数字,如 Height="3 * "则表示按照比例进行分配,例如,要创建一个 Grid,有两行,第一行占 2/5,第二行占 3/5,那么就可以通过下面的代码来实现:

```
<Grid x:Name = "ContentPanel">
    <Grid.RowDefinitions>
        <RowDefinition Height = "2 * "/>
        <RowDefinition Height = "3 * "/>
    </Grid.RowDefinitions>
    <TextBlock Text = "第 1 行第 1 列" Grid.Row = "0" Grid.Column = "0" />
    <TextBlock Text = "第 1 行第 2 列" Grid.Row = "1" Grid.Column = "1"/>
</Grid>
```

(4) Grid.RowSpan 和 Grid.ColumnSpan

Grid.RowSpan 表示跨行,Grid.ColumnSpan 表示跨列,在 Grid 布局中往往并不是所有的元素都按照规矩的每一格进行放置的,所以就需要利用跨行和垮列的属性来实现布局,如 Grid.RowSpan="2"表示当前的元素占用两行。

下面给出简易的计算器的示例:使用 Grid 布局来设计计算器的界面,实现简单的计算功能。

代码清单 5-2:计算器(源代码:第 5 章\Examples_5_2)

MainPage.xaml 文件主要代码

```
------------------------------------------------------------------------
<Grid x:Name = "root" Background = "{ThemeResource ApplicationPageBackgroundThemeBrush}" >
    <Grid.ColumnDefinitions>
        <ColumnDefinition Width = "4 * "/>
        <ColumnDefinition Width = "4 * "/>
        <ColumnDefinition Width = "4 * "/>
        <ColumnDefinition Width = "5 * "/>
    </Grid.ColumnDefinitions>
    <Grid.RowDefinitions>
        <RowDefinition Height = "63 * " />
        <RowDefinition Height = "170 * " />
        <RowDefinition Height = "119 * " />
        <RowDefinition Height = "117 * " />
        <RowDefinition Height = "119 * " />
        <RowDefinition Height = "117 * " />
    </Grid.RowDefinitions>
    <! -- 数字按键的布局 -- >
    <Button x:Name = "B7" Click = "DigitBtn_Click" Grid.Column = "0" Grid.Row = "2" Content = "7" />
    <Button x:Name = "B8" Click = "DigitBtn_Click" Grid.Column = "1" Grid.Row = "2" Content = "8" />
    <Button x:Name = "B9" Click = "DigitBtn_Click" Grid.Column = "2" Grid.Row = "2" Content = "9" />
    <Button x:Name = "B4" Click = "DigitBtn_Click" Grid.Column = "0" Grid.Row = "3" Content = "4" />
    <Button x:Name = "B5" Click = "DigitBtn_Click" Grid.Column = "1" Grid.Row = "3" Content = "5" />
    <Button x:Name = "B6" Click = "DigitBtn_Click" Grid.Column = "2" Grid.Row = "3" Content = "6" />
    <Button x:Name = "B1" Click = "DigitBtn_Click" Grid.Column = "0" Grid.Row = "4" Content = "1" />
    <Button x:Name = "B2" Click = "DigitBtn_Click" Grid.Column = "1" Grid.Row = "4" Content = "2" />
```

```
    <Button x:Name = "B3" Click = "DigitBtn_Click" Grid.Column = "2" Grid.Row = "4" Content = "3" />
    <Button x:Name = "B0" Click = "DigitBtn_Click" Grid.Column = "0" Grid.Row = "5" Content = "0" />
    <!-- 加减乘除操作按键的布局 -->
    <Button x:Name = "Plus" Click = "OperationBtn_Click" Grid.Column = "3" Grid.Row = "2"
Content = " + " />
    <Button x:Name = "Minus" Click = "OperationBtn_Click" Grid.Column = "3" Grid.Row = "3"
Content = " - " />
    <Button x:Name = "Multiply" Click = "OperationBtn_Click" Grid.Column = "3" Grid.Row = "4"
Content = " * " />
    <Button x:Name = "Divide" Click = "OperationBtn_Click" Grid.Column = "3" Grid.Row = "5"
Content = "/" />
    <!-- 等于和删除按键的布局 -->
    <Button x:Name = "Del" Grid.Column = "2" Grid.Row = "5" Content = "删除" Click = "Del_
Click" />
    <Button x:Name = "Result" Grid.Column = "1" Grid.Row = "5" Content = " = " Click = "Result_
Click" />
    <!-- OperationResult 显示输入的数字 -->
    <TextBlock x:Name = "OperationResult" FontSize = "120" Grid.Row = "1" Margin = "6,17,10,
17" Grid.ColumnSpan = "4" HorizontalAlignment = "Right"></TextBlock>
    <!-- InputInformation 显示输入的公式 -->
    <TextBlock x:Name = "InputInformation" FontSize = "25" Grid.Row = "0" Margin = "6,20,10,
11" Grid.ColumnSpan = "4" HorizontalAlignment = "Right"></TextBlock>
</Grid>
```

MainPage.xaml.cs 文件主要代码

```
public sealed partial class MainPage: Page
{
    //之前一次你按下的运算符
    private string Operation = "";
    //结果
    private int num1 = 0;
    public MainPage()
    {
        InitializeComponent();
    }
    //数字按键的事件
    private void DigitBtn_Click(object sender,RoutedEventArgs e)
    {
        //如果之前的操作时按下了等于符号,则清除之前的操作数据
        if (Operation == " = ")
        {
            OperationResult.Text = "";
            InputInformation.Text = "";
            Operation = "";
            num1 = 0;
        }
        //获取你按下的按钮的文本内容,即你按下的数字
        string s = ((Button)sender).Content.ToString();
        OperationResult.Text = OperationResult.Text + s;
```

```
        InputInformation.Text = InputInformation.Text + s;
    }
    //加减乘除按键的事件
    private void OperationBtn_Click(object sender,RoutedEventArgs e)
    {
        if (Operation == " = ")
        {
            InputInformation.Text = OperationResult.Text;
            Operation = "";
        }
        string s = ((Button)sender).Content.ToString();
        //公式显示
        InputInformation.Text = InputInformation.Text + s;
        //运算
        OperationNum(s);
        //情况你之前输入的数字
        OperationResult.Text = "";
    }
    //按下等于运算符的事件
    private void Result_Click(object sender,RoutedEventArgs e)
    {
        OperationNum(" = ");
        //显示结果
        OperationResult.Text = num1.ToString();
    }
    //删除之前的所有输入
    private void Del_Click(object sender,RoutedEventArgs e)
    {
        OperationResult.Text = "";
        InputInformation.Text = "";
        Operation = "";
        num1 = 0;
    }
    //通过运算符进行计算
    private void OperationNum(string s)
    {
        //输入的数字不为空,则进行运算,否则只是保存你最后一次按下的运算符
        if (OperationResult.Text != "")
        {
            switch (Operation)
            {
                case "":
                    num1 = Int32.Parse(OperationResult.Text);
                    Operation = s;
                    break;
                case " + ":
                    num1 = num1 + Int32.Parse(OperationResult.Text);
                    Operation = s;
                    break;
                case " - ":
```

```
                    num1 = num1 - Int32.Parse(OperationResult.Text);
                    Operation = s;
                    break;
                case "*":
                    num1 = num1 * Int32.Parse(OperationResult.Text);
                    Operation = s;
                    break;
                case "/":
                    if (Int32.Parse(OperationResult.Text) != 0)
                        num1 = num1 / Int32.Parse(OperationResult.Text);
                    else num1 = 0;
                    Operation = s;
                    break;
                default: break;
            }
        }
        else
        {
            Operation = s;
        }
    }
}
```

程序运行的效果如图5.5所示。

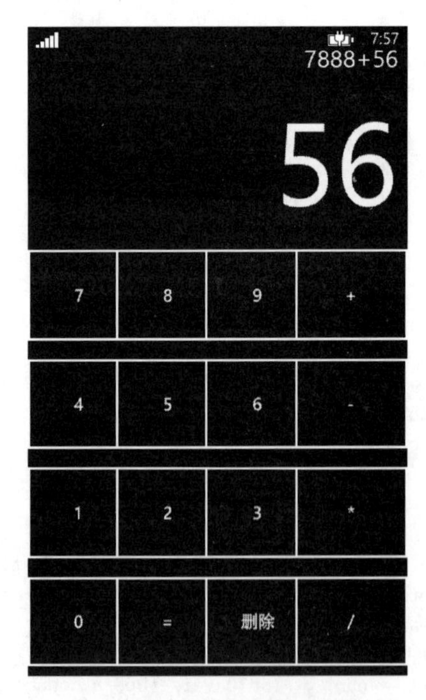

图5.5 计算器

5.3 堆放布局(StackPanel)

堆放布局(StackPanel)的方式是将子元素排列成一行(可沿水平或垂直方向)。StackPanel的规则是：根据排列的方向让元素横着排列或者竖着排列。在特定情形下，比如要将一组对象排列在竖直或水平列表中，StackPanel就能发挥很好的作用。如果要设置StackPanel的排列方向可以通过Orientation属性进行设置，Orientation ="Horizontal"表示沿水平方向放置StackPanel里面的子元素，Orientation =" Vertical"表示沿垂直方向放置StackPanel里面的子元素，Orientation属性的默认值为Vertical，即默认是垂直方向放置的。

下面是StackPanel两种布局的实现和显示的效果。

1. 垂直布局：设置Orientation="Vertical" 默认的布局方式是垂直方式

XAML代码示例：

```
< StackPanel Orientation = " Vertical" VerticalAlignment = " Stretch" HorizontalAlignment =
"Center">
    <Button Content = "按钮 1" />
    <Button Content = "按钮 2" />
    <Button Content = "按钮 3" />
    <Button Content = "按钮 4" />
</StackPanel>
```

显示效果如图5.6所示。

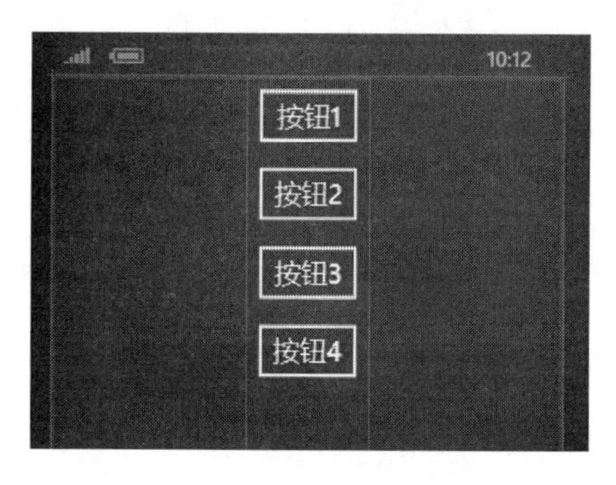

图5.6　StackPanel按钮垂直排序

2. 水平布局：设置Orientation="Horizontal"

XAML代码示例：

```
<StackPanel Orientation = "Horizontal" VerticalAlignment = "Top" HorizontalAlignment = "Left">
    <Button Content = "按钮 1" />
    <Button Content = "按钮 2" />
    <Button Content = "按钮 3" />
    <Button Content = "按钮 4" />
</StackPanel>
```

显示效果如图 5.7 所示。

图 5.7　StackPanel 按钮水平排序

下面给出自动折行控件的示例：一个会根据空格自动折行的 TextBlock 控件，这个控件的原理是用了 StackPanel 容器的垂直排列属性来进行折行，先将一个文本根据空格分解成多个文本来创建多个 TextBlock 控件，然后将多个 TextBlock 控件放进 StackPanel 容器里面会产生根据空格自动折行的效果，同时外层使用 ScrollViewer 控件来包住。

代码清单 5-3：自动折行控件(源代码：第 5 章\Examples_5_3)

首先创建一个自定控件，创建自定义控件可以通过 Visual Studio 来创建，在项目的名称中右击，选择“Add”→“New Item”，然后选择创建控件文件的模板，如图 5.8 所示。

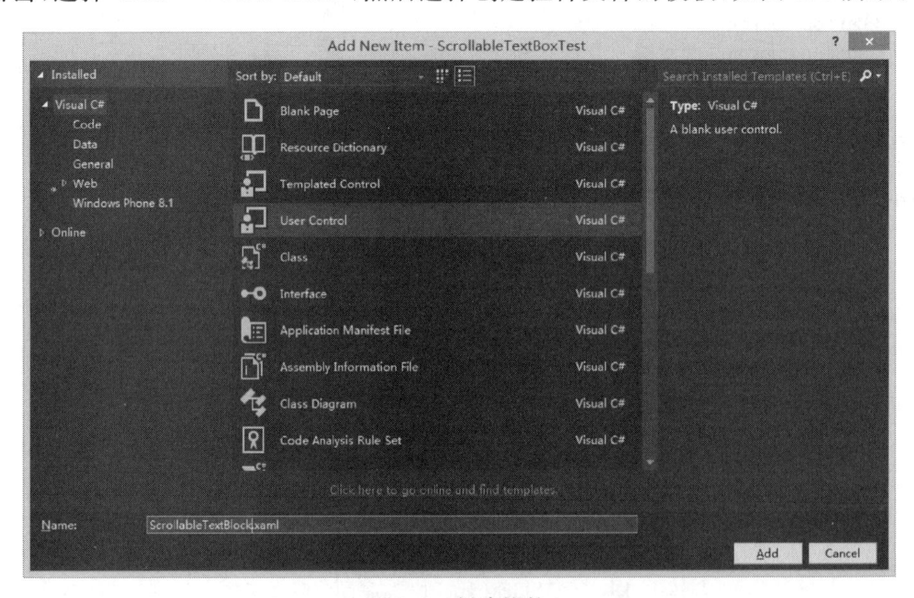

图 5.8　创建控件

创建控件之后，在控件中添加以下的代码：

ScrollableTextBlock.xaml 文件主要代码：控件的 XAML 代码

```
<UserControl
    x:Class = "ScrollableTextBoxTest.ScrollableTextBlock"
    …>
    <ScrollViewer x:Name = "ScrollViewer">
        <StackPanel Orientation = "Vertical" x:Name = "stackPanel" />
    </ScrollViewer>
```

```
</UserControl>
```

ScrollableTextBlock. xaml. cs 文件主要代码

```
public sealed partial class ScrollableTextBlock: UserControl
{
    //定义控件的 Text 属性
    private string text = "";
    public string Text
    {
        get
        {
            return text;
        }
        set
        {
            text = value;
            //解析文本信息进行排列显示
            ParseText(text);
        }
    }
    public ScrollableTextBlock()
    {
        this.InitializeComponent();
    }
    //解析控件的 Text 属性的赋值
    private void ParseText(string value)
    {
        string[] textBlockTexts = value.Split(' ');
        //清除之前的 stackPanel 容器的子元素
        this.stackPanel.Children.Clear();
        //重新添加 stackPanel 的子元素
        for (int i = 0; i< textBlockTexts.Length; i++)
        {
            TextBlock textBlock = this.GetTextBlock();

            textBlock.Text = textBlockTexts[i].ToString();
            this.stackPanel.Children.Add(textBlock);
        }
    }
    //创建一个自动折行的 TextBlock
    private TextBlock GetTextBlock()
    {
        TextBlock textBlock = new TextBlock();
        textBlock.TextWrapping = TextWrapping.Wrap;
        textBlock.FontSize = this.FontSize;
        textBlock.FontFamily = this.FontFamily;
        textBlock.FontWeight = this.FontWeight;
        textBlock.Foreground = this.Foreground;
        textBlock.Margin = new Thickness(0,10,0,0);
        return textBlock;
    }
}
```

创建完自定义的控件之后，接下来在 MainPage.xaml 页面上调用该自定义控件。

MainPage.xaml 文件主要代码

```
<Page
    x:Class = "ScrollableTextBoxTest.MainPage"
    xmlns:local = "using:ScrollableTextBoxTest"
    …>
    <Grid Background = "{ThemeResource ApplicationPageBackgroundThemeBrush}">
        //……省略若干代码
        <Grid x:Name = "ContentPanel" Grid.Row = "1" Margin = "12,0,12,0">
            <local:ScrollableTextBlock x:Name = "scrollableTextBlock1" FontSize = "30">
</local:ScrollableTextBlock>
        </Grid>
    </Grid>
</Page>
```

MainPage.xaml.cs 文件主要代码

```
public MainPage()
{
    this.InitializeComponent();
    string text = "购物清单如下: 牛奶 咖啡 饼干 苹果 香蕉 苹果 茶叶 蜂蜜 纯净水 猪肉 鲤鱼 牛
肉 橙汁";
    scrollableTextBlock1.Text = text;
}
```

程序运行的效果如图 5.9 所示。

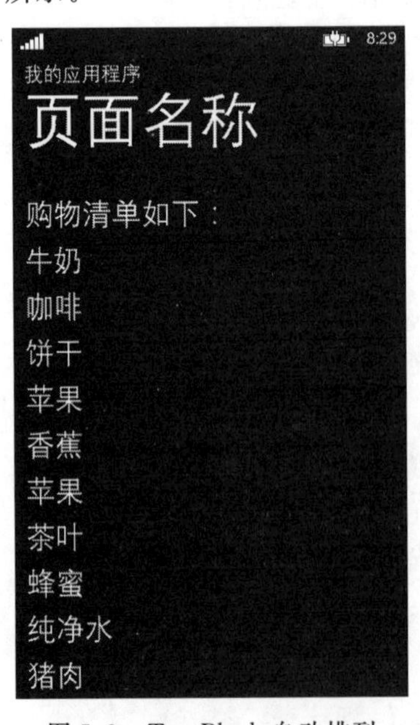

图 5.9　TextBlock 自动排列

5.4 绝对布局(Canvas)

在绝对布局中,通过指定子元素相对于其父元素的准确位置,在布局面板内排列子元素。Windows Phone 提供 Canvas 面板来支持绝对布局。Canvas 定义一个区域,在此区域内,用户可以使用相对于 Canvas 区域的坐标显式定位子元素。Canvas 就像一张油布一样,所有的控件都可以堆到这张布上,采用绝对坐标定位,可以使用附加属性 Canvas. Left 和 Canvas. Top 对 Canvas 中的元素进行定位。Canvas. Left 属性设置元素左边和 Canvas 面板左边之间的像素数,Canvas. Top 属性设置子元素顶边和 Canvas 面板顶边之间的像素数。同时 Canvas 面板还是最轻量级的布局容器,这是因为 Canvas 面板没有包含任何复杂的布局逻辑来改变其子元素的首选尺寸。Canvas 面板只是在指定的位置放置其子元素,并且其子元素具有所希望的精确尺寸。

下面介绍 Canvas 的一些常用的使用技巧。

1. 添加一个对象到 Canvas 上

Canvas 包含和安置其他对象,要添加一个对象到一个 Canvas,将其插入到<Canvas>标签之间。下面举例添加一个 Button 对象到一个 Canvas。

XAML 代码如下:

```
<Canvas>
    <Button Content = "按钮 1" Height = "200" Width = "200"/>
</Canvas>
```

2. 设置一个对象在 Canvas 上的位置

在 Canvas 中设置一个对象的位置,需要在对象上添加 Canvas. Left 和 Canvas. Top 附加属性。附加的 Canvas. Left 属性标识了对象和其父级 Canvas 的左边缘距离,附加的 Canvas. Top 属性标识了子对象和其父级 Canvas 的上边缘距离。下面的示例使用了前例中的 Button,并将其从 Canvas 的左边移动 30 像素,从上边移动 30 像素。

XAML 代码如下:

```
<Canvas>
    <Button Content = "按钮 1" Canvas.Left = "30" Canvas.Top = "30" Height = "200" Width = "200"/>
</Canvas>
```

如图 5.10 所示,突出显示了 Canvas 坐标系统中 Button 的位置。

3. 使用 Canvas.ZIndex 属性产生叠加的效果

默认情况下,Canvas 对象的叠加顺序决定于它们声明的顺序。后声明的对象出现在最先声明的对象的前面。下面的示例创建 3 个 Ellipse 对象,观察最后声明的 Button(按钮 3)会出现在最前面,位于其他 Ellipse 对象的前面。

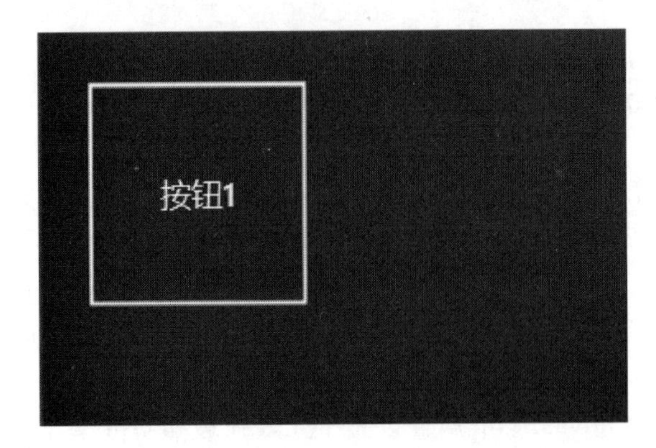

图 5.10　Canvas 按钮

XAML 代码如下：

```
<Canvas>
    <Button Content = "按钮 1" Canvas.Left = "30" Canvas.Top = "30" Background = "Blue" Height =
"200" Width = "200"/>
    <Button Content = "按钮 2" Canvas.Left = "100" Canvas.Top = "100" Background = "Red" Height =
"200" Width = "200"/>
    <Button Content = "按钮 3" Canvas.Left = "170" Canvas.Top = "170" Background = "Yellow"
Height = "200" Width = "200"/>
</Canvas>
```

显示的叠加效果如图 5.11 所示。

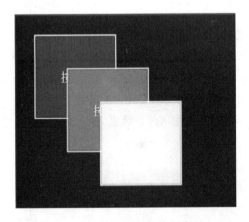

图 5.11　Canvas 叠加按钮布局

可以通过设置 Canvas 对象的 Canvas.ZIndex 附加属性来改变这个行为。越高的值越靠近屏幕方向；较低的值越远离屏幕方向。下面的示例类似于先前的一个，只是 Ellipse 对象的 Canvas.ZIndex 颠倒了，最先声明的 Ellipse(按钮 1)现在在前面了。

XAML 代码如下：

```
<Canvas>
```

```
    <Button Canvas.ZIndex = "3" Content = "按钮 1" Canvas.Left = "30" Canvas.Top = "30"
Background = "Blue" Height = "200" Width = "200"/>
    <Button Canvas.ZIndex = "2" Content = "按钮 2" Canvas.Left = "100" Canvas.Top = "100"
Background = "Red" Height = "200" Width = "200"/>
    <Button Canvas.ZIndex = "1" Content = "按钮 3" Canvas.Left = "170" Canvas.Top = "170"
Background = "Yellow" Height = "200" Width = "200"/>
</Canvas>
```

显示的叠加效果如图 5.12 所示。

4. 控制 Canvas 的宽度和高度

Canvas 和许多其他元素都有 Width 和 Height 属性用以标识大小。下面的示例创建了一个 200 像素宽和 200 像素高的 Button 控件和 Canvas 面板，把 Button 控件放在 Canvas 面板里面，然后把 Canvas. Left 和 Canvas. Top 都设置为 30 像素，观察这两个控件的展现情况。

XAML 代码如下：

```
<Canvas Width = "200" Height = "200" Background = "LimeGreen">
    <Button Content = "按钮 1" Canvas.Left = "30" Canvas.Top = "30" Background = "Blue" Height =
"200" Width = "200"/>
</Canvas>
```

显示的效果如图 5.13 所示，需要注意的是 Button 控件并没有因为超出 Canvas 的范围而被剪切。

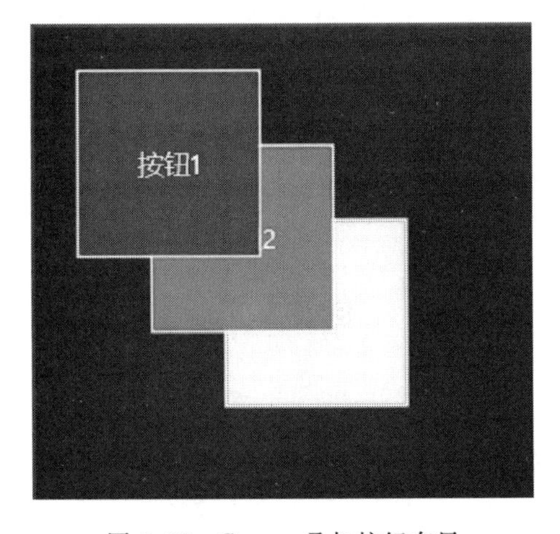

图 5.12　Canvas 叠加按钮布局

图 5.13　Canvas 范围的测试

5. 嵌套 Canvas 对象

Canvas 可以包含其他 Canvas 对象。下面的示例创建了一个 Canvas，它自己包含两个其他 Canvas 对象。

XAML 代码如下：

```
<Canvas Width = "200" Height = "200" Background = "White">
    <Canvas Height = "50" Width = "50" Canvas.Left = "30" Canvas.Top = "30 Background = "blue"/>
```

```
    <Canvas Height = "50" Width = "50" Canvas.Left = "130" Canvas.Top = "30" Background = "red"/>
</Canvas>
```

显示的效果如图 5.14 所示。

下面给出渐变矩形的示例：使用 Canvas 画布渐变的叠加而产生一种立体感的效果的矩形。

代码清单 5-4：渐变矩形(源代码：第 5 章\Examples_5_4)

MainPage.xaml 文件主要代码

```
<Canvas Background = "White">
    <Canvas Height = "400" Width = "400" Canvas.Left = "0" Canvas.Top = "50" Background =
"Gray" Opacity = "0.1" />
    <Canvas Height = "360" Width = "360" Canvas.Left = "20" Canvas.Top = "70" Background =
"Gray" Opacity = "0.2" />
    <Canvas Height = "320" Width = "320" Canvas.Left = "40" Canvas.Top = "90" Background =
"Gray" Opacity = "0.3" />
    <Canvas Height = "280" Width = "280" Canvas.Left = "60" Canvas.Top = "110" Background =
"Gray" Opacity = "0.4" />
    <Canvas Height = "240" Width = "240" Canvas.Left = "80" Canvas.Top = "130" Background =
"Gray" Opacity = "0.5" />
    <Canvas Height = "200" Width = "200" Canvas.Left = "100" Canvas.Top = "150" Background =
"Gray" Opacity = "0.6" />
    <Canvas Height = "160" Width = "160" Canvas.Left = "120" Canvas.Top = "170" Background =
"Black" Opacity = "0.3" />
    <Canvas Height = "120" Width = "120" Canvas.Left = "140" Canvas.Top = "190" Background =
"Black" Opacity = "0.4" />
    <Canvas Height = "80" Width = "80" Canvas.Left = "160" Canvas.Top = "210" Background =
"Black" Opacity = "0.5" />
    <Canvas Height = "40" Width = "40" Canvas.Left = "180" Canvas.Top = "230" Background =
"Black" Opacity = "0.6" />
</Canvas>
```

程序运行的效果如图 5.15 所示。

图 5.14　嵌套 Canvas 对象

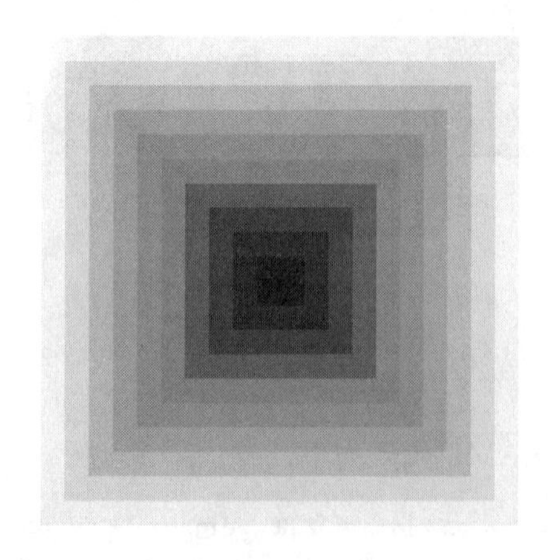

图 5.15　Canvas 叠加

第 6 章 应 用 数 据

数据的输入、保存、查询等操作是一个应用程序的常规功能，对于 Windows Phone 手机的应用程序这些也是一个基本的功能。数据存储可以分为两种：一种是云存储，另一种是应用数据，也就是本地数据存储。云存储是指将信息存储在云端，也就是存储在互联网上，将数据存储到网络上，通常是把数据发送到网络上，然后通过网络后台存储数据，这种情况将会在网络编程中讲解。另外一种情况就是应用数据存储，把数据存储在手机客户端，本章主要讲解应用数据存储的内容。在 Windows Phone 中应用数据有两种类型，一种类型是应用设置，用于存储简单的数据类型的数值；另一种是应用文件，是以文件的方式来存储数据。本章将会详细地讲解这两方面的知识。

6.1 应用设置存储

应用设置存储是指保存在应用程序存储区中的键/值对的字典集合，它自动负责序列化对象，并将其保存在应用程序里面。它以键/值对方式提供一种快速数据访问方式，主要用于存储一些应用设置信息。本节将会详细 Windows Phone 中应用设置相关的特点以及如何在应用程序中使用应用设置来存储数据。

6.1.1 应用设置的概述

应用设置作为 Windows Phone 中一种经过封装好的数据存储方式，它会有着自身的一些特点，对存储的数据也会有一定的限制，在使用应用设置之前需要非常清楚地了解这些特点和限制才能够更好地在应用程序中去使用它。

1. 拥有容器的层次结构

应用设置拥有容器的层次结构是指这些设置信息都是在一个容器里面，而容器里面还可嵌套着容器，这样一层层下去。在应用设置的应用数据存储内，每个应用拥有设置的根容器。通过相关的 API 可向根容器添加设置数据和新容器，创建新容器可帮助你组织各种设置数据，相当于是一个分组的功能，比如在一个程序里面可以把应用程序相关的设置信息放在一个容器里面而用户的信息放在另外一个容器里面。那么在使用设置容器的时候，请注意，容器最多可嵌套32层深，不过树的宽度则没有限制，也就是你可以在一个容器里面添加的设置信息和容器的数量没有上限的限制。

2. 有本地和漫游两种设置类型

Windows Phone支持本地和漫游两种类型，本地是指数据只会存在于当前的客户端应用程序里面，漫游则是指你的数据会同步到其他的设备的相同账户的客户端里面，比如你有两部手机，手机A和手机B都用相同的账号登录了，手机A和手机B都安装了你的应用程序，这时候你在手机A存储的漫游应用设置信息会自动同步到手机B中去。那么这个同步过程是系统来完成的，开发者并不需要去关心其逻辑。本地应用设置是在根容器ApplicationData.Current.LocalSettings下面，而漫游应用设置是在根容器ApplicationData.Current.RoamingSettings下面，只是存储的根目录不一样，其他的API操作完全是一致的。

3. 应用设置支持大多数Windows运行时数据类型

应用设置所存储的数据是单个的数据类型对象，那么它并不是所有的类型都会支持，比如不支持集合对象，如果要将List<String>的对象存储到应用设置里面是会抛出异常信息的；还有自定义的对象也不支持。应用设置支持大多数Windows运行时数据类型，这些数据类型分别如下所示：

数值类型：UInt8、Int16、UInt16、Int32、UInt32、Int64、UInt64、Single、Double

布尔类型：Boolean

字符类型：Char16、String

时间类型：DateTime、TimeSpan

结构类型：GUID、Point、Size、Rect

组合类型：ApplicationDataCompositeValue

那么对于应用设置不支持的类型，又该怎么去存储呢？有两种解决的方案，一种是使用应用文件来存储，另一种解决方案就是可将数据序列化为一种受支持的数据类型，例如可将数据序列化为JSON，并将其作为字符串存储，但需要处理序列化。这两种方案在下面会有相关的介绍和讲解。

6.1.2 应用设置的操作

应用设置的操作支持增删改查这些基本的操作，在开始对应用设置操作之前，首先需要获取到应用设置的容器对象（ApplicationDataContainer），所有的操作都会从一个容器的对象开始。可以通过ApplicationData类对象的LocalSettings属性或者RoamingSettings属性来获取本地根容器或者漫游根容器。ApplicationData类表示是应用程序的数据类，包括应用设置信息和应用文件的信息都是从该类的对象来获取，由于在一个应用程序只有一个ApplicationData对象，所以该类是使用了单例模式来创建对象的，都可以通过ApplicationData.Current属性来获取单例对象。获取到了容器对象之后，我们接下来就需要来看一下应用设置的增删改查的操作了。

1. 添加和修改应用设置

在进行应用设置相关操作前需要先获取应用的设置，下面的代码获取本地应用设置容器：

```
ApplicationDataContainer localSettings = Windows.Storage.ApplicationData.Current.LocalSettings;
```

获取容器之后，我们将数据添加到应用设置，如果该应用设置已经存在则对其进行修改。使用 ApplicationDataContainer.Values 属性可以访问我们在上一步中获取的 localSettings 容器中的设置，然后通过键值对的方式来操作应用设置。下面的示例会创建一个名为 testSetting 的设置。

```
localSettings.Values["testSetting"] = "Hello Windows Phone";
```

注意，上面的代码表示如果容器里面没有"testSetting"这个键则新增一个，如果已经有了这个键值对，则对原来的进行修改。我们也可以通过集合的判断语句来判断该容器里面是否有某个键，代码如下所示：

```
bool isKeyExist = localSettings.Values.ContainsKey("testSetting");
```

2. 读取应用设置

从设置中读取数据，也是使用 ApplicationDataContainer.Values 属性来获取应用设置的值，如可以通过下面的代码访问 localSettings 容器中的 testSetting 设置。

```
String value = localSettings.Values["testSetting"].ToString();
```

3. 删除应用设置

如果需要删除应用设置里面的设置数据可以使用 ApplicationDataContainerSettings.Remove 方法来实现，如可以通过下面的代码删除 localSettings 容器中的 testSetting 设置。

```
localSettings.Values.Remove("testSetting");
```

下面给出应用使用的示例：该示例演示了保存、删除、查找、修改和清空应用设置。

代码清单 6-1：应用设置的使用(源代码：第 6 章\Examples_6_1)

MainPage.xaml 文件主要代码

```
--------------------------------------------------------------------------
<StackPanel>
    <!-- 输入应用设置的键 -->
    <StackPanel Orientation="Horizontal">
        <TextBlock x:Name="textBlock1" Text="Key:" Width="150" />
        <TextBox x:Name="txtKey" Text="" Width="200" />
    </StackPanel>
    <!-- 输入应用设置的值 -->
    <StackPanel Orientation="Horizontal" Margin="0 20 0 0">
        <TextBlock Text="Value:" Width="150" />
        <TextBox x:Name="txtValue" Text="" Width="200" />
    </StackPanel>
    <Button Content="保存" x:Name="btnSave" Click="btnSave_Click" />
    <Button Content="删除" x:Name="btnDelete" Click="btnDelete_Click" />
```

```
    <Button Content = "清空所有" x:Name = "deleteall" Click = "deleteall_Click" />
    <! -- 显示容器内所有的键的列表,点击选中可以在上面的输入框里面查看和修改它对应的值 -->
    <TextBlock Text = "Keys 列表:"/>
    <ListBox Height = "168" x:Name = "lstKeys" SelectionChanged = "lstKeys_SelectionChanged" />
</StackPanel>
```

MainPage. xaml. cs 文件主要代码

```
public sealed partial class MainPage: Page
{
    //声明容器实例
    private ApplicationDataContainer _appSettings;
    public MainPage()
    {
        InitializeComponent();
        //获取当前应用程序的本地设置根容器
        _appSettings = ApplicationData.Current.LocalSettings;
        //把容器的键列表绑定到 list 控件
        BindKeyList();
    }
    //保存应用设置的值
    private async void btnSave_Click(object sender,RoutedEventArgs e)
    {
        //检查 key 输入框不为空
        if (!String.IsNullOrEmpty(txtKey.Text))
        {
            _appSettings.Values[txtKey.Text] = txtValue.Text;
            BindKeyList();
        }
        else
        {
            await new MessageDialog("请输入 key 值").ShowAsync();
        }
    }
    //删除在 List 中选中的应用设置
    private void btnDelete_Click(object sender,RoutedEventArgs e)
    {
        //如果选中了 List 中的某项
        if (lstKeys.SelectedIndex > - 1)
        {
            //移除这个键的独立存储设置
            _appSettings.Values.Remove(lstKeys.SelectedItem.ToString());
            BindKeyList();
        }
    }
    //List 控件选中项的事件,将选中的键和值显示在上面的文本框中
    private void lstKeys_SelectionChanged(object sender,SelectionChangedEventArgs e)
    {
        if (e.AddedItems.Count > 0)
        {
            //获取在 List 中选择的 key
            string key = e.AddedItems[0].ToString();
```

```
                //检查设置是否存在这个 key
                if (_appSettings.Values.ContainsKey(key))
                {
                    txtKey.Text = key;
                    //获取 key 的值并且显示在文本框上
                    txtValue.Text = _appSettings.Values[key].ToString();
                }
            }
        }
        //将当前程序中所有的 key 值绑定到 List 上
        private void BindKeyList()
        {
            //先清空 List 控件的绑定值
            lstKeys.Items.Clear();
            //获取当前应用程序的所有的 key
            foreach (string key in _appSettings.Values.Keys)
            {
                //添加到 List 控件上
                lstKeys.Items.Add(key);
            }
            txtKey.Text = "";
            txtValue.Text = "";
        }
        //清空容器内所有的设置
        private void deleteall_Click(object sender,RoutedEventArgs e)
        {
            _appSettings.Values.Clear();
            BindKeyList();
        }
    }
```

程序运行的效果如图 6.1 所示。

图 6.1　应用设置键值对

6.1.3 设置存储容器

6.1.2节讲解了应用设置的相关操作，这些相关的操作都是基于应用程序的根容器的，有时为了将应用设置进行分类常常需要创建新的容器来进行存储应用设置的信息。下面来看一下关于容器的创建和删除的操作。

1. 容器的创建

容器的创建必须要依赖于容器的对象，也就是必须要在容器下面创建容器，容器里面是可以嵌套着容器的，但是这个嵌套的层次不能超过32层。首先也是需要获取根容器，这个和上文是一样的，然后调用ApplicationDataContainer.CreateContainer方法可创建设置容器。该方法有两个参数，第一个是容器的名字，注意同一个容器里面不能有相同名字的两个容器，第二个参数是ApplicationDataCreateDisposition枚举，通常会设置为枚举中的Always值表示如果容器不存在则新建一个再返回容器对象。创建容器的示例代码如下所示：

```
ApplicationDataContainer container = localSettings.CreateContainer("exampleContainer",
ApplicationDataCreateDisposition.Always);
```

2. 容器的删除

容器的删除可以调用ApplicationDataContainer.DeleteContainer方法，通过传入容器的名称可以删除当前容器下的该名称的容器，注意不是删除容器对象的这个容器。删除容器后容器下面的应用设置的信息也会全部被删除掉，所以在做容器删除的操作时一定要确认该容器下面的应用设置信息是否已经完全不需要了，否则会造成信息的丢失。容器删除的示例代码如下所示：

```
localSettings.DeleteContainer("exampleContainer");
```

下面给出容器使用的示例：该示例演示了容器以及容器里面的应用设置的新增和删除操作。

代码清单6-2：容器使用（源代码：第6章\Examples_6_2）

MainPage.xaml文件主要代码

```
------------------------------------------------------------------------
<StackPanel>
    <Button Content = "创建 Container" Click = "CreateContainer_Click"></Button>
    <Button Content = "添加信息" Click = "WriteSetting_Click"></Button>
    <Button Content = "删除信息" Click = "DeleteSetting_Click"></Button>
    <Button Content = "删除 Container" Click = "DeleteContainer_Click"></Button>
    <TextBlock x:Name = "OutputTextBlock" TextWrapping = "Wrap"></TextBlock>
</StackPanel>
```

MainPage.xaml.cs文件主要代码

```
------------------------------------------------------------------------
public sealed partial class MainPage: Page
{
```

```
ApplicationDataContainer localSettings = null;
//容器的名称
const string containerName = "exampleContainer";
//设置的键名
const string settingName = "exampleSetting";
public MainPage()
{
    this.InitializeComponent();
    //获取根容器
    localSettings = ApplicationData.Current.LocalSettings;
    //输出容器相关信息
    DisplayOutput();
}
//创建一个容器
void CreateContainer_Click(Object sender,RoutedEventArgs e)
{
    //如果容器不存在则新建
    ApplicationDataContainer container = localSettings.CreateContainer(containerName,
ApplicationDataCreateDisposition.Always);

    DisplayOutput();
}
//删除所创建的容器
void DeleteContainer_Click(Object sender,RoutedEventArgs e)
{
    localSettings.DeleteContainer(containerName);
    DisplayOutput();
}
//在新建的容器上添加应用设置信息
void WriteSetting_Click(Object sender,RoutedEventArgs e)
{
    if (localSettings.Containers.ContainsKey(containerName))
    {
        localSettings.Containers[containerName].Values[settingName] = "Hello World";
    }
    DisplayOutput();
}
//删除容器上的应用设置信息
void DeleteSetting_Click(Object sender,RoutedEventArgs e)
{
    if (localSettings.Containers.ContainsKey(containerName))
    {
        localSettings.Containers[containerName].Values.Remove(settingName);
    }
    DisplayOutput();
}
//展示创建的容器和应用设置的信息
void DisplayOutput()
{
    //判断容器是否存在
```

```
            bool hasContainer = localSettings.Containers.ContainsKey(containerName);
            //判断容器里面的键值是否存在
            bool hasSetting = hasContainer ? localSettings.Containers[containerName].Values.
ContainsKey(settingName): false;
            String output = String.Format("Container Exists: {0}\n" +
                                          "Setting Exists: {1}",
                                          hasContainer ? "true": "false",
                                          hasSetting ? "true": "false");
            OutputTextBlock.Text = output;
        }
    }
```

程序运行的效果如图 6.2 所示。

图 6.2　容器的使用

6.1.4　复合设置数据

应用设置所支持数据类型除了 Windows 运行时的基本类型之外，还支持一个特殊的类型 ApplicationDataCompositeValue，这个就是复合设置。ApplicationDataCompositeValue 类表示必须进行自动序列化和反序列化的相关应用程序设置。复合设置通过将其插入设置映射而序列化，通过从映射查找该设置而反序列化。使用复合设置可轻松处理相互依赖的设置的原子更新，系统会在并发访问和漫游时确保复合设置的完整性。复合设置针对少量数据进行了优化，如果将它们用于大型数据集，性能可能很差。所以复合设置使用的场景通常是对一组互相依赖数据捆绑在一起，保证在任何的情况下，它们都是作为一个整体进行操作。复合设置是应用设置中的一种，所以其相关的操作是和应用设置一致的。ApplicationDataCompositeValue 对象也是一个键值对的对象类型来的，创建一个 ApplicationDataCompositeValue 对象的代码如下所示：

```
ApplicationDataCompositeValue composite = new ApplicationDataCompositeValue();
composite["intVal"] = 1;
composite["strVal"] = "string";
```

可以通过这种键值对的方式把原本放在应用设置的键值对放到了复合设置里面，进行一个整体的捆绑操作，这种捆绑操作的目的是保证这些数据组合的原子更新，所以复合设置在漫游设置里面使用得较多，可以保证多个设备同时更新数据的时候这组数据是作为一个原子操作。

下面给出漫游复合设置的示例：该示例演示了漫游复合设置的新增和删除操作。

代码清单 6-3：漫游复合设置(源代码：第 6 章\Examples_6_3)

MainPage.xaml 文件主要代码

```
------------------------------------------------------------------------
<StackPanel>
    <Button Content = "创建" Click = "WriteCompositeSetting_Click"></Button>
    <Button Content = "删除" Click = "DeleteCompositeSetting_Click"></Button>
    <TextBlock x:Name = "OutputTextBlock" TextWrapping = "Wrap"></TextBlock>
</StackPanel>
```

MainPage.xaml.cs 文件主要代码

```
------------------------------------------------------------------------
public sealed partial class MainPage: Page
{
    ApplicationDataContainer roamingSettings = null;
    //复合设置的名称
    const string settingName = "exampleCompositeSetting";
    //复合设置里面的键 one
    const string settingName1 = "one";
    //复合设置里面的键 two
    const string settingName2 = "two";
    public MainPage()
    {
        this.InitializeComponent();
        //获取漫游设置
        roamingSettings = ApplicationData.Current.RoamingSettings;
        //展示信息
        DisplayOutput();
    }
    //写入复合设置信息
    void WriteCompositeSetting_Click(Object sender,RoutedEventArgs e)
    {
        ApplicationDataCompositeValue composite = new ApplicationDataCompositeValue();
        composite[settingName1] = 1;
```

```
            composite[settingName2] = "world";
            roamingSettings.Values[settingName] = composite;
            DisplayOutput();
        }
        //删除复合设置信息
        void DeleteCompositeSetting_Click(Object sender,RoutedEventArgs e)
        {
            roamingSettings.Values.Remove(settingName);
            DisplayOutput();
        }
        //展示复合设置的信息
        void DisplayOutput()
        {
            ApplicationDataCompositeValue composite = (ApplicationDataCompositeValue)roamingSettings.
Values[settingName];
            String output;
            if (composite == null)
            {
                output = "复合设置信息为空";
            }
            else
            {
                output = String.Format("复合设置: {{{0} = {1},{2} = \"{3}\"}}",settingName1,
composite[settingName1],settingName2,composite[settingName2]);
            }
            OutputTextBlock.Text = output;
        }
    }
```

程序运行的效果如图6.3所示。

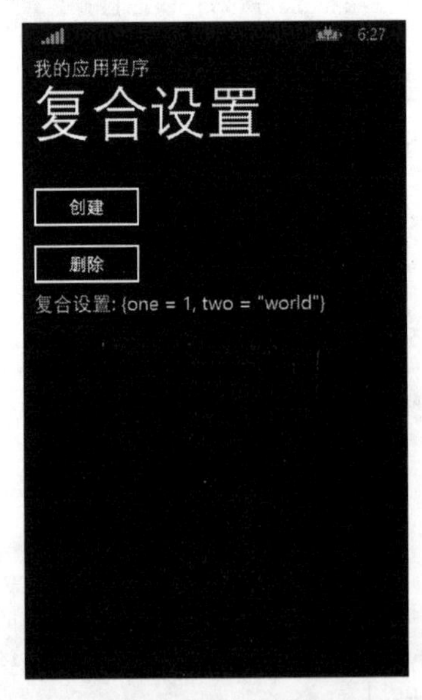

图6.3 复合设置

6.2 应用文件存储

前面介绍了应用设置存储，但是应用设置存储在存储数据方面的局限性很大，无法满足更加复杂的数据存储以及大量的数据存储，所以还需要应用文件存储，以文件的方式来存储数据。在每个应用的应用数据存储中，该应用拥有系统定义的根目录：一个用于本地文件，一个用于漫游文件，还有一个用于临时文件。你的应用可向根目录添加新文件和新目录，创建新目录可帮助组织文件。那个这个文件存储的层次和应用设置的层次的限制是一样的，应用数据存储中的文件最多可嵌套32层深，树的宽度没有限制。同时应用文件也有本地文件和漫游文件之分，应用添加到本地数据存储的文件仅存在于本地设备上，如果是漫游文件则系统会将文件自动同步到其他的设备上，原理和漫游设置一样。本节先介绍三种类型的应用文件的区别，再介绍应用文件存储的相关操作。

6.2.1 三种类型的应用文件

下面来看一下三种类型的应用文件的区别。

1. 本地应用文件

本地应用文件是只是存储在客户端的存储数据，所存储的数据没有总大小限制，并且存储的区域是属于程序的沙箱里面，也就是只有应用程序自己才可以访问，其他的程序是无法进行访问的，这也保障了数据的安全性。由于本地应用文件是属于应用程序自身的存储文件，所以当应用程序被卸载之后，这块的数据也会被删除掉，即使再重新安装一样的应用程序，这块的数据也是无法恢复的。本地应用文件的根目录文件夹可以通过ApplicationData对象的LocalFolder属性来访问，也就是ApplicationData.Current.LocalFolder，类型是文件夹(StorageFolder)对象。

2. 漫游应用文件

漫游应用文件是指对于同一个账号登录的手持设备所共享的数据，这个在漫游设置里面也举例说明了，我们也可以把漫游应用文件和漫游应用设置统称为漫游数据，它们之间的逻辑是一致的。如果在应用中使用漫游数据，用户可轻松地在多个设备之间保持应用的应用数据同步。如果用户在多个设备上安装了你的应用，那么将可以保持应用数据同步，减少用户需要在他们的第二个设备上为你的应用所做的设置工作。本地应用文件的根目录文件夹可以通过ApplicationData对象的RoamingFolder属性来访问，也就是ApplicationData.Current.RoamingFolder。下面我们再来看一下漫游数据的一些特点：

(1) 数据大小有限制

Windows Phone限制了每个应用可漫游的应用数据大小，其大小由ApplicationData类的RoamingStorageQuota属性决定。RoamingStorageQuota属性表示获取可从漫游应用程序数据存储区同步到云的数据的最大大小，如果漫游数据在漫游应用程序数据存储区中的当前大小超过RoamingStorageQuota指定的最大大小，则系统会挂起将包中所有应用程序的数据复制到云，直至当前大小不再超过最大大小。出于此原因，最好的做法是仅为用户首选项、链接和小型数据文件使用漫游数据。

(2) 数据改变时机的不确定性

由于漫游的数据会在多个设备中进行修改，所以在应用程序中一定要充分考虑到漫游数据的随时改变对当前的应用程序是否需要做出回应，如果需要在程序中监控漫游数据的变化，应用应该注册处理 ApplicationData 类的 DataChanged 事件，处理操作在漫游应用数据更改时执行。

(3) 数据版本的统一性

如果由于用户安装了一个较新的应用版本，设备上的应用数据更新到一个新版本，则它的应用数据将被复制到云。在设备上更新应用之前，系统不会将应用数据更新到用户安装了该应用的其他设备。

(4) 漫游数据不是永久的，有时间限制

漫游数据同步并不是无限期可以同步的，它有一个 30 天的时间间隔的限制。只要用户可在所需的时间间隔内从某个设备访问应用的漫游数据，这些数据就存在于云中。如果用户不会在比此时间间隔更长的时间内运行应用，它的漫游数据将从云中删除。如果用户卸载应用，它的漫游数据不会自动从云中删除，将会保留。如果用户在该时间间隔内重新安装该应用，会从云中同步漫游数据。

(5) 漫游数据同步的时机依赖于网络和设备

系统会随机漫游应用数据，不会保证即时同步，如果用户设备没有联网又或者是位于高延迟网络中，则漫游可能会明显延迟。如果漫游的数据是应用设置我们还可以通过一个特殊的设置键来设置一个高优先级别的漫游设置数据，可以更加频繁和快速地进行同步到云端。这个高优先级别的 key 为 HighPriority，系统会以最快的速度在多个设备间同步 HighPriority 所对应的数据。它支持 ApplicationDataCompositeValue 数据，但总大小限于 8KB，此限值不是强制性的，当超过此限值时，该漫游应用设置将被视为常规漫游应用设置。

3. 临时应用文件

临时应用数据存储类似于缓存，它的文件不会漫游，随时可以删除。系统维护任务可以随时自动删除存储在此位置的数据。用户还可以使用“磁盘清理”清除临时数据存储中的文件。临时应用数据可用于存储应用会话期间的临时信息，无法保证超出应用会话结束时间后仍将保留此数据，因为如有需要，系统可能回收已使用的空间，所以临时文件通常用于存储一些非重要性的临时文件信息。临时应用文件的根目录文件夹可以通过 ApplicationData 对象的 TemporaryFolder 属性来访问，也就是 ApplicationData. Current. TemporaryFolder。

6.2.2 应用文件和文件夹的操作

在 Windows Phone 的应用文件存储里面，我们对数据存储所进行的操作其实就是对应用文件夹和文件的操作。StorageFolder 类表示操作文件夹及其内容，并提供有关它们的信息，用于向本地文件夹内的某个文件读取和写入数据。在手机存储里面文件夹的根目录其实就是 6.2.1 节提到的三个文件夹的根目录，分别为本地文件夹(ApplicationData. Current. LocalFolder)、漫游文件夹(ApplicationData. Current. RoamingFolder)和临时文件夹(ApplicationData.

Current. TemporaryFolder)。StorageFile 类表示表示文件，提供有关文件及其内容和操作它们的方式的信息。StorageFolder 类和 StorageFile 类是两个关系非常密切的类，它们的相关操作常常会关联起来，StorageFolder 类和 StorageFile 类的主要成员分别如表 6.1 和表 6.2 所示。

表 6.1　StorageFolder 类的主要成员

名　　称	说　　明
DateCreated	获取创建文件夹的日期和时间
Name	获取存储文件夹的名称
Path	获取存储文件夹的路径
CreateFileAsync(string desiredName)	在文件夹或文件组中创建一个新文件；desiredName：要创建的文件的所需名称；返回作为 StorageFile 的新文件
CreateFolderAsync(string desiredName)	在当前文件夹中创建新的文件夹，desiredName：要创建的文件夹的所需名称；返回新文件作为 StorageFolder
DeleteAsync();	删除当前文件夹或文件组
GetFileAsync(string name)	从当前文件夹获取指定文件，name：要检索的文件的名称；返回表示文件的 StorageFile
GetFilesAsync();	在当前文件夹中获取文件，返回文件夹中的文件列表(类型 IReadOnlyList<StorageFile>)；列表中的每个文件均由一个 StorageFile 对象表示
GetFolderAsync(string name)	从当前文件夹获取指定文件夹，name：要检索的文件夹的名称；返回表示子文件夹的 StorageFolder
RenameAsync(string desiredName)	重命名当前文件夹，desiredName：当前文件夹所需的新名称

表 6.2　StorageFile 类的主要成员

名　　称	说　　明
DateCreated	获取创建文件夹的日期和时间
Name	获取存储文件夹的名称
Path	获取存储文件夹的路径
CopyAndReplaceAsync (IStorageFile fileToReplace)	将指定文件替换为当前文件的副本，fileToReplace：要替换的文件
CopyAsync (IStorageFolder destinationFolder)	在指定文件夹中创建文件的副本，destinationFolder：从中创建副本的目标文件夹；返回表示副本的 StorageFile
CopyAsync (IStorageFolder destinationFolder, string desiredNewName)	使用所需的名称，在指定文件夹中创建文件的副本；destinationFolder：从中创建副本的目标文件夹；desiredNewName：副本的所需名称，如果在已经指定 desiredNewName 的目标文件夹中存在现有文件，则为副本生成唯一的名称；返回表示副本的 StorageFile
DeleteAsync()	删除当前文件
GetFileFromPathAsync (string path)	获取 StorageFile 对象以代表指定路径中的文件，path：表示获取 StorageFile 的文件路径；返回作为 StorageFile 的文件
RenameAsync(string desiredName)	重命名当前文件，desiredName：当前项所需的新名称

下面来看一下应用文件和文件夹的一些常用操作。

1. 创建文件夹和文件

首先对于3个根目录的StorageFolder对象可以直接通过ApplicationData类的单例来获取到，在文件夹里面再创建文件夹可以调用StorageFolder. CreateFolderAsync方法在本地文件夹中创建一个文件夹目录以及调用StorageFolder. CreateFileAsync方法在本地文件夹中创建一个文件。示例代码如下所示：

```
//获取本地文件夹根目录
StorageFolder local = Windows.Storage.ApplicationData.Current.LocalFolder;
//创建文件夹,如果文件夹存在则打开它
var dataFolder = await local.CreateFolderAsync("DataFolder",CreationCollisionOption.OpenIfExists);
//创建一个命名为DataFile.txt的文件,如果文件存在则替换掉
var file = await dataFolder.CreateFileAsync("DataFile.txt",CreationCollisionOption.ReplaceExisting);
```

2. 文件的读写

对文件进行读写操作的时候，可以使用到StreamReader类、StreamWriter类和FileIO类读取和写入文件的内容。StreamReader类和StreamWriter类旨在以一种特定的编码输入字符，使用StreamReader/StreamWriter类可以读取/写入标准文本文件的各行信息。StreamReader/StreamWriter的默认编码为UTF-8，UTF-8可以正确处理Unicode字符并在操作系统的本地化版本上提供一致的结果。FileIO类则是专门为IStorageFile类型的对象表示的读取和写入文件提供帮助器方法，FileIO类是一个静态类，所以直接调用其静态的文件读写方法来进行操作。示例代码如下所示：

```
//读取文件的文本信息,使用FileIO类实现
string fileContent = await FileIO.ReadTextAsync(file);
//读取文件的文本信息,使用StreamReader类实现
using (StreamReader streamReader = new StreamReader(fileStream))
{
    string fileContent = streamReader.ReadToEnd();
}
//写入文件的文本信息,使用FileIO类实现
await FileIO.WriteTextAsync(file,"Windows Phone");
//写入文件的文本信息,使用StreamWriter类实现
using (StreamWriter swNew = new StreamWriter(fileLoc))
{
    swNew.WriteLine("Windows Phone ");
}
```

除了上面的两种方式之外，还可以使用WindowsRuntimeStorageExtensions类提供的给实现IStorageFile和IStorageFolder接口的类使用的方法来进行文件和文件夹的读写操作，这些扩展的方法分别有OpenStreamForReadAsync和OpenStreamForWriteAsync。示例代码如下所示：

```
//下面使用OpenStreamForWriteAsync方法来实现写入文件信息
```

```
byte[] fileBytes = System.Text.Encoding.UTF8.GetBytes("Windows Phone ".ToCharArray());
using (var s = await file.OpenStreamForWriteAsync())
{
    s.Write(fileBytes,0,fileBytes.Length);
}
```

3. 文件的删除、复制、重命名和移动操作

文件的删除、复制、重命名和移动这些操作相对来说比较简单直接调用 StorageFile 类相关的 API 就可以了。示例代码如下所示：

```
//删除文件
await file.DeleteAsync()
//复制文件
StorageFile fileCopy = await file.CopyAsync(destinationFolder,"sample - Copy.txt",
NameCollisionOption.ReplaceExisting);
//重命名文件
StorageFile storageFile1 = await storageFile.RenameAsync("sampleRe.txt")
//移动文件
await storageFile.MoveAsync(newStorageFolder,newFileName);
```

下面给出文件存储的示例：该示例演示了文件的写入、读取和复制操作。

代码清单 6-4：文件存储(源代码：第 6 章\Examples_6_4)

MainPage.xaml 文件主要代码

```
------------------------------------------------------------------
<StackPanel>
    <TextBox Header="文件信息：" x:Name="info" TextWrapping="Wrap"></TextBox>
    <Button x:Name="bt_save" Content="保存" Width="370" Click="bt_save_Click"></Button>
    <Button x:Name="bt_read" Content="读取保存的文件" Width="370" Click="bt_read_
Click"></Button>
    <Button x:Name="bt_delete" Content="删除文件" Width="370" Click="bt_delete_Click">
</Button>
</StackPanel>
```

MainPage.xaml.cs 文件主要代码

```
------------------------------------------------------------------
public sealed partial class MainPage: Page
{
    //文件名
    private string fileName = "testfile.txt";
    public MainPage()
    {
        this.InitializeComponent();
    }
    //保存按钮事件处理程序
    private async void bt_save_Click(object sender,RoutedEventArgs e)
    {
        if(info.Text!= "")
        {
            //写入文件信息
```

```
            await WriteFile(fileName,info.Text);
            await new MessageDialog("保存成功").ShowAsync();
        }
        else
        {
            await new MessageDialog("内容不能为空").ShowAsync();
        }
    }
    //读取文件按钮事件处理程序
    private async void bt_read_Click(object sender,RoutedEventArgs e)
    {
        //读取文件的文本信息
        string content = await ReadFile(fileName);
        await new MessageDialog(content).ShowAsync();
    }
    ///<summary>
    ///读取本地文件夹根目录的文件
    ///</summary>
    ///<param name = "fileName">文件名</param>
    ///<returns>读取文件的内容</returns>
    public async Task<string> ReadFile(string fileName)
    {
        string text;
        try
        {
            //获取本地文件夹根目录文件夹
            IStorageFolder applicationFolder = ApplicationData.Current.LocalFolder;
            //根据文件名获取文件夹里面的文件
            IStorageFile storageFile = await applicationFolder.GetFileAsync(fileName);
            //打开文件获取文件的数据流
            IRandomAccessStream accessStream = await storageFile.OpenReadAsync();
            //使用StreamReader读取文件的内容,需要将IRandomAccessStream对象转化为Stream对
象来初始化StreamReader对象
            using (StreamReader streamReader = new StreamReader(accessStream.AsStreamForRead
((int)accessStream.Size)))
            {
                text = streamReader.ReadToEnd();
            }
        }
        catch (Exception e)
        {
            text = "文件读取错误: " + e.Message;
        }
        return text;
    }
    ///<summary>
    ///写入本地文件夹根目录的文件
    ///</summary>
    ///<param name = "fileName">文件名</param>
    ///<param name = "content">文件里面的字符串内容</param>
    ///<returns></returns>
    public async Task WriteFile(string fileName,string content)
```

```
    {
        //获取本地文件夹根目录文件夹
        IStorageFolder applicationFolder = ApplicationData.Current.LocalFolder;
        //在文件夹里面创建文件,如果文件存在则替换掉
          IStorageFile storageFile = await applicationFolder.CreateFileAsync(fileName,
CreationCollisionOption.OpenIfExists);
        //使用 FileIO 类把字符串信息写入文件
        await FileIO.WriteTextAsync(storageFile,content);
    }
    //删除文件按钮的处理时间
    private async void bt_delete_Click(object sender,RoutedEventArgs e)
    {
        string text;
        try
        {
            IStorageFolder applicationFolder = ApplicationData.Current.LocalFolder;
            //获取文件
            IStorageFile storageFile = await applicationFolder.GetFileAsync(fileName);
            //删除当前的文件
            await storageFile.DeleteAsync();
            text = "删除成功";
        }
        catch (Exception exce)
        {
            text = "文件删除错误:" + exce.Message;
        }
        await new MessageDialog(text).ShowAsync();
    }
```

程序运行的效果如图 6.4 所示。

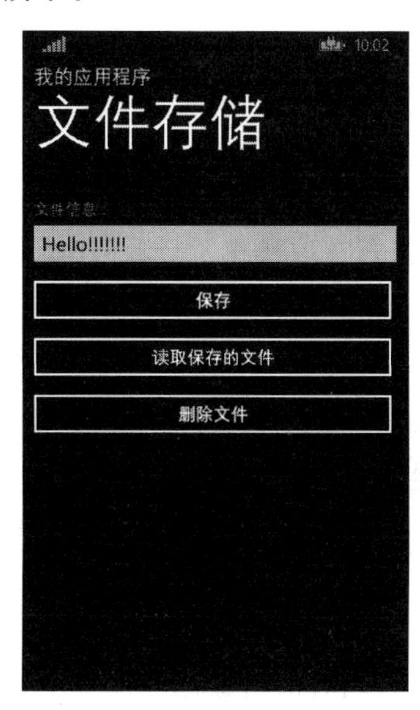

图 6.4 文件存储

6.2.3 文件 Stream 和 Buffer 读写操作

前文介绍的文件操作都是文本内容的文件，如果是图片文件或者其他的二进制文件就需要操作文件的 Stream 或者 Buffer 数据了。操作这种二进制的文件，需要用到 DataWriter 类和 DataReader 类。DataWriter 类用于写入文件的信息，当然这个信息不仅仅是文本信息，各种类型的数据信息都可以进行写入，DataReader 类则是对应的文件读取类。一般地，对于这种二进制文件，文件写入和读取是需要对应起来的，例如文件先写入 4 个字节的长度，然后再写入文件的内容，这时候要读取这个文件的时候，就需要先读取 4 个字节的内容长度，然后再读取实际的内容信息。下面来看一下 Windows Phone 中的这种文件的 Stream 和 Buffer 的读取和写入的方式。

1. Buffer 的写入操作

在 Windows Phone 里面文件的 Buffer 的操作使用的是 IBuffer 对象，所以要使用 DataWriter 类写入相关的信息之后再转化为 IBuffer 对象，然后保存到文件中。示例代码如下：

```
using (InMemoryRandomAccessStream memoryStream = new InMemoryRandomAccessStream())
{
    using (DataWriter dataWriter = new DataWriter(memoryStream))
    {
        //文件相关的信息,可以根据文件的规则来进行写入
        dataWriter.WriteInt32(size);
        dataWriter.WriteString(userContent);
        …
        buffer = dataWriter.DetachBuffer();
    }
}
await FileIO.WriteBufferAsync(file,buffer);
```

2. Buffer 的读取操作

读取操作其实就是获取了文件的 IBuffer 对象之后，再使用 IBuffer 对象初始化一个 DataReader 对象就可以对文件进行读取操作了。示例代码如下：

```
IBuffer buffer = await FileIO.ReadBufferAsync(file);
using (DataReader dataReader = DataReader.FromBuffer(buffer))
{
    //读取文件相关的信息,读取的规则要与文件的规则一致
    Int32 stringSize = dataReader.ReadInt32();
    string fileContent = dataReader.ReadString((uint)stringSize);
    …
}
```

3. Stream 的写入操作

文件的 Stream 其实就是文件内容的信息，所以在用 Stream 来写入文件的数据的时候，直接保存 Stream 的信息就可以了，并不需要再调用文件的对象进行保存。示例代码如下：

```
using (StorageStreamTransaction transaction = await file.OpenTransactedWriteAsync())
{
    using (DataWriter dataWriter = new DataWriter(transaction.Stream))
    {
        //文件相关的信息,可以根据文件的规则来进行写入
        dataWriter.WriteInt32(size);
        dataWriter.WriteString(userContent);
        …
        transaction.Stream.Size = await dataWriter.StoreAsync();
        //保存 Stream 数据
        await transaction.CommitAsync();
    }
}
```

4. Stream 的读取操作

使用 Stream 来读取文件的内容，需要先调用 DataReader 类的 LoadAsync 方法，先把数据加载进来，再调用相关的 Read 方法来读取文件的内容。Buffer 的操作不用调用 LoadAsync 方法，这是由于它已经一次性地把数据都读取出来了。示例代码如下：

```
using (IRandomAccessStream readStream = await file.OpenAsync(FileAccessMode.Read))
{
    using (DataReader dataReader = new DataReader(readStream))
    {
            //读取文件相关的信息,读取的规则要与文件的规则一致
            await dataReader.LoadAsync(sizeof(Int32));
            Int32 stringSize = dataReader.ReadInt32();
            await dataReader.LoadAsync((UInt32)stringSize);
            string fileContent = dataReader.ReadString((uint)stringSize);
            …
    }
}
```

下面给出文件 Stream 和 Buffer 读写操作的示例：该示例演示了的文件的格式是先写入字符串内容的长度 Int32 类型占用 4 个字节，然后再写入字符串的内容，读取文件的时候再按照这样的方式逆着来。注意，如果用 6.2.2 节的例子中的 ReadToEnd 方法来读取文件字符串是无法读取到内容的，必须要按照文件的格式才能读取到正确的数据。

代码清单 6-5：文件 Stream 和 Buffer 读写操作（源代码：第 6 章\Examples_6_5）

MainPage.xaml 文件主要代码

```
--------------------------------------------------------------------------------
<StackPanel>
    <Button x:Name = "bt_create" Content = "创建一个测试文件" Width = "370" Click = "bt_
create_Click"></Button>
    <Button x:Name = "bt_writebuffer" Content = "写入 buffer" Width = "370" Click = "bt_
writebuffer_Click"></Button>
    <Button x:Name = "bt_readbuffer" Content = "读取 buffer" Width = "370" Click = "bt_
readbuffer_Click"></Button>
    <Button x:Name = "bt_writestream" Content = "写入 stream" Width = "370" Click = "bt_
```

```
writestream_Click"></Button>
    <Button x:Name = "bt_readstream" Content = "读取 stream" Width = "370" Click = "bt_readstream_Click"></Button>
    <TextBlock x:Name = "OutputTextBlock" TextWrapping = "Wrap" FontSize = "20"></TextBlock>
</StackPanel>
```

MainPage.xaml.cs 文件主要代码

```
------------------------------------------------------------------
public sealed partial class MainPage: Page
{
    //创建的测试文件对象
    private StorageFile sampleFile;
    //文件名
    private string filename = "sampleFile.dat";
    public MainPage()
    {
        this.InitializeComponent();
    }

    //创建一个文件事件处理程序
    private async void bt_create_Click(object sender,RoutedEventArgs e)
    {
        StorageFolder storageFolder = ApplicationData.Current.LocalFolder;
        sampleFile = await storageFolder.CreateFileAsync(filename,CreationCollisionOption.ReplaceExisting);
        OutputTextBlock.Text = "文件 '" + sampleFile.Name + "'已经创建好";
    }
    //写入 IBuffer 按钮事件处理程序
    private async void bt_writebuffer_Click(object sender,RoutedEventArgs e)
    {
        StorageFile file = sampleFile;
        if (file != null)
        {
            try
            {
                string userContent = "测试的文本消息";
                IBuffer buffer;
                //使用一个内存的可访问的数据流创建一个 DataWriter 对象,写入 String 再转化为 IBuffer 对象
                using (InMemoryRandomAccessStream memoryStream = new InMemoryRandomAccessStream())
                {
                    //把 String 信息转化为 IBuffer 对象
                    using (DataWriter dataWriter = new DataWriter(memoryStream))
                    {
                        //先写入字符串的长度信息
                        dataWriter.WriteInt32(Encoding.UTF8.GetByteCount(userContent));
                        //写入字符串信息
                        dataWriter.WriteString(userContent);
                        buffer = dataWriter.DetachBuffer();
                    }
```

```
                }
                await FileIO.WriteBufferAsync(file,buffer);
                OutputTextBlock.Text = "长度为 " + buffer.Length + " bytes 的文本信息写
入到了文件 '" + file.Name + "':" + Environment.NewLine + Environment.NewLine + userContent;
            }
            catch (Exception exce)
            {
                OutputTextBlock.Text = "异常: " + exce.Message;
            }

        }
        else
        {
            OutputTextBlock.Text = "请先创建文件";
        }
    }
    //读取 IBuffer 按钮事件处理程序
    private async void bt_readbuffer_Click(object sender,RoutedEventArgs e)
    {
        StorageFile file = sampleFile;
        if (file != null)
        {
            try
            {
                IBuffer buffer = await FileIO.ReadBufferAsync(file);
                using (DataReader dataReader = DataReader.FromBuffer(buffer))
                {
                    //先读取字符串的长度信息
                    Int32 stringSize = dataReader.ReadInt32();
                    //读取字符串信息
                    string fileContent = dataReader.ReadString((uint)stringSize);
                    OutputTextBlock.Text = "长度为 " + buffer.Length + " bytes 的文本信
息从文件 '" + file.Name + "'读取出来,其中字符床的长度为" + stringSize + " bytes:"
                        + Environment.NewLine + fileContent;
                }
            }
            catch (Exception exce)
            {
                OutputTextBlock.Text = "异常: " + exce.Message;
            }
        }
        else
        {
            OutputTextBlock.Text = "请先创建文件";
        }
    }
    //写入 Stream 按钮事件处理程序
    private async void bt_writestream_Click(object sender,RoutedEventArgs e)
    {
        StorageFile file = sampleFile;
```

```
            if (file != null)
            {
                try
                {

                    string userContent = "测试的文本消息";
                    //使用 StorageStreamTransaction 对象来创建 DataWriter 对象写入数据
                    using (StorageStreamTransaction transaction = await file.OpenTransactedWriteAsync())
                    {
                        using (DataWriter dataWriter = new DataWriter(transaction.Stream))
                        {
                            //先写入信息的长度
                            dataWriter.WriteInt32(Encoding.UTF8.GetByteCount(userContent));
                            //写入字符串信息
                            dataWriter.WriteString(userContent);
                            //提交 dataWriter 的数据同时重设 Stream 的大小
                            transaction.Stream.Size = await dataWriter.StoreAsync();
                            //保存 Stream 数据
                            await transaction.CommitAsync();
                            OutputTextBlock.Text = "使用 stream 把信息写入了文件 '" + file.
Name + "':" + Environment.NewLine + userContent;
                        }
                    }
                }
                catch (Exception exce)
                {
                    OutputTextBlock.Text = "异常：" + exce.Message;
                }
            }
            else
            {
                OutputTextBlock.Text = "请先创建文件";
            }
        }
        //读取 Stream 按钮事件处理程序
        private async void bt_readstream_Click(object sender,RoutedEventArgs e)
        {
            StorageFile file = sampleFile;
            if (file != null)
            {
                try
                {
                    //使用文件流创建 DataReader 对象
                    using (IRandomAccessStream readStream = await file.OpenAsync(FileAccessMode.Read))
                    {
                        using (DataReader dataReader = new DataReader(readStream))
                        {
                            UInt64 size = readStream.Size;
                            if (size <= UInt32.MaxValue)
                            {
```

```
                        //先读取字符串的长度信息
                        await dataReader.LoadAsync(sizeof(Int32));
                        Int32 stringSize = dataReader.ReadInt32();
                        //读取字符串的内容信息
                        await dataReader.LoadAsync((UInt32)stringSize);
                        string fileContent = dataReader.ReadString((uint)stringSize);
                        OutputTextBlock.Text = "使用 stream 把信息从文件 '" + file.
Name + "' 读取出来,其中字符床的长度为" + stringSize + " bytes:"
                            + Environment.NewLine + fileContent;
                    }
                    else
                    {
                        OutputTextBlock.Text = "文件 " + file.Name + " 太大,不能在
单个数据块中读取";
                    }
                }
            }
        }
        catch (Exception exce)
        {
            OutputTextBlock.Text = "异常: " + exce.Message;
        }
    }
    else
    {
        OutputTextBlock.Text = "请先创建文件";
    }
  }
}
```

程序运行的效果如图 6.5 所示。

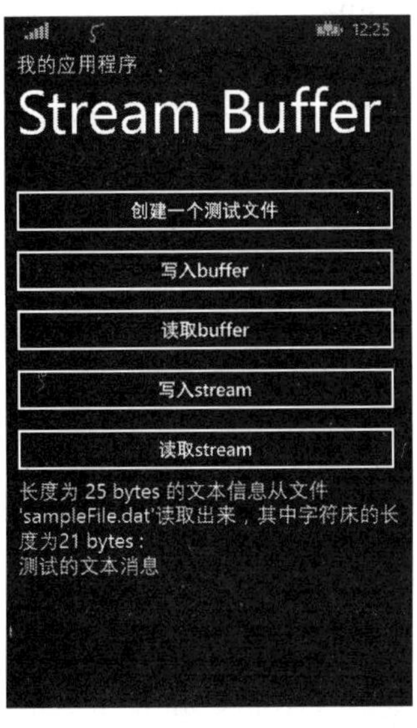

图 6.5　Stream 和 Buffer 操作

6.2.4 应用文件的URI方案

前文中获取文件的方式都是通过应用程序的三个根目录的文件夹对象来获取文件夹对象和文件对象，本节来讲解一种新的获取文件对象的方式，这种方式就是通过URI地址来获取。应用程序存储里面的文件夹和文件其实和我们平时在Windows系统上看到的文件的目录是一样的，只不过它们是在存储里面，并不能很直观地看到他们的路径，当然还是可以通过StorageFile类的Path属性来查看文件的保存路径，例如查看一个在LocalFolder文件夹的testfile.txt文件的路径会如下所示：

```
C:\Data\Users\DefApps\APPDATA\Local\Packages\6c522da7 - 81ed - 4463 - b58a - 584c89af115e_
thbaz9fn8knhr\LocalState\testfile.txt
```

三个根目录文件夹所对应的保存路径的格式分别如下所示：

(1) LocalFolder文件夹的保存路径格式：

```
%USERPROFILE%\APPDATA\Local\Packages\{PackageId}\LocalState
```

(2) RoamingFolder文件夹的保存路径格式：

```
%USERPROFILE%\APPDATA\Local\Packages\{PackageId}\RoamingState
```

(3) TemporaryFolder文件夹的保存路径格式：

```
%USERPROFILE%\APPDATA\Local\Packages\{PackageId}\TempState
```

获取到的这个路径其实并不能作为访问文件的路径来使用，访问文件的路径需要使用本地文件夹的ms-appdata的URI方案。LocalFolder文件夹对应的是“ms-appdata:///local/”，RoamingFolder文件夹对应的是“ms-appdata:///roaming/”，TemporaryFolder文件夹对应的是“ms-appdata:///temp/”。可以通过StorageFile类的静态方法GetFileFromApplicationUriAsync来根据URI读取文件，下面的示例代码使用了ms-appdata的URI方案来获取在LocalFolder文件夹里面的AppConfigSettings.xml文件。

```
var file = await StorageFile.GetFileFromApplicationUriAsync(new Uri("ms - appdata:///local/
AppConfigSettings.xml"));
```

在这种通过URI访问文件的方案里面还需要注意一个事情，就是文件和文件夹的路径在URI方案名称的最后一个斜杠后面不能超过185个字符。

下面给出通过URI读取文件的示例：该示例演示了创建一个文件之后获取其绝对的路径，读取文件的时候是通过URI方案读取文件。

代码清单6-6：通过URI读取文件(源代码：第6章\Examples_6_6)

MainPage.xaml文件主要代码

```
------------------------------------------------------------------------
<StackPanel>
    <TextBox Header = "文件信息: " x:Name = "info" TextWrapping = "Wrap"></TextBox>
```

```
    <Button x:Name="bt_save" Content="创建文件" Width="370" Click="bt_save_Click"></Button>
    <Button x:Name="bt_read" Content="通过 URI 读取文件" Width="370" Click="bt_read_
Click"></Button>
</StackPanel>
```

MainPage.xaml.cs 文件主要代码

```
//文件名
private string fileName = "testfile.txt";
//创建文件
private async void bt_save_Click(object sender,RoutedEventArgs e)
{
    if (info.Text != "")
    {
        //获取本地文件夹根目录文件夹
        IStorageFolder applicationFolder = ApplicationData.Current.LocalFolder;
        //在文件夹里面创建文件,如果文件存在则替换掉
        IStorageFile storageFile = await applicationFolder.CreateFileAsync(fileName,
CreationCollisionOption.OpenIfExists);
        //使用 FileIO 类把字符串信息写入文件
        await FileIO.WriteTextAsync(storageFile,info.Text);
        await new MessageDialog("保存成功,文件的路径:" + storageFile.Path).ShowAsync();
    }
    else
    {
        await new MessageDialog("内容不能为空").ShowAsync();
    }
}
//读取文件
private async void bt_read_Click(object sender,RoutedEventArgs e)
{
    //读取文件的文本信息
    string text;
    try
    {
        //通过 URI 获取本地文件
        var storageFile = await StorageFile.GetFileFromApplicationUriAsync(new Uri("ms-
appdata:///local/" + fileName));
        //打开文件获取文件的数据流
        IRandomAccessStream accessStream = await storageFile.OpenReadAsync();
        //使用 StreamReader 读取文件的内容,需要将 IRandomAccessStream 对象转化为 Stream 对
        //象来初始化 StreamReader 对象
        using (StreamReader streamReader = new StreamReader(accessStream.AsStreamForRead
((int)accessStream.Size)))
        {
            text = streamReader.ReadToEnd();
        }
    }
    catch (Exception exce)
    {
```

```
            text = "文件读取错误：" + exce.Message;
        }
        await new MessageDialog(text).ShowAsync();
    }
```

程序运行的效果如图 6.6 所示。

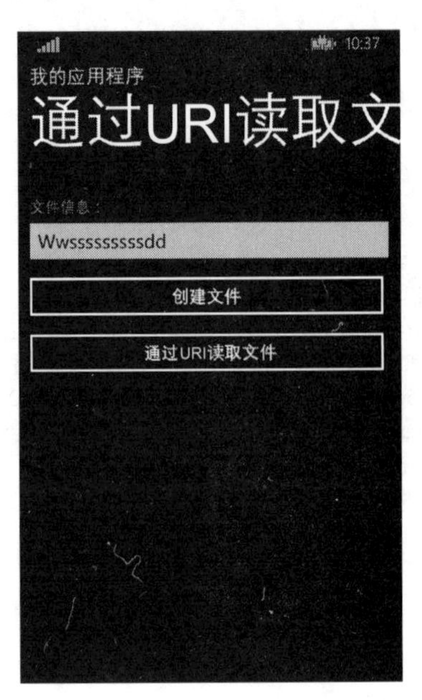

图 6.6　通过 URI 读取文件

6.3　常用的存储数据格式

在实际的项目中，存储数据往往会使用到相对复杂的存储数据格式，而不仅仅是一个简单的字符串，所以在学习应用的数据存储的时候，也需要去学习 JSON、XML 等这些常用的数据格式或者文件格式，如何在程序中使用这些成熟的数据格式来实现与程序业务相关的数据存储。本节在应用设置和应用文件的基础上再进行深入讲解，如何在应用设置和应用文件中使用这些常用的存储数据的格式。

6.3.1　JSON 数据序列化存储

JSON(JavaScript Object Notation)是一种轻量级的数据交换语言，以文字为基础，且易于让人阅读。尽管 JSON 是 Javascript 的一个子集，但 JSON 是独立于语言的文本格式，并且采用了类似于 C 语言家族的一些习惯。JSON 的特点是数据格式比较简单，易于读写，格式都是压缩的，占用带宽小并且易于解析，所以通常会用 JSON 格式来传输数据或者用于数据存储。虽然 JSON 格式一开始是因为 JavaScript 而诞生，但是它本身的数据结构对于任何一种编程语言和平台都是可以使用的，并且 Windows Phone 的平台对 JSON 的数据格式也是有着非常好的支持的。下面先来简单地了解一下 JSON 数据结构的语法。

JSON 用于描述数据结构，有以下形式存在。

对象(object)：一个对象以"{"开始，并以"}"结束。一个对象包含一系列非排序的名称/值对，每个名称/值对之间使用","分区。

名称/值(collection)：名称和值之间使用"："隔开，一般的形式是：{name：value}。一个名称是一个字符串；一个值可以是一个字符串，一个数值，一个对象，一个布尔值，一个有串行表，或者一个 null 值。值有串行表(Array)：一个或者多个值用","分区后，使用"["，"]"括起来就形成了这样的列表，形如：[collection，collection]。

字符串：以""括起来的一串字符。

数值：一系列 0～9 的数字组合，可以为负数或者小数。还可以用"e"或者"E"表示为指数形式。

布尔值：表示为 true 或者 false。

例如，一个 Address 对象包含如下 Key-Value：

```
city:Beijing
street:Chaoyang Road
postcode:100025(整数)
```

用 JSON 表示如下：

```
{"city":"Beijing","street":" Chaoyang Road ","postcode":100025}
```

在 Windows Phone 里面如果要使用 JSON 的数据格式来存储相关的信息会有两种编程的方式。

1. 使用 DataContractJsonSerializer 类对 JSON 数据进行序列化和反序列化

DataContractJsonSerializer 类对 JSON 数据进行序列化和反序列化是最简洁的 JSON 数据操作方式，序列化的过程是把实体类对象转化为 JSON 字符串对象，该操作是直接把实体类的属性名称和属性的值组成"名称/值"的形式，反序列化的过程则刚好倒过来。下面我们来看一下使用 DataContractJsonSerializer 类对 JSON 数据进行序列化和反序列化的两个方法的封装。

```
///<summary>
///对实体类对象进行序列化的方法
///</summary>
///<param name="item">实体类对象</param>
///<returns>对象对应的 JSON 字符串</returns>
public string ToJsonData(object item)
{
    DataContractJsonSerializer serializer = new DataContractJsonSerializer(item.GetType());
    string result = String.Empty;
    using (MemoryStream ms = new MemoryStream())
    {
```

```
            serializer.WriteObject(ms,item);
            ms.Position = 0;
            using (StreamReader reader = new StreamReader(ms))
            {
                result = reader.ReadToEnd();
            }
        }
        return result;
    }
    ///<summary>
    ///把JSON字符串反序列化成实体类对象
    ///</summary>
    ///<typeparam name = "T">对象的类型</typeparam>
    ///<param name = "jsonString">JSON字符串</param>
    ///<returns>JSON字符串所对应的实体类对象</returns>
    public T DataContractJsonDeSerializer<T>(string jsonString)
    {
        var ds = new DataContractJsonSerializer(typeof(T));
        var ms = new MemoryStream(Encoding.UTF8.GetBytes(jsonString));
        T obj = (T)ds.ReadObject(ms);
        ms.Dispose();
        return obj;
    }
```

2. 使用JsonObject对象来自定义JSON对象

使用DataContractJsonSerializer类对JSON数据进行序列化和反序列化的操作很方便，但是却有一个弊端，就是它的灵活性很差，比如序列化成的JSON字符串的“名称/值”对的“名称”必须和类的属性完全一致，所以若需要实现更加灵活和复杂的JSON数据进行序列化和反序列化的操作可以使用JsonObject类来进行自定义。

比如，如果要通过JsonObject类来创建一个如下的JSON对象：

```
{"city":"Beijing","street":" Chaoyang Road ","postcode":100025}
```

创建其对应的JsonObject类实现的语法如下所示：

```
JsonObject jsonObject = new JsonObject();
jsonObject.SetNamedValue("city",JsonValue.CreateStringValue("Beijing"));
jsonObject.SetNamedValue("street",JsonValue.CreateStringValue(" Chaoyang Road "));
jsonObject.SetNamedValue("postcode ",JsonValue. CreateNumberValue(100025));
```

获取JsonObject类对象"city"所对应的数值如下：

```
jsonObject.GetNamedString("city","默认值");
```

下面给出JSON数据存储的示例：该示例演示了使用实体类来封装用户的数据，把数据转化成JSON字符串存储到应用设置里面，获取的时候再把数据转化为实体类对象。该示例使用了上面的两种序列化和反序列化JSON数据的方案，请注意它们的区别。

代码清单 6-7：JSON 数据存储(源代码：第 6 章\Examples_6_7)

该例子要实现的业务是保存个人信息，其中涉及两个实体类的封装，一个是用户类 User 类用来存储用户的名字、年龄和学校信息，还有一个是学校类 School 类，用于存储学校的信息，并与 User 类关联起来，意思是一个用户可以读过 0 个或者若干个学校。User 类和 School 类的属性以及使用 JsonObject 类进行序列化和反序列化的封装如下所示。

User.cs 文件主要代码：用户信息类

```
-----------------------------------------------------------------
public class User
{
    //用户类所封装的属性
    public string Id { get; set; }
    public string Name { get; set; }
    public ObservableCollection<School> Education { get; set; }
    public double Age { get; set; }
    public bool Verified { get; set; }
    //JsonObject 对象所使用的名称，与类的属性名称对应起来
    private const string idKey = "id";
    private const string nameKey = "name";
    private const string educationKey = "education";
    private const string ageKey = "age";
    private const string verifiedKey = "verified";

    public User()
    {
        Id = "";
        Name = "";
        Education = new ObservableCollection<School>();
    }

    //使用 JSON 字符串来初始化对象
    public User(string jsonString)
        : this()
    {
        //把 JSON 字符串转化为 JsonObject 对象，然后获取类的属性和 JSON 对应的属性值
        JsonObject jsonObject = JsonObject.Parse(jsonString);
        Id = jsonObject.GetNamedString(idKey,"");
        Name = jsonObject.GetNamedString(nameKey,"");
        Age = jsonObject.GetNamedNumber(ageKey,0);
        Verified = jsonObject.GetNamedBoolean(verifiedKey,false);
        //User 对象里面还包含了 School 对象集合，再转化成 School 对象
        foreach (IJsonValue jsonValue in jsonObject.GetNamedArray(educationKey,new JsonArray()))
        {
            if (jsonValue.ValueType == JsonValueType.Object)
            {
                Education.Add(new School(jsonValue.GetObject()));
            }
        }
```

```
    }
    //把实体类对象转化为JSON字符串,实现的思路就是先创建JsonObject对象,然后再调用其
Stringify方法获取JSON字符串
    public string Stringify()
    {
        JsonArray jsonArray = new JsonArray();
        foreach (School school in Education)
        {
            jsonArray.Add(school.ToJsonObject());
        }

        JsonObject jsonObject = new JsonObject();
        jsonObject[idKey] = JsonValue.CreateStringValue(Id);
        jsonObject[nameKey] = JsonValue.CreateStringValue(Name);
        jsonObject[educationKey] = jsonArray;
        jsonObject[ageKey] = JsonValue.CreateNumberValue(Age);
        jsonObject[verifiedKey] = JsonValue.CreateBooleanValue(Verified);

        return jsonObject.Stringify();
    }
}
```

School.cs文件主要代码：学校信息类

```
public class School
{
    //学校类所封装的属性
    public string Id { get; set; }
    public string Name{ get; set; }
    //JsonObject对象所使用的名称,与类的属性名称对应起来,注意schoolKey用于封装该对象的
    //JSON名称
    private const string idKey = "id";
    private const string schoolKey = "school";
    private const string nameKey = "name";

    public School()
    {
        Id = "";
        Name = "";
    }
    //通过JsonObject对象初始化School类
    public School(JsonObject jsonObject)
    {
        JsonObject schoolObject = jsonObject.GetNamedObject(schoolKey,null);
        if (schoolObject != null)
        {
            Id = schoolObject.GetNamedString(idKey,"");
            Name = schoolObject.GetNamedString(nameKey,"");
        }
    }
```

```
    //把 School 类转化为 JsonObject 对象
    public JsonObject ToJsonObject()
    {
        JsonObject schoolObject = new JsonObject();
        schoolObject.SetNamedValue(idKey,JsonValue.CreateStringValue(Id));
        schoolObject.SetNamedValue(nameKey,JsonValue.CreateStringValue(Name));

        JsonObject jsonObject = new JsonObject();
        jsonObject.SetNamedValue(schoolKey,schoolObject);
        return jsonObject;
    }
}
```

对 User 类和 School 类封装完成之后，接下来开始实现界面的 UI 数据在应用设置上的存储和读取。

MainPage.xaml 文件主要代码

```
<StackPanel>
    <TextBlock Text = "填写你的个人信息" FontSize = "20"></TextBlock>
    <TextBox x:Name = "userName" Header = "名字: "></TextBox>
    <TextBox x:Name = "userAge" Header = "年龄: " InputScope = "Number"></TextBox>
    <TextBlock Text = "就读过的学校: " FontSize = "20"></TextBlock>
    <CheckBox Content = "哈尔滨佛教学院" x:Name = "school1"></CheckBox>
    <CheckBox Content = "蓝翔职业技术学院" x:Name = "school2"></CheckBox>
    <StackPanel Orientation = "Horizontal" HorizontalAlignment = "Center">
        <Button Content = "保存" x:Name = "save" Click = "save_Click"></Button>
        <Button Content = "获取保存的信息" x:Name = "get" Click = "get_Click"></Button>
    </StackPanel>
    <TextBlock x:Name = "info" TextWrapping = "Wrap" FontSize = "20"></TextBlock>
</StackPanel>
```

MainPage.xaml.cs 文件主要代码

```
public sealed partial class MainPage: Page
{
    //声明容器实例
    private ApplicationDataContainer _appSettings;
    private const string UserDataKey = "UserDataKey";
    public MainPage()
    {
        this.InitializeComponent();
        //获取当前应用程序的本地设置根容器
        _appSettings = ApplicationData.Current.LocalSettings;
    }
    //把数据转化为 JSON 保存到应用设置里面
    private async void save_Click(object sender,RoutedEventArgs e)
    {
        if (userName.Text == "" || userAge.Text == "")
        {
```

```
            await new MessageDialog("请输入完整的信息").ShowAsync();
            return;
        }
        ObservableCollection<School> education = new ObservableCollection<School>();
        if (school1.IsChecked == true)
        {
            education.Add(new School { Id = "id001",Name = school1.Content.ToString() });
        }
        if (school2.IsChecked == true)
        {
            education.Add(new School { Id = "id002",Name = school2.Content.ToString() });
        }
        User user = new User { Education = education,Id = Guid.NewGuid().ToString(),Name =
userName.Text,Age = Int32.Parse(userAge.Text),Verified = false };
        //使用 DataContractJsonDeSerializer 的实现方式
        //string json = ToJsonData(user);
        //使用 JsonObject 的实现方式
        string json = user.Stringify();
        info.Text = json;
        _appSettings.Values[UserDataKey] = json;
        await new MessageDialog("保存成功").ShowAsync();
    }
    //把应用设置存储的 JSON 数据转化为实体类对象
    private async void get_Click(object sender,RoutedEventArgs e)
    {
         if (!_appSettings.Values.ContainsKey(UserDataKey))
         {
            await new MessageDialog("未保存信息").ShowAsync();
            return;
         }
        string json = _appSettings.Values[UserDataKey].ToString();
        //使用 DataContractJsonDeSerializer 的实现方式
        //User user = DataContractJsonDeSerializer<User>(json);
        //使用 JsonObject 的实现方式
        User user = new User(json);
        string userInfo = "";
        userInfo = "Id:" + user.Id + " Name:" + user.Name + " Age:" + user.Age;
        foreach(var item in user.Education)
        {
            userInfo += " Education:" + "Id:" + item.Id + " Name:" + item.Name;
        }
        await new MessageDialog(userInfo).ShowAsync();
    }
    //把 JSON 字符串反序列化成实体类对象
    public T DataContractJsonDeSerializer<T>(string jsonString)
    {
        //请参考 DataContractJsonSerializer 实现 JSON 的代码
    }
    //对实体类对象进行序列化的方法
    public string ToJsonData(object item)
```

```
    {
        //请参考 DataContractJsonSerializer 实现 JSON 的代码
    }
}
```

程序运行的效果如图 6.7 所示。

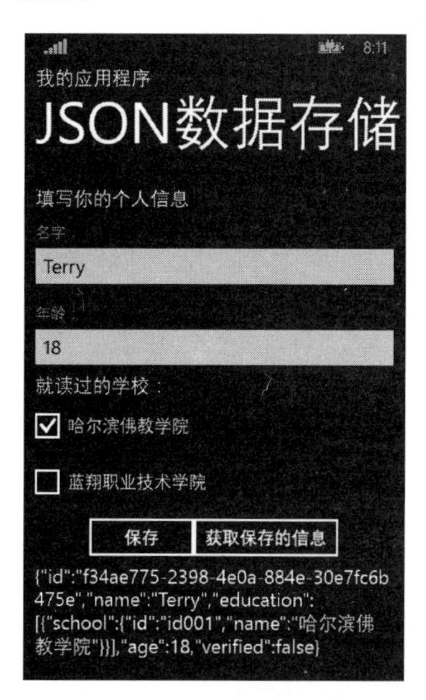

图 6.7　JSON 数据存储

6.3.2　XML 文件存储

XML(Extensible Markup Language,可扩展标记语言)可以用于创建内容,然后使用限定标记进行标记,从而使每个单词、短语或块成为可识别、可分类的信息。XML 是一种易于使用和易于扩展的标记语言,它比 JSON 使用得更加广泛,它也是一种简单的数据格式,是纯 100%的 ASCII 文本,而 ASCII 的抗破坏能力是很强的。例如下面是一个非常简单的 XML 文档的格式:

```
<?xml version = "1.0" encoding = "UTF - 8"?>
< test >
Hello Windows Phone
</ test >
```

上面文档的第一行是一个 XML 声明,它将文件识别为 XML 文件,有助于工具和人类识别 XML。可以将这个声明简单地写成<?xml?>,或包含 XML 版本(<?xml version="1.0"?>),甚至包含字符编码,比如针对 Unicode 的<?xml version="1.0" encoding="utf-8"?>。

对于大型复杂的文档，XML是一种理想语言，它不仅允许指定文档中的词汇，还允许指定元素之间的关系。比如可以规定一个author元素必须有一个name子元素。可以规定企业的业务必须有包括什么子业务。

Windows Phone对XML文件的序列化和反序列化也有两种方式，这个和JSON的操作时类似的，一种是自动的序列化，另一种是自定义的XML文件，下面来详细看一下这两种XML文件的操作方式。

1. 使用DataContractSerializer类对XML文件进行序列化和反序列化

DataContractSerializer类和DataContractJsonSerializer类是两个很类似的类，前者是针对XML格式的数据，后者是针对JSON的数据。下面来看一下使用DataContractSerializer类来序列化和反序列化应用存储的XML文件的封装方法：

```
///<summary>
///把实体类对象序列化成XML格式存储到文件里面
///</summary>
///<typeparam name="T">实体类类型</typeparam>
///<param name="data">实体类对象</param>
///<param name="fileName">文件名</param>
///<returns></returns>
public async Task SaveAsync<T>(T data, string fileName)
{
    StorageFile file = await ApplicationData.Current.LocalFolder.CreateFileAsync(fileName,
CreationCollisionOption.ReplaceExisting);
     //获取文件的数据流来进行操作
    using (IRandomAccessStream raStream = await file.OpenAsync(FileAccessMode.ReadWrite))
    {
        using (IOutputStream outStream = raStream.GetOutputStreamAt(0))
        {
            //创建序列化对象写入数据
            DataContractSerializer serializer = new DataContractSerializer(typeof(T));
            serializer.WriteObject(outStream.AsStreamForWrite(),data);
            await outStream.FlushAsync();
        }
    }

}
///<summary>
///反序列化XML文件
///</summary>
///<typeparam name="T">实体类类型</typeparam>
///<param name="filename">文件名</param>
///<returns>实体类对象</returns>
public async Task<T> ReadAsync<T>(string filename)
{
    //获取实体类类型实例化一个对象
    T sessionState_ = default(T);
    StorageFile file = await ApplicationData.Current.LocalFolder.GetFileAsync(filename);
    if (file == null) return sessionState_;
    using (IInputStream inStream = await file.OpenSequentialReadAsync())
```

```
    {
        //反序列化 XML 数据
        DataContractSerializer serializer = new DataContractSerializer(typeof(T));
        sessionState_ = (T)serializer.ReadObject(inStream.AsStreamForRead());
    }
    return sessionState_;
}
```

下面举例说明，如果创建一个实体类对象 Person 如下所示：

```
public class Person
{
    public string Name { get; set; }
    public int Age { get; set; }
}
```

那么这个 Person 对象 Name= "terry"，Age=41，通过上面的序列化方法存储到应用文件里面的内容如下所示：

```
<Person xmlns:i = "http://www.w3.org/2001/XMLSchema-instance" xmlns = "http://schemas.datacontract.org/2004/07/DataContractSerializerDemo"><Age>41</Age><Name>terry</Name></Person>
```

2. 使用 XmlDocument 类对 XML 文件进行序列化和反序列化

Windows Phone 对 XML 文档的灵活化编程也是提供了很好的支持的，表 6.3 列出了在 Windows Phone 中对 XML 文档操作相关的类和说明，通过这些类几乎可以操作一个 XML 文档的任何语法和内容。

表 6.3 XML 文档操作相关的类和说明

DOM 节点类型	类	说　　明
Document	XmlDocument 类	树中所有节点的容器，它也称作文档根，文档根并非总是与根元素相同
DocumentFragment	XmlDocumentFragment 类	包含一个或多个不带任何树结构的节点的临时袋
DocumentType	XmlDocumentType 类	表示<!DOCTYPE…>节点
EntityReference	XmlEntityReference 类	表示非扩展的实体引用文本
Element	XmlElement 类	表示元素节点
Attr	XmlAttribute 类	为元素的属性
ProcessingInstruction	XmlProcessingInstruction 类	为处理指令节点
Comment	XmlComment 类	注释节点
Text	XmlText 类	属于某个元素或属性的文本
CDATASection	XmlCDataSection 类	表示 CDATA
Entity	XmlEntity 类	表示 XML 文档（来自内部文档类型定义(DTD)子集或来自外部 DTD 和参数实体）中的<!ENTITY…>声明
Notation	XmlNotation 类	表示 DTD 中声明的表示法

下面是一段XML格式的信息：

```
<!--这是学生的信息-->
<students>
    <Student>
        <id>id001</id>
        <name>张三</name>
    </Student>
</students>
```

如果要在Windows Phone里面使用XmlDocument类的对象来存储上面的XML的信息可以通过下面的代码实现：

```
//创建一个XmlDocument对象代表着是一个XML的文档对象
XmlDocument dom = new XmlDocument();
//创建和添加一条XML的评论
XmlComment dec = dom.CreateComment("这是学生的信息");
dom.AppendChild(dec);
//添加一个students的元素为XML文档的根元素
XmlElement x = dom.CreateElement("students");
dom.AppendChild(x);
//创建一个Student元素后面再添加到students元素的节点上
XmlElement x1 = dom.CreateElement("Student");
//在Student元素里面再添加id和name两个元素节点,在节点内还添加了文本内容
XmlElement x11 = dom.CreateElement("id");
x11.InnerText = "id001";
x1.AppendChild(x11);
XmlElement x12 = dom.CreateElement("name");
x12.InnerText = "张三";
x1.AppendChild(x12);
x.AppendChild(x1);
```

下面给出购物清单应用的示例。该示例演示了使用XML文件来存储购物清单的数据，并且实现数据的添加和展示。

代码清单6-8：购物清单（源代码：第6章\Examples_6_8）

MainPage.xaml文件主要代码：清单列表界面，展示保存的XML文件列表

```
------------------------------------------------------------------------
<Grid Background="{ThemeResource ApplicationPageBackgroundThemeBrush}">
    //…省略若干代码
    <Grid x:Name="ContentPanel" Grid.Row="1" Margin="12,0,12,0">
        <!--展示购物清单的列表-->
        <ListBox FontSize="48" x:Name="Files"></ListBox>
    </Grid>
</Grid>
<!--菜单栏新增按钮跳转到添加购物清单页面-->
<Page.BottomAppBar>
    <CommandBar>
        <AppBarButton Label="新增" Icon="Add" Click="AppBarButton_Click"/>
```

```
    </CommandBar>
</Page.BottomAppBar>
```

MainPage.xaml.cs 文件主要代码：获取保存的 XML 文件，并且往列表控件添加文件的列表项，点击后跳转到购物单的详情

```
public sealed partial class MainPage: Page
{
    public MainPage()
    {
        InitializeComponent();
        //加载页面触发 Loaded 事件
        Loaded += MainPage_Loaded;
    }
    //页面加载事件的处理程序,获取文件的信息
    async void MainPage_Loaded(object sender,RoutedEventArgs e)
    {
        Files.Items.Clear();
        //获取应用程序的本地存储文件
         StorageFolder storage = await ApplicationData.Current.LocalFolder.CreateFolderAsync
("ShoppingList",CreationCollisionOption.OpenIfExists);
        var files = await storage.GetFilesAsync();
        {
            //获取购物清单文件夹里面存储的文件
            foreach (StorageFile file in files)
            {
                //动态构建一个 Grid
                Grid a = new Grid();
                //定义第一列
                ColumnDefinition col = new ColumnDefinition();
                GridLength gl = new GridLength(200);
                col.Width = gl;
                a.ColumnDefinitions.Add(col);
                //定义第二列
                ColumnDefinition col2 = new ColumnDefinition();
                GridLength gl2 = new GridLength(200);
                col2.Width = gl;
                a.ColumnDefinitions.Add(col2);
                //添加一个 TextBlock 现实文件名到第一列
                TextBlock txbx = new TextBlock();
                txbx.Text = file.DisplayName;
                Grid.SetColumn(txbx,0);
                //添加一个 HyperlinkButton 链接到购物详细清单页面,这是第二列
                HyperlinkButton btn = new HyperlinkButton();
                btn.Width = 200;
                btn.Content = "查看详细";
                btn.Name = file.DisplayName;
                btn.Click += (s,ea) =>
                {
```

```
                    Frame.Navigate(typeof(DisplayPage),file);
                };
                Grid.SetColumn(btn,1);
                a.Children.Add(txbx);
                a.Children.Add(btn);
                Files.Items.Add(a);
            }
        }
    }
    //跳转到新增的页面
    private void AppBarButton_Click(object sender,RoutedEventArgs e)
    {
        Frame.Navigate(typeof(AddItem));
    }
}
```

AddItem.xaml 文件主要代码：添加购物商品界面

```
<!--采用网格的方式来排列输入的内容-->
<Grid x:Name="ContentPanel" Grid.Row="1" Margin="12,0,12,0">
    <Grid.RowDefinitions>
        <RowDefinition Height="90" />
        <RowDefinition Height="90" />
        <RowDefinition Height="90" />
        <RowDefinition />
    </Grid.RowDefinitions>
    <Grid.ColumnDefinitions>
        <ColumnDefinition Width="100*" />
        <ColumnDefinition Width="346*"/>
    </Grid.ColumnDefinitions>
    <TextBlock Grid.Column="0" Grid.Row="0" Text="名称:" HorizontalAlignment="Center"
VerticalAlignment="Center" />
    <TextBox Name="nameTxt" Grid.Column="1" Grid.Row="0" Height="50"/>
    <TextBlock Grid.Column="0" Grid.Row="1" Text="价格:" HorizontalAlignment="Center"
VerticalAlignment="Center" />
    <TextBox x:Name="priceTxt" Grid.Column="1" Grid.Row="1" Height="50" />
    <TextBlock Grid.Column="0" Grid.Row="2" Text="数量:" HorizontalAlignment="Center"
VerticalAlignment="Center" />
    <TextBox Name="quanTxt" Grid.Column="1" Grid.Row="2" Height="50"/>
    <Button x:Name="BtnSave" Content="保存" Width="370" Grid.Row="3" Grid.ColumnSpan
="2" VerticalAlignment="Top" Click="BtnSave_Click" />
</Grid>
```

AddItem.xaml.cs 文件主要代码：把购物商品的信息保存到应用的 XMl 文件里面去

```
private async void BtnSave_Click(object sender,RoutedEventArgs e)
{
    //获取购物清单的文件夹对象
    StorageFolder storage = await ApplicationData.Current.LocalFolder.GetFolderAsync("ShoppingList");
```

```
    //创建一个 XML 的对象,示例格式如<Apple price = "23" quantity = "3"/>
    XmlDocument _doc = new XmlDocument();
    //使用商品的名称来创建一个 XML 元素作为根节点
    XmlElement _item = _doc.CreateElement(nameTxt.Text);
    //使用属性来作为信息的标识符,用属性的值来存储相关的信息
    _item.SetAttribute("price",priceTxt.Text);
    _item.SetAttribute("quantity",quanTxt.Text);
    _doc.AppendChild(_item);
    //创建一个应用文件
    StorageFile file = await storage.CreateFileAsync(nameTxt.Text + ".xml",CreationCollisionOption.
ReplaceExisting);
    //把 XML 的信息保存到文件中去
    await _doc.SaveToFileAsync(file);
    //调回清单主页
    Frame.GoBack();
}
```

DisplayPage.xaml 文件主要代码：商品详细的界面

```
<Grid x:Name = "ContentPanel" Grid.Row = "1" Margin = "12,0,12,0">
    //…省略了若干代码
    <TextBlock Grid.Column = "0" Grid.Row = "0" Text = "名称:" HorizontalAlignment = "Center"
VerticalAlignment = "Center" />
    <TextBlock Name = "nameTxt" Grid.Column = "1" Grid.Row = "0" FontSize = "30"/>
    <TextBlock Grid.Row = "1" Text = "价格:" HorizontalAlignment = "Center" VerticalAlignment =
"Center" />
    <TextBlock x:Name = "priceTxt" Grid.Column = "1" Grid.Row = "1" FontSize = "30" />
    <TextBlock Grid.Column = "0" Grid.Row = "2" Text = "数量:" HorizontalAlignment = "Center"
VerticalAlignment = "Center" />
    <TextBlock Name = "quanTxt" Grid.Column = "1" Grid.Row = "2" FontSize = "30"/>
</Grid>
```

DisplayPage.xaml.cs 文件主要代码：获取 XML 文件的信息

```
protected async override void OnNavigatedTo(NavigationEventArgs e)
{
    //获取上一个清单列表传递过来的参数,该参数是一个 StorageFile 对象
    StorageFile file = e.Parameter as StorageFile;
    if (file == null) return;
    //获取文件的名字
    String itemName = file.DisplayName;
    PageTitle.Text = itemName;
    //把应用文件作为一个 XML 文档加载进来
    XmlDocument doc = await XmlDocument.LoadFromFileAsync(file);
    //获取 XML 文档的信息
    priceTxt.Text = doc.DocumentElement.Attributes.GetNamedItem("price").NodeValue.ToString();
    quanTxt.Text = doc.DocumentElement.Attributes.GetNamedItem("quantity").NodeValue.ToString();
    nameTxt.Text = itemName;
}
```

程序运行的效果如图 6.8～图 6.10 所示。

图 6.8　购物清单

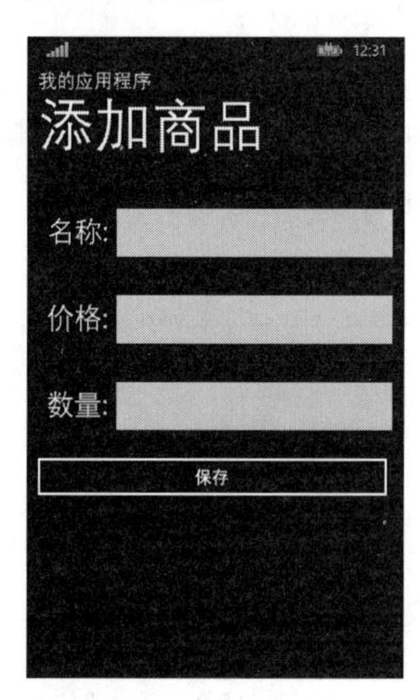

图 6.9　添加商品

图 6.10　商品信息

6.4　安装包文件数据

安装包的文件数据是指 Windows Phone 应用程序编译之后生成的安装部署文件的内部数据，所以安装包下的文件数据其实就是在应用程序项目中添加的文件，可以在应用程序里面获取到安装包下的文件，不过编译的文件如源代码文件和资源类文件是获取不到的。安装包文件数据和应用文件应用设置所存储的位置是不一样的，如果是保存应用程序业务的相关信息并不建议保存到安装包的目录下，所以在实际编程中安装包的文件数据通常是用于内置一些固定的文件数据，比如国家省份的信息等。

6.4.1　安装包文件访问

获取安装包的文件可以先通过 Windows. ApplicationModel. Package 类的 InstalledLocation 属性来获取安装包的文件夹，语法如下所示：

```
StorageFolder localFolder = Windows.ApplicationModel.Package.Current.InstalledLocation;
```

然后就可以通过查看文件夹和操作文件的方式来对安装包的文件进行操作了，编程的方式和对应用程序的文件的编程方式一样。

下面给出安装包文件和文件夹操作的示例：该示例通过目录的形式展示出安装包里面所有可访问的文件夹和文件，并演示了在文件夹里面添加文件和删除文件的操作。

代码清单 6-9：安装包文件和文件夹操作(源代码：第 6 章\Examples_6_9)

MainPage.xaml 文件主要代码

```
<ScrollViewer>
    <StackPanel>
        <Button Content = "获取安装包的根目录" x:Name = "btGetFile" Click = "btGetFile_
Click" Width = "370"/>
        <TextBlock Text = "文件夹列表:" />
        <ListBox x:Name = "lbFolder" >
        </ListBox>
        <Button Content = "打开选中的文件夹" x:Name = "open" Click = "open_Click" Width = "370"/>
        <TextBlock Text = "文件列表:"/>
        <ListBox x:Name = "lbFile">
        </ListBox>
        <Button Content = "在选中文件夹下创建测试文件" x:Name = "create" Click = "create_
Click" Width = "370"/>
        <Button Content = "删除选中的文件" x:Name = "delete" Click = "delete_Click" Width = "370"/>
    </StackPanel>
</ScrollViewer>
```

MainPage.xaml.cs 文件主要代码

```
//打开应用程序的根目录
private async void btGetFile_Click(object sender, RoutedEventArgs e)
{
    //清理文件夹列表
    lbFolder.Items.Clear();
    //获取根目录
    StorageFolder localFolder = Windows.ApplicationModel.Package.Current.InstalledLocation;
    //StorageFolder localFolder = Windows.ApplicationModel.Package.Current.InstalledLocation;
    //添加遍历根目录的文件夹到文件夹列表
    foreach (StorageFolder folder in await localFolder.GetFoldersAsync())
    {
        ListBoxItem item = new ListBoxItem();
        item.Content = "应用程序目录" + folder.Name;
        item.DataContext = folder;
        lbFolder.Items.Add(item);
    }
    //清理文件列表
    lbFile.Items.Clear();
    //添加遍历根目录的文件到文件列表
    foreach (StorageFile file in await localFolder.GetFilesAsync())
    {
        ListBoxItem item3 = new ListBoxItem();
        item3.Content = "文件:" + file.Name;
        item3.DataContext = file;
        lbFile.Items.Add(item3);
    }
}
```

```
//打开选中的文件夹
private async void open_Click(object sender,RoutedEventArgs e)
{
    if (lbFolder.SelectedIndex == -1)
    {
        await new MessageDialog("请选择一个文件夹").ShowAsync();
    }
    else
    {
        ListBoxItem item = lbFolder.SelectedItem as ListBoxItem;
        //获取选中的文件夹
        StorageFolder folder = item.DataContext as StorageFolder;
        //清理文件夹列表
        lbFolder.Items.Clear();
        //添加遍历到的文件夹到文件夹列表
        foreach (StorageFolder folder2 in await folder.GetFoldersAsync())
        {
            ListBoxItem item2 = new ListBoxItem();
            item2.Content = "文件夹：" + folder2.Name;
            item2.DataContext = folder;
            lbFolder.Items.Add(item2);
        }
        //清理文件列表
        lbFile.Items.Clear();
        //添加遍历到的文件到文件列表
        foreach (StorageFile file in await folder.GetFilesAsync())
        {
            ListBoxItem item3 = new ListBoxItem();
            item3.Content = "文件：" + file.Name;
            item3.DataContext = file;
            lbFile.Items.Add(item3);
        }
    }
}
//在选中的文件中新建一个文件
private async void create_Click(object sender,RoutedEventArgs e)
{
    if (lbFolder.SelectedIndex == -1)
    {
        await new MessageDialog("请选择一个文件夹").ShowAsync();
    }
    else
    {
        ListBoxItem item = lbFolder.SelectedItem as ListBoxItem;
        //获取选中的文件
        StorageFolder folder = item.DataContext as StorageFolder;
        //在文件夹中创建一个文件
        StorageFile file = await folder.CreateFileAsync(DateTime.Now.Millisecond.ToString() +
".txt");
        //添加到文件列表中
```

```
            ListBoxItem item3 = new ListBoxItem();
            item3.Content = "文件: " + file.Name;
            item3.DataContext = file;
            lbFile.Items.Add(item3);
            await new MessageDialog("创建文件成功").ShowAsync();
        }
}
//删除选中的文件
private async void delete_Click(object sender,RoutedEventArgs e)
{
    if (lbFile.SelectedIndex == -1)
    {
        await new MessageDialog("请选择一个文件夹").ShowAsync();
    }
    else
    {
        ListBoxItem item = lbFile.SelectedItem as ListBoxItem;
        //获取选中的文件
        StorageFile file = item.DataContext as StorageFile;
        //删除文件
        await file.DeleteAsync();
        lbFile.Items.Remove(item);
        await new MessageDialog("删除成功").ShowAsync();
    }
}
```

程序的运行效果如图 6.11 所示。

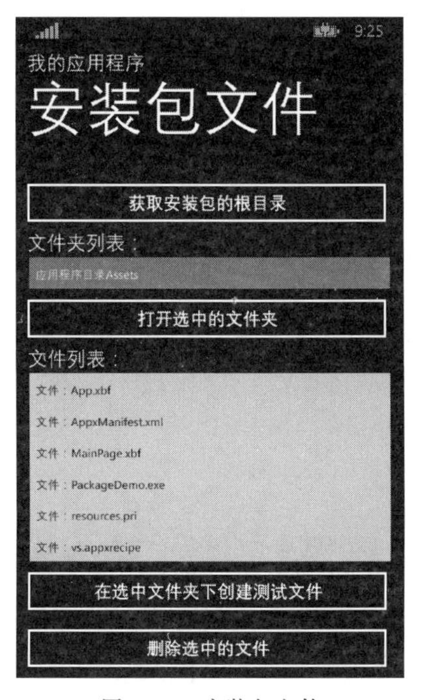

图 6.11　安装包文件

6.4.2 安装包文件的 URI 方案

应用文件可以通过 URI 来访问，那么安装包的文件也一样可以通过 URI 来访问，不过两者之间的 URI 方案是有区别的，应用文件使用的是以字符串"ms-appdata:///"开头的 URI 地址，而安装包使用的是"ms-appx:///"。比如获取安装包"PakageTest"文件夹下的"test.xml"文件的语法如下：

```
var file = await Windows.Storage.StorageFile.GetFileFromApplicationUriAsync(new URI("ms-appx:///PakageTest/test.xml"));
```

如果是图片文件我们也可以直接在 XAML 上给 Image 控件的 Source 属性赋值如下所示：

（1）访问存储在本地文件夹中的文件：

```
<Image Source="ms-appdata:///local/images/logo.png" />
```

（2）访问存储在漫游文件夹中的文件：

```
<Image Source="ms-appdata:///roaming/images/logo.png" />
```

（3）访问存储在临时文件夹中的文件：

```
<Image Source="ms-appdata:///temp/images/logo.png" />
```

（4）访问安装包文件夹中的文件：

```
<Image Source="ms-appdata:///temp/images/logo.png" />
```

或者

```
<Image Source=" / images/logo.png" />
```

下面给出访问应用文件夹和安装包文件夹图片文件的示例：打开示例程序会先将安装包的一个程序图标文件复制到应用文件夹里面，然后通过两种不同的URI方案来给 Image 控件添加上图片资源。

代码清单 6-10：访问应用文件夹和安装包文件夹图片文件（源代码：第 6 章\Examples_6_10）

MainPage.xaml 文件主要代码

```
<StackPanel>
    <TextBlock Text="安装包的图片展示："></TextBlock>
    <Image x:Name="packageImage" Height="200"></Image>
    <TextBlock Text="应用存储的图片展示："></TextBlock>
    <Image x:Name="appImage" Height="200"></Image>
</StackPanel>
```

MainPage.xaml.cs 文件主要代码

```
------------------------------------------------------------------------------
protected async override void OnNavigatedTo(NavigationEventArgs e)
{
    ApplicationData appData = ApplicationData.Current;
    //将程序包内的文件保存到应用存储中的 TemporaryFolder
    StorageFile imgFile = await StorageFile.GetFileFromApplicationUriAsync(new Uri("ms-
appx:///Assets/Logo.scale-240.png"));
    await imgFile.CopyAsync(appData.TemporaryFolder, imgFile.Name, NameCollisionOption.
ReplaceExisting);
    //引用应用存储内的图片文件并显示
    appImage.Source = new BitmapImage(new Uri("ms-appdata:///temp/Logo.scale-240.png"));
    //引用程序包内的图片文件并显示
    packageImage.Source = new BitmapImage(new Uri("ms-appx:///Assets/Logo.scale-240.
png"));
}
```

程序的运行效果如图 6.12 所示。

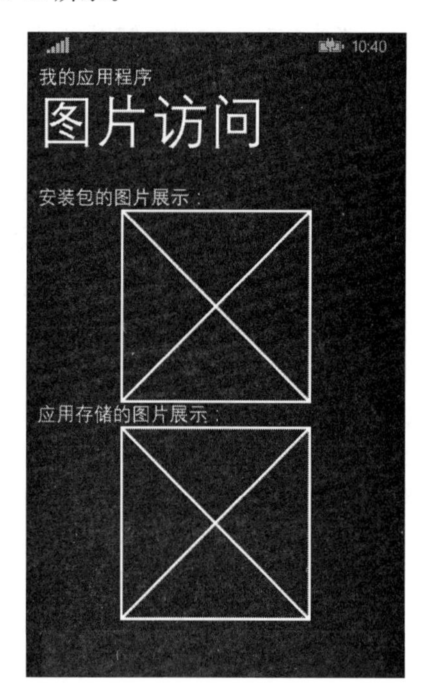

图 6.12 图片访问

第7章

几何图形与位图

图形动画是实现一个应用的UI和交互效果的重要基础。Windows Phone系统的图形处理能力非常强大,可以方便高效地实现各种各样的图形效果。Windows Phone的图形处理技术,是Windows Phone编程的重要基础知识,掌握好Windows Phone的图形动画处理技术是创建和设计一个漂亮的应用的首要条件。本章所讲的内容包括了两部分的内容,一部分是关于几何图形的创建和使用,另一部分是关于位图的使用和创建。几何图形其实可以理解为是通过XAML代码来创建和绘制的图形,位图则是通过图片文件来展示出相关的效果。

7.1 基本的图形

在Windows Phone的图形编程中支持使用矢量图形来进行绘图编程,矢量图形是一种不会受屏幕分辨率影响的图形,非常适合于在应用程序中实现一些基本的图形效果。那么在Windows Phone中可以使用的基本的矢量图形有:Rectangle(矩形)、Ellipse(椭圆)、Line(线)、Polyline(多边线)、Polygon(多边形)和Path(路径)。这些图形基本上可以满足绝大部分的绘图的情况,通过这些图形结合的方式可以组合出很多的形状图形。Path图形是一个灵活性很强、语法也较为复杂的图形,它可以取代前面5中图形实现和它们一模一样的效果,但是Path的语法相对来说会更加的复杂,所以要实现图形的时候尽量选取简洁的方式去实现。

这些矢量图形都是从Shape基类派生的,所以它们都具有Shape类的共同的特性,Shape类的常用属性如表7.1所示。这些共同的属性可以归纳为是对图形线条的描述和图形填充的画刷,因为这些都是矢量图形都共有的特征。

表7.1 Shape类常用的属性

名称	说明
Fill	获取或设置指定形状内部绘制方式的Brush
GeometryTransform	获取一个表示Transform的值,该值在绘制形状之前应用于Shape的几何图形
Stretch	获取或设置一个Stretch枚举值,该值描述形状如何填充为它分配的空间
Stroke	获取或设置指定Shape轮廓绘制方式的Brush

续表

名　称	说　明
StrokeDashArray	获取或设置 Double 值的集合，这些值指示用于勾勒形状轮廓的虚线和间隙样式
StrokeDashCap	获取或设置一个 PenLineCap 枚举值，该值指定如何绘制虚线的两端
StrokeDashOffset	获取或设置一个 Double，它指定虚线样式内虚线开始处的距离
StrokeEndLineCap	获取或设置一个 PenLineCap 枚举值，该值描述位于直线末端的 Shape
StrokeLineJoin	获取或设置一个 PenLineJoin 枚举值，该值指定在 Shape 的顶点处使用的联接类型
StrokeMiterLimit	获取或设置对斜接长度与 Shape 元素的 StrokeThickness 的一半之比的限制
StrokeStartLineCap	获取或设置一个 PenLineCap 枚举值，该值描述位于 Stroke 起始处的 Shape
StrokeThickness	获取或设置 Shape 笔画轮廓的宽度

7.1.1 矩形(Rectangle)

Rectangle 类表示矩形，是一个四边形形状并且其对立边相等的图形。要创建基本的 Rectangle，只需指定 Width 属性、Height 属性和 Fill 属性即可。

Windows Phone 允许圆化 Rectangle 的角。要创建圆角，需要给 Radiusx 和 Radiusy 属性指定一个值。这些属性指定椭圆的 x 和 y 轴，以定义角度的曲线。Radiusx 的最大值为 Width 属性的值除以 2，且 Radiusy 的最大值为 Height 属性的值除以 2。

所有 Shape 类都包含 Stroke 和 StrokeThickness 属性。Stroke 属性表示用于绘制 Shape 边框的 Brush 画刷。如果没有 Strok 属性指定 Brush 值，那么将不会绘制形状周围的边框。宽度则可以使用 StrokeThickness 属性来设置。

下面给出创建矩形的示例：演示了边框颜色设置、圆角矩形、画刷填充、颜色渐变等。

代码清单 7-1：创建矩形(源代码：第 7 章\Examples_7_1)

MainPage. xaml 文件主要代码

```
---------------------------------------------------------------------
<StackPanel>
    <!-- 蓝边填充红色的矩形 -->
    <Rectangle Width="347" Height="80" Fill="Red" Stroke="Blue" StrokeThickness="3">
    </Rectangle>
    <!-- 使用 LinearGradientBrush 画刷填充的圆角矩形 -->
    <Rectangle Width="347" Height="100" Stroke="#000000" StrokeThickness="2" Radiusx=
"15" Radiusy="15">
        <Rectangle.Fill>
            <LinearGradientBrush StartPoint="0,1">
                <GradientStop Color="#FFFFFF" Offset="0.0" />
                <GradientStop Color="#FF9900" Offset="1.0" />
            </LinearGradientBrush>
        </Rectangle.Fill>
    </Rectangle>
    <!-- 使用 RadialGradientBrush 画刷的矩形 -->
    <Rectangle Width="347" Height="100">
        <Rectangle.Fill>
```

```
            <LinearGradientBrush>
                <GradientStop Color = "#0099FF" Offset = "0" />
                <GradientStop Color = "#FF0000" Offset = "0.25" />
                <GradientStop Color = "#FCF903" Offset = "0.75" />
                <GradientStop Color = "#3E9B01" Offset = "1" />
            </LinearGradientBrush>
        </Rectangle.Fill>
    </Rectangle>
</StackPanel>
```

程序运行的效果如图 7.1 所示。

图 7.1　创建矩形

7.1.2　椭圆(Ellipse)

Ellipse 类表示画一个椭圆图形。通过属性 Height 和 Width 来设置椭圆的高度和宽度，当高度和宽度相等的时候就是一个圆形。

下面给出创建圆形图形的示例：创建一个 Ellipse 图形、创建一个风车形状的图形和一个渐变的圆形。

代码清单 7-2：创建圆形图形(源代码：第 7 章\Examples_7_2)

MainPage.xaml 文件主要代码

```
<StackPanel>
    <!-- 创建一个 Ellipse 图形 -->
    <Ellipse Fill = "Yellow" Height = "100" Width = "100" ></Ellipse>
    <!-- 利用 Ellipse 图形组成一个风车形状的图形 -->
    <Grid>
```

```
        <Ellipse Fill = "Yellow" Height = "200" Width = "200" Stroke = "Blue" StrokeThickness = "70"
StrokeDashArray = "1"></Ellipse>
        <Ellipse Fill = "Red" Height = "50" Width = "50"></Ellipse>
    </Grid>
    <! -- 创建一个颜色渐变的 Ellipse 图形 -->
    <Ellipse Height = "200" Width = "200">
        <Ellipse.Fill>
            <LinearGradientBrush StartPoint = "0,0" EndPoint = "0,1">
                <GradientStop Color = "White" Offset = "0" />
                <GradientStop Color = "Yellow" Offset = "0.7" />
            </LinearGradientBrush>
        </Ellipse.Fill>
    </Ellipse>
</StackPanel>
```

程序运行的效果如图 7.2 所示。

图 7.2　Ellipse 的运行效果

7.1.3　直线(Line)

Line 类表示在两个点之间绘制一条直线。默认情况下,Line 对象绘制线条的起点和终点都是没有样式的,但可以通过 StrokeStartLineCap、StrokeEndLineCap、StrokeDashCap 属性为直线对象额外增加线帽样式。其中前两个属性主要用于实线对象,其取值类型为 PenLineCap 枚举。通过 Line 对象绘制虚线效果,需要用到 StrokeDashArray 属性,该属性对应一个 Double 类型的集合,改属性在绘制线段中会经常用到,同时像上一个椭圆示例也灵活地使用了该属性辅助实现了一个风车的形状。该集合的奇数位表示线段的长度,偶数位表示两个线段之间的间隔长度。如果只是表示普通的虚线,则只需定义一个数值就可以,默认会将该数值作为线段跟间隔的长度。如果想表示一些特殊类型的虚线，那么就需要为StrokeDashArray属性设置多个数值。在Line对象应用StrokeDashArray属性时需要注意的是，其设置的数值并不是线段以及间隔的实际像素值，而是相对于StrokeThickness的倍数。

下面给出创建直线图形的示例：创建实线直线、虚线直线和渐变直线。

代码清单7-3：创建直线图形(源代码：第7章\Examples_7_3)

MainPage.xaml文件主要代码

```
<StackPanel>
    <!-- 创建一条红色的线 -->
    <Line X1 = "50" Y1 = "75" X2 = "250" Y2 = "75" Stroke = "Red" StrokeThickness = "10" ></Line>
    <!-- 创建一条红色的虚线 -->
    <Line X1 = "50" Y1 = "75" X2 = "250" Y2 = "75" Stroke = "Red" StrokeThickness = "10"
StrokeDashArray = "2" StrokeDashCap = "Round" ></Line>
    <!-- 创建一条颜色渐变的线 -->
    <Line X1 = "50" Y1 = "75" X2 = "250" Y2 = "75" StrokeThickness = "10">
        <Line.Stroke>
            <LinearGradientBrush StartPoint = "0,0" EndPoint = "1,0">
                <GradientStop Color = "Red" Offset = "0" />
                <GradientStop Color = "Yellow" Offset = "0.25" />
                <GradientStop Color = "Green" Offset = "0.5" />
                <GradientStop Color = "Blue" Offset = "0.75" />
                <GradientStop Color = "Purple" Offset = "1" />
            </LinearGradientBrush>
        </Line.Stroke>
    </Line>
</StackPanel>
```

程序运行的效果如图7.3所示。

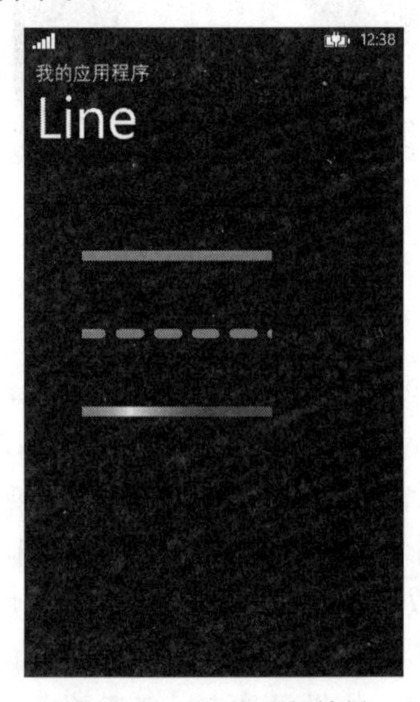

图7.3 Line的运行效果

7.1.4 折线(Polyline)

Polyline类表示绘制一系列相互连接的直线组成的折线，表示的图形不需要是闭合的形状。Polyline类的Points属性表示点的集合描述一个或多个点，通过设置Points属性来定义多线性的各个节点位置。在XAML中，可以使用逗号分隔的列表定义点。在代码中，使用PointCollection以定义点，并将每个单独的点作为Points结构添加到集合中。举一个点设置语法的例子，字符串“0,0 50,100 100,0”将生成一个“V”形折线，锐角放置在“50,100”。线形至少需要两个点以上才能显示出图形的形状，单个点(如(0,0))是有效值，但不会呈现任何内容。还有需要注意的是虽然Polyline图形边界的首尾不相连，但是Polyline的Fill仍然会绘制形状的内部。

下面给出创建折线图形的示例：创建实线折线和虚线折线。

代码清单7-4：创建折线图形(源代码：第7章\Examples_7_4)

MainPage.xaml文件主要代码

```
-----------------------------------------------------------------------------
<StackPanel>
    <!-- 画折线 -->
    <Polyline Points="0,160 25,140 50,160 75,140 100,160 125,140,150,160 175,140 200,160
225,140 250,160 275,140 300,160" Stroke="Blue" StrokeThickness="5"></Polyline>
    <Polyline Stroke="Blue" StrokeThickness="5" Points="10,150 30,140 50,160 70,130 90,
170 110,120 130,180 150,110 170,190 190,100 210,240"></Polyline>
    <!-- 画虚线 -->
    <Polyline Stroke="Brown" StrokeThickness="10" Points="0,0 30,30 100,20 200,50"
StrokeDashArray="1 1" Canvas.Left="119" Canvas.Top="170"></Polyline>
</StackPanel>
```

程序运行的效果如图7.4所示。

7.1.5 多边形(Polygon)

Polygon类是表示绘制一个多边形(见图7.4)，与Polyline不同的是它是一个闭合的图形。Polygon类似于Polyline，这是因为该形状的边界是由一组点定义的。Polyline和Polygon的主要区别在于：在Polyline中，最后一点不会连接到第一点，而Polygon的最后一点和第一点是一定会连接起来的。

最简单的正多边形是正三角形，在这种情况下，Points属性具有3个项。具有两个Points值的Polygon对象只要具有一个非零的StrokeThickness值和一个非null的Stroke值，就仍会呈现，这时候就是一条线段的效果，但也可使用Line对象来实现同样的结果。如果Polygon只有一个点那么将不会在UI中呈现出来。

下面给出创建多边形的示例：创建一个红色的三角形、一个金色的鱼形状和一个渐变色彩的飞镖形状。

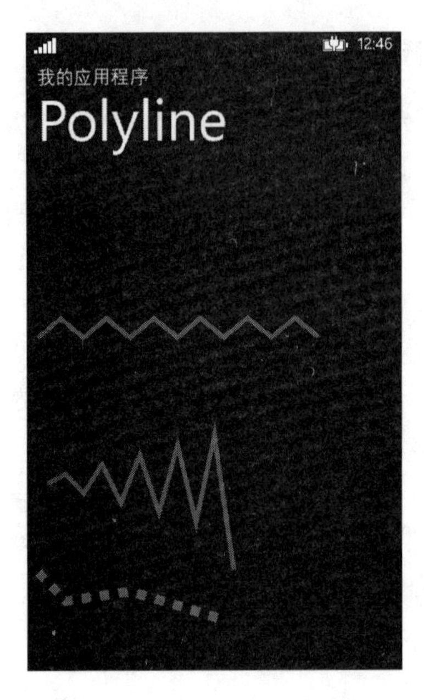

图 7.4　PolyLine 的运行效果

代码清单 7-5：创建多边形(源代码：第 7 章\Examples_7_5)

MainPage.xaml 文件主要代码

```
<ScrollViewer>
    <StackPanel>
        <!--三角形-->
        <Polygon Fill="Red" Stroke="Blue" StrokeThickness="4" Points="50,50 200,200
350,50" />
        <!--鱼的形状-->
        <Polygon Points="40,100 90,140 215,100 265,150 215,200 90,160 40,200" Fill=
"Orange" ></Polygon>
        <!--飞镖的形状-->
        <Polygon Points="50,100 200,100 200,200 300,30" Stroke="White" StrokeThickness="4"
Opacity="0.5">
            <Polygon.Fill>
                <LinearGradientBrush StartPoint="0,0" EndPoint="1,1" >
                    <GradientStop Color="Blue" Offset="0.25" />
                    <GradientStop Color="Green" Offset="0.50" />
                    <GradientStop Color="Red" Offset="0.75" />
                </LinearGradientBrush>
            </Polygon.Fill>
        </Polygon>
    </StackPanel>
</ScrollViewer>
```

程序运行的效果如图 7.5 所示。

图 7.5　多边形的运行效果

7.1.6　路径(Path)

Path 类表示的是路径的几何图形,是最具多样性的 Shape,因为它允许定义任意的几何图形,包括前面所讲的 Line、Rectangle 等。可使用 Path 创建比其他 Shape 对象更复杂的二维图形,然而,这种多样性也伴随着复杂。一般情况下,可以使用 Line、Rectangle 等这些简单的几何图形去绘制的尽量去使用这些简单的几何图形类去实现,这些简单的几何图形实现不了的形状那么就可以考虑使用 Path 类去实现。

路径的几何图形是使用 Data 属性定义的,Data 的数据类型是 Geometry(几何图形),我们正是使用这个属性将一些基本的线段拼接起来,形成复杂的图形。为 Data 属性赋值的方法有两种:一种是使用 Geometry 图形来绘制的标准语法,另外一种是专门用于绘制几何图形的"路径标记语法"。这两种实现方法的语法是一一对应起来的,一种是具体的 XAML 代码实现,一种是简洁代码实现。下面通过一个简单的例子来了解一下两种语法实现 Path 图形的区别。如代码片度 1 和代码片段 2 都实现一个正方形的 Path 图形,代码片段 1 使用了 Geometry 图形来实现,代码片段 2 使用了路径标记语法来实现,两者的实现效果都是一样的,如图 7.6 所示是两种方式实现的正方形的现实效果。

图 7.6　Path 实现的正方形

代码片段 1:

```
<Path Fill = "Gold" Stroke = "Black" StrokeThickness = "1">
    <Path.Data>
        <RectangleGeometry Rect = "0,0,100,100" />
    </Path.Data>
</Path>
```

代码片段 2：

```
<Path Data = "M0,0 L100,0 L100,100 L0,100 z" Fill = "Gold" Height = "100" Stretch = "Fill" Width
= "100"/>
```

Windows Phone 使用了路径标记语法来设置 Data 属性的值，路径标记语法使用了一些指令来描述如何画出轨迹形状，包括 M(移动命令，起始点)、L(直线，结束点)、H(水平线)、V(垂直线)、C(3 次贝塞尔曲线)、Q(2 次贝塞尔曲线)、A(椭圆弧曲线)、Z(结束命令)等。例如，“M80,200”命令从当前点移动到点(80,200)。更加详细的路径标记语法如表 7.2 所示。

表 7.2 路径标记语法

类型		命令格式	解释
移动指令 Move Command(M)		M x,y 或 m x,y	例如 M 100,240 或 m 100,240，大写的 M 指示 x,y 是绝对值；小写的 m 指示 x,y 是相对于上一个点的偏移量；如果是(0,0)，则表示不存在偏移；当在 move 命令之后列出多个点时，即使指定的是线条命令，也将绘制出连接这些点的线
绘制指令(Draw Command) 通过使用一个大写或小写字母输入各命令：其中大写字母表示绝对值，小写字母表示相对值。 线段的控制点是相对于上一线段的终点而言的。 依次输入多个同一类型的命令时，可以省略重复的命令项； 例如，L 100,200 300,400 等同于 L 100,200 L 300,400	直线：Line(L)	格式：L 结束点坐标或：l 结束点坐标	例如 L 100,100 或 l 100 100；坐标值可以使用 x,y(中间用英文逗号隔开)或 x y(中间用半角空格隔开)的形式
	水平直线：Horizontal line (H)	格式：H x 值或 h x 值(x 为 System. Double 类型的值)	绘制从当前点到指定 x 坐标的直线， 例如 H 100 或 h 100，也可以是 H 100.00 或 h 100.00 等形式
	垂直直线：Vertical line(V)	V y 值或 v y 值(y 为 System. Double 类型的值)	绘制从当前点到指定 y 坐标的直线， 例如 V 100 或 y 100，也可以是 V 100.00 或 v 100.00 等形式
	三次方程式贝塞尔曲线：Cubic Bezier curve(C)	C 第一控制点 第二控制点 结束点 或 c 第一控制点 第二控制点 结束点	通过指定两个控制点来绘制由当前点到指定结束点间的三次方程贝塞尔曲线； 例如 C 100,200 200,400 300,200 或 c 100,200 200,400 300,200 其中，点(100,200)为第一控制点，点(200,400)为第二控制点，点(300,200)为结束点
	二次方程式贝塞尔曲线：Quadratic Bezier curve(Q)	Q 控制点 结束点 或 q 控制点 结束点	通过指定的一个控制点来绘制由当前点到指定结束点间的二次方程贝塞尔曲线 例如 q 100,200 300,200。其中，点(100,200)为控制点，点(300,200)为结束点
	平滑三次方程式贝塞尔曲线：Smooth cubic Bezier curve(S)	S 控制点 结束点 或 s 控制点 结束点	通过一个指定点来“平滑地”控制当前点到指定点的贝塞尔曲线 例如 S 100,200 200,300

续表

<table>
<tr><th colspan="2">类　型</th><th>命令格式</th><th>解　释</th></tr>
<tr><td rowspan="2">绘制指令(Draw Command)
通过使用一个大写或小写字母输入各命令：其中大写字母表示绝对值，小写字母表示相对值。
线段的控制点是相对于上一线段的终点而言的。
依次输入多个同一类型的命令时，可以省略重复的命令项；
例如，L 100,200 300,400 等同于 L 100,200 L 300,400</td><td>平滑二次方程式贝塞尔曲线：smooth quadratic Bezier curve(T)</td><td>T 控制点　结束点
或 t 控制点　结束点</td><td>与平滑三次方程贝塞尔曲线类似；在当前点与指定的终点之间创建一条二次贝塞尔曲线；控制点假定为前一个命令的控制点相对于当前点的反射；如果前一个命令不存在，或者前一个命令不是二次贝塞尔曲线命令或平滑的二次贝塞尔曲线命令，则此控制点就是当前点，例如 T 100,200 200,300</td></tr>
<tr><td>椭圆圆弧：elliptical Arc(A)</td><td>A 尺寸　圆弧旋转角度值　优势弧的标记　正负角度标记　结点
或：a 尺寸　圆弧旋转角度值　优势弧的标记　正负角度标记　结束点</td><td>在当前点与指定结束点间绘制圆弧，
• 尺寸(Size)：System. Windows. Size 类型，指定椭圆圆弧 X,Y 方向上的半径值
• 旋转角度(rotationAngle)：System. Double 类型
• 圆弧旋转角度值(rotationAngle)：椭圆弧的旋转角度值
• 优势弧的标记(isLargeArcFlag)：是否为优势弧，如果弧的角度大于等于 180°，则设为 1，否则为 0
• 正负角度标记(sweepDirectionFlag)：当正角方向绘制时设为 1，否则为 0
• 结束点(endPoint)：System. Windows. Point 类型，例如 A 5,5 0 0 1 10,10</td></tr>
<tr><td colspan="2">关闭指令(close Command)：可选的关闭命令</td><td>用 Z 或 z 表示</td><td>用以将图形的首、尾点用直线连接，以形成一个封闭的区域</td></tr>
<tr><td rowspan="2">填充规则(fillRule)
如果省略此命令，则路径使用默认行为：即 EvenOdd。
如果指定此命令，则必须将其置于最前面</td><td>EvenOdd 填充规则</td><td>F0 指定 EvenOdd 填充规则</td><td>EvenOdd 确定一个点是否位于填充区域内的规则方法：从该点沿任意方向画一条无限长的射线，然后计算该射线在给定形状中因交叉而形成的路径段数。如果该数为奇数，则点在内部；如果为偶数，则点在外部</td></tr>
<tr><td>Nonzero 填充规则</td><td>F1 指定 Nonzero 填充规则</td><td>Nonzero 确定一个点是否位于路径填充区域内的规则方法：从该点沿任意方向画一条无限长的射线，然后检查形状段与该射线的交点。从 0 开始计数，每当线段从左向右穿过该射线时加 1，而每当路径段从右向左穿过该射线时减 1。计算交点的数目后，如果结果为 0，则说明该点位于路径外部。否则，它位于路径内部</td></tr>
</table>

下面给出创建组合图形的示例：创建一个弧形图形、一个五角星形状和一个组合图形形状。

代码清单 7-6：创建组合图形(源代码：第 7 章\Examples_7_6)

MainPage. xaml 文件主要代码

```
<StackPanel>
    <!-- Path 图形 -->
    <Path Stroke="White" StrokeThickness="4" Data="M 100,30 A 40,50 50 1 0 100,50" />
    <!-- 使用 GeometryGroup 组合图形 -->
    <Path Stroke="Red" StrokeThickness="3" Fill="Blue">
        <Path.Data>
            <GeometryGroup>
                <LineGeometry StartPoint="20,200" EndPoint="300,200" />
                <EllipseGeometry Center="80,150" RadiusX="50" RadiusY="50" />
                <RectangleGeometry Rect="80,167 150 30"/>
            </GeometryGroup>
        </Path.Data>
    </Path>
    <!-- 五角星图形 -->
    <Path Data="M 255.30 150.90 L 181.80 179.20 182.00 258.00 132.35
            196.80 57.50 221.30 100.35 155.20 53.90 91.60 130.00 111.90
            176.15 48.10 180.35 126.75 255.30 150.90 "
                Width="203" Stretch="Fill" Height="211">
        <Path.Fill>
            <LinearGradientBrush EndPoint="0.5,1" MappingMode="RelativeToBoundingBox"
StartPoint="0.5,0">
                <!-- 渐变填充 -->
                <GradientStop Color="Black"/>
                <GradientStop Color="Red" Offset="0.591"/>
                <GradientStop Color="Green" Offset="0.252"/>
                <GradientStop Color="Blue" Offset="0.957"/>
            </LinearGradientBrush>
        </Path.Fill>
    </Path>
</StackPanel>
```

程序运行的效果如图 7.7 所示。

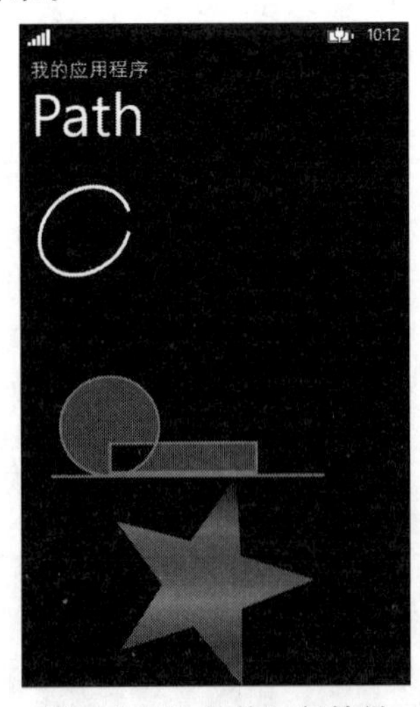

图 7.7　Path 的运行效果

7.1.7 Geometry 类和 Brush 类

在前文的例子里面使用到了一些 Geometry 类和 Brush 类，用于填充图形形状。本节对这两种类型的类的用法进行一下总结。继承 Geometry 基类的几何图形和继承 Brush 基类的画刷都是用来作为其他图形的填充，下面将介绍这两个系列的类。

1. Geometry 类

Geometry 类为用于给定义几何形状的对象提供基类。Geometry 对象可用于剪裁区域以及用作将二维图形数据呈现为 Path 的几何图形定义。Geometry 类为基类的几何图形类有 EllipseGeometry 类、GeometryGroup 类、LineGeometry 类、PathGeometry 类和 RectangleGeometry 类。

对于采用 Geometry 的 XAML 语法，需要将 Geometry 的非抽象派生类型指定为对象元素。可以 Geometry 派生的类分为"简单"和"复杂"的两种几何图形。EllipseGeometry、LineGeometry 和 RectangleGeometry 是简单几何图形，用于将几何形状指定为一个具有基本坐标或维度属性的元素。GeometryGroup 和 PathGeometry 是复杂几何图形。GeometryGroup 将它拥有的其他几何图形组合为子对象。PathGeometry 使用一组嵌套的路径定义元素或简洁的字符串语法来描述几何图形的路径。Geometry 的图形不能直接呈现在 UI 上，但是它们可以作为 Path 的数据提供，从而呈现在 UI 上。Shape 类和 Geometry 类的区别是，Shape 类拥有 Geometry 类及其派生类所没有的 Fill、Stroke 和其他呈现属性。Shape 类是一个 FrameworkElement，因而会参与布局系统；其派生类可用作支持 UIElement 子项任何元素的内容。Geometry 类只定义形状的几何图形，无法呈现自身。由于它十分简单，因而用途更加广泛。Geometry 类的常用属性如表 7.3 所示。

表 7.3　Geometry 类常用的属性

名　称	说　明
Bounds	获取一个 Rect，后者指定 Geometry 的与坐标轴对齐的边界框
Empty	获取空的几何图形对象
StandardFlatteningTolerance	获取用于多边形近似的标准公差
Transform	获取或设置应用于 Geometry 的 Transform 对象

2. Brush 类

Brush 类是用于绘制图形对象的画刷对象，从 Brush 派生的类描述了绘制区域的方式。那么上面的 Shape 图形的 Fill 属性就是一个 Brush 类型，通过 Brush 来给图形填充颜色，同时我们也看到有一些例子展示了不仅仅是可以填充纯色的，还可以填充渐变的颜色等。下面来概括地介绍一下 Brush 的类型，有哪些填充的效果。

1) SolidColorBrush：使用纯色绘制区域

SolidColorBrush 对象是最基本的画笔。直接在 XAML 中给填充的属性赋值如 Fill="Red"，那么这种使用的方式默认是使用了 SolidColorBrush 类型来进行纯色的填充。当然也可以使用完整的 SolidColorBrush 语法来进行赋值，那么就是将属性元素语法与对象元素语法<SolidColorBrush.../>结合在一起使用。下面的示例使用预定义 SolidColorBrush 的名称来设置 Rectangle 的 Fill。

XAML 示例：

```
<Rectangle Width = "100" Height = "100" Fill = "Red" />
```

2）LinearGradientBrush：使用线性渐变绘制区域

LinearGradientBrush 对象使用线性渐变绘制区域。线性渐变沿直线定义渐变，该直线的终点由线性渐变的 StartPoint 和 EndPoint 属性定义。LinearGradientBrush 画笔沿此直线绘制其 GradientStops。默认的线性渐变是沿对角方向进行的，线性渐变的 StartPoint 是被绘制区域的左上角(0,0)，其 EndPoint 是被绘制区域的右下角(1,1)。所得渐变的颜色是沿着对角方向路径插入的。下面使用一个示例来演示 LinearGradientBrush 的使用语法。

XAML 示例：

```
<Rectangle Width = "200" Height = "100">
  <Rectangle.Fill>
    <LinearGradientBrush StartPoint = "0,0" EndPoint = "1,1">
      <GradientStop Color = "Yellow" Offset = "0.0" />
      <GradientStop Color = "Red" Offset = "0.25" />
      <GradientStop Color = "Blue" Offset = "0.75" />
      <GradientStop Color = "LimeGreen" Offset = "1.0" />
    </LinearGradientBrush>
  </Rectangle.Fill>
</Rectangle>
```

3）ImageBrush：使用图像绘制区域

ImageBrush 是表示使用图片资源作为画刷，而不是上面所说的颜色。那么可以使用 ImageBrush 对象为应用程序中的文本创建图片画刷的效果。例如，TextBlock 对象的 Foreground 属性可以指定 ImageBrush，表示使用图片来填充字体的效果。如果 ImageSource 属性设置为无效格式，或其指定了无法解析的 URI，将引发 ImageFailed 事件。

XAML 示例：

```
<TextBlock FontWeight = "Bold">
  测试
  <TextBlock.Foreground>
    <ImageBrush ImageSource = "forest.jpg"/>
  </TextBlock.Foreground>
</TextBlock>
```

下面给出画刷的使用的示例：创建一个弧形图形，一个五角星形状和一个组合图形形状。

代码清单 7-7：画刷(源代码：第 7 章\Examples_7_7)

MainPage.xaml 文件主要代码

```
-------------------------------------------------------------------
<StackPanel>
```

```
    <Ellipse Height = "82" x:Name = "ellipse1" StrokeThickness = "1" Width = "300" Stroke =
"White"></Ellipse>
    < TextBlock Height = " 96 " x: Name = " textBlock1 " Text = " TextBlock " FontSize = " 80 "
HorizontalAlignment = "Left" />
    < Rectangle Height = "124" HorizontalAlignment = "Left" x: Name = "rectangle1" Stroke =
"White" StrokeThickness = "1" Width = "327"/>
    <Ellipse Height = "161" HorizontalAlignment = "Left" x:Name = "ellipse2" Stroke = "White"
StrokeThickness = "1" Width = "200"/>
</StackPanel>
```

MainPage.xaml.cs 文件主要代码

```
public MainPage()
{
    this.InitializeComponent();
    //使用 SolidColorBrush 填充椭圆
    ellipse1.Fill = new SolidColorBrush(Colors.Blue);
    //使用 LinearGradientBrush 来设置文本框的背景
    LinearGradientBrush l = new LinearGradientBrush();
    l.StartPoint = new Point(0.5,0);
    l.EndPoint = new Point(0.5,1);
    GradientStop s1 = new GradientStop();
    s1.Color = Colors.Yellow;
    s1.Offset = 0.25;
    l.GradientStops.Add(s1);
    GradientStop s2 = new GradientStop();
    s2.Color = Colors.Orange;
    s2.Offset = 1.0;
    l.GradientStops.Add(s2);
    textBlock1.Foreground = l;
    //使用 ImageBrush 来填充矩形
    ImageBrush i = new ImageBrush();
    i.Stretch = Stretch.UniformToFill;
    i.ImageSource = new BitmapImage(new Uri("ms-appx:///Assets/StoreLogo.scale-100.png",
UriKind.Absolute));
    rectangle1.Fill = i;
    //使用 LinearGradientBrush 来设置按钮的背景
    LinearGradientBrush rb = new LinearGradientBrush();

    GradientStop s3 = new GradientStop();
    s3.Color = Colors.Yellow;
    s3.Offset = 0.25;
    rb.GradientStops.Add(s3);
    GradientStop s4 = new GradientStop();
    s4.Color = Colors.Orange;
    s4.Offset = 1.0;
    rb.GradientStops.Add(s4);
    ellipse2.Fill = rb;
}
```

运行的效果如图 7.8 所示。

图 7.8　画刷的运行效果

7.2　使用位图编程

Image 控件用于显示图片，在 Windows Phone 中要在将一张图片显示出来可以添加一个 Image 控件，然后在控件中设置图片的路径就行了。使用 Image 控件显示图片的语法如下：

使用 XAML 创建的语法：

```
<Image Source="myPicture.png" />
```

使用 C# 创建的语法：

```
Image myImage = new Image();
myImage.Source = new BitmapImage(new Uri("ms-appx:///myPicture.jpg",UriKind.Absolute));
```

Source 属性用于指定要显示的图像的位置，在路径中，使用 ms-appx URI 方案名称编写安装文件夹地址，“ms-appx:///”表示指向于安装包文件夹的地址。

7.2.1　拉伸图像

如果没有设置 Image 的 Width 和 Height 值，它将使用 Source 默认会指定图像的自然尺寸显示。设置 Height 和 Width 将创建一个包含矩形区域，图像将显示在该区域中。用户可以通过使用 Stretch 属性指定图像如何填充到图像的区域。Stretch 属性接受 Stretch

枚举定义的下列值：None(图像不拉伸以适合输出尺寸)；Uniform(对图像进行缩放，以适合输出尺寸，但保留该内容的纵横比，这是默认值)；UniformToFill(对图像进行缩放，从而可以完全填充输出区域，但保持其原始纵横比)。下面的XAML示例显示一个Image，Stretch属性设置为UniformToFill，它填充300×300像素的一个输出区域，但保留其原始纵横比。

XAML示例：

```
<Image Source="myImage.jpg" Stretch="UniformToFill" Width="300" Height="300" />
```

7.2.2 使用Clip属性裁剪图像

裁剪图像是指只是把图像的某个局部区域的图像显示出来。可以通过使用UIElement的Clip属性来设置图像裁剪的区域。Clip属性的值为Geometry类型的派生类，可以取值为RectangleGeometry类型(注意EllipseGeometry类型在8.1SDK之后将不再支持)，这就意味着可以从图像中裁切掉矩形的几何形状。下面的示例演示了使用一个矩形图形来裁剪目标的图像，裁剪出左上角顶点为(0,0)以及长度宽度为50像素的图片局部区域。

XAML示例：

```
<Image Source=" myImage.jpg" Width="200" Height="150">
  <Image.Clip>
    <RectangleGeometry Rect="0,0,50,50" ></RectangleGeometry>
  </Image.Clip>
</Image>
```

因为Clip属性是UIElement的属性所以不仅仅只有Image控件可以使用其来裁剪图形，所有的UI对象都可以使用Clip属性来对UI进行裁剪。

下面给出裁剪UI的示例：用手指在屏幕上滑动将可以移动界面的裁剪区域。

代码清单7-8：裁剪UI(源代码：第7章\Examples_7_8)

MainPage.xaml文件主要代码

```
------------------------------------------------------------------
<!-- 添加 PointerMoved 事件,当单指点击或者触摸移动的时候,裁剪的区域也跟着移动 -->
<Grid Background="{ThemeResource ApplicationPageBackgroundThemeBrush}"
      PointerMoved="Grid_PointerMoved">
    <Grid.RowDefinitions>
        <RowDefinition Height="Auto"/>
        <RowDefinition Height=" * "/>
    </Grid.RowDefinitions>
    <StackPanel x:Name="TitlePanel" Grid.Row="0" Margin="12,35,0,28">
        <TextBlock Text="请点击移动截取区域" FontSize="20" />
        <TextBlock Text="点击移动区域" FontSize="60" />
    </StackPanel>
    <Grid x:Name="ContentPanel" Grid.Row="1" Margin="12,0,12,0" >
        <Grid.Background>
            <LinearGradientBrush EndPoint="0.5,1" StartPoint="0.5,0">
```

```
                <GradientStop Color = "Black" Offset = "0.014"/>
                <GradientStop Color = "#FFBD2727" Offset = "0.844"/>
            </LinearGradientBrush>
        </Grid.Background>
        <! -- 给命名为 ContentPanel 的 Grid 控件添加一个 Clip 属性的值 RectangleGeometry,并
且命名为 geometry 以便在 C# 事件处理代码中进行修改 -->
        <Grid.Clip>
            <RectangleGeometry x:Name = "geometry" Rect = "0,0,150,150" ></RectangleGeometry>
        </Grid.Clip>
        <StackPanel>
            <Button Content = "测试"></Button>
        </StackPanel>
    </Grid>
</Grid>
```

MainPage.xaml.cs 文件主要代码

```
//手指滑动的事件处理程序
private void Grid_PointerMoved(object sender,PointerRoutedEventArgs e)
{
    //获取手指滑动的位置相对于 ContentPanel 控件的坐标点
    Point p = e.GetCurrentPoint(ContentPanel).Position;
    //修改界面的裁剪区域
    geometry.Rect  =  new Rect(p.X,p.Y,150,150);
}
```

运行的效果如图 7.9 所示。

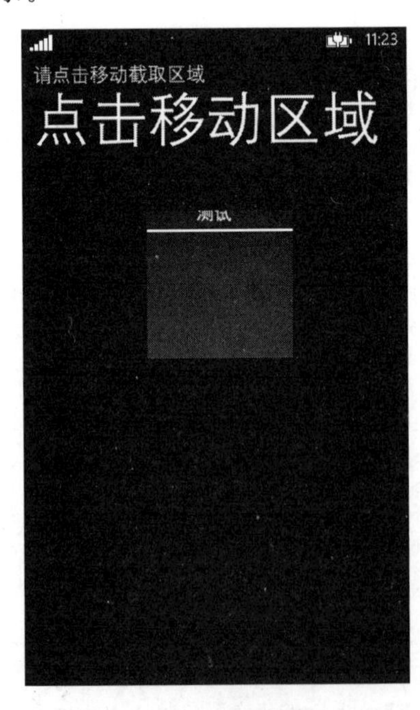

图 7.9　裁剪 UI

7.2.3　使用 RenderTargetBitmap 类生成图片

RenderTargetBitmap 类可以将可视化对象转换为位图，也就是说它可以将任意的 UIElement 以位图的形式呈现。在实际的编程中通常会利用 RenderTargetBitmap 类来对 UI 界面进行截图操作，比如把程序的界面或者某个控件的外观生成一张图片。

使用 RenderTargetBitmap 类生成图片一般有两种用途，一种是直接把生成的图片在当前的页面上进行展示，另一种用途是把生成的图片当作文件存储起来，或者通过某种分享方向把图片文件分享出去。第二种用途的编程实现肯定是在第一种的编程实现的基础上来实现的，所以首先看一下第一种情况的实现，如何把截图在当前的界面上展示。

使用 RenderTargetBitmap 类生成图片的操作主要是依赖于 RenderTargetBitmap 类的 RenderAsync 方法。RenderAsync 方法有两个重载：RenderAsync(UIElement)和 RenderAsync(UIElement,Int32,Int32)，可在后者处指定要与源可视化树的自然大小不同的所需图像源尺寸，没有设置则是按照元素的原始大小生成图片。RenderAsync 方法被设计为异步方法，因此无法保证与 UI 源进行精确的框架同步，但大多数情况下都足够及时。由于 RenderTargetBitmap 是 ImageSource 的子类，因此，可以将其用作 Image 元素或 ImageBrush 画笔的图像源。

下面给出生成程序截图的示例：通过点击屏幕来生成当前程序界面的截图，并把截图用 Image 控件展示出来，每次的点击都产生一个最新的截图并进行展示。

代码清单 7-9：生成程序截图(源代码：第 7 章\Examples_7_9)

MainPage. xaml 文件主要代码

```
<!-- 注册 PointerReleased 事件用于捕获屏幕的单击操作,并在时间处理程序中生成图片 -->
<Grid x:Name = "root" Background = "{ThemeResource ApplicationPageBackgroundThemeBrush}"
      PointerReleased = "Grid_PointerReleased">
    <Grid.RowDefinitions>
        <RowDefinition Height = "Auto"/>
        <RowDefinition Height = " * "/>
    </Grid.RowDefinitions>
    <StackPanel x:Name = "TitlePanel" Grid.Row = "0" Margin = "12,35,0,28">
        <TextBlock Text = "我的应用程序" FontSize = "20" />
        <TextBlock Text = "点击截屏" FontSize = "60" />
    </StackPanel>
    <Grid x:Name = "ContentPanel" Grid.Row = "1" Margin = "12,0,12,0" >
        <!-- 该图片控件用于展示截图图片效果 -->
        <Image x:Name = "img" />
    </Grid>
</Grid>
```

MainPage. xaml. cs 文件主要代码

```
//指针释放的事件处理程序
private async void Grid_PointerReleased(object sender, PointerRoutedEventArgs e)
{
```

```
    //创建一个 RenderTargetBitmap 对象,对界面中的 Grid 控件 root 生成图片
    RenderTargetBitmap bitmap = new RenderTargetBitmap();
    await bitmap.RenderAsync(root);
    //把图片展现出来
    img.Source = bitmap;
}
```

程序运行的效果如图 7.10 所示。

图 7.10 屏幕截图

7.2.4 存储生成的图片文件

在上文讲解了如何把程序界面截图出来放到 Image 控件上展示，那么接下来将继续介绍如何把截图出来的图片保存到程序存储里面。在调用 RenderAsync 方法的时候会初始化 RenderTargetBitmap 类的对象，但是 RenderTargetBitmap 类的对象本身并不能作为图片来进行存储，要生成图片文件需要获取到图片的二进制数据。如果想要获取 DataTransferManager 操作（例如共享协定交换）的图像，或想要使用 Windows. Graphics. Imaging API 将效果应用到图像上或对图像进行转码，那么就需要用到像素数据。如果想访问 RenderTargetBitmap 的 Pixels 数据，就需要在用 RenderAsync 这个方法将 UIElement 定义为 RenderTargetBitmap 后，再调用 RenderTargetBitmap 的 GetPixelsAsync 方法来获得其 Pixels 数据。该方法返回的是一个 IBuffer 类型，里面存储的是二进制的位图数。这个 IBuffer 可以转换为一个 Byte 数组，数组里面的数据是以 BGRA8 格式存储的。

以下代码示例如何从一个 RenderTargetBitmap 对象中获得以 byte 数组类型存储的像素数。需要特别注意的是 IBuffer 实例调用的 ToArray 方法是一个扩展方法，你需要在你的项目中加入 System. Runtime. InteropServices. WindowsRuntime 这个命名空间。

```
var bitmap = new RenderTargetBitmap();
await bitmap.RenderAsync(elementToRender);
IBuffer pixelBuffer = await bitmap.GetPixelsAsync();
byte[] pixels = pixelBuffer.ToArray();
```

在获取到了图像的二进制数据之后，如果要把二进制的数据生成图片文件，需要使用到BitmapEncoder类。BitmapEncoder类包含创建、编辑和保存图像的各种方法。创建图片文件首先需要调用BitmapEncoder类CreateAsync方法，来使用文件的流来创建一个BitmapEncoder对象，然后再使用BitmapEncoder类的SetPixelData设置图像有关帧的像素数据。SetPixelData的方法参数如下：

```
SetPixelData(BitmapPixelFormat pixelFormat,BitmapAlphaMode alphaMode,uint width,uint height,
double dpiX,double dpiY,byte[] pixels)
```

其中，pixelFormat表示像素数据的像素格式；alphaMode表示像素数据的alpha模式；width表示像素数据的宽度（以像素为单位）；height表示像素数据的高度（以像素为单位）；dpiX表示像素数据的水平分辨率（以每英寸点数为单位）；dpiY表示像素数据的垂直分辨率（以每英寸点数为单位）；pixels表示像素数据。此方法是同步的，因为直到调用FlushAsync、GoToNextFrameAsync或GoToNextFrameAsync(IIterable(IKeyValuePair))才会提交数据。此方法将所有像素数据视为sRGB颜色空间中的像素数据。

下面给出保存截图文件的示例：先使用RenderTargetBitmap类生成程序界面的截图，然后再将截图的二进制数据生成图片文件存储到程序存储中。

代码清单7-10：保存截图文件（源代码：第7章\Examples_7_10）

MainPage.xaml文件主要代码

```
<Grid x:Name="root" Background="{ThemeResource ApplicationPageBackgroundThemeBrush}">
    ……省略若干代码
    <Grid x:Name="ContentPanel" Grid.Row="1" Margin="12,0,12,0">
        <StackPanel>
            <Button x:Name="bt_save" Content="存储生成的图片" Click="bt_save_Click">
</Button>
            <Button x:Name="bt_show" Content="展示存储的图片" Click="bt_show_Click">
</Button>
            <ScrollViewer BorderBrush="Red" BorderThickness="2" Height="350">
                <Image x:Name="img" />
            </ScrollViewer>
        </StackPanel>
    </Grid>
</Grid>
```

MainPage.xaml.cs文件主要代码

```
//按钮事件生成图片并保存到程序的存储里面
private async void bt_save_Click(object sender,RoutedEventArgs e)
{
    //生成RenderTargetBitmap对象
```

```
    RenderTargetBitmap renderTargetBitmap = new RenderTargetBitmap();
    await renderTargetBitmap.RenderAsync(root);
    //获取图像的二进制数据
    var pixelBuffer = await renderTargetBitmap.GetPixelsAsync();
    //创建程序文件存储
    IStorageFolder applicationFolder = ApplicationData.Current.LocalFolder;
     IStorageFile saveFile = await applicationFolder.CreateFileAsync("snapshot.png",
CreationCollisionOption.OpenIfExists);
    //把图片的二进制数据写入文件存储
    using (var fileStream = await saveFile.OpenAsync(FileAccessMode.ReadWrite))
    {
        var encoder = await BitmapEncoder.CreateAsync(BitmapEncoder.PngEncoderId,fileStream);
        encoder.SetPixelData(
            BitmapPixelFormat.Bgra8,
            BitmapAlphaMode.Ignore,
            (uint)renderTargetBitmap.PixelWidth,
            (uint)renderTargetBitmap.PixelHeight,
            DisplayInformation.GetForCurrentView().LogicalDpi,
            DisplayInformation.GetForCurrentView().LogicalDpi,
            pixelBuffer.ToArray());
        await encoder.FlushAsync();
    }
}
//展示程序存储图片的按钮事件
private void bt_show_Click(object sender,RoutedEventArgs e)
{
    //"ms-appdata:///local"表示是程序存储的根目录
    BitmapImage bitmapImage = new BitmapImage(new Uri("ms-appdata:///local/snapshot.png",
UriKind.Absolute));
    img.Source = bitmapImage;
}
```

程序运行的效果如图 7.11 所示。

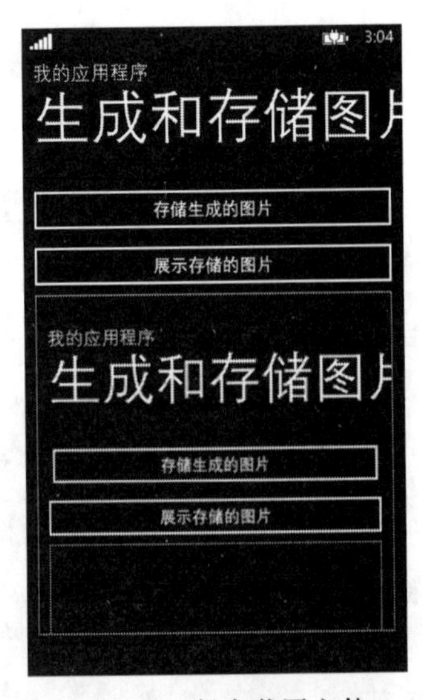

图 7.11　保存截图文件

第8章 动画编程

动画是通过快速播放一系列图像(其中每幅图像均与前一幅图像稍有不同)而产生的错觉。人脑将这一系列图像看作是一个不断变化的场景。在电影中,摄影机通过每秒记录大量照片(即帧)来产生这种错觉。当放映机播放这些帧时,观众看到的是运动的图片。计算机动画与此类似,差别在于计算机动画可以在时间上进一步拆分记录的帧,因为计算机将内插并动态显示各帧之间的变化。

在 Windows Phone 中对动画编程技术的实现进行了很好的封装,并且也进行了专门的优化,让动画的实现更加容易,执行的效率更高。那么通常在 Windows Phone 中我们会使用两种常见的动画编程方式来实现一个动画效果,一种是线性插值的动画方式,即 From/To/By 动画,另一种是关键帧动画。使用这两种动画可以对 UI 对象的 Double、Color 或 Point 等这些属性的类型进行动画处理,在一个时间段里面修改它们的值,从而呈现出动画的效果。

在动画编程中最常见的并不是对 UI 元素的 With、Height 等这些属性进行动画处理,而是对 UI 元素的变换特性进行动画处理,对 UI 元素的变换特性应用动画可以实现更高的动画效率和更加丰富的动画效果,所以本章还会重点地介绍了针对偏移、旋转、缩放和倾斜这些变换属性去实现的动画。

8.1 动画概述

在开始动画编程之前,先了解一下动画以及 Windows Phone 中动画编程的类。本小节会先介绍最原始的动画的实现方式,以及在 Windows Phone 中是如何实现动画的,会使用到哪些 Windows Phone 封装好的动画编程的类。

8.1.1 理解动画

实现一个动画的原始办法是配置一个定时器,然后根据定时器的频率循环地调用它的回调方法。在回调方法中,可以手工地更新目标属性,根据时间的变化用数学计算来决定当前值,直到它达到最终值。在这时,就可以停止定时器,并且移除事件处理程序。

动画可以简单地理解成是界面上的某个可视化的元素随着时间在改变着它的位置或者形状，形成了视觉上的运动变化的效果。设想一下如果要让 Windows Phone 上面的一个 Button 控件在 3 秒钟之后宽度渐渐地变成原来的两倍，用最传统的解决方法应该会使用以下的步骤来解决：

(1) 创建一个周期性触发器的计时器(例如，每隔 50 毫秒触发一次)。

(2) 当触发计时器时，使用事件处理程序计算一些与动画相关的细节，如 Button 控件宽度，增加一定的长度，当距离等于原来两倍的时候停止触发器，动画停止。

从这个动画实现的步骤来看，实现这个 Button 控件的动画很简单，但是这种解决方法却存在很多问题，下面来分析一下存在哪些问题。

(1) 可扩展性很差。如果决定希望同时运行两个动画，那么需要再创建一个触发器，就需要重新编写动画代码，并且会变得更加复杂。

(2) 动画帧速率是固定的。计时器设置完全决定了帧速率。如果改变时间间隔，可能需要改变动画代码，因为 Button 每次移动的大小需要重新计算。

(3) 复杂的动画需要增加的更加复杂的代码。如果沿着一条不规则的路径移动 Button 那么处理的逻辑就会变得非常复杂。

(4) 达不到最佳的性能。这个方法产生的动画会一直占用了 UI 线程，把 UI 线程独占了。

所以这种基于计时器自定义绘图的动画存在很大的缺点：它使代码显得不是很灵活，这对于复杂的效果会变得非常混乱，并且不能得到最佳性能。那么 Windows Phone 则提供了一个更加高级的模型，可以只关注动画的定义，而不必担心它们的渲染方式。通常，动画被看作是一系列帧。为了执行动画，就要逐帧地显示这些帧，就像延时的视频。Windows Phone 的动画模型是在一段时间间隔内修改依赖项属性值的一种简单方式。例如，为了增大或者缩小一个按钮，可以使用动画方式修改按钮的宽度。为了使按钮闪烁，可以改变用于按钮背景的 LinearGradientBrush 画刷的属性。创建正确动画的技巧在于决定需要修改什么属性。那么在 Windows Phone 中这种高级动画编程的方式分别有线性插值动画和关键帧动画，这两种动画也是 Windows Phone 动画编程中最主要和最常用的动画编程方式，既然是封装的高级动画的实现方式那么就肯定提供了动画编程相关的类，下面来看一下在 Windows Phone 中支持这种高级模型动画编程的类。

8.1.2 时间线(Timeline)和故事板(Storyboard)

Windows Phone 动画类都在空间 Windows，UI，Xaml. Media. Animation 下，在该空间下的类的继承结构如下所示，其中 Timeline 类是表示时间线类，Storyboard 类表示是故事板类，ColorAnimation 类、DoubleAnimation 类和 PointAnimation 类是线性插值的动画类，ColorAnimationUsingKeyFrames 类、DoubleAnimationUsingKeyFrames 类、ObjectAnimationUsingKeyFrames 类和 PointAnimationUsingKeyFrames 类是关键帧动画类。

```
Windows.UI.Xaml.DependencyObject
```

```
Windows.UI.Xaml.Media.Animation.Timeline
  Windows.UI.Xaml.Media.Animation.ColorAnimation
  Windows.UI.Xaml.Media.Animation.ColorAnimationUsingKeyFrames
  Windows.UI.Xaml.Media.Animation.DoubleAnimation
  Windows.UI.Xaml.Media.Animation.DoubleAnimationUsingKeyFrames
  Windows.UI.Xaml.Media.Animation.ObjectAnimationUsingKeyFrames
  Windows.UI.Xaml.Media.Animation.PointAnimation
  Windows.UI.Xaml.Media.Animation.PointAnimationUsingKeyFrames
  Windows.UI.Xaml.Media.Animation.Storyboard
```

1. 时间线 Timeline 类

Windows Phone 的线性插值动画和关键帧动画都是基于 Timeline(时间线)的动画,所有的动画都是继承于 Timeline 类,Timeline 用来表示动画的某一时刻或某段时间范围,它用来记录动画的状态、行为、顺序及起始位置和结束位置,可以声明一个动画在某段时间范围的起始和结束状态及动画的持续时间。从 Timeline 派生的类可提供动画功能,如 DoubleAnimation、ColorAnimation 等。

2. 故事板 Storyboard 类

Storyboard 类表示通过时间线控制动画,并为其子动画提供对象和属性目标信息。Storyboard 是 Windows Phone 动画的基本单元,派生于 Timeline 类,它用来分配动画时间,可以使用同一个故事板对象产生一种或多种动画效果,并且允许控制动画的播放、暂停、停止以及在何时何地播放。使用故事板时,必须指定 TargetProperty(目标属性)和 TargetName(目标名称)属性,这两个属性把故事板和所有产生的动画效果衔接起来,起到了桥梁的作用。

StoryBoard 提供了管理时间线的功能接口,可以用来控制一个或多个 Windows Phone 的动画进程,故也称为动画时间线容器。StoryBoard 可以使用基类 Timeline 类提供的 6 个常用的动画属性选项来控制动画的基本行为动作,比如想要实现动画的缓冲时间,就需要用到 Duration 属性;设置动画的开始时间则用 BeginTime;如果动画执行完后根据执行路线反向执行到原始状态,则需要使用 AutoReverse;如果需要设置动画的运行速度则使用 SpeedRatio 就可以完成。

8.2 线性插值动画

所谓线性插值,实际上就是通过给定的两个关键帧图形线性地求出两帧之间的中间帧图形。这里的线性插值动画是把两个对应的开始值和结束值之间等间隔划分,然后根据实际线性地实现等量递增或者递减的效果。在 Windows Phone 中线性插值动画表现为,界面上某个元素的某个属性,在开始值和结束值之间逐步增加或者递减,是一种线性插值的过程。在 Windows Phone 应用开发里面大部分均匀变化的动画都可以使用线性插值动画来实现,比如控件淡出淡入的效果,时钟转动等。本节将会详细地讲解 Windows Phone 里面的线性插值的动画的原理和实现。

8.2.1 动画的基本语法

上文我们已经了解了动画编程中的两大类——时间线(Timeline)和故事板(Storyboard)，接下来就要介绍一下如何使用这两大类型的动画类进行动画编程。下面是一个完整的Storyboard动画代码：

```
<Storyboard x:Name = "storyboard1">
        <! -- 在 Storyboard 里面可以定义线性插值动画或者关键帧动画 -->
        <! -- 下面是一个 DoubleAnimation 类型的线性插值动画 -->
        <DoubleAnimation
              EnableDependentAnimation = "True"
              Storyboard.TargetName = "ellipse1"
              Storyboard.TargetProperty = "Width"
              From = "150" To = "300" Duration = "0:0:3" />
</Storyboard>
```

上面示例的动画效果是产生一个变形的椭圆，代码声明了一个故事板和一个DoubleAnimation类型的线性插值动画对象。DoubleAnimation动画元素指定的TargetName(作用目标)和TargetProperty(作用属性)，其中Targethlame的值为ellipse1，TargetProperty值为Width。当完成一个故事板定义并声明了动画类型之后，这个动画并不能在XAML页面加载后自动播放，因为并没有指定动画播放的开始事件，此时需要调用Storyboard类的Begin方法才能播放动画如storyboard1. Begin()。在这里我们还要注意一下Enable-DependentAnimation属性，这个属性默认值是False，它表示动画是否需要依赖UI线程来运行，如果在上面的动画中不设置EnableDependentAnimation＝"True"，那么该动画是无法运行的。Windows Phone的Animation动画本身并不需要依赖UI线程运行，它是在构图线程上运行的，那么这里为什么还要依赖UI线程呢？原因就是动画所改变的属性是UI元素的Width属性，修改Width属性会重新调用UI的布局系统这些操作都必须要依赖UI线程。如果动画修改的目标属性是变换效果和三维效果的相关属性，那就不需要把EnableDependentAnimation属性设置为True，因为这时候动画将不会依赖UI线程运行。

8.2.2 线性动画的基本语法

线性插值动画的Animation类是指专门的创建线性动画的类，这些类都具有From(获取或设置动画的起始值)，To(获取或设置动画的结束值)，By(获取或设置动画更改其起始值时所依据的总量)这三个属性，通过这三个值来设置线性插值的开始和结束值。在Windows Phone里面线性插值动画的Animation类都以Animation结尾，这些类主要有DoubleAnimation类、ColorAnimation类和PointAnimation类，这三个类分别对Double、Color和Point的属性进行动画处理。

理解线性动画的基本语法，其实就是对线性动画相关的Animation类相关属性的理解。

那么我们通过一个小例子来看一下线性插值动画的 From、To、By、Duration、AutoReverse 和 RepeatBehavior 这些属性的理解和运用。下面我们来看一下一个简单的线性动画的代码示例：

代码清单 8-1：简单的线性动画(源代码：第 7 章\Examples_7_1)

MainPage.xaml 文件主要代码

```
<StackPanel x:Name = "ContentPanel" Grid.Row = "1" Margin = "12,0,12,0">
    <StackPanel.Resources>
        <Storyboard x:Name = "myStoryboard">
            <DoubleAnimation From = "0" To = "300"
                             EnableDependentAnimation = "True"
                             AutoReverse = "True" RepeatBehavior = "Forever"
                             Duration = "0:0:3" Storyboard.TargetName = "rect"
                             Storyboard.TargetProperty = "Width" />
        </Storyboard>
    </StackPanel.Resources>
    <Rectangle x:Name = "rect" Width = "0" Fill = "Red" Height = "100" />
    <Button Content = "启动动画" Click = "Button_Click_1" />
</StackPanel>
```

MainPage.xaml.cs 文件主要代码

```
//播放动画
private void Button_Click_1(object sender,RoutedEventArgs e)
{
    myStoryboard.Begin();
}
```

应用程序的运行效果如图 8.1 所示。

在线性插值的动画里面使用最多的三个属性是：开始值(From)、结束值(To)和整个动画执行的时间(Duration)。上面的示例中，我们为这一个故事板添加了一个 DoubleAnimation 类型的动画，并指定动画的目标属性是矩形的宽度，动画的目标对象是一个矩形，并且指定它的目标属性是从 0 到 300。下面我们通过这个简单的示例来讲解动画中的一些重要的属性。

图 8.1　简单的线性动画

1. From 属性

From 值是 Width 属性的开始数值。如果多次单击按钮，每次单击时都会将 Width 属性重新设置为 0，并且重新开始动画。即使当动画正在运行时也是如此。这个示例提供了另外一个 Windows Phone 动画细节，即每个依赖项属性每次只能响应一个动画。如果开始第二个动画，第一个动画就会自动放弃。在许多情况下，可能不希望动画从最初的From值开始。这有如下两个常见的原因：

第一个原因是动画多次重复启动的时候需要在上次的基础上延续下去，需要创建一个能够被触发多次，并且逐次累加效果的动画。例如，可能希望创建一个每次单击时都增大一点的按钮。

第二个原因是创建可能相互重叠的动画。例如，可以使用PointerEntered事件触发一个扩展按钮的动画，并使用PointerExited事件触发一个将按钮缩小为原尺寸的互补动画，这通常被称为"鱼眼"效果。如果快速连续地点击按钮，每个新动画就会打断上一个动画，导致按钮"跳"回到由From属性设置的值。

当前示例属于第一种情况。如果当矩形正在增大时单击按钮，矩形的宽度就会被重新设置为0个像素。为了改正这个问题，只需要删除设置Form属性的代码即可。如：

```
<Storyboard x:Name = "myStoryboard">
    <DoubleAnimation To = "300" EnableDependentAnimation = "True"
                     AutoReverse = "True" RepeatBehavior = "Forever"
                     Duration = "0:0:3" Storyboard.TargetName = "rect"
                     Storyboard.TargetProperty = "Width" />
</Storyboard>
```

2. To属性

就像可以省略From属性一样，也可以省略To属性。实际上，可以同时省略From属性和To属性，如把上面的动画示例改成：

```
<Storyboard x:Name = "myStoryboard">
    <DoubleAnimation AutoReverse = "True" RepeatBehavior = "Forever"
                     Duration = "0:0:3" Storyboard.TargetName = "rect"
                     Storyboard.TargetProperty = "Width"
                     EnableDependentAnimation = "True"/>
</Storyboard>
```

乍一看，这个动画好像根本没有执行任何操作。这样认为是符合逻辑的，因为To属性和From属性都被忽略了，它们将使用相同的值。但是它们之间存在一点微妙且重要的区别。当省略From值时，动画使用考虑动画的当前值。例如，如果按钮通过一个增长操作位于中间，From值会使用扩展后的宽度。然而，当忽略了To值时，动画使用不考虑动画的当前值。本质上，这意味着To值是原来的数值。

3. By属性

若不使用To属性，也可以使用By属性。By属性用于创建通过设置变化的数量改变数值的动画，而不是通过设置达到的目标改变数值。如可以把示例的动画改成增大矩形的宽度使其比原来的宽度大100个像素，如下所示：

```
<Storyboard x:Name = "myStoryboard">
    <DoubleAnimation From = "0" By = "100" EnableDependentAnimation = "True"
                     AutoReverse = "True" RepeatBehavior = "Forever"
```

```
                    Duration = "0:0:3" Storyboard.TargetName = "rect"
                    Storyboard.TargetProperty = "Width" />
</Storyboard>
```

大部分使用插值的动画通常都提供了 By 属性，但也并不总是如此。例如，对于非数字的数据类型，By 属性是没有意义的，例如，ColorAnimation 类使用的 Color 结构。

4. Duration 属性

Duration 属性很简单，它是在动画开始时和结束时之间的时间间隔（时间间隔单位以毫秒、分钟、小时或者其他喜欢使用的任何单位计）。动画是一个时间线，它代表着一个时间段的变化效果。在动画的指定时间段内运行动画时，动画还会计算输出值。在运行或播放动画时，动画将更新与其关联的属性。该时间段的长度由时间线的 Duration（通常用 TimeSpan 值来指定）来决定。当时间线达到其持续时间的终点时，表示时间线完成了一次重复。动画使用其 Duration 属性来确定动画一次重复所需要的时间。如果没有为动画指定 Duration 值，它将使用默认值 1 秒。

Duration 属性的 XAML 语法格式为"小时:分钟:秒"，比如动画一次重复要运行 0 小时 40 分钟 6.5 秒，那么 Duration 值就要设置为"0:40:6.5"。在 XAML 中设置的动画的持续时间是使用一个 TimeSpan 对象设置的，但在 C# 代码里面设置 Duration 属性实际上需要的是一个 Duration 对象。幸运的是 Duration 类型和 TimeSpan 类型非常类似，并且 Duration 结构定义了一个隐式转换，能够将 TimeSpan 类型转换为所需要的 Duration 类型。

那么，为什么要使用一个全新的数据类型呢？因为 Duration 类型还提供了两个特殊的不能通过 TimeSpan 对象表示的数值：Duration.Automatic 和 Duration.Forever。在当前的示例中，这两个值都没有用处，当创建更加复杂的动画时，这些值就有用处了。

5. AutoReverse 属性

AutoReverse 属性指定时间线在到达其 Duration 的终点后是否倒退。如果将此动画属性设置为 true，则动画在到达其 Duration 的终点后将倒退，即从其终止值向其起始值反向播放。默认情况下，该属性为 false。

6. RepeatBehavior 属性

RepeatBehavior 属性指定时间线的播放次数。默认情况下，时间线的重复次数为 1.0，即播放一次时间线，根本不进行重复。RepeatBehavior 属性的设置有三种语法，第一种是设置为"Forever"和上面的示例一样，表示动画一直重复地运行下去。第二种是设置重复运行的次数，叫做迭代形式，迭代形式占位符是一个整数，用于指定动画应重复的次数。迭代次数后总是跟一个小写的原义字符 x。我们可以将它想象为一个乘法字符，即"3x"表示 3 倍。如果让上面的示例改成重复运行三次就停止动画，可以改成如下的写法：

```
<Storyboard x:Name = "myStoryboard">
    <DoubleAnimation From = "0" To = "300" EnableDependentAnimation = "True"
                    AutoReverse = "True" RepeatBehavior = "3x"
                    Duration = "0:0:3" Storyboard.TargetName = "rect"
                    Storyboard.TargetProperty = "Width" />
```

```
</Storyboard>
```

第三种是设置动画运行的时间跨度，注意这个时间跨度和 Duration 属性是有很大区别的，这个时间表示的是动画从运行到停止的时间，Duration 属性的时间表示的时动画重复一次的时间。时间跨度的语法格式是"[天.]小时:分钟:秒[.秒的小数部分]"，方括号([])表示可选值，如重复 15 秒可以设置 RepeatBehavior="0:0:15"。小时、分钟和秒值可以是从 0 到 59 中的任意整数。天的值可以很大，但其具有未指定的上限。秒的小数部分(包含小数点)的小数值必须介于 0 和 1 之间。

8.3 关键帧动画

关键帧的概念来源于传统的卡通片制作。在早期 Walt Disney 的制作室，熟练的动画师设计卡通片中的关键画面，也即所谓的关键帧，然后由一般的动画师设计中间帧。帧就是动画中最小单位的单幅影像画面，相当于电影胶片上的每一格镜头。在计算机动画中，中间帧的生成由计算机来完成，插值代替了设计中间帧的动画师。所有影响画面图像的参数都可成为关键帧的参数，如位置、旋转角、纹理的参数等。关键帧技术是计算机动画中最基本并且运用最广泛的方法。关键帧动画是软件编程里面非常常用的一种动画编程方式，本节将详细地讲解 Windows Phone 上关键帧动画编程的相关技术。

8.3.1 关键帧动画概述

到目前为止，前面介绍的动画都是使用线性插值从开始点移动到结束点。但是如果需要创建具有多个分段的动画或者不规则移动的动画，该怎么办呢？例如，你可能希望创建一个动画，快速地将一个元素滑入到视图中，然后慢慢地将它移动到正确的位置。可以通过创建两个连续的动画，并使用 BeginTime 属性在第一个动画之后开始第二个动画实现这种效果。然而，还有更简单的方法可以使用关键帧动画。

1. 关键帧动画的概念

Windows Phone 中有定义关键帧类，它组成关键帧动画最基本的元素。一个动画轨迹里有多个关键帧，每个关键帧具有自己的相关信息，如长度或者颜色等，同时每个关键帧还保存有自己在整个动画轨迹里所处的时间点。在实际运行时，根据当前时间，通过对两个关键帧的插值可以得到当前帧。动画运行时，随着时间的变化，插值得到的当前帧也是变化的，从而产生了动画的效果。由于关键帧包括长度、颜色、位置等的信息，所以可以实现运动动画、缩放动画、渐变动画和旋转动画以及混合动画等。

2. 关键帧动画与线性插值动画的区别

与线性插值(From/To/By)动画类似，关键帧动画以动画形式显示了目标属性的值。它通过其 Duration 创建其目标值之间的过渡。线性插值动画可以创建两个值之间的过渡，而关键帧动画则可以创建任意数量的目标值之间的过渡。关键帧动画允许沿动画时间线到达一个点的多个目标值。换句话说，每个关键帧可以指定多个个不同的中间值，并且到达的最后一个关键帧为最终动画值。与线性插值动画不同的是,关键帧动画没有设置其目标值所需的 From、To 或 By 属性。关键帧动画的目标值是使用关键帧对象进行描述的,因此称作“关键帧动画”。通过指定多个值来创建关键帧动画,可以做出更复杂的动画。关键帧动画还会启用不同的插入逻辑,每个插入逻辑根据动画类型作为不同的“KeyFrame”子类实现。确切地说,每个关键帧动画类型具有其 KeyFrame 类的 Discrete、Linear、Spline 和 Easing 变体,用于指定其关键帧。例如,若要指定以 Double 为目标并使用关键帧的动画,则可声明具有 DiscreteDoubleKeyFrame、LinearDoubleKeyFram、SplineDoubleKeyFrame 和 EasingDoubleKeyFrame 的关键帧。你可以在一个 KeyFrames 集合中使用任一和所有这些类型,用以更改每次新关键帧到达的插入。

3. 关键帧动画需要注意的属性

对于插入行为,每个关键帧控制该插入,直至到达其 KeyTime 时间。其 Value 也会在该时间到达。如果有更多关键帧超出范围,则该值将成为序列中下一个关键帧的起始值。在动画的开始处,如果"0:0:0"没有任何具有 KeyTime 的关键帧,则起始值为该属性的任意非动画值。这种情况下的行为与线性插值动画在没有 From 的情况下的行为类似。

关键帧动画的持续时间为隐式持续时间,它等于其任一关键帧中设置的最高 KeyTime 值。如果需要,可以设置一个显式 Duration,但应注意该值不应小于你自己的关键帧中的 KeyTime,否则将会截断部分动画。除了 Duration,你还可以在关键帧动画上设置基于 Timeline 的属性,因为关键帧动画类也派生自 Timeline。这些属性主要有:

(1) AutoReverse:在到达最后一个关键帧后,从结束位置开始反向重复帧。这使得动画的显示持续时间加倍。

(2) BeginTime:延迟动画的起始部分。帧内 KeyTime 值的时间线在 BeginTime 到达前不开始计数,因此不存在截断帧的风险。

(3) FillBehavior:控制当到达最后一帧时发生的操作。FillBehavior 不会对任何中间关键帧产生任何影响。

(4) RepeatBehavior:该属性的用法在线性插值动画小节有详细的介绍,需要注意的是,如果该数不是时间线的隐式持续时间的整数倍数,则这可能会截断关键帧序列中的部分动画。

4. 关键帧动画的类别

关键帧动画分为线性关键帧、样条关键帧和离散关键帧三种类型。关键帧动画类属于 Windows. UI. Xaml. Media. Animation 命名空间,并遵守下列命名约定:<类型>AnimationUsingKeyFrames。其中<类型>是该类进行动画处理的值的类型。Windows Phone 提供了 4 个关键帧动画类,分别是 ColorAnimationUsingKeyFrames、DoubleAnimationUsingKeyFrames、PointAnimationUsingKeyFrames 和 ObjectAnimationUsingKeyFrames。不同的属性类型对应不同的动画类型。关键帧动画也是类似,如表 8.1 是关键帧对应的分类。

表 8.1 关键帧的分类

属性类型	对应的关键帧动画类	支持的动画过渡方法
Color	ColorAnimationUsingKeyFrames	离散、线性、样条
Double	DoubleAnimationUsingKeyFrames	离散、线性、样条
Point	PointAnimationUsingKeyFrames	离散、线性、样条
Object	ObjectAnimationUsingKeyFrames	离散

由于动画生成属性值，因此对于不同的属性类型，会有不同的动画类型。若要对采用Double的属性(例如元素的Width属性)进行动画处理，请使用生成Double值的动画。若要对采用Point的属性进行动画处理，可以使用生成Point值的动画，依此类推。

线性关键帧通过使用线性内插，可以在前一个关键帧的值及其自己的Value之间进行动画处理。离散关键帧，在值之间产生突然“跳跃”(无内插算法)。换言之，已经过动画处理的属性在到达此关键帧的关键时间后才会更改，此时已经过动画处理的属性会突然转到目标值。样条关键帧通过贝塞尔曲线方式来定义动画变化节奏。接下来的小节会对这三种关键帧动画作更加详细的讲解。

8.3.2 线性关键帧

到目前为止，介绍的所有动画都是使用线性插值从开始点移动到结束点。但是如果需要创建具有多个分段的动画或者不规则移动的动画，该怎么办呢？例如，你可能希望创建一个动画，快速地将一个元素滑入到视图中，然后慢慢地将它移动到正确的位置。可以通过创建两个连续的动画，并使用BeginTime属性在第一个动画之后开始第二个动画实现这种效果。然而，还有更简单的方法可以使用线性关键帧动画。这种关键帧是最常用到的关键帧种类，也就是我们最多接触的关键帧种类。这种关键帧的最大特点就是两个关键帧之间的数值是线性变化的，也就像一次函数那样，数值变化的斜率是一致的，在图形编辑器中显示就是一条直线。

例如，下面分析将LineGradientBrush画刷的开始点从一个位置移动到另外一个位置的Point动画：

```
<PointAnimation Storyboard.TargetName = "myradialgradientbrush"
                Storyboard.TargetProperty = "StartPoint"
                From = "0.1,0.7" To = "0.3,0.7" Duration = "0:0:10"
                AutoReverse = "True"
                RepeatBehavior = "Forever">
</PointAnimation>
```

可以使用一个效果相同的PointAnimationUsingKeyFrames对象代替上面的PointAnimation对象，如下所示：

```
<PointAnimationUsingKeyFrames Storyboard.TargetName = "myradialgradientbrush"
        Storyboard.TargetProperty = "StartPoint"
```

```
            AutoReverse = "True" RepeatBehavior = "Forever" >
        <LinearPointKeyFrame Value = "0.1,0.7" KeyTime = "0:0:0"/>
        <LinearPointKeyFrame Value = "0.3,0.7" KeyTime = "0:0:10"/>
    </PointAnimationUsingKeyFrames >
```

这个动画包含两个关键帧。当动画开始时第一个关键帧设置 Point 值(如果希望使用在 LineGradientBrush 画刷中设置的当前值,可以省略这个关键帧)。第二个关键帧定义结束值,这是 10 秒之后达到的数值。PointAnimationUsingKeyFrames 对象执行线性插值,这样,第一个关键帧平滑移动到第二个关键帧,就像 PointAnimation 对象使用 From 值和 To 值一样。

每个关键帧动画都使用自己的关键帧对象(如 LinearPointKeyFrame)。对于大部分内容,这些类是相同的,它们包含一个保存目标值的 Value 属性和一个指示帧何时到达目标值的 KeyTime 属性。唯一的区别是 Value 属性的数据类型。在 LinearPointKeyFrame 类中是 Point 类型,在 DoubleKeyFrame 类中是 double 类型等。

像线性插值动画一样,关键帧动画具有 Duration 属性。除了指定动画的 Duration 外,你还需要指定向每个关键帧分配持续时间内的多长一段时间。你可以为动画的每个关键帧描述其 KeyTime 来实现此目的。每个关键帧的 KeyTime 都指定了该关键帧的结束时间。KeyTime 属性并不指定关键时间播放的长度。关键帧播放时间长度由关键帧的结束时间、前一个关键帧的结束时间以及动画的持续时间来确定。可以以时间值、百分比的形式来指定关键时间,或者将其指定为特殊值 Uniform 或 Paced。

8.3.3 样条关键帧

在关键帧动画中,计算机的主要作用是进行插值,为了使若干个关键帧间的动画连续流畅,经常采用样条关键帧插值法。这样得到动画中的运动具有二阶连续性,即 C^2 连续性。在 Windows Phone 中每个支持线性关键帧的类也支持样条关键帧,并且它们使用"Spline+数据类型+KeyFrame"的形式进行命名。和线性关键帧一样,样条关键帧使用插值平滑地从一个值移动到另外一个值。区别是每个样条关键帧都有一个 KeySpline 属性。可以使用该属性定义一个影响插值方式的三次贝塞尔样条。尽管为了得到希望的效果这样做有些烦琐,但是这种技术提供了创建更加无缝的加速和减速,以及更加逼真的动画效果。

样条关键帧使用的是三次方贝塞尔曲线来计算动画运动的轨迹。贝赛尔曲线的每一个顶点都有两个控制点,用于控制在该顶点两侧的曲线的弧度。它是应用于二维图形应用程序的数学曲线。曲线的定义有四个点:起始点、终止点(也称锚点)以及两个相互分离的中间点。滑动两个中间点,贝塞尔曲线的形状会发生变化。三次贝塞尔曲线,则需要一个起点,一个终点,两个控制点来控制曲线的形状。下面来看一下三次方贝塞尔曲线的计算方法。

P_0、P_1、P_2、P_3 四个点在平面或在三维空间中定义了三次方贝塞尔曲线。曲线起始于 P_0 走向 P_1,并从 P_2 的方向来到 P_3。一般不会经过 P_1 或 P_2;这两个点只是在那里提供方向资讯。P_0 和 P_1 之间的间距，决定了曲线在转而趋进 P_3 之前，走向 P_2 方向的“长度有多长”。曲线的参数形式为

$$B(t) = P_0(1-t)^3 + 3P_1t(1-t)^2 + 3P_2t^2(1-t) + P_3t^3, t \in [0,1]$$

样条关键帧可用于达到更现实的计时效果。由于动画通常用于模拟现实世界中发生的效果，因此开发人员可能需要精确地控制对象的加速和减速，并需要严格地对计时段进行操作。通过样条关键帧，可以使用样条内插进行动画处理。使用其他关键帧，可以指定一个Value和KeyTime。使用样条关键帧，你还需要指定一个KeySpline。下面的示例演示DoubleAnimationUsingKeyFrames的单个样条关键帧，请注意KeySpline属性，它正是样条关键帧与其他类型的关键帧的不同之处。

```
<SplineDoubleKeyFrame Value = "500" KeyTime = "0:0:7" KeySpline = "0.0,1.0 1.0,0.0" />
```

样条关键帧根据KeySpline属性的值在值之间创建可变的过渡。KeySpline属性是从(0,0)延伸到(1,1)的贝塞尔曲线的两个控制点，用于控制在该顶点两侧的曲线的弧度，描述了动画的加速。第一个控制点控制贝塞尔曲线前半部分的曲线因子，第二个控制点控制贝塞尔线段后半部分的曲线因子。此属性基本上定义了一个时间关系间的函数，其中函数-时间图形采用贝塞尔曲线的形状。所得到的曲线是对该样条关键帧的更改速率所进行的描述。曲线陡度越大，关键帧更改其值的速度越快。曲线趋于平缓时，关键帧更改其值的速度也趋于缓慢。

在XAML属性字符串中指定一个KeySpline值，该字符串具有四个以空格或逗号分隔的Double值，如KeySpline="0.0,1.0 1.0,0.0"。这些值是用作贝塞尔曲线的两个控制点的"x,y"对。"x"是时间，而"y"是对值的函数修饰符。每个值应始终介于0～1之间。控制点更改该曲线的形状，并因此会更改样条动画的函数随时间变化的行为。每个控制点会影响控制样条动画速率的概念曲线的形状，同时更改0,0和1,1之间的线性进度。keySplines的语法必须指定且仅指定两个控制点，如果曲线只需要一个控制点，可以重复同一个控制点。如果不将控制点修改为KeySpline，则从0,0到1,1的直线是线性插入的时间函数的表示形式。

你可以使用KeySpline来模拟下落的水滴或跳动的球等的物理轨迹，或者应用动画的其他“潜入”和“潜出”效果。对于用户交互效果，例如背景淡入/淡出或控制按钮弹跳等，可以应用样条关键帧，以便以特定方式提高或降低动画的更改速率。

将KeySpline指定为0、1、1、0，可产生如图8.2所示下贝塞尔曲线，表示控制点为(0.0,1.0)和(1.0,0.0)的关键样条。此关键帧将在开始时快速运动，减速，然后再次加速，直到结束。

将KeySpline指定为0.5、0.25、0.75、1.0，可产生如图8.3所示贝塞尔曲线，表示控制点为(0.25,0.5)和(0.75,1.0)的关键样条。由于贝塞尔曲线的曲度变化幅度很小，此关键帧的运动速率几乎固定不变；只在将近接近结束时才开始减速。

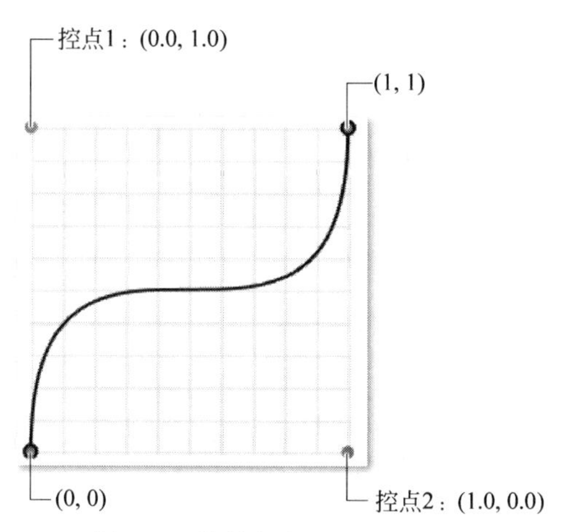

图 8.2 控制点为(0,1)和(1,0)的贝塞尔曲线

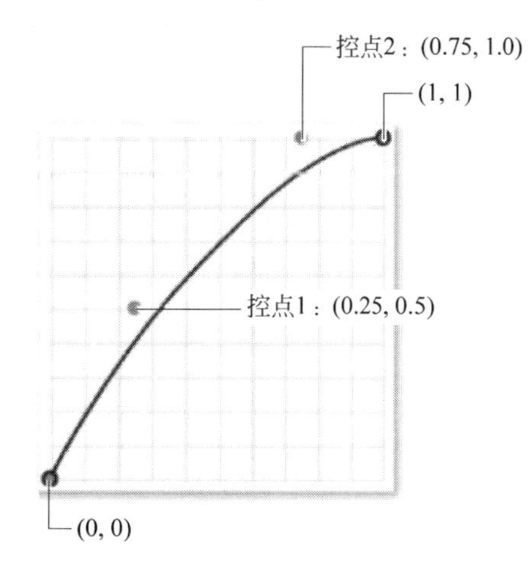

图 8.3 控制点为(0.25,0.5)和(0.75,1.0)的贝塞尔曲线

下面的示例，通过对比在 Canvas 控件上移动的两个矩形，演示了一个样条关键帧动画的运动轨迹和一个线性关键帧动画运行轨迹的对比。第一个矩形使用使用一个具有一个 SplineDoubleKeyFrame 对象的 DoubleAnimationUsingKeyFrames 动画来控制 Canvas. Top 属性使它从 400 到 0 按照样条关键帧的轨迹变化和使用一个具有一个 LinearDoubleKeyFrame 对象的 DoubleAnimationUsingKeyFrames 动画来控制 Canvas. Left 属性使它从 0 到 400 按照线性关键帧的轨迹变化。第二个矩形使用了两个具有 DoubleAnimationUsingKeyFrames 对象的 DoubleAnimationUsingKeyFrames 动画来控制 Canvas. Top 和 Canvas. Left 属性使其匀速地从左下角向右上角运动。两个矩形同时到达目标位置(10 秒之后)，但是第一个矩形在其运动过程中会有明显的加速和减速，加速时会超过第二个矩形，而减速时又会落后于第二个矩形。

代码清单 8-2：样条关键帧动画(源代码：第 8 章\Examples_8_2)

MainPage. xaml 文件主要代码

```
<Grid x:Name = "LayoutRoot" Background = "Transparent">
    <Grid.Resources>
        <Storyboard x:Name = "SplineKeyStoryBoard">
            <! -- 对第一个矩形的 Canvas.Top 属性使用样条关键帧动画 -->
            <DoubleAnimationUsingKeyFrames
                                    Storyboard.TargetName = "rect"
                                    Storyboard.TargetProperty = "(Canvas.Top)"
                                    Duration = "0:0:10"
                                    RepeatBehavior = "Forever">
                <SplineDoubleKeyFrame Value = "0" KeyTime = "0:0:10" KeySpline = "0.0,1.0
1.0,0.0" />
            </DoubleAnimationUsingKeyFrames>
            <! -- 对第一个矩形的 Canvas.Left 属性使用线性关键帧动画 -->
            <DoubleAnimationUsingKeyFrames
```

```
                                    Storyboard.TargetName = "rect"
                                    Storyboard.TargetProperty = "(Canvas.Left)"
                                    Duration = "0:0:10"
                                    RepeatBehavior = "Forever">
                    <LinearDoubleKeyFrame Value = "400" KeyTime = "0:0:10" />
                </DoubleAnimationUsingKeyFrames>
                <! -- 对第二个矩形的 Canvas.Top 属性使用线性关键帧动画 -->
                <DoubleAnimationUsingKeyFrames
                                    Storyboard.TargetName = "rect2"
                                    Storyboard.TargetProperty = "(Canvas.Top)"
                                    Duration = "0:0:10"
                                    RepeatBehavior = "Forever">
                    <LinearDoubleKeyFrame Value = "0" KeyTime = "0:0:10"/>
                </DoubleAnimationUsingKeyFrames>
                <! -- 对第二个矩形的 Canvas.Left 属性使用线性关键帧动画 -->
                <DoubleAnimationUsingKeyFrames
                                    Storyboard.TargetName = "rect2"
                                    Storyboard.TargetProperty = "(Canvas.Left)"
                                    Duration = "0:0:10"
                                    RepeatBehavior = "Forever">
                    <LinearDoubleKeyFrame Value = "400" KeyTime = "0:0:10" />
                </DoubleAnimationUsingKeyFrames>
            </Storyboard>
        </Grid.Resources>
        …//此处省略部分代码
        <Canvas x:Name = "ContentPanel" Grid.Row = "1" Margin = "12,0,12,0" >
            <! -- 第一个矩形的运动轨迹是采用样条关键帧的方式向从左下角向右上角用变化的加速
度运动 -->

            <Rectangle x:Name = "rect" Width = "50" Height = "50" Fill = "Purple" Canvas.Top =
"400" Canvas.Left = "0"/>
            <! -- 第二个矩形的运动轨迹是采用线性关键帧的方式向从左下角向右上角匀速运动 -->
            <Rectangle x:Name = "rect2" Width = "50" Height = "50" Fill = "Red" Canvas.Top = "400"
Canvas.Left = "0"/>
            <Button Content = "运行动画" Canvas.Top = "500" Click = "Button_Click_1"></Button>
        </Canvas>
    </Grid>
```

应用程序的运行效果如图 8.4 所示。

图 8.4　线性关键帧动画

8.3.4　离散关键帧

线性关键帧和样条关键帧动画会在关键帧数值之间平滑地过渡，而离散关键帧就不会进行平滑过渡，而是当到达关键时间时，属性突然改变到新的数值。离散式关键帧根本不使用任何插入。使用离散关键帧，动画函数将从一个值跳到下一个没有内插的值。动画在持续期间恰好结束之前不会更改其输出值，一直到到了时间点，才会修改。也就是说在 KeyTime 到达后，只是简单地应用新的 Value。离散关键帧的方式常常会产生动画仿佛在“跳”的感觉。当然，你可以通过增加声明的关键帧的数目来最大程度地减少明显的跳跃感，但如果你需要流畅的动画效果，则请转而使用线性或样条关键帧。不过对于离散关键帧，它最大的作用和意义是，离散关键帧可以比线性关键帧和样条关键帧支持更多的类型属性进行动画处理。属性不是 Double、Point 和 Color 值的时候，我们是无法使用线性关键帧和样条关键帧来进行动画处理的，但是在离散关键帧中则可以处理这些属性。有很多属性没有可以递增递减的特性在线性关键帧和样条关键帧的概念里面当然是无法处理的，那么离散关键帧则可以弥补这一种缺陷。所以常常会在同一个关键帧动画中组合使用多种类型的关键帧，把可以线性变化的属性使用了线性关键帧或者样条关键帧，而无法线性变化的属性使用了离散关键帧。

线性关键帧类使用“Linear＋数据类型＋KeyFrame”的形式进行命名。离散关键帧类使用“Discrete＋数据类型＋KeyFrame”的形式进行命名。下面是使用离散关键帧动画来修改 LinearGradientBrush 画刷示，当运行这个动画时，中心点会在合适的时间从一个位置跳到下一个位置，这是不平稳的动画效果。下面我们来看一个针对于 Point 属性的离散关键帧动画，通过改变椭圆填充画刷 LinearGradientBrush 画刷的开始点的值从而实现了椭圆的颜色渐变的变化效果。

代码清单 8-3：Point 离散关键帧动画(源代码：第 8 章\Examples_8_3)

MainPage. xaml 文件主要代码

```
--------------------------------------------------------------------------------
<Grid.Resources>
    <Storyboard x:Name="storyboard">
        <PointAnimationUsingKeyFrames Storyboard.TargetName=" myLinearGradientBrush"
Storyboard.TargetProperty="StartPoint" EnableDependentAnimation="True" RepeatBehavior=
"Forever"><DiscretePointKeyFrame Value="0.1,0.3" KeyTime="0:0:0"/>
            <DiscretePointKeyFrame Value="0.2,0.4" KeyTime="0:0:1"/>
            <DiscretePointKeyFrame Value="0.3,0.5" KeyTime="0:0:2"/>
            <DiscretePointKeyFrame Value="0.4,0.6" KeyTime="0:0:3"/>
            <DiscretePointKeyFrame Value="0.5,0.7" KeyTime="0:0:4"/>
            <DiscretePointKeyFrame Value="0.6,0.8" KeyTime="0:0:5"/>
            <DiscretePointKeyFrame Value="0.7,0.9" KeyTime="0:0:6"/>
        </PointAnimationUsingKeyFrames>
    </Storyboard>
</Grid.Resources>
…//此处省略部分代码
<Grid x:Name="ContentPanel" Grid.Row="1" Margin="12,0,12,0">
    <Ellipse x:Name="ellipse" >
        <Ellipse.Fill>
            <LinearGradientBrush x:Name="myLinearGradientBrush"
                        StartPoint="0,0" EndPoint="1,0">
                <LinearGradientBrush.GradientStops>
                    <GradientStop Color="White" Offset="0.001"></GradientStop>
                    <GradientStop Color="Blue" Offset="1"></GradientStop>

                </ LinearGradientBrush.GradientStops>
```

```
            </ LinearGradientBrush >
        </Ellipse.Fill >
    </Ellipse >
    < Button Content = "启动动画" Height = "100" Click = "Button_Click_1"></Button >
</Grid >
```

应用程序的运行效果如图 8.5 所示。

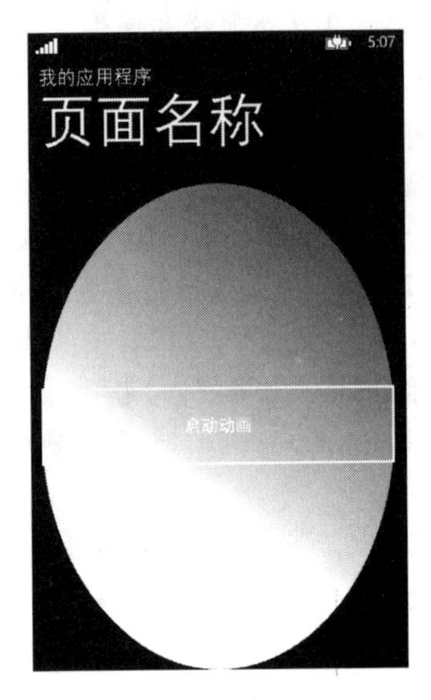

图 8.5　Point 离散关键帧动画

有一种类型的动画值得特别提出，因为它是可以将动画化的值应用于其类型不是 Double、Point 或 Color 的属性的唯一方法。它就是关键帧动画 ObjectAnimationUsingKeyFrames。使用 Object 值的动画非常不同，因为不可能在帧之间插入值。当帧的 KeyTime 到达时，动画化的值将立即设置为关键帧的 Value 中指定的值。由于没有任何插入，因此只有一种关键帧用于 ObjectAnimationUsingKeyFrames 关键帧集合：DiscreteObjectKeyFrame。

8.4　变换动画

前面讲解了 Windows Phone 中的两种动画编程的方式——线性插值动画和关键帧动画，这两种动画都需要对 UI 元素的某个外观的值来进行动画的处理，通常在某个 UI 元素进行平面的变换处理都会使用到其相关的变换属性。所有从 UIElement 类派生的 UI 元素都具有 RenderTransform 属性，通过该属性可以给 UI 元素添加上各种的变换效果。那么变换(RenderTransform)类就是为了达到这个目的设计的，RenderTransform 包含的变形属性成员就是专门用来改变 Windows Phone UI 对象形状的，它可以实现对元素拉伸、旋转、扭曲等效果，同时变换特效也常用于辅助产生各种动画效果，下面列出 RenderTransform 类的成员。

（1）TranslateTransform：能够让某对象的位置发生平移变化。

（2）RotateTransform：能够让某对象产生旋转变化，根据中心点进行顺时针旋转或逆时针旋转。

（3）ScaleTransform：能够让某对象产生缩放变化。

（4）SkewTransform：能够让某对象产生扭曲变化。

（5）TransformGroup：能够让某对象的缩放、旋转、扭曲等变化效果合并起来使用。

（6）MatrixTransform：能够让某对象通过矩阵算法实现更为复杂的变形。

变换元素包括平移变换、旋转变换、缩放变换、扭曲变换、矩阵变换和组合变换元素，变换特效常用于在不改变对象本身构成的情况下，使对象产生变形效果，所以变换元素常辅助产生 Windows Phone 中的各种动画效果，同时变换属性的改变并不会占用到程序的 UI 线程，它是运行在构图线程之上的，那么在动画的实现里面效率也更加高。接下来将介绍使用 UI 元素的变换属性来实现动画的效果。

8.4.1　平移动画

平移动画是利用 TranslateTransform 变换来实现的，TranslateTransform 类表示在二维 x-y 坐标系内平移（移动）对象，相当于是把一个 UI 元素在一个水平面上上下左右移动。你可以使用 Canvas.Left 和 Canvas.Top 在 Canvas 面板中移动里面的 UI 元素，但是这个不是属于变换的效果，它是通过布局的方式去实现的，这样就会导致 Windows Phone 的布局系统重新进行计算占用了 UI 线程去进行工作，动画的性能很明显会比较差，所以使用平移变换去实现动画在水平面的移动的性能效率是最高的。

下面给出球的平移运动的示例：使用平移动画来实现球的运动，动画中使用了样条关键帧动画，这样可以让小球的上下运动带有一个加速度，更加符合物理的规则。

代码清单 8-4：球的平移运动（源代码：第 8 章\Examples_8_4）

MainPage.xaml 文件主要代码

```
<!-- 将动画定义为程序的资源 -->
<Page.Resources>
<!-- 创建一个故事画板 -->
    <Storyboard RepeatBehavior="Forever" x:Name="Bounce">
        <!-- 使用样条关键帧动画定义球的 X 轴的平移动画 -->
        <DoubleAnimationUsingKeyFrames BeginTime="00:00:00" Storyboard.TargetName="ball"
Storyboard.TargetProperty="(UIElement.RenderTransform).(TransformGroup.Children)[0].
(TranslateTransform.X)">
            <SplineDoubleKeyFrame KeyTime="00:00:00" Value="0"/>
            <SplineDoubleKeyFrame KeyTime="00:00:04" Value="297"/>
            <SplineDoubleKeyFrame KeyTime="00:00:06" Value="320"/>
        </DoubleAnimationUsingKeyFrames>
        <!-- 使用样条关键帧动画定义球的 Y 轴的平移动画 -->
        <DoubleAnimationUsingKeyFrames BeginTime="00:00:00" Storyboard.TargetName="ball"
Storyboard.TargetProperty="(UIElement.RenderTransform).(TransformGroup.Children)[0].
```

```
(TranslateTransform.Y)">
                <SplineDoubleKeyFrame KeyTime="00:00:00" Value="0"/>
                <SplineDoubleKeyFrame KeyTime="00:00:02" Value="-206">
                    <SplineDoubleKeyFrame.KeySpline>
                        <KeySpline ControlPoint1="0,1" ControlPoint2="1,1"/>
                    </SplineDoubleKeyFrame.KeySpline>
                </SplineDoubleKeyFrame>
                <SplineDoubleKeyFrame KeyTime="00:00:04" Value="0">
                    <SplineDoubleKeyFrame.KeySpline>
                        <KeySpline ControlPoint1="1,0" ControlPoint2="1,1"/>
                    </SplineDoubleKeyFrame.KeySpline>
                </SplineDoubleKeyFrame>
                <SplineDoubleKeyFrame KeyTime="00:00:05" Value="-20">
                    <SplineDoubleKeyFrame.KeySpline>
                        <KeySpline ControlPoint1="0,1" ControlPoint2="1,1"/>
                    </SplineDoubleKeyFrame.KeySpline>
                </SplineDoubleKeyFrame>
                <SplineDoubleKeyFrame KeyTime="00:00:06" Value="0">
                    <SplineDoubleKeyFrame.KeySpline>
                        <KeySpline ControlPoint1="1,0" ControlPoint2="1,1"/>
                    </SplineDoubleKeyFrame.KeySpline>
                </SplineDoubleKeyFrame>
            </DoubleAnimationUsingKeyFrames>
        </Storyboard>
</Page.Resources>
…省略若干代码
<Grid x:Name="ContentPanel" Grid.Row="1" Margin="12,0,12,0">
    <Ellipse Height="85" HorizontalAlignment="Left" Margin="71,0,0,151"
VerticalAlignment="Bottom" Width="93" Fill="#FFF40B0B" Stroke="#FF000000" x:Name=
"ball" RenderTransformOrigin="0.5,0.5">
        <!--定义 UI 元素的平移变换-->
        <Ellipse.RenderTransform>
            <TransformGroup>
                <TranslateTransform/>
            </TransformGroup>
        </Ellipse.RenderTransform>
    </Ellipse>
</Grid>
```

MainPage.xaml.cs 文件主要代码

```
public MainPage()
{
    InitializeComponent();
    //开始运行 Storyboard
    Bounce.Begin();
}
```

程序运行的效果如图 8.6 所示。

图 8.6　运动的小球

8.4.2　旋转动画

旋转动画是利用 RotateTransform 变换来实现的，RotateTransform 变换能够让某对象产生旋转变化，根据中心点进行顺时针旋转或逆时针旋转，按指定的 Angle 旋转元素。RotateTransform 围绕点 Center x 和 Center y 将对象旋转指定的 Angle。在使用 RotateTransform 时，请注意变换将围绕点(0,0)旋转某个特定对象的坐标系。因此，根据对象的位置，对象可能不会就地(围绕其中心)旋转。例如，如果对象位于 x 轴上距 0 为 200 个单位的位置，旋转 30°可以让该对象沿着以原点为圆心、以 200 为半径所画的圆摆动 30°。若要就地旋转某个对象，请将 RotateTransform 的 Center x 和 Center y 设置为该对象的旋转中心。

下面给出旋转按钮的示例：单击按钮时使用旋转动画实现了按钮的旋转运动。

代码清单 8-5：旋转按钮(源代码：第 8 章\Examples_8_5)

MainPage. xaml 文件主要代码

```
---------------------------------------------------------------------
<Button Content = "会旋转的按钮" Grid.Row = "0" HorizontalAlignment = "Center" VerticalAlignment =
"Center"
        RenderTransformOrigin = "0.5 0.5" Background = "Blue" Click = "OnButtonClick">
    <Button.RenderTransform>
        <RotateTransform />
    </Button.RenderTransform>
</Button>
```

MainPage. xaml. cs 文件主要代码

```
---------------------------------------------------------------------
private void OnButtonClick(object sender,RoutedEventArgs args)
```

```
{
    //获取单击的按钮对象
    Button btn = sender as Button;
    //获取按钮的 RenderTransform 属性
    RotateTransform rotateTransform = btn.RenderTransform as RotateTransform;
    //创建一个 DoubleAnimation 动画
    DoubleAnimation anima = new DoubleAnimation();
    anima.From = 0;                                       //开始的值
    anima.To = 360;                                       //结束的值
    anima.Duration = new Duration(TimeSpan.FromSeconds(0.5));  //持续的时间
    //设置动画的 Target 属性和 TargetProperty 属性
    Storyboard.SetTarget(anima,rotateTransform);
    Storyboard.SetTargetProperty(anima,"Angle");
    //创建 storyboard,并且添加上 animation,然后动画开始!
    Storyboard storyboard = new Storyboard();
    storyboard.Children.Add(anima);
    storyboard.Begin();
}
```

程序运行的效果如图 8.7 所示。

图 8.7　会旋转的按钮

8.4.3　缩放动画

缩放动画是利用 ScaleTransform 变换来实现的，它可以对元素沿 x 轴方向和 y 轴方向按比例进行拉伸或收缩，Scale x 属性指定使对象沿 x 轴拉伸或收缩的量，Scale y 属性指定使对象沿 y 轴拉伸或收缩的量，缩放操作以 Center x 和 Center y 属性指定的点为缩放中心，默认值为(0,0)，取值范围不是 0～1，而是相对于控件的偏移像素值。在 Windows Phone

的动画框架中，ScaleTransform 类提供了在二维空间中的坐标内进行缩放操作，通过 ScaleTransform 可以在水平或垂直方向的缩放和拉伸对象，以实现一个简单的缩放动画效果，故此将其称为缩放动画。使用 ScaleTransform 需要特别关注两点：中心点坐标和 x、y 轴方向的缩放比例，比例值越小则对象元素就越小(既收缩)，比例值越大则对象元素就越大(即呈现为放大效果)。

下面给出缩放动画的示例：创建一个矩形的缩放动画。

代码清单 8-6：缩放动画(源代码：第 8 章\Examples_8_6)

MainPage.xaml 文件主要代码

```
<Canvas>
    <Canvas.Resources>
        <Storyboard x:Name = "storyBoard">
            <! -- 使用线性插值动画来实现缩放动画 -->
            <! -- 动画的目标设置为缩放变换的对象 -->
                <DoubleAnimation Storyboard.TargetName = "scaleTransform" Storyboard.
TargetProperty = "ScaleY" From = "1" To = "2" Duration = "0:0:3" RepeatBehavior = "Forever"
AutoReverse = "True">
            </DoubleAnimation>
        </Storyboard>
    </Canvas.Resources>
    <Rectangle x:Name = "rectangle" Height = "50" Width = "50" Canvas.Left = "75" Canvas.Top = "75"
Fill = "Blue">
        <! -- 定义 UI 元素的缩放变换，直接命名可以在动画中直接设置为动画目标 -->
        <Rectangle.RenderTransform>
            <ScaleTransform x:Name = "scaleTransform"></ScaleTransform>
        </Rectangle.RenderTransform>
    </Rectangle>
</Canvas>
```

程序运行的效果如图 8.8 所示。

图 8.8 缩放动画

8.4.4 扭曲动画

扭曲动画是利用 SkewTransform 变换来实现的，SkewTransform 称为倾斜变换或扭曲变换，使用它可以对元素围绕一点进行一定角度的倾斜，从而在二维空间中产生三维的感觉，它是一种以非均匀方式拉伸坐标空间的变换。通过使用那个 Angle x 和 Angle y 属性可以分别设置在 x 轴和 y 轴上扭曲角度。Windows Phone 中的扭曲变化动画能够实现对象元素的水平、垂直方向的扭曲变化动画效果。现实生活中的扭曲变化效果是非常常见的，比如翻书的纸张效果等。那么扭曲变换一样也是有中心点的，在应用动画的时候可以设置其中心点，以某点为扭曲中心点进行 x 或 y 坐标方向进行扭曲。

下面给出扭曲动画的示例：创建一个矩形的扭曲动画。

代码清单 8-7：扭曲动画(源代码：第 8 章\Examples_8_7)

MainPage.xaml 文件主要代码

```
------------------------------------------------------------------------------------
<Canvas>
    <Canvas.Resources>
        <Storyboard x:Name="Storyboard1">
            <!-- 改变 UI 元素扭曲变换的中心点的关键帧动画 -->
            <!-- 把 UI 元素作为动画目标,间接获取扭曲变换的属性 -->
             <PointAnimationUsingKeyFrames BeginTime="00:00:00" Storyboard.TargetName=
"Rectangle1" Storyboard.TargetProperty="(UIElement.RenderTransformOrigin)">
                <EasingPointKeyFrame KeyTime="00:00:03" Value="1,0.5"/>
            </PointAnimationUsingKeyFrames>
            <!-- 改变 U 元素扭曲变换的 Angle y 角度的关键帧动画 -->
            <DoubleAnimationUsingKeyFrames BeginTime="00:00:00" Storyboard.TargetName=
"Rectangle1"
Storyboard.TargetProperty="(UIElement.RenderTransform).(SkewTransform.Angle y)">
                <EasingDoubleKeyFrame KeyTime="00:00:03" Value="-17"/>
            </DoubleAnimationUsingKeyFrames>
        </Storyboard>
    </Canvas.Resources>
    <Rectangle Width="200" Height="269" Fill="Blue" Stroke="Black" StrokeThickness=
"4" x:Name="Rectangle1">
        <!-- 定义元素的扭曲变换 -->
        <Rectangle.RenderTransform>
            <SkewTransform/>
        </Rectangle.RenderTransform>
    </Rectangle>
</Canvas>
```

程序运行的效果如图 8.9 所示。

图 8.9 倾斜动画

8.5　三维动画

变换特效是针对于二维空间的特效的效果，那么三维特效则是针对三维空间的特效效果，三维特效的原理其实和变换特效的原理是类似的，变换特效的坐标是基于 x 轴和 y 轴，三维特效则多了一个 z 轴，用来表示立体的坐标位置。变换特效是通过 3×3 的矩阵来计算运用特效后的坐标，那么三维特效则是通过 4×4 的矩阵来计算。Windows Phone 的 UI 元素的三维的特效效果是通过 UIElement 的 Projection 属性来进行设置的，下面我们来详细地看一下三维特效的相关属性和三维动画的实现。

8.5.1　三维变换属性

Windows Phone UI 元素的三维特效的 x 轴和 y 轴与在二维空间中一样，x 轴表示水平轴，y 轴表示垂直轴。在三维空间中，z 轴表示深度。当对象向右移动时，x 轴的值会增大。当对象向下移动时，y 轴的值会增大。当对象靠近视点时，z 轴的值会增大。如图 8.10 所示，$+y$ 方向往下，$+x$ 方向往右，$+z$ 方向往指向你的方向。三维特效里面的平移，旋转等特效将会基于这样的一个三维坐标体系来应用的。

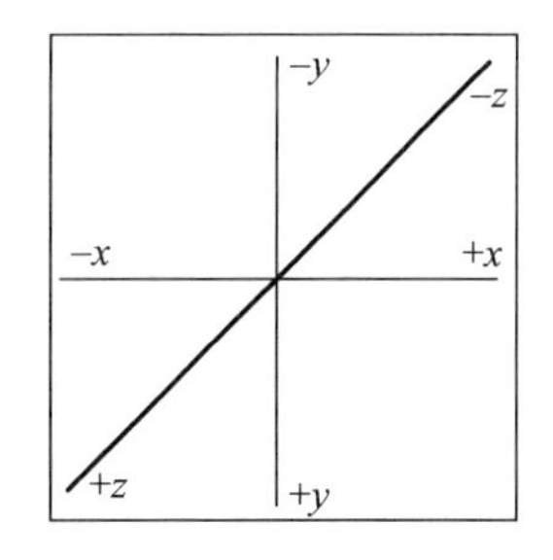

图 8.10　三维坐标方向

在变换特效里面可以通过 RotateTransform 来在二维的空间里面旋转 UI 元素，那么在三维特效里面一样可以实现变换特效的效果，并且功能更加强大，可以把 UI 元素看作是在一个立体的空间里面进行旋转。三维变换对应的 UI 属性是 UIElement 类的 Projection 属性，对应的三维特效对象是 PlaneProjection 类的对象。下面来看一下 PlaneProjection 的三维旋转相关的属性。

1. CenterOfRotation x/CenterOfRotation y/CenterOfRotation z 表示旋转中心 x 轴/y 轴/z 轴坐标

可以通过使用 CenterOfRotation x、CenterOfRotation y 和 CenterOfRotation z 属性，设置三维旋转的旋转中心。默认情况下，旋转轴直接穿过对象的中心，这表示对象围绕其中心旋转；但是，如果将旋转的中心移到对象的外边缘，对象将围绕该外边缘旋转。CenterOfRotation x 和 CenterOfRotation y 的默认值为 0.5，而 CenterOfRotation z 的默认值为 0。CenterOfRotation x 的取值含义是 0 表示是 UI 元素最左边的边缘，1 表示是 UI 元素最右边的边缘。CenterOfRotation y 的取值含义是 0 表示是 UI 元素最上边的边缘，1 表示是 UI 元素最下边的边缘。因为旋转中心的 z 轴是穿过对象的平面绘制的，所以 CenterOfRotation z 的取值含义是取值负数表示将旋转中心移到该对象后面，取值正数表示将旋转中心移到该对象上方。

2. Rotation x/Rotation y/Rotation z 表示沿着 x 轴/y 轴/z 轴旋转的角度

Rotation x、Rotation y 和 Rotation z 属性指定 UI 元素在空间中旋转对象的角度。

Rotation x 属性指定围绕对象的水平轴旋转。Rotation y 属性围绕沿对象垂直绘制的线(旋转的 y 轴)进行旋转。Rotation z 属性围绕与对象垂直的线(直接穿过对象平面的线)进行旋转。这些旋转属性可以指定负值,这会以反方向将对象旋转某一度数。此外,绝对数可以大于 360°,这会使对象旋转的度数超过一个完整旋转(即 360°)。Rotation x、Rotation y 和 Rotation z 属性的默认值都是 0。

8.5.2 三维动画实现

三维动画的实现就是把 PlaneProjection 对象的相关属性应用在动画上从而可以实现三维动画的效果。PlaneProjection 对象的相关属性的改变也是不会占用 UI 线程的,在线程上这个是和二维变换是一样的原理的,所以三维动画也一样是全部依赖构图线程来完成的。我们可以通过对 PlaneProjection 对象的 Rotation x/Rotation y/Rotation z 属性来实现实现 UI 元素沿着 x 轴/y 轴/z 轴旋转的动画。

下面给出三维旋转动画的示例:用三个按钮控制 TextBlock 控件沿着 x 轴、y 轴和 z 轴的旋转动画。

代码清单 8-8:三维旋转动画(源代码:第 8 章\Examples_8_8)

MainPage.xaml 文件主要代码

```
<Page.Resources>
    <Storyboard x:Name = "rotateX">
        <! -- 沿 x 轴方向旋转 -->
        <DoubleAnimation Storyboard.TargetName = "planeProjection"
                         Storyboard.TargetProperty = "RotationX"
                         From = "0" To = "360" Duration = "0:0:5" />
    </Storyboard>
    <Storyboard x:Name = "rotateY">
        <! -- 沿 y 轴方向旋转 -->
        <DoubleAnimation Storyboard.TargetName = "planeProjection"
                         Storyboard.TargetProperty = "RotationY"
                         From = "0" To = "360" Duration = "0:0:5" />
    </Storyboard>
    <Storyboard x:Name = "rotateZ">
        <! -- 沿 Z 轴方向旋转 -->
        <DoubleAnimation Storyboard.TargetName = "planeProjection"
                         Storyboard.TargetProperty = "RotationZ"
                         From = "0" To = "360" Duration = "0:0:5" />
    </Storyboard>
</Page.Resources>
<Grid Background = "{ThemeResource ApplicationPageBackgroundThemeBrush}">
    …省略若干代码
    <Grid x:Name = "ContentPanel" Grid.Row = "1" Margin = "12,0,12,0">
        <Grid.RowDefinitions>
            <RowDefinition Height = " * " />
            <RowDefinition Height = "Auto" />
```

```
        </Grid.RowDefinitions>
        <Grid.ColumnDefinitions>
            <ColumnDefinition Width=" * " />
            <ColumnDefinition Width=" * " />
            <ColumnDefinition Width=" * " />
        </Grid.ColumnDefinitions>
        <!-- 用于动画旋转的 TextBlock 控件,注意其添加了 Projection 属性 -->
        <TextBlock Name="txtblk"
                   Grid.Row="0" Grid.Column="0" Grid.ColumnSpan="3"
                   Text="Oh,My God"
                   FontSize="60"
                   Foreground="Red"
                   HorizontalAlignment="Center"
                   VerticalAlignment="Center">
            <TextBlock.Projection>
                <PlaneProjection x:Name="planeProjection" />
            </TextBlock.Projection>
        </TextBlock>
        <Button Grid.Row="1" Grid.Column="0"
                Content="旋转 - x 轴"
                Click="RotateXClick" />
        <Button Grid.Row="1" Grid.Column="1"
                Content="旋转 - y 轴"
                Click="RotateYClick" />
        <Button Grid.Row="1" Grid.Column="2"
                Content="旋转 - z 轴"
                Click="RotateZClick" />
    </Grid>
</Grid>
```

MainPage.xaml.cs 文件主要代码

```
//沿 x 轴旋转
private void RotateXClick(object sender,RoutedEventArgs args)
{
    rotateX.Begin();
}
//沿 y 轴旋转
private void RotateYClick(object sender,RoutedEventArgs args)
{
    rotateY.Begin();
}
//沿 z 轴旋转
private void RotateZClick(object sender,RoutedEventArgs args)
{
    rotateZ.Begin();
}
```

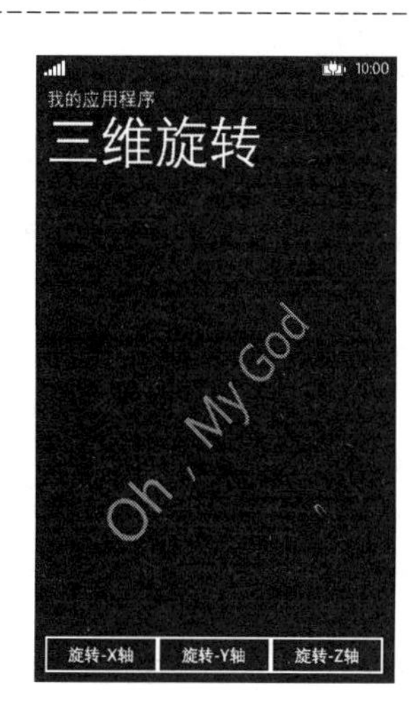

图 8.11　三维旋转动画

程序运行的效果如图 8.11 所示。

第 9 章 吐司(Toast)通知和磁贴(Tile)

在 Windows Phone 里面吐司(Toast)通知和磁贴(Tile)是非常具有 Windows Phone 特色的消息和信息的展示方式,可以根据应用程序的功能特性充分地发挥出 Toast 通知和磁贴的魅力,比如日程管理相关的应用程序可以使用使用定时 Toast 通知来提醒用户一些重要的事项,比如新闻阅读类的应用程序可以让用户把自己喜欢的频道生成磁贴直接添加在桌面上,可以让用户快速进入自己喜欢的频道。本章将会讲解在 Windows Phone 中如何去使用 Toast 通知和磁贴进行编程。

9.1 Toast 通知

Toast 通知是在屏幕最顶上弹出来的临时通知,是 Windows Phone 通用的弹出式短暂的通知,默认的系统消息都是采用 Toast 通知的形式,比如当你手机收到短信的时候,在手机的顶端弹出的消息就是 Toast 通知,单击该通知可以直接进入短信的详情页面,通知显示的时间是 7 秒钟,7 秒钟后会自动消失,如果你想快速关闭通知,可以采用在 Toast 通知上面向右滑动的手势便可以快速地关闭掉当前的 Toast 通知。除了系统使用这样的 Toast 通知之外,第三方的应用程序也是可以使用这种通知的形式,Toast 通知不仅可以在打开应用程序的时候弹出,也可以在应用程序关闭的情况进行定时通知或者推送通知来进行发送,这也是 Toast 通知的最大的魅力所在。Toast 通知只应该用于用户特别感兴趣的信息,通常涉及某种形式的用户选择。因此,收到 IM 聊天请求和用户选择接收的信息都是不错的选择。但是,当你考虑使用 Toast 通知时,你必须认识到非常重要的一点,由于它的短暂性或由于用户设置,用户可能错过而未看到它。Toast 通知专为与锁屏提醒、磁贴通知及应用中 UI 结合使用而设计,旨在让用户即时了解你应用中的相关事件或项目。Toast 通知的实现还会分为两种形式,一种是在应用程序本地实现;另一种是在云端实现,进行推送。本节主要是讲解在应用程序本地实现的 Toast 通知,在云端实现的 Toast 通知,可以参考第 12 章推送通知的内容讲解。

9.1.1 创建一个通知消息

你的应用要想通过 Toast 通知通信,必须在应用的清单文件 Package. appxmanifest 中声明它支持 Toast，否则调用 Toast 通知相关的 API 将不会生效。在 Package. appxmanifest 的可视化界面中，找到“Application”→“Notifications”→“Toast capable”，然后设置为“Yes”。打开 Package. appxmanifest 的代码视图文件，可以看到 m3: VisualElements 元素的 ToastCapable 属性设置为 true，代码如下所示：

```
<Application Id = "App" Executable = " $ targetnametoken $ .exe" EntryPoint = "ToastDemo.App">
  <m3:VisualElements … … ToastCapable = "true">
  …
  </m3:VisualElements>
</Application>
```

添加了 Toast 通知的权限之后，来看一段创建 Toast 通知并弹出的代码示例：

```
//获取 Tosat 通知的模板
XmlDocument toastXml = ToastNotificationManager.GetTemplateContent(ToastTemplateType.ToastText01);
//找到模板中"'text'"元素，然后添加通知的内容
XmlNodeList elements = toastXml.GetElementsByTagName("text");
elements[0].AppendChild(toastXml.CreateTextNode("A sample toast"));
//通过通知的模板创建一个 Toast 通知
ToastNotification toast = new ToastNotification(toastXml);
//弹出通知
ToastNotificationManager.CreateToastNotifier().Show(toast);
```

下面再根据上面的代码来一步步地都讲解 Toast 通知的编程步骤：

1. Toast 通知的模板

每个 Toast 通知的格式都会对应着一个 XML 的模板，在创建一个 Toast 通知对象之前，首先需要选择 Toast 通知的模板。Toast 通知的模板由 ToastTemplateType 来进行描述，可以通过 Toast 通知管理类 ToastNotificationManager 类的静态方法 GetTemplateContent 来获取对应的 Toast 通知模板。在 Windows Phone 的应用程序里面主要会用到 ToastImageAndText01 和 ToastImageAndText02 这两种类型的模板。

(1) ToastText01 模板表示是一个最简单的 Toast 通知模板，只有通知的内容信息，它的 XML 格式如下所示：

```
<toast>
    <visual>
        <binding template = "ToastText01">
            <text id = "1"> bodyText </text>
        </binding>
    </visual>
</toast>
```

(2) ToastText02 模板表示是包含消息头和消息体的模板，消息头是一个加粗文本字符串，消息头和消息体会使用空格隔开，它的 XML 格式如下所示：

```
<toast>
    <visual>
```

```
        <binding template = "ToastText02">
            <text id = "1"> headlineText </text>
            <text id = "2"> bodyText </text>
        </binding>
    </visual>
</toast>
```

2. 添加Toast通知的内容

获取了Toast通知的模板对象之后，我们可以通过XML对象XmlDocument对象的相关属性和方法来修改XML的内容，从而实现在Toast通知的XML模板上添加消息的内容信息。

3. 创建Toast通知的对象

添加好Toast通知的内容之后，我们就可以使用XmlDocument对象来初始化一个Toast通知对象，这时候可以使用ToastNotification类的构造方法ToastNotification(XmlDocument content)方法来进行初始化，这也是Toast通知唯一的构造方法。

4. 弹出Toast通知

弹出Toast通知可以使用ToastNotifier类的Show方法，ToastNotifier类是表示Toast通知的通知操作管理器，使用该类可以实现获取Toast列表，打开Toast通知，取下Toast通知等操作。

9.1.2 定期Toast通知

Toast通知不仅仅可以在应用程序运行的时候弹出，还可以在应用程序离开前台的时候弹出，这时候可以使用定期Toast来实现。定期Toast通知就是通过预设未来的一个时间，在这个时间点上弹出Toast通知，如果应用程序这时候不在前台运行，Toast通知也可以运行，用户单击Toast通知的时候可以直接进入当前的应用程序。

ScheduledToastNotification类表示是定期Toast通知的信息类，你可以使用构造方法ScheduledToastNotification(XmlDocument content，DateTimeOffset deliveryTime)方法来创建一个ScheduledToastNotification对象，然后添加到Toast通知的定时计划里面，其中content参数表示是消息的XML内容，deliveryTime表示是消息弹出的时间。示例代码如下所示：

```
//创建一个ToastText02的消息模板
XmlDocument toastXml = ToastNotificationManager.GetTemplateContent(ToastTemplateType.
ToastText02);
//获取XML模板的text元素
XmlNodeList toastNodeList = toastXml.GetElementsByTagName("text");
//设置通知头信息
toastNodeList.Item(0).AppendChild(toastXml.CreateTextNode("Toast title"));
//设置通知体信息
toastNodeList.Item(1).AppendChild(toastXml.CreateTextNode("Toast content"));
//获取一个距离现在还有10秒钟的时间点
```

```
DateTime startTime = DateTime.Now.AddSeconds(10);
//使用 XML 模板和通知的时间创建一个 ScheduledToastNotification 对象
ScheduledToastNotification recurringToast = new ScheduledToastNotification ( toastXml, startTime);
//设置通知的 ID
recurringToast.Id = "ScheduledToast1";
//把定时 Toast 通知添加到通知计划里面
ToastNotificationManager.CreateToastNotifier().AddToSchedule(recurringToast);
```

9.1.3 实例演示：Toast 通知

下面给 Toast 通知的示例：实现 ToastText 01 和 ToastText 02 两种模板以及定时通知。

代码清单 9-1：Toast 通知(第 9 章\Examples_9_1)

MainPage.xaml 文件主要代码

```
-----------------------------------------------------------------------
<StackPanel>
    <Button Content = "ToastText01 模板通知" x:Name = "toastText01" Click = "toastText01_Click" Width = "370"></Button>
    <Button Content = "ToastText02 模板通知" x:Name = "toastText02" Click = "toastText02_Click" Width = "370"></Button>
    <Button Content = "XML 模板通知" x:Name = "toastXML" Click = "toastXML_Click" Width = "370"></Button>
    <Button Content = "定时通知" x:Name = "scheduledToast" Click = "scheduledToast_Click" Width = "370"></Button>
    <TextBlock x:Name = "info"></TextBlock>
</StackPanel>
```

MainPage.xaml.cs 文件主要代码

```
-----------------------------------------------------------------------
//弹出 ToastText01 模板的 Toast 通知
private void toastText01_Click(object sender, RoutedEventArgs e)
{
    XmlDocument toastXml = ToastNotificationManager.GetTemplateContent(ToastTemplateType.ToastText01);
    XmlNodeList elements = toastXml.GetElementsByTagName("text");
    elements[0].AppendChild(toastXml.CreateTextNode("Hello Windows Phone 8.1"));
    ToastNotification toast = new ToastNotification(toastXml);
    toast.Activated += toast_Activated;
    toast.Dismissed += toast_Dismissed;
    toast.Failed += toast_Failed;
    ToastNotificationManager.CreateToastNotifier().Show(toast);
}
//弹出 ToastText02 模板的 Toast 通知
private void toastText02_Click(object sender, RoutedEventArgs e)
{
    XmlDocument toastXml = ToastNotificationManager.GetTemplateContent(ToastTemplateType.ToastText02);
    XmlNodeList elements = toastXml.GetElementsByTagName("text");
```

```
        elements[0].AppendChild(toastXml.CreateTextNode("WP8.1"));
        elements[1].AppendChild(toastXml.CreateTextNode("Hello Windows Phone 8.1"));
        ToastNotification toast = new ToastNotification(toastXml);
        toast.Activated += toast_Activated;
        toast.Dismissed += toast_Dismissed;
        toast.Failed += toast_Failed;
        ToastNotificationManager.CreateToastNotifier().Show(toast);
    }
    //直接使用 XML 字符串来拼接出 ToastText02 模板的 Toast 通知
    private void toastXML_Click(object sender,RoutedEventArgs e)
    {
        string toastXmlString = "<toast>"
         + "<visual>"
         + "<binding template='ToastText02'>"
         + "<text id='1'>WP8.1</text>"
         + "<text id='2'>" + "Received: " + DateTime.Now.ToLocalTime() + "</text>"
         + "</binding>"
         + "</visual>"
         + "</toast>";
        XmlDocument toastXml = new XmlDocument();
        toastXml.LoadXml(toastXmlString);
        ToastNotification toast = new ToastNotification(toastXml);
        toast.Activated += toast_Activated;
        toast.Dismissed += toast_Dismissed;
        toast.Failed += toast_Failed;
        ToastNotificationManager.CreateToastNotifier().Show(toast);
    }
    //Toast 通知弹出失败的事件
    async void toast_Failed(ToastNotification sender,ToastFailedEventArgs args)
    {
        await this.Dispatcher.RunAsync(CoreDispatcherPriority.Normal,() =>
            {
                info.Text = "Toast 通知失败：" + args.ErrorCode.Message;
            });
    }
    //Toast 通知消失的事件,当通知自动消失或者手动取消会触发该事件
    async void toast_Dismissed(ToastNotification sender,ToastDismissedEventArgs args)
    {
        await this.Dispatcher.RunAsync(CoreDispatcherPriority.Normal,() =>
            {
                info.Text = "Toast 通知消失：" + args.Reason.ToString();
            });
    }
    //Toast 通知激活的事件,当通知弹出时,点击通知会触发该事件
    async void toast_Activated(ToastNotification sender,object args)
    {
        await this.Dispatcher.RunAsync(CoreDispatcherPriority.Normal,() =>
        {
            info.Text = "Toast 通知激活";
        });
```

```
}
//定时 Toast 通知
private void scheduledToast_Click(object sender,RoutedEventArgs e)
{
    XmlDocument toastXml = ToastNotificationManager.GetTemplateContent(ToastTemplateType.
ToastText02);
    XmlNodeList toastNodeList = toastXml.GetElementsByTagName("text");
    toastNodeList.Item(0).AppendChild(toastXml.CreateTextNode("Toast title"));
    toastNodeList.Item(1).AppendChild(toastXml.CreateTextNode("Toast content"));
    DateTime startTime = DateTime.Now.AddSeconds(3);
    ScheduledToastNotification recurringToast = new ScheduledToastNotification(toastXml,
startTime);
    recurringToast.Id = "ScheduledToast1";
    ToastNotificationManager.CreateToastNotifier().AddToSchedule(recurringToast);
}
```

应用程序的运行效果如图 9.1 所示。

图 9.1　Toast 通知

9.2　磁贴

使用 Windows Phone 手机的用户对于磁贴是再熟悉不过的了，磁贴可以说是 Windows Phone 系统标志性的设计风格，手机的每个应用程序都可以把图标贴到桌面上，作为一种进入应用程序的快捷方式。Windows Phone 磁贴的精髓是它不仅仅是一个进入应用程序的快捷方式，在磁贴上面还可以显示出一些重要的消息，包括磁体的图片也是可以动态修改，所以磁贴给用户的感觉是动态的。除了应用程序默认的磁贴之外，我们还可以给应用程序创建多个磁贴，用于展示相关的信息。

9.2.1 创建磁贴

Windows Phone里面的SecondaryTile对象表示是一个磁贴的对象，我们可以通过应用程序创建一个SecondaryTile对象，而使用这个SecondaryTile对象代表着桌面上的一个磁贴。我们可以通过SecondaryTile类的属性来设置桌面磁贴的样式，例如logo、文字等。下面我们来看一下SecondaryTile类的一些重要的属性所代表的含义：

（1）Arguments属性：表示磁贴所附加的参数信息，当用户点击磁贴进入应用程序的时候，这个参数信息就可以传递进去应用程序了，从而可以识别到当前是从哪个磁贴点击进来的。

（2）BackgroundColor属性：表示磁贴的背景颜色。

（3）DisplayName属性：磁贴左下角的文字信息。

（4）VisualElements属性：用于设置磁贴的一些可视化属性的显示情况，例如logo、显示名称。

（5）TileId属性：表示磁贴的唯一标识，每个磁贴必须赋予一个唯一的标识符，然后我们还可以通过这个TileId来判断磁贴是否存在和获取磁贴对象。

（6）SmalLogo、Logo和WideLogo属性：这三个属性分表表示小、中、宽三种类型的磁贴所对应的图片地址，其中小磁贴对应的图片大小是71×71像素，中磁贴对应的图片大小是150×150像素，宽磁贴对应的图片大小是300×150像素。其中中磁贴Logo属性是必需的，这个是磁贴添加到桌面上的默认大小样式，小磁贴如果不设置就会按照中磁贴来进行缩放，宽磁贴如果不设置，那么磁贴在桌面就不能够设置成宽磁贴的格式。

下面看一下在应用程序里面创建一个新的磁贴添加手机桌面的实现代码：

```
//三种磁贴对应的 logo 地址
Uri square71x71Logo = new URI("ms-appx:///Assets/Square71x71Logo.scale-240.update.png");
Uri square150x150Logo = new URI("ms-appx:///Assets/Logo.scale-240.update.png");
Uri wide310x150Logo = new URI("ms-appx:///Assets/WideLogo.scale-240.update.png");
//从磁贴进入传递的参数
string tileActivationArguments = "tileId" + " WasPinnedAt=" + DateTime.Now.ToLocalTime().
ToString();
//创建一个磁贴
SecondaryTile secondaryTile = new SecondaryTile(tileId,
                                                "Title text shown on the tile",
                                                tileActivationArguments,
                                                square150x150Logo,
                                                TileSize.Square150x150);
secondaryTile.DisplayName = "DisplayName";
//设置磁贴的三种格式的 logo
secondaryTile.VisualElements.Wide310x150Logo = wide310x150Logo;
secondaryTile.VisualElements.Square150x150Logo = square150x150Logo;
```

```
secondaryTile.VisualElements.Square71x71Logo = square71x71Logo;
//设置磁贴名字是否显示出来
secondaryTile.VisualElements.ShowNameOnSquare150x150Logo = false;
secondaryTile.VisualElements.ShowNameOnWide310x150Logo = true;
//把磁贴贴到桌面上
bool isPinned = await secondaryTile.RequestCreateAsync();
```

9.2.2 获取、删除和更新磁贴

创建了磁贴之后，我们还可以通过磁贴的 ID 来获取磁贴、删除此贴和更新磁贴。获取磁贴的目的在于我们可以在应用程序里面去判断桌面上有哪些磁贴是与当前的应用程序所对应的。删除磁贴可以直接提供了一种方式给用户直接在应用程序里面取消掉磁贴，而不用到手机的桌面上手动操作。更新磁贴的作用则是在于对已经添加到桌面的磁贴进行一些修改，比如改一下 logo 或者传递的参数等。下面我们来看一下这三种操作的实现：

1. 获取磁贴

我们可以通过磁贴的 ID 来获取特定的磁贴，所以如果要使用 ID 来获取磁贴，那么在我们创建磁贴的时候务必要保存好磁贴的 ID 信息，或者使用固定的 ID。在通过 ID 获取磁贴之前必须要先判断一下当前的磁贴是否存在，实现的代码如下所示：

```
//首先通过磁贴 ID 判断其对应的磁贴是否存在
if (SecondaryTile.Exists(tileId))
{
    //根据 ID 获取磁贴对象
    SecondaryTile secondaryTile = new SecondaryTile(tileId);
    //获取磁贴之后，就可以访问磁贴相关的属性
}
```

除了通过特定的 ID 获取磁贴之外，我们还可以获取当前应用程序所有的磁贴，获取的方法是通过 SecondaryTile 类的静态方法 FindAllAsync 方法来获取，实现的代码示例如下所示：

```
//获取当前应用程序的所有磁贴
IReadOnlyList<SecondaryTile> tileList = await SecondaryTile.FindAllAsync();
//遍历所有的磁贴
foreach (var tile in tileList)
{
    //在这边可以获取到每个磁贴的参数
}
```

2. 删除磁贴

在获取到磁贴对象之后，我们可以通过调用 SecondaryTile 类的 RequestDeleteAsync 方法直接删除从桌面上删除该磁贴，示例代码如下所示：

```
//根据 ID 获取磁贴对象
SecondaryTile secondaryTile = new SecondaryTile(tileId);
```

```
//删除磁贴
bool isUnpinned = await secondaryTile.RequestDeleteAsync();
```

3. 更新磁贴

在获取到磁贴对象之后，除了删除磁贴之外我们还可以对磁贴的相关参数进行更新，获取到磁贴对象之后，对其相关的属性进行修改，然后调用 UpdateAsync 方法，便可以实现磁贴的更新操作。注意更新磁贴和删除此贴有一点区别的地方是，更新磁贴必须要通过 ID 获取的磁贴对象才会生效，而删除此贴则没有这样的限制。示例代码如下所示：

```
SecondaryTile secondaryTile = new SecondaryTile(tileId);
secondaryTile.Arguments = "Updated Arguments(TileId: " + tile.TileId + ")";
secondaryTile.VisualElements.Square71x71Logo = new Uri ( " ms - appx:///Assets/Square71x71Logo.
scale - 240.png");
//更新磁贴
bool success = await secondaryTile.UpdateAsync();
```

9.2.3 磁贴通知

磁贴通知是指在磁贴上面显示的消息通知，磁贴通知与 Toast 通知的区别是：Toast 通知的时间是很短暂的几秒钟，而磁贴通知则是可以设置其显示的时间的；Toast 通知是弹出式的提醒，磁贴通知只是显示在磁贴上，不会有声音提醒；磁贴通知必须得有磁贴才能发送，限制比 Toast 通知大。在这里还要注意的一点就是磁贴通知和磁贴更新是不一样的，磁贴更新是指对磁贴对象上的属性的更改，磁贴通知是指通过磁贴通知的格式，来向磁贴发送消息，把当前的消息按照通知的格式显示在磁贴上，并且这个通知是有显示的时间限制的。磁贴通知的格式和 Toast 通知的格式是类似的，都是通过 XML 的文本字符来进行表示，创建和发送的原理也类似，下面我们来看一下发送一个磁贴通知的代码示例：

```
//获取磁贴通知的模板
XmlDocument wideTileXml = TileUpdateManager.GetTemplateContent(TileTemplateType.
TileWide310x150IconWithBadgeAndText);
//找到模板中"'text'"元素,然后添加通知的内容
XmlNodeList wideTileTextAttributes = wideTileXml.GetElementsByTagName("text");
wideTileTextAttributes[0].AppendChild(wideTileXml.CreateTextNode("hello"));
wideTileTextAttributes[1].AppendChild(wideTileXml.CreateTextNode("Windows Phone 8.1"));
wideTileTextAttributes[2].AppendChild(wideTileXml.CreateTextNode("Iam coming"));
//通过通知的模板创建一个磁贴通知
TileNotification tileNotification = new TileNotification(wideTileXml);
//通过磁贴通知的持续时间
tileNotification.ExpirationTime = DateTimeOffset.UtcNow.AddSeconds(20);
//通过制定的磁贴 ID 来更新磁贴通知
TileUpdateManager.CreateTileUpdaterForApplication(tileId).Update(tileNotification);
```

下面再根据上面的代码来一步步地讲解 Toast 通知的编程步骤。

1. 磁贴通知的模板

每个磁贴通知的格式都会对应着一个 XML 的模板，在创建一个磁贴通知对象之前，首

先需要选择磁贴通知的模板。磁贴通知的模板由 TileTemplateType 来进行描述，可以通过磁贴通知管理类 TileUpdateManager 类的静态方法 GetTemplateContent 来获取对应的磁贴通知模板。在 Windows Phone 的应用程序里面主要会用到 TileSquare71x71IconWithBadge、TileSquare150x150IconWithBadge 和 TileWide310x150IconWithBadgeAndText 这 3 种类型的模板，分别对应着 3 种不同大小的磁贴。

(1) TileSquare71x71IconWithBadge 模板表示是对小图标的磁贴进行发送通知，它的 XML 格式如下所示：

```
<tile>
  <visual version="3">
    <binding template="TileSquare71x71IconWithBadge">
      <image id="1" src=""/>
    </binding>
  </visual>
</tile>
```

(2) TileSquare150x150IconWithBadge 模板表示是对中图标的磁贴进行发送通知，它的 XML 格式如下所示：

```
<tile>
  <visual version="3">
    <binding template="TileSquare150x150IconWithBadge">
      <image id="1" src=""/>
    </binding>
  </visual>
</tile>
```

(3) TileWide310x150IconWithBadgeAndText 模板表示是对宽图标的磁贴进行发送通知，在该通知上面还可以包含 3 行的文本文字显示在磁贴上，它的 XML 格式如下所示：

```
<tile>
  <visual version="3">
    <binding template="TileWide310x150IconWithBadgeAndText">
      <image id="1" src=""/>
      <text id="1"></text>
      <text id="2"></text>
      <text id="3"></text>
    </binding>
  </visual>
</tile>
```

2. 添加磁贴通知的内容

获取了磁贴通知的模板对象之后，可以通过 XML 对象中 XmlDocument 对象的相关属性和方法来修改 XML 的内容，从而实现磁贴通知的 XML 模板上添加消息的内容信息。

3. 创建磁贴通知的对象

添加好磁贴通知的内容之后，就可以使用 XmlDocument 对象来初始化一个磁贴通知对象，这时候可以使用 TileNotification 类的构造方法 TileNotification（XmlDocument content)方法来进行初始化，这也是磁贴通知唯一的构造方法。初始化完 TileNotification 对象之后我们就可以通过 ExpirationTime 属性来设置通知持续显示的时间。

4. 更新磁贴通知

要更新磁贴通知，首先要通过 TileUpdateManager 类的 CreateTileUpdaterForApplication 或者 CreateTileUpdaterForSecondaryTile 方法获取 TileUpdater 对象来更新磁贴通知。其中 CreateTileUpdaterForApplication 方法获取的 TileUpdater 对象是更新应用程序自身的磁贴通知，而 CreateTileUpdaterForSecondaryTile 方法则是更新在引用程序里面创建的自定义磁贴。然后使用 TileUpdater 类的 Update 方法来发送这个磁贴通知。磁贴通知也可以使用定时更新的方式来进行发送，原理和定时的 Toast 通知类似，如果是定时更新则是调用 TileUpdater 类的 AddToSchedule 方法，需要传入的对象是 ScheduledTileNotification 对象。

9.2.4 实例演示：磁贴的常用操作

下面给出磁贴的常用操作的示例：实现磁贴的获取、创建、取消、更新和通知的相关操作。

代码清单 9-2：磁贴的常用操作(第 9 章\Examples_9_2)

MainPage.xaml 文件主要代码

```
--------------------------------------------------------------------------
<StackPanel>
    <Button x:Name = "tile" Content = "创建一个磁贴" Click = "tile_Click" Width = "370">
</Button>
    <Button x:Name = "update" Content = "更新磁贴" Click = "update_Click" Width = "370">
</Button>
    <Button x:Name = "notified" Content = "发送磁贴通知" Click = "notified_Click" Width =
"370"></Button>
    <Button x:Name = "getTile" Content = "获取磁贴" Click = "getTile_Click" Width = "370">
</Button>
    <TextBlock x:Name = "info" TextWrapping = "Wrap"></TextBlock>
</StackPanel>
```

MainPage.xaml.cs 文件主要代码

```
--------------------------------------------------------------------------
private string tileId = "001";
//进入当前页面事件的处理程序
protected override void OnNavigatedTo(NavigationEventArgs e)
{
    //判断磁贴是否存在,然后来修改创建或者取消磁贴按钮的文本显示
    if (SecondaryTile.Exists(tileId))
    {
        tile.Content = "取消磁贴";
    }
    else
    {
```

```
            tile.Content = "创建一个磁贴";
        }
        //获取页面传递过来的参数,从磁贴进来可以通过这种方式获取其参数
        if (e.Parameter != null)
        {
            info.Text = e.Parameter.ToString();
        }
    }
    //磁贴创建或者取消的按钮事件处理程序
    private async void tile_Click(object sender,RoutedEventArgs e)
    {
        if (SecondaryTile.Exists(tileId))
        {
            //根据 Id 获取磁贴对象
            SecondaryTile secondaryTile = new SecondaryTile(tileId);
            //删除磁贴对象
            bool isUnpinned = await secondaryTile.RequestDeleteAsync();
            if (isUnpinned)
            {
                tile.Content = "创建一个磁贴";
                await new MessageDialog("取消成功").ShowAsync();
            }
        }
        else
        {
            //三种磁贴对应的 logo 地址
             Uri square71x71Logo = new Uri("ms-appx:///Assets/Square71x71Logo.scale-240.
    update.png");
            Uri square150x150Logo = new Uri("ms-appx:///Assets/Logo.scale-240.update.png");
            Uri wide310x150Logo = new Uri("ms-appx:///Assets/WideLogo.scale-240.update.png");
            //从磁贴进入传递的参数
             string tileActivationArguments = "tileId" + " WasPinnedAt = " + DateTime.Now.
    ToLocalTime().ToString();
            //创建一个磁贴,必须要有中磁贴对应的 logo
            SecondaryTile secondaryTile = new SecondaryTile(tileId,
                                                            "my tile",
                                                            tileActivationArguments,
                                                            square150x150Logo,
                                                            TileSize.Square150x150);
            //设置 3 中 logo 所对应的 logo 地址
            secondaryTile.VisualElements.Wide310x150Logo = wide310x150Logo;
            secondaryTile.VisualElements.Square150x150Logo = square150x150Logo;
            secondaryTile.VisualElements.Square71x71Logo = square71x71Logo;
            //设置中磁贴不显示磁贴的展示名
            secondaryTile.VisualElements.ShowNameOnSquare150x150Logo = false;
            //设置宽磁贴显示磁贴的展示名
            secondaryTile.VisualElements.ShowNameOnWide310x150Logo = true;
            //创建磁贴
            bool isPinned = await secondaryTile.RequestCreateAsync();
            if (isPinned)
```

```
            {
                //创建成功后会跳转到手机的桌面磁贴的位置
                tile.Content = "取消磁贴";
            }
        }
    }
    //更新磁贴的按钮事件处理程序
    private async void update_Click(object sender,RoutedEventArgs e)
    {
        IReadOnlyList<SecondaryTile> tileList = await SecondaryTile.FindAllAsync();
        //循环获取引用程序的所有磁贴进行更新
        foreach (SecondaryTile tile in tileList)
        {
            //获取磁贴对象
            SecondaryTile secondaryTile = new SecondaryTile(tile.TileId);
            //更新磁贴的传入参数和3个磁贴的logo
            secondaryTile.Arguments = "Updated Arguments(TileId: " + tile.TileId + ")";
            secondaryTile.VisualElements.Square71x71Logo = new Uri("ms-appx:///Assets/
Square71x71Logo.scale-240.png");
            secondaryTile.VisualElements.Square150x150Logo = new Uri("ms-appx:///Assets/
Logo.scale-240.png");
            secondaryTile.VisualElements.Wide310x150Logo = new Uri("ms-appx:///Assets/
WideLogo.scale-240.png");
            //更新磁贴
            bool success = await secondaryTile.UpdateAsync();
            await new MessageDialog(tile.TileId + "更新成功").ShowAsync();
        }
    }
    //发送磁贴通知的按钮事件处理程序
    private async void notified_Click(object sender,RoutedEventArgs e)
    {
        //获取宽磁贴通知的模板
         XmlDocument wideTileXml = TileUpdateManager.GetTemplateContent(TileTemplateType.
TileWide310x150IconWithBadgeAndText);
        //获取模板的文本信息
        XmlNodeList wideTileTextAttributes = wideTileXml.GetElementsByTagName("text");
        //往模板中的3行文本信息添加内容
        wideTileTextAttributes[0].AppendChild(wideTileXml.CreateTextNode("hello"));
        wideTileTextAttributes[1].AppendChild(wideTileXml.CreateTextNode("Windows Phone 8.1"));
        wideTileTextAttributes[2].AppendChild(wideTileXml.CreateTextNode("Iam coming"));
        //往模板的图标添加上图片的地址
        XmlNodeList wideTileImageAttributes = wideTileXml.GetElementsByTagName("image");
         ((XmlElement)wideTileImageAttributes[0]).SetAttribute("src","ms-appx:///Assets/
WideLogo.scale-240.png");
        //创建磁贴通知对象,设置持续时间为30秒
        TileNotification wideTileNotification = new TileNotification(wideTileXml);
        wideTileNotification.ExpirationTime = DateTimeOffset.UtcNow.AddSeconds(30);
        //发送磁贴通知

        TileUpdateManager.CreateTileUpdaterForApplication(tileId).Update(wideTileNotification);
```

```
    await new MessageDialog("更新磁贴通知成功").ShowAsync();
}
//获取磁贴的按钮事件处理程序
private async void getTile_Click(object sender,RoutedEventArgs e)
{
    IReadOnlyList<SecondaryTile> tileList = await SecondaryTile.FindAllAsync();
    info.Text = "应用程序全部 SecondaryTile 的 tileId 列表: ";
    foreach (var tile in tileList)
    {
        info.Text += tile.TileId + "; ";
    }
}
```

应用程序的运行效果如图 9.2 和图 9.3 所示。

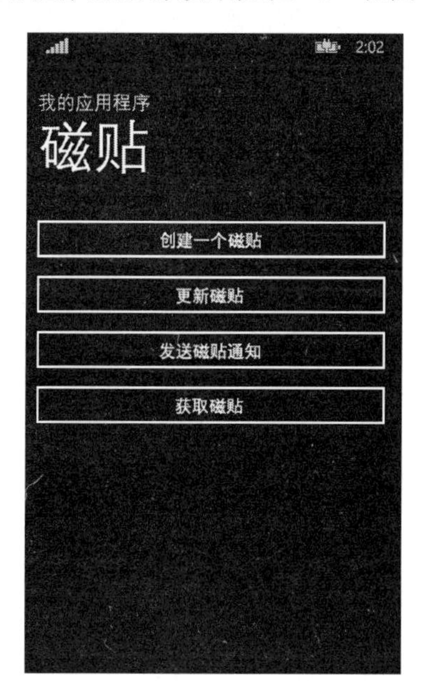

图 9.2　磁贴操作

图 9.3　磁贴通知的效果

第 10 章 触摸感应编程

智能手机的操作体验在很大程度上都是依赖滑动触摸这些动作来完成相关的交互功能，Windows Phone 本身很多控件如 Pivot 等也是把这种触摸滑动的操作体验融合在里面。例如，通过左右滑动就可以切换 Pivot 控件上不同的页签页面，所以触摸滑动是智能手机应用程序里面非常普遍，也是体验非常好的交互体验。在 Windows Phone 上除了系统的控件提供了这样的触摸滑动的交互体验，也可以利用 Windows Phone 所提供的相关的触摸事件来实现一些触摸滑动的交互体验，本章将来讲解 Windows Phone 相关的触摸感应的事件，以及通过实例来讲解如何利用这些事件通过触摸滑动的交互体验来实现相关的功能。

10.1 触摸事件概述

Windows Phone 支持多点触摸屏，使用户能够使用自然手势与手机进行交互。向应用添加触控和手势支持可以显著增强用户体验。在 Windows Phone 中触摸感应的操作功能都是通过相关的触摸事件来实现的，使用 Windows Phone 提供的这些基础的事件可以实现常用的触摸操作。对于处理 Windows Phone 应用中的触控输入，可以使用指针事件和操作事件来进行监控输入，指针事件是针对单指操作的事件，而操作事件是针对多点触摸的操作。利用这这些事件我们可以解决应用程序中绝大部分的触摸滑动的交互效果的实现。

10.1.1 指针事件（单指操作）

指针事件又称为鼠标事件或者触笔事件，是指可以检测简单的单指手势的触摸事件。之所以会称为鼠标事件，主要是因为 Windows Phone 的 SDK 和 Windows 8 的 SDK 进行整合，屏幕上也只能有一个鼠标更好地代表了单一性的意思，而在 Windows Phone 里面鼠标就是指单指的操作了。在 Windows Phone 应用中启用触控输入的最简单的方法是使用指针事件。指针事件局限于单指手势，而且不支持基于速度的手势。

Windows Phone 中的指针事件主要有以下的 5 种：PointerPressed：单指点击下去的时候即触发事件；PointerReleased：单指点击下去的时候释放鼠标时触发事件；PointerEntered：单指进入有效范围之时触发一次；PointerMoved：单指在有效范围之内移动之时触发事件；

PointerExited：单指退出有效范围之时触发事件。那么这些事件都是基于 UI 共同基类 UIElement 类的事件，对于大部分的 UI 元素都是适用的，利用这 5 种事件基本可以实现单指操作的各种场景了。屏幕上的单指触碰会转换为等效的 Windows Phone 指针事件。例如，将手指放置在屏幕上时，它转换为 PointerPressed；抬起手指时，转换为 PointerReleased；在屏幕上拖动手指时则转换为 PointerMoved。Button 类上的 Click 事件是另一种简单的为按钮上的点按手势添加支持的方法。

下面给出指针事件测试的示例：演示使用指针事件判断点击操作和滑动操作，并计算出滑动的上下左右 4 个方向。

代码清单 10-1：指针事件测试(源代码：第 10 章\Examples_10_1)

MainPage.xaml 文件主要代码：提供监控触摸的控件和信息显示

```
------------------------------------------------------------------
<StackPanel x:Name="ContentPanel" Grid.Row="1" Margin="12,0,12,0">
    <!-- Ellipse 控件用于监控单指触摸的事件 -->
    <Ellipse Height="200" Width="200" Fill="Red" Name="ellipse1" />
    <!-- TextBlock 控件用于显示操作的信息 -->
    <TextBlock x:Name="textBlock" FontSize="30"></TextBlock>
</StackPanel>
```

MainPage.xaml.cs 文件主要代码：实现鼠标事件，并且判断滑动的方向

```
------------------------------------------------------------------
public sealed partial class MainPage: Page
{
    //触摸开始的坐标点
    Point start = new Point();
    public MainPage()
    {
        this.InitializeComponent();
        //给 ellipse1 控件注册 5 种单指触摸事件
        ellipse1.PointerEntered += ellipse1_PointerEntered;
        ellipse1.PointerExited += ellipse1_PointerExited;
        ellipse1.PointerMoved += ellipse1_PointerMoved;
        ellipse1.PointerPressed += ellipse1_PointerPressed;
        ellipse1.PointerReleased += ellipse1_PointerReleased;
    }
    //指针释放事件
    void ellipse1_PointerReleased(object sender,PointerRoutedEventArgs e)
    {
        Debug.WriteLine("触发 PointerReleased 事件");
    }
    //指针按下事件
    void ellipse1_PointerPressed(object sender,PointerRoutedEventArgs e)
    {
        Debug.WriteLine("触发 PointerPressed 事件");
    }
    //指针移动的事件
    void ellipse1_PointerMoved(object sender,PointerRoutedEventArgs e)
```

```
{
    Debug.WriteLine("触发 PointerMoved 事件");
}
//指针进入事件
void ellipse1_PointerEntered(object sender,PointerRoutedEventArgs e)
{
    Debug.WriteLine("触发 PointerEntered 事件");

    //获取点击处相对于 ellipse1 控件的坐标,作为开始点
    start = e.GetCurrentPoint(ellipse1).Position;
}
//指针离开事件
void ellipse1_PointerExited(object sender,PointerRoutedEventArgs e)
{
    Debug.WriteLine("触发 PointerExited 事件");
    //获取结束的坐标点,也是去相对于 ellipse1 控件的坐标点
    Point end = e.GetCurrentPoint(ellipse1).Position;
    double angle = 0;
    //判断拖动的角度
    if (Math.Abs(end.X - start.X) < 1 && Math.Abs(end.Y - start.Y) < 1)
    {
        angle = 0;
    }
    else if (end.X > start.X)
    {
        if (end.Y > start.Y)
        {
            angle = 360 - Math.Atan((end.Y - start.Y) * 1.0 / (end.X - start.X)) * 180 /
Math.PI;
        }
        else
        {
            angle = Math.Atan((start.Y - end.Y) * 1.0 / (end.X - start.X)) * 180 / Math.PI;
        }
    }
    else if (end.X < start.X)
    {
        if (end.Y > start.Y)
        {
            angle = Math.Atan((end.Y - start.Y) * 1.0 / (start.X - end.X)) * 180 /
Math.PI + 180;
        }
        else
        {
            angle = 180 - Math.Atan((start.Y - end.Y) * 1.0 / (start.X - end.X)) *
180 / Math.PI;
        }
    }
    if (angle == 0)
    {
```

```
                textBlock.Text = "点击操作";
            }
            else if (angle >= 45 && angle < 135)
            {
                textBlock.Text = "滑动操作：从下往上";
            }
            else if (angle <= 45 || angle > 315)
            {
                textBlock.Text = "滑动操作：从左向右滑";
            }
            else if (angle >= 135 && angle < 225)
            {
                textBlock.Text = "滑动操作：从右向左滑";
            }
            else if (angle >= 225 && angle < 315)
            {
                textBlock.Text = "滑动操作：从上往下";
            }
        }
    }
```

使用 Debug 模式调试运行应用程序，点击红色的圆形区域，输出窗口的输出信息如下：

```
/* 日志开始 */
触发 PointerEntered 事件
触发 PointerPressed 事件
触发 PointerReleased 事件
触发 PointerExited 事件
/* 日志结束 */
```

在红色区域滑动操作可以看到，输出窗口的输出信息如下：

```
/* 日志开始 */
触发 PointerEntered 事件
触发 PointerPressed 事件
触发 PointerMoved 事件
…
触发 PointerMoved 事件
触发 PointerReleased 事件
触发 PointerExited 事件
/* 日志结束 */
```

这说明这 5 个事件的触发先后顺序是 PointerEntered、PointerPressed、PointerMoved、PointerReleased、PointerExited。应用程序的源运行效果如图 10.1 所示。

图 10.1　鼠标事件

10.1.2 操作事件(多点触摸)

若要在 Windows Phone 应用中支持多个手指作出的手势或使用速度数据的手势，则需要使用操作事件。可使用操作事件检测轻拂、拖动、捏合和长按等手势。如表 10.1 所示，列出了 Windows Phone 中的操作事件和类。

表 10.1 Windows Phone 中的操作事件和类

事件或类	描述
ManipulationStarting 事件	首次创建操作处理器时发生
ManipulationStarted 事件	当输入设备在 UIElement 上开始操作时发生
MBHanipulationDelta 事件	当输入设备在操作期间更改位置时发生
ManipulationInertiaStarting 事件	在操作过程中，当延迟开始时，如果输入设备与 UIElement 对象失去联系，则会发生
ManipulationCompleted 事件	当 UIElement 上的操作和延迟完成时发生
ManipulationStartingRoutedEventArgs	提供 ManipulationStarting 事件的数据
ManipulationStartedRoutedEventArgs	提供 ManipulationStarted 事件的数据
ManipulationDeltaRoutedEventArgs	提供 ManipulationDelta 事件的数据
ManipulationInertiaStartingRoutedEventArgs	提供 ManipulationInertiaStarting 事件的数据
ManipulationVelocities	描述操作发生的速度
ManipulationCompletedRoutedEventArgs	提供 ManipulationCompleted 事件的数据

Windows Phone 中的手势事件由一系列操作事件组成。每一个手势都从 ManipulationStarted 事件开始，如用户触摸屏幕时。其次，引发一个或多个 ManipulationDelta 事件。例如，若先触摸屏幕，然后在屏幕上拖动手指，则会引发多个 ManipulationDelta 事件。最后，当手势完成时，引发 ManipulationCompleted 事件。ManipulationStarting 事件则是 Manipulation 系列事件最开始触发的事件，只要启动了 Manipulation 事件就会触发 ManipulationStarting 事件。ManipulationInertiaStarting 则是在 ManipulationDelta 事件触发的过程中，如果有延迟则会发生，并不是必然会触发的事件。这 5 个事件的触发流程图如图 10.2 所示。

下面再详细地看一下 Manipulation 系列事件中的一些重要的参数和属性。

1. 事件方法参数的共同特征

事件方法参数中的 ManipulationStartingRoutedEventArgs 类、ManipulationDeltaRoutedEventArgs 类和 ManipulationCompletedRoutedEventArgs 类的属性包含了手指触控感应的一些信息。它们的一些共同的特性如下：

(1) OriginalSource：类型为 object，它是定义在 RoutedEventArgs 类中的，通过它可以获取到触发这个事件的原始对象。

(2) Container：类型为 UIElement，可以获取到定义当前这个触控操作坐标的对象(通常与 OriginalSource 是相同的)。

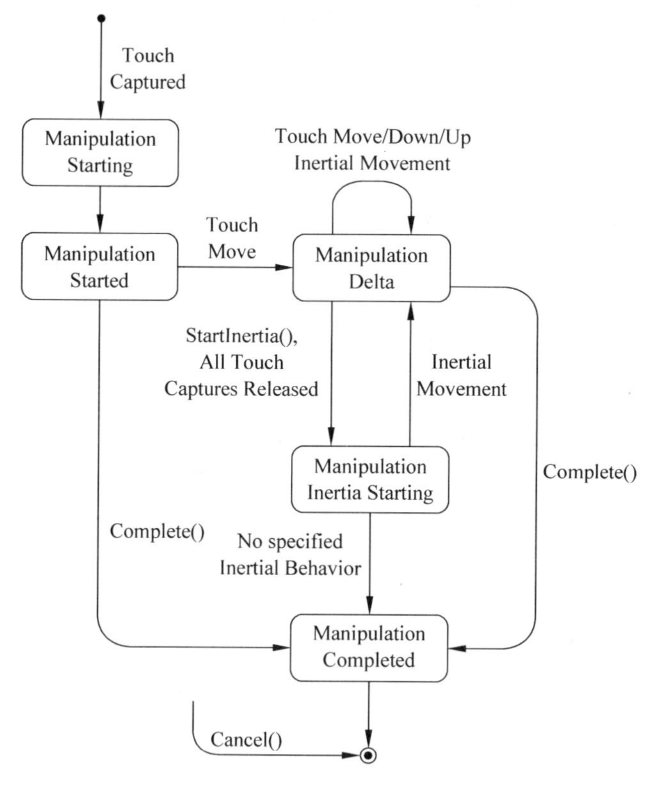

图 10.2 Manipulation 事件触发流程图

(3) Position：类型为 Point。获取操作的起源坐标，即手指触控到的那一点的坐标，此坐标的数值就是相对于 Container 对象左上角的。如果有两个或多个手指在操作一个元素，那么 Position 属性会给出多个手指的平均坐标。

(4) Handled：类型为 bool，是用来指示路由事件在路由过程中的事件处理状态。如果不想让当前事件沿着可视化树继续传播可以将其设置为 true。

2. ManipulationDelta 事件的参数

在实际的手势判断中，其实最主要的一个事件就是 ManipulationDelta 事件，因为相关手势的逻辑判断的逻辑，大部分都是要依赖这个事件，并且在一次滑动东它可能会被多次触发，这也增加了它的复杂性。那么 ManipulationDelta 事件的信息都是通过参数 ManipulationDeltaRoutedEventArgs 类的对象来传递相关触摸和滑动的信息的。下面主要看一下 ManipulationDeltaRoutedEventArgs 类所提供的信息内容。ManipulationDeltaRoutedEventArgs 类除了具有上面描述的共有属性外，这个类还包含两个 ManipulationDelta 类型的属性——Cumulative 和 Delta。ManipulationDelta 类包含两个 Point 类型的属性——Scale 和 Translation。Scale 和 Translation 属性帮用户将一个或多个手指在某个元素上的复合动作解析成了元素自身的移动和尺寸变化。Scale 表示的是缩放因子，Translation 表示的是平移距离。用一个手指操作时就可以改变 Translation 的值，但如果要改变 Scale 需要用两个手指操作。当手指在一个元素上移动时，手指所在的新位置和原来位置的差值就会反映在Translation中。如果是用两个手指进行缩放，原来手指之间的距离与缩放后手指间距离差值会反映在Scale中。

Cumulative属性和Delta属性的区别：虽然这两个属性都包含Scale和Translation，但Cumulative中的值是从ManipulationStarted事件开始到当前事件为止累加得到的，而Delta中的值是本次ManipulationDelta事件相对于上一次ManipulationDelta或ManipulationStarted事件而言的，是单次的改变。除了Cumulative和Delta属性，ManipulationDeltaEventArgs类中还有Complete方法，它的作用和ManipulationStarted中Complete方法一样，都是通知系统当前的操作结束，调用此方法后即便手指在元素上移动也只会触发一次ManipulationDelta事件，本系列Manipulation操作中不会再有后续的ManipulationDelta事件被触发，但可以触发ManipulationCompleted事件。

当多个手指触控一个元素时它们会被转化为一系列的Manipulation事件，当不同的手指在不同的元素上时则会产生两个系列的Manipulation事件，这两个系列是独立的。当然它们可以通过Container属性来区分。例如，将一个手指放在一个元素上，首先一个ManipulatedStarted事件会被触发，如果手指移动那么就会触发ManipulationDelta事件。保持这个手指不动，将另一个手指放在相同的元素上不会再触发一个新的ManipulatonStarted事件。但如果此时将另一个手指放在其他的元素上，则会触发那个元素的ManipulationStarted事件。

3. ManipulationMode属性的设置

在使用Manipulation系列的事件的时候我们还需要把控件元素的ManipulationMode设置为ALL或者不同模式才可以触发Manipulation相关的事件。ManipulationMode属性的设置有4种类型的取值，设置的语法如下所示：

```
<uiElement ManipulationMode = "All"/>
 - or -
<uiElement ManipulationMode = "None"/>
 - or -
<uiElement ManipulationMode = "singleManipulationModesMemberName"/>
 - or -
<uiElement ManipulationMode = "relatedManipulationModesNames"/>
```

第1种类型“All”，表示是支持Manipulation系列事件的所有特性。

第2种类型“None”，表示是不支持Manipulation系列事件。

第3种类型“singleManipulationModesMemberName”，表示约束单个行为的操作，它的值可以设置为一个ManipulationModes枚举常量名称，如Translate x等。

第4种类型“relatedManipulationModesNames”，表示约束由逗号分隔的两个或多个ManipulationModes枚举常量名称，例如Translate x，Translate y。

ManipulationModes枚举的所有值和说明如表10.2所示。你可以在代码或XAML中使用逗号语法将多个按标志的ManipulationModes值指定为ManipulationMode属性的值。

例如，可以合并 Translate x、Translate y、Rotate 和 Scale，或者它们的任意组合。但是，并非所有组合都有效，不要合并 Translate * 值与 TranslateRails * 值，因为它们被视为独占值。All 值不是所有标志的实际附加值，因此 All 不一定表示所有值的组合有效，或已设置任何特定值。

表 10.2　ManipulationMode 枚举的值

成　员	说　明
None	不要出现与操作事件的图形交互
Translate x	允许在 x 轴上平移目标的操作行为
Translate y	允许在 y 轴上平移目标的操作行为
TranslateRails x	允许使用轨道模式在 x 轴上平移目标的操作行为
TranslateRails y	允许使用轨道模式在 y 轴上平移目标的操作行为
Rotate	允许旋转目标的操作行为
Scale	允许缩放目标的操作行为
TranslateInertia	将惯性应用于转换操作
RotateInertia	将惯性应用于旋转操作
ScaleInertia	将惯性应用于缩放操作
All	将启用所有操作交互模式
System	启用通过直接操作支持的系统驱动触控交互

下面给出触控信息测试的示例：演示 Manipulation 事件的触发过程以及传递的信息。

代码清单 10-2：触摸信息测试(源代码：第 10 章\Examples_10_2)

MainPage. xaml 文件主要代码

```
------------------------------------------------------------------------
<Grid Background = "{ThemeResource ApplicationPageBackgroundThemeBrush}">
    <Grid.RowDefinitions>
        <RowDefinition Height = "Auto"/>
        <RowDefinition Height = " * "/>
    </Grid.RowDefinitions>
    <StackPanel x:Name = "TitlePanel" Grid.Row = "0" Margin = "12,40,0,28">
        <TextBlock x:Name = "ApplicationTitle" Text = "Manipulation 事件测试" FontSize = "20"/>
        <TextBlock x:Name = "PageTitle" Text = "触摸这里" FontSize = "60"
                   ManipulationMode = "All"
                   ManipulationStarting = "PageTitle_ManipulationStarting"
                   ManipulationStarted = "PageTitle_ManipulationStarted"
                   ManipulationDelta = "PageTitle_ManipulationDelta"
               ManipulationInertiaStarting = "PageTitle_ManipulationInertiaStarting"
                   ManipulationCompleted = "PageTitle_ManipulationCompleted"/>
    </StackPanel>
    <Grid x:Name = "ContentPanel" Grid.Row = "1" Margin = "12,0,12,0">
        <ListView Name = "list"></ListView>
    </Grid>
</Grid>
```

MainPage.xaml.cs 文件主要代码

```
-------------------------------------------------------------------------------
void PageTitle_ManipulationStarting(object sender,ManipulationStartingRoutedEventArgs e)
{
    list.Items.Add("ManipulationStarting 触发表示 Manipulation 系列事件开始");
    list.Items.Add("-- -- -- -- -- -- -- -- -- -- -- -- -- --");
}
private void PageTitle_ManipulationStarted(object sender,ManipulationStartedRoutedEventArgs e)
{
    list.Items.Add("ManipulationStarted 你的手指刚接触到 PageTitle 控件");
    list.Items.Add("接触点 X:" + e.Position.X + " Y:" + e.Position.Y);
    list.Items.Add("-- -- -- -- -- -- -- -- -- -- -- -- -- --");
}
private void PageTitle_ManipulationDelta(object sender,ManipulationDeltaRoutedEventArgs e)
{
    list.Items.Add("ManipulationDelta 手指在滑动的过程中");
    list.Items.Add("变化 Translation X:" + e.Delta.Translation.X + " Y:" + e.Delta.
Translation.Y);
    list.Items.Add("累增 Translation X:" + e.Cumulative.Translation.X + " Y:" + e.
Cumulative.Translation.Y);
    list.Items.Add("线速度 Linear X:" + e.Velocities.Linear.X + " Y:" + e.Velocities.
Linear.Y + " IsInertial:" + e.IsInertial);
    list.Items.Add("-- -- -- -- -- -- -- -- -- -- -- -- -- --");
}
void PageTitle_ManipulationInertiaStarting(object sender,ManipulationInertiaStartingRoutedEventArgs e)
{
    list.Items.Add("ManipulationInertiaStarting 发生延迟");
    list.Items.Add("变化 Translation X:" + e.Delta.Translation.X + " Y:" + e.Delta.
Translation.Y);
    list.Items.Add("累增 Translation X:" + e.Cumulative.Translation.X + " Y:" + e.
Cumulative.Translation.Y);
    list.Items.Add("线速度 Linear X:" + e.Velocities.Linear.X + " Y:" + e.Velocities.
Linear.Y);
    list.Items.Add("-- -- -- -- -- -- -- -- -- -- -- -- -- --");
}
private void PageTitle_ManipulationCompleted(object sender,ManipulationCompletedRoutedEventArgs e)
{
    list.Items.Add("ManipulationCompleted 手指离开了屏幕");
    list.Items.Add("总的变化 Translation X:" + e.Cumulative.Translation.X + " Y:" + e.
Cumulative.Translation.Y);
    list.Items.Add("最后的线速度 X:" + e.Velocities.Linear.X + " Y:" + e.Velocities.
Linear.Y + " IsInertial: " + e.IsInertial);
    list.Items.Add("-- -- -- -- -- -- -- -- -- -- -- -- -- --");
}
```

应用程序的运行效果如图 10.3 所示。

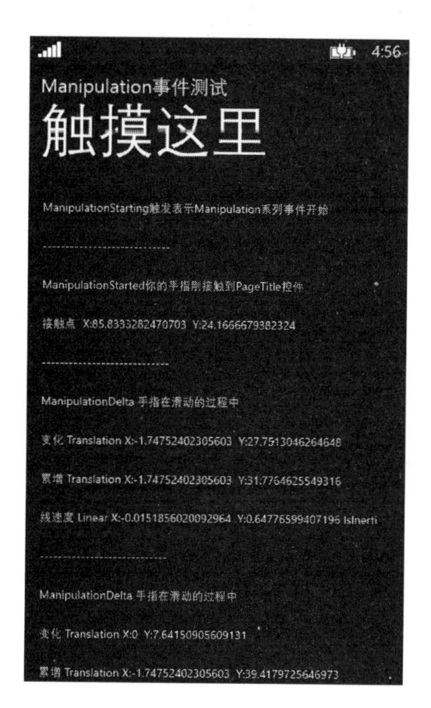

图 10.3 多点触摸

10.2 应用实例——移动截图

移动截图例子是实现一个把一张图片的某个部分截取出来的功能，并且用户可以选定截取的图片区间。那个该例子会使用 ManipulationDelta 事件来实现对截取区间的选择。然后使用 UIElement 元素的 Clip 属性对图片进行局部截取。

下面给出移动截图的示例：该示例主要有 3 个主要的逻辑分别是截图区域的选择、图片的局部截取和截图的展示。

代码清单 10-3：移动截图(源代码：第 10 章\Examples_10_3)

MainPage.xaml 文件主要代码：在 UI 上 image1 是图片的展示，image2 是显示截取之后的图片，命名为 LayoutRoot 的 Grid 控件则是图片和截图区域的容器

```
<ScrollViewer>
    <StackPanel>
        <Grid x:Name = "LayoutRoot">
            <Image Source = "/test.jpg" Height = "460" Width = "300" Name = "image1"/>
        </Grid>
        <Button Content = "剪切" x:Name = "button"></Button>
        <Image Name = "image2" />
    </StackPanel>
</ScrollViewer>
```

10.2.1 截图区域的选择

截图区域的选择是指以滑动手指的方式来控制截图的位置和大小，在该例子里实现的逻辑是以照片的中心为截图区域的中心，然后用户可以通过滑动来改变这个截图矩形的宽度和高度。实现的思路是，先要在图片上面添加一个矩形控件 Rectangle，然后给这个 Rectangle 控件添加上 ManipulationDelta 事件，监控用户在截图矩形上面的滑动情况，在 ManipulationDelta 事件的处理程序上调整 Rectangle 控件的大小。代码如下所示：

MainPage.xaml.cs 文件部分代码：截图区域的选择

```
----------------------------------------------------------------------------------------
public MainPage()
{
    this.InitializeComponent();
    button.Click += button_Click;
    //设置图片上方的截图区域
    SetPicture();
}
//添加图片的截图区域
void SetPicture()
{
    //创建一个 Rectangle 控件
    Rectangle rect = new Rectangle();
    rect.Opacity = 0.5;
    rect.Fill = new SolidColorBrush(Colors.White);
    rect.Height = image1.Height;
    rect.Width = image1.Width;
    rect.Stroke = new SolidColorBrush(Colors.Red);
    rect.StrokeThickness = 2;
    rect.Margin = image1.Margin;
    //添加触摸滑动过程的事件监控
    rect.ManipulationMode = ManipulationModes.All;
    rect.ManipulationDelta += rect_ManipulationDelta;
    //把 Rectangle 控件添加到 LayoutRoot 上，这时候该控件会出现在图片的上方
    LayoutRoot.Children.Add(rect);
    LayoutRoot.Height = image1.Height;
    LayoutRoot.Width = image1.Width;
}
//利用手指滑动来改变截图框的位置和大小
void rect_ManipulationDelta(object sender, ManipulationDeltaRoutedEventArgs e)
{
    //获取事件的发送方，也就是截图区域 Rectangle 控件
    Rectangle croppingRectangle = (Rectangle)sender;
    //通过手指的位移来更改 Rectangle 控件的宽度和高度
    //往右滑动宽度减少(x 为正)，往左滑动宽度增加(x 为负)
    if (croppingRectangle.Width >= (int)e.Delta.Translation.X)
        croppingRectangle.Width -= (int)e.Delta.Translation.X;
    //往下滑动高度减少(x 为正)，往上滑动高度增加(x 为负)
    if (croppingRectangle.Height >= (int)e.Delta.Translation.Y)
```

```
        croppingRectangle.Height -= (int)e.Delta.Translation.Y;
    }
```

10.2.2 图片的局部截取

在截图区域已经定位好之后，接下来的这一步就是需要根据截图区域的位置来把图片截取出来，那么在这一步里面最主要的逻辑是把 Rectangle 控件的位置大小信息转化为 image1 图片里面的相对位置的区域信息，然后再通过 Clip 属性来进行截取。代码如下所示：

MainPage.xaml.cs 文件部分代码：图片的局部截取

```
//截取图片的区域
void ClipImage()
{
    //创建一个矩形的几何图形,用于赋值给 Clip 属性,注意:作为属性使用的几何图形必须是
*Geometry 类型的图形
    RectangleGeometry geo = new RectangleGeometry();
    //获取截图的矩形控件,通过 Grid 容器向下查找
    Rectangle r = (Rectangle)(from c in LayoutRoot.Children where c.Opacity == 0.5 select
c).First();
    //把截图的矩形控件的位置信息转换成为相对于 Grid 容器的位置信息
    GeneralTransform gt = r.TransformToVisual(LayoutRoot);
    //获取截图区域左上角的坐标,意思是原来 r 的左上角坐标(0,0)在 LayoutRoot 上的坐标的转换
    Point p = gt.TransformPoint(new Point(0,0));
    //创建相对于 LayoutRoot 上的截图区域
    geo.Rect = new Rect(p.X,p.Y,r.Width,r.Height);
    image1.Clip = geo;
    //把截图控件隐藏起来
    r.Visibility = Windows.UI.Xaml.Visibility.Collapsed;
}
```

10.2.3 截图的展示

截图展示是指把最终截取的图片展示出来，通过 Clip 属性把图片截取出来之后，实际上并不是把图片给剪切了，它仅仅只是把其他区域的部分给挡住了而已，那么要把真是的截图区域获取出来，可以使用 RenderTargetBitmap 类来实现。RenderTargetBitmap 类可以把将 UI 元素对象转换为位图。代码如下所示：

MainPage.xaml.cs 文件部分代码：截图的展示

```
//剪切按钮事件
async void button_Click(object sender,RoutedEventArgs e)
{
    //调用 ClipImage 方法,实现图片的局部截取
    ClipImage();
    //创建一个 RenderTargetBitmap 对象,并调用 RenderAsync 方法把 UI 元素 LayoutRoot 转化成为
```

```
RenderTargetBitmap 对象
    var bitmap = new RenderTargetBitmap();
    await bitmap.RenderAsync(LayoutRoot);
    //由于 RenderTargetBitmap 类本来就是从 ImageSource 类派生的,所以可以直接复制给图片控
件进行显示
    image2.Source = bitmap;
}
```

应用程序的运行效果如图 10.4 所示。

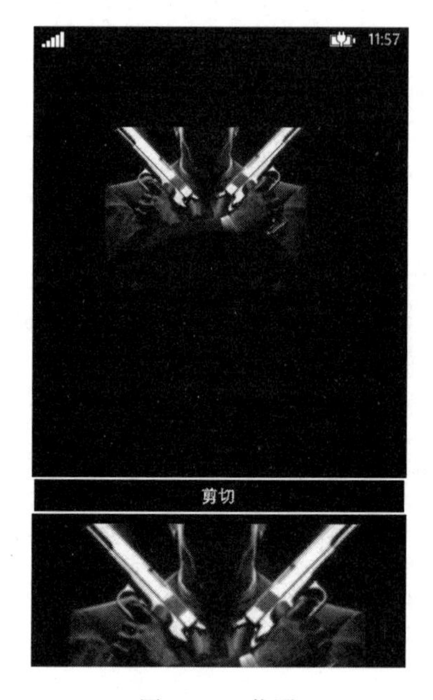

图 10.4　截图

10.3　应用实例——几何图形画板

几何图形画板实例是实现了在应用程序里面通过手指触摸滑动画画的方式可以画出正方形、圆形和直线三种几何图形。这三种几何图形可以通过菜单栏的按钮进行选择，选择好图形之后就可以在程序的界面上画出这个图形，通过手指首先接触的位置可以确定图形的位置，然后通过手指的滑动来确定图形的大小，最后手指离开的之后完成了整个画图的操作。如果手指点击中了之前画的图形，那么这个过程就是转换为移动图形位置的过程。整个画图和移动图形的过程是依赖 ManipulationStarted、ManipulationDelta 和 ManipulationCompleted 三个触摸事件来辅助实现的。

下面给出几何图形画板的示例：在程序中可以选择正方形、圆形和直线三种图形，点击屏幕开始画画，当手指触摸到的是之前画出来的图画元素是，则是移动状态，手指的移动就会把选中的图形给移动位置。

代码清单 10-4：几何图形画板(源代码：第 10 章\Examples_10_4)

MainPage.xaml 文件主要代码：通过菜单栏选择图形的类型，在顶部使用 TextBlock 控件显示当前正在画的图形

```
<Grid x:Name="ContentPanel">
    <TextBlock x:Name="PageTitle" Text="画圆形" FontSize="60" Margin="24,50,0,0" />
</Grid>
<Page.BottomAppBar>
    <CommandBar IsOpen="False">
        <CommandBar.SecondaryCommands>
            <AppBarButton Icon="Copy" Label="画圆形" Click="OnAppbarSelectGraphClick"/>
            <AppBarButton Icon="Cut" Label="画正方形" Click="OnAppbarSelectGraphClick"/>
            <AppBarButton Icon="Paste" Label="画直线" Click="OnAppbarSelectGraphClick"/>
        </CommandBar.SecondaryCommands>
    </CommandBar>
</Page.BottomAppBar>
```

MainPage.xaml.cs 文件部分代码：菜单栏事件处理程序，设置图形的类型和画图标题

```
//设置图形的类型
private void OnAppbarSelectGraphClick(object sender,RoutedEventArgs e)
{
    AppBarButton item = sender as AppBarButton;
    graph = item.Label;
    PageTitle.Text = item.Label;
}
```

10.3.1 ManipulationStarted 事件：初始化画图状态

在这里添加的 ManipulationStarted 事件是直接重载界面的 ManipulationStarted 事件，后面的 ManipulationDelta 和 ManipulationCompleted 事件也是一样的原理。页面对象也是属于一个 UI 元素对象，所以一样也是支持 Manipulation 系列的事件，需要注意的是不要漏掉设置页面的 ManipulationMode 属性的值，否则将不会触发 Manipulation 系列的事件。

在 ManipulationStarted 事件处理程序中需要判断当前的状态是画图状态还是拖动图形的状态，如果手指在集合图形上，那么则是拖动图形的状态。因为 Manipulation 系列的事件是路由事件，它会从 UI 的可视化树由下自上进行冒泡传递，当手指放在几何图形上实际上是触发了几何图形的 ManipulationStarted 事件，但是因为路由事件冒泡的原理，最后也会触发了 Page 页面的 ManipulationStarted 事件，所以虽然实现的是 Page 页面的 ManipulationStarted 事件，一样也可以监控到集合图形上的触摸事件，从而可以判断出来，是不是拖动图形的状态和拖动哪个图形。代码如下所示：

MainPage.xaml.cs 文件部分代码：重载 ManipulationStarted 事件初始化画图状态

```
//创建一个随机数产生类的对象,用于随机产生一种颜色
```

```
Random rand = new Random();
//一个画图标识符,一个拖动图片标识符
bool isDrawing, isDragging;
//Path 用于封装图形
Path path;
//graph 用于标识你选择要画的图形,初始化为画圆形
string graph = "画圆形";
//draggingGraph 用于标识你正在拖动的图形的形状
string draggingGraph = "";
//椭圆图形
EllipseGeometry ellipseGeo;
//矩形图形
RectangleGeometry rectangleGeo;
//线形图形
LineGeometry lineGeo;

public MainPage()
{
    InitializeComponent();
    base.ManipulationMode = ManipulationModes.All;
}
//点击应用程序将会触发该事件,即手指接触到手机屏幕
protected override void OnManipulationStarted(ManipulationStartedRoutedEventArgs e)
{
    //如果是点击在 Path 元素上则表示是拖动图形
    if (e.OriginalSource is Path)
    {
        if ((e.OriginalSource as Path).Data is EllipseGeometry)
        {
            ellipseGeo = (e.OriginalSource as Path).Data as EllipseGeometry;
            draggingGraph = "圆形";
        }
        else if ((e.OriginalSource as Path).Data is RectangleGeometry)
        {
            rectangleGeo = (e.OriginalSource as Path).Data as RectangleGeometry;
            draggingGraph = "正方形";
        }
        else if ((e.OriginalSource as Path).Data is LineGeometry)
        {
            lineGeo = (e.OriginalSource as Path).Data as LineGeometry;
            draggingGraph = "线形";
        }
        //设置拖动图片状态为 true
        isDragging = true;
    }
    //如果是点击在 ContentPanel 控件上,则表示开始画图
    else
    {
        if (graph == "画圆形")
        {
```

```
            ellipseGeo = new EllipseGeometry();
            ellipseGeo.Center = e.Position;
            path = new Path();
            path.Stroke = new SolidColorBrush(Colors.Gold);
            path.Data = ellipseGeo;
        }
        else if (graph == "画正方形")
        {
            rectangleGeo = new RectangleGeometry();
            Rect re = new Rect(e.Position,e.Position);
            rectangleGeo.Rect = re;
            path = new Path();
            path.Stroke = new SolidColorBrush(Colors.Gold);
            path.Data = rectangleGeo;
        }
        else if (graph == "画直线")
        {
             Color clr = Color.FromArgb(255,(byte)rand.Next(256),(byte)rand.Next(256),
(byte)rand.Next(256));
            lineGeo = new LineGeometry();
            lineGeo.StartPoint = e.Position;
            lineGeo.EndPoint = e.Position;
            path = new Path();
            path.Stroke = new SolidColorBrush(clr);
            path.Data = lineGeo;
        }
        path.ManipulationMode = ManipulationModes.All;
        ContentPanel.Children.Add(path);
        isDrawing = true;
    }
    e.Handled = true;
}
```

10.3.2　ManipulationDelta 事件：处理画图和拖动

在 ManipulationStarted 事件处理程序中判断出了当前是否拖动图形的状态，并把状态的信息用 isDragging 变量存储起来，那么在 ManipulationDelta 事件的处理程序中就要通过这个状态来进行拖动图形或者画图的操作。拖动图形的操作要实现的效果是，手指移动到哪里，图形也要跟着移动到哪里，如果是圆形就通过手指的间隔偏移量(Delta)和方向来移动圆形的中心点，矩形就移动左上角的坐标点，直线就移动直线的开始点。画图操作则是通过总的偏移(Cumulative)的 x 轴和 y 轴的数值来计算圆的半径，矩形的边长和直线的终点。代码如下所示：

MainPage.xaml.cs 文件部分代码：重载 ManipulationDelta 事件处理画图和拖动

```
//在画图或者拖动图片的过程中触发该事件，即手指还是屏幕上移动
protected override void OnManipulationDelta(ManipulationDeltaRoutedEventArgs e)
```

```
{
    //如果是拖动图片
    if (isDragging)
    {
        if (draggingGraph == "圆形")
        {
            Point center = ellipseGeo.Center;
            center.X += e.Delta.Translation.X;
            center.Y += e.Delta.Translation.Y;
            ellipseGeo.Center = center;
        }
        else if (draggingGraph == "正方形")
        {
            Rect re = rectangleGeo.Rect;
            re.X += e.Delta.Translation.X;
            re.Y += e.Delta.Translation.Y;
            rectangleGeo.Rect = re;
        }
        else if (draggingGraph == "线形")
        {
            Point start = lineGeo.StartPoint;
            start.X += e.Delta.Translation.X;
            start.Y += e.Delta.Translation.Y;
            lineGeo.StartPoint = start;
        }
    }
    //如果是画图
    else if (isDrawing)
    {
        Point translation = e.Cumulative.Translation;
        double radius = Math.Max(Math.Abs(translation.X),Math.Abs(translation.Y));
        if (graph == "画圆形")
        {
            ellipseGeo.RadiusX = radius;
            ellipseGeo.RadiusY = radius;
        }
        else if (graph == "画正方形")
        {
            Rect re = rectangleGeo.Rect;
            Rect re2 = new Rect(re.X,re.Y,radius,radius);
            rectangleGeo.Rect = re2;
        }
        else if (graph == "画直线")
        {
            Point end = lineGeo.StartPoint;
            end.X += translation.X;
            end.Y += translation.Y;
            lineGeo.EndPoint = end;
        }
    }
```

```
    e.Handled = true;
}
```

10.3.3　ManipulationCompleted 事件：结束操作

ManipulationCompleted 事件表示触摸过程的结束，如果是拖动图形的过程那么直接设置 isDragging = false 就可以，如果是画图的过程那么产生一个随机的颜色填充到图形上。代码如下所示：

MainPage.xaml.cs 文件部分代码：重载 ManipulationCompleted 事件结束操作

```
//画图结束,即手指离开手机屏幕
protected override void OnManipulationCompleted(ManipulationCompletedRoutedEventArgs e)
{
    if (isDragging)
    {
        isDragging = false;
    }
    else if (isDrawing)
    {
        Color clr = Color.FromArgb(255,(byte)rand.Next(256),(byte)rand.Next(256),(byte)
rand.Next(256));
        path.Fill = new SolidColorBrush(clr);
        isDrawing = false;
    }
    e.Handled = true;
}
```

应用程序的运行效果如图 10.5 所示。

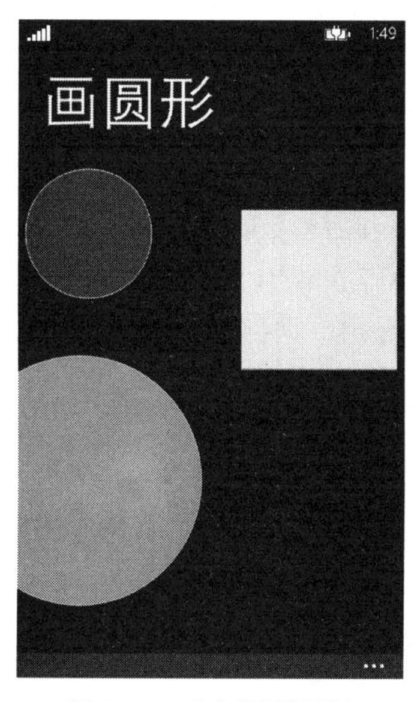

图 10.5　几何图形画板

第 11 章 数据绑定

当对.xaml 页面上一个 TextBox 控件的 Text 属性进行赋值的时候，可以在.xaml.cs 页面上通过 TextBox 控件的名字来访问到 TextBox 控件，然后再给它的 Text 属性进行赋值。本章将会介绍另外一种方式来实现这样的操作——数据绑定。数据绑定为 Windows Phone 的应用提供了一种显示数据并与数据进行交互的简便方法。数据的显示方式独立于数据的管理。UI 和数据对象之间的连接或绑定使数据得以在这二者之间流动。绑定建立后，如果数据更改，则绑定到该数据的 UI 元素可以自动反映更改。同样，用户对 UI 元素所做的更改也可以在数据对象中反映出来。例如，如果用户编辑 TextBox 中的值，则基础数据值会自动更新以反映该更改。

在 Windows Phone 的应用程序开发中数据绑定是非常常见的编程方式，特别是列表控件的数据展示必须要依赖数据绑定才能完成数据的动态灵活的更新和操作。即使是非列表控件也常常需要用到数据绑定来进行数据的交互，通过数据绑定的方式能够让程序的架构逻辑更加清晰和健壮，所以数据绑定是 Windows Phone 程序开发中一把非常有威力的武器。本章将详细地讲解数据绑定的知识。

11.1 数据绑定的基础

数据绑定是一种 XAML 界面和后台数据通信的方式，因为界面和后台数据的通信的场景有多种，并且数据与数据之间也存在着不一样的关联关系，所以数据绑定的实现技巧和方式也是多种多样的。下面全面地介绍数据绑定的实现原理和相关的语法基础。

11.1.1 数据绑定的原理

数据绑定主要包含两大模块，一是绑定目标，也就是 UI 界面这块；二是绑定源，也就是给数据绑定提供数据的后台代码。然后这两大模块通过某种方式和语法关联起来，会互相影响或者只是一边对另一边产生影响，这就是数据绑定的基本原理。如图 11.1 所示，详细地描述了这一绑定的过程，不论要绑定什么元素，不论数据源的特性是什么，每个绑定都始终遵循这个图的模型。

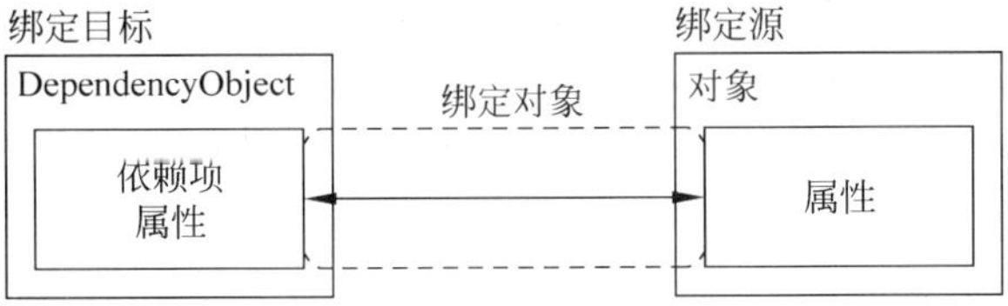

图 11.1 数据绑定示意图

数据绑定实质上是绑定目标与绑定源之间的桥梁。图 11.1 演示以下基本的 Windows Phone 数据绑定概念：

通常，每个绑定都具有四个组件：绑定目标对象、目标属性、绑定源，以及要使用的绑定源中的值的路径。例如，如果要将 TextBox 的内容绑定到 Employee 对象的 Name 属性，则目标对象是 TextBox，目标属性是 Text 属性，要使用的值是 Name，源对象是 Employee 对象。

绑定源又称为数据源，充当着一个数据中心的角色，是数据绑定的数据提供者，可以理解为最底下数据层。数据源是数据的来源和源头，它可以是一个 UI 元素对象或者某个类的实例，也可以是一个集合。

数据源作为一个实体可能保存着很多数据，具体关注它的哪个数值呢？这个数值就是路径(Path)。例如，要用一个 Slider 控件作为一个数据源，那么这个 Slider 控件会有很多属性，这些属性都是作为数据源来提供的，它拥有很多数据，除了 Value 之外，还有 Width、Height 等，这时候数据绑定就要选择一个最关心的属性来作为绑定的路径。例如，使用的数据绑定是为了监测 Slider 控件的值的变化，那么就需要把 Path 设为 Value 了。使用集合作为数据源的道理也是一样，Path 的值就是集合里面的某个字段。

数据将传送到哪里去？这就是数据的目标，也就是数据源对应的绑定对象。绑定目标对象一定是数据的接收者、被驱动者，但它不一定是数据的显示者。目标属性则是绑定目标对象的属性，这个很好理解。目标属性必须为依赖项属性。大多数 UIElement 对象的属性都是依赖项属性，而大多数依赖项属性(除了只读属性)默认情况下都支持数据绑定。注意只 DependencyObject 类型可以定义依赖项属性，所有 UIElement 都派生自 DependencyObject。

11.1.2 创建绑定

在 Windows Phone 的应用程序中创建一个数据绑定主要会有下面的三个步骤：

(1) 定义源对象：源对象会给界面 UI 提供数据，在这一步就要创建与程序相关的数据类，通过这个类的对象来作为数据绑定的源。

(2) 通过设置 DataContext 属性绑定到源对象，DataContext 属性表示 Windows Phone 的 UI 元素的数据上下文，可以给 UI 元素提供数据，如果对当前的页面最顶层的 Page 设置其 DataContext 属性绑定到源对象，那么整个页面都可是使用该数据源提供的数据。

(3) 使用 Binding 标记扩展来绑定数据源对象的属性，把 UI 的属性和数据源的属性关联起来。Binding 是标记扩展，可以用 Binding 来声明包含一系列子句，这些子句跟在 Binding 关键字后面，并由逗号分隔。

下面给出创建绑定的示例：通过一个最简单的数据绑定程序来理解创建绑定的步骤。

代码清单 11-1：创建绑定(源代码：第 11 章\Examples_11_1)

首先定义源对象，创建了一个 MyData 类，该类里面只有一个字符床属性 Title，在这里要注意的是要实现绑定必须是属性类型，如果只是 Title 变量那么是实现不了绑定的。

MyData. cs 文件主要代码

```
------------------------------------------------------------------------
public class MyData
{
    public string Title { get; set; }
}
```

然后再创建一个 MyData 类的对象，把该对象赋值给 Page 页面的 DataContext 属性，表示使用了这个对象作为该页面的数据上下文，在该页面里面就可以绑定 MyData 类对象的相关属性了。

MainPage. xaml. cs 文件主要代码

```
------------------------------------------------------------------------
public MyData myData = new MyData { Title = "这是绑定的标题!" };
public MainPage()
{
     this.InitializeComponent();
     this.DataContext = myData;
}
```

最后在界面上使用 Binding 实现 UI 和数据源属性之间的绑定关系，如在示例中把 TextBlock 控件的 Text 属性绑定到 MyData 对象的 Title 属性，这样就可以把 Title 属性的字符串显示在 TextBlock 控件上了。

MainPage. xaml 文件主要代码

```
------------------------------------------------------------------------
<Grid Background = "{ThemeResource ApplicationPageBackgroundThemeBrush}">
    <TextBlock Text = "{Binding Title}" Margin = "12,100,0,28" FontSize = "50"></TextBlock>
</Grid>
```

应用程序的运行效果如图 11.2 所示。

11.1.3 用元素值绑定

在 11.1.2 节里面的数据绑定源是一个自定义的数据对象，其实还可以使用 UI 控件的元素对象作为数据源，这样就可以实现了用元素值实现的数据绑定。用元素值进行绑定就是将某一个控件元素作为绑定的数据源，绑定的对象是控件元素，而绑定的数据源同时也是控件元素，这种绑定的方式，可以轻松地实现两个控件之间的值的交互影响。用元素值进行绑定时通过设置 Binding 的 ElementName 属性和 Path 属性来实现的，ElementName 属性赋值为数据源控件的 Name 的值，Path 属性则赋值为数据源控件的某个属性，这个属性就是数据源控件的一个数据变化的反映。

11.1.2 节使用了“Binding Title”作为绑定扩展标志的语法。这个所谓的最简单的绑定语法，其实可以利用 Path 属性实现更加丰富和灵活的绑定关联的语法，相关的语法情况如下所示：

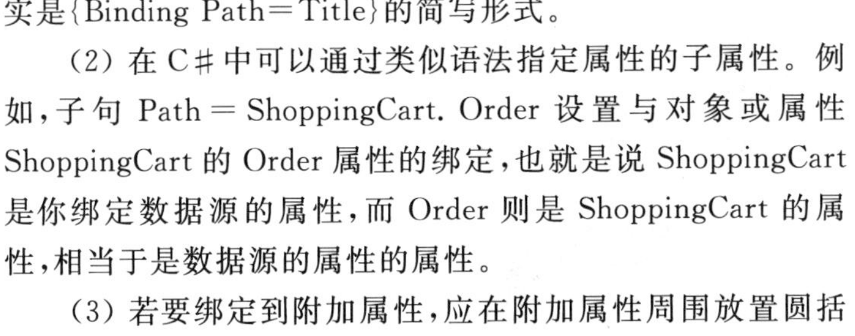

(1) 在最简单的情况下，Path 属性值是要用于绑定的源对象的属性名，如 Path＝PropertyName，{Binding Title}其实是{Binding Path＝Title}的简写形式。

(2) 在 C# 中可以通过类似语法指定属性的子属性。例如，子句 Path＝ShoppingCart.Order 设置与对象或属性 ShoppingCart 的 Order 属性的绑定，也就是说 ShoppingCart 是你绑定数据源的属性，而 Order 则是 ShoppingCart 的属性，相当于是数据源的属性的属性。

图 11.2 数据绑定

(3) 若要绑定到附加属性，应在附加属性周围放置圆括号。例如，若要绑定到附加属性 Grid.Row，则语法是 Path＝(Grid.Row)。

(4) 可以使用数组的索引器来实现数据的绑定。例如，子句 Path＝ShoppingCart[0]将绑定设置为与数组属性的内部对应的索引的数值。

(5) 可以在 Path 子句中混合索引器和子属性，例如，Path＝ShoppingCart.ShippingInfo[MailingAddress,Street]。

(6) 在索引器内部，可以有多个由逗号分隔的索引器参数。可以使用圆括号指定每个参数的类型。例如，Path＝"[(sys:Int32)42,(sys:Int32)24]"，其中 sys 映射到 System 命名空间。

(7) 如果源为集合视图，则可以用斜杠“/”指定当前项。例如，子句 Path＝/用于设置到视图中当前项的绑定。如果源为集合，则此语法指定默认集合视图的当前项。

(8) 可以结合使用属性名和斜杠来遍历作为集合的属性。例如，Path＝/Offices/ManagerName 指定源集合的当前项，该源集合包含也作为集合的 Offices 属性。其当前项是一个包含 ManagerName 属性的对象。

(9) 也可以使用句点“.”路径绑定到当前源。例如，Text＝"{Binding}"等效于 Text＝"{Binding Path＝.}"。

下面给出控制圆的半径的示例：圆形的半径绑定到 Slider 控件的值，从而实现通过即时改变 Slider 控件的值来改变圆的大小。

代码清单 11-2：控制圆的半径(源代码：第 11 章\Examples_11_2)

MainPage.xaml 文件主要代码

```
<StackPanel x:Name = "ContentPanel" Grid.Row = "1" Margin = "12,0,12,0">
    <TextBlock FontSize = "25" Name = "textBlock1" Text = "圆形的半径会根据 slider 控件的值而
改变" />
```

```
    <Slider Name = "slider" Value = "50" Maximum = "400"/>
    <TextBlock FontSize = "25" Name = "textBlock2" Text = "半径为:"/>
    <TextBlock Name = "txtblk" Text = "{Binding ElementName = slider, Path = Value}" FontSize =
"48"/>
    <Ellipse Height = "{Binding ElementName = slider,Path = Value}"
             Width = "{Binding ElementName = slider,Path = Value}"
             Fill = "Red" Name = "ellipse1" Stroke = "Black" StrokeThickness = "1"/>
</StackPanel>
```

程序的运行效果如图 11.3 所示。

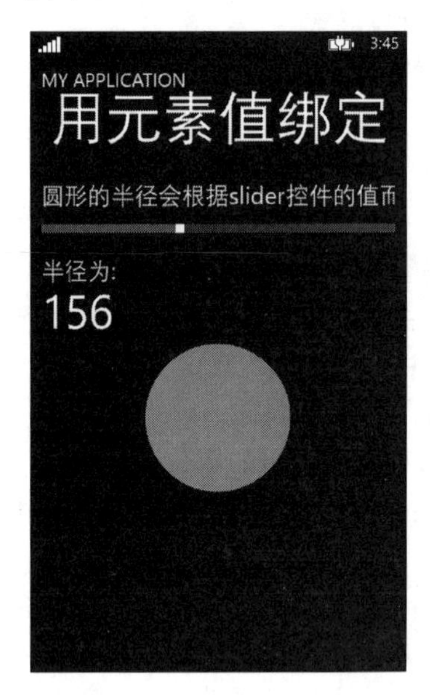

图 11.3　用元素值绑定

11.1.4　三种绑定模式

每个绑定都有一个 Mode 属性，该属性决定数据流动的方式和时间。在 Windows Phone 中，你可以使用三种类型的绑定，分别是 OneTime、OneWay 和 TwoWay 三种方式。每个绑定都必须是其中的一种绑定模式，那么在上文的例子里面并没有设置 Mode 属性的值，那么其实就是使用了 OneWay 这种默认的绑定模式。下面来看一下这三种绑定模式的含义和区别。

1. OneTime

OneTime 表示一次绑定，在绑定创建时使用源数据更新目标，适用于只显示数据而不进行数据的更新。OneTime 绑定会导致源属性初始化目标属性，但不传播后续更改。这意味着，如果数据上下文发生了更改，或者数据上下文中的对象发生了更改，则更改不会反映在目标属性中。此绑定类型适用于只显示数据而不进行数据的更新的静态的数据绑定。如果要从源属性初始化具有某个值的目标属性，并且事先不知道数据上下文，则也可以使用此绑定类型。此绑定类型实质上是 OneWay 绑定的简化形式,在源值不更改的情况下可以提供更好的性能。

2. OneWay

OneWay 表示单向绑定,在绑定创建时或者源数据发生变化时更新到目标,适用于显示变化的数据,这是默认模式。OneWay 绑定导致对源属性的更改会自动更新目标属性,但是对目标属性的更改不会传播回源属性。此绑定类型适用于绑定的控件为隐式只读控件的情况。例如,你可能绑定到如股票行情自动收录器这样的源,因为目标属性没有用于进行更改的控件接口,就是说并不允许用户在界面上改变数据源的数据。如果无须监视目标属性的更改,则使用 OneWay 绑定模式可避免 TwoWay 绑定模式的系统开销。

3. TwoWay

TwoWay 表示双向绑定,可以同时更新源数据和目标数据。TwoWay 绑定导致对源属性的更改会自动更新目标属性,而对目标属性的更改也会自动更新源属性。此绑定类型适用于输入框或其他完全交互式 UI 方案。大多数 UI 元素内部实现的属性都默认为 OneWay 绑定,但是一些依赖项属性(通常为用户可编辑的控件的属性,如 TextBox 的 Text 属性和 CheckBox 的 IsChecked 属性)默认为 TwoWay 绑定。

那么需要注意的是对于这三种绑定模式,我们要按照功能的所需要选择绑定的类型,如果本来是只需要 OneWay 绑定模式就可以实现的功能,而你选择了 TwoWay 的方式,即使不会影响实际功能的效果,但是这样的做法会导致损耗了额外的性能,因为从性能上最好的是 OneTime,再到 OneWay,最好到 TwoWay。

下面给出三种绑定模式的示例:演示了 OneTime、OneWay 和 TwoWay 三种绑定模式的区别。

代码清单 11-3:三种绑定模式(源代码:第 11 章\Examples_11_3)

MainPage.xaml 文件主要代码

```
<StackPanel x:Name="ContentPanel" Grid.Row="1" Margin="12,0,12,0">
    <Slider Name="slider" Value="50" Maximum="400"/>
    <!--OneTime 绑定模式,第一次绑定 Slider 控件的值会影响文本的值-->
    <TextBlock FontSize="25" Height="41" Name="textBlock1" Text="OneTime"
VerticalAlignment="Top" Width="112" />
    <TextBox Height="72" Name="textBox1" Text="{Binding ElementName=slider, Path=
Value,Mode=OneTime}" Width="269" />
    <TextBlock FontSize="25" Height="46" Name="textBlock2" Text="OneWay"
VerticalAlignment="Top" Width="99" />
    <!--OneWay 绑定模式,Slider 控件的值会影响文本的值-->
    <TextBox Height="72" Name="textBox2" Text="{Binding ElementName=slider, Path=
Value,Mode=OneWay}" Width="269" />
    <TextBlock FontSize="25" Height="40" Name="textBlock3" Text="TwoWay"
VerticalAlignment="Top" Width="94" />
    <!--TwoWay 绑定模式,Slider 控件的值和文本的值互相影响-->
    <TextBox Height="72" Name="textBox3" Text="{Binding ElementName=slider, Path=
Value,Mode=TwoWay}" Width="268" />
```

```
    <TextBlock FontSize = "25" Height = "43" Name = "textBlock4" Text = "slider 控件的值：" />
    <TextBlock FontSize = "25" Height = "43" Name = "textBlock5" Text = "{Binding ElementName =
slider,Path = Value}" Width = "185" />
</StackPanel>
```

程序的运行效果如图 11.4 所示。

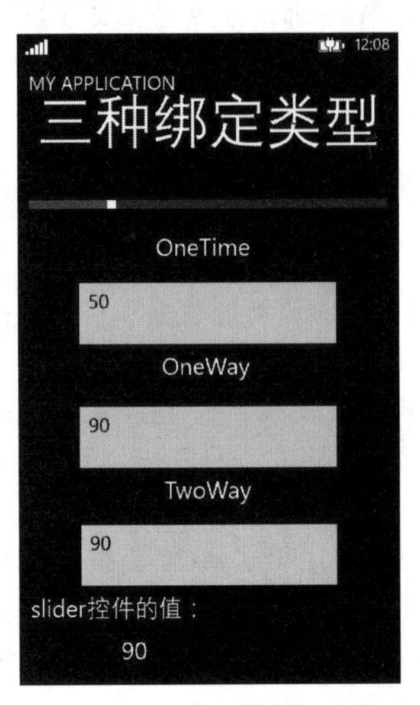

图 11.4　三种绑定类型

11.1.5　更改通知

在 11.1.4 节讲解了绑定的三种模式，OneTime、OneWay 和 TwoWay，在示例代码中采用了使用 UI 元素对象作为数据源来实现数据绑定，可以很明显地看到三种绑定模式的差异。现在我们不采用 UI 元素对象作为数据源，而是采用自定义的数据对象作为数据源，如在 11.1.2 的示例一样。我们在 11.1.2 的示例的基础上添加一个按钮，然后通过按钮事件来修改数据源对象的 Title 属性，代码的修改如下所示：

代码清单 11-4：更改通知(源代码：第 11 章\Examples_11_4)

MainPage.xaml 文件主要代码

```
<StackPanel Margin = "12,100,0,28">
    <TextBlock Text = "{Binding Title}" FontSize = "50"></TextBlock>
    <Button Content = "改变数据源的数据" Click = "Button_Click"></Button>
</StackPanel>
```

MainPage.xaml.cs 文件主要代码

```
private void Button_Click(object sender,RoutedEventArgs e)
```

```
{
    myData.Title = "新的标题";
}
```

按照默认的绑定是 OneWay 模式，数据源的更改应该会导致界面 UI 的目标属性也会发生更改的，但是在这里并没有让 TextBlock 控件的 Text 属性发生改变。而真正的原因是因为 Title 属性并没有实现更改通知，导致数据源的更改无法通知到目标 UI 的更改。

若要检测源更改(适用于 OneWay 和 TwoWay 绑定)，则源必须实现一种合适的属性更改通知机制。所以为了使源对象的更改能够传播到目标，源必须实现 INotifyPropertyChanged 接口。INotifyPropertyChanged 具有 PropertyChanged 事件，该事件通知绑定引擎源已更改，以便绑定引擎可以更新目标值。若要实现 INotifyPropertyChanged，需要声明 PropertyChanged 事件并创建 OnPropertyChanged 方法。然后，对于每个需要更改通知的属性，只要进行了更新，就可以调用 OnPropertyChanged。

下面我们对代码清单 11-4 更改通知示例的 MyData 类实现更改通知的功能，代码如下：

MyData.cs 文件主要代码

```
------------------------------------------------------------------------
public class MyData: INotifyPropertyChanged
{
    private string title;
    public string Title
    {
        get { return title; }
        set
        {
            title = value;
            OnPropertyChanged("Title");
        }
    }
    public event PropertyChangedEventHandler PropertyChanged;
    protected void OnPropertyChanged(string name)
    {
        PropertyChangedEventHandler handler = PropertyChanged;
        if (handler != null)
        {
            handler(this,new PropertyChangedEventArgs(name));
        }
    }
}
```

单击按钮后程序的运行效果如图 11.5 所示。

图 11.5　通知更改

11.1.6　绑定数据转换

在上面的示例中所实现的数据绑定都是直接把属性的值直接显示到 UI 元素上，那么假如在应用程序中 UI 要展现的数据格式和数据源的数据并不一致，或者说它们之间只是存在着某种关联的关系并不是相等的关系，这时候就需要使用到绑定数据转换的来辅助实现绑定了。绑定数据转换是指在数据绑定的时候通过一个自定义的数据转换器把数据源的数据转换成另外一种目标数据，然后再把数值传输到绑定的目标上。

绑定数据转换需要通过 Binding 的 Converter 属性来实现。Binding.Converter 属性表示获取或设置转换器对象，当数据在源和目标之间传递时，绑定引擎调用该对象来修改数据。你可以对任何的绑定设置一个转换器。通过创建一个类和实现 IValueConverter 接口来针对每个具体的应用场景自定义该转换器。所以转换器是派生自 IValueConverter 接口的类，它包括两种方法：Convert 和 ConvertBack。如果为绑定定义了 Converter 参数，则绑定引擎会调用 Convert 和 ConvertBack 方法。从源传递数据时，绑定引擎调用 Convert 并将返回的数据传递给目标。从目标传递数据时，绑定引擎调用 ConvertBack 并将返回的数据传递给源。如果只是要获取从数据源到绑定目标的单向绑定，那么只需要实现 Convert 方法。

实现了转换器的逻辑之后，若要在绑定中使用转换器，首先要创建转换器类的实例。将转换器类的实例设置为程序中资源的 XAML 语法如下：

```
<Page.Resources>
  <local:DateToStringConverter x:Key="Converter1"/>
</Page.Resources>
```

然后设置该实例的绑定的 Converter 属性如：<TextBlock Text="{Binding Month, Converter={StaticResource Converter1}}"/>

下面给出绑定转换的示例：将绑定的时间转化为中文的时间问候语。

代码清单 11-5：绑定转换(源代码：第 11 章\Examples_11_5)

MainPage.xaml 文件主要代码

```
<Page
    …省略若干代码
    xmlns:local="using:ConverterDemo">
<!--添加值转换类所在的空间引用-->
    <!--将引用的时间类和值转换类定义为应用程序的资源-->
    <Page.Resources>
        <local:Clock x:Key="clock" />
        <local:HoursToDayStringConverter x:Key="booleanToDayString" />
    </Page.Resources>
    <Grid>
        …省略若干代码
        <!--设置 StackPanel 控件的上下文数据源为上面定义的时间类-->
        <StackPanel x:Name="ContentPanel" Grid.Row="1" Margin="12,0,12,0" DataContext=
"{StaticResource clock}">
            <!--将绑定的小时时间转化为了值转换类定义的转换字符串-->
            <TextBlock FontSize="30" Text="{Binding Hour, Converter={StaticResource
booleanToDayString}}"/>
            <!--显示绑定的时间->
            <TextBlock FontSize="30" Text="现在的时间是:"/>
            <TextBlock FontSize="20" Text="{Binding Hour}"/>
            <TextBlock FontSize="20" Text="小时" />
            <TextBlock FontSize="20" Text="{Binding Minute}"/>
            <TextBlock FontSize="20" Text="分钟"/>
            <TextBlock FontSize="20" Text="{Binding Second}" />
            <TextBlock FontSize="20" Text="秒"/>
        </StackPanel>
    </Grid>
</Page>
```

Clock.cs 文件代码：时间的信息类，即时更新类的属性以匹配当前最新的时间

```
using System;
using System.ComponentModel;
using Windows.UI.Xaml;

namespace ConverterDemo
{
    public class Clock: INotifyPropertyChanged
    {
        int hour,min,sec;
        //属性值改变事件
        public event PropertyChangedEventHandler PropertyChanged;
```

```
public Clock()
{
    //获取当前的时间
    OnTimerTick(null,null);
    //使用定时器来触发时间来改变类的时分秒属性
    //每 0.1 秒获取一次当前的时间
    DispatcherTimer tmr = new DispatcherTimer();
    tmr.Interval = TimeSpan.FromSeconds(0.1);
    tmr.Tick += OnTimerTick;
    tmr.Start();
}
//小时属性
public int Hour
{
    protected set
    {
        if (value != hour)
        {
            hour = value;
            OnPropertyChanged(new PropertyChangedEventArgs("Hour"));
        }
    }

    get
    {
        return hour;
    }
}
//分钟属性
public int Minute
{
    protected set
    {
        if (value != min)
        {
            min = value;
            OnPropertyChanged(new PropertyChangedEventArgs("Minute"));
        }
    }
    get
    {
        return min;
    }
}
//秒属性
public int Second
{
    protected set
    {
        if (value != sec)
```

```
            {
                sec = value;
                OnPropertyChanged(new PropertyChangedEventArgs("Second"));
            }
        }
        get
        {
            return sec;
        }
    }
    //属性改变事件
    protected virtual void OnPropertyChanged(PropertyChangedEventArgs args)
    {
        if (PropertyChanged != null)
            PropertyChanged(this,args);
    }
    //时间触发器
    void OnTimerTick(object sender,object args)
    {
        DateTime dt = DateTime.Now;
        Hour = dt.Hour;
        Minute = dt.Minute;
        Second = dt.Second;
    }
  }
}
```

HoursToDayStringConverter.cs 文件代码：将时间转化为中文问候语的值转换类

```
using System;
using System.Globalization;
using Windows.UI.Xaml.Data;

namespace ConverterDemo
{
    public class HoursToDayStringConverter: IValueConverter
    {
    //定义转换方法
    public object Convert(object value,Type targetType,object parameter,string language)
    {
        if (Int16.Parse(value.ToString()) < 12)
        {
            return "尊敬的用户,上午好.";
        }
        else if (Int16.Parse(value.ToString()) > 12)
        {
            return "尊敬的用户,下午好.";
        }
        else
        {
```

```
                return "尊敬的用户,中午好.";
            }
        }
            //定义反向转换的方法
            public object ConvertBack ( object value, Type targetType, object parameter, string
language)
            {

                return DateTime.Now.Hour;
            }
        }
}
```

程序的运行效果如图 11.6 所示。

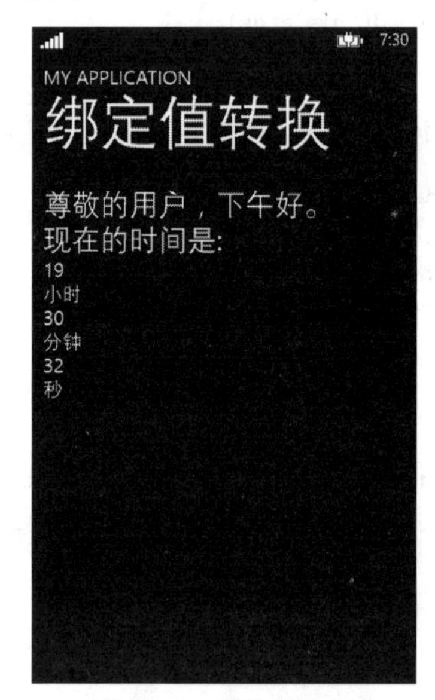

图 11.6 绑定值转换

11.2 绑定集合

在上文讨论的数据绑定都是针对于绑定到单个对象，那么接下来这一节将讲解如何实现绑定到集合。绑定集合通常会用在列表控件上，如从 ItemsControl 类派生出来的列表控件 ListBox、ListView、GridView 等列表控件。将列表控件绑定到集合的关系图如图 11.7 所示。

正如图 11.7 中所示，若要将列表控件绑定到集合对象，应使用列表控件自带的 ItemsSource 属性，而不再是 DataContext 属性。你可以将 ItemsSource 属性视为列表控件的内容，为列表项提供数据。还需要注意的一点是，绑定是 OneWay 模式的，因为 ItemsSource 属性默认情况下支持 OneWay 绑定。

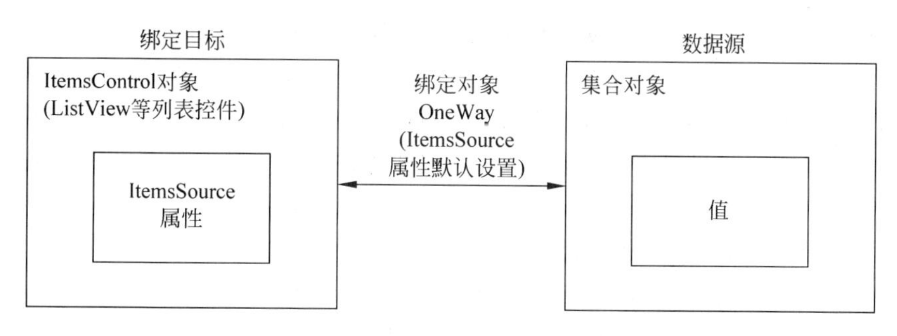

图 11.7 绑定集合示意图

11.2.1 数据集合

在实现列表绑定集合的之前，你必须要选择使用一个数据集合类或者自定义实现一个数据集合类才能实例化出数据源的集合对象。那么不同的数据集合所实现的绑定的效果是会有差异的。下面来介绍一些常用的用于数据绑定的数据集合。

1. ObservableCollection<T>集合

ObservableCollection<T>类是实现了 INotifyCollectionChanged 接口的数据集合类，使用 ObservableCollection<T>类的实例与列表控件进行绑定可以动态地往数据源的集合对象增加或者删除数据，并且可以把这种变更通知到 UI 上，这就是 ObservableCollection<T>类最大的特点。值得注意的是，虽然 ObservableCollection<T>类会广播有关对其元素所做的更改的信息，但它并不了解也不关心对其元素的属性所做的更改。也就是说，它并不关注有关其集合中项目的属性更改通知。如果要让整个数据源绑定包括集合项的属性修改都可以通知到 UI 上，则需要确保集合中的项目可以实现 INotifyPropertyChanged 接口，并需要手动附加这些对象的属性更改事件处理程序，这个可以参考本章 11.1.5 节的内容去实现。

2. 其他的实现了 IEnumerable 接口的集合，如 List<T>、Collection<T>等

凡是实现了 IEnumerable 接口的集合都可以作为作为列表绑定的数据集合，给列表的 ItemsSource 属性赋值，但是没有实现 INotifyCollectionChanged 接口的集合就无法设置动态绑定，所以 List<T>、Collection<T>等这些集合适合于绑定静态数据，也就是绑定了列表控件之后就不需要再对列表的项目进行插入和删除的操作。

3. 自定义实现集合

当 Windows Phone 内置的集合类无法满足到需求的时候，可以通过自定义集合来封装你的数据绑定的集合的逻辑，自定义集合类就需要根据你功能的需要去实现 IEnumerable、INotifyCollectionChanged 等相关的接口。最常用的实现方案是使用 IList 接口，因为它提供可以按索引逐个访问的对象的非泛型集合，因而可提供最佳性能。

11.2.2 绑定列表控件

在实现列表控件数据绑定的时候还需要了解列表控件的另外一个很重要的特性——数

据模板化 DataTemplate。Windows Phone 的数据模板化模型为列表控件定义数据的表示形式提供了很大的灵活性。绑定集合可以通过 DataTemplate 把数据展示到列表上，并通过 DataTemplate 来定义实现列表项的 UI 效果。DataTemplate 对象在将列表控件绑定到整个集合时尤其有用。如果没有特殊说明，列表控件将在集合中显示对象的字符串表示形式。在这种情况下，可以使用 DataTemplate 定义数据对象的外观。DataTemplate 对象里面的绑定语法与上文所讲的绑定语法也是一样的。

下面给出食物分类列表的示例：演示 ListView 列表控件的数据绑定的实现。

代码清单 11-6：食物分类(源代码：第 11 章\Examples_11_6)

Food.cs 文件代码：创建数据绑定的实体类

```
public class Food
{
    //食物名字
    public string Name { get; set; }
    //食物描述
    public string Description { get;set; }
    //食物图片地址
    public string IconUri { get; set; }
    //食物类型
    public string Type { get; set; }
}
```

MainPage.xaml 文件主要代码：实现了列表集合绑定的 XAML 语法

```
<ListView x:Name = "listBox">
    <ListView.ItemTemplate>
        <! -- 列表的 ItemTemplate 属性是一个 DataTemplate 类型 -->
        <! -- 创建一个 DataTemplate 的元素对象 -->
        <DataTemplate>
            <StackPanel Orientation = "Horizontal" Background = "Gray" Width = "450" Margin = "10">
                <! -- 绑定 Food 类的 IconUri 属性 -->
                <Image Source = "{Binding IconUri}" Stretch = "None"/>
                <! -- 绑定 Food 类的 Name 属性 -->
                <TextBlock Text = "{Binding Name}" FontSize = "40" Width = "150"/>
                <! -- 绑定 Food 类的 Description 属性 -->
                <TextBlock Text = "{Binding Description}" FontSize = "20" Width = "280"/>
            </StackPanel>
        </DataTemplate>
    </ListView.ItemTemplate>
</ListView>
```

MainPage.xaml.cs 文件主要代码：创建绑定的集合，与列表控件进行绑定

```
public List<Food> AllFood { get; set; }
public MainPage()
{
```

```
    this.InitializeComponent();
    AllFood = new List<Food>();
    Food item0 = new Food() { Name = "西红柿", IconUri = "Images/Tomato.png", Type =
"Healthy", Description = "西红柿的味道不错." };
    Food item1 = new Food() { Name = "茄子", IconUri = "Images/Beer.png", Type =
"NotDetermined", Description = "不知道这个是否好吃." };
    Food item2 = new Food() { Name = "火腿", IconUri = "Images/fries.png", Type =
"Unhealthy", Description = "这是不健康的食品." };
    Food item3 = new Food() { Name = "三明治", IconUri = "Images/Hamburger.png", Type =
"Unhealthy", Description = "肯德基的好吃?" };
    Food item4 = new Food() { Name = "冰激凌", IconUri = "Images/icecream.png", Type =
"Healthy", Description = "给小朋友吃的." };
    Food item5 = new Food() { Name = "Pizza", IconUri = "Images/Pizza.png", Type =
"Unhealthy", Description = "这个非常不错." };
    Food item6 = new Food() { Name = "辣椒", IconUri = "Images/Pepper.png", Type =
"Healthy", Description = "我不喜欢吃这东西." };
    AllFood.Add(item0);
    AllFood.Add(item1);
    AllFood.Add(item2);
    AllFood.Add(item3);
    AllFood.Add(item4);
    AllFood.Add(item5);
    AllFood.Add(item6);
    listBox.ItemsSource = AllFood;
}
```

应用程序的运行效果如图 11.8 所示。

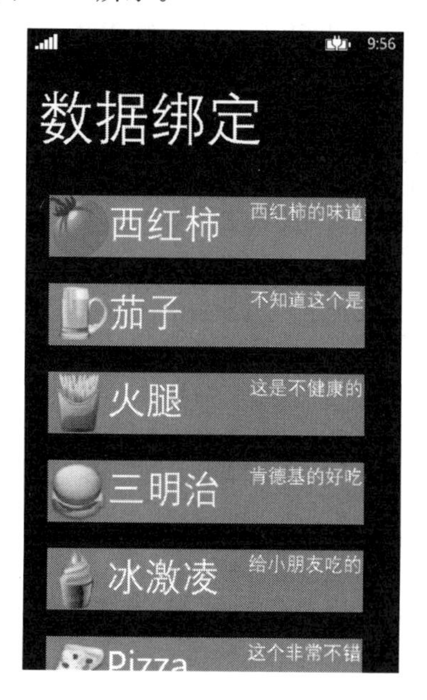

图 11.8　绑定列表

11.2.3 绑定 ObservableCollection＜T＞集合

在上文的列表绑定中实现了把集合的数据通过数据模板展示到了列表上，使用DataTemplate可以很灵活地去实现列表项的显示效果，但是这个列表却是一个静态的列表，也就是说列表的数据并不会增加或者减少的。那么，如果要实现一个动态绑定的列表，列表的数据项可以增加和减少，那么这时候通常就需要用到ObservableCollection＜T＞集合作为数据的绑定源。如果你使用List＜T＞集合作为数据的绑定源，那么即使该集合在绑定了列表控件后发生了增加选项或者删除选项的时候也不会把这种变化的情况通知到UI上的，也就是说列表不会发生任何变化。

下面给出动态列表的示例：演示使用ObservableCollection＜T＞集合实现动态列表。

代码清单 11-7：动态列表（源代码：第 11 章\Examples_11_7）

OrderModel.cs 文件主要代码：创建数据绑定的实体类

```
public class OrderModel
{
    public int OrderID { get; set; }
    public string OrderName { get; set; }
}
```

MainPage.xaml 文件主要代码：使用一个按钮触发增加集合选项的事件，一个按钮触发删除集合选项的事件，集合的变化会通知到列表的UI也发生改变

```
<StackPanel x:Name = "TitlePanel" Grid.Row = "0" Margin = "12,60,0,28">
    <Button Content = "增加新的项目" Click = "AddButton_Click"></Button>
    <Button Content = "删除选中的项目" Click = "DelButton_Click"></Button>
</StackPanel>
<Grid x:Name = "ContentPanel" Grid.Row = "1" Margin = "12,0,12,0">
    <ListView x:Name = "list">
        <ListView.ItemTemplate>
            <DataTemplate>
                <StackPanel Orientation = "Horizontal" Margin = "10">
                    <TextBlock Text = "{Binding OrderID}" FontSize = "30"/>
                    <TextBlock Text = "{Binding OrderName}" FontSize = "30" Width = "280"/>
                </StackPanel>
            </DataTemplate>
        </ListView.ItemTemplate>
    </ListView>
</Grid>
```

MainPage.xaml.cs 文件主要代码：处理列表的集合绑定、增加列表项目和删除列表项目的逻辑

```
ObservableCollection<OrderModel> OrderModels = new ObservableCollection<OrderModel>();
```

```
public MainPage()
{
    this.InitializeComponent();
    //列表绑定 ObservableCollection<T>集合
    list.ItemsSource = OrderModels;
}
//增加列表选项事件
private void AddButton_Click(object sender,RoutedEventArgs e)
{
    //往绑定的集合随机增加一个集合项
    Random random = new Random();
    OrderModels.Add(new OrderModel { OrderID = random.Next(1000),OrderName = "OrderName" + 
random.Next(1000) });
}
//删除列表选中选项事件
private void DelButton_Click(object sender,RoutedEventArgs e)
{
    //需要判断是否选中了列表的项目
    if(list.SelectedItem!= null)
    {
        //把列表的选项转换为集合的实体类对象
        OrderModel orderModel = list.SelectedItem as OrderModel;
        if(OrderModels.Contains(orderModel))
        {
            OrderModels.Remove(orderModel);
        }
    }
}
```

应用程序的运行效果如图 11.9 所示。感兴趣的读者可以把 ObservableCollection <OrderModel>换成 List<OrderModel>类型，然后再观察一下程序的运行效果。

图 11.9　动态列表

11.2.4 绑定自定义集合

当 ObservableCollection＜T＞、List＜T＞等 Windows Phone 内置的集合类型可以满足功能的需求那么就应该尽量采用这些集合类来实现数据的绑定，如果想要实现更加高级的功能，可以采用自定义集合类跟列表控件进行绑定。我们实现自定义的集合最常用的就是从 IList 接口派生实现自定义集合类。

首先，来了解一下 IList 接口，IList 接口表示可按照索引单独访问的对象的非泛型集合。IList 接口是从 ICollection 接口派生出来的，并且是所有非泛型列表的基接口。那么 ICollection 则是从 IEnumerable 接口派生出来的，ICollection 接口是定义所有非泛型集合的大小、枚举数和同步方法，IEnumerable 接口是指公开枚举数，该枚举数支持在非泛型集合上进行简单迭代。所以 IList 接口是同时具备了 ICollection 接口和 IEnumerable 接口的共性。IEnumerable 只包含一个方法，GetEnumerator，返回 IEnumerator。IEnumerator 可以通过集合循环显示 Current 属性和 MoveNext 和 Reset 方法。ICollection 接口和 IList 接口的方法和属性分别如表 11.1 和表 11.2 所示。

表 11.1 ICollection 接口方法和属性

成　员	说　明
Count	该属性可确定集合中的元素个数，它返回的值与 Length 属性相同
IsSynchronized、SyncRoot	该属性确定集合是否是纯种安全的。对于数组，这个属性总是返回 false。对于同步访问，SyncRoot 属性可以用于线程安全的访问
CopyTo()	该方法可以将数组的元素复制到现有的数组中，它类似于表态方法 Array.Copy()

表 11.2 IList 接口方法和属性

成　员	说　明
Add()	该方法用于在集合中添加元素。对于数组，该方法会抛出 NotSupportedException 异常
Clear()	该方法可以清除数组中的所有元素。值类型设置为 0，引用类型设置为 NULL
Contains()	该方法可以确定某个元素是否在数组中。其返回值是 true 或 false。这个方法会对数组中的所有元素进行线性搜索，直到找到所需元素为止
IndexOf()	该方法与 Contains()方法类似，也是对数组中的所有元素进行线性搜索。不同的是 IndexOf()方法会返回所找到的第一个元素的索引
Insert ( )、Remove ( )、RemoveAt ()	对于集合，Insert()方法用于插入元素，Remove()和 RemoveAt()可删除元素。对于数组，这些方法都抛出 NotSupportedException 异常
IsFixedSize	数组的大小总是固定的，所以这个属性问题返回 true
IsReadOnly	数组总是可读/写的，所以这个属性返回 false
Item(表现显示为 this [int index])	该属性可以用整形索引访问数组

那么只要实现了 IList 接口的集合类，就可以与列表控件进行绑定，所以就需要自定义一个集合类来实现 IList 接口，同时因为 IList 接口从 ICollection 接口和 IEnumerable 接口派生出来的，所以这三个接口的方法都需要在自定义的集合类里面实现。在 ICollection 接口里面 Count 属性表示列表的长度，IList 接口的 IList. this[int index]属性表示列表某个索引的数据项，在自定义集合里面可以通过 Count 属性设置列表的长度，通过 IList. this[int index]属性返回集合数据。所以在自定义集合里面 IList. this[int index]属性和 Count 属性是两个必须要实现的属性接口，我们可以在 IList. this[int index]属性的实现里面处理集合项生成的逻辑。

下面给出自定义集合绑定的示例：演示使用 IList 接口实现自定义集合并与列表控件实现数据绑定。

代码清单 11-8：自定义集合绑定(源代码：第 11 章\Examples_11_8)

MyList. cs 文件主要代码：实现自定义的集合类，在 MyList 类里面只实现了 IList. this [int index]属性和 Count 属性的逻辑，其他成员不做处理

```
------------------------------------------------------------------------
public class MyList: IList
{
    #region IEnumerable 接口的成员
    System.Collections.IEnumerator System.Collections.IEnumerable.GetEnumerator()
    {
        throw new NotImplementedException();
    }
    #endregion

    #region IList 接口的成员
    public int Add(object value)
    {
        throw new NotImplementedException();
    }
    public bool Contains(object value)
    {
        throw new NotImplementedException();
    }
    public int IndexOf(object value)
    {
        throw new NotImplementedException();
    }
    public void Insert(int index,object value)
    {
        throw new NotImplementedException();
    }
    public bool IsFixedSize
    {
        get { throw new NotImplementedException(); }
    }
    public void Remove(object value)
```

```
        {
            throw new NotImplementedException();
        }
        public void RemoveAt(int index)
        {
            throw new NotImplementedException();
        }
        //在这个属性里面,index 表示集合项的索引,通过索引返回该索引对应的对象
        object IList.this[int index]
        {
            get
            {

                //随机生成一个 OrderModel 对象并返回
                Random random = new Random();
                return new OrderModel { OrderID = random.Next(1000),OrderName = "OrderName" +
random.Next(1000) };
            }
            set
            {
                throw new NotImplementedException();
            }
        }
        #endregion

        #region ICollection 接口的成员
        public void CopyTo(Array array, int index)
        {
            throw new NotImplementedException();
        }
        public bool IsSynchronized
        {
            get { throw new NotImplementedException(); }
        }
        public object SyncRoot
        {
            get { throw new NotImplementedException(); }
        }
        //Count 属性默认设置集合有 10 个项目
        public int Count
        {
            get
            {
                return 10;
            }
        }
        public void Clear()
        {
            throw new NotImplementedException();
        }
```

```
    public bool IsReadOnly
    {
        get { throw new NotImplementedException(); }
    }
    #endregion
}
```

MainPage.xaml文件主要代码：使用列表控件里展示自定义集合的数据

```
<ListView x:Name="list">
    <ListView.ItemTemplate>
        <DataTemplate>
            <StackPanel Orientation="Horizontal" Margin="10">
                <TextBlock Text="{Binding OrderID}" FontSize="30"/>
                <TextBlock Text="{Binding OrderName}" FontSize="30" Width="280"/>
            </StackPanel>
        </DataTemplate>
    </ListView.ItemTemplate>
</ListView>
```

MainPage.xaml.cs文件主要代码：创建自定义集合对象绑定到列表控件

```
public MainPage()
{
    this.InitializeComponent();
    list.ItemsSource = new MyList();
}
```

应用程序的运行效果如图11.10所示。

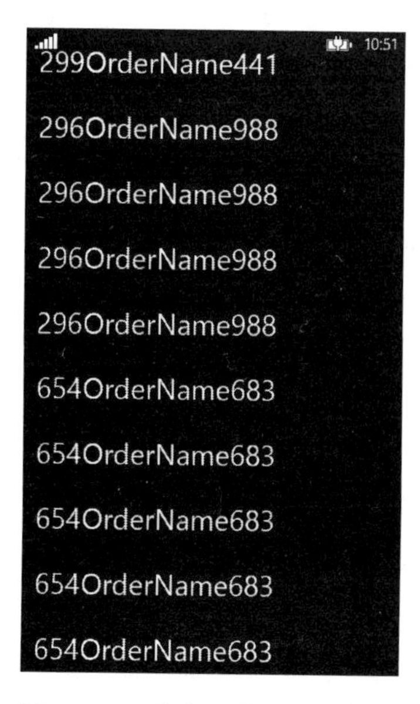

图11.10　自定义集合绑定列表

第12章 网络编程

当今是移动互联网时代，那么智能手机的网络编程技术就是非常核心的一部分，大部分的手机应用程序多多少少都会使用到网络来实现一些功能，所以掌握好网络编程的技术也是做智能手机应用程序开发非常基础的知识，也是必须要学习的。Windows Phone 操作系统有着出色的网络编程的功能，它本身也融入了很多互联网的元素，例如内置的 msn、Xbox Live 等服务都是与互联网紧密联系在一起的，Windows Phone 以后会更加偏重于往互联网手机的方向发展，所以 Windows Phone 的网络编程的功能随着操作系统的发展将会越来越强大。本章会重点介绍 Windows Phone 中使用 HTTP 协议的网络编程，包括 HTTP 的网络请求、推送通知等。HTTP 协议是 HyperText Transfer Protocol(超文本传送协议)的缩写，它是万维网(World Wide Web，简称为 WWW 或 Web)的基础，也是手机联网常用的协议之一，HTTP 协议是建立在 TCP 协议之上的一种应用。关于 TCP 协议我们会在第 13 章 Socket 编程中进行详细的介绍。

12.1 网络编程之 HttpWebRequest 类

在 Windows Phone 里面有两个类可以实现 HTTP 协议的网络请求一个是 HttpWebRequest 类，另一个是 HttpClient 类。HttpWebRequest 类的网络请求适合于处理简单的网络请求，而 HttpClient 类对 HTTP 请求的支持更加强大，适合复杂的网络请求的封装。本节先介绍 HttpWebRequest 类的 HTTP 编程，下一节再介绍 HttpClient 类的 HTTP 编程。

12.1.1 HttpWebRequest 实现 Get 请求

HTTP 的 Get 请求是最简单的 HTTP 请求，那么 Get 请求和 Post 请求的主要区别是：Get 请求是从服务器上获取数据，而 Post 请求是向服务器传送数据；Get 请求在通过 URL 提交数据，数据在 URL 中可以看到，而 Post 请求是通过写入数据流的方式提交；Get 请求提交的数据最多只能有 1024 字节，而 Post 请求则没有此限制。下面我们来看一下使用 HttpWebRequest 类如何实现一个 Get 请求。

1. 获取 WebRequest 对象

WebRequest 类是请求/响应模型的基类，这是一个 abstract 类用于访问 Internet 数据。HttpWebRequest 类提供 WebRequest 类的 HTTP 特定的实现。HttpWebRequest 类对 WebRequest 中定义的属性和方法提供支持，也对使用户能够直接与使用 HTTP 的服务器交互的附加属性和方法提供支持。使用 WebRequest.Create 方法初始化新的 HttpWebRequest 对象。如果统一资源标识符(URI)的方案是 http://或 https://，则 WebRequest.Create 返回 HttpWebRequest 对象。代码示例如下所示：

```
WebRequest request = HttpWebRequest.Create("http://www.baidu.com");
```

2. 设置请求的参数，发起 GetResponse 请求

网络请求的参数可以通过 HttpWebRequest 对象的相关属性来进行设置，比如通过 Method 属性设置请求的类型"GET"，通过 Headers 属性设置请求头等，更多的属性请参考表 12.1。然后我们再使用 HttpWebRequest 对象的 BeginGetResponse 和 EndGetResponse 方法对资源发出异步请求。代码示例如下：

```
//设置为 Get 请求
request.Method = "GET";
//通过 HTTP 头设置请求的 Cookie
request.Headers["Cookie"] = "name=value";
//设置身份验证的网络凭据
request.Credentials = new NetworkCredential("accountKey","accountkeyOrPassword");
//发起 GetResponse 请求
request.BeginGetResponse(ResponseCallback,request);
//请求回调方法
private async void ResponseCallback(IAsyncResult result)
{
    HttpWebRequest httpWebRequest = (HttpWebRequest)result.AsyncState;
    WebResponse webResponse = httpWebRequest.EndGetResponse(result);
    …获取请求返回的内容
}
```

3. 获取请求的内容

在请求回调方法里面，我们获取到了 WebResponse 对象，这个对象表示是网络请求返回的信息。调用 WebResponse 对象的 GetResponseStream 方法则可以获取到网络请求返回的数据流，从该数据流里面就可以解析出网络返回的内容了。代码示例如下：

```
//请求回调方法
private async void ResponseCallback(IAsyncResult result)
{
    HttpWebRequest httpWebRequest = (HttpWebRequest)result.AsyncState;
    WebResponse webResponse = httpWebRequest.EndGetResponse(result);
    //获取请求返回的内容
    using (Stream stream = webResponse.GetResponseStream())
    using (StreamReader reader = new StreamReader(stream))
```

```
        {
            //请求返回的字符串内容
            string content = reader.ReadToEnd();
        }
    }
```

4. 异常处理

在网络请求的过程中，难免会出现一些异常，可以通过 try catch 语句来捕获异常。如果在访问资源时发生错误，则 HttpWebRequest 类将引发 WebException。WebException.Status 属性包含指示错误源的 WebExceptionStatus 值，通过该枚举便可以知道是哪一种情况导致请求失败的。WebExceptionStatus 枚举的取值情况如下所示：Success 表示成功；ConnectFailure 表示远程服务器连接失败；SendFailure 表示发送失败，未能将完整请求发送到远程服务器；RequestCanceled 表示该请求将被取消；Pending 表示内部异步请求挂起；UnknownError 表示未知错误；MessageLengthLimitExceeded 表示网络请求的消息长度受到限制。代码示例如下：

```
try
{
    HttpWebRequest httpWebRequest = (HttpWebRequest)result.AsyncState;
    WebResponse webResponse = httpWebRequest.EndGetResponse(result);
    using (Stream stream = webResponse.GetResponseStream())
    using (StreamReader reader = new StreamReader(stream))
    {
        string content = reader.ReadToEnd();
        });
    }
}
catch (WebException e)
{
    switch(e.Status)
    {
        case WebExceptionStatus.ConnectFailure:
            exceptionInfo = "ConnectFailure:远程服务器连接失败.";
            break;
        case WebExceptionStatus.MessageLengthLimitExceeded:
            exceptionInfo = "MessageLengthLimitExceeded:网络请求的消息长度受到限制.";
            break;
        case WebExceptionStatus.Pending:
            exceptionInfo = "Pending:内部异步请求挂起.";
            break;
        case WebExceptionStatus.RequestCanceled:
            exceptionInfo = "RequestCanceled:该请求将被取消.";
            break;
        case WebExceptionStatus.SendFailure:
            exceptionInfo = "SendFailure:发送失败,未能将完整请求发送到远程服务器.";
            break;
        case WebExceptionStatus.UnknownError:
```

```
                exceptionInfo = "UnknownError:未知错误.";
                break;
            case WebExceptionStatus.Success:
                exceptionInfo = "Success:请求成功.";
                break;
        }
    }
```

表 12.1 HttpWebRequest 类常用属性

名　称	说　明
Accept	获取或设置 Accept HTTP 标头的值
AllowReadStreamBuffering	获取或设置一个值，该值指示是否对从 Internet 资源读取的数据进行缓冲处理
ContentType	获取或设置 Content-type HTTP 标头的值
CookieContainer	指定与 HTTP 请求相关联的 CookieCollection 对象的集合
CreatorInstance	当在子类中重写时，获取从 IWebRequestCreate 类派生的工厂对象，该类用于创建为生成对指定 URI 的请求而实例化的 WebRequest
Credentials	当在子类中被重写时，获取或设置用于对 Internet 资源请求进行身份验证的网络凭据
HaveResponse	获取一个值，该值指示是否收到了来自 Internet 资源的响应
Headers	指定构成 HTTP 标头的名称/值对的集合
Method	获取或设置请求的方法
RequestUri	获取请求的原始统一资源标识符(URI)

12.1.2 HttpWebRequest 实现 Post 请求

使用 HttpWebRequest 实现 Post 请求和 Get 请求是有一些差异的，Get 请求传递的参数可以直接在 URL 上传递，Post 请求则需要使用安全性更高的数据流写入的方式。下面看一下如何发起 Post 请求、传递 Post 数据以及获取 Post 结果。

1. 发起 Post 请求

发起 Post 请求首先也是要通过 HttpWebRequest.Create 方法获取 WebRequest 对象，这一点是和 Get 请求一样的，注意获取到的 WebRequest 对像的 Method 属性要设置为“POST”，其他 HTTP 等属性的设置和 Get 请求一致。发起 Post 请求需要调用的是 BeginGetRequestStream 方法来发起获取发送数据流的请求，然后在回调方法里面通过 EndGetRequestStream 方法来获取到返回的发送数据流。代码示例如下：

```
//创建 WebRequest 对象
var request = HttpWebRequest.Create("http://www.yourwebsite.com");
//设置请求的方式为 Post
request.Method = "POST";
//发起获取发送数据流的请求
request.BeginGetRequestStream(ResponseStreamCallbackPost,request);
//发起获取发送数据流的请求的响应回调方法
```

```
private async void ResponseStreamCallbackPost(IAsyncResult result)
{
    HttpWebRequest httpWebRequest = (HttpWebRequest)result.AsyncState;
    …接下来通过发送数据流来发送数据
}
```

2. 传递 Post 数据

发起 Post 请求之后在回调的方法里面可以通过 HttpWebRequest 对象来获取到发送的数据流，把传递的 Post 数据写入数据流来实现数据的传递。代码示例如下：

```
//发起获取发送数据流的请求的响应回调方法
private async void ResponseStreamCallbackPost(IAsyncResult result)
{
    HttpWebRequest httpWebRequest = (HttpWebRequest)result.AsyncState;
    using(Stream stream = httpWebRequest.EndGetRequestStream(result))
    {
        //你需要把你要发送的数据通过 byte[]数据格式发送出去
        //如下面把字符串的信息转化为 byte[]
        string postString = "yourstring";
        byte[] data = Encoding.UTF8.GetBytes(postString);
        stream.Write(data,0,data.Length);
    }
    …接下来获取请求的响应
}
```

3. 获取 Post 结果

Post 请求的数据写入完毕之后，我们需要继续发起 BeginGetResponse 请求，获取服务器端的相应，这一步骤和 Get 请求是一致的，服务器需要把相关的结果返回给客户端。代码示例如下：

```
httpWebRequest.BeginGetResponse(ResponseCallbackPost,httpWebRequest);
//请求回调方法
private async void ResponseCallbackPost (IAsyncResult result)
{
    HttpWebRequest httpWebRequest = (HttpWebRequest)result.AsyncState;
    WebResponse webResponse = httpWebRequest.EndGetResponse(result);
    //获取请求返回的内容
    using (Stream stream = webResponse.GetResponseStream())
    using (StreamReader reader = new StreamReader(stream))
    {
        //请求返回的字符串内容
        string content = reader.ReadToEnd();
    }
}
```

12.1.3　网络请求的取消

网络请求的取消是指当请求未完成的情况下，客户端的应用程序主动把网络请求给取消了。这种网络请求的取消通常会在两种情况下使用，一种情况是网络请求时间过长，取消网络请求不想等待；另一种情况是用户离开了需要显示网络数据的页面这种类型的情况，客户端的程序把网络请求取消掉，避免浪费了不必要的资源。网络请求的取消可以直接调用 HttpWebRequest 对象的 Abort 方法，取消对 Internet 资源的请求。所以要实现取消请求的功能，必须把创建的 HttpWebRequest 对象作为一个公共变量来存放，然后通过调用其 Abort 方法进行取消请求。调用 Abort 方法取消网络请求的时候，会在引发 WebException 异常，异常的类型是 WebExceptionStatus. RequestCanceled 表示该请求将被取消，所以网络请求的取消需要结合 WebException 异常的监控来一起完成。

12.1.4　超时控制

HttpWebRequest 类并没有提供超时控制的属性或者方法，它直接依赖于 HttpWebRequest 内部的 HTTP 机制来实现超时控制，所以要自定义实现 HttpWebRequest 类 HTTP 请求的超时控制，可以根据使用线程信号类和 Abort 方法实现超时控制。实现的原理是当超过了一定的时候之后，如果网络请求还没有返回结果，就主动调用 HTTP 请求对象的 Abort 方法，取消网络请求。

线程信号类可以使用 AutoResetEvent 类来辅助实现超时控制，AutoResetEvent 类允许线程通过发信号互相通信。线程通过调用 AutoResetEvent 上的 WaitOne 来等待信号，如果 AutoResetEvent 为非终止状态，则线程会被阻止，并等待当前控制资源的线程通过调用 Set 来通知资源可用。通过调用 Set 向 AutoResetEvent 发信号以释放等待线程。AutoResetEvent 将保持终止状态，直到一个正在等待的线程被释放，然后自动返回非终止状态。如果没有任何线程在等待，则状态将无限期地保持为终止状态。如果当 AutoResetEvent 为终止状态时线程调用 WaitOne，则线程不会被阻止，AutoResetEvent 将立即释放线程并返回到非终止状态。使用 AutoResetEvent 来控制 HTTP 的超时控制的代码示例如下：

```
//信号量对象
private AutoResetEvent autoResetEvent;
//网络请求对象
private HttpWebRequest request;
///<summary>
///超时控制的方法，3 秒钟没有网络返回将取消网络请求
///</summary>
///<param name="networkRequest">网络请求的方法</param>
private async void SendNetworkRequest(Action networkRequest)
{
    //创建一个非终止状态的 AutoResetEvent 对象
    autoResetEvent = new AutoResetEvent(false);
```

```
        //使用一个新的线程来发起网络请求
        await Task.Factory.StartNew(networkRequest);
        //等待 3 秒钟
        autoResetEvent.WaitOne(3000);
        if (request != null)
        {
            //取消网络请求
            request.Abort();
        }
    }
```

12.1.5 断点续传

断点续传是指文件的上传下载在数据传输过程中中断之后，下次再进行传输时，从文件上次中断的地方开始传送数据，而非从文件开头传送。使用 HttpWebRequest 可以实现网络文件的上传下载，如果要实现断点续传的机制，需要做进一步的处理，处理的方式是通过 HTTP 的请求头来控制请求下载的文件片段，如果流程中断，我们就可以把当前请求的位置记录下来，下次再从当前的位置开始。

在断点续传的过程中，应设置请求头的 Range 和 Content-Range 实体头的数据，Range 用于请求头中，指定第一个字节的位置和最后一个字节的位置，一般格式如下：

```
Range:(unit = first byte pos) - [last byte pos]
```

Content-Range 用于响应头，指定整个实体中的一部分的插入位置，它也指示了整个实体的长度。在服务器向客户返回一个部分响应，它必须描述响应覆盖的范围和整个实体长度。其一般格式如下：

```
Content - Range: bytes (unit first byte pos) - [last byte pos]/[entity legth]
```

所以如果是实现断点续传下载文件，我们需要分片下载，通过设置 Range 的请求范围来实现不同片段的数据的请求，例如第一包的请求设置 Range 的值为"bytes=0-100"，下载成功之后再设置为"bytes=100-200"，以此类推一直到文件全部下载成功，如果下载中断则下次再从中断的位置下载。如果是文件的上传实现断点续传也是一样的原理，但是必须要服务器端支持才行。设置 Range 请求头的代码示例如下：

```
var request = HttpWebRequest.Create(url);
request.Method = "GET";
request.Headers["Range"] = "bytes = 0 - 100";
request.BeginGetResponse(ResponseCallbackTimeTest, request);
```

12.1.6 实例演示：RSS 阅读器

下面给出 RSS 阅读器的示例：实现一个 RSS 阅读器，通过你输入的 RSS 地址来获取 RSS 的信息列表和查看 RSS 文章中的详细内容。RSS 阅读器是使用了 HttpWebRequest

类来获取网络上的RSS的信息,然后再转化为自己定义好的RSS实体类对象的列表,最后绑定到页面上。

代码清单12-1:RSS阅读器(源代码:第12章\Examples_12_1)

RssItem.cs文件代码:RSS文章内容实体类封装

```
using System.Net;
using System.Text.RegularExpressions;

namespace ReadRssItemsSample
{
    ///<summary>
    ///RSS对象类
    ///</summary>
    public class RssItem
    {
        ///<summary>
        ///初始化一个RSS目录
        ///</summary>
        ///<param name = "title">标题</param>
        ///<param name = "summary">内容</param>
        ///<param name = "publishedDate">发表事件</param>
        ///<param name = "url">文章地址</param>
        public RssItem(string title, string summary, string publishedDate, string url)
        {
            Title = title;
            Summary = summary;
            PublishedDate = publishedDate;
            Url = url;
            //解析html
            PlainSummary = WebUtility.HtmlDecode(Regex.Replace(summary,"<[^>]+?>",""));
        }
        //标题
        public string Title { get; set; }
        //内容
        public string Summary { get; set; }
        //发表时间
        public string PublishedDate { get; set; }
        //文章地址
        public string Url { get; set; }
        //解析的文本内容
        public string PlainSummary { get; set; }
    }
}
```

MRssService.cs文件代码:RSS服务类封装网络请求的方法

```
using System;
using System.Collections.Generic;
```

```
using System.IO;
using System.Net;
using Windows.Web.Syndication;

namespace ReadRssItemsSample
{
    ///<summary>
    ///获取网络RSS服务类
    ///</summary>
    public static class RssService
    {
        ///<summary>
        ///获取RSS目录列表
        ///</summary>
        ///<param name="rssFeed">RSS的网络地址</param>
        ///<param name="onGetRssItemsCompleted">获取完成的回调方法,并返回获取的内容
</param>
        ///<param name="onError">获取失败的回调方法,并返回异常信息</param>
        ///<param name="onFinally">获取完成的回调方法</param>
        public static void GetRssItems(string rssFeed, Action<IEnumerable<RssItem>>
onGetRssItemsCompleted = null,Action<string> onError = null,Action onFinally = null)
        {
            var request = HttpWebRequest.Create(rssFeed);
            request.Method = "GET";
            request.BeginGetResponse((result) =>
            {
                try
                {
                    HttpWebRequest httpWebRequest = (HttpWebRequest)result.AsyncState;
                    WebResponse webResponse = httpWebRequest.EndGetResponse(result);

                    using (Stream stream = webResponse.GetResponseStream())
                    {
                        using (StreamReader reader = new StreamReader(stream))
                        {
                            string content = reader.ReadToEnd();
                            //将网络获取的信息转化成RSS实体类
                            List<RssItem> rssItems = new List<RssItem>();
                            SyndicationFeed feeds = new SyndicationFeed();
                            feeds.Load(content);
                            foreach (SyndicationItem f in feeds.Items)
                            {
                                RssItem rssItem = new RssItem(f.Title.Text, f.Summary.
Text,f.PublishedDate.ToString(),f.Links[0].Uri.AbsoluteUri);
                                rssItems.Add(rssItem);
                            }
                            //通知完成返回事件执行
                            if (onGetRssItemsCompleted != null)
                            {
                                onGetRssItemsCompleted(rssItems);
```

```
                    }
                }
            }
        }
        catch (WebException webEx)
        {
            string exceptionInfo = "";
            switch (webEx.Status)
            {
                case WebExceptionStatus.ConnectFailure:
                    exceptionInfo = "ConnectFailure:远程服务器连接失败.";
                    break;
                case WebExceptionStatus.MessageLengthLimitExceeded:
                    exceptionInfo = "MessageLengthLimitExceeded:网络请求的消息
长度受到限制.";
                    break;
                case WebExceptionStatus.Pending:
                    exceptionInfo = "Pending:内部异步请求挂起.";
                    break;
                case WebExceptionStatus.RequestCanceled:
                    exceptionInfo = "RequestCanceled:该请求将被取消.";
                    break;
                case WebExceptionStatus.SendFailure:
                    exceptionInfo = "SendFailure:发送失败,未能将完整请求发送到
远程服务器.";
                    break;
                case WebExceptionStatus.UnknownError:
                    exceptionInfo = "UnknownError:未知错误.";
                    break;
                case WebExceptionStatus.Success:
                    exceptionInfo = "Success:请求成功.";
                    break;
                default:
                    exceptionInfo = "未知网络异常.";
                    break;
            }
            if (onError != null)
            {
                onError(exceptionInfo);
            }
        }
        catch (Exception e)
        {
            if (onError != null)
            {
                onError("异常: " + e.Message);
            }
        }
        finally
        {
```

```
                        if (onFinally != null)
                        {
                            onFinally();
                        }
                    }
                },request);
            }
        }
    }
```

MainPage.xaml 文件主要代码：获取文章信息的列表

```
<StackPanel>
    <TextBox Header="请输入合法的 RSS 阅读源的地址：" x:Name="rssURL" Text="http://www.
cnblogs.com/rss" />
    <Button Content="加载 RSS" Click="Button_Click" Width="370"/>
    <ListView x:Name="listbox" SelectionChanged="OnSelectionChanged" Height="350">
        <ListView.ItemTemplate>
            <DataTemplate>
                <Grid>
                    <Grid.RowDefinitions>
                        <RowDefinition Height="Auto" />
                        <RowDefinition Height="Auto" />
                        <RowDefinition Height="60" />
                    </Grid.RowDefinitions>
                    <TextBlock Grid.Row="0" Text="{Binding Title}" FontSize="25"
TextWrapping="Wrap" />
                    <TextBlock Grid.Row="1" Text="{Binding PublishedDate}" FontSize="20" />
                    <TextBlock Grid.Row="2" TextWrapping="Wrap" Text="{Binding
PlainSummary}" FontSize="18" Opacity="0.5"/>
                </Grid>
            </DataTemplate>
        </ListView.ItemTemplate>
    </ListView>
</StackPanel>
```

MainPage.xaml.cs 文件主要代码

```
//加载 RSS 列表按钮的事件处理程序
private async void Button_Click(object sender,RoutedEventArgs e)
{
    if (rssURL.Text != "")
    {
        //调用封装好的 RSS 请求的方法加载 RSS 列表
        RssService.GetRssItems(
                rssURL.Text,
            async (items) =>
            {
                //请求正常完成,把 RSS 文章的内容绑定到列表控件
```

```
                await this.Dispatcher.RunAsync(CoreDispatcherPriority.Normal,() =>
                    {
                        listbox.ItemsSource = items;
                    });
            },
            async (exception) =>
            {
                //请求出现异常,把异常信息显示出来
                await this.Dispatcher.RunAsync(CoreDispatcherPriority.Normal,async () =>
                {
                    await new MessageDialog(exception).ShowAsync();
                });

            },
            null
            );
    }
    else
    {
        await new MessageDialog("请输入 RSS 地址").ShowAsync();
    }
}
//通过列表选项选中事件来跳转到查看文章详情的页面
private void OnSelectionChanged(object sender,SelectionChangedEventArgs e)
{
    //列表控件的选中项
    if (listbox.SelectedItem == null)
        return;
    var template = (RssItem)listbox.SelectedItem;
    //跳转到详情页面,并且把 RssItem 对象作为参数传递过去
    Frame.Navigate(typeof(DetailPage),template);
    listbox.SelectedItem = null;
}
```

DetailPage.xaml 文件主要代码：展示文章信息的详情页面

```
<StackPanel x:Name = "TitlePanel" Grid.Row = "0" Margin = "12,0,0,28">
    <TextBlock Text = "Rss 阅读器" FontSize = "20" />
    <TextBlock Text = "{Binding Title}" FontSize = "25" TextWrapping = "Wrap"/>
</StackPanel>
<Grid x:Name = "ContentPanel" Grid.Row = "1" Margin = "12,0,12,0">
    <StackPanel>
        <TextBlock Text = "{Binding PublishedDate}" FontSize = "15" Opacity = "0.5" />
        <TextBlock Text = "{Binding Url}" FontSize = "15" Opacity = "0.5" />
        <ScrollViewer Height = "500">
            <TextBlock Text = "{Binding PlainSummary}" FontSize = "20" TextWrapping = "Wrap"/>
        </ScrollViewer>
    </StackPanel>
</Grid>
```

DetailPage.xaml.cs 文件主要代码

```
----------------------------------------------------------------------
protected override void OnNavigatedTo(NavigationEventArgs e)
{
    RssItem item = e.Parameter as RssItem;
    if (item != null)
    {
        //把文章对象绑定到当前的页面的上下文来进行显示
        this.DataContext = item;
    }
}
```

应用程序的运行效果如图 12.1 和图 12.2 所示。

图 12.1　文章列表

图 12.2　文章详情

12.2　网络编程之 HttpClient 类

除了可以使用 HttpWebRequest 类来实现 HTTP 网络请求之外，我们还可以使用 HttpClient 类来实现。对于基本的请求操作，HttpClient 类提供了一个简单的接口来处理最常见的任务，并为身份验证提供了适用于大多数方案的合理的默认设置。对于较为复杂的 HTTP 操作，更多的功能包括：执行常见操作（DELETE、GET、PUT 和 POST）的方法；获取、设置和删除 Cookie 的功能；支持常见的身份验证设置和模式；异步方法上提供的 HTTP 请求进度信息；访问有关传输的安全套接字层（SSL）详细信息；在高级应用中包含自定义筛选器的功能等。

12.2.1　Get请求获取字符串和数据流数据

1. 获取字符串数据

HttpClient类使用基于任务的异步模式提供了非常简化的请求操作，可以直接调用HttpClient类GetStringAsync方法便可以获取到网络返回的字符串数据。下面来看一下使用Get请求来获取网络返回的字符串，实现的代码很简洁，示例代码如下：

```
Uri uri = new Uri("http://yourwebsite.com");
HttpClient httpClient = new HttpClient();
//获取网络的返回的字符串数据
string result = await httpClient.GetStringAsync (uri);
```

使用GetStringAsync方法是一种简化的HTTP请求，如果我们要获取到HTTP请求所返回的整个对象HttpResponseMessage类对象可以使用GetAsync方法。HttpResponseMessage对象是HTTP的相应消息对象，它包含了网络请求相应的HTTP头、数据体等信息。下面使用GetAsync方法来获取网络返回的字符串信息，示例代码如下所示：

```
HttpResponseMessage response = await httpClient.GetAsync(uri);
string responseBody = await response.Content.ReadAsStringAsync();
```

2. 获取数据流数据

HttpResponseMessage对象的Content属性表示是返回的数据对象，是一个IHttpContent类型的对象。如果要获取的是数据流数据，可以通过它的ReadAsBufferAsync方法获取到返回的IBuffer对象，或者通过ReadAsInputStreamAsync地方获取IInputStream对象，然后再转化为Stream对象，示例代码如下所示：

```
using (Stream responseStream = (await response.Content.ReadAsInputStreamAsync()).AsStreamForRead())
{
    int read = 0;
    byte[] responseBytes = new byte[1000];
    do
    {
        //如果read等于0表示Stream的数据以及读取完毕
        read = await responseStream.ReadAsync(responseBytes,0,responseBytes.Length);
    } while (read != 0);
}
```

3. 取消网络请求

HttpClient类发起的网络请求都是基于任务的异步方法，所以要取消其异步的操作可以通过异步任务的取消对象CancellationTokenSource对象来取消，这点和HttpWebRequest类不同。如果使用CancellationTokenSource对象来取消异步的请求会触发TaskCanceledException异常，这个异常需要用try catch语句来捕获，便可以识别到请求是被取消的。

```
private CancellationTokenSource cts = new CancellationTokenSource();
```

```
try
{
    //使用 CancellationTokenSource 对象来控制异步任务的取消操作
    HttpResponseMessage response = await httpClient.GetAsync(new Uri(resourceAddress)).
AsTask(cts.Token);
    responseBody = await response.Content.ReadAsStringAsync().AsTask(cts.Token);
    cts.Token.ThrowIfCancellationRequested();
}
catch (TaskCanceledException)
{
    responseBody = "请求被取消";
}
//调用 Cancel 方法取消网络请求
if (cts.Token.CanBeCanceled)
{
    cts.Cancel();
}
```

12.2.2 Post 请求发送字符串和数据流数据

使用 HttpClient 类发起 Post 请求的编程方式也很简洁，可以调用方法 PostAsync(Uri uri,IHttpContent content)来直接向目标的地址 Post 数据。在该方法里面有两个参数，其中 uri 就是网络的目标地址，另外一个 content 是指你要向目标地址 Post 的数据对象。在 Post 数据之前，我们首先将数据初始化成为一个 IHttpContent 对象，那么实现了 IHttpContent 接口的类有 HttpStringContent 类、HttpStreamContent 类和 HttpBufferContent 类，这三个类分表代表了字符串类型、数据流类型和二进制类型，数据流类型和二进制类型是可以互相转换的，区别不大。调用 PostAsync 方法之后会返回一个 HttpResponseMessage 对象，通过这个 HTTP 的相应消息对象我们就可以获取 Post 请求之后的返回的结果信息。Post 请求发送字符串和数据流数据的代码示例如下：

1. Post 请求发送字符串数据

```
HttpStringContent httpStringContent = new HttpStringContent("hello Windows Phone");
HttpResponseMessage response = await httpClient.PostAsync(uri,
                                        httpStringContent).AsTask(cts.Token);
string responseBody = await response.Content.ReadAsStringAsync().AsTask(cts.Token);
```

2. Post 请求发送数据流数据

```
HttpStreamContent streamContent = new HttpStreamContent(stream.AsInputStream());
HttpResponseMessage response = await httpClient.PostAsync(uri,
                                        streamContent).AsTask(cts.Token);
string responseBody = await response.Content.ReadAsStringAsync().AsTask(cts.Token);
```

除了使用 PostAsync 方法之外，还可以使用 SendRequestAsync 方法来发送网络请求，SendRequestAsync 方法既可以使用 Get 方式也可以使用 Post 方式。SendRequestAsync 方法发送的消息类型是 HttpRequestMessage 类对象，HttpRequestMessage 类表示 HTTP

的请求消息类，你可以通过 HttpRequestMessage 对象设置请求的类型(Get/Post)和传输的数据对象。使用 SendRequestAsync 方法的代码示例如下：

```
//创建 HttpRequestMessage 对象
HttpStreamContent streamContent = new HttpStreamContent(stream.AsInputStream());
HttpRequestMessage request = new HttpRequestMessage(HttpMethod.Post,new Uri(resourceAddress));
request.Content = streamContent;
//发送数据
HttpResponseMessage response = await httpClient.SendRequestAsync(request).AsTask(cts.
Token);
string responseBody = await response.Content.ReadAsStringAsync().AsTask(cts.Token);
```

12.2.3 设置和获取 Cookie

Cookie 是指某些网站为了辨别用户身份、进行回话跟踪而储存在用户本地终端上的数据(通常经过加密)。当使用 HTTP 请求的时候，如果服务器返回的数据使用 Cookie 数据，也可以取出来，存储在本地，下次发起 HTTP 请求的时候就会带上这些 Cookie 的数据。

在 HttpClient 类的网络请求中可以通过 HttpBaseProtocolFilter 类来获取网站的 Cookie 信息，HttpBaseProtocolFilter 类表示是 HttpClient 的 HTTP 请求的基础协议的过滤器。获取 Cookie 的代码示例如下：

```
//创建一个 HttpBaseProtocolFilter 对象
HttpBaseProtocolFilter filter = new HttpBaseProtocolFilter();
//通过 HttpBaseProtocolFilter 对象获取使用 HttpClient 进行过网络请求的地址的 Cookie 信息
HttpCookieCollection cookieCollection = filter.CookieManager.GetCookies(new Uri
(resourceAddress));
//遍历整个 Cookie 集合的 Cookie 信息
foreach (HttpCookie cookie in cookieCollection)
{
}
```

在发送 HTTP 请求的时候也一样可以带上 Cookie 信息，如果服务器可以识别到 Cookie 信息那么就会通过 Cookie 信息来进行一些操作，比如 Cookie 信息带有用户名和密码的加密信息，那么就可以免去登录的步骤。在 HttpClient 的网络请求里面 HttpCookie 类表示是一个 Cookie 对象，创建好 Cookie 对象之后通过 HttpBaseProtocolFilter 对象的 CookieManager 属性来设置 Cookie，然后发送网络请求，这时候的网络请求就会把 Cookie 信息给带上。设置 Cookie 的代码示例如下：

```
//创建一个 HttpCookie 对象,"id"表示是 Cookie 的名称,"localhost"是主机名,"/"是表示服务器的
虚拟路径
HttpCookie cookie = new HttpCookie("id","yourwebsite.com","/");
//设置 Cookie 的值
cookie.Value = "123456";
//设置 Cookie 存活的时间,如果设置为 null 表示只是在一个会话里面生效
cookie.Expires = new DateTimeOffset(DateTime.Now,new TimeSpan(0,1,8));
```

```
//在过滤器里面设置 Cookie
HttpBaseProtocolFilter filter = new HttpBaseProtocolFilter();
bool replaced = filter.CookieManager.SetCookie(cookie,false);
…接下来可以向"yourwebsite.com"远程主机发起请求
```

12.2.4 网络请求的进度监控

HttpClient的网络请求是支持进度监控，通过异步任务的IProgress<T>对象可以直接监控到HttpClient的网络请求返回的进度信息，返回的进度对象是HttpProgress类对象。在进度对象HttpProgress里面包含了下面的一些信息：Stage（当前的状态）、BytesSent（已发送的数据大小）、BytesReceived（已接收的数据大小）、Retries（重试的次数）、TotalBytesToSend（总共需要发送的数据大小）和TotalBytesToReceive（总共需要接收的数据大小）。网络请求进度监控的代码示例如下：

```
//创建 IProgress<HttpProgress>对象
IProgress<HttpProgress> progress = new Progress<HttpProgress>(ProgressHandler);
//在异步任务中加入进度监控
HttpResponseMessage response = await httpClient.PostAsync(new Uri(resourceAddress),
streamContent).AsTask(cts.Token,progress);
//进度监控的回调方法
private void ProgressHandler(HttpProgress progress)
{
    //在这里可以通过 progress 参数获取到进度的相关信息
}
```

12.2.5 自定义HTTP请求筛选器

HTTP请求筛选器是HttpClient网络请求的一个很强大的功能，它可以把每次网络请求需要规则封装起来作为一个公共的筛选器来使用，使得特定连接和安全方案的Web请求变得更加简单。我们可以把身份验证、数据加密、连接失败后使用自动重试等逻辑封装在筛选器里面，然后再使用筛选器来初始化一个HttpClient对象进行网络请求。

通常情况下，处理请求期间预期可能会出现的一个网络或安全状况很容易，但要处理多个网络或安全状况可能就比较困难。你可以创建一些简单的筛选器，然后再根据需要将它们链接起来。这样你就能够针对预期可能会出现的复杂情况开发出一些Web请求功能，而无须开发非常复杂的程序。

HttpClient是用于通过HTTP发送和接收请求的主类，它使用HttpBaseProtocolFilter类来确定如何发送和接收数据，所以HttpBaseProtocolFilter在逻辑上是所有自定义筛选器链的结尾。每个HttpClient实例都可以有一个不同的筛选器链或管道，如图12.3所示。

若要编写一个自定义筛选器，需要创建一个自定义的筛选器类实现IHttpFilter接口，通过IHttpFilter.SendRequestAsync方法来指定筛选器的工作方式，也就是把你对于网络请求封装的信息放在该方法里面，在发起网络请求的时候筛选器内部会调用该方法。可以

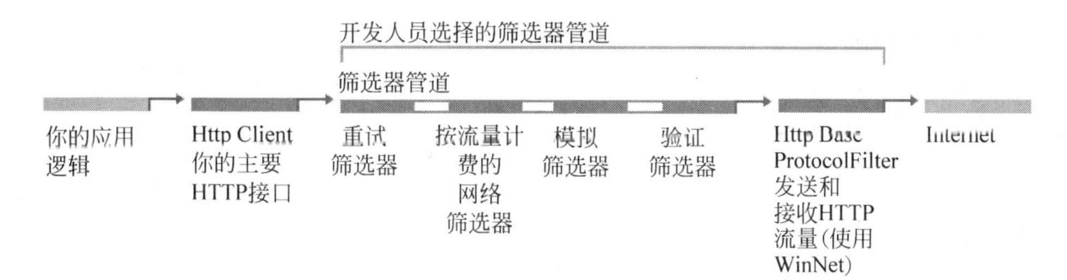

图 12.3 HttpClient 请求的筛选器链模型

使用 C#、Visual Basic .NET 或 C++来编写筛选器,并且这些筛选器可以在 Windows 运行时支持的所有语言中调用和使用。下面来看一个向 HTTP 请求和响应添加自定义标头的筛选器的示例代码。

```
//创建一个自定义筛选器使用该筛选器会在 HTTP 请求和相应中都添加一个自定义的 HTTP 头信息
public class PlugInFilter: IHttpFilter
{
    private IHttpFilter innerFilter;
    public PlugInFilter(IHttpFilter innerFilter)
    {
        if (innerFilter == null)
        {
            throw new ArgumentException("innerFilter cannot be null.");
        }
        this.innerFilter = innerFilter;
    }
    //在 SendRequestAsync 方法里面添加自定义的 HTTP 头
    public IAsyncOperationWithProgress < HttpResponseMessage, HttpProgress > SendRequestAsync
(HttpRequestMessage request)
    {
         return AsyncInfo.Run < HttpResponseMessage, HttpProgress >(async (cancellationToken,
progress) =>
        {
            //添加请求头
            request.Headers.Add("Custom - Header","CustomRequestValue");
             HttpResponseMessage response = await innerFilter.SendRequestAsync(request).
AsTask(cancellationToken,progress);
            cancellationToken.ThrowIfCancellationRequested();
            //添加相应头
            response.Headers.Add("Custom - Header","CustomResponseValue");
            return response;
        });
    }
    public void Dispose()
    {
        innerFilter.Dispose();
        GC.SuppressFinalize(this);
    }
}
```

若要使用此筛选器，在创建 HttpClient 对象时将其接口传递到 HttpClient(IHttp-Filter)构造方法里面。若要设置筛选器链，请将新筛选器链接到之前的筛选器以及位于该链结尾处的 HttpBaseProtocolFilter 对象。下面使用 PlugInFilter 筛选器来创建 HttpClient 对象，代码示例如下：

```
//先创建一个 HttpBaseProtocolFilter 对象,因为这个是 HttpClient 默认的最底下的筛选器
var basefilter = new HttpBaseProtocolFilter();
//创建 PlugInFilter 筛选器对象,链接到 HttpBaseProtocolFilter 对象上
var myfilter = new PlugInFilter(basefilter);
//使用自定义的筛选器创建 HttpClient 对象
HttpClient httpClient = new HttpClient(myfilter);
使用 httpClient 对象来发起网络请求都会自动带上自定义筛选器所添加的 HTTP 头
```

12.2.6 实例演示：部署 IIS 服务和实现客户端对服务器的请求

下面给出部署 IIS 服务和实现客户端对服务器的请求的示例：在该示例里面我们首先需要创建一个 ASP.NET 的网站服务，并在本地的 IIS 服务上把网站部署好，作为后台的网络服务，然后再创建一个 Windows Phone 客户端应用程序向后台的网络服务发起请求。通过 Visual Studio 创建一个 ASP.NET 的项目命名为 website，创建一个 default.aspx 页面用于处理 Get 和 Post 数据请求的测试。

代码清单 12-2：部署 IIS 服务和实现客户端对服务器的请求（源代码：第 12 章\Examples_12_2）

default.aspx.cs 文件代码：网络后台服务对网络请求的模拟处理

```
------------------------------------------------------------------
using System;
using System.Web;

namespace website
{
    public partial class _default: System.Web.UI.Page
    {
        protected void Page_Load(object sender,EventArgs e)
        {
            //为了方便测试和客户端取消网络操作,后台服务延迟 2 秒钟再执行相关的操作
            System.Threading.Thread.Sleep(2000);
            //返回请求的内容
            Response.Write("客户端请求的数据内容: ");
            //获取 Post 请求传递过来的数据
            System.IO.Stream inputStream = Request.InputStream;
             using (System.IO.StreamReader reader = new System.IO.StreamReader(Request.
InputStream))
            {
                string body = reader.ReadToEnd();
                Response.Write(body);
            }
```

```
            //Get 请求设置请求缓存时间
            if (Request.QueryString["cacheable"] != null)
            {
                //设置缓存时间
                Response.Expires = Int32.Parse(Request.QueryString["cacheable"]);
                Response.Write("Get 请求,当前的服务器时间是: ");
                Response.Write(DateTime.Now);
                Response.Write("请求缓存" + Response.Expires + "分钟");
            }
            //获取请求的 Cookies
            if (Request.Cookies.Count > 0)
            {
                Response.Write("Cookies: ");
                foreach (var cookie in Request.Cookies.AllKeys)
                {
                    Response.Write(cookie + ":" + Request.Cookies[cookie].Value);
                }
            }
            //设置服务器相应请求的 cookies
            if (Request.QueryString["setCookies"] != null)
            {
                //创建一个持续 3 分钟的 cookie
                HttpCookie myCookie1 = new HttpCookie("LastVisit");
                DateTime now = DateTime.Now;
                myCookie1.Value = now.ToString();
                myCookie1.Expires = now.AddMinutes(3);
                Response.Cookies.Add(myCookie1);
                //创建一个 http 会话的 cookie
                HttpCookie myCookie2 = new HttpCookie("SID");
                myCookie2.Value = "31d4d96e407aad42";
                myCookie2.HttpOnly = true;
                Response.Cookies.Add(myCookie2);
            }
            //返回 Stream 数据
            if (Request.QueryString["extraData"] != null)
            {
                int streamLength = Int32.Parse(Request.QueryString["extraData"]);
                for (int i = 0; i < streamLength; i++)
                {
                    Response.Write("@");
                }
            }
        }
    }
}
```

编写好了 website 网络服务的代码之后，接下来要把该网站部署到本地的 IIS 服务上。接下来看一下如何在 Windows 8.1 上面创建好 IIS 的服务和在 IIS 服务上部署网站。

1. 创建本地 IIS 的服务

因为 Windows 8.1 系统是内置了 IIS 服务的，但是默认的情况下是关闭的，如果要使用需要我们到“Windows 功能”窗口上面去打开。打开的路径为：控制面板→打开或关闭 windows 功能→Internet 信息服务→万维网服务→应用程序开发功能，勾选上“.net 扩展性”和“ASP.NET”相关的选项如图 12.4 所示，单击“确定”按钮，这时候系统会自动按照 IIS 服务相关的组件，需要等待几分钟时间。安装完毕之后，打开浏览器输入本地的服务网址 http://localhost/，如果出现如图 12.5 的页面则表示 IIS 服务成功运行。

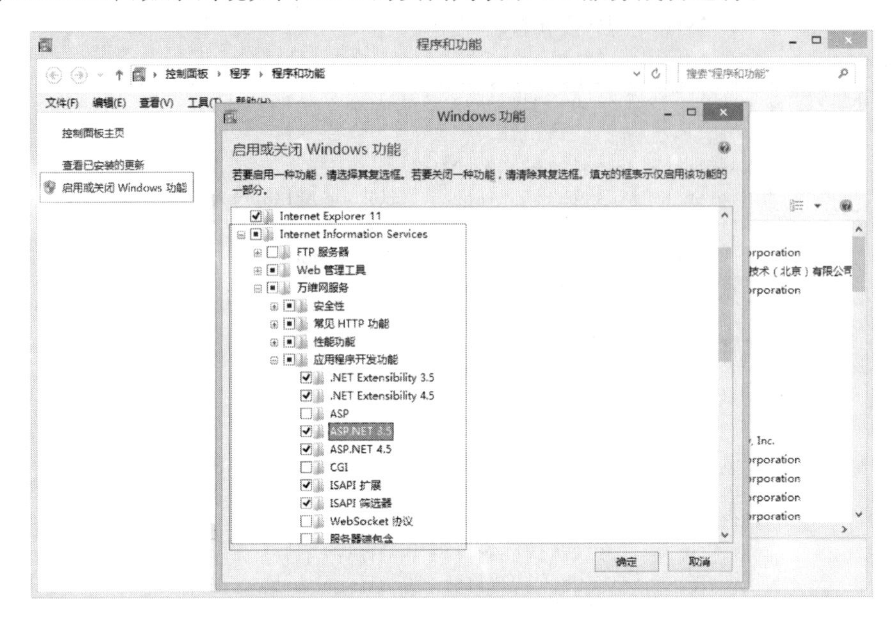

图 12.4 部署 IIS 服务

图 12.5 默认 IIS 服务主页

2. 在 IIS 服务上部署网站

IIS 服务创建成功之后，就需要把当前的网站部署到本地的 IIS 服务上进行测试。首先在应用列表上找到“IIS 管理器”，打开它如图 12.6 所示。右击“网站”，选择“添加网站”，然后在添加网站窗口里面填写网站的名称和网站的物理路径，物理路径为 website 项目所在的位置，然后单击“确定”按钮，添加网站的信息如图 12.7 所示。

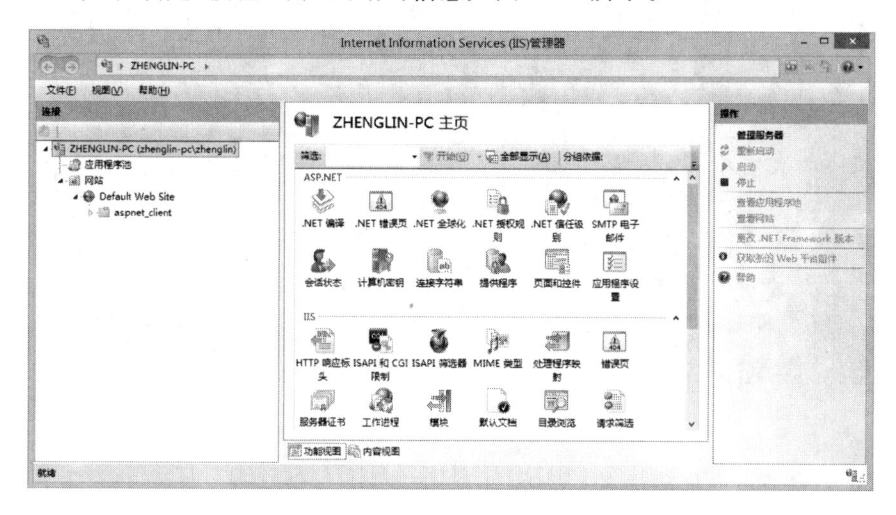

图 12.6　IIS 管理器

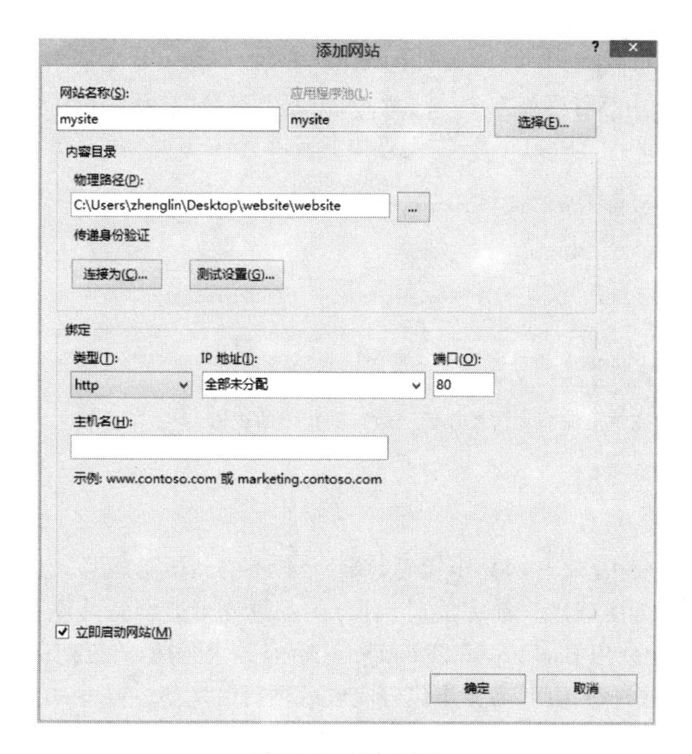

图 12.7　添加网站

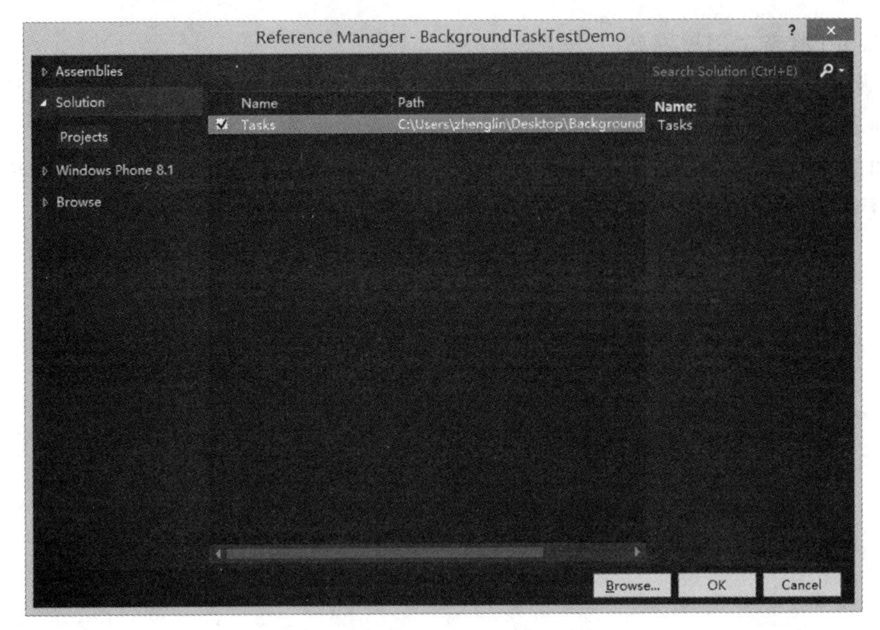

图 17.4 在主项目中添加 Tasks 项目的引用

2. 实现后台任务的代码逻辑

后台任务是实现 IBackgroundTask 接口的单独的类，所以接下来在 Tasks 组件里面创建一个命名为 ExampleBackgroundTask 的类，该类从 IBackgroundTask 接口派生，并且重载实现 IBackgroundTask 接口的 Run 方法，Run 方法是在触发指定的事件时必须调用的输入点，每个后台任务中都需要该方法。注意，台任务类本身（以及后台任务项目中的所有其他类）必须是属于 sealed 的 public 类。代码如下所示：

```
using Windows.ApplicationModel.Background;
namespace Tasks
{
    public sealed class ExampleBackgroundTask: IBackgroundTask
    {
        public void Run(IBackgroundTaskInstance taskInstance)
        {
            //在这里编写你需要在后台运行的代码的逻辑
        }
    }
}
```

如果在后台任务中运行任何异步代码，则后台任务必须使用延期。如果不使用延期，则当 Run 方法在异步方法调用之前完成时，后台任务进程可能会意外终止。调用异步方法前，请在 Run 方法中使用 BackgroundTaskDeferral 类请求延期，将延期保存到全局变量，从而使其可从异步方法进行访问，当异步代码完成后再调用其 Complete 方法通知系统已完成与后台任务关联的异步操作。如果在后台任务上调用 IBackgroundTaskInstance.

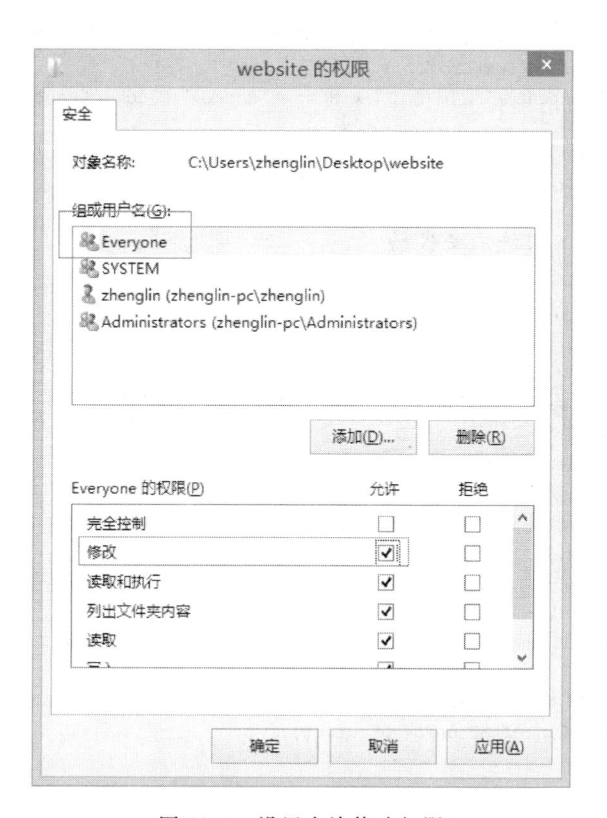

图 12.9　设置允许修改权限

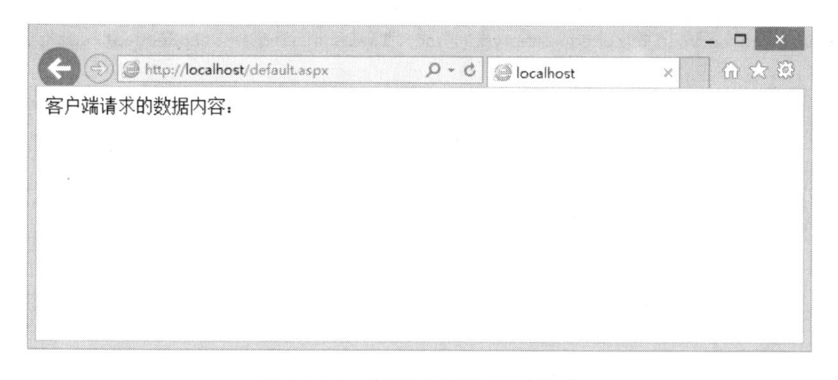

图 12.10　部署的网站显示效果

```
    </StackPanel>
</Grid>
<!-- 操作的进度,网络信息的展示面板,一开始隐藏,发起网络操作则显示出来,完成后再隐藏 -->
<Grid Grid.RowSpan="2" x:Name="waiting" Visibility="Collapsed">
    <Grid Background="Black" Opacity="0.8" ></Grid>
    <StackPanel Background="Black" HorizontalAlignment="Center" VerticalAlignment=
"Center" Grid.RowSpan="2">
```

```
        <TextBlock x:Name = "infomation" Text = "正在请求数据……" FontSize = "30"
TextWrapping = "Wrap"></TextBlock>
        <Button Content = "取消操作" x:Name = "cancel" Click = "cancel_Click" Width = "370">
</Button>
    </StackPanel>
</Grid>
```

MainPage.xaml.cs 文件主要代码

```
public sealed partial class MainPage: Page
{
    //服务器地址
    private string server = "http://localhost/default.aspx";
    //HTTP 请求对象
    private HttpClient httpClient;
    //异步任务取消对象
    private CancellationTokenSource cts;
    public MainPage()
    {
        this.InitializeComponent();
        //初始化 HTTP 请求对象
        httpClient = new HttpClient();
        //初始化异步任务取消对象
        cts = new CancellationTokenSource();
    }
    ///<summary>
    ///Http 请求处理的封装方法
    ///</summary>
    ///<param name = "httpRequestAction">Http 的异步请求方法,返回 string 类型</param>
    private async void HttpRequestAsync(Func<Task<string>> httpRequestFuncAsync)
    {
        string responseBody;
        waiting.Visibility = Visibility.Visible;
        try
        {
            responseBody = await httpRequestFuncAsync();
            cts.Token.ThrowIfCancellationRequested();
        }
        catch (TaskCanceledException)
        {
            responseBody = "请求被取消";
        }
        catch (Exception ex)
        {
            responseBody = "异常消息" + ex.Message;
        }
        finally
        {
            waiting.Visibility = Visibility.Collapsed;
        }
```

```
        await Dispatcher.RunAsync(CoreDispatcherPriority.Normal,async () =>
        {
            await new MessageDialog(responseBody).ShowAsync();
        });
    }
    //Get 请求获取 string 类型数据
    private void Button_Click_1(object sender,RoutedEventArgs e)
    {
        HttpRequestAsync(async () =>
        {
            string resourceAddress = server + "?cacheable=1";
            HttpResponseMessage response = await httpClient.GetAsync(new Uri(resourceAddress)).
AsTask(cts.Token);
            string responseBody = await response.Content.ReadAsStringAsync().AsTask(cts.
Token);
            return responseBody;
        });
    }
    //Get 请求获取 Stream 类型数据
    private void Button_Click_2(object sender,RoutedEventArgs e)
    {
        HttpRequestAsync(async () =>
        {
            string resourceAddress = server + "?extraData=2000";
            StringBuilder responseBody = new StringBuilder();
             HttpRequestMessage request = new HttpRequestMessage(HttpMethod.Get, new Uri
(resourceAddress));
            HttpResponseMessage response = await httpClient.SendRequestAsync(
                request,
                HttpCompletionOption.ResponseHeadersRead).AsTask(cts.Token);
            using (Stream responseStream = (await response.Content.ReadAsInputStreamAsync()).
AsStreamForRead())
            {
                int read = 0;
                byte[] responseBytes = new byte[1000];
                do
                {
                    read = await responseStream.ReadAsync(responseBytes,0,responseBytes.
Length);
                    responseBody.AppendFormat("Bytes read from stream: {0}",read);
                    responseBody.AppendLine();
                    //把 byte[]转化为 IBuffer 类型,IBuffer 接口是 Windows Phone 标准的二进
制数据接口
                    IBuffer responseBuffer = CryptographicBuffer.CreateFromByteArray(responseBytes);
                    responseBuffer.Length = (uint)read;
                    //转化为 Hex 字符串,ASCII 文本这些记录由对应机器语言码和/或常量数据
的十六进制编码数字组成
                    responseBody.AppendFormat(CryptographicBuffer.EncodeToHexString(responseBuffer));
                    responseBody.AppendLine();
                } while (read != 0);
```

```
            }
            return responseBody.ToString();
        });
    }
    //Post 请求发送 String 类型数据
    private void Button_Click_3(object sender,RoutedEventArgs e)
    {
        HttpRequestAsync(async () =>
        {
            string resourceAddress = server;
            string responseBody;
            HttpResponseMessage response = await httpClient.PostAsync(new Uri(resourceAddress),
                new HttpStringContent("hello Windows Phone")).AsTask(cts.Token);
            responseBody = await response.Content.ReadAsStringAsync().AsTask(cts.Token);
            return responseBody;
        });
    }
    //Post 请求发送 Stream 类型数据
    private void Button_Click_4(object sender,RoutedEventArgs e)
    {
        HttpRequestAsync(async () =>
        {
            string resourceAddress = server;
            string responseBody;
            const int contentLength = 1000;
            //使用 Stream 数据初始化一个 HttpStreamContent 对象
            Stream stream = GenerateSampleStream(contentLength);
            HttpStreamContent streamContent = new HttpStreamContent(stream.AsInputStream());
            //初始化一个 Post 类型的 HttpRequestMessage 对象
             HttpRequestMessage request = new HttpRequestMessage(HttpMethod.Post, new Uri
(resourceAddress));
            request.Content = streamContent;
            //发送 POST 数据请求
             HttpResponseMessage response = await httpClient.SendRequestAsync(request).
AsTask(cts.Token);
            //获取请求的结果
            responseBody = await response.Content.ReadAsStringAsync().AsTask(cts.Token);
            return responseBody;
        });
    }
    //获取测试的数据流对象
    private static MemoryStream GenerateSampleStream(int size)
    {
        byte[] subData = new byte[size];
        for (int i = 0; i < subData.Length; i++)
        {
            //ASCII 编码 40 表示是字符"("
            subData[i] = 40;
        }
        return new MemoryStream(subData);
```

```
}
//监控 Post 请求的进度情况
private void Button_Click_5(object sender,RoutedEventArgs e)
{
    HttpRequestAsync(async () =>
    {
        string resourceAddress = server;
        string responseBody;
        const uint streamLength = 1000000;
         HttpStreamContent streamContent = new HttpStreamContent(new SlowInputStream
(streamLength));
        streamContent.Headers.ContentLength = streamLength;
        //创建进度对象
        IProgress<HttpProgress> progress = new Progress<HttpProgress>(ProgressHandler);
        HttpResponseMessage response = await httpClient.PostAsync(new Uri(resourceAddress),
streamContent).AsTask(cts.Token,progress);
        responseBody = "完成";
        return responseBody;
    });
}
private void ProgressHandler(HttpProgress progress)
{
    string infoString = "";
    infoString = progress.Stage.ToString();
    //需要发送的数据
    ulong totalBytesToSend = 0;
    if (progress.TotalBytesToSend.HasValue)
    {
        totalBytesToSend = progress.TotalBytesToSend.Value;
        infoString += "发送数据:" + totalBytesToSend.ToString(CultureInfo.InvariantCulture);
    }
    //已接收的数据
    ulong totalBytesToReceive = 0;
    if (progress.TotalBytesToReceive.HasValue)
    {
        totalBytesToReceive = progress.TotalBytesToReceive.Value;
        infoString += "接收数据:" + totalBytesToReceive.ToString(CultureInfo.InvariantCulture);
    }
    double requestProgress = 0;
    //前面 50% 是发送进度,后面的 50% 是接收进度
    if (progress.Stage == HttpProgressStage.SendingContent && totalBytesToSend > 0)

    {
        requestProgress = progress.BytesSent * 50 / totalBytesToSend;
        infoString += "发送进度: ";
    }
    else if (progress.Stage == HttpProgressStage.ReceivingContent)
    {
        requestProgress += 50;
        if (totalBytesToReceive > 0)
```

```
                {
                    requestProgress += progress.BytesReceived * 50 / totalBytesToReceive;
                }
                infoString += "接收进度：";
            }
            else
            {
                return;
            }
            infoString += requestProgress;
            infomation.Text = infoString;
        }
        //设置网络请求的Cookie
        private void Button_Click_6(object sender,RoutedEventArgs e)
        {
            HttpRequestAsync(async () =>
            {
                string resourceAddress = server;
                string responseBody;
                //创建一个HttpCookie对象,"id"表示是Cookie的名称,"localhost"是主机名,"/"是
表示服务器的虚拟路径
                HttpCookie cookie = new HttpCookie("id","localhost","/");
                cookie.Value = "123456";
                //设置为null表示只是在一个会话里面生效
                cookie.Expires = null;
                HttpBaseProtocolFilter filter = new HttpBaseProtocolFilter();
                bool replaced = filter.CookieManager.SetCookie(cookie,false);
                HttpResponseMessage response = await httpClient.PostAsync(new Uri(resourceAddress),
                   new HttpStringContent("hello Windows Phone")).AsTask(cts.Token);
                responseBody = await response.Content.ReadAsStringAsync().AsTask(cts.Token);
                return responseBody;
            });
        }
        //获取网络请求的Cookie
        private void Button_Click(object sender,RoutedEventArgs e)
        {
            HttpRequestAsync(async () =>
            {
                string resourceAddress = server + "?setCookies=1";
                string responseBody;
                //发送网络请求
                HttpResponseMessage response = await httpClient.GetAsync(new Uri(resourceAddress)).
AsTask(cts.Token);
                responseBody = await response.Content.ReadAsStringAsync().AsTask(cts.Token);
                cts.Token.ThrowIfCancellationRequested();
                //获取基础协议筛选器
                HttpBaseProtocolFilter filter = new HttpBaseProtocolFilter();
                //获取网络请求下载到的Cookie数据
                HttpCookieCollection cookieCollection = filter.CookieManager.GetCookies(new
Uri(resourceAddress));
```

```
            //遍历 Cookie 数据的内容
            responseBody = cookieCollection.Count + " cookies:";
            foreach (HttpCookie cookie in cookieCollection)
            {
                responseBody += "Name: " + cookie.Name + " ";
                responseBody += "Domain: " + cookie.Domain + " ";
                responseBody += "Path: " + cookie.Path + " ";
                responseBody += "Value: " + cookie.Value + " ";
                responseBody += "Expires: " + cookie.Expires + " ";
                responseBody += "Secure: " + cookie.Secure + " ";
                responseBody += "HttpOnly: " + cookie.HttpOnly + " ";
            }
            return responseBody;
        });
    }
    //取消网络请求
    private void cancel_Click(object sender,RoutedEventArgs e)
    {
        cts.Cancel();
        cts.Dispose();
        cts = new CancellationTokenSource();
    }
}
```

应用程序的运行效果如图 12.11 所示。

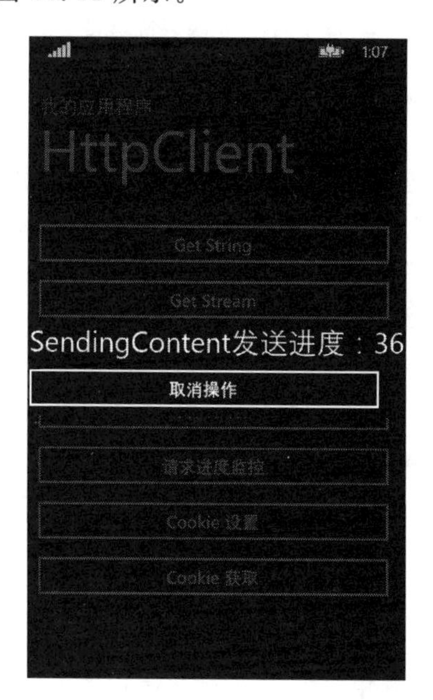

图 12.11　HttpClient 实现网络请求

12.3 推送通知

移动互联网时代以前的手机，如果有事件发生要通知用户，会有一个窗口弹出，告诉用户正在发生什么。可能是未接电话的提示，日历的提醒，或者是一封新彩信。传统的RSS阅读器都是手动或以一定间隔自动抓取信息。手动需要你在想看的时候手动刷新内容，这么做的好处是省电。不足之处也很明显，麻烦，而且消息来得不及时。所以很多程序都以一定间隔自动进行刷新，例如十分钟上网抓取一次信息。这么做固然是方便了一些，但同样会带来问题，如果没有新内容，就白白耗费了不少的流量和电力。而且这个时间间隔长度本身也是一个问题，间隔太长就没有时效性，太短的话又过于费电费流量。那么推送通知就是专门用于解决这个问题的，它的原理很简单，第三方程序，比如微博客户端、聊天软件与推送通知的服务器保持连接，等有新的内容需要提供给手机之后，推送通知的服务器就会将数据推送到手机上。

推送通知是一个统一的通知服务。使用推送通知服务可以确保用户得到最新信息。很多类型的程序都可以使用这个服务。例如，体育程序可以在程序没有运行时更新关键的比赛信息。聊天程序可以显示会话中最新的回复。任务管理程序可以跟踪有多少任务用户还没有处理。推送通知服务对于移动设备可以说是一个非常搭配的技术功能。大部分重量级的运算都在服务器和通知服务器之间进行，对在后台运行的程序来说，对电池的影响更小，性能也更高。该服务会维持一个持久的IP连接从而在程序没有运行时也能通知用户。

12.3.1 推送通知的原理和工作方式

Windows Phone中的推送通知服务是一款异步、尽力型服务，可向第三方开发人员提供一个采用高效节能的方法将数据从云服务发送到Windows Phone应用的通道。开发者可以利用Windows Phone提供的推送通知的服务，来实现网络的服务器端向手机的客户端程序推送一些通知或者消息，意思就是服务器端通过推送通知的服务主动地告诉手机客户端来了新的通知或者消息，这跟客户端调用web service去拉消息是两种不同原理的交互方式。推送通知(Push Notificiation)的一个好处就是可以在应用程序没有执行的情况下，仍然可以将远端的消息传送到Windows Phone的客户端应用程序上，并且提醒这个消息的到来。

下面来介绍一下推送通知涉及的3个重要的服务。

1. Web Service(云端服务)

这是通知消息的出发点，也就是你要推送什么样的通知、什么内容的消息，就是从这里提供的。它怎么知道要推送到哪里呢？它怎么知道它的消息要传送到哪部手机哪个应用程序呢？这时候就出来了一个频道(Channel)的概念。使用推送通知的应用程序需要通过Microsoft Push Notification Service注册一个唯一的Channel，然后把这个唯一的Channel告诉云端服务，这时候云端服务就可以将消息搭载这个唯一的Channel，通过Microsoft

Push Notification Service 传送到手机的客户端应用程序。

2. Microsoft Push Notification Service(微软提供的推送通知服务)

这是推送通知的一个中介的角色,这是微软免费提供的一个服务,这个服务为手机客户端和服务器端的交流提供了一条特殊的通道。一种情况,它接受手机应用程序通过 Push Client 创建的 Channel 来作为整个推送通知过程的通道。另一种情况,它也接受云端服务所申请的 Service Name 来进行注册,让 Push Client 在建立 Channel 时指定云端服务所注册的 Service。

3. Push Client(Windows Phone 的推送通知的客户端)

这是推送通知在 Windows Phone 系统里面的客户端的支持,直接跟手机客户端打交道。Push Client 要取得资料的话,则需要向 Microsoft Push Notification Service 建立起独有的 Channel,因此 Push Client 会向 Microsoft Push Notification Service 送出询问是否存在指定的 Service Name 与专用的 Channel 名称。

我们再看一下 Windows Phone 整个推送通知的工作流程,如图 12.12 所示显示了显示如何发送推送通知的整个流程。下面再说明一下推送通知的工作流程图里面每个步骤的含义:

第一步:你的应用从推送客户端服务请求推送通知 URI。

第二步:推送客户端服务与微软推送通知服务(MPNS)通信并且 MPNS 向推送客户端服务返回一个通知 URI。

第三步:推送客户端服务向你的应用返回通知 URI。

第四步:应用可以向云服务发送通知 URI。

第五步:当云服务要向应用发送信息时,它将使用通知 URI 向 MPNS 发送推送通知。

第六步:MPNS 将推送通知路由到应用。

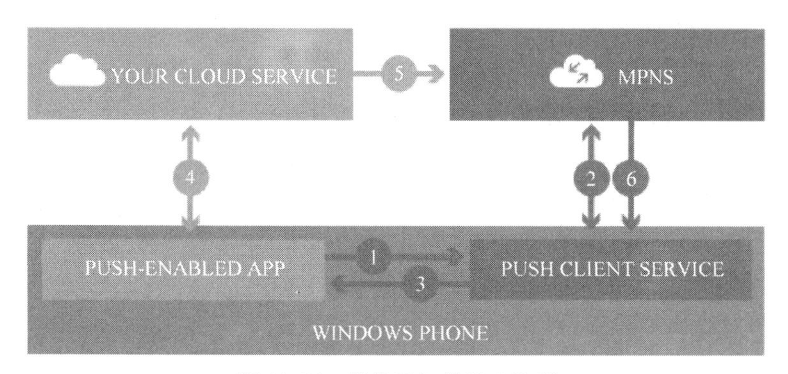

图 12.12　推送通知的整个流程

12.3.2　推送通知的分类

推送通知服务中有 4 种不同类型的通知,分别是原生通知(Raw Notification)、吐司通知(Toast Notification)、磁贴通知(Tile Notification)和徽章通知(Badge Notification)。这

4 种通知的表现形式和消息传送的格式都不一样，你可以根据你的应用的具体情况来选择你需要的通知的形式。

1. 原生通知(Raw Notification)

原生通知是一种只是针对于正在运行的应用程序而提供的通知，如果你使用了原生通知的应用程序并没有运行，而服务器端又给你的应用程序发送了消息的情况下，那么这一条的原生通知将会被微软的推送通知服务所丢弃。原生通知一般是用于给正在运行的应用程序发送消息，比如聊天软件的好友上线通知等。

原生通知的特点：

(1) 可以发送任何格式的数据；有效的载荷最大为 1KB；

(2) 只有在使用原生通知运行的情况下才能接收到消息；

(3) 允许在用户使用时更新用户界面。

原生通知的传送格式可以为任意的字符串格式，接收到消息的效果如图 12.13 所示。

图 12.13　原生通知

2. 吐司通知(Toast Notification)

吐司通知是一种直接在屏幕最上面弹出来的系统提示栏通知，总是显示在屏幕的最顶部，会有声音和振动的提示，十秒钟后会自动消失，当单击提示栏可以打开应用程序。例如，我们的手机接收到新的短信的时候，在屏幕最顶端弹出来的消息就是吐司通知来的，点击进去就进去了短信的界面。吐司通知一般是用于一些比较重要的通知提示，比如短信提醒、恶劣天气提醒等。

吐司通知的特点：

(1) 发送的数据为指定的 XML 格式；

(2) 如果程序正在运行，内容发送到应用程序中；

(3) 如果程序不在运行，弹出 Toast 消息框显示消息；

(4) 会临时打断用户的操作；

(5) 消息的内容为应用程序图标加上两个标题描述，标题为粗体字显示的字符串，副标题为非粗体字显示的字符串，你也可以只有内容显示；

(6) 用户可以点击消息进行跟踪。

吐司通知的传送格式如下，关于吐司通知格式的更加详细的说明可以参考第 9 章：

```
<toast>
    <visual>
        <binding template="ToastText02">
            <text id="1">headlineText</text>
            <text id="2">bodyText</text>
        </binding>
```

```
    </visual>
</toast>
```

图 12.14　吐司通知

接收到消息的效果如图 12.14 所示。

3. 磁贴通知(Tile Notification)

磁贴通知是一种针对于在桌面中的应用程序提供的通知，如果用户并没有把应用程序它的磁贴添加在桌面，那么应用程序是不会接收到磁贴通知的。推送通知里面的磁贴通知和第 9 章所讲解的磁贴是一样的格式和原理的，只不过推送通知是从云服务上向手机发起的触发磁贴通知的请求。

磁贴通知的传送格式如下，关于磁贴通知格式的更加详细的说明可以参考第 9 章。

```
<tile>
  <visual version = "3">
    <binding template = "TileWide310x150IconWithBadgeAndText">
      < image id = "1" src = ""/>
      < text id = "1"></text>
      < text id = "2"></text>
      < text id = "3"></text>
    </binding>
  </visual>
</tile>
```

接收到消息的效果如图 12.15 所示。

4. 徽章通知(Badge Notification)

徽章通知是在磁贴右上角的数字通知，通常用于表示应用程序未读消息数量或者新消息数量这类型的信息。例如，未读短信在短信图标的右上角显示就是徽章通知的表现形式。如果应用程序被添加到了锁屏，那么该通知的内容还会在手机的锁屏上面显示。

徽章通知的传送格式如下：

```
<badge value = ""3" />
```

接收到消息的效果如图 12.16 所示。

图 12.15　磁贴通知

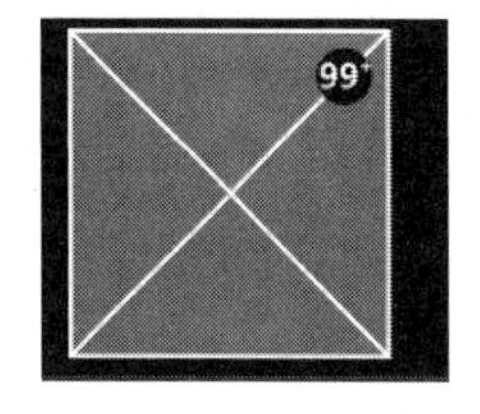

图 12.16　徽章通知

12.3.3　推送通知的发送机制

在 Windows Phone 8.1 的应用程序使用推送通知的服务之前，必须要使用开发者账号先在提交应用的页面上注册你的应用程序所对应的推送通知服务。通过注册你获取到3个很重要的信息，分别是应用的标识值、程序包安全标识符和密钥，注册推送通知服务的页面如图12.17所示。

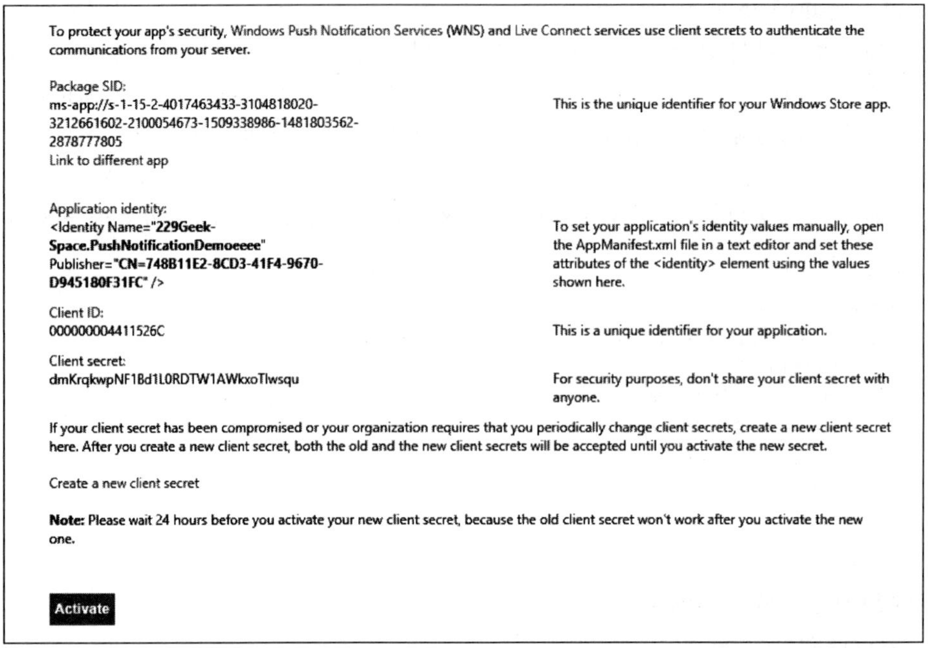

To protect your app's security, Windows Push Notification Services (WNS) and Live Connect services use client secrets to authenticate the communications from your server.

Package SID:
ms-app://s-1-15-2-4017463433-3104818020-3212661602-2100054673-1509338986-1481803562-2878777805
Link to different app

This is the unique identifier for your Windows Store app.

Application identity:
<Identity Name="**229Geek-Space.PushNotificationDemoeeee**" Publisher="**CN=748B11E2-8CD3-41F4-9670-D945180F31FC**" />

To set your application's identity values manually, open the AppManifest.xml file in a text editor and set these attributes of the <identity> element using the values shown here.

Client ID:
000000004411526C

This is a unique identifier for your application.

Client secret:
dmKrqkwpNF1Bd1L0RDTW1AWkxoTlwsqu

For security purposes, don't share your client secret with anyone.

If your client secret has been compromised or your organization requires that you periodically change client secrets, create a new client secret here. After you create a new client secret, both the old and the new client secrets will be accepted until you activate the new secret.

Create a new client secret

Note: Please wait 24 hours before you activate your new client secret, because the old client secret won't work after you activate the new one.

Activate

图12.17　注册推送通知服务

从图12.17可以获取到的信息如下：

1）应用的标识值

应用的标识值为：“<Identity Name = "229Geek-Space.PushNotificationDemoeeee" Publisher = "CN = 748B11E2-8CD3-41F4-9670-D945180F31FC"/>”，当获取到该标识值的时候，我们需要把使用该推送通知的Windows Phone应用程序的清单文件Package.appxmanifest里面的Identity节点改为获取的内容。

2）程序包安全标识符

程序包安全标识符：“ms-app://s-1-15-2-4017463433-3104818020-3212661602-2100054673-1509338986-1481803562-2878777805”，在推送通知的云服务中需要使用到。

3）密钥

密钥：“dmKrqkwpNF1Bd1L0RDTW1AWkxoTlwsqu”，在推送通知的云服务中需要使用到。

注意，上述的信息为作者使用开发者账号申请的测试信息，仅作为演示，在你使用的时候也许已经失效了，请自行使用开发者账号去申请新的推送通知服务的应用的标识值、程序包安全标识符和密钥。

在构建应用程序的推送通知发送服务的后台，可以使用任何的编程语言或者应用程序来实现，只要你按照推送通知的发送机制来实现就可以。下面看一下推送通知的发送机制的一些重要的内容。

1. 请求和接收访问令牌

将 HTTP 请求发送至推送通知服务以对云服务进行验证，然后反过来检索访问令牌。通过使用安全套接字层(SSL)将请求发布至微软提供的完全限定的域名(https://login.live.com/accesstoken.srf)。

云服务(也就是你的发送服务后台)在 HTTP 请求正文中提交了这些所需参数，采用的格式为"application/x-www-form-urlencoded"。必须确保所有参数都进行 URL 编码。在 URL 编码中需要有 4 个参数分别如下所示：

grant_type：必须设置为"client_credentials"。

client_id：向应用商店注册应用时已分配的云服务程序包安全标识符(SID)。

client_secret：向应用商店注册应用时已分配的云服务密钥。

scope：必须设置为"notify.windows.com"。

URL 参数的拼接示例如下：

```
grant_type = client_credentials&client_id = ms - app % 3a % 2f % 2fS - 1 - 15 - 2 - 2972962901 -
2322836549 - 3722629029 - 1345238579 - 3987825745 - 2155616079 - 650196962&client_secret =
Vex8L9WOFZuj95euaLrvSH7XyoDhLJc7&scope = notify.windows.com
```

云服务(也就是你的发送服务后台)通过一个使用"application/x-www-for-urlencoded"格式的 HTTPS 身份验证请求提供它的凭据(程序包安全标识符和客户端密钥)。HTTP 的请求格式示例如下所示：

```
POST /accesstoken.srf HTTP/1.1
Content - Type: application/x - www - form - urlencoded
Host: https://login.live.com
Content - Length: 211
```

推送通知服务随即向你的服务器发送对身份验证请求的响应。如果响应代码为"200 OK"，则身份验证成功，响应包含一个访问令牌，云服务器必须保存这个令牌，并且用在它发送的任何通知中，直到该访问令牌过期。HTTP 的相应格式示例如下：

```
HTTP/1.1 200 OK
Cache - Control: no - store
Content - Length: 422
Content - Type: application/json
{
    "access_token":"EgAcAQMAAAAALYAAY/c + Huwi3Fv4Ck10UrKNmtxRO6Njk2MgA = ",
    "token_type":"bearer"
}
```

其中，access_token 表示云服务在发送通知时使用的访问令牌，token_type 始终作为

“bearer”返回。

2. 发送通知请求和接收响应

调用应用发送通知请求时，会通过 SSL 发出 HTTP 请求，将该请求发送至信道统一资源标识符。“Content-Length”是标准的 HTTP 标头，必须在请求中指定。所有其他标准标头可选，或者不受支持。另外，此处所列的自定义请求头可用在通知请求中，某些头必需，而其他头可选，这些请求头的说明如下：

(1) Authorization(必需)：标准 HTTP 授权头用于对通知请求进行验证。云服务在此头中提供了其访问令牌。格式为 Authorization: Bearer <access-token>，字符串文字“Bearer”，后面是空格，再后面是你的访问令牌。通过发布以上所述的访问令牌请求检索此访问令牌。同一访问令牌可用于后续通知请求中，直至该令牌过期。

(2) Content-Type(必需)：标准 HTTP 授权头。对于吐司、磁贴以及徽章通知，此标头应设置为“text/xml”。对于原生通知，此标头应设置为“application/octet-stream”。

(3) Content-Length(必需)：表示请求负载大小的标准 HTTP 授权头。

(4) X-WNS-Type(必需)：定义负载中的通知类型：磁贴、吐司、徽章或原生通知。这些是推送通知服务支持的通知类型。此头表示通知类型以及推送通知服务处理该通知时应采用的方式。当通知到达客户端之后，针对此指定的类型验证实际的负载。X-WNS-Type 的格式为“X-WNS-Type: wns/toast | wns/badge | wns/tile | wns/raw”，按照顺序分别表示吐司、徽章、磁贴和原生通知。

(5) X-WNS-Cache-Policy(可选)：启用或禁用通知缓存。此标头仅应用于磁贴、徽章和原始通知。设置个格式为“X-WNS-Cache-Policy: cache | no-cache”。当通知目标设备处于脱机状态时，推送通知服务会为每个应用缓存一个锁屏提醒通知和一个磁贴通知。如果为应用启用了通知循环，则推送通知服务至多会缓存 5 个磁贴通知。默认情况下，不会缓存原始通知，但如果启用了原始通知缓存，则将会缓存一个原始通知。项不会无限期保留在缓存中，它们会在一段适度长的时间后丢弃。否则，当设备下次联机时，会传递缓存内容。

(6) X-WNS-RequestForStatus(可选)：知响应中的请求设备状态和推送通知服务连接状态。X-WNS-RequestForStatus 的格式为“X-WNS-RequestForStatus: true | false”，true 表示返回响应中的设备状态和通知状态，false 是默认值。

(7) X-WNS-Tag(可选)：用于为通知提供识别标签、用作支持通知队列的磁贴的字符串。此头仅应用于磁贴通知。X-WNS-Tag 的格式为“X-WNS-Tag: <string value>”，string value 表示不超过 16 个字符的字母数字字符串。

(8) X-WNS-TTL(可选)：指定生存时间(TTL)的整数值(用秒数表示)。X-WNS-TTL:的格式为“X-WNS-TTL: <integer value>”，integer value 表示接收请求后的通知生存期跨度(以秒为单位)。

那么上面的是发送 HTTP 的请求头，请求之后会获取到 HTTP 的响应，如果 HTTP 的响应码是“200 OK”则表示通知发送成功，其他的响应码都是失败，失败的响应码有 400(错误的请求)、401(未授权)、403(已禁止)、404(未找到)、405(方法不允许)等。除了响应码之外，响应头也会带上相关的信息，分别如下所示：

（1）X-WNS-Debug-Trace（可选）：报告问题时应记录用于帮助解决问题的调试信息。

（2）X-WNS-DeviceConnectionStatus（可选）：设备状态，仅当通过 X-WNS-RequestForStatus 头在通知请求中请求时返回。

（3）X-WNS-Error-Description（可选）：应记录用于帮助调试的人工可读错误。

X-WNS-Msg-ID（可选）：通知的唯一标识符，用于调试目的。报告问题时，应记录此信息以有助于故障诊断。

（4）X-WNS-NotificationStatus（可选）：指示推送通知服务是否成功接收通知并处理通知。报告问题时，应记录此信息以有助于故障诊断。

下面给出使用 Windows 窗体应用程序发送推送通知的示例：创建一个 Windows 窗体应用程序，在应用程序中实现向 Windows Phone 客户端应用程序发送推送通知的功能。

代码清单 12-3：使用 Windows 窗体应用程序发送推送通知（源代码：第 12 章\Examples_12_3）

OAuthToken.cs 文件主要代码：访问令牌的实体对象

```
------------------------------------------------------------------------
[DataContract]
public class OAuthToken
{
    [DataMember(Name = "access_token")]
    public string AccessToken { get; set; }
    [DataMember(Name = "token_type")]
    public string TokenType { get; set; }
}
```

OAuthHelper.cs 文件主要代码：获取访问令牌信息的网络请求帮助类

```
------------------------------------------------------------------------
public class OAuthHelper
{
    ///<summary>
    ///获取 https://login.live.com/accesstoken.srf 的 OAuth 验证的 access-token
    ///</summary>
    ///<param name="secret">客户端密钥</param>
    ///<param name="sid">程序包安全标识符(SID)</param>
    ///<returns></returns>
    public OAuthToken GetAccessToken(string secret, string sid)
    {
        var urlEncodedSecret = UrlEncode(secret);
        var urlEncodedSid = UrlEncode(sid);
        //拼接请求的参数
        var body = String.Format("grant_type=client_credentials&client_id={0}&client_
secret={1}&scope=notify.windows.com",
                                 urlEncodedSid,
                                 urlEncodedSecret);
        string response;
```

```
        //发起网络请求获取 access - token
        using (WebClient client = new WebClient())
        {
            client.Headers.Add("Content - Type","application/x - www - form - urlencoded");
            response = client.UploadString("https://login.live.com/accesstoken.srf",body);
        }
        return GetOAuthTokenFromJson(response);
    }
    //json 字符串转化为对象的方法
    private OAuthToken GetOAuthTokenFromJson(string jsonString)
    {
        using (var ms = new MemoryStream(Encoding.Unicode.GetBytes(jsonString)))
        {
            var ser = new DataContractJsonSerializer(typeof(OAuthToken));
            var oAuthToken = (OAuthToken)ser.ReadObject(ms);
            return oAuthToken;
        }
    }
    //Url 参数序列化的方法
    private static string UrlEncode(string str)
    {
        StringBuilder sb = new StringBuilder();
        byte[] byStr = System.Text.Encoding.UTF8.GetBytes(str);
        for (int i = 0; i < byStr.Length; i++)
        {
            sb.Append(@"%" + Convert.ToString(byStr[i],16));
        }
        return (sb.ToString());
    }
}
```

Form1.cs 文件主要代码：Windows 窗体应用程序实现向推送通知的通道发送通知消息

```
//发送通知的按钮
private void button1_Click(object sender,EventArgs e)
{
    sendNotificationType(textBox2.Text,textBox1.Text);
}
///<summary>
///发送推送通知
///</summary>
///<param name="message">消息内容</param>
///<param name="notifyUrl">推送的通道</param>
void sendNotificationType(string message,string notifyUrl)
{
    //程序包安全标识符(SID)
    string sid = "ms - app://s - 1 - 15 - 2 - 4017463433 - 3104818020 - 3212661602 - 2100054673 -
1509338986 - 1481803562 - 2878777805";
    //客户端密钥
    string secret = "dmKrqkwpNF1Bd1L0RDTW1AWkxoTlwsqu";
                                                //"bs08Acs1RG7jB7pkGVMh8EmGKCG3pH + 3";
```

```
OAuthHelper oAuth = new OAuthHelper();
//获取访问的令牌
OAuthToken token = oAuth.GetAccessToken(secret,sid);
try
{
    //创建 Http 对象
    HttpWebRequest myRequest = (HttpWebRequest)WebRequest.Create(notifyUrl);
    //toast,tile,badge 为 text/xml; raw 为 application/octet-stream
    myRequest.ContentType = "text/xml";
    //设置 access-token
    myRequest.Headers.Add("Authorization",String.Format("Bearer {0}",token.AccessToken));
    string message2 = "test";
    if (radioButton1.Checked)
    {
        message2 = message;
        //推送 raw 消息
        myRequest.Headers.Add("X-WNS-Type","wns/raw");
        //注意 raw 消息为 application/octet-stream
        myRequest.ContentType = "application/octet-stream";
    }
    else if (radioButton2.Checked)
    {
        message2 = NotifyTile(message);
        //推送 tile 消息
        myRequest.Headers.Add("X-WNS-Type","wns/tile");
    }
    else if (radioButton3.Checked)
    {
        message2 = NotifyToast(message);
        //推送 toast 消息
        myRequest.Headers.Add("X-WNS-Type","wns/toast");
    }
    else if (radioButton4.Checked)
    {
        message2 = NotifyBadge(message);
        //推送 badge 消息
        myRequest.Headers.Add("X-WNS-Type","wns/badge");
    }
    else
    {
        //默认的消息
        myRequest.Headers.Add("X-WNS-Type","wns/raw");
        myRequest.ContentType = "application/octet-stream";
    }
    byte[] buffer = Encoding.UTF8.GetBytes(message2);
    myRequest.ContentLength = buffer.Length;
    myRequest.Method = "POST";
    using (Stream stream = myRequest.GetRequestStream())
    {
        stream.Write(buffer,0,buffer.Length);
```

```
        }
        using (HttpWebResponse webResponse = (HttpWebResponse)myRequest.GetResponse())
        {
            /*
                * 响应代码说明
                * 200 - OK,WNS 已接收到通知
                * 400 - 错误的请求
                * 401 - 未授权,token 可能无效
                * 403 - 已禁止,manifest 中的 identity 可能不对
                * 404 - 未找到
                * 405 - 方法不允许
                * 406 - 无法接受
                * 410 - 不存在,信道不存在或过期
                * 413 - 请求实体太大,限制为 5000 字节
                * 500 - 内部服务器错误
                * 503 - 服务不可用
                */
            label4.Text = webResponse.StatusCode.ToString();
        }
    }
    catch (Exception ex)
    {
        label4.Text = "异常" + ex.Message;
    }
}
//封装 Toast 消息格式
public string NotifyToast(string message)
{
    string toastmessage =
            @"<toast launch=""" + Guid.NewGuid().ToString() + @""">
                    <visual lang=""en-US"">
                    <binding template=""ToastText01"">
                        <text id=""1"">" + message + @"</text>
                    </binding>
                </visual>
                </toast>";
    return toastmessage;
}
//封装 Tile 消息格式
public string NotifyTile(string message)
{
    string tilemessage =
        @"<tile>
                <visual>
                    <binding template=""TileWideText03"">
                        <text id=""1"">" + message + @"</text>
                    </binding>
                </visual>
            </tile>";
    return tilemessage;
```

```
    }
    //封装 Badge 消息格式
    public string NotifyBadge(string badge)
    {
        string badgemessage = (@"<badge value = """ + badge + @""" />");
        return badgemessage;
    }
```

应用程序的运行效果如图 12.18 所示。

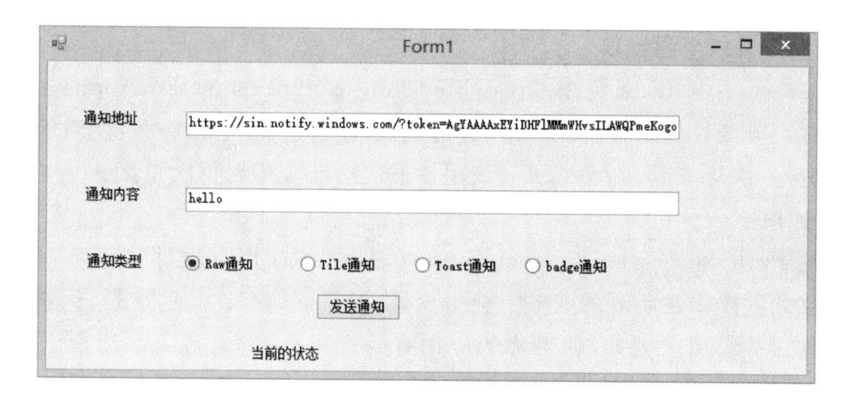

图 12.18　发送推送通知

12.3.4　客户端程序实现推送通知的接收

在客户端程序实现推送通知主要会有两个步骤，一个是请求通道 URI，另一个将通道 URI 发送至服务器。请求通道 URI 是指 Windows Phone 客户端平台发出此请求，然后该平台依次从推送通知服务请求通道 URI，请求完成后，实现的方法是直接调用 PushNotificationChannelManager 类的 CreatePushNotificationChannelForApplicationAsync 静态方法，返回的值为包含 URI 的 PushNotificationChannel 对象。将通道 URI 发送至服务器则是要把这个通道存储起来，用来向当前的应用程序发送消息通知，发送的实现应该采用安全的方式将此信息发送至服务器，对信息进行加密并使用安全的协议，如 HTTPS。下面来看一下对于推送通知通道的一些处理的情况。

1. 请求通道

每次调用应用时，应该使用以下逻辑请求一个新的通道：

(1) 请求通道。

(2) 将新通道与前一个通道相比较，如果通道相同，则不需要采取任何进一步的操作。注意，这需要在应用每次成功将通道发送到服务时，都对该通道进行本地存储，以便将该通道与后一个通道相比较。

(3) 如果该通道已更改，请将新通道发送给 Web 服务。

对 CreatePushNotificationChannelForApplicationAsync 方法的不同调用不会始终返回

不同的通道。如果自上次调用后通道未改变，则应用可不重新向服务发送此相同通道以节省资源和 Internet 流量。一个应用可同时拥有多个有效的通道 URI。由于每个唯一的通道直到其到期前均有效，因此请求新的通道也无妨，因为它不会影响任何以前通道的到期时间。

通过在每次调用你的应用时请求一个新通道，你最大化地保证了有效通道。如果你担心用户每 30 天运行你的应用的次数不超过一次，那么你可以实施一个后台任务来定期执行你的通道请求代码。

2. 处理通道请求中的错误

如果 Internet 不可用，则调用 CreatePushNotificationChannelForApplicationAsync 方法可能会失败。若要处理这种情况，可以进行重试，建议尝试三次，在每次尝试不成功后，延迟 10 秒。如果三次均失败，则必须等到该用户下次启动应用后再次重试。

3. 关闭通道

通过调用 PushNotificationChannel. Close 方法，你的应用可立即停止所有通道上的通知传递。虽然此项操作在实际的业务上会很少见，但是可能存在某些情景，你希望停止将所有通知传递到你的应用。例如，如果你的应用有用户账户概念，且某个用户已从该应用注销，则磁贴不再显示该用户的个人信息应该是合理的行为。若要成功清除磁贴的内容并停止通知传递，你必须执行以下操作：

(1) 通过在向用户传递磁贴、吐司、徽章或原生通知的任何云通知通道上调用 PushNotificationChannel. Close 方法，停止所有磁贴更新。调用 Close 方法可确保不会再将该用户的任何通知传递到客户端。

(2) 通过调用 TileUpdater. Clear 方法清除磁贴内容，以便从磁贴中删除之前用户的数据。

下面给出测试推送通知的示例：创建一个 Windows Phone 的应用程序，在应用程序里面注册推送通知的频道，然后使用上一小节的 Windows 窗体应用程序利用注册的频道来发送推送通知。

代码清单 12-4：测试推送通知(源代码：第 12 章\Examples_12_4)

首先需要把使用开发者账号获取到的 Identity 信息，替换掉当前应用程序清单文件 Package. appxmanifest 里面的 Identity 元素。代码如下所示：

```
<Identity Name = "229Geek - Space.PushNotificationDemoeeee" Publisher = "CN = 748B11E2 - 8CD3 -
41F4 - 9670 - D945180F31FC" Version = "1.0.0.0" />
```

```
MainPage.xaml 文件主要代码
-----------------------------------------------------------------------------
<StackPanel>
    <Button x:Name = "bt_open" Content = "注册推送通知" Click = "bt_open_Click"></Button>
    <TextBlock x:Name = "info" TextWrapping = "Wrap"></TextBlock>
</StackPanel>
```

MainPage.xaml.cs 文件主要代码

```
//打开推送通知的频道
private async void bt_open_Click(object sender,RoutedEventArgs e)
{
    //创建一个频道
    PushNotificationChannel channel = await PushNotificationChannelManager.
CreatePushNotificationChannelForApplicationAsync();
    //获取频道的地址,实际上是需要把频道的地址发送到你的云端服务来存储起来
    String uri = channel.Uri;
    //在该测试例子里面我们把地址复制到 Windows 窗体程序进行发送通知
    Debug.WriteLine(uri);
    //接收到通知后所触发的事件
    channel.PushNotificationReceived += channel_PushNotificationReceived;
}
//通知接收事件,如果推送通知进来,当前应用程序正在运行则会触发该事件
async void channel_PushNotificationReceived(PushNotificationChannel sender,
PushNotificationReceivedEventArgs args)
{
    switch (args.NotificationType)
    {
        case PushNotificationType.Badge: //badge 通知
            BadgeUpdateManager.CreateBadgeUpdaterForApplication().Update(args.BadgeNotification);
            break;
        case PushNotificationType.Raw: //raw 通知
            string msg = args.RawNotification.Content;
            await this.Dispatcher.RunAsync(CoreDispatcherPriority.Normal,() => info.Text = msg);
            break;
        case PushNotificationType.Tile: //tile 通知
                TileUpdateManager. CreateTileUpdaterForApplication ( ). Update ( args.
TileNotification);
            break;
        case PushNotificationType.Toast: //toast 通知
            ToastNotificationManager.CreateToastNotifier().Show(args.ToastNotification);
            break;
        default:
            break;
    }
}
```

通过 Debug 模式把应用程序注册到的频道 Uri 复制出来,运行上一小节的 Windows 窗体应用程序,来向当前的应用程序发送推送通知,通知的效果如图 12.19 所示。

图 12.19　推送通知

第 13 章 Socket 编程

Socket 是网络通信的一种方式，这也是 Windows Phone 编程中很重要的一部分，使用 Socket 可以让我们实现比 HTTP 协议更加复杂和高效的网络编程。Windows Phone 基于 Windows 运行时的架构提供了一套 Socket 编程的 API，这套 API 不仅可以实现互联网上的 Socket 的 TCP 和 UDP 协议，还可以支持蓝牙编程和近场通信编程的消息传输。本章会重点讲解在网络中使用 Socket 编程，介绍 Socket 的原理以及在 Windows Phone 中使用 TCP 和 UDP 协议实现网络数据的传输。第 14 章节的蓝牙编程和近场通信编程会需要本章的 Socket 编程的基础。

13.1 Socket 编程介绍

Socket 是应用层与 TCP/IP 协议族通信的中间软件抽象层，它是一组接口。在设计模式中，Socket 其实就是一个门面模式，它把复杂的 TCP/IP 协议族隐藏在 Socket 接口后面，对用户来说，一组简单的接口就是全部，让 Socket 去组织数据，以符合指定的协议。应用程序通常通过 Socket 向网络发出请求或者应答网络请求。Socket 是一种用于表达两台机器之间连接“终端”的软件抽象。对于一个给定的连接，在每台机器上都有一个 Socket，你可以想象一个虚拟的“电缆”工作在两台机器之间，“电缆”插在两台机器的 Socket 上。当然，物理硬件和两台机器之间的“电缆”这些连接装置都是未知的，抽象的所有目的就是为了让我们不必了解更多的细节。

网络上的两个程序通过一个双向的通信连接实现数据的交换，这个双向链路的一端称为一个 Socket。Socket 通常用来实现客户方和服务方的连接。Socket 是 TCP/IP 协议的一个十分流行的编程界面，一个 Socket 由一个 IP 地址和一个端口号唯一确定。但是，Socket 所支持的协议种类也不光 TCP/IP 一种，因此两者之间是没有必然联系的。简单地说，一台机器上的 Socket 同另一台机器通话创建一个通信信道，程序员可以用这个信道在两台机器之间发送数据。当你发送数据时，TCP/IP 协议栈的每一层都给你的数据里添加适当的报头。Socket 像电话听筒一样在电话的任意一端——你和我通过一个专门的信道来进行通话和接听。会话将一直进行下去直到我们决定挂断电话，除非挂断电话，否则各自的电话线路都会占线。

通过使用 Socket 编程的 API 可以使开发人员方便地创建出包括 FTP、电子邮件、聊天系统和流媒体等这类的网络应用。Windows Phone 平台给我们一些虽然简单但是相当强大的高层抽象以至于我们创建和使用 Socket 更加容易一些。

13.1.1 Socket 的相关概念

1. 端口

网络中可以被命名和寻址的通信端口，是操作系统可分配的一种资源。按照 OSI 七层协议的描述，传输层与网络层在功能上的最大区别是传输层提供进程通信能力。从这个意义上讲，网络通信的最终地址就不仅仅是主机地址了，还包括可以描述进程的某种标识符。为此，TCP/IP 协议提出了协议端口（protocol port，简称端口）的概念，用于标识通信的进程。

端口是一种抽象的软件结构（包括一些数据结构和 I/O 缓冲区）。应用程序（即进程）通过系统调用与某端口建立连接（绑定）后，传输层传给该端口的数据都被相应进程所接收，相应进程发给传输层的数据都通过该端口输出。

类似于文件描述符，每个端口都拥有一个叫端口号（port number）的整数型标识符，用于区别不同端口。由于 TCP/IP 传输层的两个协议 TCP 和 UDP 是完全独立的两个软件模块，因此各自的端口号也相互独立，如 TCP 有一个 255 号端口，UDP 也可以有一个 255 号端口，二者并不冲突。

端口号的分配是一个重要问题。有两种基本分配方式：第一种叫全局分配，这是一种集中控制方式，由一个公认的中央机构根据用户需要进行统一分配，并将结果公布于众。第二种是本地分配，又称动态连接，即进程需要访问传输层服务时，向本地操作系统提出申请，操作系统返回一个本地唯一的端口号，进程再通过合适的系统调用将自己与该端口号联系起来。TCP/IP 端口号的分配中综合了上述两种方式。TCP/IP 将端口号分为两部分，少量的作为保留端口，以全局方式分配给服务进程。因此，每一个标准服务器都拥有一个全局公认的端口，剩余的为自由端口，以本地方式进行分配。TCP 和 UDP 均规定，小于 256 的端口号才能作为保留端口。

2. 地址

网络通信中通信的两个进程分别在两台地址不同的机器上。在互联网络中，两台机器可能位于不同位置的网络上，这些网络通过网络互连设备（网关、网桥、路由器等）连接。因此需要三级寻址：

(1) 某一主机可与多个网络相连，必须指定一特定网络地址；

(2) 网络上每一台主机应有其唯一的地址；

(3) 每一主机上的每一进程应有在该主机上的唯一标识符。

通常主机地址由网络 ID 和主机 ID 组成，在 TCP/IP 协议中用 32 位整数值表示；TCP 和 UDP 均使用 16 位端口号标识用户进程。

3. IPv4和IPv6

IPv4，是互联网协议（Internet Protocol，IP）的第4版，也是第一个被广泛使用，构成现今互联网技术的基石的协议。1981年Jon Postel在RFC 791中定义了IP，IPv4可以运行在各种各样的底层网络上，比如端对端的串行数据链路（PPP协议和SLIP协议），卫星链路等。局域网中最常用的是以太网。IPv6是Internet Protocol Version 6的缩写，其中Internet Protocol译为“互联网协议”。IPv6是IETF（互联网工程任务组，Internet Engineering Task Force）设计的用于替代现行版本IP协议（IPv4）的下一代IP协议。目前IP协议的版本号是4（简称为IPv4），它的下一个版本就是IPv6。

4. 广播

广播是指在一个局域网中向所有的网上节点发送信息。广播有一个广播组，即只有一个广播组内的节点才能收到发往这个广播组的信息。什么决定了一个广播组呢，就是端口号，局域网内一个节点，如果设置了广播属性并监听了端口号A后，那么它就加入了A组广播，这个局域网内所有发往广播端口A的信息它都能接收到。在广播的实现中，如果一个节点想接收A组广播信息，那么就要先将它绑定给地址和端口A，然后设置这个Socket的属性为广播属性。如果一个节点不想接收广播信息，而只想发送广播信息，那么不用绑定端口，只需要先为Socket设置广播属性后，向广播地址的A端口发送信息即可。

5. TCP协议

TCP是Tranfer Control Protocol的简称，是一种面向连接的保证可靠传输的协议。通过TCP协议传输，得到的是一个顺序的无差错的数据流。发送方和接收方的成对的两个Socket之间必须建立连接，以便在TCP协议的基础上进行通信，当一个Socket（通常都是Server Socket）等待建立连接时，另一个Socket可以要求进行连接，一旦这两个Socket连接起来，它们就可以进行双向数据传输，双方都可以进行发送或接收操作。

6. UDP协议

UDP是User Datagram Protocol的简称，是一种无连接的协议，每个数据报都是一个独立的信息，包括完整的源地址或目的地址，它在网络上以任何可能的路径传往目的地，因此能否到达目的地，到达目的地的时间以及内容的正确性都是不能被保证的。

7. TCP协议和UDP协议的区别

1）UDP

（1）每个数据报中都给出了完整的地址信息，因此不需要建立发送方和接收方的连接。

（2）UDP传输数据时是有大小限制的，每个被传输的数据报必须限定在64KB之内。

（3）UDP是一个不可靠的协议，发送方所发送的数据报并不一定以相同的次序到达接收方。

（4）TCP在网络通信上有极强的生命力，例如远程连接（Telnet）和文件传输（FTP）都需要不定长度的数据被可靠地传输。但是可靠的传输是要付出代价的，对数据内容正确性的检验必然占用计算机的处理时间和网络的带宽，因此TCP传输的效率不如UDP高。

2）TCP

（1）面向连接的协议，在 Socket 之间进行数据传输之前必然要建立连接，所以在 TCP 中需要连接时间。

（2）TCP 传输数据大小限制，一旦连接建立起来，双方的 Socket 就可以按统一的格式传输大的数据。

（3）TCP 是一个可靠的协议，它确保接收方完全正确地获取发送方所发送的全部数据。

（4）UDP 操作简单，而且仅需要较少的监护，因此通常用于局域网高可靠性的分散系统中 Client/Server 应用程序。例如视频会议系统，并不要求音频视频数据绝对的正确，只要保证连贯性就可以了，这种情况下显然使用 UDP 会更合理一些。

8. Socket 连接与 HTTP 连接的区别

由于通常情况下 Socket 连接就是 TCP 连接，因此 Socket 连接一旦建立，通信双方即可开始相互发送数据内容，直到双方连接断开。但在实际网络应用中，客户端到服务器之间的通信往往需要穿越多个中间节点，如路由器、网关、防火墙等，大部分防火墙默认会关闭长时间处于非活跃状态的连接而导致 Socket 连接断连，因此需要通过轮询告诉网络，该连接处于活跃状态。而 HTTP 连接使用的是"请求—响应"的方式，不仅在请求时需要先建立连接，而且需要客户端向服务器发出请求后，服务器端才能回复数据。很多情况下，需要服务器端主动向客户端推送数据，保持客户端与服务器数据的实时与同步。此时若双方建立的是 Socket 连接，服务器就可以直接将数据传送给客户端；若双方建立的是 HTTP 连接，则服务器需要等到客户端发送一次请求后才能将数据传回给客户端，因此，客户端定时向服务器端发送连接请求，不仅可以保持在线，同时也是在"询问"服务器是否有新的数据，如果有就将数据传给客户端。

13.1.2 Socket 通信的过程

Socket 通信在客户端和服务器进行的，建立 Socket 连接至少需要一对 Socket，其中一个运行于客户端，称为 ClientSocket，另一个运行于服务器端，称为 ServerSocket。

Socket 之间的连接过程分为三个步骤：服务器监听，客户端请求，连接确认。服务器监听：服务器端 Socket 并不定位具体的客户端 Socket，而是处于等待连接的状态，实时监控网络状态，等待客户端的连接请求。客户端请求：指客户端的 Socket 提出连接请求，要连接的目标是服务器端的 Socket。为此，客户端的 Socket 必须首先描述它要连接的服务器的 Socket，指出服务器端 Socket 的地址和端口号，然后就向服务器端 Socket 提出连接请求。连接确认：当服务器端 Socket 监听到或者说接收到客户端 Socket 的连接请求时，就响应客户端 Socket 的请求，建立一个新的线程，把服务器端 Socket 的描述发给客户端，一旦客户端确认了此描述，双方就正式建立连接。而服务器端 Socket 继续处于监听状态，继续接收其他客户端 Socket 的连接请求。

整个 Windows Phone 应用程序 Socket 通信的过程包括七个步骤，如图 13.1 所示。

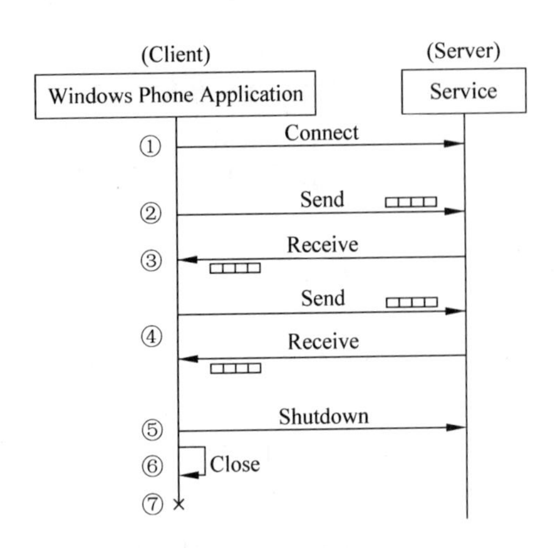

图 13.1 Socket 通信的步骤

第一步：创建一个客户端和服务器端的 Socket 连接。

第二步：客户端发送消息的过程，客户端向服务器发送消息，服务器端接收客户端发过来的消息。

第三步：客户端接收消息的过程，客户端接收服务端返回来的消息。

第四步：连接继续保持，将可以不断地重复第二步和第三步的发送消息和接收消息的动作。

第五步：关闭发送接收通道，可以只关闭发送通道或者接收通道，也可以两者同时关闭。

第六步：关闭 Socket 连接。

第七步：整个通信过程到此终止。

13.2 Socket 编程之 TCP 协议

13.1 节已经介绍了 TCP 协议相关的原理，本节就要在 Windows Phone 中使用 TCP 协议实现网络的通信。那么在 Windows Phone 里面不仅仅可以实现客户端的 Socket 编程，还可以实现服务器端的 Socket 监听。客户端的 TCP 协议主要是依赖于 StreamSocket 类来实现相关的功能，那么对应的服务器端的监听则可以使用 StreamSocketListener 类，下面会详细地介绍在 Windows Phone 中实现 Socket 的 TCP 协议通信的整个过程。

13.2.1 StreamSocket 介绍以及 TCP Socket 编程步骤

StreamSocket 类在 Windows. Networking. Sockets 空间下，表示对象连接到网络资源，以使用异步方法发送数据，StreamSocket 类的成员如表 13.1 所示。

表 13.1　StreamSocket 类成员

名　　称	说　　明
StreamSocket()	创建新的 StreamSocket 对象
StreamSocketControl Control	获取 StreamSocket 对象上的套接字控件数据，返回某一 StreamSocket 对象上的套接字控件数据
StreamSocketInformation Information	获取 StreamSocket 对象上的套接字信息，返回该 StreamSocket 对象的套接字信息
IInputStream InputStream	获取要从 StreamSocket 对象上的远程目标读取的输入流，返回要从远程目标读取的有序字节流
IOutputStream OutputStream	获取 StreamSocket 对象上写入远程主机的输出流，返回要写入远程目标的有序字节流
IAsyncAction ConnectAsync(EndpointPair endpointPair)	启动 StreamSocket 对象连接到被指定为 EndpointPair 对象的远程网络目标的异步操作，endpointPair：指定本地主机名或 IP 地址、本地服务名或 UDP 端口、远程主机名或远程 IP 地址，以及远程网络目标的远程服务名或远程 TCP 端口的 EndpointPair 对象，返回 StreamSocket 对象的异步连接操作
IAsyncAction ConnectAsync(EndpointPair endpointPair, SocketProtectionLevel protectionLevel)	启动 StreamSocket 对象连接到被指定为 EndpointPair 对象和 SocketProtectionLevel 枚举的远程网络目标的异步操作，protectionLevel：表示 StreamSocket 对象的完整性和加密的保护级别，返回 StreamSocket 对象的异步连接操作
IAsyncAction ConnectAsync(HostName remoteHostName, string remoteServiceName)	在 StreamSocket 上启动远程主机名和远程服务名所指定的远程网络目标的连接操作，remoteHostName：远程网络目标的主机名或 IP 地址，remoteServiceName：远程网络目标的服务名称或 TCP 端口号，返回 StreamSocket 对象的异步连接操作
IAsyncAction ConnectAsync(HostName remoteHostName, string remoteServiceName, SocketProtectionLevel protectionLevel)	启动 StreamSocket 对象连接远程主机名、远程服务名以及 SocketProtectionLevel 所指定的远程目标的异步操作
IAsyncAction UpgradeToSslAsync(SocketProtectionLevel protectionLevel, HostName validationHostName)	启动 StreamSocket 对象将连接的套接字升级到使用 SSL 的异步操作，protectionLevel：表示 StreamSocket 对象上完整性和加密的保护级别，validationHostName：在升级到 SSL 时用于验证的远程网络目标的主机名，返回 StreamSocket 对象升级到使用 SSL 的异步操作

使用 StreamSocket 类进行 TCP Socket 编程的步骤如下：

(1) 使用 StreamSocket 类创建 TCP 协议的 Socket 对象。

(2) 使用 StreamSocket.ConnectAsync 方法之一建立与 TCP 网络服务器的网络连接。

(3) 使用 Streams.DataWriter 对象将数据发送到服务器，该对象允许程序员在任何流上写入常用类型(如整数和字符串)。

(4) 使用 Streams.DataReader 对象从服务器接收数据，该对象允许程序员在任何流上读取常用类型(如整数和字符串)。

13.2.2 连接 Socket

连接 Socket 是使用 Socket 编程的第一步，创建 StreamSocket 并连接到服务器，在这个步骤里面还会定义主机名和服务名（TCP 端口）以连接到服务器。连接的过程是采用异步任务的模式，当连接成功的时候将会继续执行到 await 连接服务器后面的代码，如果连接失败 ConnectAsync 方法会抛出异常，表示无法与网络服务器建立 TCP 连接。连接失败，我们需要捕获异常的信息来获取是什么类型的异常，然后再进行判断该怎么操作，是否需要重新连接还是释放掉资源等。连接 Socket 示例代码如下：

```
async void Connect()
{
    //创建一个 StreamSocket 对象
    StreamSocket clientSocket = new StreamSocket();
    try
    {
        //创建一个主机名字
        HostName serverHost = new HostName(serverHostname);
        //开始链接
        await clientSocket.ConnectAsync(serverHost,serverPort);
        //链接成功
    }
    catch (Exception exception)
    {
        //获取错误的类型 SocketError.GetStatus(exception.HResult)
        //错误消息 exception.Message;
        //如果关闭 Socket 则释放资源
        clientSocket.Dispose();
        clientSocket = null;
    }
}
```

13.2.3 发送和接收消息

Socket 连接成功之后便可以发送和接收 Socket 消息了，发送消息需要使用 Streams.DataWriter 对象将数据发送到服务器，接收消息使用 Streams.DataReader 对象从服务器接收数据。发送接收消息的示例代码如下：

```
async void Send()
{
    try
    {   //发送消息
        string sendData = "测试消息字符串";
        //创建一个 DataWriter 对象
        DataWriter writer = new DataWriter(clientSocket.OutputStream);
        //获取 UTF-8 字符串的长度
```

```
            Int32 len = writer.MeasureString(sendData);
            //存储数据到输出流里面
            await writer.StoreAsync();
            //发送成功释放资源
            writer.DetachStream();
            writer.Dispose();
        }
        catch (Exception exception)
        {
            //获取错误的类型 SocketError.GetStatus(exception.HResult)
            //错误消息 exception.Message;
            //如果关闭 Socket 则释放资源
            clientSocket.Dispose();
            clientSocket = null;
        }
        try
        {    //接收数据
            DataReader reader = new DataReader(clientSocket.InputStream);
            //设置接收数据的模式,这里选择了部分
            reader.InputStreamOptions = InputStreamOptions.Partial;
            await reader.LoadAsync(reader.UnconsumedBufferLength);
            //接收成功
        }
        catch (Exception exception)
        {
            //…
        }
    }
```

13.2.4 TCP协议服务器端监听消息

在Windows Phone应用程序里面,不仅仅只是创建客户端的TCP程序,还可以创建服务器端的服务,相当于在本地创建了Socket的服务器。服务器端监听消息表示是服务器端程序对客户端的Socket连接和发送消息的监听,在Windows Phone 8里面可以通过Windows.Networking.Sockets空间下的StreamSocketListener类来实现监听的操作,StreamSocketListener类的成员如表13.2所示。实现的步骤如下所示:

(1) 注册ConnectionReceived事件获取成功建立监听的消息。

(2) 使用BindServiceNameAsync方法建立起本地服务器的监听。

(3) 循环获取监听的消息,用监听成功的socket对象创建DataReader,例如DataReader reader = new DataReader(args.Socket.InputStream),然后循环等待监听。

(4) 向客户端发送消息,用监听成功的socket对象创建DataWriter,例如DataWriter serverWriter = new DataWriter(args.Socket.OutputStream)。

表 13.2　StreamSocketListener 类成员

名　　称	说　　明
StreamSocketListener()	创建新的 StreamSocketListener 对象
StreamSocketListenerControl Control	获取 StreamSocketListener 对象上的套接字控件数据，返回某一 StreamSocketListener 对象上的套接字控件数据
StreamSocketListenerInformation Information	获取该 StreamSocketListener 对象的套接字信息，返回该 StreamSocketListener 对象的套接字信息
event TypedEventHandler<StreamSocketListener, StreamSocketListenerConnectionReceivedEventArgs> ConnectionReceived	指示在 StreamSocketListener 对象上收到连接的事件
IAsyncAction BindEndpointAsync(HostName localHostName) IAsyncAction BindEndpointAsync (HostName localHostName)	启动 StreamSocketListener 本地主机名和本地服务名的绑定操作；localHostName：用于绑定 StreamSocketListener 对象的本地主机名或 IP 地址；localServiceName：用于绑定 StreamSocketListener 对象的本地服务名称或 TCP 端口号；返回 StreamSocketListener 对象的异步绑定操作
IAsyncAction BindServiceNameAsync (string localServiceName)	启动 StreamSocketListener 本地服务名的绑定操作；localServiceName：用于绑定 StreamSocketListener 对象的本地服务名称或 TCP 端口号；返回结 StreamSocketListener 对象的异步绑定操作

服务器端监听消息示例代码如下：

```
async void Listene()
{
    //创建一个监听对象
    StreamSocketListener listener = new StreamSocketListener();
    listener.ConnectionReceived += OnConnection;
    //开始监听操作
    try
    {
        await listener.BindServiceNameAsync(localServiceName);
    }
    catch (Exception exception)
    {
        //处理异常
    }
}
//监听的连接事件处理
private async void OnConnection(StreamSocketListener sender,
StreamSocketListenerConnectionReceivedEventArgs args)
{
    DataReader reader = new DataReader(args.Socket.InputStream);
    try
```

```
    {
        //循环接收数据
        while (true)
        {
            //读取监听到的消息
            uint stringLength = reader.ReadUInt32();
            uint actualStringLength = await reader.LoadAsync(stringLength);
            //通过 reader 去读取监听到的消息内容如 reader.ReadString(actualStringLength)
        }
    }
    catch (Exception exception)
    {
        //异常处理
    }
}
```

13.2.5　实例：模拟 TCP 协议通信过程

下面给出模拟 TCP 协议通信过程的示例：在 Windows Phone 上模拟 TCP 协议的客户端和服务器端编程的实现。

代码清单 13-1：模拟 TCP 协议通信过程(源代码：第 13 章\Examples_13_1)

MainPage.xaml 文件主要代码

```
------------------------------------------------------------------------
    <StackPanel>
            <Button Content = "开始监听" Width = "370" x:Name = "btStartListener" Click =
"btStartListener_Click" />
          <Button Content = "连接 socket" Width = "370" x:Name = "btConnectSocket" Click =
"btConnectSocket_Click" />
        <TextBox Text = "hello" x:Name = "tbMsg"/>
        <Button Content = "发送消息" Width = "370" x:Name = "btSendMsg" Click = "btSendMsg_
Click"  />
        <Button Content = "关闭" Width = "370" x:Name = "btClose" Click = "btClose_Click"   />
        <ScrollViewer>
            <StackPanel x:Name = "lbMsg">
                <TextBlock Text = "收到的消息：" FontSize = "20"/>
            </StackPanel>
        </ScrollViewer>
    </StackPanel>
```

MainPage.xaml.cs 文件主要代码

```
------------------------------------------------------------------------
    public sealed partial class MainPage: Page
    {
        //监听器
        StreamSocketListener listener;
        //Socket 数据流对象
```

```
        StreamSocket socket;
        //输出流的写入数据对象
        DataWriter writer;
        public MainPage()
        {
            InitializeComponent();
        }
        //监听
        private async void btStartListener_Click(object sender,RoutedEventArgs e)
        {
            if (listener != null)
            {
                await new MessageDialog("监听已经启动了").ShowAsync();
                return;
            }
            listener = new StreamSocketListener();
            listener.ConnectionReceived += OnConnection;
            //开始监听操作
            try
            {
                await listener.BindServiceNameAsync("22112");
                await new MessageDialog("正在监听中").ShowAsync();
            }
            catch (Exception exception)
            {
                listener = null;
                //未知错误
                if (SocketError.GetStatus(exception.HResult) == SocketErrorStatus.Unknown)
                {
                    throw;
                }
            }
        }
        ///< summary >
        ///监听成功后会出发的连接事件处理
        ///</summary>
        ///< param name = "sender">连接的监听者</param >
        ///< param name = "args">连接的监听到的数据参数</param >
        private async void OnConnection(StreamSocketListener sender,
StreamSocketListenerConnectionReceivedEventArgs args)
        {
            DataReader reader = new DataReader(args.Socket.InputStream);
            try
            {
                //循环接收数据
                while (true)
                {
                    //读取数据前面的4个字节,代表的是接收到的数据的长度
                    uint sizeFieldCount = await reader.LoadAsync(sizeof(uint));
                    if (sizeFieldCount != sizeof(uint))
```

```
                {
                    //在 socket 被关闭之前我们才可以读取全部的数据
                    return;
                }
                //读取字符串
                uint stringLength = reader.ReadUInt32();
                uint actualStringLength = await reader.LoadAsync(stringLength);
                if (stringLength != actualStringLength)
                {
                    //在 socket 关闭之前才可以读取全部的数据
                    return;
                }
                string msg = reader.ReadString(actualStringLength);
                //通知到界面监听到的消息
                await this.Dispatcher.RunAsync(CoreDispatcherPriority.Normal,() =>
                    {
                        TextBlock tb = new TextBlock { Text = msg,FontSize = 20};
                        lbMsg.Children.Add(tb);
                    });
            }
        }
        catch (Exception exception)
        {
            //未知异常
            if (SocketError.GetStatus(exception.HResult) == SocketErrorStatus.Unknown)
            {
                throw;
            }
        }
    }
    //连接 Socket
    private async void btConnectSocket_Click(object sender,RoutedEventArgs e)
    {
        if (socket != null)
        {
            await new MessageDialog("已经连接了 Socket").ShowAsync();
            return;
        }
        HostName hostName = null;
        string message = "";
        try
        {
            hostName = new HostName("localhost");
        }
        catch (ArgumentException)
        {
            message = "主机名不可用";
        }
        if (message!= "")
        {
```

```
            await new MessageDialog(message).ShowAsync();
            return;
        }
        socket = new StreamSocket();
        try
        {
            //连接到 socket 服务器
            await socket.ConnectAsync(hostName,"22112");
            await new MessageDialog("连接成功").ShowAsync();
        }
        catch (Exception exception)
        {
            //未知异常
            if (SocketError.GetStatus(exception.HResult) == SocketErrorStatus.Unknown)
        {
             throw;
            }
        }
    }
    //发送消息
    private async void btSendMsg_Click(object sender,RoutedEventArgs e)
    {
        if (listener == null)
        {
            await new MessageDialog("监听未启动").ShowAsync();
            return;
        }
        if (socket == null)
        {
            await new MessageDialog("未连接 Socket").ShowAsync();
            return;
        }
        if (writer == null)
        {
            writer = new DataWriter(socket.OutputStream);
        }
        //先写入数据的长度,长度的类型为 UInt32 类型然后再写入数据
        string stringToSend = tbMsg.Text;
        writer.WriteUInt32(writer.MeasureString(stringToSend));
        writer.WriteString(stringToSend);
        //把数据发送到网络
        try
        {
            await writer.StoreAsync();
            await new MessageDialog("发送成功").ShowAsync();
        }
        catch (Exception exception)
        {
            if (SocketError.GetStatus(exception.HResult) == SocketErrorStatus.Unknown)
            {
```

```
                throw;
            }
        }
    }
    //关闭连接 清空资源
    private void btClose_Click(object sender,RoutedEventArgs e)
    {
        if (writer != null)
        {
            writer.DetachStream();
            writer.Dispose();
            writer = null;
        }
        if (socket != null)
        {
            socket.Dispose();
            socket = null;
        }
        if (listener != null)
        {
            listener.Dispose();
            listener = null;
        }
    }
}
```

程序的运行效果如图 13.2 所示。

图 13.2　TCP 协议模拟运行

13.3 Socket 编程之 UDP 协议

UDP 协议和 TCP 协议都是 Socket 编程的协议，但是与 TCP 协议不同，UDP 协议并不提供超时重传、出错重传等功能，也就是说其是不可靠的协议。UDP 适用于一次只传送少量数据、对可靠性要求不高的应用环境。既然 UDP 是一种不可靠的网络协议，那么还有什么使用价值或必要呢？其实不然，在有些情况下 UDP 协议可能会变得非常有用。因为 UDP 具有 TCP 所望尘莫及的速度优势。虽然 TCP 协议中植入了各种安全保障功能，但是在实际执行的过程中会占用大量的系统开销，无疑使速度受到严重的影响。反观 UDP 由于排除了信息可靠传递机制，将安全和排序等功能移交给上层应用来完成，极大降低了执行时间，使速度得到了保证。那么在 Windows Phone 里面的 UDP 协议的通信是通过 DatagramSocket 类来实现消息的发送，接受和监听等功能的，下面来看一下如何在 Windows Phone 中实现 UDP 协议的通信。

13.3.1 发送和接收消息

使用 UDP 协议进行消息的发送和接收和 TCP 协议是有区别的，UDP 协议并不一定要进行连接的操作，它可以直接通过主机地址进行消息的发送和接收。使用 UDP 协议进行消息的发送和接收也一样是要依赖 DataWriter 类和 DataReader 类来进行分别进行数据的发送和接收。下面我们来看一下在 Windows Phone 中使用 UDP 协议进行发送和接收消息的两种方式。

1. 使用主机名和端口号直接发送和接收消息

创建一个 DatagramSocket 类对象，调用 GetOutputStreamAsync 方法获取输出流 IOutputStream 对象，再使用 IOutputStream 对象创建 DataWriter 对象进行消息的发送。接收消息直接订阅 DatagramSocket 对象的 MessageReceived 事件接收消息，使用 DataReader 对象获取消息的内容。示例代码如下所示：

```
//主机名
HostName hostName = new HostName("localhost");
DatagramSocket datagramSocket = new DatagramSocket();
//订阅接收消息的事件
datagramSocket.MessageReceived += datagramSocket_MessageReceived;
//获取输出流
IOutputStream outputStream = await datagramSocket.GetOutputStreamAsync(hostName,"22112");
//创建 DataWriter 对象发送消息
DataWriter writer = new DataWriter(datagramSocket.OutputStream);
writer.WriteString("test");
await writer.StoreAsync();
//接收消息的事件处理程序
async void datagramSocket_MessageReceived(DatagramSocket sender,
DatagramSocketMessageReceivedEventArgs args)
```

```
{
    //获取 DataReader 对象,读取消息内容
    DataReader dataReader = args.GetDataReader();
    uint length = dataReader.UnconsumedBufferLength;
    string content = dataReader.ReadString(length);
}
```

2. 先连接 Socket 再发送接收消息

DatagramSocket 类也提供了 ConnectAsync 方法来负责 Socket 的连接,连接成功之后就可以使用该 DatagramSocket 对象来进行消息的发送,消息的接收和第一种方式的实现是一样的。示例代码如下所示:

```
//创建 DatagramSocket
DatagramSocket datagramSocket = new DatagramSocket();
datagramSocket.MessageReceived += datagramSocket_MessageReceived;
//连接服务器
await datagramSocket.ConnectAsync(new HostName("localhost"),"22112");
//发送消息
DataWriter writer = new DataWriter(datagramSocket.OutputStream);
writer.WriteString("test");
await writer.StoreAsync();
```

13.3.2　UDP 协议服务器端监听消息

UDP 协议在实现服务器端监听消息的功能也是使用 DatagramSocket 类去实现的,实现的步骤如下所示:

(1) 注册 DatagramSocket 对象的 MessageReceived 事件接收消息(注意和 TCP 的 ConnectionReceived 事件的区别);

(2) 使用 BindServiceNameAsync 方法建立起本地服务器的监听;

(3) 使用 GetOutputStreamAsync 方法传入服务器地址和端口号,获取 IOutputStream 对象,从而创建 DataWriter 对象向客户端发送消息。

UDP 协议服务器端监听消息的代码示例如下所示:

```
//创建 DatagramSocket 对象,调用 BindServiceNameAsync 方法绑定服务
DatagramSocket datagramSocket = new DatagramSocket();
//订阅 MessageReceived 事件监听客户端发送过来的消息
datagramSocket.MessageReceived += datagramSocket_MessageReceived;
await datagramSocket.BindServiceNameAsync("22112");
//MessageReceived 事件的处理程序,获取到客户端的地址后可以向客户端发送消息
async void datagramSocket_MessageReceived(DatagramSocket sender,
DatagramSocketMessageReceivedEventArgs args)
{
    //读取客户端发送过来的消息
    DataReader dataReader = args.GetDataReader();
    uint length = dataReader.UnconsumedBufferLength;
    string content = dataReader.ReadString(length);
```

```
    IOutputStream outputStream = await sender.GetOutputStreamAsync(
            args.RemoteAddress,
            args.RemotePort);
    DataWriter writer = new DataWriter(outputStream);
    writer.WriteString(content + "(服务器发送)");
    await writer.StoreAsync();
}
```

13.3.3 实例：模拟 UDP 协议通信过程

下面给出模拟 UDP 协议通信过程的示例：在 Windows Phone 上模拟 UDP 协议的客户端端和服务器端编程的实现。

代码清单 13-2：模拟 UDP 协议通信过程(源代码：第 13 章\Examples_13_2)

MainPage. xaml 文件主要代码

```
----------------------------------------------------------------------
    <StackPanel>
        <Button Content="开始监听消息" Width="370" x:Name="listener" Click="listener_
Click"></Button>
        <Button Content="发送消息" Width="370" x:Name="send" Click="send_Click">
</Button>
        <Button Content="关闭" Width="370" x:Name="close" Click="close_Click"></Button>
        <ScrollViewer Height="300">
            <StackPanel x:Name="msgList"></StackPanel>
        </ScrollViewer>
    </StackPanel>
```

MainPage. xaml. cs 文件主要代码

```
----------------------------------------------------------------------
    //客户端的 DatagramSocket 对象
    DatagramSocket datagramSocket;
    //客户端的 DataWriter 对象
    DataWriter writer;
    //启动本地服务器的监听
    private async void listener_Click(object sender,RoutedEventArgs e)
    {
        DatagramSocket datagramSocket = new DatagramSocket();
        datagramSocket.MessageReceived += datagramSocket_MessageReceived;
        try
        {
            await datagramSocket.BindServiceNameAsync("22112");
            msgList.Children.Add(new TextBlock { Text = "监听成功",FontSize = 20 });
        }
        catch (Exception err)
        {
            if (SocketError.GetStatus(err.HResult) == SocketErrorStatus.AddressAlreadyInUse)
            {
```

```
                //异常消息,使用 SocketErrorStatus 枚举来判断 Socket 的异常类型
            }
        }
    }
    //本地服务器的消息接收事件
    async void datagramSocket_MessageReceived(DatagramSocket sender,
DatagramSocketMessageReceivedEventArgs args)
    {
        DataReader dataReader = args.GetDataReader();
        uint length = dataReader.UnconsumedBufferLength;
        string content = dataReader.ReadString(length);
        await this.Dispatcher.RunAsync(CoreDispatcherPriority.Normal,() =>
        msgList.Children.Add(new TextBlock { Text = "服务器收到的消息: " + content,
FontSize = 20 }));
        //通过远程的地址和端口号,回复给相应的客户端的消息
        IOutputStream outputStream = await sender.GetOutputStreamAsync(
                args.RemoteAddress,
                args.RemotePort);
        DataWriter writer = new DataWriter(outputStream);
        writer.WriteString(content + "(服务器发送)");
        try
        {
            await writer.StoreAsync();
            await this.Dispatcher.RunAsync(CoreDispatcherPriority.Normal,() =>
                msgList.Children.Add(new TextBlock { Text = "服务器发送的消息: " +
content + "(服务器发送)",FontSize = 20 }));
        }
        catch (Exception err)
        {
            …
        }
    }
    //向本地服务器发送消息
    private async void send_Click(object sender,RoutedEventArgs e)
    {
        if (writer == null)
        {
            if (datagramSocket == null)
            {
                HostName hostName = new HostName("localhost");
                datagramSocket = new DatagramSocket();
                datagramSocket.MessageReceived += datagramSocket_MessageReceived2;
                IOutputStream outputStream = await datagramSocket.GetOutputStreamAsync
(hostName,"22112");
                writer = new DataWriter(outputStream);
            }
            else
            {
                writer = new DataWriter(datagramSocket.OutputStream);
            }
```

```
            }
            //写入消息
            writer.WriteString("test");
            try
            {
                //发送消息
                await writer.StoreAsync();
                msgList.Children.Add(new TextBlock { Text = "客户端发送的消息：" + "test",
FontSize = 20 });
            }
            catch (Exception err)
            {
                ...
            }
        }
        //客户端接收消息的事件
        async void datagramSocket_MessageReceived2(DatagramSocket sender,
DatagramSocketMessageReceivedEventArgs args)
        {
            try
            {
                DataReader dataReader = args.GetDataReader();
                uint length = dataReader.UnconsumedBufferLength;
                string content = dataReader.ReadString(length);
                await this.Dispatcher.RunAsync(CoreDispatcherPriority.Normal,() =>
                msgList.Children.Add(new TextBlock { Text = "客户端收到的消息：" + content,
FontSize = 20 }));
            }
            catch (Exception exception)
            {
                ...
            }
        }
        //释放 Socket 资源
        private void close_Click(object sender,RoutedEventArgs e)
        {
            if(datagramSocket!= null)
            {
                datagramSocket.Dispose();
                datagramSocket = null;
            }
            if (writer != null)
            {
                writer.Dispose();
                writer = null;
            }
        }
```

程序的运行效果如图 13.3 所示。

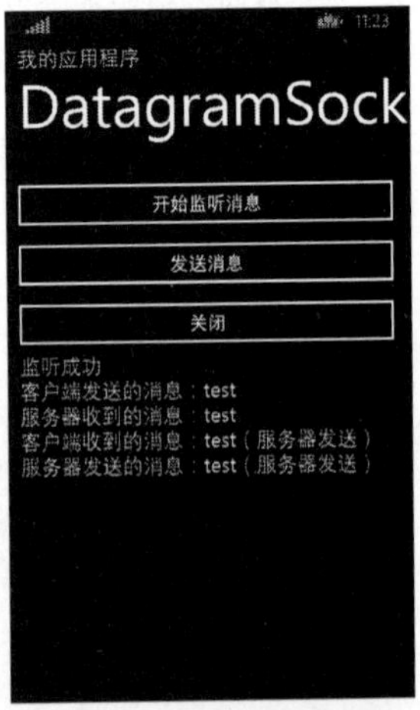

图 13.3　模拟 UDP 协议通信

第 14 章

蓝牙和近场通信

蓝牙和近场通信技术都是手机的近距离无限传输的技术，在之前的 Windows Phone 7 系统手机里面仅支持蓝牙耳机功能，并不支持蓝牙文件信息传输和近场通信技术，那么在 Windows Phone 8/8.1 手机里面将全面支持蓝牙和近场通信技术，并且提供了相关的 API 来给开发者使用。开发者可以利用蓝牙和近场通信的相关 API 来创建应用程序，在应用程序里面使用手机的蓝牙或者近场通信技术来进行近距离的文件传输和发送接收消息，创造出更加有趣和方便的应用软件。那么在 Windows Phone 上的蓝牙和近场通信的编程也是使用 Socket 相关的 API 来进行消息的发送和接收的，所以在学习本章之前最好先学习完 Socket 编程这一章。

14.1 蓝牙

Windows Phone 8.1 的配置符合蓝牙技术联盟的标准，并且支持智能手机之间的文件传输。蓝牙是手机上面一种很常见的技术，在非智能手机上蓝牙功能也很普遍，蓝牙通常会用来在近距离的两台手机之间传输文件。在 Windows Phone 8.1 里面提供了相关的蓝牙 API 给开发者去开发一些蓝牙相关的应用，例如通过蓝牙交换联系人等。

14.1.1 蓝牙原理介绍

蓝牙是一种低成本、短距离的无线通信技术。蓝牙技术支持设备短距离通信(一般 10m 内)，能在包括移动电话、PDA、无线耳机、笔记本电脑、相关外设等众多设备之间进行无线信息交换。利用“蓝牙”技术，能够有效地简化移动通信终端设备之间的通信，也能够成功地简化设备与因特网 Internet 之间的通信，从而数据传输变得更加迅速高效，为无线通信拓宽道路。蓝牙采用分散式网络结构以及快跳频和短包技术，支持点对点及点对多点通信，工作在全球通用的 2.4GHz ISM(即工业、科学、医学)频段。其数据速率为 1Mbps。采用时分双工传输方案实现全双工传输。

蓝牙技术是一种无线数据与语音通信的开放性全球规范，它以低成本的近距离无线连接为基础，为固定与移动设备通信环境建立一个特别连接。其程序写在一个 9×9mm 的微芯片中。

蓝牙协议栈允许采用多种方法，包括 RFCOMM 和 Object Exchange(OBEX)，在设备之间发送和接收文件。图 14.1 所示显示了协议栈的细节。

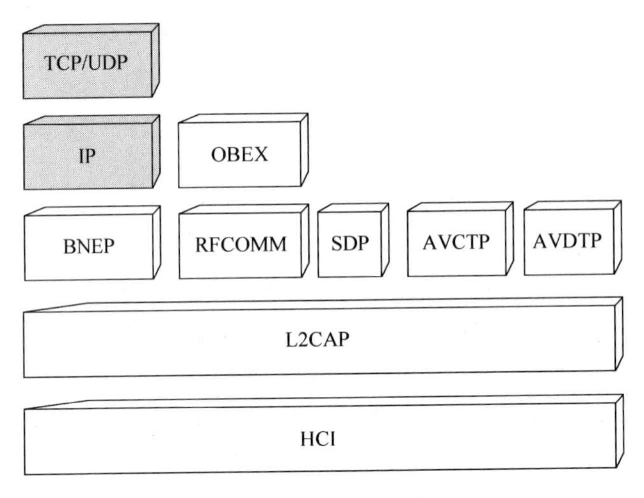

图 14.1　蓝牙协议栈

栈的最底层是 HCI，即主机控制器接口(Host Controller Interface)。这一层顾名思义就是主机(计算机)和控制器(蓝牙设备)之间的接口。可以看到，其他所有的层都要经过 HCI。HCI 上面的一层是 L2CAP，即逻辑链接控制器适配协议(Logical Link Controller Adaptation Protocol)，这一层充当其他所有层的数据多路复用器。接下来一层是 BNEP，即蓝牙网络封装协议(Bluetooth Network Encapsulation Protocol)。使用 BNEP 可以在蓝牙上运行其他网络协议，例如 IP、TCP 和 UDP。RFCOMM 称作虚拟串口协议(Virtual Serial Port Protocol)，因为它允许蓝牙设备模拟串口的功能。OBEX 协议层是在 RFCOMM 层上面实现的，如果想把数据以对象(例如文件)的形式传输，那么 OBEX 很有用。SDP 是服务发现协议(Service Discovery Protocol)层，用于在远程蓝牙设备上寻找服务。最后两层是 AVCTP 和 AVDTP，用于蓝牙上音频和视频的控制和发布。AVCTP 和 AVDTP 是蓝牙协议中增加的相对较新的层，如果想控制媒体播放器的功能或者想以立体声播放音频流，则要使用它们。

14.1.2　Windows Phone 蓝牙技术概述

在 Windows Phone 8.1 里面可以在应用程序里面利用蓝牙进行通信，使用蓝牙相关的 API，可以让应用程序连接到另外的一个应用程序，也可以让应用程序连接到一个设备上。Windows Phone 8.1 的蓝牙技术支持两个蓝牙方案：一个是应用程序到应用程序的通信，另一个是应用程序到设备的通信。在每种方案中，都在应用或设备之间建立 StreamSocket 连接，然后再进行数据的发送和接收。

1. 应用程序到应用程序的通信

应用程序到应用程序的通信的过程是，应用程序使用蓝牙去查找正在广播蓝牙服务的对等的应用程序，如果在应用程序提供服务的范围内发现一个应用程序，那么该应用程序可以发起连接请求。当这两个应用程序接受连接，它们之间就可以进行通信了，通信的过程是使用 Socket 的消息发送接收机制。在 Windows Phone 8.1 中使用到应用程序到应用程序的蓝牙通信技术，需要在项目的 Package.appxmanifest 文件中添加 Proximity 的功能选项，表示支持临近的设备通信能力，否则程序会出现异常。

2. 应用程序到设备的通信

在应用程序到设备的通信过程中，应用程序使用蓝牙去查找提供服务的设备，如果提供的服务范围之内发现一个可以连接的蓝牙设备，那么该应用程序可以发起连接请求。当应用程序和设备同时接受该连接，它们之间就可以进行通信了，通信的过程也是使用 Socket 的消息发送接收机制，类似于应用程序到应用程序的通信。在 Windows Phone 8.1 中使用到应用程序到设备的蓝牙通信技术，需要在项目的 Package.appxmanifest 文件中添加 Proximity 和 Internet 的功能选项，表示支持临近的设备通信能力和网络通信能力，否则程序会出现异常。

14.1.3　蓝牙编程类

在 Windows Phone 8.1 里面使用到蓝牙编程主要会用到 PeerFinder 类、PeerInformation 类、StreamSocket 类和 ConnectionRequestedEventArgs 类，这些类的说明如表 14.1 所示。因为蓝牙也是基于 TCP 协议进行消息传递了，所以需要用到 Socket 的相关的编程知识，以及 StreamSocket 类。PeerFinder 类是蓝牙查找类，它的主要成员如表 14.2 所示。

表 14.1　蓝牙编程类的说明

类　　名	说　　明
PeerFinder	用于去查找附近的设备是否有运行和当前应用程序相同的应用程序，并且可以在两个应用程序之间建立起 Socket 连接，从而可以进行通信。对等应用程序是在其他设备上运行的应用程序的另一个实例
PeerInformation	包含对等应用程序或设备的识别信息
StreamSocket	支持使用一个 TCP 的 Socket 流的网络通信
ConnectionRequestedEventArgs	表示传递到一个应用程序的 ConnectionRequested 事件的属性

表 14.2　PeerFinder 类的成员

成　员	说　明
bool AllowBluetooth	指定 PeerFinder 类的此实例是否可以通过使用 Bluetooth 来连接 ProximityStreamSocket 对象。如果 PeerFinder 的此实例可以通过使用 Bluetooth 来连接 ProximityStreamSocket 对象，则为 true；否则为 false。默认为 true
bool AllowInfrastructure	是否使用 TCP/IP 协议连接到 StreamSocket
bool AllowWiFiDirect	指定 PeerFinder 类的此实例是否可以通过使用 Wi-Fi Direct 来连接 ProximityStreamSocket 对象。如果 PeerFinder 的此实例可以通过使用 Wi-Fi Direct 来连接 ProximityStreamSocket 对象，则为 true；否则为 false。默认为 true
IDictionary<string,string> AlternateIdentities	获取要与其他平台上的对等应用程序匹配的备用 AppId 值列表。返回要与其他平台的对等类应用程序匹配的备用 AppId 值列表
string DisplayName	获取或设置标识计算机到远程对等类的名称
PeerDiscoveryTypes SupportedDiscoveryTypes	获取一个值，该值指示哪些发现选项可与 PeerFinder 类一同使用
event TypedEventHandler<object, ConnectionRequestedEventArgs> ConnectionRequested	远程对等类使用 ConnectAsync 方法请求连接时发生
event TypedEventHandler<object, TriggeredConnectionStateChangedEventArgs> TriggeredConnectionStateChanged	在远程对等类的轻击笔势期间发生
IAsyncOperation<StreamSocket>ConnectAsync (PeerInformation peerInformation)	连接已发现了对 FindAllPeersAsync 方法的调用的对等类。peerInformation：表示连接到的对等类的对等类信息对象。返回通过使用所提供的临近 StreamSocket 对象连接远程对等类的异步操作
IAsyncOperation<IReadOnlyList <PeerInformation>> FindAllPeersAsync()	适用于无线范围内运行相同应用程序的对等计算机的异步浏览。返回通过使用 Wi-Fi 直连技术浏览对等类的异步操作
void Start(string peerMessage)	向临近设备上的对等类应用程序传递消息
void Stop()	停止查找对等类应用程序或广播对等类连接的过程

14.1.4　查找蓝牙设备和对等项

查找在服务范围内的蓝牙设备和对等项是蓝牙编程的第一步，查找蓝牙设备和对等项中会使用到 PeerFinder 类的 FindAllPeersAsync 方法去进行查找，然后以异步的方式返回查找到的对等项列表的信息 IReadOnlyList<PeerInformation>，注意要使查找对等的应用程序时，在调用 FindAllPeersAsync 方法前必须先调用 PeerFinder 类的 Start 方法，主要的目的是启动广播服务，让对方的应用程序也能查找到自己。PeerInformation 包含三个属性：一个是 DisplayName 表示对等项的名字，这个名字一般都是由对方的设备的名称或者查找到的应用程序自身设置的现实名字；一个是 HostName 表示主机名字或者 IP 地址；还有一个属性是 ServiceName 表示服务名称或者 TCP 协议的端口号。然后可以利用查找到的 PeerInformation 信息进行连接和通信。

查找对等的应用程序的代码示例：

```
async void AppToApp()
{
    //启动查找服务
    PeerFinder.Start();
    //开始查找
    ObservableCollection<PeerInformation> peers = await PeerFinder.FindAllPeersAsync();
    if (peers.Count == 0)
    {
        //未找到任何的对等项
    }
    else
    {
        //处理查找到的对等项,可以使用 PeerFinder 类的 ConnectAsync 方法来连接选择的要进行
通信的对等项
    }
}
```

查找蓝牙设备的代码示例：

```
private async void AppToDevice()
{
    //设置查找所匹配的蓝牙设备
    PeerFinder.AlternateIdentities["Bluetooth:Paired"] = "";
    //开始查找
    ObservableCollection<PeerInformation> pairedDevices = await PeerFinder.FindAllPeersAsync();
    if (pairedDevices.Count == 0)
    {
        //没有找到可用的蓝牙设备
    }
    else
    {
        //处理查找到的蓝牙设备,可以新建一个 StreamSocket 对象,然后使用 StreamSocket 类的
ConnectAsync 方法通过 HostName 和 ServiceName 来连接蓝牙设备
    }
}
```

14.1.5　蓝牙发送消息

蓝牙编程的发送消息机制使用的是 TCP 的 StreamSocket 的方式，原理与 Socket 的一致。在蓝牙连接成功后，可以获取到一个 StreamSocket 类的对象，然后我们使用该对象的

OutputStream属性来初始化一个DataWriter对象，通过DataWriter对象来进行发送消息。OutputStream属性表示的是Socket的输出流，用于发送消息给对方。下面来看一下发送消息的示例：

```
async void SendMessage(string message)
{
    //连接选中的对等项,selectedPeer为查找到的PeerInformation对象
    StreamSocket _socket = = await PeerFinder.ConnectAsync(selectedPeer);
    //创建DataWriter
    DataWriter _dataWriter = new DataWriter(_socket.OutputStream);
    //先写入发送消息的长度
     _dataWriter.WriteInt32(message.Length);
     await _dataWriter.StoreAsync();
    //最后写入发送消息的内容
     _dataWriter.WriteString(message);
     await _dataWriter.StoreAsync();
}
```

14.1.6 蓝牙接收消息

蓝牙编程的接收消息机制同样也是使用的是TCP的StreamSocket的方式，原理与Socket的一致。在蓝牙连接成功后，可以获取到一个StreamSocket类的对象，然后我们使用该对象的InputStream属性来初始化一个DataReader对象，通过DataReader对象来进行接收消息。InputStream属性表示的是Socket的输入流，用于接收对方的消息。下面来看一下接收消息的示例：

```
async Task<string> GetMessage()
{
    //连接选中的对等项,selectedPeer为查找到的PeerInformation对象
    StreamSocket _socket = = await PeerFinder.ConnectAsync(selectedPeer);
    //创建DataReader
    DataReader _dataReader = new DataReader(_socket.InputStream);
    //先读取消息的长度
    await _dataReader.LoadAsync(4);
    uint messageLen = (uint)_dataReader.ReadInt32();
    //最后读取消息的内容
    await _dataReader.LoadAsync(messageLen);
    return _dataReader.ReadString(messageLen);
}
```

14.1.7 实例：实现蓝牙程序对程序的传输

下面给出蓝牙程序对程序传输的示例：通过使用蓝牙功能查找周边也要使用改应用的手机，互相建立起连接和发送测试消息。

代码清单 14-1：蓝牙程序对程序传输(源代码：第 14 章\Examples_14_1)

MainPage. xaml 文件主要代码

```
    <StackPanel>
        <Button x:Name = "btFindBluetooth" Content = "通过蓝牙查找该应用设备" Click =
"btFindBluetooth_Click"/>
        <ListBox x:Name = "lbBluetoothApp"  ItemsSource = "{Binding}">
            <ListBox.ItemTemplate>
                <DataTemplate>
                    <StackPanel>
                        <TextBlock  Text = "{Binding DisplayName}" />
                        <TextBlock  Text = "{Binding ServiceName}" />
                        <Button Content = "连接" HorizontalAlignment = "Left" Width = "308"
Height = "91" Click = "btConnect_Click"/>
                    </StackPanel>
                </DataTemplate>
            </ListBox.ItemTemplate>
        </ListBox>
    </StackPanel>
```

MainPage. xaml. cs 文件代码

```
    public sealed partial class MainPage: Page
    {
        //Socket 数据流对象
        private StreamSocket _socket = null;
        //数据写入对象
        private DataWriter _dataWriter;
        //数据读取对象
        private DataReader _dataReader;
        public MainPage()
        {
            InitializeComponent();
            //页面加载事件
            Loaded += MainPage_Loaded;
        }
        //查找蓝牙对等项按钮事件处理
        private async void btFindBluetooth_Click(object sender,RoutedEventArgs e)
        {
            string message = "";
            try
            {
                //开始查找对等项
                PeerFinder.Start();
                //等待找到的对等项
                var peers = await PeerFinder.FindAllPeersAsync();
                if (peers.Count == 0)
                {
```

```
                message = "没有发现对等的蓝牙应用";
            }
            else
            {
                //把对等项目绑定到列表中
                lbBluetoothApp.ItemsSource = peers;
            }
        }
        catch (Exception ex)
        {
            if ((uint)ex.HResult == 0x8007048F)
            {
                message = "Bluetooth 已关闭请打开手机的蓝牙开关";
            }
            else
            {
                message = ex.Message;
            }
        }
        if (message!= "")
        await new MessageDialog(message).ShowAsync();
    }
    //连接蓝牙对等项的按钮事件处理
    private async void btConnect_Click(object sender,RoutedEventArgs e)
    {
        Button deleteButton = sender as Button;
        PeerInformation selectedPeer = deleteButton.DataContext as PeerInformation;
        //连接到选择的对等项
        _socket = await PeerFinder.ConnectAsync(selectedPeer);
        //使用输出输入流建立数据读写对象
        _dataReader = new DataReader(_socket.InputStream);
        _dataWriter = new DataWriter(_socket.OutputStream);
        //开始读取消息
        PeerFinder_StartReader();
    }
    //读取消息
    async void PeerFinder_StartReader()
    {
        string message = "";
        try
        {
            uint bytesRead = await _dataReader.LoadAsync(sizeof(uint));
            if (bytesRead> 0)
            {
                //获取消息内容的大小
                uint strLength = (uint)_dataReader.ReadUInt32();
                bytesRead = await _dataReader.LoadAsync(strLength);
                if (bytesRead> 0)
                {
                    string content = _dataReader.ReadString(strLength);
```

```
                    await new MessageDialog("获取到消息：" + content).ShowAsync();
                    //开始下一条消息读取
                    PeerFinder_StartReader();
                }
                else
                {
                    message = "对方已关闭连接";
                }
            }
            else
            {
                message = "对方已关闭连接";
            }
        }
        catch (Exception e)
        {
            message = "读取失败：" + e.Message;
        }
        if (message != "")
        await new MessageDialog(message).ShowAsync();
    }
    //页面加载事件处理
    void MainPage_Loaded(object sender,RoutedEventArgs e)
    {
        //订阅连接请求事件
        PeerFinder.ConnectionRequested += PeerFinder_ConnectionRequested;
    }
    //连接请求事件处理
     async void PeerFinder _ ConnectionRequested ( object sender, ConnectionRequestedEventArgs
args)
    {
        //使用 UI 线程弹出连接请求的接收和拒绝弹窗
        await this.Dispatcher.RunAsync(CoreDispatcherPriority.Normal,async () =>
        {
            MessageDialog md = new MessageDialog("是否接收" + args.PeerInformation.
DisplayName + "连接请求","蓝牙连接");
            UICommand yes = new UICommand("接收");
            UICommand no = new UICommand("拒绝");
            md.Commands.Add(yes);
            md.Commands.Add(no);
            var result = await md.ShowAsync();
            if (result == yes)
            {
                //连接并且发送消息
                ConnectToPeer(args.PeerInformation);
            }
        });
    }
    //连接并发送消息给对方
    async void ConnectToPeer(PeerInformation peer)
```

```
        {
            _socket = await PeerFinder.ConnectAsync(peer);
            _dataReader = new DataReader(_socket.InputStream);
            _dataWriter = new DataWriter(_socket.OutputStream);
            string message = "测试消息";
            uint strLength = _dataWriter.MeasureString(message);
            //写入消息的长度
            _dataWriter.WriteUInt32(strLength);
            //写入消息的内容
            _dataWriter.WriteString(message);
            uint numBytesWritten = await _dataWriter.StoreAsync();
        }
    }
```

程序的运行效果如图 14.2 所示。

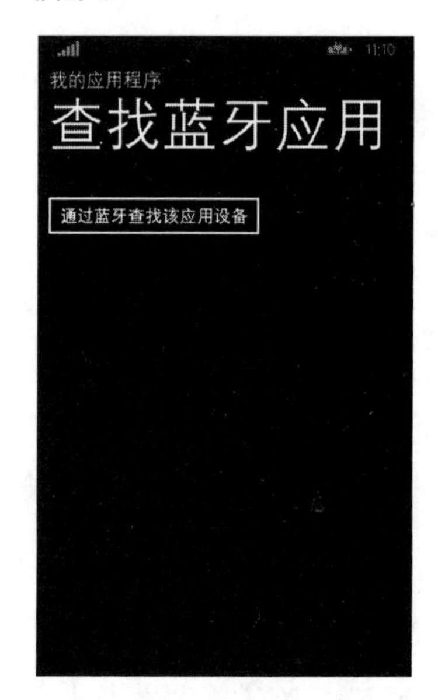

图 14.2　查找蓝牙应用

14.1.8　实例：实现蓝牙程序对设备的连接

下面给出蓝牙程序对设备连接的示例：查找蓝牙设备，并对找到的第一个蓝牙设备进行连接。

代码清单 14-2：蓝牙程序对设备连接(源代码：第 14 章\Examples_14_2)

MainPage.xaml 文件主要代码

```
---------------------------------------------------------------------
    <StackPanel>
        <Button x:Name = "btFindBluetooth" Content = "查找特定的蓝牙设备" Click =
"btFindBluetooth_Click"/>
```

```
        < Button x:Name = "btFindAllBluetooth" Content = "查找周围的蓝牙设备" Click =
"btFindAllBluetooth_Click"/>
    </StackPanel >
```

MainPage.xaml.cs 文件主要代码

```
-----------------------------------------------------------------------------------
    //连接成功之后返回的 StreamSocket 对象,用于消息的发送和接收,和 Socket 的 TCP 协议的机
制一样
    StreamSocket streamSocket;
    //查找蓝牙设备事件处理,查找蓝牙设备,并对找到的第一个蓝牙设备进行连接
    private async void btFindBluetooth_Click(object sender,RoutedEventArgs e)
    {
        string errMessage = "";
        try
        {
            //查找使用服务发现协议(SDP)并通过既定 GUID 播发服务的设备
            PeerFinder.AlternateIdentities["Bluetooth:SDP"] = "XXXXXXXX - XXXX - XXXX - XXXX -
XXXXXXXXXXXX";
            //搜索所有配对的设备
            var pairedDevices = await PeerFinder.FindAllPeersAsync();
            if (pairedDevices.Count == 0)
            {
                await new MessageDialog("没有找到相关的蓝牙设备").ShowAsync();
            }
            else
            {
                //连接找到的第一个蓝牙设备
                PeerInformation selectedPeer = pairedDevices[0];
                StreamSocket socket = new StreamSocket();
                //这种情况下 selectedDevice.ServiceName 等于指定的 GUID
                await socket.ConnectAsync(selectedPeer.HostName,selectedPeer.ServiceName);
                await new MessageDialog("连接上了 HostName:" + selectedPeer.HostName +
"ServiceName:" + selectedPeer.ServiceName).ShowAsync();
            }
        }
        catch (Exception ex)
        {
            if ((uint)ex.HResult == 0x8007048F)
            {
                errMessage = "Bluetooth is turned off";
            }
            else
            {
                errMessage = ex.Message;
            }
        }
        if (errMessage != "")
        {
            await new MessageDialog(errMessage).ShowAsync();
```

```
        }

    }
    //查找周围所有可以连接的蓝牙设备
    private async void btFindAllBluetooth_Click(object sender,RoutedEventArgs e)
    {
        string errMessage = "";
        try
        {
            //这样连接找到的设备对应的 PeerInformation.ServiceName 将为空
            PeerFinder.AlternateIdentities["Bluetooth:Paired"] = "";
            //搜索所有配对的设备
            var pairedDevices = await PeerFinder.FindAllPeersAsync();
            if (pairedDevices.Count == 0)
            {
                await new MessageDialog("没有找到相关的蓝牙设备").ShowAsync();
            }
            else
            {
                streamSocket = new StreamSocket();
                //第二个参数是一个 RFCOMM 端口号,范围是 1～30
                await streamSocket.ConnectAsync(pairedDevices[0].HostName,"1");
            }
        }
        catch (Exception ex)
        {
            if ((uint)ex.HResult == 0x8007048F)
            {
                errMessage = "Bluetooth is turned off";
            }
            else
            {
                errMessage = ex.Message;
            }
        }
        if (errMessage != "")
        {
            await new MessageDialog(errMessage).ShowAsync();
        }
    }
```

程序的运行效果如图 14.3 所示。

图 14.3 查找蓝牙设备

14.2 近场通信

近场通信技术已经逐渐走入了我们的生活，在各大主流平台中也开始普遍起来，而 Windows Phone 8.1 也将 NFC 技术完美应用其中。Windows Phone 8.1 支持近场通信芯片，这些芯片能够帮助用户与其他附近的设备进行通信，而且还能够让用户与好友共享诸如图片或视频等内容，另外还可以与其他支持 NFC 技术的设备进行数据传输。Windows Phone 8.1 手机的近场通信传输通常是将两部手机的背面轻碰一下来进行 NFC 的连接操作，比如我们可以通过将两部 Windows Phone 8.1 的背面轻碰一下来实现联系人资料的传输等。

14.2.1　近场通信的介绍

近场通信又称近距离无线通信，其英文简称为 NFC 是 Near Field Communication 缩写，是一种短距离的高频无线通信技术，允许电子设备之间进行非接触式点对点数据传输，交换数据。近场通信是一种短距高频的无线电技术，在 13.56MHz 频率运行于 20cm 距离内。其传输速度有 106Kbit/s、212Kbit/s 或者 424Kbit/s 三种。可以在移动设备、消费类电子产品、PC 和智能控件工具间进行近距离无线通信。NFC 提供了一种简单、触控式的解决方案，可以让消费者简单直观地交换信息、访问内容与服务。

近场通信技术是由 Nokia、Philips、Sony 合作制定的标准，在 ISO 18092，ECMA 340 和 ETSI TS 102 190 框架下推动标准化，同时也兼容应用广泛的 ISO 14443、Type-A、ISO 15693、B 以及 Felica 标准非接触式智能卡的基础架构。近场通信标准详细规定近场通信设备的调制方案、编码、传输速度与 RF 接口的帧格式，以及主动与被动近场通信模式初始化过程中数据冲突控制所需的初始化方案和条件，此外还定义了传输协议，包括协议启动和数据交换方法等。

近场通信是基于 RFID 技术发展起来的一种近距离无线通信技术。与 RFID 一样，近场通信信息也是通过频谱中无线频率部分的电磁感应耦合方式传递，但两者之间还是存在很大的区别。近场通信的传输范围比 RFID 小，RFID 的传输范围可以达到 0～1m，但由于近场通信采取了独特的信号衰减技术，相对于 RFID 来说近场通信具有成本低、带宽高、能耗低等特点。

近场通信技术主要特征如下：

(1) 用于近距离(10cm 以内)安全通信的无线通信技术。

(2) 射频频率：13.56MHz。

(3) 射频兼容：ISO 14443，ISO 15693，Felica 标准。

(4) 数据传输速度：106kbit/s，212 kbit/s，424kbit/s。

14.2.2　近场通信编程类和编程步骤

在 Windows Phone 里面使用近场通信编程主要会用到 PeerFinder 类、PeerInformation 类、ConnectionRequestedEventArgs 类、TriggeredConnectionStateChangedEventArgs 类和 ProximityDevice 类，这些类的说明如表 14.3 所示。

表 14.3 蓝牙编程的主要类

类 名	说 明
PeerFinder	用于去查找附近的设备是否有运行和当前应用程序相同的应用程序，并且可以在两个应用程序之间建立起 Socket 连接，从而可以进行通信。对等应用程序是在其他设备上运行的应用程序的另一个实例
PeerInformation	包含对等应用程序或设备的识别信息
ConnectionRequestedEventArgs	表示传递到一个应用程序的 ConnectionRequested 事件的属性
ProximityDevice	可以通过轻轻的碰击来使得应用程序能够以 3～4cm 的大致范围内的其他设备进行通信和进行数据交换
ProximityMessage	表示从订阅收到的消息
TriggeredConnectionStateChangedEventArgs	表示传递到一个应用程序的 TriggeredConnectionStateChanged 事件的属性

使用近场通信进行编程也一样需要在项目的 Package. appxmanifest 文件中添加 Proximity 和 Internet 的功能选项。我们先来简单地描述下作一个 NFC 数据传输的应用程序的基本步骤，接下来再详细地讲解这些步骤的实现。

1. 获取 NFC 设备

首先需要通过 ProximityDevice. GetDefault()方法来获取进场通信的对象，如果手机不支持 NFC 那么获取到的对象是为 null 的。

2. 注册设备进入和离开 NFC 识别范围时触发事件

因为 NFC 是非常短距离的数据传输，所以通常会需要关注 NFC 识别区域的进入和离开的时机，从而进行一些提示性的操作。ProximityDevice 类提供了 DeviceArrived 事件和 DeviceDeparted 事件分别表示注册设别进入和离开 NFC 识别范围时触发的事件。

3. 传递简单的字符串

如果我们在 NFC 通信里面只是需要传递简单的字符串信息，那么 Windows Phone 是提供了相关的 API 来简化了这种操作，并不需要一个 TCP 的 Socket 连接。发送和接收消息可以通过 ProximityDevice 类提供的 PublishMessage 方法和 SubscribeForMessage 方法来进行，每个消息都会有一个对应的 ID 可以用于取消当前的操作，例如：

```
//发送消息,可以通过 Id 来取消发送
long Id = device.PublishMessage("Windows.SampleMessageType","Hello World!");
//接收消息,可以通过 Id 来取消接收
long Id = device.SubscribeForMessage ("Windows.SampleMessageType",messageReceived);
```

4. 传输更多的消息

使用消息订阅和发布的方式可以实现简单的字符串信息的传输，但是如果要传输更多或者更复杂的信息那么还是需要用到 Socket 的 TCP 协议来进行传输。首先需要订阅 PeerFinder 类的 TriggeredConnectionStateChanged 事件，用于判断是否触发了 NFC 的连接操作，然后在该事件里面获取连接成功的 StreamSocket 对象就可以使用 TCP 协议来发

送和接收消息了，这时候又回到了我们的 Socket 的 TCP 编程知识了！

14.2.3 发现近场通信设备

发现近场通信设备需要通过注册 PeerFinder 类的 TriggeredConnectionStateChanged 事件来监听是否有近场通信设备的连接，然后调用 Start 方法开始查找和被查找。在 TriggeredConnectionStateChanged 事件的实现中可以通过 TriggeredConnectionState ChangedEventArgs 的 State 来判断连接的状态和情况。示例代码如下所示：

```
//获取近场通信
ProximityDevice device = ProximityDevice.GetDefault();
//确认设备支持近场通信
if (device!= null)
{
    //注册触发事件
    PeerFinder.TriggeredConnectionStateChanged += OnTriggeredConnectionStateChanged;
     //开始查找对等项，同时也让自己被其他对等项目发现
     PeerFinder.Start();
}
//TriggeredConnectionStateChanged 事件处理
void OnTriggeredConnectionStateChanged(object sender,
TriggeredConnectionStateChangedEventArgs args)
{
    switch (args.State)
    {
        case TriggeredConnectState.Listening:
            //正在监听，作为热点来进行连接
            break;
         case TriggeredConnectState.PeerFound:
            //接近手势完成后，用户可以让他们的设备，通过其他传输协议，如 TCP / IP 或蓝牙，来
建立起连接
             break;
         case TriggeredConnectState.Connecting:
            //正在连接
            break;
          case TriggeredConnectState.Completed:
            //连接完毕，获取到一个 StreamSocket 对象 args.Socket 来进行通信
             break;
         case TriggeredConnectState.Canceled:
             //连接被取消
              break;
         case TriggeredConnectState.Failed:
             //连接失败
             break;
       }
}
```

14.2.4 近场通信发布消息

发布消息可以通过 ProximityDevice 类的 PublishMessage 方法来实现，PublishMessage 中有两个参数，一个是发送给订阅用户的消息的类型，该类型会再接收消息中用到，作为接收消息的类型；另一个是发送给订阅用户的消息，发送消息之后将会返回一个消息唯一的发布 ID，如果需要停止发送消息可以使用 StopPublishingMessage 方法来阻止消息的发送。下面来看一下发布消息的示例：

```
ProximityDevice device = ProximityDevice.GetDefault();
//确认设备支持近场通信
if (device!= null)
{
    //发布消息
    long Id = device.PublishMessage("Windows.SampleMessageType","Hello World!");
}
```

14.2.5 近场通信订阅消息

订阅消息可以通过 ProximityDevice 类的 SubscribeForMessage 方法为指定的消息类型创建订阅，SubscribeForMessage 中有两个参数，一个是发送本订阅的消息类型，该类型会匹配到发送消息的类型；另一个是接收消息的处理方法，发送消息之后将会返回一个消息唯一的订阅 ID，如果需要停止订阅消息可以使用 StopSubscribingForMessage 方法来阻止消息的订阅。下面来看一下订阅消息的示例：

```
ProximityDevice device = ProximityDevice.GetDefault();
//确认设备支持近场通信
if (device!= null)
{
//开始订阅消息
long Id = device.SubscribeForMessage ("Windows.SampleMessageType",messageReceived);
}
//接收消息的处理
private void messageReceived(ProximityDevice sender,ProximityMessage message)
{
//接收消息成功,设备的 id 为 sender.DeviceId,消息的内容为 message.DataAsString
}
```

14.2.6 实例：实现近场通信的消息发布订阅

下面给出近场通信的消息发布订阅的示例：实现了近场通信的消息发布和订阅的功能。

代码清单 14-3：近场通信的消息发布订阅（源代码：第 14 章\Examples_14_3）

MainPage.xaml 文件主要代码

```
<StackPanel>
```

```
        <TextBlock Text = "发送的消息: "/>
        <TextBox x:Name = "tbSendMessage"/>
        <Button x:Name = "btSend" Width = "370" Content = "发送测试消息" Click = "btSend_
Click_1"/>
        <Button x:Name = "btReceive"  Width = "370"  Content = "接收消息" Click = "btReceive_
Click_1"/>
        <TextBlock x:Name = "state"></TextBlock>
        <TextBlock Text = "接收到的消息: "/>
        <TextBlock x:Name = "tbReceiveMessage"/>
    </StackPanel>
```

MainPage.xaml.cs 文件主要代码

```
----------------------------------------------------------------------------------
    //邻近设备类对象
    private ProximityDevice _proximityDevice;
    //发布消息的 ID
    private long _publishedMessageId = -1;
    //订阅消息的 ID
    private long _subscribedMessageId = -1;
    //导航进入页面,获取邻近设备类对象,并且订阅进入和离开 NFC 识别范围时的事件
    protected async override void OnNavigatedTo(NavigationEventArgs e)
    {
        _proximityDevice = ProximityDevice.GetDefault();
        if (_proximityDevice != null)
        {
            _proximityDevice.DeviceArrived += _device_DeviceArrived;
            _proximityDevice.DeviceDeparted += _device_DeviceDeparted;
        }
        else
        {
            await new MessageDialog("你的设备不支持 NFC 功能").ShowAsync();
        }
    }
    //进入 NFC 识别范围时的事件处理程序
    async void _device_DeviceDeparted(ProximityDevice sender)
    {
        await this.Dispatcher.RunAsync(CoreDispatcherPriority.Normal, () => state.Text =
"当前不处于 NFC 通信的范围内");
    }
    //离开 NFC 识别范围时的事件处理程序
    async void _device_DeviceArrived(ProximityDevice sender)
    {
        await this.Dispatcher.RunAsync(CoreDispatcherPriority.Normal, () => state.Text =
"当前处于 NFC 通信的范围内");
    }
    //发布消息按钮事件处理
    private async void btSend_Click_1(object sender, RoutedEventArgs e)
    {
        if (_proximityDevice == null)
```

```
            {
                await new MessageDialog("你的设备不支持 NFC 功能").ShowAsync();
                return;
            }
            if (_publishedMessageId == -1)
            {
                String publishText = tbSendMessage.Text;
                tbSendMessage.Text = "";
                if (publishText.Length> 0)
                {
                    //发布消息并获取消息的 ID
                    _publishedMessageId = _proximityDevice.PublishMessage("Windows.
SampleMessageType",publishText);
                    await new MessageDialog("消息已经发送,可以接触其他的设备来进行接收消
息").ShowAsync();
                }
                else
                {
                    await new MessageDialog("发送的消息不能为空").ShowAsync();
                }
            }
            else
            {
                await new MessageDialog("消息已经发送,请接收").ShowAsync();
            }
        }
        //订阅消息按钮事件处理
        private async void btReceive_Click_1(object sender,RoutedEventArgs e)
        {
            if (_proximityDevice == null)
            {
                await new MessageDialog("你的设备不支持 NFC 功能").ShowAsync();
                return;
            }
            if (_subscribedMessageId == -1)
            {
                _subscribedMessageId = _proximityDevice.SubscribeForMessage("Windows.
SampleMessageType",MessageReceived);
                await new MessageDialog("订阅 NFC 接收的消息成功").ShowAsync();
            }
            else
            {
                await new MessageDialog("已订阅 NFC 接收的消息").ShowAsync();
            }
        }
        //接收到消息事件的处理
        async void MessageReceived(ProximityDevice proximityDevice,ProximityMessage message)
        {
                await this.Dispatcher.RunAsync(CoreDispatcherPriority.Normal, () =>
tbReceiveMessage.Text = message.DataAsString);
```

```
    }
    //离开页面停止消息的发送和订阅
    protected override void OnNavigatedFrom(NavigationEventArgs e)
    {
        if (_proximityDevice != null)
        {
            if (_publishedMessageId != -1)
            {
                _proximityDevice.StopPublishingMessage(_publishedMessageId);
                _publishedMessageId = -1;
            }
            if (_subscribedMessageId != -1)
            {
                _proximityDevice.StopSubscribingForMessage(_subscribedMessageId);
                _subscribedMessageId = 1;
            }
        }
    }
```

程序的运行效果如图 14.4 所示。

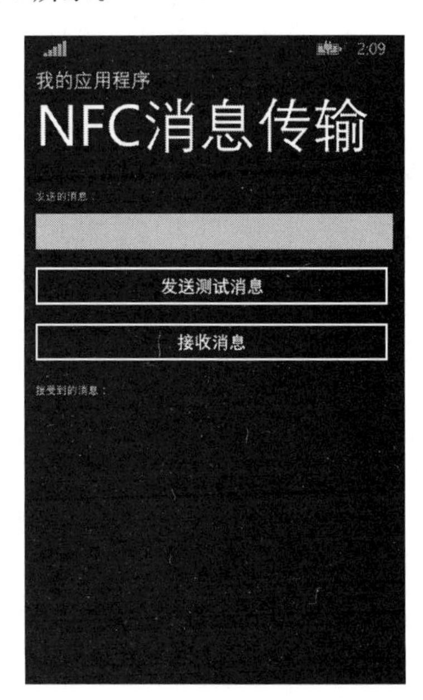

图 14.4　NFC 消息传递

第 15 章 传 感 器

传感器是一种物理装置或生物器官,能够探测、感受外界的信号、物理条件(如光、热、湿度)或化学组成(如烟雾),并将探知的信息传递给其他装置或器官。

国家标准 GB 7665—1987 对传感器下的定义是:“能够感受规定的被测量并按照一定的规律转换成可用输出信号的器件或装置,通常由敏感元件和转换元件组成。”这里所说的“可用输出信号”是指便于加工处理、便于传输利用的信号。现在电信号是最易于处理和便于传输的信号。传感器是一种检测装置,能感受到被测量的信息,并能将检测感受到的信息,按一定规律变换成为电信号或其他所需形式的信息输出,以满足信息的传输、处理、存储、显示、记录和控制等要求。

随着智能手机的发展,很多传感器都融合进了手机设备里面,如加速度计、罗盘、陀螺仪等,那么这三种传感器也是 Windows Phone 设备所支持的传感器,我们可以利用这些传感器实现很多有趣的应用或者功能。本章将会详细地介绍加速度计、罗盘、陀螺仪这三种传感器的原理和使用。

15.1 加速计传感器

加速计传感器是 Windows Phone 中一种标准的系统自带功能,加速计测量在某一时刻施加于设备的力,通过加速计可以在手机中模拟出来现实中的重力感应,可以感应到手机的各种方向的变化,可以获取到手机在各个方向的模拟加速度。加速度计通常会在 Windows Phone 的游戏上使用,例如赛车游戏就是一个典型的例子,利用了加速计的原理来设计,玩过 Windows Phone 中的赛车游戏的人肯定会知道,车的方向是通过左右摆动手机来控制的,有部分的赛车游戏还可以通过上下摆动来控制车的速度,这些都是运用了加速计来实现的。下面将详细地介绍 Windows Phone 的加速计的原理以及如何在应用程序中使用。

15.1.1 加速计的原理

加速计在 API 里面是用 Accelerometer 类来表示,Accelerometer 类在空间 Windows. Devices. Sensors 里面,需要使用系统加速度计的功能,必须创建一个 Accelerometer 类的对象,然后通过这个对象来捕获手机当前的加速模拟状态。Accelerometer 类的 ReadingChanged 事件就是用来监控手机加速模拟状态的,在 ReadingChanged 事件中传递的 AccelerometerReadingChangedEventArgs 参数会传递当前手机的加速模拟状态的数据变化,手机的加速模拟状态是通过一个三维的空间来表示的,这个三维空间一直都是以手机为中心点,通过 x 轴、y 轴和 z 轴的值来反映手机当前的状态。在使用加速度传感器时,可以把手机想象成一个三维的坐标系统。无论电话放置的方向是什么,y 坐标轴是电话的底端(包含按钮的那端)到顶端的方向,而且这个走向是 y 轴正方向。x 坐标轴则是从左至右的走向,这个走向亦是 x 轴正方向,z 坐标轴正走向则是面对用户的方向。这是一个在实际生活和数学中都经常使用的经典三维坐标系统,游戏中的 3D 编程也采用了这种坐标方法。这种坐标系统有一个专业术语,被称为笛卡儿右手坐标系统。笛卡儿右手坐标系统的意思就是将右手背对着手机屏幕放置,拇指即指向 x 轴的正方向。伸出食指和中指,食指指向 y 轴的正方向,中指所指示的方向即是 z 轴的正方向。有点类似面对自己的兰花指造型。这种坐标朝向永远是固定的,无论是将手机横拿还是竖放,又或者游戏是在 Landscape 和 Portrait 模式下运行,均是如此。

下面来介绍一下手机的加速模拟状态是怎么反映到 x 轴、y 轴和 z 轴上的。当用户拿着手机面对自己的时候,那么 z 轴的维度就是指向自己的方向,y 轴维度就是手机的上下方向,x 轴就是手机的左右方向,如图 15.1 所示显示了这些三个轴相对位置的设备。

如果将手机放在一个理想状态的水平桌子上,那么加速器的 x 轴、y 轴和 z 轴的值在以下 6 种特殊情况下的标准值如下:

(1) 手机竖着立起来放在桌子上,与桌子处于垂直的状态,如图 15.2 所示,手机的开始按键在下方,那么这时候对应的 x 轴、y 轴和 z 轴的值是 $(x,y,z)=(0,-1,0)$。

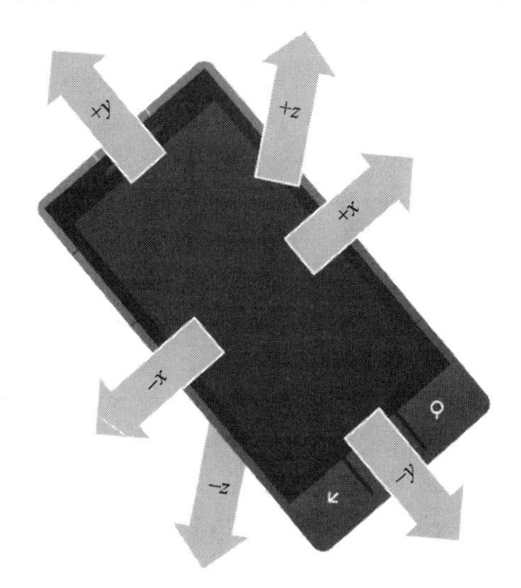

图 15.1 手机的坐标方向

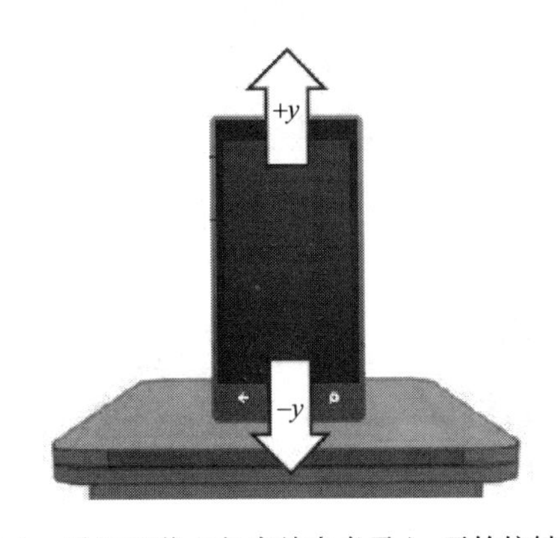

图 15.2 手机竖着立起来放在桌子上,开始按键在下方

(2) 手机竖着立起来放在桌子上，与桌子处于垂直的状态，手机的开始按键在上方，如图 15.3 所示，那么这时候对应的 x 轴、y 轴和 z 轴的值是 $(x,y,z)=(0,1,0)$。

(3) 手机横着立起来放在桌子上，与桌子处于垂直的状态，手机的返回按键在下方，如图 15.4 所示，那么这时候对应的 x 轴、y 轴和 z 轴的值是 $(x,y,z)=(-1,0,0)$。

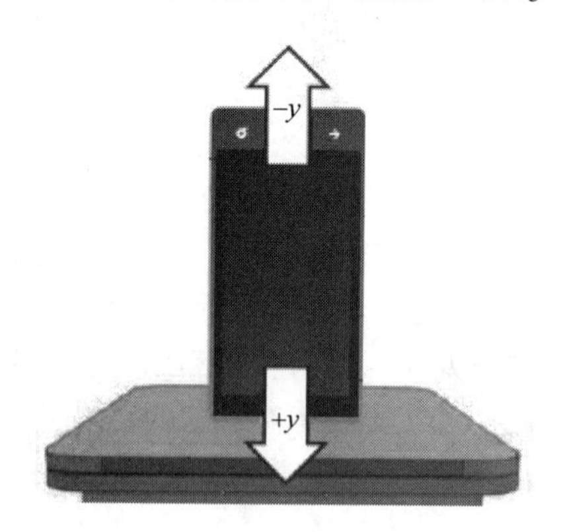

图 15.3 手机竖着立起来放在桌子上，手机的开始按键在上方

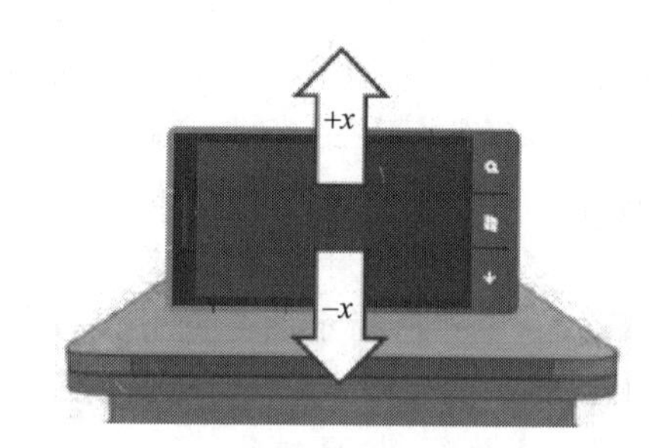

图 15.4 手机横着立起来放在桌子上，手机的返回按键在下方

(4) 手机横着立起来放在桌子上，与桌子处于垂直的状态，手机的返回按键在上方，如图 15.5 所示，那么这时候对应的 x 轴、y 轴和 z 轴的值是 $(x,y,z)=(1,0,0)$。

(5) 手机平放在桌子上，手机的屏幕朝上，如图 15.6 所示，那么这时候对应的 x 轴、y 轴和 z 轴的值是 $(x,y,z)=(0,0,-1)$。

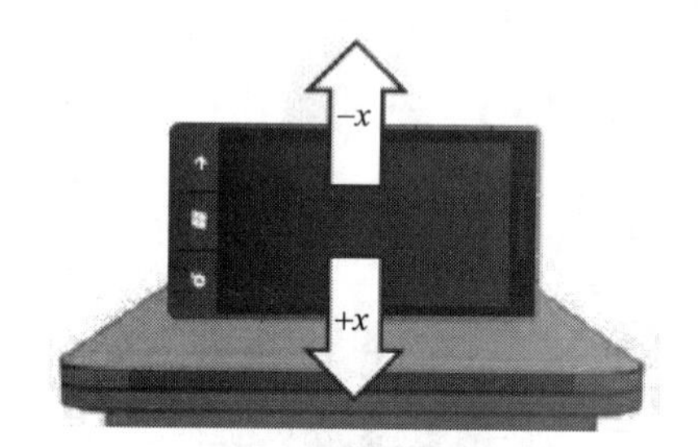

图 15.5 手机横着立起来放在桌子上，手机的返回按键在上方

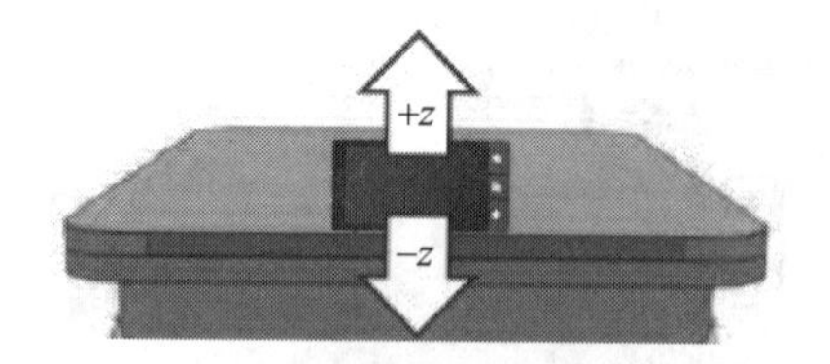

图 15.6 手机平放在桌子上，手机的屏幕朝上

(6) 手机平放在桌子上，手机的屏幕朝下，如图 15.7 所示，那么这时候对应的 x 轴、y 轴和 z 轴的值是 $(x,y,z)=(0,0,1)$。

这 6 种情况都是在完全标准情况下的值，在现实中这些值是有误差的，并且和手机的硬件质量和所处环境有关。

当一个三维的点坐标 (x,y,z) 表示空间一个特定的位置时，矢量 (x,y,z) 代表的意义则更加丰富，它包含了方向和长度的概念。很明显，点坐标和矢量是有关联的。矢量 (x,y,z)

的方向就是点(0,0,0)到点(x,y,z)的方向。但是矢量(x,y,z)并不是由点(0,0,0)到点(x,y,z)构成的那条直线，而只是代表这条直线的方向。那么矢量(x,y,z)的长度是$\sqrt{x^2+y^2+z^2}$，如果当前的坐标是(x_1,y_1,z_1)，移动手机后产生了一个新的坐标(x_2,y_2,z_2)，那么可以使用计算空间两点的距离方法来计算加速器三维空间的这两点的距离，即距离是$\sqrt{(x_1-x_2)^2+(y_1-y_2)^2+(z_1-z_2)^2}$，注意这个不是现实的三维空间的距离，而是手机加速器的三维空间的两点之间的距离。当手机静止的时候其加速器的矢量长度的值为1，即$x_2+y_2+z_2=1$；当手机正在做自由落体运动的时候其加速器的矢量长度的值为0，即$x_2+y_2+z_2=0$。

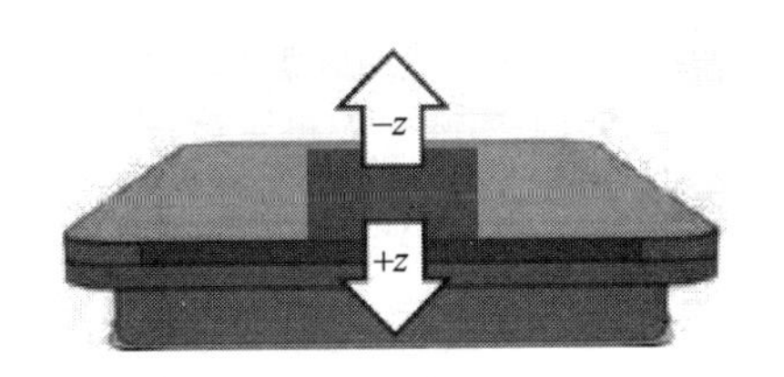

图 15.7 手机平放在桌子上，手机的屏幕朝下

下面给出测试加速计的示例：用一个实例来测试加速器的三维空间坐标值的变化。

代码清单 15-1：测试加速器(源代码：第 15 章\Examples_15_1)

MainPage.xaml 文件主要代码

```
<StackPanel Orientation = "Vertical">
    <StackPanel Orientation = "Horizontal">
        <TextBlock>状态:</TextBlock>
        <TextBlock Name = "statusTextBlock"></TextBlock>
    </StackPanel>
    <TextBlock Text = "加速度:"></TextBlock>
    <Grid>
        <TextBlock Height = "30" HorizontalAlignment = "Left"  Name = "xTextBlock" Text = 
"X: 1.0" VerticalAlignment = "Top" Foreground = "Red" FontSize = "28" FontWeight = "Bold"/>
        <TextBlock Height = "30" HorizontalAlignment = "Center"  Name = "yTextBlock" Text = 
"Y: 1.0" VerticalAlignment = "Top" Foreground = "Green" FontSize = "28" FontWeight = "Bold"/>
        <TextBlock Height = "30" HorizontalAlignment = "Right"  Name = "zTextBlock" Text = 
"Z: 1.0" VerticalAlignment = "Top"  Foreground = "Blue" FontSize = "28" FontWeight = "Bold"/>
    </Grid>
    <Grid Height = "300">
        <Line x:Name = "xLine" x1 = "240" y1 = "150" x2 = "340" y2 = "150" Stroke = "Red" 
StrokeThickness = "4"></Line>
        <Line x:Name = "yLine" x1 = "240" y1 = "150" x2 = "240" y2 = "50" Stroke = "Green" 
StrokeThickness = "4"></Line>
        <Line x:Name = "zLine" x1 = "240" y1 = "150" x2 = "190" y2 = "200" Stroke = "Blue" 
StrokeThickness = "4"></Line>
    </Grid>
    <Button Content = "测试加速度" Click = "Button_Click_1"></Button>
</StackPanel>
```

MainPage.xaml.cs 文件主要代码

```
//加速度计对象
```

```
Accelerometer accelerometer;
//加速度计的数据读取对象
AccelerometerReading accelerometerReading;
//读取加速度计数据的按钮事件
private async void Button_Click_1(object sender,RoutedEventArgs e)
{
    //获取加速度计对象
    accelerometer = Accelerometer.GetDefault();
    if (accelerometer == null)
    {
        await new MessageDialog("不支持加速度计传感器").ShowAsync();
        return;
    }
    Debug.WriteLine(accelerometer.MinimumReportInterval);
    //设置获取数据的时间间隔,这里设置为最小的时间间隔的两倍
    accelerometer.ReportInterval = accelerometer.MinimumReportInterval * 2;
    //订阅加速度变化的事件
    accelerometer.ReadingChanged += accelerometer_ReadingChanged;
    //订阅手机晃动的事件
    accelerometer.Shaken += accelerometer_Shaken;
    //读取手机当前的加速度的数据
    accelerometerReading = accelerometer.GetCurrentReading();
    //在 UI 上展示数据
    ShowData();
}
//手机晃动的事件处理程序
async void accelerometer_Shaken(Accelerometer sender,AccelerometerShakenEventArgs args)
{
    await this.Dispatcher.RunAsync(CoreDispatcherPriority.Normal,() =>
    {
        statusTextBlock.Text = "手机在摇动 时间点"
            + args.Timestamp.DateTime.ToString();
    });
}
//加速度变化的事件处理程序
async void accelerometer_ReadingChanged(Accelerometer sender,
AccelerometerReadingChangedEventArgs args)
{
    await this.Dispatcher.RunAsync(CoreDispatcherPriority.Normal,() =>
    {
        accelerometerReading = args.Reading;
        ShowData();
    });
}
//通过获取的 AccelerometerReading 对象来读取出相关的加速度数据
void ShowData()
{
    statusTextBlock.Text = "正在接收加速度数据 时间点"
        + accelerometerReading.Timestamp.DateTime.ToString();
    //显示数值
```

```
        xTextBlock.Text = "x: " + accelerometerReading.Accelerationx.ToString("0.00");
        yTextBlock.Text = "y: " + accelerometerReading.Accelerationy.ToString("0.00");
        zTextBlock.Text = "z: " + accelerometerReading.Accelerationz.ToString("0.00");
        //在图形上显示
        xLine.x2 = xLine.x1 + accelerometerReading.Accelerationx * 100;
        yLine.y2 = yLine.y1 - accelerometerReading.Accelerationy * 100;
        zLine.x2 = zLine.x1 - accelerometerReading.Accelerationz * 50;
        zLine.y2 = zLine.y1 + accelerometerReading.Accelerationz * 50;
    }
```

程序运行的效果如图 15.8 所示。

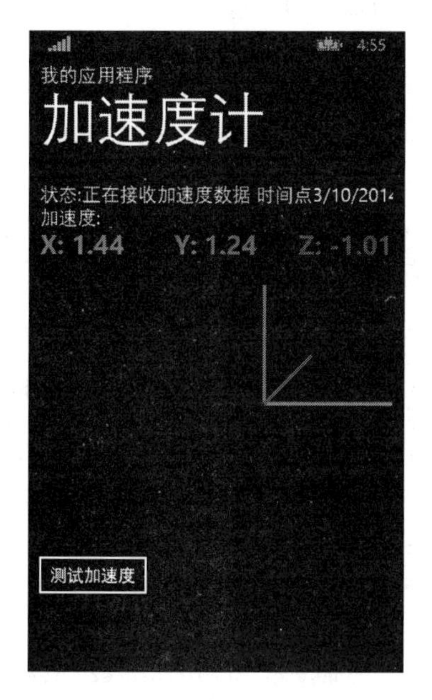

图 15.8 加速器测试

15.1.2 使用加速度计传感器实例编程

下面给出重力球的示例：通过重力感应来控制球的运动，用 x 轴和 y 轴的加速感应来控制球的运动方向和运动的速度。

代码清单 15-2：重力球(源代码：第 15 章\Examples_15_2)

MainPage.xaml 文件主要代码

```
<Border BorderThickness = "2" BorderBrush = "Red" Width = "370" Height = "450">
    <Canvas x:Name = "ContentGrid" HorizontalAlignment = "Right"
            Width = "370" Height = "450" VerticalAlignment = "Top">
        <Ellipse x:Name = "ball" Canvas.Left = "126"
                 Fill = "#FF963C3C" HorizontalAlignment = "Left"
                 Height = "47" Stroke = "Black" StrokeThickness = "1"
```

```
                              VerticalAlignment = "Top" Width = "46"
                              Canvas.Top = "222"/>
        </Canvas>
    </Border>
```

MainPage.xaml.cs 文件主要代码

```
    public MainPage()
    {
        this.InitializeComponent();
        //页面加载触发加速度控制小球的运动
        Loaded += MainPage_Loaded;
    }
    //页面加载事件处理程序
    async void MainPage_Loaded(object sender,RoutedEventArgs e)
    {
        //获取加速度计对象
        Accelerometer accelerometer = Accelerometer.GetDefault();
        if (accelerometer == null)
        {
            await new MessageDialog("不支持加速度计传感器").ShowAsync();
        }
        //设置获取数据的时间间隔,这里设置为最小的时间间隔的两倍
        accelerometer.ReportInterval = accelerometer.MinimumReportInterval * 2;
        //订阅加速度变化的事件
        accelerometer.ReadingChanged += accelerometer_ReadingChanged;
    }
    //加速度变化的事件处理程序
    async void accelerometer_ReadingChanged(Accelerometer sender,
AccelerometerReadingChangedEventArgs args)
    {
        await this.Dispatcher.RunAsync(CoreDispatcherPriority.Normal,() =>
        {
            MyReadingChanged(args.Reading);
        });
    }
    //通过加速度控制小球的运动
    private void MyReadingChanged(AccelerometerReading e)
    {
        //取 z 轴的绝对值
        double accelerationFactor = Math.Abs(e.AccelerationZ) == 0 ? 0.1: Math.Abs(e.
AccelerationZ);
        double ballX = (double)ball.GetValue(Canvas.LeftProperty) + e.AccelerationX /
accelerationFactor;
        double ballY = (double)ball.GetValue(Canvas.TopProperty) - e.AccelerationY /
accelerationFactor;
        double ballZ = (double)ball.GetValue(Canvas.HeightProperty) - e.AccelerationZ / 10;
        if (ballX < 0)
        {
            ballX = 0;
        }
```

```
        else if (ballX > ContentGrid.Width)
        {
            ballX = ContentGrid.Width;
        }
        if (ballY < 0)
        {
            ballY = 0;
        }
        else if (ballY > ContentGrid.Height)
        {
            ballY = ContentGrid.Height;
        }
        if (ballZ < 0)
        {
            ballZ = 10;
        }
        else if (ballZ > ContentGrid.Width)
        {
            ballZ = ContentGrid.Width;
        }
        //设置球在画布中的 Left 属性,即距离左边的距离
        ball.SetValue(Canvas.LeftProperty,ballX);
        //设置球在画布中的 Top 属性,即距离上边的距离
        ball.SetValue(Canvas.TopProperty,ballY);
        //设置球的宽度
        ball.SetValue(Canvas.WidthProperty,ballZ);
        //设置球的长度
        ball.SetValue(Canvas.HeightProperty,ballZ);
    }
```

程序运行的效果如图 15.9 所示。

图 15.9　有重力感应的小球

15.2 罗盘传感器

电子罗盘，也叫数字指南针，是利用地磁场来定北极的一种方法。指南针是用来指示方向的一种工具。常见的机械式指南针，它是一种根据地球磁场的有极性制作的地磁指南针，但这种指南针指示的南北方向与真正的南北方向不同，存在一个磁偏角。电子器件的飞速发展，为我们带来了电子指南针，也就是所谓的电子罗盘，它采用了磁场传感器的磁阻技术，可很好地修正磁偏角的问题。Windows Phone 手机设备里面我们可以利用罗盘传感器的API 来实现电子罗盘的功能。

15.2.1 罗盘传感器概述

可以使用罗盘或磁力计传感器来确定设备相对于地球磁场北极旋转的角度。应用程序也可以使用原始磁力计读数来检测设备周围的磁力。罗盘传感器对于所有 Windows Phone 设备来说都不是必需的，所以当前的手机设备有可能并不支持罗盘传感器，当在应用程序里面使用罗盘传感器的时候一定要考虑到这点。

Compass 类为 Windows Phone 应用程序提供对设备罗盘传感器的访问。可以使用罗盘或磁力计传感器来确定设备相对于地球磁场北极的角度。Compass 类的主要成员如表 15.1 所示。

表 15.1　Compass 类的主要成员

名　称	说　明
属性 MinimumReportInterval	获取罗盘支持的最小报表间隔
属性 ReportInterval	获取或设置罗盘的当前报告间隔
方法 GetDefault	返回默认罗盘，如果未找到集成的罗盘则返回 null
方法 GetCurrentReading	获取当前罗盘读数
事件 ReadingChanged	在罗盘每次报告新的传感器读数时发生

使用罗盘传感器来进行编程和加速度计传感器是类似的，首先调用罗盘类 Compass 类的 GetDefault()获取到罗盘对象，然后通过属性 ReportInterval 设置当前当前报告罗盘读数事件间隔。通过 GetCurrentReading 方法获取当前的方向值，以及通过 ReadingChanged 事件获取方向的变化。

注意，如果不设置属性 ReportInterval 的值，那么它将会被设置为一个默认值，该默认值将会根据传感器驱动程序的实施而变化。如果应用程序不希望使用此默认值，则应将报告间隔设置为一个非零值，然后再注册事件处理程序或调用 GetCurrentReading。之后传感器将尝试分配资源以满足应用程序要求，但传感器还必须平衡使用该传感器的其他应用程序的需求。在设置属性 ReportInterval 的值的时候应该尽量参考 MinimumReportInterval 属性的值，因为 MinimumReportInterval 属性代表着当前设备所支持的最低的时间间隔，否则可能会引发相关的异常。当然我们的这个属性 ReportInterval 的值并不是设置得越小越好，越小就代表着获取的频率更高，会降低程序的性能，所以需要在性能和准确度上做一个均衡的选择。那么罗盘传感器的属性 ReportInterval(当前报告的时间间隔)和改变灵敏度之间的关系如表 15.2 所示。

表 15.2 指南针当前报告间隔与灵敏度的关系

当前报告间隔(毫秒)	改变灵敏度(°)
1～16ms	0.01°
17～32ms	0.02°
≥33ms	0.05°

15.2.2 创建一个指南针应用

下面给出指南针应用的示例：使用电子罗盘传感器来创建一个指南针应用，可以及时调整方向的指向和进行精度的校准。

代码清单 15-3：指南针(源代码：第 15 章\Examples_15_3)

MainPage.xaml 文件主要代码

```
--------------------------------------------------------------------------------
    <StackPanel Margin = "12,50,12,0">
        <! -- 精度和角度显示 -->
        <TextBlock  Text = "磁场北：" />
        <TextBlock  x:Name = "magneticNorth" Foreground = "#FFC8C7CC" />
        <TextBlock  Text = "地理北："/>
        <TextBlock  x:Name = "trueNorth"  Foreground = "#FFC8C7CC" />
        <TextBlock  Text = "精度：" />
        <TextBlock  x:Name = "headingAccuracy" Foreground = "#FFC8C7CC" />
        < Image Height = "24" HorizontalAlignment = "Center"  x:Name = "PointerImage" Stretch =
"None" VerticalAlignment = "Top"  Source = "pointer.png" />
        <! -- 指南针罗盘 UI -->
        <Grid>
            <Ellipse Height = "375" Width = "375" HorizontalAlignment = "Center" VerticalAlignment =
"Center"  x:Name = "EllipseBorder" Stroke = "#FFF80D0D" StrokeThickness = "2"  Fill = "White" />
            < Image Height = "263" HorizontalAlignment = "Center" VerticalAlignment = "Center"
  x:Name = "CompassFace"   Source = "compass.png" Stretch = "None" />
            <Ellipse Height = "263"  Width = "263" x:Name = "EllipseGlass" Stroke = "Black"
StrokeThickness = "1">
                <Ellipse.Fill>
                    <LinearGradientBrush EndPoint = "1,0.5" StartPoint = "0,0.5">
                        <GradientStop Color = "#A5000000" Offset = "0" />
                        <GradientStop Color = "#BFFFFFFF" Offset = "1" />
                    </LinearGradientBrush>
                </Ellipse.Fill>
            </Ellipse>
        </Grid>
```

```
</StackPanel>
```

MainPage. xaml. cs 文件代码

```
//电子罗盘对象
Compass compass;
public MainPage()
{
    InitializeComponent();
    Loaded += MainPage_Loaded;
}
async void MainPage_Loaded(object sender,RoutedEventArgs e)
{
    compass = Compass.GetDefault();
    if (compass == null)
    {
        await new MessageDialog("不支持罗盘传感器").ShowAsync();
        return;
    }
    //订阅罗盘传感器数据变化的事件
    compass.ReadingChanged += compass_ReadingChanged;
}
//罗盘传感器数据变化
private async void compass_ReadingChanged(Compass sender,CompassReadingChangedEventArgs
args)
{
    await this.Dispatcher.RunAsync(CoreDispatcherPriority.Normal,() =>
    {
        //获取变化的数据对象
        CompassReading reading = args.Reading;
        //磁场北的角度
        magneticNorth.Text = String.Format("{0,5:0.00}",reading.HeadingMagneticNorth);
        //地理北的角度
        if (reading.HeadingTrueNorth != null)
        {
            trueNorth.Text = String.Format("{0,5:0.00}",reading.HeadingTrueNorth);
        }
        else
        {
            trueNorth.Text = "No data";
        }
        //获取精度的情况
        switch (reading.HeadingAccuracy)
        {
            case MagnetometerAccuracy.Unknown:
                headingAccuracy.Text = "Unknown";
                break;
            case MagnetometerAccuracy.Unreliable:
                headingAccuracy.Text = "Unreliable";
                break;
            case MagnetometerAccuracy.Approximate:
```

```
                heading Accuracy.Text = "Approximate";
                break;
            case MagnetometerAccuracy.High:
                headingAccuracy.Text = "High";
                break;
            default:
                headingAccuracy.Text = "No data";
                break;
        }
        //获取与地理北极的顺时针方向的偏角
        double TrueHeading = reading.HeadingTrueNorth.Value;
        //旋转的倒角度
        double ReciprocalHeading;
        if ((180 <= TrueHeading) && (TrueHeading <= 360))
            ReciprocalHeading = TrueHeading - 180;
        else
            ReciprocalHeading = TrueHeading + 180;
        //旋转动画的中心点
        CompassFace.RenderTransformOrigin = new Point(0.5,0.5);
        EllipseGlass.RenderTransformOrigin = new Point(0.5,0.5);
        //旋转偏移变换
        RotateTransform transform = new RotateTransform();
        //计算旋转的角度
        transform.Angle = 360 - TrueHeading;
        CompassFace.RenderTransform = transform;
        EllipseGlass.RenderTransform = transform;
    });
}
```

程序运行的效果如图 15.10 所示。

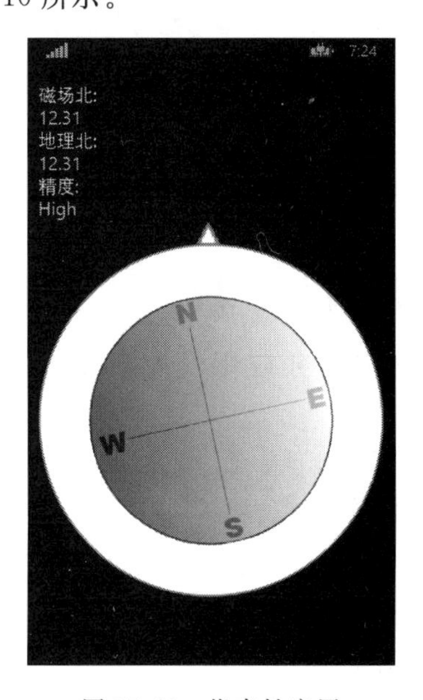

图 15.10 指南针应用

15.3 陀螺仪传感器

陀螺仪又叫角速度传感器，测量物理量是偏转，倾斜时的转动角速度。陀螺仪可以对转动，偏转的动作做很好的测量，这样可以精确分析判断出使用者的实际动作，然后根据动作，可以对手机做相应的操作。

15.3.1 陀螺仪传感器概述

陀螺仪传感器测量设备沿着其三个主轴的旋转速度。当设备静止时，所有轴的陀螺仪读数都为零。如果设备面向你围绕其中心点旋转，就像飞机螺旋桨一样，那么 z 轴上的旋转速度值将大于零，设备旋转的速度越快，该值越大。旋转速度的测量以弧度/秒为单位，其中 2 * Pi 弧度就是全程旋转。手机坐标系可以用相对于手机位置的右手坐标系来理解：以手机位置为参照，假设手机垂直水平面放(竖着放)，屏幕对着你，那么左右是 x 轴，右侧为正方向，左侧为负方向，上下是 y 轴，上侧为正方向，下侧为负方向，里外是 z 轴，靠近你为正方向，远离你为负方向。

Gyrometer 类表示陀螺仪传感器，为 Windows Phone 应用程序提供对设备陀螺仪传感器的访问，返回有关 x、y 和 z 轴的角速度值。Gyrometer 类的主要成员如表 15.3 所示，从该表我们可以发现 Windows Phone 中的传感器的 API 都是类似的或者是相同的。

表 15.3 Gyrometer 类的主要成员

名称	说明
属性 MinimumReportInterval	获取陀螺仪支持的最小报表间隔
属性 ReportInterval	获取或设置陀螺仪的当前报告间隔
方法 GetDefault	返回默认陀螺仪，如果未找到集成的陀螺仪则返回 null
方法 GetCurrentReading	获取当前陀螺仪读数
事件 ReadingChanged	在陀螺仪每次报告新的传感器读数时发生

15.3.2 创建一个陀螺仪应用

下面给出陀螺仪应用的示例：使用陀螺仪传感器来观察陀螺仪的 x，y，z 轴的数值变化。

代码清单 15-4：陀螺仪应用(源代码：第 15 章\Examples_15_4)

MainPage.xaml 文件主要代码

```
<StackPanel Orientation = "Vertical">
    <StackPanel Orientation = "Vertical">
        <TextBlock Height = "30" Name = "statusTextBlock" Text = "状态：" VerticalAlignment =
"Top"  />
```

```
        </StackPanel>
        <TextBlock Text="旋转的速度"></TextBlock>
        <Grid>
            <TextBlock Height="30" HorizontalAlignment="Left" Name="currentXTextBlock"
Text="X: 1.0" VerticalAlignment="Top" Foreground="Red" FontSize="28" FontWeight=
"Bold"/>
            <TextBlock Height="30" HorizontalAlignment="Center" Name="currentYTextBlock"
Text="Y: 1.0" VerticalAlignment="Top" Foreground="Green" FontSize="28" FontWeight=
"Bold"/>
            <TextBlock Height="30" HorizontalAlignment="Right" Name="currentZTextBlock"
Text="Z: 1.0" VerticalAlignment="Top" Foreground="Blue" FontSize="28" FontWeight=
"Bold"/>
        </Grid>
        <Grid Height="140">
            <Line x:Name="currentXLine" X1="240" Y1="40" X2="240" Y2="40" Stroke=
"Red" StrokeThickness="14"></Line>
            <Line x:Name="currentYLine" X1="240" Y1="70" X2="240" Y2="70" Stroke=
"Green" StrokeThickness="14"></Line>
            <Line x:Name="currentZLine" X1="240" Y1="100" X2="240" Y2="100" Stroke=
"Blue" StrokeThickness="14"></Line>
        </Grid>
        <TextBlock Text="旋转的角度"></TextBlock>
        <Grid>
            <TextBlock Height="30" HorizontalAlignment="Left" Name="cumulativeXTextBlock"
Text="X: 1.0" VerticalAlignment="Top" Foreground="Red" FontSize="28" FontWeight=
"Bold"/>
            <TextBlock Height="30" HorizontalAlignment="Center" Name="cumulativeYTextBlock"
Text="Y: 1.0" VerticalAlignment="Top" Foreground="Green" FontSize="28" FontWeight=
"Bold"/>
            <TextBlock Height="30" HorizontalAlignment="Right" Name="cumulativeZTextBlock"
Text="Z: 1.0" VerticalAlignment="Top" Foreground="Blue" FontSize="28" FontWeight=
"Bold"/>
        </Grid>
        <Grid Height="180" Name="cumulativeGrid">
            <Line x:Name="cumulativeXLine" X1="240" Y1="100" X2="240" Y2="0" Stroke=
"Red" StrokeThickness="14"></Line>
            <Line x:Name="cumulativeYLine" X1="240" Y1="100" X2="240" Y2="0" Stroke=
"Green" StrokeThickness="14"></Line>
            <Line x:Name="cumulativeZLine" X1="240" Y1="100" X2="240" Y2="0" Stroke=
"Blue" StrokeThickness="14"></Line>
        </Grid>
        <Button Content="测试陀螺仪" Click="Button_Click_1"></Button>
    </StackPanel>
```

MainPage.xaml.cs 文件代码

```
    //陀螺仪对象
    Gyrometer gyrometer;
    //陀螺仪返回的读数对象
```

```
    GyrometerReading gyrometerReading;
    //测试陀螺仪读取的按钮事件
    private async void Button_Click_1(object sender,RoutedEventArgs e)
    {
        string errMessage = "";
        try
        {
            //获取默认的陀螺仪对象
            gyrometer = Gyrometer.GetDefault();
            if (gyrometer == null)
            {
                await new MessageDialog("不支持陀螺仪").ShowAsync();
                return;
            }
            //设置读取数据的时间间隔
            gyrometer.ReportInterval = 1000;
            //订阅 ReadingChanged 事件监控陀螺仪的数值变化
            gyrometer.ReadingChanged += gyrometer_ReadingChanged;
            //获取当前的陀螺仪读数
            gyrometerReading = gyrometer.GetCurrentReading();
            //通过图标展示数据
            ShowData();
        }
        catch (Exception err)
        {
            errMessage = err.Message;
  }
        if (errMessage!= "")
        await new MessageDialog(errMessage).ShowAsync();
    }
    //数据变化的事件处理程序
    async void gyrometer_ReadingChanged(Gyrometer sender, GyrometerReadingChangedEventArgs
args)
    {
        //使用 UI 线程展示数据,否则会报告跨线程异常
        await this.Dispatcher.RunAsync(CoreDispatcherPriority.Normal,() =>
        {
            gyrometerReading = args.Reading;
            ShowData();
        });
    }
    //把陀螺仪的数据展示到 UI 上
    void ShowData()
    {
        statusTextBlock.Text = "正在接受数据";
        //x,y,z 轴的弧度数据
        currentXTextBlock.Text = gyrometerReading.AngularVelocityX.ToString("0.000");
        currentYTextBlock.Text = gyrometerReading.AngularVelocityY.ToString("0.000");
        currentZTextBlock.Text = gyrometerReading.AngularVelocityZ.ToString("0.000");
        //x,y,z 轴的角度数据
        cumulativeXTextBlock.Text = ToDegrees((float)gyrometerReading.AngularVelocityX).
ToString("0.00");
```

```
        cumulativeYTextBlock.Text = ToDegrees((float)gyrometerReading.AngularVelocityY).
ToString("0.00");
        cumulativeZTextBlock.Text = ToDegrees((float)gyrometerReading.AngularVelocityZ).
ToString("0.00");
        //获取图形面板的中心点
        double center x = cumulativeGrid.ActualWidth / 2.0;
        double center y = cumulativeGrid.ActualHeight / 2.0;
        //通过三个轴的旋转角度来计算线段的长度
        currentXLine.x2 = center x + gyrometerReading.AngularVelocity x * 100;
        currentYLine.x2 = center x + gyrometerReading.AngularVelocity y * 100;
        currentZLine.x2 = center x + gyrometerReading.AngularVelocity z * 100;
        //通过三个轴的旋转角度来计算线段的指向
          cumulativeXLine. x2 = center x - center y * Math. Sin ( gyrometerReading.
AngularVelocity x);
          cumulativeXLine. y2 = center y - center y * Math. Cos ( gyrometerReading.
AngularVelocity x);
          cumulativeYLine. x2 = center x - center y * Math. Sin ( gyrometerReading.
AngularVelocity y);
          cumulativeYLine. y2 = center y - center y * Math. Cos ( gyrometerReading.
AngularVelocity y);
          cumulativeZLine. x2 = center x - center y * Math. Sin ( gyrometerReading.
AngularVelocity z);
          cumulativeZLine. y2 = center y - center y * Math. Cos ( gyrometerReading.
AngularVelocity z);
    }
    //把弧度单位转化为角度单位
    private float ToDegrees(float radians)
    {
        return (float)(radians * 180 / Math.PI);
    }
```

程序运行的效果如图 15.11 所示。

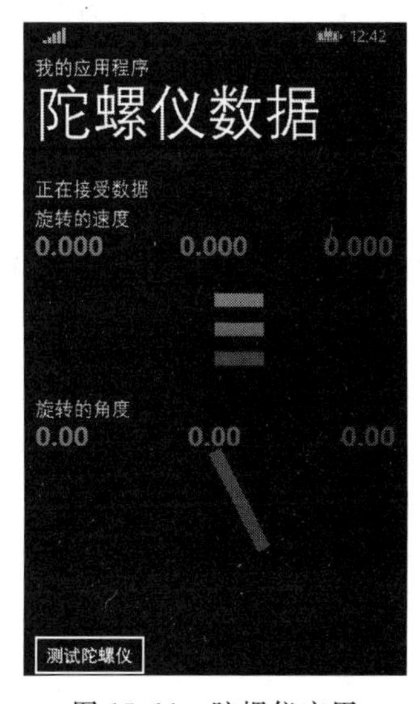

图 15.11　陀螺仪应用

第16章 联系人存储

联系人资料是手机上必备的资料，那么 Windows Phone 系统也提供了相关的 API 让我们可以通过应用程序往手机系统的通讯录里面写入联系人以及管理属于自己的这部分联系人。Windows Phone 上的联系人存储有点特别，系统并没有对整个手机通讯录的联系人读写操作开放权限，而是由应用程序管理属于自己的联系人，本章会详细地介绍联系人存储的机制以及基于联系人的相关编程。

16.1 联系人数据存储

Windows Phone 的联系人存储是指第三方的应用程序的创建的联系人数据，这些联系人的数据也可以在手机的通讯录里面进行显示，但是它们是由创建这些联系人数据的第三方应用程序所管理的。联系人数据的归属应用程序可以设置这些联系人数据的系统和其他程序的访问权限，对属于它自己的联系人具有增删改的权限，并且一旦用户卸载了联系人数据归属应用程序，这些联系人也会被删除掉。在应用程序中使用联系人数据存储的 API 是需要勾选 Package. appxmanifest 文件中的 Contacts 功能权限，表示赋予程序对联系人操作的权限，否则调用相关的 API 会发生异常。程序联系人存储的 API 在空间 Windows. Phone. PersonalInformation 下，下面来看一下如何去使用这些 API 来操作联系人。

16.1.1 ContactStore 类和 StoredContact 类

ContactStore 类表示联系人存储类，负责程序的整块联系人数据存储的任务。它代表着 Windows Phone 应用程序的自定义联系人存储，它是应用程序存储的一个管理者，负责管理应用程序所创建的联系人。ContactStore 类的主要成员如表 16.1 所示。StoredContact 类表示一个应用程序自定义的联系人存储，负责单个联系人的相关属性，注意和 ContactStore 类区分开来。StoredContact 类继承了 IContactInformation 接口，所有由应用程序创建的联系人都是一个 StoredContact 类的对象。StoredContact 类的主要成员如表 16.2 所示。

表 16.1　ContactStore 类的主要成员

成　员	说　明
public ulong RevisionNumber { get; }	联系人存储的版本号
public ContactQueryResult CreateContactQuery()	创建一个默认的联系人查询，返回 ContactQueryResult 对象，包含了存储中的联系人
public ContactQueryResult CreateContactQuery (ContactQueryOptions options)	创建一个自定义的联系人查询，返回 ContactQueryResult 对象，包含了存储中的联系人
public static IAsyncOperation < ContactStore > CreateOrOpenAsync()	异步方法创建或者打开应用程序的自定义联系人存储，假如存储不存在将创建一个存储
public static IAsyncOperation < ContactStore > CreateOrOpenAsync (ContactStoreSystemAccessMode access, ContactStoreApplicationAccessMode sharing)	异步方法创建或者打开应用程序的自定义联系人存储，假如存储不存在将创建一个存储，返回当前的联系人存储对象 access：联系人是否可以在手机系统通讯录里面进行编辑还是只能在应用程序中创建 sharing：是否存储的联系人所有属性都可以在另外的应用程序里面进行访问
public IAsyncAction DeleteAsync()	异步方法删除应用程序的联系人存储
public IAsyncAction DeleteContactAsync (string id)	异步方法通过联系人的 ID 删除应用程序里面存储的联系人
public IAsyncOperation<StoredContact> FindContactByIdAsync(string id)	异步方法通过 ID 查找应用程序的联系人，返回 StoredContact 对象
public IAsyncOperation<StoredContact> FindContactByRemoteIdAsync(string id)	异步方法通过 remote ID 查找应用程序的联系人，返回 StoredContact 对象
public IAsyncOperation<IReadOnlyList <ContactChangeRecord>> GetChangesAsync (ulong baseREvisionNumber)	异步方法通过联系人的版本号获取联系人改动记录
public IAsyncOperation < IDictionary < string, object>> LoadExtendedPropertiesAsync()	异步方法加载应用程序联系人的扩展属性 Map 表
public IAsyncAction SaveExtendedPropertiesAsync (IReadOnlyDictionary<string,object> data)	异步方法保存应用程序联系人的扩展属性 Map 表

表 16.2　StoredContact 类的主要成员

成　员	说　明
public StoredContact(ContactStore store)	通过当前应用程序的 ContactStore 来初始化一个 StoredContact 对象
public StoredContact(ContactStore store, ContactInformation contact)	通过 ContactStore 对象和 ContactInformation 对象来创建一个 StoredContact 对象，StoredContact 对象的信息由 ContactInformation 对象来提供
public string DisplayName { get; set; }	获取或设置一个存储联系人的显示名称

续表

成　员	说　明
public IRandomAccessStreamReference DisplayPicture { get; }	获取一个存储联系人的图片
public string FamilyName { get; set; }	获取或设置一个存储联系人的家庭姓
public string GivenName { get; set; }	获取或设置一个存储联系人的名字
public string HonorificPrefix { get; set; }	获取或设置一个存储联系人的尊称前缀
public string HonorificSuffix { get; set; }	获取或设置一个存储联系人的尊称后缀
public string Id { get; }	获取应用程序存储联系人的 ID
public string RemoteId { get; set; }	获取或设置应用程序联系人的 RemoteId
public ContactStore Store { get; }	获取当前应用程序联系人所在的联系存储对象
public IAsyncOperation<IRandomAccessStream> GetDisplayPictureAsync()	获取一个存储联系人的图片
public IAsyncOperation<System. Collections. Generic. IDictionary<string,object>> GetExtendedPropertiesAsync()	异步方法获取联系人的扩展属性 Map 表
public IAsyncOperation<System. Collections. Generic. IDictionary<string,object>> GetPropertiesAsync()	异步方法获取联系人的已知属性 Map 表
public IAsyncAction ReplaceExistingContactAsync (string id)	异步方法使用当前的联系人来替换联系人存储中某个 ID 的联系人
public IAsyncAction SaveAsync()	异步方法保存当前的联系人到联系人存储中
public IAsyncAction SetDisplayPictureAsync (IInputStream stream)	异步方法保存当前的联系人的图片
public IAsyncOperation<IRandomAccessStream> ToVcardAsync()	异步方法把当前的联系人转化为 VCard 信息流

16.1.2 联系人的新增

新增程序联系人需要先创建或者打开程序的联系人存储 ContactStore，并且可以设置该程序联系人存储的被访问权限。创建的代码如下：

```
ContactStore conStore = await ContactStore.CreateOrOpenAsync();
```

联系人存储对于系统通信和其他程序的都有权限的限制，ContactStoreSystemAccessMode 枚举表示手机系统通讯录对应用程序联系人的访问权限，有 ReadOnly 只读权限和 ReadWrite 读写两个权限，ContactStoreApplicationAccessMode 枚举表示第三方应用程序对应用程序联系人的访问权限类型，有 LimitedReadOnly 限制只读权限和 ReadOnly 只读权限。上面的代码创建联系人存储的代码是默认用了最低的访问权限来创建联系人存储，即联系人对于系统通讯录是只读的权限，对于其他程序的访问权限是限制只读权限。但是要注意一个问题就是创建了联系人存储之后，以后都只能用相同的方式来打开，如创建的时候使用了只读权限，打开的时候使用读写权限，会引发异常。下面来看一下自定义权限的创建联系人存储。

```
//创建一个系统通信可以读写和其他程序只读的联系人存储
ContactStore conStore = await ContactStore.CreateOrOpenAsync(ContactStoreSystemAccessMode.
ReadWrite,ContactStoreApplicationAccessMode.ReadOnly);
```

接下来看一下如何创建一个联系人。

1. 第一种方式直接通过联系人存储创建联系人

```
//创建或者打开联系人存储
ContactStore conStore = await ContactStore.CreateOrOpenAsync();
//保存联系人
StoredContact storedContact = new StoredContact(conStore);
//设置联系人的展示名称
storedContact.DisplayName = "展示名称";
//保存联系人
await storedContact.SaveAsync();
```

2. 第二种方式通过 ContactInformation 类对象创建联系人

ContactInformation 类表示一个非系统存储中联系人的联系人信息。ContactInformation 类的主要成员如表 16.3 所示。

表 16.3　ContactInformation 类主要成员

成　员	说　明
ContactInformation()	初始化
string DisplayName	联系人的显示名字
IRandomAccessStreamReference DisplayPicture	联系人图片信息
string FamilyName	联系人姓
string GivenName	名字
string HonorificPrefix	尊称前缀
string HonorificSuffix	尊称后缀
IAsyncOperation<IRandomAccessStream> GetDisplayPictureAsync()	异步获取联系人图片
IAsyncOperation<System.Collections.Generic.IDictionary<string,object>> GetPropertiesAsync()	异步获取联系人的 Map 表信息
IAsyncOperation<ContactInformation> ParseVcardAsync(IInputStream vcard)	异步解析一个 VCard 数据流为 ContactInformation 对象
IAsyncAction SetDisplayPictureAsync(IInputStream stream)	异步设置联系人的图片通过图片数据流
IAsyncOperation<IRandomAccessStream> ToVcardAsync()	异步转换 ContactInformation 对象为一个 VCard 信息流

```
//创建一个 ContactInformation 类
ContactInformation conInfo = new ContactInformation();
//获取 ContactInformation 类的属性 map 表
var properties = await conInfo.GetPropertiesAsync();
//添加电话属性
properties.Add(KnownContactProperties.Telephone,"123456");
//添加名字属性
properties.Add(KnownContactProperties.GivenName,"名字");
//创建或者打开联系人存储
ContactStore conStore = await ContactStore.CreateOrOpenAsync();
//创建联系人对象
StoredContact storedContact = new StoredContact(conStore,conInfo);
//保存联系人
await storedContact.SaveAsync();
```

16.1.3 联系人的查询

联系人查询也需要创建联系人存储，创建联系人存储的形式和联系人新增是一样的。联系人查询是通过 ContactStore 的 CreateContactQuery 方法来创建一个查询，可以查询的参数 ContactQueryOptions 来设置查询返回的结果和排序的规则，创建的查询是 ContactQueryResult 类型。可以通过 ContactQueryResult 类的 GetContactsAsync 异步方法获取联系人存储中的联系人列表和通过 GetCurrentQueryOptions 方法获取当前的查询条件。创建联系人查询的代码如下：

```
conStore = await ContactStore.CreateOrOpenAsync();
ContactQueryResult conQueryResult = conStore.CreateContactQuery();
uint count = await conQueryResult.GetContactCountAsync();
IReadOnlyList<StoredContact> conList = await conQueryResult.GetContactsAsync();
```

16.1.4 联系人的编辑

联系人编辑删除也需要创建联系人存储，创建联系人存储的形式和联系人新增是一样的。联系人的编辑需要首先要获取要编辑的联系人，获取编辑的联系人可以通过联系人的 ID 或者 Remoteid 来获取，获取到的联系人是一个 StoredContact 对象，通过修改该对象的属性，然后再调用 SaveAsync 保存方法就可以实现编辑联系人了。注意，在获取联系人的时候尽量用联系人的 ID 获取联系人，因为 ID 是索引字段而 RemoteId 是非索引字段，当联系人数量很大的时候就可以很明显地看到它们之间的执行效率的区别。下面来看一下修改一个联系人的代码：

```
ContactStore conStore = await ContactStore.CreateOrOpenAsync();
StoredContact    storCon = await conStore.FindContactByIdAsync(id);
var properties = await storCon.GetPropertiesAsync();
properties[KnownContactProperties.Telephone] = "12345678";
await storCon.SaveAsync();
```

16.1.5　联系人的删除

删除联系人可以分为删除一个联系人和删除所有的联系人，删除一个联系人可以通过联系人的 ID 调用 ContactStore 的 DeleteContactAsync 方法来进行删除，如果要删除所有的联系人，就要调用 ContactStore 的 DeleteAsync 方法。联系人的新增、编辑和删除都会有相关的操作记录，GetChangesAsync 方法来获取联系人的修改记录。下面来看一下删除一个联系人的代码：

```
ContactStore conStore = await ContactStore.CreateOrOpenAsync();
await conStore.DeleteContactAsync (id);
await conStore.DeleteAsync ();
```

16.1.6　联系人的头像

1. 设置头像

联系人头像的设置操作是通过 ContactStore 类的 SetDisplayPictureAsync 方法进行设置的，注意这是一个异步的方法，因为头像的操作也比较耗时。通过 SetDisplayPictureAsync 方法填充头像的数据对象是 IInputStream 对象，所以一般情况下，需要把图片的数据转化成 IInputStream 对象，可以先把图片数据转化成 Stream 对象，再转化成 IInputStream 对象。

2. 获取头像

联系人头像的获取操作是通过 ContactStore 类的 GetDisplayPictureAsync 方法进行获取的，这也是一个异步的方法。获取到的图片数据是 IRandomAccessStream 类型，如果要在 Image 控件上展示出来，可以使用头像的数据流创建一个 BitmapImage 对象，然后填充到 Image 控件上，如果要把头像的数据存储起来，可以把 IRandomAccessStream 对象转化为 Byte[]对象。

下面给出联系人头像操作的示例：保存联系人的包含头像的信息，然后再获取出头像显示在 Image 控件上，测试头像操作的设置和获取操作。

代码清单 16-1：联系人头像操作(源代码：第 16 章\Examples_16_1)

MainPage.xaml 文件主要代码

```
-----------------------------------------------------------------
<StackPanel>
    <Button Content = "保存测试联系人" Click = "bt_add_Click"></Button>
    <TextBlock Text = "头像信息"></TextBlock>
    <Image x:Name = "image" Stretch = "None"></Image>
</StackPanel>
```

MainPage.xaml.cs 文件主要代码

```
-----------------------------------------------------------------
//插入测试联系人信息的按钮事件
```

```
    private async void bt_add_Click(object sender,RoutedEventArgs e)
    {
        //创建或获取联系人的存储
        ContactStore contactStore = await ContactStore.CreateOrOpenAsync
(ContactStoreSystemAccessMode.ReadWrite,ContactStoreApplicationAccessMode.ReadOnly);
        //通过 ContactInformation 对象添加联系人的名字和电话
        ContactInformation contactInformation = new ContactInformation();
        var properties = await contactInformation.GetPropertiesAsync();
        properties.Add(KnownContactProperties.FamilyName,"test");
        properties.Add(KnownContactProperties.Telephone,"12345678");
        StoredContact storedContact = new StoredContact(contactStore,contactInformation);
        //获取安装包的一张图片文件用作联系人的头像
        StorageFile imagefile = await Windows.ApplicationModel.Package.Current.InstalledLocation.
GetFileAsync("image.png");
        //打开文件的可读数据流
        Stream stream = await imagefile.OpenStreamForReadAsync();
        //把 Stream 对象转化成为 IInputStream 对象
        IInputStream inputStream = stream.AsInputStream();
        //用 IInputStream 对象设置为联系人的头像
        await storedContact.SetDisplayPictureAsync(inputStream);
        //保存联系人
        await storedContact.SaveAsync();
        //获取当前联系人的头像
        IRandomAccessStream raStream = await storedContact.GetDisplayPictureAsync();
        //把头像展示到 Image 控件上
        BitmapImage bi = new BitmapImage();
        bi.SetSource(raStream);
        image.Source = bi;
    }
```

程序的运行效果如图 16.1 和图 16.2 所示。

图 16.1　头像操作界面

图 16.2　联系人在人脉界面的显示

16.1.7　实例演示：联系人存储的使用

下面给出联系人存储的增删改的示例：通过一个例子演示联系人的新增，查询和修改相关操作的实现。

代码清单 16-2：联系人存储的增删改(源代码：第 16 章\Examples_16_2)

MainPage. xaml 文件主要代码：联系人新增页面。

```
<StackPanel>
    <TextBox Header = "名字：" x:Name = "name" />
    <TextBox Header = "电话：" x:Name = "phone" InputScope = "TelephoneNumber" />
    <Button Content = "保存" Width = "370" Click = "Button_Click_1"/>
    <Button Content = "查询应用存储的联系人" Width = "370" Click = "Button_Click_2"/>
</StackPanel>
```

MainPage. xaml. cs 文件主要代码

```
//新增一个联系人
private async void Button_Click_1(object sender,RoutedEventArgs e)
{
    string message = "";
    if (name.Text != "" && phone.Text != "")
    {
        try
        {
            //创建一个联系人的信息对象
            ContactInformation conInfo = new ContactInformation();
            //获取联系人的属性字典
            var properties = await conInfo.GetPropertiesAsync();
            //添加联系人的属性
            properties.Add(KnownContactProperties.Telephone,phone.Text);
            properties.Add(KnownContactProperties.GivenName,name.Text);
            //创建或者打开联系人存储
            ContactStore conStore = await ContactStore.CreateOrOpenAsync();
            StoredContact storedContact = new StoredContact(conStore,conInfo);
            //保存联系人
            await storedContact.SaveAsync();
            message = "保存成功";
        }
        catch (Exception ex)
        {
            message = "保存失败,错误信息：" + ex.Message;
        }
    }
    else
    {
        message = "名字或电话不能为空";
```

```
        }
        await new MessageDialog(message).ShowAsync();
    }
    //跳转到联系人列表页面
    private void Button_Click_2(object sender,RoutedEventArgs e)
    {
        (Window.Current.Content as Frame).Navigate(typeof(ContactsList));
    }
```

ContactsList.xaml 文件主要代码：联系人列表页面

```
<ListView x:Name = "conListBox"   ItemsSource = "{Binding}">
    <ListView.ItemTemplate>
        <DataTemplate>
            <StackPanel>
                <TextBlock  Text = "{Binding Name}" FontSize = "30"/>
                <TextBlock  Text = "{Binding Id}" />
                <TextBlock  Text = "{Binding Phone}" FontSize = "20"/>
                <Button Content = "删除" Width = "370" Click = "Button_Click_1"/>
                <Button Content = "编辑" Width = "370" Click = "Button_Click_2"/>
                <TextBlock  Text = "————————————————————" />
            </StackPanel>
        </DataTemplate>
    </ListView.ItemTemplate>
</ListView>
```

ContactsList.xaml.cs 文件主要代码

```
public sealed partial class ContactsList: Page
{
    //联系人存储
    private ContactStore conStore;
    public ContactsList()
    {
        InitializeComponent();
    }
    //进入页面事件
    protected override void OnNavigatedTo(NavigationEventArgs e)
    {
        GetContacts();
    }
    //获取联系人列表
    async private void GetContacts()
    {
        conStore = await ContactStore.CreateOrOpenAsync();
        ContactQueryResult conQueryResult = conStore.CreateContactQuery();
        //查询联系人
        IReadOnlyList<StoredContact> conList = await conQueryResult.GetContactsAsync();
```

```
            List<Item> list = new List<Item>();
            foreach (StoredContact storCon in conList)
            {
                var properties = await storCon.GetPropertiesAsync();
                list.Add(
                    new Item
                    {
                        Name = storCon.FamilyName + storCon.GivenName,
                        Id = storCon.Id,
                        Phone = properties[KnownContactProperties.Telephone].ToString()
                    });
            }
            conListBox.ItemsSource = list;
        }
        //删除联系人事件处理
        private async void Button_Click_1(object sender, RoutedEventArgs e)
        {
            Button deleteButton = sender as Button;
            Item deleteItem = deleteButton.DataContext as Item;
            await conStore.DeleteContactAsync(deleteItem.Id);
            GetContacts();
        }
        //跳转到编辑联系人页面
        private void Button_Click_2(object sender, RoutedEventArgs e)
        {
            Button deleteButton = sender as Button;
            Item editItem = deleteButton.DataContext as Item;
            (Window.Current.Content as Frame).Navigate(typeof(EditContact), editItem.Id);
        }
    }
    //自定义绑定的联系人数据对象
    class Item
    {
        public string Name { get; set; }
        public string Id { get; set; }
        public string Phone { get; set; }
    }
```

EditContact.xaml 文件主要代码：联系人编辑页面

```
    <StackPanel>
        <TextBox Header="名字：" x:Name="name" />
        <TextBox Header="电话：" x:Name="phone" InputScope="TelephoneNumber" />
        <Button Content="保存" Width="370" Click="Button_Click_1"/>
    </StackPanel>
```

EditContact.xaml.cs 文件主要代码

```
//联系人数据存储
private ContactStore conStore;
//联系人对象
private StoredContact storCon;
//联系人属性字典
private IDictionary<string,object> properties;
public EditContact()
{
    InitializeComponent();
}
//进入页面事件处理
protected override void OnNavigatedTo(NavigationEventArgs e)
{
    //通过联系人的 ID 获取联系人的信息
    if (e.Parameter!= null)
    GetContact(e.Parameter.ToString());
}
//保存编辑的联系人
private async void Button_Click_1(object sender,RoutedEventArgs e)
{
    if (name.Text != "" && phone.Text != "")
    {
        storCon.GivenName = name.Text;
        properties[KnownContactProperties.Telephone] = phone.Text;
        await storCon.SaveAsync();              //保存联系人
        //返回上一个页面
        (Window.Current.Content as Frame).GoBack();
    }
    else
    {
        await new MessageDialog("名字或者电话不能为空").ShowAsync();
    }
}
//获取需要编辑的联系人信息
async private void GetContact(string id)
{
    conStore = await ContactStore.CreateOrOpenAsync();
    storCon = await conStore.FindContactByIdAsync(id);
    properties = await storCon.GetPropertiesAsync();
    name.Text = storCon.GivenName;
    phone.Text = properties[KnownContactProperties.Telephone].ToString();
}
```

程序的运行效果如图 16.3～图 16.5 所示。

图 16.3 联系人存储

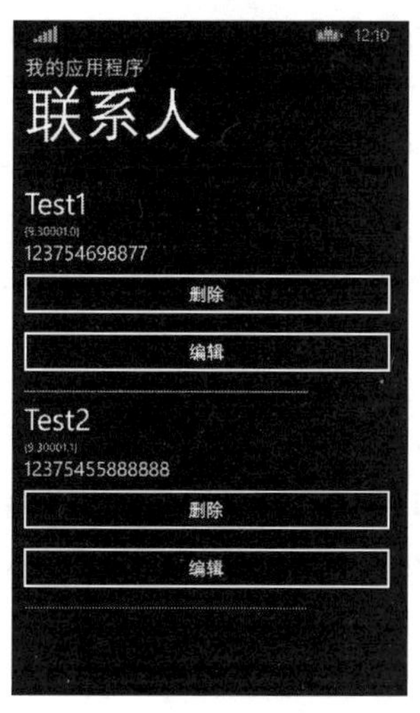

图 16.4 联系人

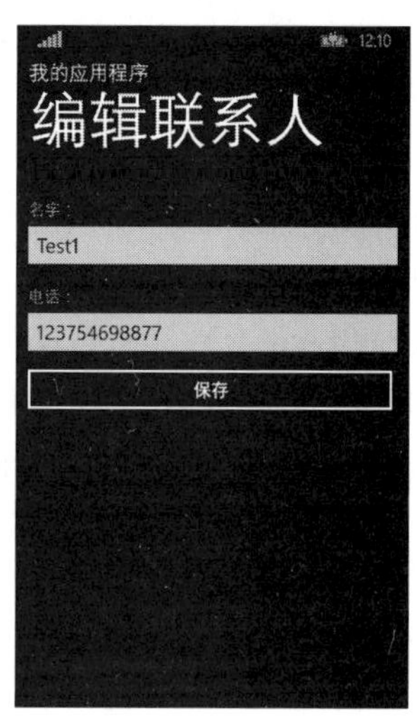

图 16.5 编辑联系人

16.2 联系人编程技巧

16.1 节介绍了 Windows Phone 联系人的一些常用的操作，本节介绍联系人编程的两个重要的技巧，一个是联系人 vCard 格式的运用，另一个是联系人中的 RemoteID 的运用。vCard 格式则是联系人数据的标准格式，是通用的联系人格式，而 RemoteID 则是我们用于联系人同步和另外一端(通常为云端)的一一对应的 Id 格式。

16.2.1 vCard 的运用

vCard 是一种规范定义电子名片的格式，vCard 可作为各种应用或系统之间的交换格式。因为 vCard 规范规范的统一性、规范性和广泛的应用，所以 vCard 在联系人格式上是非常成熟的，几乎是大部分手机系统里面都支持的名片格式。那么 vCard 格式目前使用最广泛的是 2.1 版本，下面来看一个 vCard 格式的文本。

```
BEGIN:VCARD
VERSION:2.1
N:Gump;Forrest
FN:Forrest Gump
ORG:Gump Shrimp Co.
TITLE:Shrimp Man
TEL;WORK;VOICE:(111) 555 - 1212
TEL;HOME;VOICE:(404) 555 - 1212
ADR;HOME:;;42 Plantation St.;Baytown;LA;30314;United States of America
EMAIL;PREF;INTERNET:forrestgump@walladalla.com
REV:20080424T195243Z
END:VCARD
```

上面的文本就是一个标准的vCard格式，由“BEGIN：VCARD”开始，最后由“END：VCARD”作为文本的结束，每一行都代表着一种信息内容。vCard的每一行信息的数据格式行是：“类型[；参数]：值”，例如“ADR；HOME：；；42 Plantation St.；Baytown；LA；30314；United States of America”这一行里面，“ADR”是一个类型，表示是一条地址信息，“；”号是分隔符合，“HOME”表示参数，表示ADR的用途或者是类别，“：；；42 Plantation St.；Baytown；LA；30314；United States of America”表示是一个ADR值，地址值。vCard格式对联系人的各种字段都有着非常详细的定义，相关的字段语法可以参考或者查询官方网站(http://www.imc.org/pdi/vcard-21.txt)。

在Windows Phone里面是提供了API支持vCard格式导出导入联系人，导出联系人的时候可以调用StoredContact对象的ToVcardAsync方法获取数据流，然后再把数据流转化为字符串文本就是当前的这个联系人对象对应的vCard格式文本了。导入vCard格式联系人可以调用ContactInformation类的静态方法ParseVcardAsync方法，把vCard格式的数据流转化成一个ContactInformation对象，然后再创建成联系人。如果是对多个手机平台进行这个联系人转化的支持，可以通过解析vCard格式文本再通过字段的方式来保存联系人，因为Windows Phone系统的联系人限制了电话的字段，不能重复增加，而目前iOS、Android等平台是支持多个重复字段，vCard的格式也是支持的，这样会导致Windows Phone系统不兼容导致部分字段的丢失，对于这种情况可以通过可以编写正则表达式来解析vCard格式文本，再进行创建联系人。

下面给出联系人vCard导入导出的示例：通过一个例子演示把手机上的一个联系人的信息用vCard格式导出以及通过vCard格式把一个联系人导入到通讯录。

代码清单16-3：联系人vCard导入导出(源代码：第16章\Examples_16_3)

MainPage.xaml文件主要代码

```
------------------------------------------------------------------------
    <ScrollViewer>
        <StackPanel>
            <Button Content = "插入一个测试联系人" Width = "370" x:Name = "add" Click = "add_
Click"></Button>
            <Button Content = "获取测试联系人 vcard" Width = "370" x:Name = "getvcard" Click =
"getvcard_Click"></Button>
            <TextBox x:Name = "vcardTb" TextWrapping = "Wrap"></TextBox>
            <Button Content = "通过上面的 vcard 保存成一个联系人" Width = "370" x:Name =
"savevcard" Click = "savevcard_Click"></Button>
        </StackPanel>
    </ScrollViewer>
```

MainPage.xaml.cs文件主要代码

```
------------------------------------------------------------------------
    //联系人存储
    ContactStore contactStore;
    //联系人对象
```

```
StoredContact storedContact;
//导航进入当前页面的事件处理程序
protected async override void OnNavigatedTo(NavigationEventArgs e)
{
    //创建或获取联系人的存储
    contactStore = await ContactStore.CreateOrOpenAsync(ContactStoreSystemAccessMode.
ReadWrite,ContactStoreApplicationAccessMode.ReadOnly);
}
//添加一个测试的联系人的事件处理程序
private async void add_Click(object sender,RoutedEventArgs e)
{
    //通过 ContactInformation 对象添加联系人的信息
    ContactInformation contactInformation = new ContactInformation();
    var properties = await contactInformation.GetPropertiesAsync();
    properties.Add(KnownContactProperties.FamilyName,"张");
    properties.Add(KnownContactProperties.GivenName,"三");
    properties.Add(KnownContactProperties.Email,"1111@qq.com");
    properties.Add(KnownContactProperties.CompanyName,"挪鸡鸭");
    properties.Add(KnownContactProperties.Telephone,"12345678");
    storedContact = new StoredContact(contactStore,contactInformation);
    //保存联系人
    await storedContact.SaveAsync();
    await new MessageDialog("保存成功").ShowAsync();
}
//获取联系人对象的 vCard 格式文本
private async void getvcard_Click(object sender,RoutedEventArgs e)
{
    if(storedContact!= null)
    {
        //把联系人对象转为成 vCard 数据流
        var stream = await storedContact.ToVcardAsync(VCardFormat.Version2_1);
        //把数据流转为 byte[]再转为 string
        byte[] datas = StreamToBytes(stream.AsStreamForRead());
        string vcard = System.Text.Encoding.UTF8.GetString(datas,0,datas.Length);
        vcardTb.Text = vcard;
    }
    else
    {
        await new MessageDialog("请先创建联系人").ShowAsync();
    }
}
//把 vCard 文本导入到通讯录的联系人的事件处理程序
private async void savevcard_Click(object sender,RoutedEventArgs e)
{
    string message;
    if(vcardTb.Text!= "")
    {
        //把 vCard 文本转化为 byte[]再转为 Stream
        byte[] datas = System.Text.Encoding.UTF8.GetBytes(vcardTb.Text);
        Stream stream = BytesToStream(datas);
        try
        {
```

```
                //把 vCard 数据流解析为 ContactInformation 对象
                ContactInformation contactInformation = await ContactInformation.ParseVcardAsync
(stream.AsInputStream());
                storedContact = new StoredContact(contactStore,contactInformation);
                //保存联系人
                await storedContact.SaveAsync();
                message = "保存成功";
            }
            catch(Exception exe)
            {
                message = "vcard 格式有误,异常: " + exe.Message;
            }
        }
        else
        {
            message = "vcard 不能为空";
        }
        await new MessageDialog(message).ShowAsync();
    }
    //把 Stream 转成 byte[]
    public byte[] StreamToBytes(Stream stream)
    {
        byte[] bytes = new byte[stream.Length];
        stream.Read(bytes,0,bytes.Length);
        return bytes;
    }
    //将 byte[] 转成 Stream
    public Stream BytesToStream(byte[] bytes)
    {
        Stream stream = new MemoryStream(bytes);
        return stream;
    }
```

程序的运行效果如图 16.6 和图 16.7 所示。

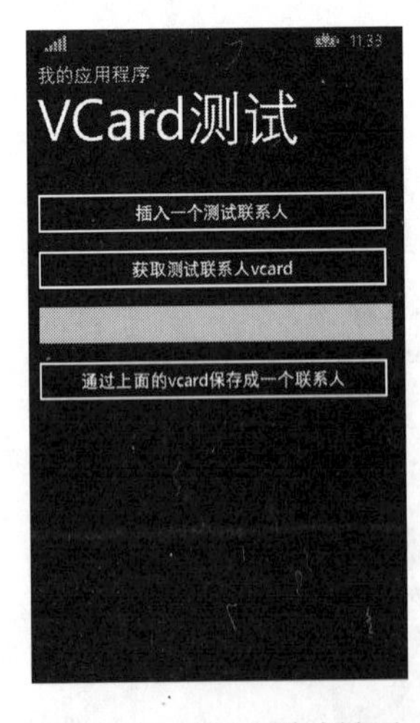

图 16.6　vCard 测试界面

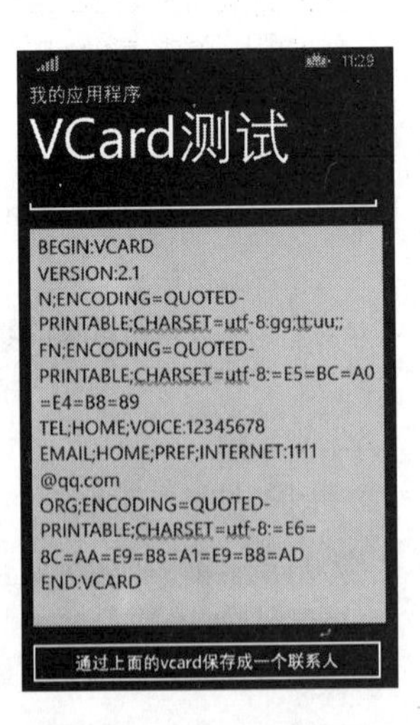

图 16.7　vCard 文本导入

16.2.2 RemoteID 的运用

联系人的 RemoteId 字段是除了 ID 字段之外的另外一个唯一的字段，可能你会觉得联系人既然有了一个 ID 的唯一字段可以区分开来，为什么还需要另外一个唯一字段呢？这个主要是因为联系人的操作通常都是用另外一端同步到手机端的，所以你可以把 ID 字段理解为手机本地上的唯一字段，而 RemoteId 字段是对应的另外一端或者云端的唯一字段，当然如果你并没有另外一端也是可以忽略 RemoteId 字段的，它可以不填写。

RemoteId 字段有一个限制就是整个手机的联系人都不能相同，注意，这不仅仅是对于你的应用程序是唯一的，对于其他应用程序也一样是唯一的，举简单一个例子，假如应用程序 A 往手机通讯录插入了一个联系人，把这个联系人的 RemoteId 字段设置为"001"，那么应用程序 B 则不可以再往手机通讯录插入了一个 RemoteId 字段设置为"001"联系人，否则将会引发异常。虽然系统禁止一样的 RemoteId 字段的赋值，但是系统也并没有提供相关的接口去查询其他应用程序的 RemoteId 字段的值，所以我们只能够通过唯一的字符串来保证 RemoteId 字段的唯一性。一般会有两种方案，一种是创建一个独特的前缀，保证不会和别人的相同；另一种是通过 GUID 来辅助创建，微软推荐的解决方案。

下面来看一下通过 GUID 来辅助创建 RemoteId 的值的解决方案。

首先创建一个 RemoteIdHelper 类专门用于对 RemoteId 进行转换，通过 RemoteIdHelper 类的转换可以帮助你在将联系人保存到存储之前，向你的 RemoteId 添加唯一标记。它也将帮助你在从存储中检索到该 RemoteId 后，从 RemoteId 中移除此唯一标记，以便你可以取回你原始的远程 ID。下面的示例演示 RemoteIdHelper 类的定义。

```
class RemoteIdHelper
{
    private const string ContactStoreLocalInstanceIdKey = "LocalInstanceId";
    //向联系人存储中添加一个扩展字段存放唯一的 GUID 作为标识符
    public async Task SetRemoteIdGuid(ContactStore store)
    {
        IDictionary<string,object> properties;
        //加载扩展存储属性
        properties = await store.LoadExtendedPropertiesAsync().AsTask<IDictionary
<string,object>>();
        if (!properties.ContainsKey(ContactStoreLocalInstanceIdKey))
        {
            //创建一个 Guid,保证唯一性
            Guid guid = Guid.NewGuid();
            //添加到扩展存储属性里面
            properties.Add(ContactStoreLocalInstanceIdKey,guid.ToString());
            ReadOnlyDictionary<string,object> readonlyProperties = new ReadOnlyDictionary
<string,object>(properties);
            //保存扩展存储属性
            await store.SaveExtendedPropertiesAsync(readonlyProperties).AsTask();
        }
```

```
        }
        //把远程的 ID 转换成可以用于设置 RemoteId 字段的值的 ID
        public async Task<string> GetTaggedRemoteId(ContactStore store,string remoteId)
        {
            string taggedRemoteId = string.Empty;
            IDictionary<string,object> properties;
            properties = await store.LoadExtendedPropertiesAsync().AsTask<System.Collections.
    Generic.IDictionary<string,object>>();
            if (properties.ContainsKey(ContactStoreLocalInstanceIdKey))
            {
                //把存储的唯一 GUID 和远程的 ID 拼接起来最为唯一的 RemoteId 字段的值
                taggedRemoteId = string.Format("{0}_{1}",properties[ContactStoreLocalInstanceIdKey],
    remoteId);
            }
            else
            {
                //未设置 GUID 字段,需要先调用 SetRemoteIdGuid 方法
            }
            return taggedRemoteId;
        }
        //把 RemoteId 字段的值还原成远程的 ID
        public async Task<string> GetUntaggedRemoteId(ContactStore store,string taggedRemoteId)
        {
            string remoteId = string.Empty;
            System.Collections.Generic.IDictionary<string,object> properties;
            properties = await store.LoadExtendedPropertiesAsync().AsTask<System.Collections.
    Generic.IDictionary<string,object>>();
            if (properties.ContainsKey(ContactStoreLocalInstanceIdKey))
            {
                string localInstanceId = properties[ContactStoreLocalInstanceIdKey] as string;
                //从 RemoteId 字段的值抽取出原来的远程的 ID 的值
                if (taggedRemoteId.Length> localInstanceId.Length + 1)
                {
                    remoteId = taggedRemoteId.Substring(localInstanceId.Length + 1);
                }
            }
            else
            {
                //未设置 GUID 字段,需要先调用 SetRemoteIdGuid 方法
            }
            return remoteId;
        }
    }
```

定义好 RemoteIdHelper 类之后，在向存储中保存任何联系人之前，需要创建新的 RemoteIdHelper，并调用 SetRemoteIdGuid。该操作为你的应用创建 GUID，并把它存储在你的联系人存储的扩展属性中。也可以多次调用该方法。如果已经存在 GUID，它将不会被重写。调用的代码示例如下所示：

```
ContactStore store = await ContactStore.CreateOrOpenAsync();
RemoteIdHelper remoteIdHelper = new RemoteIdHelper();
await remoteIdHelper.SetRemoteIdGuid(store);
```

如果需要把 ID 信息保存到联系人的 RemoteId 字段里面，那么需要首先将其传递至 GetTaggedRemoteId 方法，来使用 GUID 和 ID 拼接起来的字符串作为 RemoteId 字段的值。调用的代码示例如下所示：

```
string taggedRemoteId = await remoteIdHelper. GetTaggedRemoteId(store,Id);
```

如果需要从保存在联系人存储中的 RemoteId 中获取你的原始远程 ID，则调用 GetUntaggedRemoteId，它会移除唯一标记，返回原始 ID。

```
string untaggedRemoteId = await remoteIdHelper.GetUntaggedRemoteId(store,taggedRemoteId);
```

第 17 章 多任务

智能手机屏幕越来越大、性能越来越强、机身越来越薄，但电池技术一直没有突破性进展，所以智能手机系统对于多任务的运行一直都处于谨慎的态度，因为多任务带来方便的同时也会增加对电池的损耗。为了确保创建一个快速响应的用户体验以及为了优化手机上的电源使用，Windows Phone 一次仅允许在前台中运行一个应用程序。不过 Windows Phone 也为应用留出一些自由，这就是 Windows Phone 的多任务，这些任务可以在手机后台运行，即使在应用程序不是活动的前台应用程序时，仍然允许应用程序执行操作，但是这些多任务操作都会有比较严格的限制和规定。本章讲解 Windows Phone 中两种非常常用也是非常重要的多任务类型——后台任务和后台文件传输。

17.1 后台任务

后台任务是指 Windows Phone 系统提供的可以在后台运行的进程，即使应用程序已经被挂起或者不再运行了，但是属于该应用程序的后台任务还可以继续默默地执行着相关的操作。后台任务提供了一种方案让应用程序关闭之后依然可以继续运行着相关的服务，但是这肯定是有着限制的，它不可能实现在前台运行的应用程序的所有功能，它只适合进行轻量的任务的执行，例如获取网络新消息的通知、定期提醒等。所以，后台任务真正的意义是作为应用程序的一个后台的轻量服务进行运行，给用户提供一些重要的信息通知或者为应用程序记录一些重要的信息。本节介绍 Windows Phone 后台任务的原理、限制、实现等。

17.1.1 后台任务的原理

后台任务跟应用程序的关系，可以把后台任务理解为应用程序里面一个非常独立的组件，它并不是运行在应用程序的线程上的，它运行的线程是完全独立的。后台任务与前台任务的区别是，前台任务会占据整个屏幕，用户直接与其进行交互，而后台任务不能与用户交互，但是后台任务依然可以对磁贴(Tile)、吐司通知(Toast)和锁屏(Lock Screen)进行更新和操作。因为前台要与用户交互，它使用所有可用的系统资源，包括 CPU 处理时间和网络资源等，并且不受限制，而后台任务使用系统资源的时候是受限制的。

我们知道，Windows Phone 应用程序的生命周期分为 Running、Suspended、Terminated 三种状态。应用程序处于前台时，为 Running 状态；处于后台时，为 Suspended 状态，用户关闭应用程序时或者在 Suspended 状态太久，系统自动关闭应用程序时，为 Terminated 状态。后台任务应该在应用程序的这三种状态下都可以运行，它对于应用程序的状态完全独立；但是，如果应用程序在 Running 状态下，应用程序是可以对后台任务进行操作的，例如关闭、汇报进度等，应用程序在前台运行的时候可以对后台任务进行控制。

后台的原理示意图如图 17.1 所示，虚线两边分别表示 Application 和 System，Application 就是应用程序，System 就是负责处理后台任务的 Service。首先，在应用程序里面，我们要注册 Trigger，也就是任务的触发器，相当于是在某个时机适当地触发后台任务的运行。其次，在应用程序中注册后台任务，在后台任务里面会实现相关的操作以及包含了什么样的 Trigger 可以触发这个后台任务；注册之后，在 System Infrastructure（系统的基础服务）中就保留了这个注册信息。不论是否关闭了应用程序还是重新启动了手机，这个注册信息都会存在，但是要注意如果应用程序被用户卸载了，那么该应用程序所对应的后台任务也不复存在了。再次，当合适的 Trigger 事件来临，System Infrastructure 会搜索与这个 Trigger 相匹配的后台任务，然后启动该后台任务。

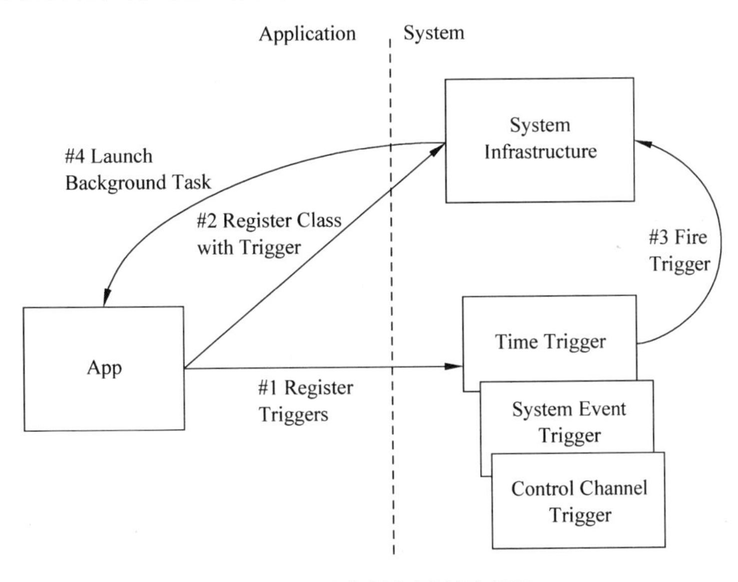

图 17.1　后台任务原理示意图

17.1.2　后台任务的资源限制

后台任务的机制给应用程序提供给了很大的便利，可以在应用程序关闭之后继续执行相关的操作，但是这些操作是有限制的。Windows Phone 对后台任务的资源限制会根据应用不在锁屏上和应用位于锁屏上的两种情况进行区别对待，如果应用要出现在锁屏的通知栏上，那么首先需要应用程序本身对锁屏的支持，然后还要用户手动去设置。锁屏的支持可以在项目的 Package. appxmanifest 文件中"Application"类别下，"Lock screen notification"中设置，然后再到"Visual Assets"类别下设置锁屏通知栏对应的图标。用户把应用程序的通知添加到锁屏上面则可以到"Setting"→"Lock screen"页面上设置。所以应用在不在锁屏上这个是属于用户的手动设置操作，应用程序自身是不能够控制的。下面来看一下后台任务的资源限制。

后台任务是一个非常轻型的任务，所以后台任务的执行时间和频率都有很大的限制，这个限制就是为了确保前台应用的最佳用户体验以及最佳的电池持航能力。后台任务的 CPU 的使用限制如表 17.1 所示。

表 17.1　后台任务的 CPU 的使用限制

	CPU 使用配额	刷新时间
应用不在锁屏上	1 秒	2 小时
应用位于锁屏上	2 秒	15 分钟

后台任务不仅仅对时间上做了限制，还对网络的使用也进行了限制，如果应用程序没有网络请求相关的功能，那么也是可以完全忽略这个限制的。表 17.2 描述了后台任务网络流量限制。

表 17.2　后台任务网络流量限制

刷新周期	15 分钟	2 小时	每天
数据限制(在锁屏上)	0.469MB	不适用	45MB
数据限制(不在锁屏上)	不适用	0.625MB	7.5MB

17.1.3　后台任务的基本概念和相关的类

在开始学习使用后台任务编程之前，有必要先理解清楚 Windows Phone 后台任务的一些基本的改变和相关的类，然后再使用后台任务进行编程实现相关的功能。

1. Background task(后台的任务)

Background task 是指一个实现了 IBackgroundTask 接口的类，这个类是整个后台任务的核心，IBackgroundTask 接口有一个 Run 方法，Background task 需要实现该方法，当后台任务运行的时候就会从 Run 方法进入。Run 方法如下所示：

```
void Run(
  IBackgroundTaskInstance taskInstance
)
```

IBackgroundTaskInstance 表示是后台任务的实例的接口，在关联的后台任务被触发运行时，系统创建此实例。通过 taskInstance 可以实现任务的延迟执行，进度的监控等操作。IBackgroundTaskInstance 类的重要成员如表 17.3 所示。

表 17.3 IBackgroundTaskInstance 类的重要成员

成　　员	访问类型	说　　明
事件 Canceled	无	用于监控后台任务实例是否被取消
方法 GetDeferral	无	通知系统后台任务可在 IBackgroundTask. Run 方法返回后继续工作,针对后台任务执行异步任务时使用
属性 InstanceId	只读	获取后台任务实例的实例 ID,后台任务实例的唯一标识符,当创建实例时,由系统生成此标识符
属性 Progress	读/写	获取或设置后台任务实例的进度状态,表示应用程序定义的用于指示任务进度的值
属性 SuspendedCount	只读	获取资源管理政策导致后台任务挂起的次数,表示后台任务已挂起的次数
属性 Task	只读	获取对此后台任务实例的已注册后台任务的访问
属性 TriggerDetails	只读	表示后台任务的附加信息,如果后台任务由移动网络运营商通知触发,则此属性为 NetworkOperatorNotificationEventDetails 类的实例,如果后台任务由系统事件或事件触发,则不使用此属性

2. Background trigger(后台触发器)

Background trigger 是指一系列事件,通过这些事件来触发后台任务的运行,每个后台任务都需要至少一个 Trigger,当然也可以有多个 Trigger,表示在多种情况下可以触发后台任务的运行。后台任务触发器主的主要类型有 TimeTrigger(时间触发器)、MaintenanceTrigger(维护触发器)、SystemTrigger(系统触发器)、PushNotificationTrigger(推送通知触发器)和 ControlChannelTrigger(控制通道触发器)。TimeTrigger 需要应用程序在锁屏上才能触发,最小周期为 15 分钟。MaintenanceTrigger 与 TimeTrigger 类似,但是不要求应用程序一定在锁屏上,最小周期为 15 分钟,如果应用程序不在锁屏上则最快2 小时执行一次。SystemTrigger 有部分不要求应用程序在锁屏上,有部分要求应用程序必须在锁屏上才能触发,SystemTrigger 的类型是通过枚举 SystemTriggerType 来定义的,详细的情况如表 17.4 所示。PushNotificationTrigger 需要应用程序在锁屏上才能触发,它是通过推送通知的方式来相应后台的任务。ControlChannelTrigger 需要应用程序在锁屏上才能触发,后台任务通过使用 ControlChannelTrigger 可以使连接保持活动状态,在控制通道上接收消息。关于这 5 种类型的触发器,我们会在下文中通过实例编程来进行详细的讲解。

表 17.4 系统触发器的详情(SystemTriggerType 枚举的成员)

触发器名称(成员)	值	说　　明
Invalid	0	不是有效的触发器类型
SmsReceived	1	在已安装的宽频移动设备接收新 SMS 消息时,触发后台任务
UserPresent	2	在用户变为存在时,触发后台任务;注意,应用程序必须位于锁定屏幕上,之后才能通过使用此触发器类型来成功注册后台任务
UserAway	3	在用户变为不存在时,触发后台任务;注意,应用程序必须位于锁定屏幕上,之后才能通过使用此触发器类型来成功注册后台任务

续表

触发器名称(成员)	值	说　明
NetworkStateChange	4	在网络发生更改时触发后台任务，如成本或连接中的更改
ControlChannelReset	5	在重置控件通道时触发后台任务；注意，应用程序必须位于锁定屏幕上，之后才能通过使用此触发器类型来成功注册后台任务
InternetAvailable	6	在Internet变为可用时，触发后台任务
SessionConnected	7	在连接会话时，触发后台任务；注意，应用程序必须位于锁定屏幕上，之后才能通过使用此触发器类型来成功注册后台任务
ServicingComplete	8	在系统完成更新应用程序时，触发后台任务
LockScreenApplicationAdded	9	在图块添加到锁定屏幕时，触发后台任务
LockScreenApplicationRemoved	10	在从锁定屏幕移除图块时，触发后台任务
TimeZoneChange	11	在设备时区发生更改时(例如，在系统调整夏时制时钟时)，触发背景任务；注意，仅当新时区确实更改了系统时间时，此触发器才会触发
OnlineIdConnectedStateChange	12	在连接到该账户的Microsoft账户更改时触发后台任务
BackgroundWorkCostChange	13	在后台作业的开销更改时触发后台任务；注意，应用程序必须位于锁定屏幕上，之后才能通过使用此触发器类型来成功注册后台任务

3. Background condition(后台任务的条件)

Background condition表示一些必须满足的条件，这些条件不是必须的，主要是看后台任务的特性是否需要这样限制的条件。通过添加条件，可以控制后台任务何时运行，甚至可以在任务触发后进行控制。在触发后，后台任务将不再运行，直至所有条件均符合为止。后台任务的条件是通过枚举SystemConditionType来进行设置的，表17.5展示了后台任务的条件情况。

表17.5　后台任务条件的详情(SystemConditionType枚举的成员)

条件名称	描　述
InternetAvailable	Internet必须可用
InternetNotAvailable	Internet必须不可用
SessionConnected	Internet必须连接
SessionDisconnected	Internet必须断开连接
UserNotPresent	用户必须离开
UserPresent	用户必须存在

4. EntryPoint(接口名字)

EntryPoint表示一个实现了IBackgroundTask接口的类的名字，它必须是空间和类名的全称(namespace.classname)，它的意义是在于通过接口的名字系统才可以找到对应的后台任务服务，所以在注册后台任务的时候是需要要设置EntryPoint的。

17.1.4　后台任务的实现步骤和调试技巧

下面一步步地来实现一个后台任务，以及对后台任务进行调试。

1. 创建 Windows Phone 项目以及后台任务组件

首先创建一个命名为 BackgroundTaskTestDemo 的 Windows Phone 项目，然后在当前的解决方案中新建一个 Windows 运行时组件，项目命名为 Tasks，如图 17.2 所示。右击查看 Tasks 组件的属性如图 17.3 所示，必须保证组件的属性“Output type”的选项是“Windows Runtime Component”而不是“Class Library”，否则后台任务会无法运行。创建完 Tasks 后台任务的组件之后，需要在主项目 BackgroundTaskTestDemo 里面添加 Tasks 项目组件的引用，右键单击“References”添加工程的引用如图 17.4 所示。

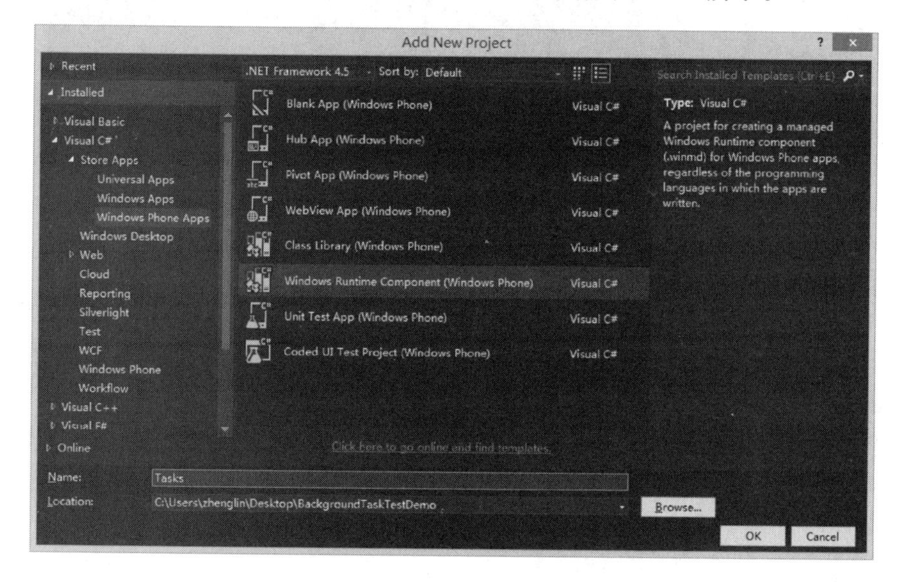

图 17.2　创建后台任务的 Windows 运行时组件

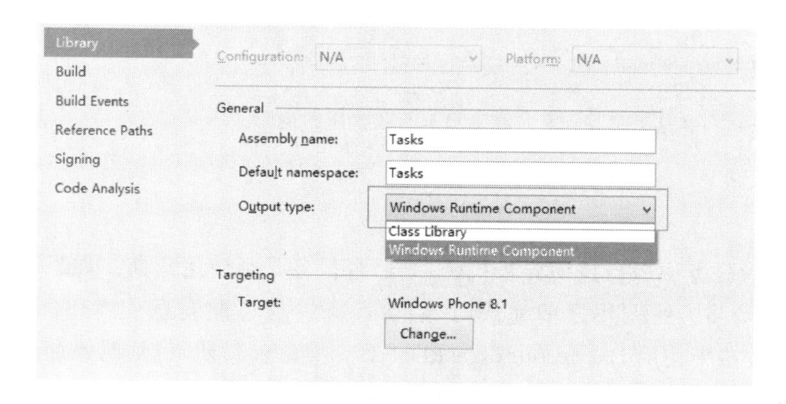

图 17.3　Tasks 组件的属性

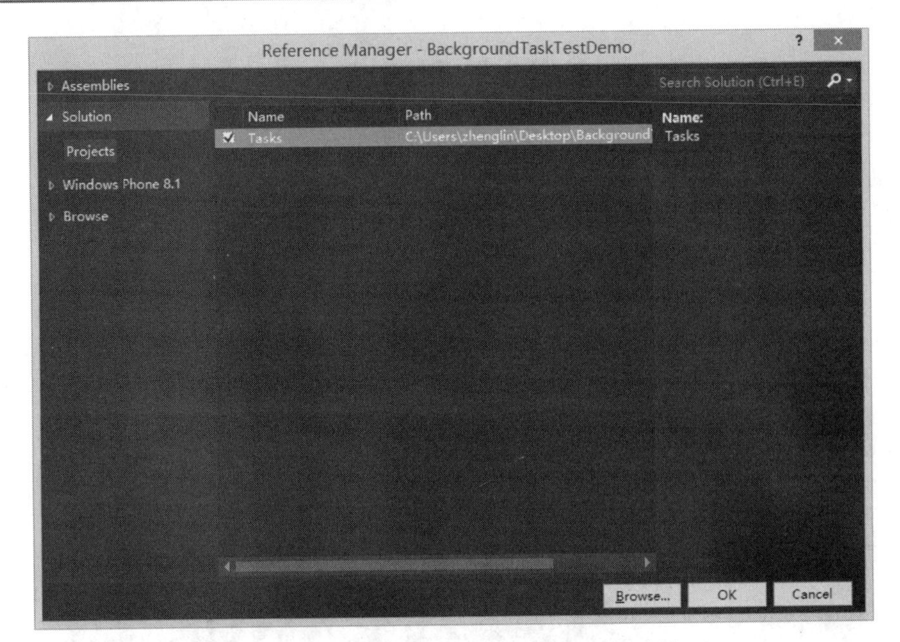

图 17.4　在主项目中添加 Tasks 项目的引用

2. 实现后台任务的代码逻辑

后台任务是实现 IBackgroundTask 接口的单独的类，所以接下来在 Tasks 组件里面创建一个命名为 ExampleBackgroundTask 的类，该类从 IBackgroundTask 接口派生，并且重载实现 IBackgroundTask 接口的 Run 方法，un 方法是在触发指定的事件时必须调用的输入点，每个后台任务中都需要该方法。注意，台任务类本身(以及后台任务项目中的所有其他类)必须是属于 sealed 的 public 类。代码如下所示：

```
using Windows.ApplicationModel.Background;
namespace Tasks
{
    public sealed class ExampleBackgroundTask: IBackgroundTask
    {
        public void Run(IBackgroundTaskInstance taskInstance)
        {
            //在这里编写你需要在后台运行的代码的逻辑
        }
    }
}
```

如果在后台任务中运行任何异步代码，则后台任务必须使用延期。如果不使用延期，则当 Run 方法在异步方法调用之前完成时，后台任务进程可能会意外终止。调用异步方法前，请在 Run 方法中使用 BackgroundTaskDeferral 类请求延期，将延期保存到全局变量，从而使其可从异步方法进行访问，当异步代码完成后再调用其 Complete 方法通知系统已完成与后台任务关联的异步操作。如果在后台任务上调用 IBackgroundTaskInstance.

GetDeferral，则系统将不挂起或终止后台任务宿主进程，直到在所有未完成的后台任务延迟上调用了 BackgroundTaskDeferral.Complete 以指出所有后台任务工作均已完成。使用延迟方案的 Run 方法代码如下所示：

```
public void Run(IBackgroundTaskInstance taskInstance)
{
    //获取 BackgroundTaskDeferral 对象,表示后台任务延期
    BackgroundTaskDeferral deferral = taskInstance.GetDeferral();

    //执行相关的异步代码
    //var result = await ExampleMethodAsync();

    //所有的异步调用完成之后,释放延期,表示后台任务的完成
    deferral.Complete();
}
```

3. 在 Windows Phone 主项目中注册要运行的后台任务

创建了后台任务之后，后台任务还需要在其所属的 Windows Phone 主项目中注册之后它才可以正常地运行，注册后台任务就是相当于把后台任务添加到系统的服务里面，让系统根据注册的规则来运行该后台任务。那么注册后台任务的步骤如下：

1）检查任务是否已注册

在注册后台任务之前，首先需要做的事情就是检查任务是否已注册。这是一个必须的操作，请务必要检查此项，因为如果任务已多次注册，则将在该任务触发时运行多次，这可占用过多的 CPU 配额并可能导致意外行为。可以通过查询 BackgroundTaskRegistration.AllTasks 属性并在结果上迭代来检查现有注册。检查每个实例的名称，如果该名称与正注册的任务的名称匹配，则表示要运行的后台任务已经注册过了，不需要重复地进行注册。检查任务是否已注册的示例代码如下所示：

```
//使用 foreach 循环来迭代检查
bool taskRegistered = false;
string exampleTaskName = "ExampleBackgroundTask";
foreach (var task in BackgroundTaskRegistration.AllTasks)
{
    if (task.Value.Name == exampleTaskName)
    {
        taskRegistered = true;
        break;
    }
}
//除此之外,我们还可以使用 LINQ 更加简洁的语法来进行查询
bool taskRegistered = BackgroundTaskRegistration.AllTasks.Any(x => x.Value.Name ==
"ExampleBackgroundTask");
```

2）使用 BackgroundTaskBuilder 类创建后台任务的实例

如果后台任务未注册，那么需要去注册后台任务，因为必须有第一次的注册之后后台任

务才能存在任务的列表里面。在应用程序里面使用BackgroundTaskBuilder类创建后台任务的一个实例，任务入口点应为命名空间为前缀的后台任务的名称，也就是需要对BackgroundTaskBuilder类的TaskEntryPoint属性进行赋值。注意，必须要确保在应用程序里面每个后台任务都具有唯一的名称，否则在查找后台任务的时候就无法区分了，名称通过BackgroundTaskBuilder类的Name属性进行赋值。在创建BackgroundTaskBuilder的实例时必须要为后台任务选择一个触发器，通过这个触发器控制后台任务何时运行，触发器的类型可以通过枚举SystemTrigger来选择，并且调用BackgroundTaskBuilder类的SetTrigger方法进行设置。例如，下面通过代码创建一个新后台任务并将其设置为在InternetAvailable触发器引发时运行，表示在Internet变为可用时，触发后台任务，代码如下所示：

```
var builder = new BackgroundTaskBuilder();
builder.Name = exampleTaskName;
builder.TaskEntryPoint = "Tasks.ExampleBackgroundTask";
builder.SetTrigger(new SystemTrigger(SystemTriggerType. InternetAvailable,false));
```

3）添加条件控制任务何时运行（可选，不是必须的步骤）

还可以给后台任务添加条件来控制任务何时运行，但是这个不是必须的步骤，条件控制是通过枚举SystemConditionType来定义的，然后通过BackgroundTaskBuilder类的AddCondition方法进行设置。例如，如果不希望在用户存在前运行任务，请使用条件SystemConditionType. UserPresent，代码如下所示：

```
builder.AddCondition(new SystemCondition(SystemConditionType.UserPresent));
```

4）注册后台任务

在完成了BackgroundTaskBuilder对象的初始化之后，最后可以通过在BackgroundTaskBuilder对象上调用Register方法来注册后台任务，注册成功后会返回BackgroundTask-Registration对象，我们需要存储BackgroundTaskRegistration结果，以便可以在下一步中使用该结果。代码如下所示：

```
BackgroundTaskRegistration task = builder.Register();
```

5）使用事件处理程序处理后台任务完成

在完成了后台任务的注册之后，由于后台任务并不是无时无刻在运行的，而是在符合了某些条件和状态的前提下才会运行，所以在应用程序里面很有必要去监控后台任务什么之后执行完成。可以使用BackgroundTaskRegistration类的OnCompleted事件来监控后台任务的执行完成，如果后台任务完成的时候，刚好当前的应用程序是位于前台运行，那么就会立即触发OnCompleted事件。如果后台任务完成的时候，应用程序并不在前台运行，那么当后续启动或恢复应用程序的时候，将触发OnCompleted事件。需要注意的是，OnCompleted事件的处理程序所在的线程是后台线程，如果要进行UI相关的操作请在处理程序中使用UI线程。后台任务完成事件的处理代码如下所示：

```
//注册后台任务的完成事件,task 为上一步骤注册成功返回的 BackgroundTaskRegistration 对象
task.Completed += task_Completed;
//Completed 事件处理程序
async void task Completed(BackgroundTaskRegistration sender,BackgroundTaskCompletedEventArgs args)
{
    //使用 UI 线程把任务完成的情况通知到用户
    await Dispatcher.RunAsync(CoreDispatcherPriority.Normal,() =>
        {
            info.Text = dt.ToString();
        });
}
```

4. 在应用清单中声明你的应用使用后台任务

在 Windows Phone 项目里面，必须先在应用清单中声明各个后台任务，才能运行后台任务。首先打开应用清单(名为"package. appmanifest"的文件)并转到 Extensions 元素。将类别设置为"windows. backgroundTasks"，为应用中所用的每个后台任务类添加一个 Extension 元素。必须在配置文件中列出你的后台任务使用的每个触发器类型，如果应用程序尝试注册一个后台任务，其中有一个触发器未在清单中列出，那么注册将会失败。在应用清单上添加的代码如下所示：

```
<Extensions>
    <Extension Category="windows.backgroundTasks" EntryPoint="Tasks.ExampleBackgroundTask">
      <BackgroundTasks>
        <Task Type="systemEvent" />
      </BackgroundTasks>
    </Extension>
</Extensions>
```

也可以通过应用清单的可视化的图形来进行配置，打开可视化配置文件选择"Declarations"节点，单击左边的"Add"按钮新增一个"Background Tasks"，然后再勾选任务的类型和设置"Entry point"，如图 17.5 所示。

5. 调试后台任务

那么在上面的步骤里面，已经把一个完成的后台任务的功能都实现，但是因为后台任务是需要在一个特定的条件和状态下才会运行的，如果直接运行项目将很难等到后台任务也同时运行，所以要依赖 Visual Studio 的调试功能来测试后台任务的运行情况。首先从"DEBUG"菜单上选择"Start Debugging"，如图 17.6 所示，让程序处理调试的状态。然后运行完注册后台任务的代码之后，我们从"Lifestyle Events"中选择需要调试的后台任务，如图 17.7所示，这时候应用程序会进入后台任务的 Run 方法里面。

下面来看一下后台任务实现步骤的完整代码。

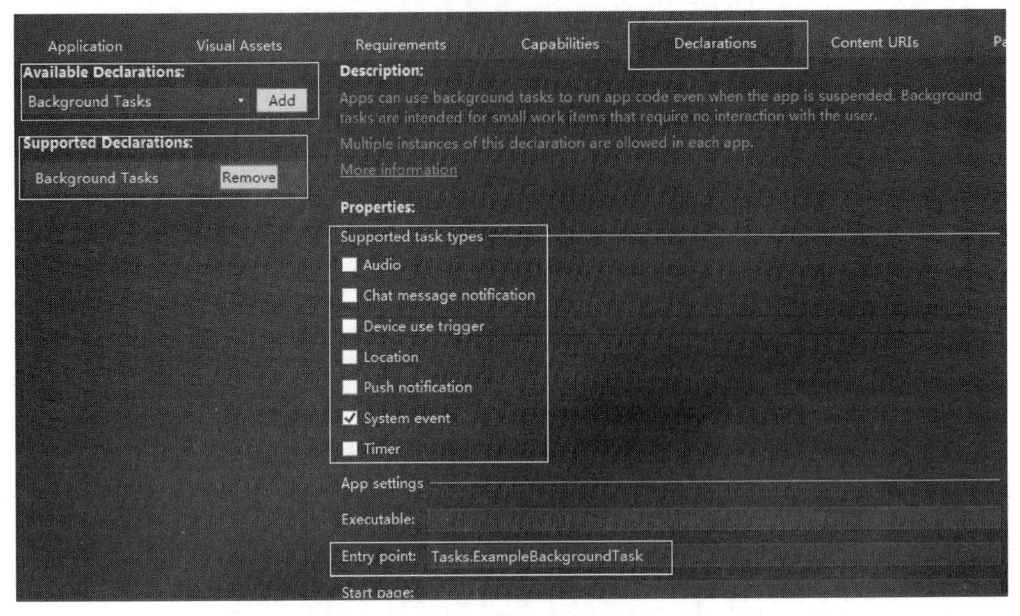

图 17.5 设置后台任务

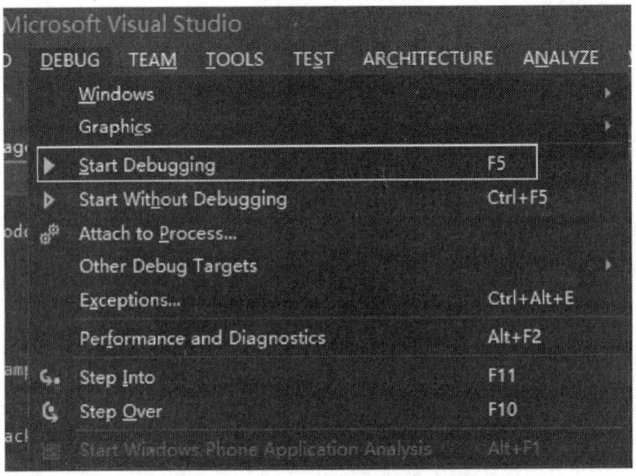

图 17.6 调试项目

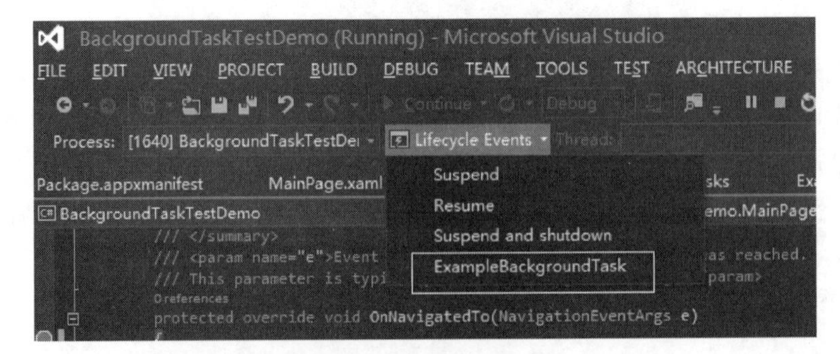

图 17.7 调试后台任务

代码清单 17-1：后台任务实现步骤：第 17 章\Examples_17_1

ExampleBackgroundTask.cs 文件代码：后台任务的实现示例

```
using System;
using Windows.ApplicationModel.Background;
using Windows.Storage;
namespace Tasks
{
    public sealed class ExampleBackgroundTask: IBackgroundTask
    {
        public async void Run(IBackgroundTaskInstance taskInstance)
        {
            //获取 BackgroundTaskDeferral 对象,表示后台任务延期
            BackgroundTaskDeferral deferral = taskInstance.GetDeferral();
            //获取本地文件夹根目录文件夹
            IStorageFolder applicationFolder = ApplicationData.Current.LocalFolder;
            //在文件夹里面创建测试文件,如果文件存在则替换掉
            IStorageFile storageFile = await applicationFolder.CreateFileAsync("test.
txt",CreationCollisionOption.OpenIfExists);
            //把当前的时间信息写入到文件中,前台程序再获取该文件,实现后台任务和前
台程序的信息共享
            await FileIO.WriteTextAsync(storageFile,DateTime.Now.ToString());
            //所有的异步调用完成之后,释放延期,表示后台任务的完成
            deferral.Complete();
        }
    }
}
```

MainPage.xaml.cs 文件的主要代码

```
protected override void OnNavigatedTo(NavigationEventArgs e)
{
    bool taskRegistered = false;
    string exampleTaskName = "ExampleBackgroundTask";
    //判断后台任务是否已经注册过
    taskRegistered = BackgroundTaskRegistration.AllTasks.Any(x => x.Value.Name ==
exampleTaskName);
    //如果后台任务为注册则对其进行注册
    if(!taskRegistered)
    {
        //创建 BackgroundTaskBuilder 对象,设置其相关的信息和完成的事件
        var builder = new BackgroundTaskBuilder();
        builder.Name = exampleTaskName;
        builder.TaskEntryPoint = "Tasks.ExampleBackgroundTask";
        builder.SetTrigger(new SystemTrigger(SystemTriggerType.InternetAvailable,false));
        builder.AddCondition(new SystemCondition(SystemConditionType.UserPresent));
        BackgroundTaskRegistration task = builder.Register();
        task.Completed += task_Completed;
```

```
        }
        else
        {
            var cur = BackgroundTaskRegistration.AllTasks.FirstOrDefault(x => x.Value.
Name == exampleTaskName);
            BackgroundTaskRegistration task = (BackgroundTaskRegistration)(cur.Value);
            task.Completed += task_Completed;
        }
    }
    //后台任务完成事件的处理程序
    async void task_Completed(BackgroundTaskRegistration sender, BackgroundTaskCompletedEventArgs
args)
    {
        string text = "";
        //获取在后台任务中往文件写入的信息
        IStorageFolder applicationFolder = ApplicationData.Current.LocalFolder;
        IStorageFile storageFile = await applicationFolder.GetFileAsync("test.txt");
        IRandomAccessStream accessStream = await storageFile.OpenReadAsync();
        using (StreamReader streamReader = new StreamReader(accessStream.AsStreamForRead
((int)accessStream.Size)))
        {
            text = streamReader.ReadToEnd();
        }
        //通过UI线程把后台任务保存的信息展示到用户界面上
        await Dispatcher.RunAsync(CoreDispatcherPriority.Normal, () =>
        {
            info.Text = text;
        });
    }
```

程序的运行效果如图17.8所示。

图17.8 后台任务测试

17.1.5　使用 MaintenanceTrigger 实现 Toast 通知

从上面的后台任务演示中，可以知道后台任务是不能够操作前台应用程序的 UI 的，因为在后台任务里面无法判断当前的应用程序是否正在前台运行。虽然后台任务不能够直接操作前台应用程序的 UI，但是可以通过 Toast 通知、磁贴更新和锁屏消息的方式来把相关的信息展示给用户。本节使用 MaintenanceTrigger 触发器来实现在后台定时触发 Toast 通知，MaintenanceTrigger 并不需要应用程序被设置在锁屏上，但是它仅在设备接入外接电源的时候才能运行。MaintenanceTrigger 对象有两个构造参数，第二个参数 OneShot 指定维护任务是运行一次还是继续定期运行，如果 OneShot 被设置为 true，则第一个参数 FreshnessTime 会指定在计划后台任务之前需等待的分钟数，如果 OneShot 被设置为 false，则 FreshnessTime 会指定后台任务的运行频率。注意，如果 FreshnessTime 设置为少于 15 分钟，则在尝试注册后台任务时将引发异常。

下面给出定时 Toast 通知的示例：使用 MaintenanceTrigger 触发器定时触发一条测试的 Toast 通知。

代码清单 17-2：定时 Toast 通知：第 17 章\Examples_17_2

NotificationTask.cs 文件代码：后台任务的实现示例

```
------------------------------------------------------------------------
    using Windows.ApplicationModel.Background;
    using Windows.Data.Xml.Dom;
    using Windows.UI.Notifications;

    namespace BackgroundTask.NotificationTask
    {
        public sealed class NotificationTask: IBackgroundTask
        {
            public void Run(IBackgroundTaskInstance taskInstance)
            {
                //发送 Tosat 通知
                SendNotification("This is a toast notification");
            }
            //发送 Tosat 通知的封装方法,text 为通知的内容
            private void SendNotification(string text)
            {
                //使用 Toast 通知的 ToastText01 模板
                XmlDocument   toastXml   =   ToastNotificationManager.   GetTemplateContent
(ToastTemplateType.ToastText01);
                //在模板上添加通知的内容
                XmlNodeList elements = toastXml.GetElementsByTagName("text");
                foreach (IXmlNode node in elements)
                {
                    node.InnerText = text;
                }
                //创建 Tosat 通知对象
```

```
                ToastNotification notification = new ToastNotification(toastXml);
                //发送 Tosat 通知
                ToastNotificationManager.CreateToastNotifier().Show(notification);
            }
        }
    }
```

MainPage.xaml.cs 文件代码：注册后台任务

```
    //进入页面事件
    protected override void OnNavigatedTo(NavigationEventArgs e)
    {
        RegisterBackgroundTask();
    }
    //注册后台任务
    private  void RegisterBackgroundTask()
    {
        //判断后台任务是否已经注册
        bool isRegistered = BackgroundTaskRegistration.AllTasks.Any(x => x.Value.Name ==
"Notification task");
        if (!isRegistered)
        {
            BackgroundTaskBuilder builder = new BackgroundTaskBuilder
            {
                Name = "Notification task",
                TaskEntryPoint = "BackgroundTask.NotificationTask.NotificationTask"
            };
            //创建 MaintenanceTrigger 对象,15 分钟周期性运行
            MaintenanceTrigger trigger = new MaintenanceTrigger(15,false);
            builder.SetTrigger(trigger);
            BackgroundTaskRegistration task = builder.Register();
        }
    }
```

实现了后台任务的代码之后，需要在 Package.appxmanifest 清单文件中添加后台任务的配置信息，配置信息如下所示：

```
<Extensions>
   <Extension Category = "windows.backgroundTasks" EntryPoint = "BackgroundTask.
NotificationTask.NotificationTask">
    <BackgroundTasks>
      <Task Type = "timer" />
    </BackgroundTasks>
  </Extension>
</Extensions>
```

使用 Debug 模式调试应用程序，先把应用程序挂起，然后运行后台任务，可以看到运行的效果如图 17.9 所示。

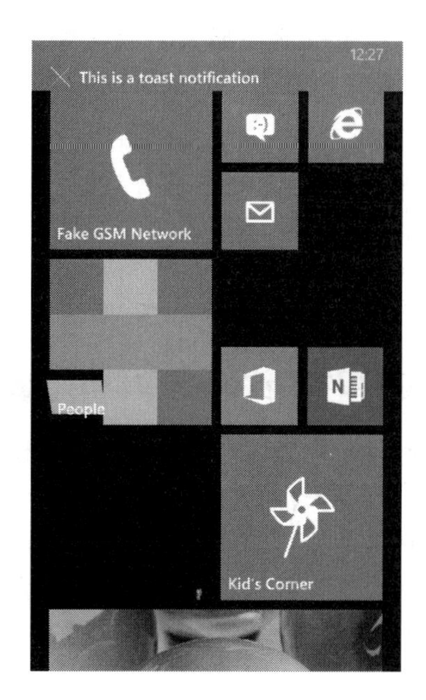

图 17.9　后台任务触发 Toast 通知

17.1.6　使用后台任务监控锁屏 Raw 消息的推送通知

在推送通知里面，Raw 消息类型的通知如果离开了应用程序，就会接收不到，那么后台任务提供了一种方式让应用程序不运行的时候也可以接收到消息，不过这需要有一个前提就是用户把你的应用程序设置为锁屏应用。针对于推送通知的后台任务触发器是 PushNotificationTrigger，这个是锁屏的触发器，非锁屏应用该后台任务是不会运行的。如果是 PushNotificationTrigger 触发的后台任务，那么任务实例的 TriggerDetails 属性将会是 RawNotification 类型，也就是 Raw 通知的对象。通常，在后台任务中获取到 Raw 通知的消息之后，可以把消息的内容存储起来，等用户打开应用程序的时候再通过 Completed 事件来告诉用户收到的消息。除此之外，也可以在后台任务中使用 Toast 通知弹出消息告知用户。后台任务的示例代码如下所示：

```
public sealed class RawNotificationBackgroundTask: IBackgroundTask
{
    public void Run(IBackgroundTaskInstance taskInstance)
    {
        RawNotification notification = (RawNotification)taskInstance.TriggerDetails;
        //获取到 RawNotification 的信息后，可以通过 Toast 通知通知用户也可以把消息的内容先
存储起来
    }
}
```

在项目的 Package.appxmanifest 清单文件中要设置的后台任务节点是＜Task Type＝

"pushNotification" />，在应用程序里面注册后台任务需要把后台任务的触发器设置为PushNotificationTrigger对象，设置的语法如下所示：

```
BackgroundTaskBuilder taskBuilder = new BackgroundTaskBuilder();
PushNotificationTrigger trigger = new PushNotificationTrigger();
taskBuilder.SetTrigger(trigger);
taskBuilder.TaskEntryPoint = SAMPLE_TASK_ENTRY_POINT;
taskBuilder.Name = SAMPLE_TASK_NAME;
BackgroundTaskRegistration task = taskBuilder.Register();
```

17.1.7 后台任务的开销、终止原因和完成进度汇报

实现了后台任务之后，往往是需要知道后台任务的一些信息，例如后台任务有没有被终止执行？是什么原因导致其终止？后台的开销是怎样的？这些信息都可以提供给应用程序作为一个参考信息，了解后台任务的执行情况，从而根据实际的情况做出调整。当后台任务正在运行的时候，还可以获取后台任务的执行进度信息，实时监控到后台任务的相关信息。下面看一下如何去获取和监控这些信息。

1. 后台任务的开销

因为操作系统的资源是有限的，如果当后台任务运行的时候，系统的资源已经占用过多，那么往往会导致任务的执行失败，所以Windows Phone提供了API让我们可以在后台任务运行的时候获取到当前的后台任务的开销。后台任务的开销可以通过BackgroundWorkCost类的静态属性CurrentBackgroundWorkCost来获取，获取的值是一个BackgroundWorkCostValue的枚举类型，该枚举有Low、Medium和High三种值：Low表示后台资源使用率较低，后台任务可以执行作业；Medium表示后台资源正在使用中，但后台任务可以完成某些工作；High表示后台资源使用率较高，后台任务不应执行任何工作。可以根据后台任务的实际开销情况进行处理相关的操作，比如当开销情况是High的时候，可以不执行相关的任务。

2. 后台任务的终止原因

后台任务在运行的过程中是完全有可能被取消的，当然也可以在后台任务中监控到后台任务被终止的原因。我们可以通过后台任务实例的Canceled事件来监听后台任务是否被取消而终止执行，Canceled事件的处理程序里面会返回一个BackgroundTaskCancellationReason对象的参数，这个参数就是表示后台任务在执行中被终止执行的原因。BackgroundTaskCancellationReason是一个枚举类型，它描述了后台任务终止的4种原因：Abort表示前台应用程序调用了IBackgroundTaskRegistration. Unregister(true)方法注销了后台任务而导致后台任务终止；Terminating表示因为系统策略，而被终止；LoggingOff表示因为用户注销系统而被取消；ServicingUpdate表示因为应用程序更新而被取消。

3. 后台任务的进度汇报

后台任务在执行的时候可以把进度信息汇报给前台运行的应用程序，首先需要在前台应用程序的后台任务注册对象BackgroundTaskRegistration对象中注册Progress事件，当

后台的任务的进度发生变化会触发该事件。那么在后台任务中是通过后台任务实例对象IBackgroundTaskInstance对象的Progress属性来触发前台应用程序中BackgroundTaskRegistration对象的Progress事件的，如果Progress属性的值发生变化，Progress事件就会触发。通常我们在实现后台进度汇报的逻辑都会结合BackgroundTaskDeferral对象来使用，用BackgroundTaskDeferral对象来控制后台任务的完成。

下面给出后台任务信息汇报的示例：实现一个后台任务，并且把后台任务的开销、终止原因和完成进度的信息汇报给前台的应用程序。

代码清单17-3：后台任务信息汇报：第17章\Examples_17_3

MyTask.cs文件代码：后台任务的实现示例

```
-------------------------------------------------------------------------
    using System;
    using System.Diagnostics;
    using Windows.ApplicationModel.Background;
    using Windows.Storage;
    using Windows.System.Threading;

    namespace MyBackgroundTask
    {
        public sealed class MyTask: IBackgroundTask
        {
            //后台任务的取消原因对象
             BackgroundTaskCancellationReason _cancelReason = BackgroundTaskCancellationReason.
Abort;
            //是否已取消执行后台任务的标识符
            volatile bool _cancelRequested = false;
            //后台任务等待异步操作的对象
            BackgroundTaskDeferral _deferral = null;
            //计时器
            ThreadPoolTimer _periodicTimer = null;
            //进度信息
            uint _progress = 0;
            //后台任务实例
            IBackgroundTaskInstance _taskInstance = null;
            public void Run(IBackgroundTaskInstance taskInstance)
            {
                Debug.WriteLine("Background " + taskInstance.Task.Name + " Starting...");
                //获取后台任务的开销
                var cost = BackgroundWorkCost.CurrentBackgroundWorkCost;
                var settings = ApplicationData.Current.LocalSettings;
                settings.Values["BackgroundWorkCost"] = cost.ToString();
                //后台任务在执行中被终止执行时所触发的事件
                taskInstance.Canceled += new BackgroundTaskCanceledEventHandler(OnCanceled);
                //异步操作,即通知系统后台任务可在 IBackgroundTask.Run 方法返回后继续工作
                _deferral = taskInstance.GetDeferral();
                _taskInstance = taskInstance;
                //创建一个每一秒钟运行一次的计时器
```

```
                _periodicTimer = ThreadPoolTimer.CreatePeriodicTimer(new TimerElapsedHandler
(PeriodicTimerCallback),TimeSpan.FromSeconds(1));
            }
            //后台任务的取消事件处理程序
            private void OnCanceled(IBackgroundTaskInstance sender,BackgroundTaskCancellationReason
reason)
            {
                //把取消操作的标识符设置为true,在定时事件里面处理取消的操作
                _cancelRequested = true;
                _cancelReason = reason;
                Debug.WriteLine("Background " + sender.Task.Name + " Cancel Requested...");
            }
            //定时事件处理程序,模拟后台任务的完成进度
            private void PeriodicTimerCallback(ThreadPoolTimer timer)
            {
                if ((_cancelRequested == false) && (_progress < 100))
                {
                    //更新后台任务的进度
                    _progress += 10;
                    _taskInstance.Progress = _progress;
                }
                else
                {
                    //后台任务被取消或者已经完成
                    //取消定时器的操作
                    _periodicTimer.Cancel();
                    var settings = ApplicationData.Current.LocalSettings;
                    var key = _taskInstance.Task.Name;
                    //保存任务被取消的信息
                    settings.Values[key] = (_progress < 100) ? "Canceled with reason: " +
_cancelReason.ToString(): "Completed";
                    Debug.WriteLine("Background " + _taskInstance.Task.Name + settings.
Values[key]);
                    //表示后台任务完成
                    _deferral.Complete();
                }
            }
        }
    }
```

MainPage.xaml 文件主要代码

```
    <StackPanel>
        <TextBlock Name="progressInfo" TextWrapping="Wrap"/>
        <TextBlock Name="statusInfo" TextWrapping="Wrap"/>
        <TextBlock Name="workCostInfo" TextWrapping="Wrap"/>
        <Button Name="btnRegister" Content="注册一个后台任务" Width="370" Click=
"btnRegister_Click_1" />
        <Button x:Name="btnUnregister" Content="取消注册的后台任务" Width="370" Click
```

```
= "btnUnregister_Click_1" />
    </StackPanel>
```

MainPage. xaml. cs 文件主要代码

```
    //后台任务的名称
    private string _taskName = "MyTask";
    //后台任务的 EntryPoint,即后台任务的类全名
    private string _taskEntryPoint = "MyBackgroundTask.MyTask";
    //后台任务是否已在系统中注册
    private bool _taskRegistered = false;
    //后台任务执行状况的进度说明
    private string _taskProgress = "";
    //导航进入当前页面的事件处理程序
    protected override void OnNavigatedTo(NavigationEventArgs e)
    {
        //遍历所有已注册的后台任务
        foreach (KeyValuePair<Guid,IBackgroundTaskRegistration> task in BackgroundTaskRegistration.
AllTasks)
        {
            if (task.Value.Name == _taskName)
            {
                //如果后台任务已经在系统注册,则为其增加 Progress 和 Completed 事件监听,
以便前台应用程序接收后台任务的进度汇报和完成汇报
                AttachProgressAndCompletedHandlers(task.Value);
                _taskRegistered = true;
                break;
            }
        }
        UpdateUI();
    }
    //注册后台任务的按钮事件处理程序
    private void btnRegister_Click_1(object sender,RoutedEventArgs e)
    {
        BackgroundTaskBuilder builder = new BackgroundTaskBuilder();
        builder.Name = _taskName;
        builder.TaskEntryPoint = _taskEntryPoint;
        //后台任务触发器,TimeZoneChange 表示时区发生更改时
        builder.SetTrigger(new SystemTrigger(SystemTriggerType.TimeZoneChange,false));
        //向系统注册此后台任务
        BackgroundTaskRegistration task = builder.Register();
        //为此后台任务增加 Progress 和 Completed 事件监听,以便前台应用程序接收后台任务的
进度汇报和完成汇报
        AttachProgressAndCompletedHandlers(task);
        _taskRegistered = true;
    }
    //取消注册后台任务的按钮事件处理程序
    private void btnUnregister_Click_1(object sender,RoutedEventArgs e)
    {
        //遍历所有已注册的后台任务
        foreach (KeyValuePair<Guid,IBackgroundTaskRegistration> task in BackgroundTaskRegistration.
```

```
AllTasks)
            {
                if (task.Value.Name == _taskName)
                {
                    //从系统中注销指定的后台任务,参数 true 表示如果当前后台任务正在运行中则
将其取消
                    task.Value.Unregister(true);
                    break;
                }
            }
            _taskRegistered = false;
        }
        //为后台任务增加 Progress 和 Completed 事件监听
        private void AttachProgressAndCompletedHandlers(IBackgroundTaskRegistration task)
        {

            task.Progress += new BackgroundTaskProgressEventHandler(OnProgress);
            task.Completed += new BackgroundTaskCompletedEventHandler(OnCompleted);
        }
        //进度事件处理程序
        private void OnProgress(IBackgroundTaskRegistration task,BackgroundTaskProgressEventArgs args)
        {
            //获取后台任务的执行进度
            _taskProgress = args.Progress.ToString() + "%";
            UpdateUI();
        }
        //完成事件处理程序
        private void OnCompleted(IBackgroundTaskRegistration task, BackgroundTaskCompletedEventArgs
args)
        {
            //后台任务已经执行完成
            _taskProgress = "done";
            //如果此次后台任务的执行出现了错误,则调用 CheckResult() 后会抛出异常
            try
            {
                args.CheckResult();
            }
            catch (Exception ex)
            {
                _taskProgress = ex.ToString();
            }
            UpdateUI();
        }
        //更新 UI 的方法
        private async void UpdateUI()
        {
            //调用 UI 线程
            await Dispatcher.RunAsync(CoreDispatcherPriority.Normal,() =>
            {
                btnRegister.IsEnabled = !_taskRegistered;
                btnUnregister.IsEnabled = _taskRegistered;
                //显示进度信息
```

```
            if (_taskProgress != "")
                progressInfo.Text = "Progress: " + _taskProgress ;
            //获取应用设置信息,在后台任务里面把任务的相关信息存储在应用设置里面
            var settings = ApplicationData.Current.LocalSettings;
            if (settings.Values.ContainsKey("MyTask"))
            {
                //后台任务的状态信息
                statusInfo.Text = "Status:" + settings.Values["MyTask"].ToString();
            }
            if (settings.Values.ContainsKey("BackgroundWorkCost"))
            {
                //后台任务的开销信息
                workCostInfo.Text = "BackgroundWorkCost:" + settings.Values["BackgroundWorkCost"].
ToString();
            }
        });
    }
```

实现了后台任务的代码之后,需要在 Package.appxmanifest 清单文件中添加后台任务的配置信息,配置信息如下所示:

```
<Extensions>
  <Extension Category="windows.backgroundTasks" EntryPoint="MyBackgroundTask.MyTask">
    <BackgroundTasks>
      <Task Type="systemEvent" />
    </BackgroundTasks>
  </Extension>
</Extensions>
```

使用 Debug 模式调试应用程序,先把应用程序挂起,然后运行后台任务,可以看到运行的效果如图 17.10 所示。

图 17.10　监控后台任务

17.2 后台文件传输

后台文件传输也是 Windows Phone 多任务机制的一种形式，它也基于独立的进程运行，能够在前台应用程序关闭或者挂起期间继续保持运行。后台传输独立于调用应用单独运行，主要是针对资源(如视频、音乐和大型图像)的长期传输操作设计的，它不仅仅是在应用程序在前台运行的情况下可以进行传输，更重要的是可以在应用挂起期间在后台运行以及在应用终止之后仍然持续进行。后台文件传输非常适合使用 HTTP 和 HTTPS 协议进行大型文件下载和上传操作，同时也支持 FTP，但仅在执行下载操作时支持。至于对于涉及较小资源(即几 KB)传输的短期操作，建议使用 HttpClient 来直接请求，这样会更加高效和方便。本节详细地介绍使用后台文件传输的机制进行文件的下载和上传。

17.2.1 后台文件传输概述

后台文件传输是指应用程序能够对一个或多个使用文件上传或下载操作进行排队，这些操作将在后台执行，即使当应用程序不再在前台运行时也是如此，也可以使用用于启动文件传输的 API 来查询现有传输的状态，从而能够为最终用户提供进度指示器。

当应用程序使用后台传输来启动传输时，该请求将使用 BackgroundDownloader 或 BackgroundUploader 类对象进行配置和初始化。每个传输操作都由系统单独处理，并与正在调用的应用分开。进度信息可通过应用 UI 来显示，并且根据不同的方案，可以在传输过程中使应用能够暂停、恢复或者取消传输的操作。这种由系统处理的传输方式可以促进智能化的电源使用，并防止应用在联网状态下因遇到类似如下事件而可能带来的问题：应用挂起、终止或网络状态突然更改。需要注意的是，这种传输机制必须是基于文件的上传或者下载，因为必须得有个本地的地址操作系统才能在前台应用程序离开之后还能继续进行传输。通常一些安全性较高的文件传输会需要经过身份验证的文件请求，那么后台传输可提供支持基本的服务器和代理凭据、Cookie 的方法，并且还支持每个传输操作使用自定义的 HTTP 头(通过 SetRequestHeader)。接下来看一下如何在 Windows Phone 中实现后台文件的下载和上传。

17.2.2 后台文件下载步骤

后台文件的下载主要是依靠 BackgroundDownloader 类来实现，BackgroundDownloader 类表示是后台下载任务管理器，管理着后台文件下载的新增、取消和暂停等操作。下面来看一下实现后台文件的下载编程步骤。

1. 在本地创建一个文件

在开始文件下载之前我们首先需要在本地创建一个文件来存储网上下载的文件，创建文件可以使用 StorageFolder 和 StorageFile 类相关的 API，一般最好是新建一个文件夹专门来存放后台下载的文件，这样便于区分。

2. 创建下载任务对象

首先需要创建一个 BackgroundDownloader 对象，然后调用其 CreateDownload 方法获取到 DownloadOperation 对象，DownloadOperation 对象其实就是下载任务的对象。创建下载任务对象需要网络的 Uri 地址和本地的文件对象，在下载任务对象内部会把这两者关联起来。创建下载任务对象：

```
//创建下载任务对象
BackgroundDownloader backgroundDownloader = new BackgroundDownloader();
DownloadOperation download = backgroundDownloader.CreateDownload(transferUri,destinationFile);
        await download.StartAsync();
```

获取到的 DownloadOperation 对象就是后台文件下载的操作对象，在该对象里面会有文件下载的很多详细的信息如 CostPolicy 属性表示下载的成本策略，Group 属性表示获取此下载任务的所属组，Guid 属性表示获取此下载任务的标识，RequestedUri 属性表示下载的源 URI，ResultFile 属性表示下载的目标文件等。

在这一步里面，如果需要设置下载的成本策略、身份凭证或者 Http 请求头都是通过 BackgroundDownloader 对象来设置的。BackgroundDownloader 类的 CostPolicy 属性是指下载的成本策略，它是通过 BackgroundTransferCostPolicy 枚举来赋值，有 3 中取值方式：Default 表示不允许在高成本（比如 2G、3G）网络上传输，这是默认的取值；UnrestrictedOnly 表示允许在高成本（比如 2G、3G）网络上传输；Always 表示无论如何均可传输，即使在漫游时。如果要设置身份信息则通过 ServerCredential 属性和 ProxyCredential 属性，ServerCredential 表示与服务端通信时的凭据，ProxyCredential 表示使用代理时的身份凭据。Http 头则可以通过 SetRequestHeader 方法来设置。

3. 新增下载任务

获取到了下载任务对象 DownloadOperation 对象之后，就可以通过 DownloadOperation 对象来新增任务，新增任务直接调用 StartAsync 方法，该方法会返回一个 IAsyncOperationWithProgress<DownloadOperation，DownloadOperation>对象，表示一个带有进度条的异步操作。可以通过异步的进度条回掉方法来监控，任务的完成进度，代码如下所示：

```
//创建一个下载任务并且监控其进度情况
Progress<DownloadOperation> progressCallback = new Progress<DownloadOperation>(DownloadProgress);
download.StartAsync().AsTask(cts.Token,progressCallback);
//进度会掉事件处理程序
private void DownloadProgress(DownloadOperation download)
{
    //获取进度的信息,download.Progress 表示进度条信息
}
```

4. 获取任务列表

当应用程序关闭之后，后台任务还可以继续执行操作，那么当应用程序再次打开的时

候，通常是需要获取后台任务的列表，查看是否还有文件继续在下载。获取当前的任务列表可以通过BackgroundDownloader类的静态方法GetCurrentDownloadsAsync来获取，该方法还可以传入一个分组信息，表示获取指定组下的所有下载任务。获取到的对象是IReadOnlyList<DownloadOperation>列表对象，通过DownloadOperation对象我们可以查看到当前还在进行的后台任务的实际的情况，如果想要继续监控任务的进度情况可以调用AttachAsync方法，该方法表示监视已存在的下载任务，使用的方式和StartAsync方法是一样的。如果想要暂停任务可以调用Pause方法，如果想要继续已经暂停的任务就调用Resume方法，但是如果你想取消任务就只能通过线程取消对象CancellationTokenSource对象来进行取消操作。

17.2.3 后台文件下载的实例编程

下面给出后台文件下载的示例：在应用程序里面可以通过网络文件的下载地址下载文件，并且通过列表展示正在下载的文件和已经下载完成的文件的详细情况。

代码清单17-4：后台文件下载（第17章\Examples_17_4）

MainPage.xaml文件主要代码：在该页面实现添加后台文件下载任务的逻辑

```
    <StackPanel>
        <TextBlock Text="输入文件的网络地址:"/>
        <TextBox x:Name="fileUrl" Text="http://dldir1.qq.com/qqfile/qq/QQ5.2/10432/QQ5.
2.exe" TextWrapping="Wrap"></TextBox>
        <Button x:Name="downloadButton" Click="downloadButton_Click" Content="提交后台
下载" Width="370"/>
        <Button  Click="Button_Click" Content="查看下载的文件" Width="370"/>
        <TextBlock x:Name="info"></TextBlock>
    </StackPanel>
```

MainPage.xaml.cs文件主要代码

```
    //启动后台任务下载网络文件的事件处理程序
private async void downloadButton_Click(object sender,RoutedEventArgs e)
    {
        if (fileUrl.Text == "")
        {
            info.Text = "文件地址不能为空";
            return;
        }
        //传输的文件网络路径
        string transferFileName = fileUrl.Text;
        //获取文件的名称
        string downloadFile = DateTime.Now.Ticks + transferFileName.Substring(transferFileName.
LastIndexOf("/") + 1);
        Uri transferUri;
        try
```

```
        {
            transferUri = new Uri(Uri.EscapeUriString(transferFileName),UriKind.RelativeOrAbsolute);
        }
        catch (Exception ex)
        {
            info.Text = "文件地址不符合格式";
            return;
        }
        //创建文件保存的目标地址
        StorageFile destinationFile;
        StorageFolder fd = await ApplicationData.Current.LocalFolder.CreateFolderAsync
("shared",CreationCollisionOption.OpenIfExists);
        StorageFolder fd2 = await fd.CreateFolderAsync("transfers",CreationCollisionOption.
OpenIfExists);
        destinationFile = await fd2.CreateFileAsync(downloadFile,CreationCollisionOption.
ReplaceExisting);
        //创建一个后台下载任务
        BackgroundDownloader backgroundDownloader = new BackgroundDownloader();
        DownloadOperation download = backgroundDownloader.CreateDownload(transferUri,
destinationFile);
        await download.StartAsync();
    }
    //跳转到下载文件列表
    private void Button_Click(object sender,RoutedEventArgs e)
    {
        Frame.Navigate(typeof(BackgroundTransferList));
    }
```

BackgroundTransferList.xaml 文件主要代码：在该页面展示正在下载的文件和已经下载完的文件信息详情

```
---------------------------------------------------------------
    <Pivot>
        <PivotItem  Header="正在下载文件">
            <StackPanel>
                <StackPanel Orientation="Horizontal">
                    <Button x:Name="btnPause" Content="暂停"  Click="btnPause_Click" />
                    <Button x:Name="btnResume" Content="继续" Click="btnResume_Click" />
                    <Button x:Name="btnCancel" Content="取消" Click="btnCancel_Click" />
                </StackPanel>
                <!--正在下载文件的列表-->
                <ListView x:Name="TransferList">
                    <ListView.ItemTemplate>
                        <DataTemplate>
                            <StackPanel Orientation="Vertical">
                                <TextBlock Text="{Binding Source}"  FontWeight="Bold"
TextWrapping="Wrap"/>
                                <TextBlock Text="{Binding Destination}"  FontWeight=
"Bold" TextWrapping="Wrap"/>
                                <ProgressBar Value="{Binding Progress}"></ProgressBar>
```

```
                                    <StackPanel Orientation="Horizontal">
                                        <TextBlock Text="bytes received: "/>
                                        <TextBlock Text=" {Binding BytesReceived}"
HorizontalAlignment="Right"/>
                                    </StackPanel>
                                    <StackPanel Orientation="Horizontal">
                                        <TextBlock Text="total bytes: "/>
                                        <TextBlock Text=" {Binding TotalBytesToReceive}"
HorizontalAlignment="Right"/>
                                    </StackPanel>
                                </StackPanel>
                            </DataTemplate>
                        </ListView.ItemTemplate>
                    </ListView>
                </StackPanel>
            </PivotItem>
            <PivotItem Header="文件列表">
                <Grid Margin="12,0,12,0">
                    <ListView x:Name="FileList">
                        <ListView.ItemTemplate>
                            <!--已下载文件的列表-->
                            <DataTemplate>
                                <StackPanel Margin="0 0 0 30">
                                    <TextBlock Text="{Binding Name}" TextWrapping="Wrap"/>
                                    <TextBlock Text="{Binding DateCreated}" Opacity="0.5"  />
                                     <TextBlock Text="{Binding Path}" TextWrapping="Wrap"
Opacity="0.5"></TextBlock>
                                </StackPanel>
                            </DataTemplate>
                        </ListView.ItemTemplate>
                    </ListView>
                </Grid>
            </PivotItem>
        </Pivot>
```

BackgroundTransferList.xaml.cs 文件主要代码

```
---------------------------------------------------------------------------------
    //活动的下载任务对象
    private List<DownloadOperation> activeDownloads;
    //下载任务的集合信息
    private ObservableCollection<TransferModel> transfers = new ObservableCollection
<TransferModel>();
    //所有下载任务的关联的 CancellationTokenSource 对象,用于取消操作
    private CancellationTokenSource cancelToken = new CancellationTokenSource();
    //进入页面事件处理程序,获取已下载的和正在下载的文件信息
    protected async override void OnNavigatedTo(NavigationEventArgs e)
    {
        StorageFolder fd = await ApplicationData.Current.LocalFolder.CreateFolderAsync
("shared",CreationCollisionOption.OpenIfExists);
```

```
        StorageFolder fd2 = await fd.CreateFolderAsync("transfers", CreationCollisionOption.
OpenIfExists);
        //获取已经下载的文件列表
        var files= await fd2.GetFilesAsync();
        //绑定到列表控件上
        FileList.ItemsSource = files;
        TransferList.ItemsSource = transfers;
        //获取正在下载的任务的信息
        await DiscoverActiveDownloadsAsync();
    }
    //获取正在下载的任务信息
    private async Task DiscoverActiveDownloadsAsync()
    {
        activeDownloads = new List<DownloadOperation>();
        IReadOnlyList<DownloadOperation> downloads = null;
        //获取正在下载的任务列表
        downloads = await BackgroundDownloader.GetCurrentDownloadsAsync();
        if (downloads.Count > 0)
        {
            List<Task> tasks = new List<Task>();
            foreach (DownloadOperation download in downloads)
            {
                //处理正在下载的任务
                tasks.Add(HandleDownloadAsync(download,false));
            }
            //等待所有任务的完成
            await Task.WhenAll(tasks);
        }
    }
    //处理正在下载的任务
    private async Task HandleDownloadAsync(DownloadOperation download,bool start)
    {
        try
        {
            //使用TransferModel对象来存放下载的信息,然后可以在进度事件中更新绑定的列
表控件的显示信息
            TransferModel transfer = new TransferModel();
            transfer.DownloadOperation = download;
            transfer.Source = download.RequestedUri.ToString();
            transfer.Destination = download.ResultFile.Path;
            transfer.BytesReceived = download.Progress.BytesReceived;
            transfer.TotalBytesToReceive = download.Progress.TotalBytesToReceive;
            transfer.Progress = 0;
            transfers.Add(transfer);
            //当下载进度发生变化时的回调函数
            Progress<DownloadOperation> progressCallback = new Progress<DownloadOperation>
(DownloadProgress);
            //监视已存在的后台下载任务
            await download.AttachAsync().AsTask(cancelToken.Token,progressCallback);
            //下载完成后获取服务端的响应信息
```

```
                ResponseInformation response = download.GetResponseInformation();
            }
            catch (TaskCanceledException)
            {
                Debug.WriteLine("Canceled: " + download.Guid);
            }
            catch (Exception ex)
            {
                Debug.WriteLine(ex.ToString());
            }
            finally
            {
                transfers.Remove(transfers.First(p => p.DownloadOperation == download));
                activeDownloads.Remove(download);
            }
        }
        //进度发生变化时,更新 TransferModel 对象的进度和字节信息
        private void DownloadProgress(DownloadOperation download)
        {
            try
            {
                TransferModel transfer = transfers.First(p => p.DownloadOperation ==
download);
                transfer.Progress = (int)((download.Progress.BytesReceived * 100)/download.
Progress.TotalBytesToReceive);
                transfer.BytesReceived = download.Progress.BytesReceived;
                transfer.TotalBytesToReceive = download.Progress.TotalBytesToReceive;
            }
            catch (Exception e)
            {
                Debug.WriteLine(e.ToString());
            }
        }
        //暂停全部后台下载任务
        private void btnPause_Click(object sender,RoutedEventArgs e)
        {
            foreach (TransferModel transfer in transfers)
            {
                if (transfer.DownloadOperation.Progress.Status == BackgroundTransferStatus.
Running)
                {
                    transfer.DownloadOperation.Pause();
                }
            }
        }
        //继续全部后台下载任务
        private void btnResume_Click(object sender,RoutedEventArgs e)
        {
            foreach (TransferModel transfer in transfers)
            {
```

```
            if (transfer.DownloadOperation.Progress.Status == BackgroundTransferStatus.
PausedByApplication)
            {
                transfer.DownloadOperation.Resume();
            }
        }
    }
    //取消全部后台下载任务
    private void btnCancel_Click(object sender,RoutedEventArgs e)
    {
        cancelToken.Cancel();
        cancelToken.Dispose();
        cancelToken = new CancellationTokenSource();
    }
```

TransferModel.cs 文件主要代码：表示绑定到列表的后台下载文件的信息

```
--------------------------------------------------------------------------------
  public class TransferModel: INotifyPropertyChanged
    {
        //下载的操作对象
        public DownloadOperation DownloadOperation { get; set; }
        //下载源
        public string Source { get; set; }
        //下载文件本地地址
        public string Destination { get; set; }
        //进度情况
        private int _progress;
        public int Progress
        {
            get
            {
                return _progress;
            }
            set
            {
                _progress = value;
                RaisePropertyChanged("Progress");
            }
        }
        //一共需要传输的字节
        private ulong _totalBytesToReceive;
        public ulong TotalBytesToReceive
        {
            get
            {
                return _totalBytesToReceive;
            }
            set
            {
```

```
                _totalBytesToReceive = value;
                RaisePropertyChanged("TotalBytesToReceive");
            }
        }
        //已经接收到的字节
        private ulong _bytesReceived;
        public ulong BytesReceived
        {
            get
            {
                return _bytesReceived;
            }
            set
            {
                _bytesReceived = value;
                RaisePropertyChanged("BytesReceived");
            }
        }
        public event PropertyChangedEventHandler PropertyChanged;
        protected void RaisePropertyChanged(string name)
        {
            if (PropertyChanged != null)
            {
                PropertyChanged(this,new PropertyChangedEventArgs(name));
            }
        }
    }
```

应用程序的运行的效果如图 17.11～图 17.13 所示。

图 17.11　添加下载文件

图 17.12　正在下载文件列表

图 17.13　已经下载的文件列表

17.2.4　后台文件上传的实现

后台文件的上传使用的是 BackgroundUploader 类，BackgroundUploader 类表示上传任务管理器，管理着后台文件上传的新增、取消和暂停等操作。后台文件上传的操作流程和后台文件下载的操作流程是一样的，两个流程的发布方法和属性设置也是一致的，在这里就不再重复讲解，我们只看一下有区别的地方。

后台文件上传的操作对象 UploadOperation 对象是可以通过 CreateUpload、CreateUploadFromStreamAsync 和 CreateUploadAsync 这 3 方法来创建，这 3 个方法如下：

(1) CreateUpload(Uri uri, IStorageFile sourceFile)：创建一个上传任务，返回 UploadOperation 对象。

(2) CreateUploadFromStreamAsync(Uri uri, IInputStream sourceStream)：以流的方式创建一个上传任务，返回 UploadOperation 对象。

(3) CreateUploadAsync(Uri uri, IEnumerable<BackgroundTransferContentPart> parts)：创建一个包含多个上传文件的上传任务，返回 UploadOperation 对象。

所以，上传文件不仅可以把文件对象上传也可以以文件流的形式进行上传，除此之外还可以一次性创建多个文件的上传任务。

获取正在进行中的后台文件上传任务调用的是 BackgroundUploader 类的静态方法 GetCurrentUploadsAsync 方法，static GetCurrentUploadsAsync(string group)表示获取指定组下的所有上传任务，static GetCurrentUploadsAsync()表示获取未与组关联的所有上传任务。上传的进度条对象使用的是 BackgroundUploadProgress 对象，该类的相关参数和下载的进度条对象是类似的。下面看一下实现在一个任务里面添加多个文件一起上传的示例代码：

```
//需要上传的文件源集合
List<StorageFile> sourceFiles = new List<StorageFile>();
…省略若干代码，添加需要上传的文件
//构造需要上传 BackgroundTransferContentPart 集合
List<BackgroundTransferContentPart> contentParts = new List<BackgroundTransferContentPart>();
for (int i = 0; i< sourceFiles.Count; i++)
{
    BackgroundTransferContentPart contentPart = new BackgroundTransferContentPart("File" +
i,sourceFiles[i].Name);
    contentPart.SetFile(sourceFiles[i]);
    contentParts.Add(contentPart);
}
//创建一个后台上传任务，此任务包含多个上传文件
BackgroundUploader backgroundUploader = new BackgroundUploader();
UploadOperation upload = await backgroundUploader.CreateUploadAsync(serverUri,contentParts);
…省略若干代码，其他的操作与上传单个文件或者下载单个文件的操作类似
```

第 18 章 应用间通信

Windows Phone 系统为了安全的考虑，应用程序之间是不能访问互相的数据存储和相关信息的，也就是每个应用程序都是一个独立的沙箱，它们之间是互不可见的。虽然每个应用程序都是一个独立的沙箱，但是并不代表着应用之间不能够通信，Windows Phone 也提供了应用程序与应用程序之间通信的方案，可以实现应用程序和应用程序之间的互相启动和数据传递的功能，比如在应用程序 A 里面打开了应用程序 B 并且给应用程序 B 传递了一条消息。本章将会从 3 个方面讲解应用间通信的内容，分别是启动系统内置应用、URI 关联应用和文件关联应用，这 3 个方面分别代表着不同场景下的应用间通信。

18.1 启动系统内置应用

启动系统内置应用是指我们在应用程序里面打开系统的内置应用，如浏览器、相关的系统设置页面等。打开了系统的内置应用，当前的应用程序会处于挂起状态，跳转到系统的其他应用程序界面。启动系统内置应用通常会用于给用户设置相关的系统信息，比如在应用程序里面如果需要用到蓝牙但是手机却关闭了蓝牙功能，这时候你可以提醒用户打开蓝牙，通过启动系统内置应用，帮助用户在应用程序中直接跳转到系统的蓝牙设置页面。下面来看一下如何实现这样的功能。

18.1.1 启动内置应用的 URI 方案

对于应用间的互相启动，我们主要会使用 Launcher 类，Launcher 类表示与指定的文件或 URL 相关联的默认应用程序，在后续的 URI 关联应用和文件关联应用的内容里面也是要使用该类来实现应用的启动，这里先看一下启动系统内置应用的方案。许多内置于 Windows Phone 的应用，都可以通过调用 Launcher 类的静态方法 LaunchUriAsync(Uri) 和传入一个使用与要启动应用相关的方案的 URI，然后就可以从你的应用里面启动相关的内置应用。例如，以下调用可以启动蓝牙设置应用。相关的 URI 方案列表如表 18.1 所示。

```
await Windows.System.Launcher.LaunchUriAsync(new Uri("ms-settings-bluetooth:"));
```

表 18.1 URI 方案列表

URI 方案	说 明
http:[URL]	启动 Web 浏览器并导航到特定的 URL
ms-settings-airplanemode:	启动飞行模式设置应用
ms-settings-bluetooth:	启动蓝牙设置应用
ms-settings-cellular:	启动手机网络设置应用
ms-settings-emailandaccounts:	启动电子邮件和账户设置应用
ms-settings-location:	启动位置设置应用
ms-settings-lock:	启动锁屏设置应用
ms-settings-power:	启动节电模式设置应用
ms-settings-screenrotation:	启动屏幕旋转设置应用
ms-settings-wifi:	启动 Wi-Fi 设置应用

18.1.2 实例演示:打开网页、拨打电话和启动设置页面

下面给出打开网页、拨打电话和启动设置页面的示例:在应用程序中启动浏览器打开指定的网页、调用系统的电话程序拨打电话和启动系统相关的设置页面。

代码清单 18-1:打开网页、拨打电话和启动设置页面(第 18 章\Examples_18_1)

MainPage. xaml 文件主要代码

```
------------------------------------------------------------------
    <StackPanel>
        <TextBox Header="请输入网址: " x:Name="web" Text="http://www.baidu.com">
</TextBox>
        <Button Content="打开网址" Click="Button_Click_1" HorizontalAlignment="Center">
</Button>
        <TextBox Header="请输入电话号码: " x:Name="phone" Text="123456789"></TextBox>
        <Button Content="拨打电话" Click="Button_Click_2" HorizontalAlignment="Center">
</Button>
        <ComboBox Header="选择要启动的系统页面: " x:Name="comboBox" SelectedIndex="0">
            <ComboBoxItem Content="飞行模式设置" />
            <ComboBoxItem Content="蓝牙设置" />
            <ComboBoxItem Content="手机网络设置" />
            <ComboBoxItem Content="电子邮件和账户设置" />
            <ComboBoxItem Content="位置设置" />
            <ComboBoxItem Content="锁屏设置" />
            <ComboBoxItem Content="Wi-Fi 设置" />
            <ComboBoxItem Content="屏幕旋转设置" />
            <ComboBoxItem Content="节电模式设置" />
        </ComboBox>
        <Button Content="启动系统的应用" Click="Button_Click_3" HorizontalAlignment=
"Center"></Button>
    </StackPanel>
```

MainPage.xaml.cs文件主要代码

```
    //调用系统的浏览器程序打开传入的网址
    private async void Button_Click_1(object sender,RoutedEventArgs e)
    {
        if (web.Text != "")
        {
            //打开网页
            await Windows.System.Launcher.LaunchUriAsync(new Uri(web.Text));
        }
    }
    //调用系统的电话程序拨打传入的电话号码
    private async void Button_Click_2(object sender,RoutedEventArgs e)
    {
        if(phone.Text!= "")
        {
            //呼叫电话
            await Windows.System.Launcher.LaunchUriAsync(new Uri("tel:" + phone.Text));
        }
    }
    //跳转到系统设置的相关页面
    private async void Button_Click_3(object sender,RoutedEventArgs e)
    {
        string app = (comboBox.SelectedItem as ComboBoxItem).Content.ToString();
        switch(app)
        {
            case "飞行模式设置":
                await Windows.System.Launcher.LaunchUriAsync(new Uri("ms-settings-
airplanemode:"));
                break;
            case "蓝牙设置":
                await Windows.System.Launcher.LaunchUriAsync(new Uri("ms-settings-
bluetooth:"));
                break;
            case "手机网络设置":
                await Windows.System.Launcher.LaunchUriAsync(new Uri("ms-settings-
cellular:"));
                break;
            case "电子邮件和账户设置":
                await Windows.System.Launcher.LaunchUriAsync(new Uri("ms-settings-
emailandaccounts:"));
                break;
            case "位置设置":
                await Windows.System.Launcher.LaunchUriAsync(new Uri("ms-settings-
location:"));
                break;
            case "锁屏设置":
                await Windows.System.Launcher.LaunchUriAsync(new Uri("ms-settings-
lock:"));
```

```
                break;
            case "Wi-Fi设置":
                await Windows.System.Launcher.LaunchUriAsync(new Uri("ms-settings-
wifi:"));
                break;
            case "屏幕旋转设置":
                await Windows.System.Launcher.LaunchUriAsync(new Uri("ms-settings-
screenrotation:"));
                break;
            case "节电模式设置":
                await Windows.System.Launcher.LaunchUriAsync(new Uri("ms-settings-
power:"));
                break;
        }
    }
```

应用程序的运行效果如图 18.1 和图 18.2 所示。

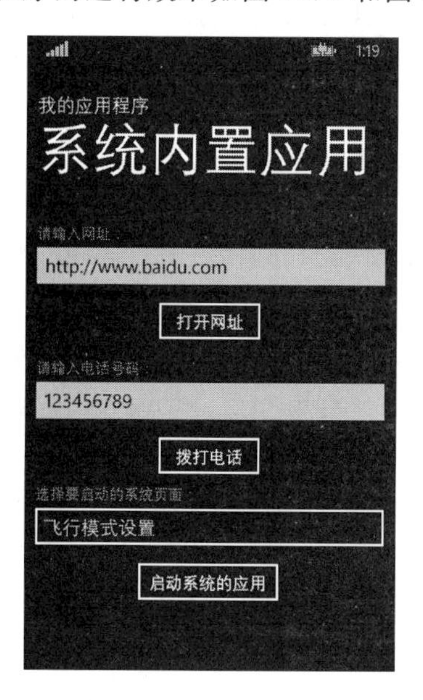

图 18.1　系统内置应用

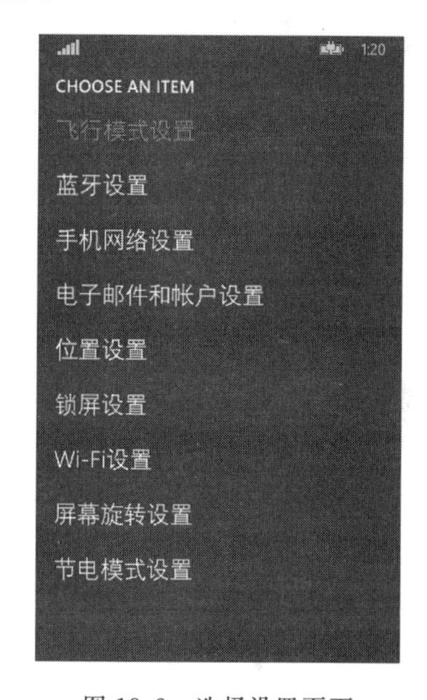

图 18.2　选择设置页面

18.2　URI 关联的应用

18.1 节使用系统内置的 URI 方案，可以打开系统相关的内置应用，如设置页面等，那么其实还可以使用这种 URI 的方案来打开第三方的应用程序。在 Windows Phone 里面可以把自己的应用程序和某个自定义的 URI 关联起来，然后其他的应用程序就可以通过这个 URI 来启动你的应用程序了，同时如果你知道其他应用程序也注册了自定义的 URI 那么你也可以在你的应用程序里面启动其他的应用程序。这种类型应用程序叫做 URI 关联的应用，本节将来介绍如何实现这样的URI关联应用。

18.2.1 注册URI关联

如果要实现URI关联应用，首先需要做的事情就是为自己的应用程序注册URI关联表示把应用程序和自定义的URI关联起来。要处理URI关联，请在应用清单文件package.appxmanifest中添加URI关联的扩展配置，扩展配置信息示例如下：

```
<Extensions>
  <Extension Category = "windows.protocol">
    <Protocol Name = "testdemo" />
  </Extension>
</Extensions>
```

在上面的配置信息里面我们可以看到该扩展配置的类别名称是“windows.protocol”，这表示是URI关联协议的意思。在Protocol节点上我们看到的“Name”属性赋值为“testdemo”，那么这个“testdemo”就是你给应用程序自定义的URI方案名，这个URI方案名，必须全部为小写字母，但是要注意URI方案名不能够填写被系统所保留的名称，因为这些保留的名称是预留给系统内置使用，或者是出于安全的考虑被禁用。以下是由于被保留或禁用而无法输入到程序包清单中的URI方案名称列表(按字母顺序)：

application.manifest、application.reference、batfile、blob、cerfile、chm.file、cmdfile、comfile、cplfile、dllfile、drvfile、exefile、explorer.assocactionid.burnselection、explorer.assocactionid.closesession、explorer.assocactionid.erasedisc、explorer.assocactionid.zipselection、explorer.assocprotocol.search-ms、explorer.burnselection、explorer.closesession、explorer.erasedisc、explorer.zipselection，file、fonfile、hlpfile、htafile、inffile、insfile、internetshortcut、jsefile、lnkfile、microsoft.powershellscript.1、ms-accountpictureprovider、ms-appdata、ms-appx、ms-autoplay、msi.package、msi.patch、ms-windows-store、ocxfile、piffile、regfile、scrfile、scriptletfile、shbfile、shcmdfile、shsfile、smb、sysfile、ttffile、unknown、usertileprovider、vbefile、vbsfile、windows.gadget、wsffile、wsfile、wshfile

18.2.2 监听URI

注册完URI之后，还需要在应用程序里面对URI进行监听，否则应用程序通过URI方案启动的时候会无法启动。在Windows Phone里面可以通过Application的OnActivated事件处理程序接收所有激活事件，所以要监听URI，我们需要在App.xaml.cs文件中为App类重载OnActivated事件的处理程序，示例代码如下：

```
protected override voidOnActivated(IActivatedEventArgs args)
{
    //通过协议激活应用程序时
    if (args.Kind == ActivationKind.Protocol)
    {
```

```
            ProtocolActivatedEventArgs protocolArgs = args as ProtocolActivatedEventArgs;
            FramerootFrame = new Frame();
            rootFrame.Navigate(typeof(MainPage),protocolArgs);
            Window.Current.Content = rootFrame;
            Window.Current.Activate();
        }
    }
```

其中,事件参数的 Kind 属性指示激活事件的类型,ActivationKind. Protocol 表示是从 URI 方案中启动程序的。注意,默认模板的 app. xaml. cs 代码文件始终包括 OnLaunched 的重写,但是否为其他激活点(例如 OnActivated)定义重写则由应用程序代码决定。如果 ActivationKind 是 Protocol,则可以将接口类型化的 IActivatedEventArgs(来自 OnActivated)强制转换为 ProtocolActivatedEventArgs。ProtocolActivatedEventArgs 类型表示激活应用程序时提供数据,因为它是与 URI 方案名称关联的应用程序。我们可以通过 args 的 Uri 属性来获取为其激活应用程序的 URI 方案的地址信息,因为这个地址信息里面还可以带着自定义的传递参数。

任何应用或网站(包括恶意应用或网站)都可以使用 URI 方案名称。因此,在 URI 中获得的任何数据都可能来自不受信任的来源。千万不要基于在 URI 中接收的参数执行永久性操作。例如,可以使用 URI 参数将应用启动到用户的账户页面,但千万不要用于直接修改用户的账户。

18.2.3　启动 URI 关联的应用

如果要在应用程序里面启动其他的 URI 关联的应用,也是通过调用 Windows. System 命名空间的启动器对象的 Launcher. LaunchUriAsync(Uri)方法来启动,前提是已经知道其他应用程序的 URI 方案名称。这个 Uri 的格式是"URI 方案名称"+":/ /"+"传递的信息",其中"URI 名称"就是上文所说的在应用清单文件 package. appxmanifest 中所配置的名称,那么"传递的信息"就是你向这个 URI 关联的应用传递的信息,注意这个信息要 URI 关联的应用支持才会有意义,否则这个信息是无意义的信息。启动 URI 关联的应用的语法示例如下:

```
await Windows.System.Launcher.LaunchUriAsync(new Uri("testdemo://testinfomation"));
```

用户调用应用 URI 后,接下来将发生的情况取决于手机上安装了哪种应用。如果手机上的应用无法处理该特定 URI 关联,用户可以选择是否获取可处理这些情况的应用。如果 URI 关联在手机上只注册了一个应用,当用户要打开它时,该应用将自动启动。如果用户在手机上拥有多个为 URI 关联注册的应用,每次用户打开文件时,系统都会询问要使用哪个应用。

18.2.4　实例演示:通过 URI 关联打开不同的应用页面

下面给出通过 URI 关联打开不同的应用页面的示例:先创建一个 URI 关联的应用程序 UriProtocolDemo,定义其 URI 方案,可以通过不同的参数来打开相关的页面,然后创建创建一个 UriProtocolTestDemo 的应用程序来启动 URI 关联应用。

代码清单 18-2：通过 URI 关联打开不同的应用页面(第 18 章\Examples_18_2)

下面来看一下在 UriProtocolDemo 程序中处理 URI 注册和监听的逻辑。

App. xaml. cs 文件主要代码：添加 URI 监听的逻辑，根据不同的 URI 参数跳转到相应的页面

```
protected override void OnActivated(IActivatedEventArgs args)
{
    //通过协议激活应用程序时
    if (args.Kind == ActivationKind.Protocol)
    {
        ProtocolActivatedEventArgs protocolArgs = args as ProtocolActivatedEventArgs;
        Frame rootFrame = new Frame();
        string tempUri = protocolArgs.Uri.OriginalString;
        //获取要导航到的页面(在"testdemo://"后面)
        string page = tempUri.Substring(11);
        if (page == "page1")
        {
            //跳转到 Page1 页面
            rootFrame.Navigate(typeof(Page1),protocolArgs);
        }
        else if (page == "page2")
        {
            //跳转到 Page2 页面
            rootFrame.Navigate(typeof(Page2),protocolArgs);
        }
        else
        {
            //跳转到首页
            rootFrame.Navigate(typeof(MainPage),protocolArgs);
        }
        Window.Current.Content = rootFrame;
        Window.Current.Activate();
    }
}
```

Page1. xaml. cs 文件和 Page2. xaml. cs 文件主要代码

```
protected override void OnNavigatedTo(NavigationEventArgs e)
{
    //获取传递进来的参数,把 URI 的地址显示到界面上
    ProtocolActivatedEventArgs protocol = e.Parameter as ProtocolActivatedEventArgs;
    if(protocol!= null)
    {
        info.Text = protocol.Uri.AbsoluteUri;
    }
}
```

在应用程序清单文件 package.appxmanifest 中添加 URI 关联的扩展配置，扩展配置信息示如下所示：

```
<Extensions>
  <Extension Category = "windows.protocol">
    <Protocol Name = "testdemo" />
  </Extension>
</Extensions>
```

接下来再创建一个 UriProtocolTestDemo 的程序，在该程序中使用 3 个按钮控件通过 URI 启动 UriProtocolDemo 程序，分别传递不同参数来打开不同的页面。

MainPage.xaml.cs 文件主要代码

```
------------------------------------------------------------------
    private async void Button_Click(object sender,RoutedEventArgs e)
    {
        //启动 Uri 关联应用
        await Windows.System.Launcher.LaunchUriAsync(new Uri("testdemo://"));
    }
    private async void Button_Click_1(object sender,RoutedEventArgs e)
    {
        //启动 Uri 关联应用并跳转到 Page1 页面
        await Windows.System.Launcher.LaunchUriAsync(new Uri("testdemo://page1"));
    }
    private async void Button_Click_2(object sender,RoutedEventArgs e)
    {
        //启动 Uri 关联应用并跳转到 Page2 页面
        await Windows.System.Launcher.LaunchUriAsync(new Uri("testdemo://page2"));
    }
```

应用程序的运行效果如图 18.3 和图 18.4 所示。

图 18.3　调用 URI 启动的应用

图 18.4　URI 关联的应用

18.3 文件关联的应用

除了可以通过 URI 的方案打开 URI 关联应用之外，还有一种在第三种程序或者其他地方打开应用的情况，就是通过文件打开文件关联的应用。当用户想要打开某个特定文件时，文件关联允许你的应用自动启动，该文件可能来自不同的来源，这包括但不限于以下来源：电子邮件附件、Internet Explorer 中的网站、近距离无线通信标记和其他应用程序。比如我的电子邮件收到了一个附件，附件文件的格式是“. PhoneType”特殊类型的文件，而如果手机里面有某个应用程序可以打开该类型的文件，那么在邮件附件中点击该文件的时候会自动启动对应的应用程序来打开改文件，这个和 PC 上的软件关联其文件后缀的形式是一样的。

18.3.1 注册文件关联

首先要做的还是在应用程序里面注册文件关联，表示把应用程序和自定义的文件类型关联起来。要处理文件关联，请在应用清单文件 package. appxmanifest 中添加文件关联的扩展配置，扩展配置信息示例如下：

```
<Extensions>
  <Extension Category = "windows.fileTypeAssociation">
    <FileTypeAssociation Name = "alsdk">
      <Logo> images\\logo.png </Logo>
      <SupportedFileTypes>
      <FileType ContentType = "image/jpeg">.alsdk </FileType>
      </SupportedFileTypes>
    </FileTypeAssociation>
  </Extension>
</Extensions>
```

在上面的配置信息里面，可以看到该扩展配置的类别名称是“windows. fileTypeAssociation”，这表示文件关联协议。“Logo”是指文件显示的图标，比如如果手机安装了相应的文件关联程序，如果邮件附件里面有该类型的文件则会显示出该图标信息。“ContentType”为特定文件类型指定 MIME 内容类型，例如 image/jpeg。MIME 是描述消息内容类型的因特网标准，MIME 消息能包含文本、图像、音频、视频以及其他应用程序专用的数据。注意，有部分 MIME 内容类型在文件关联中是被禁用的，以下是由于被保留或禁用而无法输入到程序包清单中的 MIME 内容类型列表(按字母顺序)：application/force-download、application/octet-stream、application/unknown 和 application/x-msdownload。在 FileTypeAssociation 节点上我们看到的“Name”属性赋值为文件关联的名称，“FileType”节点则是表示文件的后缀名，必须全部为小写字母，但是要注意文件的后缀名不能够填写被系统所保留的名称。以下是由于被保留或禁用而无法输入到程序包清单中的文件类型名称列表(按字母顺序)：

Accountpicture-ms,Appx,application,Appref-ms,Bat,Cer,Chm,Cmd,Com,Cpl,crt,dll,drv,Exe,fon,gadget,Hlp,Hta,Inf,Ins,jse,lnk,Msi,Msp,ocx,pif,Ps1,Reg,Scf,Scr,Shb,Shs,Sys,ttf,url,Vbe,Vbs,Ws,Wsc,Wsf,Wsh

18.3.2 监听文件启动

添加完文件关联之后,还需要在应用程序里面对文件关联进行监听,否则应用程序通过文件关联启动的时候会无法启动。在 Windows Phone 里面可以通过 Application 的 OnFileActivated 事件处理程序接收所有文件激活事件,示例代码如下:

```
protected override voidOnFileActivated(FileActivatedEventArgs args)
{
    FramerootFrame = new Frame();
    rootFrame.Navigate(typeof(MainPage),args);
    Window.Current.Content = rootFrame;
    Window.Current.Activate();
}
```

其中,参数 args 的 Files 属性会包含了相关的文件信息,可以把该参数传递给相关的页面来对打开的文件进行处理。

18.3.3 启动文件关联应用

启动文件关联应用和启动 URI 关联的应用还是有一些区别的,启动文件关联应用可以在浏览器页面、邮件附件等应用程序里面,只有有文件打开的操作都可以启动文件关联的应用,那么这些都是系统默认的操作。下面要讲解的是在第三方应用程序里面使用其他应用程序打开某种类型的文件的操作,这个操作主要有下面两个步骤。

1. 获取文件

首先,获取该文件的 Windows. Storage. StorageFile 对象,如果该文件包含在应用的程序包中,则可以使用 Package. InstalledLocation 属性获取 Windows. Storage. StorageFolder 对象并且使用 Windows. Storage. StorageFolder. GetFileAsync 方法获取 StorageFile 对象。如果该文件在已知的文件夹中,则可以使用 Windows. Storage. KnownFolders 类的属性获取 StorageFolder 并且使用 GetFileAsync 方法获取 StorageFile 对象。

2. 启动该文件

启动文件还是需要使用 Windows. System. Launcher 类,这次使用的方法是 LaunchFileAsync 静态方法,可以使用默认处理程序启动指定的文件。调用的代码示例如下所示:

```
await Windows.System.Launcher.LaunchFileAsync(file);
```

启动文件时,你的应用必须是前台应用,即对于用户必须是可见的。此要求有助于确保用户保持控制。为满足此要求,需确保将文件的所有启动都直接连结到应用的 UI 中。无论何种情况下，用户都必须采取某种操作来发起文件启动。如果文件所包含的代码或脚本由系统自动执行（如.exe、.msi 和.js 文件），则你无法启动这些文件类型。此限制可防止用户遭受可能修改系统的潜在恶意文件的损害。如果包含的脚本由可隔离脚本的应用程序来执行（如.docx 文件），则可以使用此方法来启动这些文件类型。Word 等应用程序可防止.docx 文件中的脚本修改系统。

如果尝试启动受限制的文件类型，则启动将失败，且会返回错误回调。如果应用处理很多不同类型的文件那么遇到这种错误的概率会比较高，你在应用里面需要提供一些异常的提示。

18.3.4 实例演示：创建一个.log后缀的文件关联应用

下面给出通一个.log 后缀的文件关联应用的示例：先创建一个与.log 后缀的文件关联的应用程序 FileAssociationDemo，在程序里面显示文件的名称和内容，然后创建创建一个 FileAssociationTestDemo 的应用程序来创建一个.log 后缀的文件，再把其打开。

代码清单 18-3：一个.log 后缀的文件关联应用（第 18 章\Examples_18_3）

下面来看一下在 FileAssociationDemo 程序中处理文件关联和监听的逻辑。

App.xaml.cs 文件主要代码：添加文件监听的逻辑

```
//通过打开文件激活应用程序时所调用的方法
protected override void OnFileActivated(FileActivatedEventArgs args)
{
    Frame rootFrame = new Frame();
    rootFrame.Navigate(typeof(MainPage),args);
    Window.Current.Content = rootFrame;
    Window.Current.Activate();
}
```

MainPage.xaml 文件主要代码

```
<StackPanel>
    <TextBlock Text="文件名字："></TextBlock>
    <TextBlock x:Name="fileName"></TextBlock>
    <TextBlock Text="文件内容："></TextBlock>
    <TextBlock x:Name="fileContent" TextWrapping="Wrap"></TextBlock>
</StackPanel>
```

MainPage.xaml.cs 文件主要代码

```
//导航进入页面的事件处理程序
protected async override void OnNavigatedTo(NavigationEventArgs e)
{
    //获取传递过来的参数，该参数在 App 的 OnFileActivated 方法里面传递
    FileActivatedEventArgs fileEvent = e.Parameter as FileActivatedEventArgs;
```

```
        if (fileEvent!= null)
        {
            //获取打开的文件
            foreach (StorageFile file in fileEvent.Files)
            {
                //文件的名字
                fileName.Text += file.Name;
                //读取文件的内容
                var fileStream = await file.OpenReadAsync();
                var stream = fileStream.AsStreamForRead();
                byte[] content = new byte[stream.Length];
                await stream.ReadAsync(content,0,content.Length);
                string text = Encoding.UTF8.GetString(content,0,content.Length);
                fileContent.Text += fileContent.Text + text;
            }
        }
    }
```

在应用程序清单文件 package.appxmanifest 中添加文件关联的扩展配置，扩展配置信息示如下所示：

```
<Extensions>
  <Extension Category="windows.fileTypeAssociation">
    <FileTypeAssociation Name=".log">
      <SupportedFileTypes>
        <FileType>.log</FileType>
      </SupportedFileTypes>
    </FileTypeAssociation>
  </Extension>
</Extensions>
```

接下来再创建一个 FileAssociationTestDemo 的程序，在该程序中创建一个.log 文件，然后打开它。

MainPage.xaml 文件主要代码

```
----------------------------------------------------------------------
    <StackPanel>
        <Button Content="创建.log 文件" Click="OnCreateFileButtonClicked" Width="370"/>
        <Button Content="打开.log 文件" Click="OnOpenFileButtonClicked" Width="370"/>
    </StackPanel>
```

MainPage.xaml.cs 文件主要代码

```
----------------------------------------------------------------------
    //创建文件的按钮事件处理程序
    private async void OnCreateFileButtonClicked(object sender,RoutedEventArgs e)
    {
        await WriteToFile("文件内容,日志信息 test test test test test test","rss.log");
        await new MessageDialog("创建成功").ShowAsync();
    }
```

```
//创建一个文本文件的方法
public async Task WriteToFile(string contents,string fileName)
{
    StorageFolder folder = ApplicationData.Current.LocalFolder;
    var file = await folder.CreateFileAsync(fileName,CreationCollisionOption.ReplaceExisting);
    using (var fs = await file.OpenAsync(FileAccessMode.ReadWrite))
    {
        using (var outStream = fs.GetOutputStreamAt(0))
        {
            using (var dataWriter = new DataWriter(outStream))
            {
                if (contents != null)
                    dataWriter.WriteString(contents);
                await dataWriter.StoreAsync();
                dataWriter.DetachStream();
            }
            await outStream.FlushAsync();
        }
    }
}
//打开文件的按钮事件处理程序
private async void OnOpenFileButtonClicked(object sender,RoutedEventArgs e)
{
    string message = "";
    try
    {
        //获取本地文件
          StorageFile file = await ApplicationData.Current.LocalFolder.GetFileAsync
("rss.log");
        //打开文件获取操作的结果是否成功
        bool success = await Windows.System.Launcher.LaunchFileAsync(file);
        if (success)
        {
            message = "文件打开成功";
        }
        else
        {
            message = "文件打开失败";
        }
    }
    catch(Exception exc)
    {
        //文件未创建会引发异常
        message = exc.ToString();
    }
    await new MessageDialog(message).ShowAsync();
}
```

应用程序的运行效果如图 18.5 和图 18.6 所示。

图 18.5　打开.log 文件

图 18.6　显示.log 文件内容

第19章 语音控制

Windows Phone 系统有着强大的语音控制的功能，用户可以使用系统的语音系统来打开应用程序，或者执行搜索等操作。从 Windows Phone 8 或者更高的版本之后，还开放了相关的语音接口给第三方应用程序去使用。Windows Phone 提供了三个语音组件可以与用户的应用集成：语音合成、语音识别和语音命令。在应用程序里可以利用这些组件使用语音与用户的应用进行交互，实现更好的交互和更有趣的功能。本章讲解关于语音控制这方面的编程知识。

19.1 语音合成

语音合成，又叫文本到语音的转换(TTS)，就是只把文本的信息通过系统的语音系统来进行识别，然后通过电话的扬声器向用户讲出文本。在 Windows Phone 8 .1 应用中，可以使用 Windows. Media. SpeechSynthesis 命名空间下的 API 生成合成语音，注意这个 API 是 Windows Phone 8. 1 支持的最新的 Windows Runtime 的 API，而 Windows Phone Silverlight 框架下的 API 是在 Windows. Phone. Speech. Synthesis 空间下，实现的逻辑会有区别。我们可以在程序中使用语音合成的功能提示用户进行输入、读取消息的内容、展示搜索结果等操作，这都是非常好的应用体验，但是不能使用得过多，否则就会对用户造成干扰了。在项目中使用到语音控制相关的功能，包括语音合成、语音识别和语音命令，则需要在应用程序清单文件 Package. appxmanifest 勾选 Microphone 的功能能力选项，表示允许应用程序使用麦克风相关的功能，否则调用语音控制相关的 API 会抛出异常。本节会讲解使用语音合成的功能来实现文本的发音和行业标准语音合成标记语言(SSML)版本 1. 0 所定义的格式化的字符串的发音。

19.1.1 文本发音的实现

首先，在实现文本发音之前，先来了解一下 Windows Phone 系统对语音控制的设置，在手机上找到设置页面，然后找到语音设置页面，如图所示 19. 1 所示。在这里可以看到语音控制方面的设置，包括选择语音的语言、声音的类型等设置，同时这里还介绍了通过长按“搜索键”来调用出系统的语音控制功能，这个功能在语音命令中会用到。

图 19.1　语音设置页面

首先来介绍一下语音合成功能在 Windows. Media. SpeechSynthesis 命名空间下的几个关键的类：SpeechSynthesizer 类提供了使用系统语音系统来对文本进行语音合成的功能；VoiceInformation 类表示是系统语音信息的类，通过该类可以获取到语音引擎所支持的语言和发音等信息；SpeechSynthesisStream 类表示是语音合成信息的可读写的数据流信息，可以把该信息保存为文件存储，也可以对合成后的语音信息进行二次修改。下面来看一下使用这三个类实现文本发音的编程步骤。

1. 创建语音合成对象

创建语音合成对象，可以直接通过 SpeechSynthesizer 类的构造防范来创建一个 SpeechSynthesizer 对象，代码如下所示：

```
SpeechSynthesizer synthesizer = new SpeechSynthesizer();
```

2. 获取说话声音，设置语音引擎使用的说话声音

这一步并不是必须，如果不设置发音的说话声音，语音引擎将会使用默认的发音来对文本信息进行合成，那么在这里往往会出现的一个问题是，如果默认设置的语音是英文，而要合成的文本信息是中文，就会导致语音合成的失败了。当前引擎的说话声音可以通过 SpeechSynthesizer 类的 Voice 属性获取，表示当前的说话声音信息，是 VoiceInformation 类型的对象。要设置语音引擎的说话声音信息，首先我们需要通过 SpeechSynthesizer 类的静态属性 AllVoices 来获取到系统所支持的所有说话声音信息，这是一个 VoiceInformation 对象的集合，在这个集合里面就可以选取合适的说话声音信息然后直接对 SpeechSynthesizer 对象 Voice 属性进行赋值，也可以通过语言地区来进行过滤，比如选出说某一种语言的说有的说话声音信息。示例代码如下：

```
//获取所有已安装的语音发音信息
var voices = Windows.Media.SpeechSynthesis. SpeechSynthesizer.AllVoices;
//获取当前引擎的语音发音信息
VoiceInformation currentVoice = this.synthesizer.Voice;
//在已安装的语音发音信息里面选中合适的来设置为当前语音合成引擎的发音信息
foreach (VoiceInformation voice in voices)
{
    if(voice.DisplayName = "your voice")
    {
        this.synthesizer.Voice = voice;
    }
}
```

```
//查询所有说中文的说话声音
IEnumerable<VoiceInformation> frenchVoices = from voice in InstalledVoices.All
                    where voice.Language == "zh-CN"
                    select voice;
```

3. 进行语音合成获取合成的语音数据流

进行语音合成是使用 SpeechSynthesizer 类的 SynthesizeTextToStreamAsync 方法或者 SynthesizeSsmlToStreamAsync 方法来对合成文本语音，SynthesizeTextToStreamAsync 方法是文本信息进行语音合成，SynthesizeSsmlToStreamAsync 方法则是对 SSML 语法定义的文本进行语音合成，SSML 语法会在下一节再进行讲解。合成了语音之后并不会直接播放而是返回一个 SpeechSynthesisStream 对象，表示是语音的数据流，你可以对该语音数据流直接播放或者对数据进行特殊的处理后再播放也可以，或者你根本不播放只是存储起来也行。进行语音合成的代码示例如下：

```
SpeechSynthesisStream synthesisStream synthesisStream = await synthesizer.SynthesizeTextToStreamAsync
("hello Windows Phone 8");
```

4. 播放语音

获取到了合成的语音对象 SpeechSynthesisStream 对象之后，可以直接通过 MediaElement 控件来播放语音，代码如下所示：

```
MediaElement mediaElement = new MediaElement();
mediaElement.AutoPlay = true;
mediaElement.SetSource(synthesisStream,synthesisStream.ContentType);
mediaElement.Play();
```

19.1.2 SSML 语法格式的发音实现

SSML 的英文全称是 Speech Synthesis Markup Language(语音合成标记语言)，是一种基于 XML 的标记语言，应用程序开发人员使用来控制语音合成(文本到语音或 TTS)的输出，在 SSML 中可以定义包括语音、音调、速度、音量等各种特性来进行语音的合成。所以，如果要使用更加强大的语音发音功能，就需要使用 SSML 语法来定义发音的文本信息，SSML 语法可以实现非常强大的语音个性化的发音合成。下面定义一个 SSML 格式语法的文本信息，定义了英文和中文两种语音信息，以中文(<s xml:lang="zh-CN">)为例定义的发音是男声发音(<voice gender="male" >)，在读取“中文，请按下”这段文本之后会暂停 500 毫秒(<break time="500ms" />)，然后以语速放慢 50%读出文本“一”，SSML 语法的语法实现如下所示，更加详细的 SSML 语法请参考表 19.1。

```
<?xml version="1.0"?>
<speak xmlns="http://www.w3.org/2001/10/synthesis"
       xmlns:dc="http://purl.org/dc/elements/1.1/"
       version="1.0">
  <p>
```

```
    <s xml:lang = "en - US">
      <voice gender = "male">
        For English,press <break time = "500ms" /><prosody rate = " - 50 % "> one </prosody>.
      </voice>
    </s>
    <s xml:lang = "zh - CN">
      <voice gender = "male">
中文,请按下<break time = "500ms" /><prosody rate = " - 50 % ">一</prosody>..
      </voice>
    </s>
  </p>
</speak>
```

表 19.1 SSML 语法

SSML 元素	描　　述	用法	属　　性
audio	支持录制的音频文件的插入	可选	src
break	空元素用来控制字与字之间的停顿	可选	strength,time
emphasis	表示合成文本语音的口语水平	可选	level
lexicon	指定包含发音的文档内容的词典文件	可选	uri,type
mark	在指定的文本序列的特定参考点。此元件也可用于标记为异步通知的输出音频数据流	可选	name
p 和 s	表示文档的段落和句子结构	可选	xml:lang
phoneme	表示音标发音为包含文本。如果指定了一个则表示覆盖发音的词汇	可选	ph,alphabet
prosody	指定间距、轮廓、范围、速度、持续时间和音量来合成文本语音	可选	pitch, contour, range, rate, duration, volume
say-as	指示文本中所包含的元素(如缩写、数量和日期)的类型	可选	interpret-as,format,detail
speak	SSML 文件的根元素	必须	version,xmlns,xml:lang
sub	指定包含在元素中的可读文本的字符串	可选	alias
voice	指定一个语音和它的属性,以用于合成语音,经常用来改变从一个声音到另一个	可选	xml:lang,gender,age,variant,name

使用 SSML 语法格式的发音实现需要使用 SpeechSynthesizer 类的 SynthesizeSsmlToStreamAsync 方法,实现的步骤和文本发音的实现是一样的,只是传入的文本必须是符合 SSML 语法格式的文本信息。示例代码如下:

```
//SSML 语法的文本
string Ssml =
    @"<speak version = '1.0' " +
    "xmlns = 'http://www.w3.org/2001/10/synthesis' xml:lang = 'en - US'>" +
    "Hello <prosody contour = '(0 % , + 80Hz) (10 % , + 80 % ) (40 % , + 80Hz)'> World </prosody> " +
    "<break time = '500ms' />" +
    "Goodbye <prosody rate = 'slow' contour = '(0 % , + 20Hz) (10 % , + 30 % ) (40 % , + 10Hz)'>
World </prosody>" +
    "</speak>";
```

```
//创建语音合成引擎对象
var synth = new Windows.Media.SpeechSynthesis.SpeechSynthesizer();
//合成语音
SpeechSynthesisStream stream = await synth.SynthesizeSsmlToStreamAsync(Ssml);
//播放语音
mediaElement.SetSource(stream,stream.ContentType);
mediaElement.Play();
```

19.1.3 实例演示：实现文本和SSML语法发音并存储语音文件

下面给出实现文本和SSML语法发音并存储语音文件的示例：在应用程序里面实现文本和SSML语法两种方案发音的示例，并且可以允许用户选择说话的声音，实现语音合成之后再把语音保存到程序存储里面，通过列表的方式来进行展示保存的文件。

代码清单19-1：实现文本和SSML语法发音并存储语音文件(第19章\Examples_19_1)

MainPage.xaml文件主要代码

```
------------------------------------------------------------------------
    <StackPanel>
        <MediaElement x:Name="media" AutoPlay="False" />
        <ComboBox x:Name="listboxVoiceChooser" SelectionChanged="ListboxVoiceChooser_
SelectionChanged" />
        <TextBox x:Name="tbData" TextWrapping="Wrap" AcceptsReturn="True" Text="Hello
Windows Phone 8.1"/>
        <Button Content="文本发音" x:Name="textSpeech" Click="textSpeech_Click" Width=
"370"></Button>
        <Button Content="SSML发音" x:Name="SSMLSpeech" Click="SSMLSpeech_Click" Width=
"370"></Button>
        <ListView x:Name="voiceList" Header="语音列表：" Height="250">
            <ListView.ItemTemplate>
                <DataTemplate>
                    <StackPanel Orientation="Horizontal">
                        <AppBarButton Icon="Play" Click="AppBarButton_Click" Tag=
"{Binding Name}" IsCompact="False"/>
                        <TextBlock Text="{Binding Name}" Opacity="0.5" VerticalAlignment=
"Center"></TextBlock>
                    </StackPanel>
                </DataTemplate>
            </ListView.ItemTemplate>
        </ListView>
    </StackPanel>
```

MainPage.xaml.cs文件主要代码

```
------------------------------------------------------------------------
    public sealed partial class MainPage: Page
    {
        //语音合成对象
        private SpeechSynthesizer synthesizer;
```

```
//语音信息的数据流对象
private SpeechSynthesisStream synthesisStream;
public MainPage()
{
    this.InitializeComponent();
    this.NavigationCacheMode = NavigationCacheMode.Required;
    //初始化语音合成对象
    this.synthesizer = new SpeechSynthesizer();
    //绑定说话声音的下拉选择框数据
    this.ListboxVoiceChooser_Initialize();
    //绑定声音文件的列表
    BindingList();
}
//绑定说话声音的下拉选择框数据的封装方法
private void ListboxVoiceChooser_Initialize()
{
    //获取手机所有安装或者支持的说话声音
    var voices = Windows.Media.SpeechSynthesis.SpeechSynthesizer.AllVoices;
    //获取当前语音合成引擎默认的说话声音对象
    VoiceInformation currentVoice = this.synthesizer.Voice;
    //通过循环给下拉框添加选项
    foreach (VoiceInformation voice in voices)
    {
        ComboBoxItem item = new ComboBoxItem();
        item.Name = voice.DisplayName;
        item.Tag = voice;
        item.Content = voice.DisplayName;
        this.listboxVoiceChooser.Items.Add(item);
        //检查是否默认的说话声音,如果是则也是下拉框默认选项
        if (currentVoice.Id == voice.Id)
        {
            item.IsSelected = true;
            this.listboxVoiceChooser.SelectedItem = item;
        }
    }
}
//绑定语音文件的列表
private async void BindingList()
{
    //语音文件保存到了"speechfolder"文件夹里面,从该文件夹获取语音文件
    StorageFolder folder = Windows.Storage.ApplicationData.Current.LocalFolder;
    StorageFolder speechfolder = await folder.CreateFolderAsync ( "speechfolder",
CreationCollisionOption.OpenIfExists);
    voiceList.ItemsSource = await speechfolder.GetFilesAsync();
}
//文本发音按钮事件处理程序
private async void textSpeech_Click(object sender,RoutedEventArgs e)
{
    if(tbData.Text == "")
    {
```

```
            await new MessageDialog("请输入发音内容").ShowAsync();
            return;
        }
        textSpeech.IsEnabled = false;
        SSMLSpeech.IsEnabled = false;
        try
        {
            //合成语音,把文本转换为语音数据流对象
            synthesisStream = await synthesizer.SynthesizeTextToStreamAsync(tbData.Text);
        }
        catch (Exception)
        {
            synthesisStream = null;
        }
        //产生异常
        if (synthesisStream == null)
        {
            await new MessageDialog("unable to synthesize text").ShowAsync();
            return;
        }
        else
        {
            //合成成功,把语音数据流保存到本地文件
            SaveToFile();
            //播放语音
            this.media.AutoPlay = true;
            this.media.SetSource(synthesisStream,synthesisStream.ContentType);
            this.media.Play();
        }
    }
    //SSML语法文本发音按钮事件处理程序
    private async void SSMLSpeech_Click(object sender,RoutedEventArgs e)
    {
        if(tbData.Text == "")
        {
            await new MessageDialog("请输入发音内容").ShowAsync();
            return;
        }
        textSpeech.IsEnabled = false;
        SSMLSpeech.IsEnabled = false;
        //拼接SSML语法字符串
        string Ssml =
            @"<speak version = '1.0' " +
            "xmlns = 'http://www.w3.org/2001/10/synthesis' xml:lang = 'zh-CN'>" +
            "发音内容是 " +
            "<break time = '1000ms' />" +
            "<prosody rate = 'slow' contour = '(0%, +20Hz) (10%, +30%) (40%, +10Hz)'>" +
tbData.Text + "</prosody>" +
            "</speak>";
        try
```

```
            {
                //合成语音,把 SSML 语法字符串转换为语音数据流对象
                synthesisStream = await synthesizer.SynthesizeSsmlToStreamAsync(Ssml); ;
            }
            catch (Exception)
            {
                synthesisStream = null;
            }
            if (synthesisStream == null)
            {
                await new MessageDialog("unable to synthesize text").ShowAsync();
                return;
            }
            else
            {
                SaveToFile();
                this.media.AutoPlay = true;
                this.media.SetSource(synthesisStream,synthesisStream.ContentType);
                this.media.Play();
            }
        }
        //下拉框的选择事件处理程序
        private void ListboxVoiceChooser_SelectionChanged(object sender,SelectionChangedEventArgs e)
        {
          //把选中的说话声音作为当前语音合成的声音
  ComboBoxItem item = (ComboBoxItem)this.listboxVoiceChooser.SelectedItem;
            VoiceInformation voice = (VoiceInformation)item.Tag;
            this.synthesizer.Voice = voice;
        }
        //把语音保存到本地文件,放在文件夹"speechfolder"中
        private async void SaveToFile()
        {
            if (synthesisStream != null)
            {
                //打开文件夹
                StorageFolder folder = Windows.Storage.ApplicationData.Current.LocalFolder;
                StorageFolder speechfolder = await folder.CreateFolderAsync ( " speechfolder",
CreationCollisionOption.OpenIfExists);
                //创建一个文件对象
                 StorageFile file = await speechfolder.CreateFileAsync(DateTime.Now.Ticks +
".wav");
                //打开语音数据流
                Windows.Storage.Streams.Buffer buffer = new Windows.Storage.Streams.Buffer
(4096);
                using(IRandomAccessStream writeStream = (IRandomAccessStream)await file.
OpenAsync(FileAccessMode.ReadWrite))
                {
                    using(IOutputStream outputStream = writeStream.GetOutputStreamAt(0))
                    {
                        using(DataWriter dataWriter = new DataWriter(outputStream))
```

```
                    {
                        //把数据流的数据复制到文件中去
                        while (synthesisStream.Position < synthesisStream.Size)
                        {
                            await synthesisStream.ReadAsync(buffer,4096,InputStreamOptions.
None);
                            dataWriter.WriteBuffer(buffer);
                        }
                        //关闭文件数据流
                        dataWriter.StoreAsync().AsTask().Wait();
                        outputStream.FlushAsync().AsTask().Wait();
                    }
                }
            }
            BindingList();
        }
        textSpeech.IsEnabled = true;
        SSMLSpeech.IsEnabled = true;
    }
    //语音列表的播放按钮单击事件处理程序
    private void AppBarButton_Click(object sender,RoutedEventArgs e)
    {
        //获取控件中的Tag属性的信息为文件名信息
        string name = (sender as AppBarButton).Tag.ToString();
        media.Stop();
        media.AutoPlay = true;
        //通过文件的路径来设置播放的文件
        media.Source = new Uri("ms-appdata:///local/speechfolder/" + name,UriKind.Absolute);
        media.Play();
    }
}
```

应用程序的运行效果如图19.2和图19.3所示。

图19.2 语音合成

图19.3 说话声音列表

19.2 语音识别

语音识别是指利用系统的语音库来对用户的声音进行识别，然后输出文本信息或者相关的指令，你可以把语音识别理解为是语音合成的反向操作。在你的应用程序内部，用户可以使用“语音识别”来说话，以进行输入或完成相关的任务，使得用户与应用进行着自然、有效和准确的交互。Windows Phone 支持用于自由文本听写和 Web 搜索的内置语法，也支持使用行业标准语音识别语法规范(SRGS)版本 1.0 编写的自定义语法。同时，你可以创建自己的语音识别 GUI 或使用系统内置的语音识别 GUI，它支持消除歧义，并向用户提供可视化反馈。下面我们会详细地讲解如何使用语音识别的 API 来进行编程。

19.2.1 简单的语音识别和编程步骤

启用应用以进行语音识别的最为快速和简易的方式是使用 Windows Phone 随附的预定义的听写语法。听写语法将识别语言中大多数的单词和短语，并且在默认情况下，会在实例化语音识别器对象后激活。下面介绍一下实现一个最简单的语音识别功能的步骤：

1. 创建一个语音识别对象

编写一个语音识别的功能首先需要创建创建一个 SpeechRecognizer 类的对象，SpeechRecognizer 类表示是语音识别的类，该类有两个构造方法，一个是无参数的，另一个是传入语言对象 Language 对象，表示使用某种特定的语言进行语音识别。设置所支持的语言可以通过 SpeechRecognizer 的两个静态属性来获取，一个是 SupportedGrammarLanguages 表示是当前所支持的所有语法的语言，另一个是 SupportedTopicLanguages 表示所支持的主题语言，两个属性都是 IReadOnlyList＜Language＞，当前系统默认的语言可以通过 SystemSpeechLanguage 属性来获取到。创建一个语音识别对象的示例代码如下所示：

```
//使用默认的语言进行识别
SpeechRecognizer speechRecognizer = new SpeechRecognizer();
//使用汉语进行识别
var mylanguage = (from language in SpeechRecognizer.SupportedGrammarLanguages
                  where language.LanguageTag == "zh-Hans-CN"
                  select language).FirstOrDefault();
SpeechRecognizer speechRecognizer = new SpeechRecognizer(mylanguage);
```

2. 分析引擎的情况是否可以进行语音识别

在开启语音识别之前，还需要对语音识别引擎进行一个解析的操作，判断当前的引擎是否可以正常工作，解析的操作需要调用 SpeechRecognizer 类的 CompileConstraintsAsync 方法，该方法会返回语音识别引擎解析的结果，结果是 SpeechRecognitionCompilationResult 枚举，如果是 Success 则表示可以进行语音识别。分析引擎的情况是否可以进行语音识别的示例代码如下所示：

```
SpeechRecognitionCompilationResult compilationResult = await speechRecognizer.CompileConstraintsAsync();
```

```
if(compilationResult.Status == SpeechRecognitionResultStatus.Success)
{
    //成功
}
```

3. 监控语音识别的状态信息和音频质量信息

语音识别是有一个过程的，这个过程会有 5 个状态，这个状态信息可以使用 SpeechRecognizerState 枚举来表示，这 5 个状态值分别为 SoundStarted、SoundEnded、Capturing、Processing 和 Idle。当语音识别引擎启动后，但是还没有监听到语音信息，那么这时候语音识别引擎的状态是 Capturing 状态，当引擎监控到有语音输入的时候引擎的状态是 SoundStarted 状态，当语音输入消失的时候引擎的状态会是 SoundEnded 状态，如果停顿后再有语音输入就会是继续 SoundStarted 状态再到 SoundEnded 状态，在这个过程之中如果引擎需要对语音识别进行处理就会是 Processing 状态，当整个识别的过程结束的时候就变为 Idle 状态。如果在这个过程之中语音识别引擎的状态发生改变就会触发 SpeechRecognizer 类的 StateChanged 事件，所以如果需要知道引擎的状态信息就需要注册处理 StateChanged 事件了。在识别的过程中除了状态会改变之外，还会出现音频错误的信息，识别错误的信息可以通过 SpeechRecognizer 类 RecognitionQualityDegrading 事件来获取，当错误发生就会触发该事件，事件的参数是一个 SpeechRecognitionAudioProblem 的枚举表示错误的类型，该枚举分表有以下的值：None（没有音频问题）、TooNoisy（有太多干扰语音识别的背景噪音）、NoSignal（没有音频）、TooLoud（输入音量过高）、TooQuiet（输入音量过低）/TooFast（用户语速太快）和 TooSlow（用户语速太慢）。监控语音识别的状态信息和音频的识别错误信息的示例代码如下所示：

```
//注册状态改变事件
speechRecognizer.StateChanged += speechRecognizer_StateChanged;
//注册音频质量监控事件
speechRecognizer.RecognitionQualityDegrading += speechRecognizer_RecognitionQualityDegrading;
//当音频质量发生问题时触发该事件
void speechRecognizer_RecognitionQualityDegrading(SpeechRecognizer sender,
SpeechRecognitionQualityDegradingEventArgs args)
{
    switch (args.Problem)
    {
        case  SpeechRecognitionAudioProblem.None:
            //没有音频问题
            break;
        case SpeechRecognitionAudioProblem.TooNoisy:
            //有太多干扰语音识别的背景噪音
            break;
        case SpeechRecognitionAudioProblem.NoSignal:
            //没有音频.例如,麦克风可能静音
            break;
        case SpeechRecognitionAudioProblem.TooLoud:
            //输入音量过高
```

```
                break;
            case SpeechRecognitionAudioProblem.TooQuiet:
                //输入音量过低
                break;
            case SpeechRecognitionAudioProblem.TooFast:
                //用户语速太快
                break;
            case SpeechRecognitionAudioProblem.TooSlow:
                //用户语速太慢
                break;
        }
}
//当正在运行的语音技术识别引擎的状态更改时发生
async void speechRecognizer_StateChanged(SpeechRecognizer sender,SpeechRecognizerStateChangedEventArgs
args)
{
    switch(args.State)
    {
        case SpeechRecognizerState.SoundStarted:
            //识别到有声音开始
            break;
        case SpeechRecognizerState.SoundEnded:
            //识别结束
            break;
        case SpeechRecognizerState.Capturing:
            //正在捕获信息
            break;
        case SpeechRecognizerState.Processing:
            //正在处理捕获到的信息
            break;
        case SpeechRecognizerState.Idle:
            //引擎没有在捕获信息
            break;
    }
}
```

4. 识别语音返回识别结果

在 Windows Phone 里面语音识别可以根据 UI 分为两种类型：一种是使用用户自定义的 UI 页面，其实也就是没有语音识别的特别界面；另一种是使用系统默认的语音识别界面，也就是和长按搜索键的语音识别界面类似(如图 19.4 所示)。使用用户自定义的 UI 识别界面需要调用 SpeechRecognizer 类的 RecognizeAsync 方法，使用系统默认的语音识别界面则需要调用 RecognizeWithUIAsync 方法。使用系统默认的语音识别界面还可以通过 UIOptions 属性来对 UI 进行一些信息的设置。通过这两个语音识别的方法返回的结果都是 SpeechRecognitionResult 类型，在结果对象里面包含了语音识别的详细内容信息。语音返回的结果还包含了识别的可靠性信息，SpeechRecognitionResult 的 Confidence 属性表示可靠性信息分为 High、Medium、Low 和 Rejected 四种档次。识别语音返回识别结果的示例代码如下所示：

```
//使用自定义的UI的识别界面进行语音识别
var result = await speechRecognizer.RecognizeAsync();
//使用系统默认的UI识别界面进行语音识别
//  var result = await speechRecognizer.RecognizeWithUIAsync();
if (result.Confidence == SpeechRecognitionConfidence.Rejected)
{
    message = "语音识别不到";
}
else
{
   //获取到的语音信息内容
   message = result.Text;
}
```

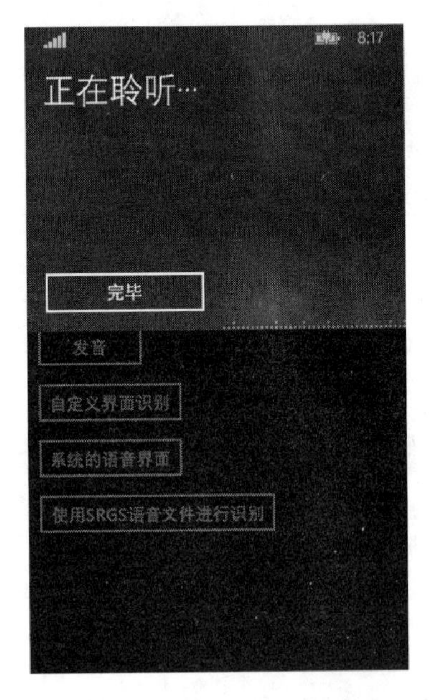

图 19.4　默认的语音识别界面

19.2.2　词组列表语音识别

在19.2.1节所实现的语音识别是把用户的语音直接翻译成文本信息，这种情况通常用在语音翻译、语音搜索和语音输入方面的交互操作。如果有这样的一个需求，例如在应用程序里面设计了一道考题，考题有“A”、“B”、“C”、“D”四个答案，然后用户通过语音来选择答案。这样一个场景就相当于是利用语音在触发一些命令，在这种情况下我们可以使用词组列表来实现语音识别，意思就是只要求语音引擎去识别词组列表的信息，识别的结果只能和词组列表里面的某一项内容符合，正如上面例子的这道选题一样，在语音识别里面预设

"A"、"B"、"C"、"D"四个词组，通过发音的结果来判断用户选择了哪个。

SpeechRecognizer 类的 Constraints 属性表示是语音识别的约束条件，它是一个 IList<ISpeechRecognitionConstraint>集合类型，可以添加多种识别约束条件包括词组列表和 SRGS 语法文件。SpeechRecognitionListConstraint 类表示是语音识别的词组列表信息，可以使用 List<string>对象(词组列表)初始化一个 SpeechRecognitionListConstraint 对象，然后添加到 Constraints 属性上，表示使用词组列表来进行语音识别。词组列表语音识别示例代码如下所示：

```
SpeechRecognizer speechRecognizer = new SpeechRecognizer();
//创建词组列表信息
SpeechRecognitionListConstraint  list = new SpeechRecognitionListConstraint(new List < string >
{
    "红色",
    "白色",
    "蓝色",
    "绿色"
});
list.Tag = "color";
//添加到语音识别引擎的约束里面
speechRecognizer.Constraints.Add(list);
SpeechRecognitionCompilationResult compilationResult = await speechRecognizer.CompileConstraintsAsync();
var result = await speechRecognizer.RecognizeWithUIAsync();
if (result.Confidence == SpeechRecognitionConfidence.Rejected)
{
    message = "语音识别不到";
}
else
{
    //注意这时候语音识别的结果信息只能是词组列表里面的"红色"、"白色"、"蓝色"或"绿色"
    message = result.Text;
}
```

19.2.3 SRGS 语法实现语音识别

在 19.2.2 节实现的是词组列表的语音识别，如果要实现一句话或者一段话的语音识别，那么这句话里面有很多的组成都需要被识别出来，例如用户漏说了一些非关键的词语，或者用一些同义词来替换了一些词语都需要被识别出来。这种语音识别的难度就大大加大了！对于这种情况，可以使用一种新的语法方式来约束语音识别引擎——SRGS 语法。SRGS 的英文全称是 Speech Recognition Grammar Specification(语音识别语法规范)，它是用于创建语音识别的 XAML 格式语法的行业标准标记语言。使用 SRGS 语法可以定义非常复杂的语音识别规则，基本上可以满足绝大部分现实中的语音识别的需求。SRGS 语法提供完整的功能集，帮助你建构与应用之间的复杂的语音交互。可以实现的功能如下：

(1) 指定朗读单词和短语进行识别的顺序；

(2) 组合要识别的多个列表和短语中的单词；

(3) 链接至其他语法；

(4) 为替代单词或短语分配粗细值，以提高或降低用其匹配语音输入的可能性；

(5) 将可选单词或短语包括在内；

(6) 使用特殊规则帮助筛选未指定的或非预期的输入，如不符合语法或背景噪音的语音；

(7) 使用语义定义语音识别对于您的应用的含义；

(8) 指定发音，在语法内联机或通过指向词典的链接。

下面来看一段完成的SRGS文件的语法设置：

```
<?xml version = "1.0" encoding = "utf - 8" ?>
<grammar version = "1.0" xml:lang = "zh - cn" root = "mediaMenu" tag - format = "semantics/1.0"
         xmlns = "http://www.w3.org/2001/06/grammar"
         xmlns:sapi = "http://schemas.microsoft.com/Speech/2002/06/SRGSExtensions">
  <! -- 用于显示语法的示例 SRGS 语法。
     该规则元素定义语法规则。规则元素
     包含文本或 XML 元素,用于定义发言者可以
     说的内容以及内容顺序。 -->
  <rule id = "genres" scope = "public">
    <one - of>
      <item>蓝调音乐</item>
      <item>古典音乐</item>
      <item>福音音乐</item>
      <item>爵士乐</item>
      <item>摇滚乐</item>
    </one - of>
  </rule>
  <rule id = "mediaMenu" scope = "public">
    查找
    <! -- 在需要使规则扩展成为可选或可重复项时(即在必须使用重复属性时),
       使用项元素来包含规则扩展。
       项元素中的重复属性指示一个元素中的词可以被提及
       零次或一次(可选) -->
    <one - of>
      <item repeat - prob = "0.2">专辑</item>
      <item>艺术家</item>
    </one - of>
     <! -- ruleref 元素采用相同语法或外部语法来
       指定包含规则对另一规则的引用。引用的规则定义必须匹配才能
       成功识别包含规则的用户输入。此元素在重用包含
       不频繁更改的内容的规则和语法时特别有用,例如
       城市列表或用于识别电话号码的规则。 -->
    <item>
      <ruleref uri = "#genres"/>
      <tag>out.music = rules.latest();</tag>
    </item>
    <item repeat = "0 - 1">分类</item>
```

```
    </rule>
  </grammar>
```

在上面的文件代码中 grammar 是根节点，注意 root="mediaMenu"的属性定义，表示根目录的语法规则是指向命名为“mediaMenu”的“rule”节点，“rule”节点表示是一个完整的语句语法。我们再看命名为“mediaMenu”的“rule”节点，这里的规则是用户需要先读出“查找”，然后再读取“专辑”或者“艺术家”其中一个，接下来“<ruleref uri="#genres"/>”这表示这里关联到 id 为“genres”的规则中，然后最后一个“item”的属性 repeat="0-1"表示“分类”重复的次数为 0 或者 1，也就是用户可以读出也可以不读。那么根据这个规则，如“查找专辑古典音乐”、“查找艺术家爵士乐分类”等多种组合的信息都可以被语音识别出来，同时还会输出变量 music 的值(out.music=rules.latest();)。更加详细的 SRGS 语法请参考表 19.2。

表 19.2　SRGS 语法

元　　素	描　　述	必选/可选	属　　性
example	此元素只是说明性的，是用来给开发者查看的示例，语音识别引擎会忽略它	可选	—
grammar	指定一个 XML 语法定义的最高级别的容器	必选	version，mode，root，tag-format，xml:lang，xml:base，xmlns
item	包含的任何合法规则的扩展	可选	repeat，repeat-prob，weight
lexicon	指定一个或多个外部发音词典文件	可选	uri，type
meta	指定文件的元数据	可选	name，content
metadata	包含在元数据架构中的文档信息	可选	—
one-of	表示需要匹配其中一个短语	可选	—
rule	表示语音规则的节点，需要按照规则的定义的短语来进行匹配	必选	id，scope，sapi:dynamic
ruleref	指定关联的其他规则的节点	可选	uri，special，type
sapi:subset	指定一个短语和匹配的模式，允许当这句话的一个子集的语音输入里确认整个短语	可选	sapi:match
tag	指定语义信息或 ECMA 标准的脚本	可选	—
token	指定一个字符串，表示一个语音识别器可以转换成语音的表述	可选	sapi:pron，sapi:display

在语音识别引擎中添加 SRGS 语法约束和添加词组列表约束类似，不过 SRGS 语法则是通过 SpeechRecognitionGrammarFileConstraint 对象来创建，需要传入 SRGS 语法文件的 StorageFile 对象来创建一个 SpeechRecognitionGrammarFileConstraint 对象，然后再添加到 SpeechRecognizer 类 Constraints 属性上，表示使用 SRGS 语法来进行语音识别。SRGS 语法语音识别示例代码如下所示：

```
SpeechRecognizer speechRecognizer = new SpeechRecognizer();
StorageFile file = await Windows.ApplicationModel.Package.Current.InstalledLocation.
```

```
GetFileAsync("SRGSGrammar1.xml");
SpeechRecognitionGrammarFileConstraint grammarFile = new SpeechRecognitionGrammarFileConstraint(file);
speechRecognizer.Constraints.Add(grammarFile);
```

19.2.4 实例演示：通过语音识别来控制程序

下面给出通过语音识别来控制程序的示例：在应用程序里面实现三种语音识别，第一种直接把语音转化为文本进行输出；第二种通过内置一个颜色的词组列表，当用户说出某种颜色再根据用户的选择来改变矩形控件的填充颜色；第三种是通过 SRGS 语法来配置一句话来识别颜色，这句话的内容是“我(很，非常)喜欢红色、白色……”，然后再把颜色的词语通过 SRGS 语法提取出来。

代码清单 19-2：通过语音识别来控制程序(第 19 章\Examples_19_2)

MainPage.xaml 文件主要代码

```
<StackPanel>
    <Button x:Name = "recognizerText" Content = "识别语音转化为文本" Click =
"recognizerText_Click"></Button>
    <Button x:Name = "recognizerList" Content = "识别语音转化为词组:用语音改变矩形颜
色" Click = "recognizerList_Click"></Button>
    <Button x:Name = "recognizerSRGS" Content = "SRGS 语法识别语音" Click =
"recognizerSRGS_Click"></Button>
    <TextBlock Text = "语音结果: "></TextBlock>
    <TextBlock x:Name = "resultMessage"></TextBlock>
    <Rectangle x:Name = "rectangleResult" Height = "80"></Rectangle>
    <TextBlock Text = "状态: "></TextBlock>
    <TextBlock x:Name = "stateInfo"></TextBlock>
    <TextBlock Text = "音频质量: "></TextBlock>
    <TextBlock x:Name = "problemInfo"></TextBlock>
</StackPanel>
```

MainPage.xaml.cs 文件主要代码

```
public sealed partial class MainPage: Page
{
    //颜色集合
    Dictionary<string,SolidColorBrush> _colorBrushes;
    //导航进入页面事件的处理程序
    protected override void OnNavigatedTo(NavigationEventArgs e)
    {
        if (_colorBrushes == null)
        {
            //初始化颜色的集合,用于把语音内容转化为画刷对象
            _colorBrushes = new Dictionary<string,SolidColorBrush>();
            _colorBrushes.Add("红色",new SolidColorBrush(Colors.Red));
            _colorBrushes.Add("蓝色",new SolidColorBrush(Colors.Blue));
            _colorBrushes.Add("黄色",new SolidColorBrush(Colors.Yellow));
            _colorBrushes.Add("橙色",new SolidColorBrush(Colors.Orange));
```

```
                _colorBrushes.Add("黑色",new SolidColorBrush(Colors.Black));
                _colorBrushes.Add("绿色",new SolidColorBrush(Colors.Green));
                _colorBrushes.Add("白色",new SolidColorBrush(Colors.White));
                _colorBrushes.Add("灰色",new SolidColorBrush(Colors.Gray));
            }
        }
        //识别语音转化为文本的按钮事件处理程序
        private async void recognizerText_Click(object sender,RoutedEventArgs e)
        {
            string message = "";
            try
            {
                SpeechRecognizer speechRecognizer = new SpeechRecognizer();
                //注册状态改变事件
                speechRecognizer.StateChanged += speechRecognizer_StateChanged;
                //注册语音质量事件
                speechRecognizer.RecognitionQualityDegrading += speechRecognizer_
RecognitionQualityDegrading;
                //分析语音
                SpeechRecognitionCompilationResult compilationResult = await speechRecognizer.
CompileConstraintsAsync();
                //分析成功开始进行识别
                if(compilationResult.Status == SpeechRecognitionResultStatus.Success)
                {
                    //实用系统默认的识别界面进行识别
                    var result = await speechRecognizer.RecognizeWithUIAsync();
                    if (result.Confidence == SpeechRecognitionConfidence.Rejected)
                    {
                        message = "语音识别不到";
                    }
                    else
                    {
                        //获取到语音识别到的内容
                        resultMessage.Text = result.Text;
                    }
                }

            }
            catch (Exception err)
            {
                message = "异常信息: " + err.Message + err.HResult;
            }
            if (message != "")
            await new MessageDialog(message).ShowAsync();
        }
        //识别语音词组的按钮事件处理程序
        private async void recognizerList_Click(object sender,RoutedEventArgs e)
        {
            string message = "";
            try
            {
                SpeechRecognizer speechRecognizer = new SpeechRecognizer();
```

```
                speechRecognizer.StateChanged += speechRecognizer_StateChanged;
                speechRecognizer.RecognitionQualityDegrading += speechRecognizer_
RecognitionQualityDegrading;
                //添加语音词组的约束
                SpeechRecognitionListConstraint list = new SpeechRecognitionListConstraint
(new List<string>
                {
                    "红色",
                    "白色",
                    "黄色",
                    "蓝色",
                    "绿色",
                    "橙色",
                    "黑色",
                    "灰色"
                });
                list.Tag = "color";
                speechRecognizer.Constraints.Add(list);
                SpeechRecognitionCompilationResult compilationResult = await speechRecognizer.
CompileConstraintsAsync();
               //设置语音识别界面的示例说明
                speechRecognizer.UIOptions.ExampleText = "请说红色、白色、蓝色、绿色……";
                var result = await speechRecognizer.RecognizeWithUIAsync();
                if (result.Confidence == SpeechRecognitionConfidence.Rejected)
                {
                    message = "语音识别不到";
                }
                else
                {
                    //把识别到的语音词组转化为颜色画刷
                    rectangleResult.Fill = TryGetBrush(result.Text);
                    resultMessage.Text = result.Text;
                }
            }
            catch (Exception err)
            {
                message = "异常信息：" + err.Message + err.HResult;
            }
            if (message!= "")
            await new MessageDialog(message).ShowAsync();
        }
        //获取颜色画刷的方法封装
        private SolidColorBrush TryGetBrush(string recognizedColor)
        {
            if (_colorBrushes.ContainsKey(recognizedColor))
                return _colorBrushes[recognizedColor];
            return _colorBrushes["白色"];
        }
        //通过 SRGS 语法识别语音的按钮事件处理程序
        private async void recognizerSRGS_Click(object sender,RoutedEventArgs e)
        {
            string message = "";
```

```
            try
            {
                SpeechRecognizer speechRecognizer = new SpeechRecognizer();
                //获取内置的 SRGS 语法文件
                StorageFile file = await Windows.ApplicationModel.Package.Current.
InstalledLocation.GetFileAsync("SRGSGrammar1.xml");
                //把 SRGS 语法文件添加到语音识别的约束里面
                SpeechRecognitionGrammarFileConstraint grammarFile = new
SpeechRecognitionGrammarFileConstraint(file);
                speechRecognizer.Constraints.Add(grammarFile);
                SpeechRecognitionCompilationResult compilationResult = await
speechRecognizer.CompileConstraintsAsync();
                speechRecognizer.StateChanged += speechRecognizer_StateChanged;
                speechRecognizer.RecognitionQualityDegrading += speechRecognizer_
RecognitionQualityDegrading;
                speechRecognizer.UIOptions.ExampleText = "我(非常、很)喜欢红色、白色、蓝
色、绿色……";
                var result = await speechRecognizer.RecognizeWithUIAsync();
                if (result.Confidence == SpeechRecognitionConfidence.Rejected)
                {
                    message = "语音识别不到";
                }
                else
                {
                    //获取 SRGS 语法输出的 color 值
                    if (result.SemanticInterpretation.Properties.Keys.Contains("color"))
                    {
                        string color = result.SemanticInterpretation.Properties["color"]
[0].ToString();
                        rectangleResult.Fill = TryGetBrush(color);
                    }
                    resultMessage.Text = result.Text;
                }
            }
            catch (Exception err)
            {
                message = "异常信息:" + err.Message + err.HResult;
            }
            if (message != "")
            await new MessageDialog(message).ShowAsync();
        }
        //当语音识别发生异常的情况触发该事件
        async  void speechRecognizer_RecognitionQualityDegrading(SpeechRecognizer sender,
SpeechRecognitionQualityDegradingEventArgs args)
        {
            string problem = "";
            switch (args.Problem)
            {
                case SpeechRecognitionAudioProblem.None:
                    problem = "没有音频问题";
```

```
                    break;
                case SpeechRecognitionAudioProblem.TooNoisy:
                    problem = "有太多干扰语音识别的背景噪音";
                    break;
                case SpeechRecognitionAudioProblem.NoSignal:
                    problem = "没有音频";
                    break;
                case SpeechRecognitionAudioProblem.TooLoud:
                    problem = "输入音量过高";
                    break;
                case SpeechRecognitionAudioProblem.TooQuiet:
                    problem = "输入音量过低";
                    break;
                case SpeechRecognitionAudioProblem.TooFast:
                    problem = "用户语速太快";
                    break;
                case SpeechRecognitionAudioProblem.TooSlow:
                    problem = "用户语速太慢";
                    break;
            }
            await this.Dispatcher.RunAsync(CoreDispatcherPriority.Normal,() =>
            stateInfo.Text = args.Problem.ToString() + ":" + problem);
        }
        //当正在运行的语音技术识别引擎的状态更改时发生
        async void speechRecognizer_StateChanged(SpeechRecognizer sender,
SpeechRecognizerStateChangedEventArgs args)
        {
            string state = "";
            switch (args.State)
            {
                case SpeechRecognizerState.SoundStarted:
                    state = "识别到有声音开始";
                    break;
                case SpeechRecognizerState.SoundEnded:
                    state = "识别结束";
                    break;
                case SpeechRecognizerState.Capturing:
                    state = "正在捕获信息";
                    break;
                case SpeechRecognizerState.Processing:
                    state = "正在处理捕获到的信息";
                    break;
                case SpeechRecognizerState.Idle:
                    state = "引擎没有在捕获信息";
                    break;
            }
            await this.Dispatcher.RunAsync(CoreDispatcherPriority.Normal,() =>
            stateInfo.Text = args.State.ToString() + ":" + state);
        }
    }
```

SRGSGrammar1.xml 文件代码：SRGS 语音识别语法

```
<?xml version = "1.0" encoding = "utf - 8" ?>

< grammar version = "1.0" xml:lang = "zh - cn" root = "mediaMenu" tag - format = "semantics/1.0"
         xmlns = "http://www.w3.org/2001/06/grammar"
         xmlns:sapi = "http://schemas.microsoft.com/Speech/2002/06/SRGSExtensions">
  < rule id = "genres" scope = "public">
    < one - of >
      < item >红色</item >
      < item >白色</item >
      < item >黄色</item >
      < item >蓝色</item >
      < item >绿色</item >
      < item >橙色</item >
      < item >黑色</item >
      < item >灰色</item >
    </one - of >
  </rule >
  < rule id = "mediaMenu" scope = "public">
    我
    < item repeat = "0 - 3">非常</item >
    < item repeat = "0 - 3">很</item >
    喜欢
    < item >
      < ruleref uri = "#genres"/>
      < tag > out.color = rules.latest();</tag >
    </item >
  </rule >
</grammar >
```

应用程序的运行效果如图 19.5～图 19.9 所示。

图 19.5　识别词组

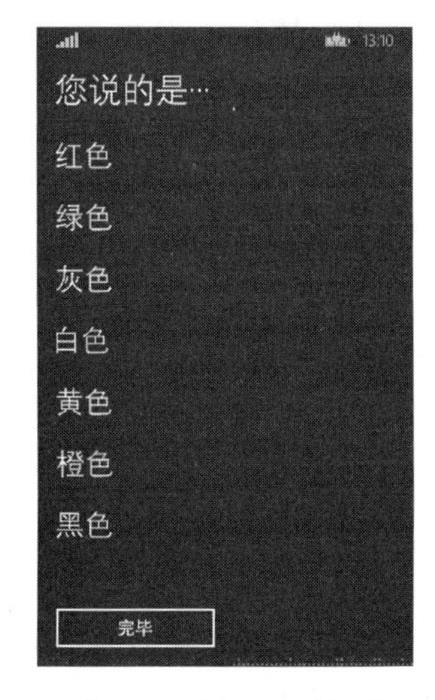

图 19.6　词组识别提示

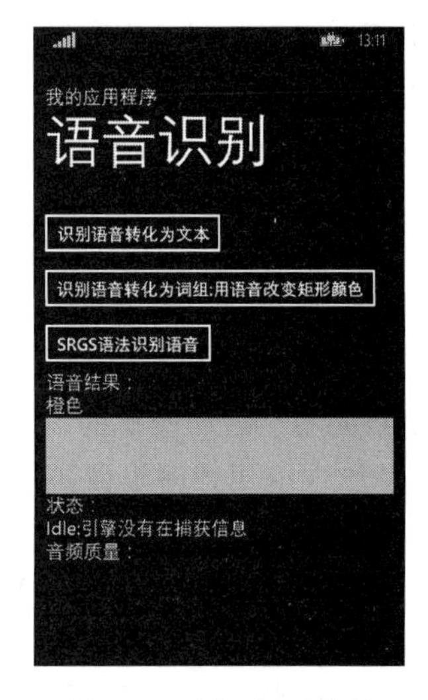

图 19.7　词组识别结果

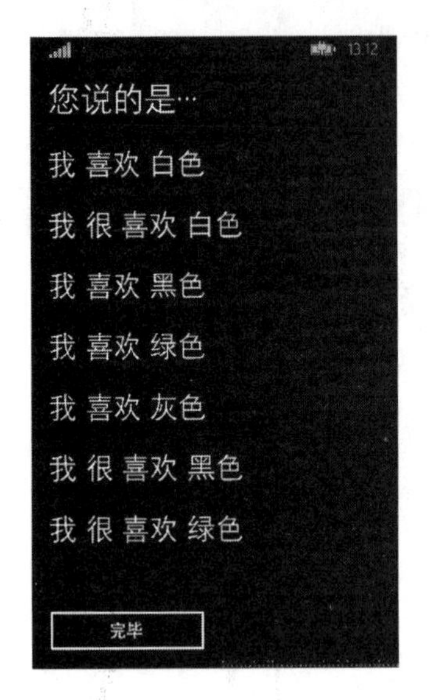

图 19.8 SRGS 语法语句识别提示

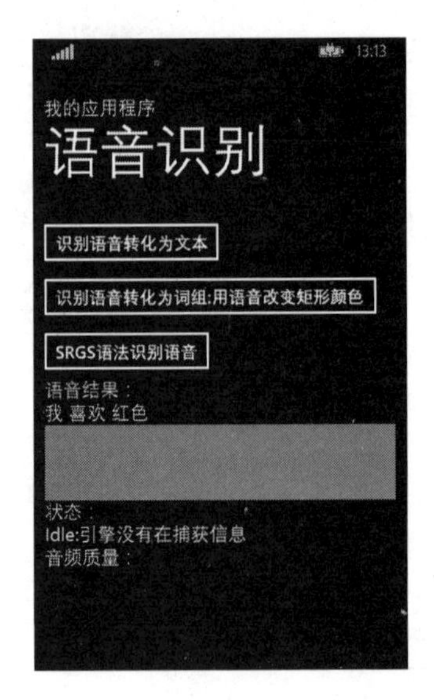

图 19.9 SRGS 语法语句识别结果

19.3 语音命令

在 19.2 节讲解了语音合成和语音识别，语音合成和语音识别都是在应用程序内使用系统的语音系统来使用语音来实现相关的操作和功能，而本节所讲解的语音命令则是在应用程序外部，通过语音命令来打开应用程序进行相关的操作。在 Windows Phone 手机上，当用户安装了应用程序后，长按“搜索”键，可以通过说“打开”或“启动”应用的名称，自动使用“语音命令”来访问它。作为开发人员，也可以利用语音命令，允许用户通过说短语(如“启动应用程序搜索”或“应用程序显示我的收藏夹”)，从应用之外深层链接至你的应用。也可以使用语音命令相关的语法对你的应用进行设置，使短语可以链接至应用中的具体页面、执行任务或发起操作。

19.3.1 语音命令 VCD 文件语法

在应用程序中实现语音命令，主要有 3 个步骤：

(1) 创建语音命令定义(VCD)文件，这是一个 XML 文档，它在启动应用时定义用户可以讲出的用于启动操作的语音命令；

(2) 在应用程序里面初始化 VCD 文件；

(3) 处理导航和执行命令。

本节先来看一下 VCD 文件的语法，VCD 文件的英文全称是 Voice Command Definition File(语音命令定义文件)，它定义了语音命令的规则。在应用程序里面注册之后，这个规则就会加入到系统的语音命令里面。如果用户说出的语音与该语音命令规则相符合，就会启动应用程序执行相关的命令。VCD文件是一种XML文件格式，它用着固定的规则来定义相关的语音命令，那么每个语音命令一般会包含的内容，例如调用命令的短语示例(指导用户如果说出语音命令)、应用将识别进而启动命令的单词或短语(这就是语音命令短语的规则)、识别命令后应用将显示和向用户读出的文本(这是识别命令成功之后打开了应用程序向应用程序传递的信息)。下面来看一个VCD文件语法的示例：

```
<?xml version = "1.0" encoding = "utf - 8"?>
  <VoiceCommands xmlns = "http://schemas.microsoft.com/voicecommands/1.0">
    <CommandSet xml:lang = "zh - CN" Name = "myCommands">
      <CommandPrefix>公车</CommandPrefix>
      <Example>搭几号车</Example>
    <Command Name = "TakeBus">
        <Example>搭几号车</Example>
        <ListenFor>搭 {busnumber} 车</ListenFor>
        <Feedback>搭 {busnumber} 车</Feedback>
        <Navigate/>
    </Command>
    <PhraseList Label = "busnumber">
        <Item> 1 </Item>
        <Item> 2 </Item>
        <Item> 3 </Item>
        <Item> 4 </Item>
        <Item> 5 </Item>
    </PhraseList>
  </CommandSet>
</VoiceCommands>
```

上面的语音命令，只要用户说出"公车搭1车"、"公车搭2车"……"公车搭5车"都会启动语音命令所属的应用程序，并且会向应用程序传递信息，在应用程序里面就可以通过该信息来执行相应的操作，例如在应用程序里面检测到"公车搭1车"，那就可以直接在应用程序里面显示1车的班车信息。那么关于VCD文件的语法，下面看一下语法说明：

(1) VoiceCommands是语音命令清单必需的根元素。xmlns特性值必须为http://schemas.microsoft.com/voicecommands/1.0，它可以包含一个或多个CommandSet元素，分别代表一种语言的语音命令。

(2) CommandSet是VoiceCommands元素必需的子元素。xml:lang特性指定相关的语言类别。xml:lang特性的值在VoiceCommand文档中必须是独一无二的。它的Name特性可选，可以通过Name特性更新CommandSet元素的PhraseList。

CommandSet元素包含下列子元素：CommandPrefix(0或1)、Example(仅1个)、Command(1～100)和PhraseList元素(0或多个)。这些子元素必须按所列顺序出现。

(3) CommandPrefix是VoiceCommands元素的可选子元素。没设置就表示默认为程序的名称了，如果存在，则必须是CommandSet元素的第一个子元素。为应用指定用户友好名称，用户在发出语音命令时可以说出它。这对于名称较长或较难发音的应用很有用。

(4) Command是CommandSet元素的必需子元素。定义用户可以通过说话发起的应用操作以及可以发起该操作的说话内容。

CommandSet 元素包含以下必需的子元素：Example(仅 1 个)、ListenFor(最多 10 个)、Feedback(仅 1 个)和 Navigate (仅 1 个)。这些子元素必须按所列顺序出现。

(5) Example 是命令元素的必需子元素，CommandSet 元素的可选子元素。展示用户如何说出命令的理想示例。作为 CommandSet 元素的子元素，示例文本在以下屏幕中显示相关的内容。

(6) ListenFor 是命令元素的必需子元素。包含应用将识别为该命令的单词或短语。可用大括号引用 PhraseList 的元素，命令元素可包含最多 10 个 ListenFor 元素，其中任一元素的内容被识别出后即可激活该命令。

(7) Feedback 是命令元素的必需子元素。指定当命令被识别时，将显示并向用户读回的文本。如果反馈元素包含对 PhraseList 元素的引用，那么包含的命令元素中的每一个 ListenFor 元素也必须引用相同的 PhraseList。

(8) Navigate 是命令元素的必需子元素。可以指定其 Target 特性，该特性指定应用启动时必须加载的页面。如果没有指定 Target 特性，应用启动至其主页面。

(9) PhraseList 是 CommandSet 元素的可选子元素。它必须具有 Label 特性，该特性的值用大括号括在 ListenFor 或反馈元素中，用于引用 PhraseList。包含最多 2000 个的项元素。

(10) Item 是 PhraseList 元素的可选子元素。可被识别以发起命令的多个单词或短语中的一个。CommandSet 在其所有 PhraseList 元素范围内可包含不超过 2000 个项元素。

(11) 两个符号语法“{}”和“[]”

“{}”包含 PhraseList 可引用的 Label 特性的值，例如{myPhraseList}。在 ListenFor 或反馈元素内使用。反馈元素中的 PhraseList 引用必须与相同命令中的 ListenFor 元素中的相应引用匹配。

“[]”指定被括起的单词或短语为可选。可以说被括起的单词或短语，但不需要识别它来发起命令。例如，如果 ListenFor 元素的内容是“[启动][开始]新游戏”，用户可以通过说“启动新游戏”或“新游戏”或“开始新游戏”(甚至“启动开始新游戏”)来发起命令。每一个被括起的元素都独立可选，但必须按正确的顺序说出，它们才能被识别。因此，在“新游戏”示例中，可以说“启动开始新游戏”，但不可以说“开始启动新游戏”，这是因为它们被声明的顺序的缘故。

19.3.2 初始化 VCD 文件和执行语音命令

要在应用程序中实现语音命令，首先要在应用程序中创建一个 VCD 文件。这个文件的语法在前文已经讲解。创建了 VCD 文件之后，还需要在应用程序里面初始化 VCD 文件和执行语音命令，下面来看一下这两个步骤的实现：

1. 初始化 VCD 文件

如果应用程序没有初始化 VCD 文件，语音命令就不会生效。初始化 VCD 文件必须要在应用程序里面实现。如果用户安装了应用程序，但是没打开，是无法实现初始化的操作，也就是语音命令没有生效。Windows.Media.SpeechRecognition 命名空间下的 VoiceCommandManager 类表示是语音命令的管理类，可以使用其 InstallCommandSetsFromStorageFileAsync 静态方法来初始化 VCD 文件。初始化 VCD 文件的示例代码如下所示：

```
//获取安装包里面的 VCD 文件
StorageFile file = await Windows.ApplicationModel.Package.Current.InstalledLocation.
GetFileAsync("VoiceCommandDefinition1.xml");
//初始化 VCD 文件
await VoiceCommandManager.InstallCommandSetsFromStorageFileAsync(file);
```

初始化 VCD 文件之后，如果还想要在应用程序里面修改其执行，可以获取语音命令的 VoiceCommandSet 对象来进行修改相关的词组，示例代码如下所示：

```
VoiceCommandSet voiceCommandSet = VoiceCommandManager.InstalledCommandSets["YourCommandSet"];
await voiceCommandSet.SetPhraseListAsync("PhraseName",new string[]
    {
        "Phrase1",
        "Phrase2",
        …
    });
```

2. 执行语音命令

当应用程序被语音命令所触发而启动的时候，可以根据传入的语音命令来实现一些操作。我们在应用间通信的章节里面有讲到注册 URI 关联的应用程序启动，那么语音命令的启动操作也是类似的原理的。也是在 Windows Phone 里面可以通过 Application 的 OnActivated 事件处理程序处理语音命令的启动，我们需要在 App.xaml.cs 文件中为 App 类重载 OnActivated 事件的处理程序，示例代码如下：

```
protected override void OnActivated(IActivatedEventArgs args)
{
    //通过语音命令激活应用程序时
    if (args.Kind == ActivationKind.VoiceCommand)
    {
        VoiceCommandActivatedEventArgs voiceCommandArgs = args as VoiceCommandActivatedEventArgs;
        Frame rootFrame = new Frame();
        rootFrame.Navigate(typeof(MainPage),voiceCommandArgs);
        Window.Current.Content = rootFrame;
        Window.Current.Activate();
    }
}
```

19.3.3 实例演示：通过语音命令来打开程序的不同页面

下面给出通过语音命令来打开程序的不同页面的示例：在系统的语音识别界面上，用户通过说“你好测试语音一”来启动应用程序的 Page1 页面，通过说“你好测试语音二”来启动应用程序的 Page2 页面，其他的情况直接打开首页，然后还可以在首页通过按钮事件来修改语音命令的词组。

代码清单 19-3：通过语音命令来打开程序的不同页面（第 19 章\Examples_19_3）

VoiceCommandDefinition1.xml 文件主要代码：定义了语音命令的内容

```
----------------------------------------------------------------------
<?xml version = "1.0" encoding = "utf - 8"?>

<VoiceCommands xmlns = "http://schemas.microsoft.com/voicecommands/1.0">
  <CommandSet xml:lang = "zh - cn" Name = "CommandSet1">
    <CommandPrefix>你好</CommandPrefix>
    <Example>你好 测试语音</Example>
    <! -- 语音命令 1,用户说"你好 测试语音"可以打开应用程序 -->
    <Command Name = "Command1">
      <Example>测试语音</Example>
      <ListenFor>测试语音</ListenFor>
      <Feedback>正在测试语音,会跳转到 VoiceCommandDemo 首页...</Feedback>
      <Navigate/>
    </Command>
    <! -- 语音命令 2,用户说"你好 测试语音一"、"你好 测试语音二"和"你好 测试语音三"可
以打开应用程序 -->
    <Command Name = "Command2">
      <Example>测试语音三</Example>
      <ListenFor>测试语音{number}</ListenFor>
      <Feedback>正在测试语音 {number}...</Feedback>
      <Navigate/>
    </Command>
    <PhraseList Label = "number">
      <Item>一</Item>
      <Item>二</Item>
      <Item>三</Item>
    </PhraseList>
  </CommandSet>
</VoiceCommands>
```

MainPage.xml.cs 文件主要代码：初始化语音命令和通过按钮更新语音命令词组

```
----------------------------------------------------------------------
//进入当前页面的事件处理程序
protected async override void OnNavigatedTo(NavigationEventArgs e)
{
    //判断语音命令是否已经初始化了
    if(VoiceCommandManager.InstalledCommandSets.Count == 0)
    {
        //获取语音命令文件
        StorageFile file = await Windows.ApplicationModel.Package.Current.
InstalledLocation.GetFileAsync("VoiceCommandDefinition1.xml");
        //初始化语音命令
        await VoiceCommandManager.InstallCommandSetsFromStorageFileAsync(file);
```

```
        }
    }
    //通过按钮事件更新语音命令的词组
    private async void Button_Click_1(object sender,RoutedEventArgs e)
    {
        //获取语音命令设置的对象
        VoiceCommandSet voiceCommandSet = VoiceCommandManager.InstalledCommandSets["CommandSet1"];
        //更新 number"< PhraseList Label = "number">"词组的内容
        await voiceCommandSet.SetPhraseListAsync("number",new string[]
            {
                "一",
                "二",
                "三",
                "四",
                "五"
            });
    }
```

App.xml.cs 文件主要代码：识别语音命令内容跳转到不同的页面

```
protected override void OnActivated(IActivatedEventArgs args)
{
    //通过语音命令激活应用程序时
    if (args.Kind == ActivationKind.VoiceCommand)
    {
        //语音命令的参数
        VoiceCommandActivatedEventArgs voiceCommandArgs = args as VoiceCommandActivatedEventArgs;
        Frame rootFrame = new Frame();
        //获取识别到的语音文本内容
        string result = voiceCommandArgs.Result.Text;
        if (result.Contains("一"))
        {
            //跳转到 Page1 页面
            rootFrame.Navigate(typeof(Page1),voiceCommandArgs);
        }
        else if (result.Contains("二"))
        {
            //跳转到 Page2 页面
            rootFrame.Navigate(typeof(Page2),voiceCommandArgs);
        }
        else
        {
            //跳转到首页
            rootFrame.Navigate(typeof(MainPage),voiceCommandArgs);
        }
        Window.Current.Content = rootFrame;
        Window.Current.Activate();
    }
}
```

应用程序的运行效果如图 19.10 所示。

图 19.10　语音命令

第 20 章

多　媒　体

Windows Phone 提供了常见媒体的编码、解码机制，因此非常容易地实现音频、视频等多媒体的播放。使用 Windows Phone 提供的 API 和 MediaElement 控件，可以实现音乐播放与视频播放。Windows Phone 支持的视频格式有 3GP、3G2、MP4、AVI、ASF（WMV）等，支持的音频格式有 m4a、m4b、mp3、wma 等。

20.1　MediaElement 对象

向 Windows Phone 应用添加媒体的操作十分简单，只需要把媒体文件添加到 MediaElement 对象上就可以实现播放、暂停等操作。使用 MediaElement 对象可以播放许多不同类型的音频和视频媒体。MediaElement 对象在 UI 呈现上是一个矩形区域，可以在其界面上显示视频或播放音频（在这种情况下将不显示视频，但 MediaElement 仍然充当具有相应 API 的播放器对象）。因为 MediaElement 是从 UIElement 类派生的，所以它是一个 UI 的元素，它支持输入操作，并可以捕获焦点。使用 Height 和 Width 属性可以指定视频显示画面的高度和宽度。但是，为了获得最佳性能，应避免显式设置 MediaElement 的宽度和高度。而是将这些值保留为未设置。指定源之后，媒体将以其实际大小显示，布局将重新计算该大小。如果需要更改媒体显示的大小，最好使用媒体编码工具将媒体重新编码为所需大小。默认情况下，加载 MediaElement 对象后，将立即播放由 Source 属性定义的媒体。

播放本地视频文件的 XAML 语法如下：

```
< MediaElement Source = " test. wmv" AutoPlay = " True"/>< MediaElement Source = " test. wmv"
AutoPlay = "True"/>
```

播放远程视频文件的 XAML 语法如下：

```
< MediaElement Source = " http://mschannel9. vo. msecnd. net/o9/mix/09/wmv/key01. wmv" AutoPlay =
"True"/>
```

20.1.1　MediaElement 类的属性、事件和方法

MediaElement 类是在命名空间 Windows. UI. Xaml. Controls 下的类，属于 Windows

Phone 的 UI 控件，除了拥有普通控件的基本特性外，它还有很多与媒体相关的功能的处理。下面来看一下 MediaElement 类的一些重要的属性、方法和事件，分别如表 20.1、表 20.2 以及表 20.3 所示。

表 20.1　MediaElement 类的一些重要的属性

名　称	说　明
AudioStreamCount	获取当前媒体文件中可用的音频流的数目
AudioStreamIndex	获取或设置与视频组件一起播放的音频流的索引。音频流的集合在运行时组合，并且表示可用于媒体文件内的所有音频流
AutoPlay	获取或设置一个值，该值指示在设置 Source 属性时媒体是否将自动开始播放
Balance	获取或设置立体声扬声器的音量比
BufferingProgress	获取指示当前缓冲进度的值
BufferingTime	获取或设置要缓冲的时间长度
CanPause	获取一个值，该值指示在调用 Pause 方法时媒体是否可暂停
CanSeek	获取一个值，该值指示是否可以通过设置 Position 属性的值来重新定位媒体
CurrentState	获取 MediaElement 的状态
DownloadProgress	获取一个百分比值，该值指示为位于远程服务器上的内容完成的下载量
DownloadProgressOffset	获取下载进度的偏移量
DroppedFramesPerSecond	获取媒体每秒正在丢弃的帧数
IsMuted	获取或设置一个值，该值指示是否已静音
IsUsedForExternalVideoOnly	获取或设置一个值，该值指示是否使用外部视频
NaturalDuration	获取当前打开的媒体文件的持续时间
NaturalVideoHeight	获取与媒体关联的视频的高度
NaturalVideoWidth	获取与媒体关联的视频的宽度
Position	获取或设置媒体播放时间的当前进度位置
RenderedFramesPerSecond	获取媒体每秒正在呈现的帧数
Source	获取或设置 MediaElement 上的媒体来源
Stretch	获取或设置一个 Stretch 值，该值描述 MediaElement 如何填充目标矩形
VideoSessionHandle	获取视频会话的句柄
Volume	获取或设置媒体的音量

表 20.2　MediaElement 类的一些重要的方法

名　称	说　明
Pause	在当前位置暂停媒体
Play	从当前位置播放媒体
RequestLog	发送一个请求，以生成随后将通过 LogReady 事件引发的记录
SetSource(MediaStreamSource)	这会将 MediaElement 的源设置为 MediaStreamSource 的子类
SetSource(Stream)	使用提供的流设置 Source 属性
Stop	停止媒体并将其重设为从头播放

表 20.3 MediaElement 类的一些重要的事件

名称	说明
BufferingProgressChanged	当 BufferingProgress 属性更改时发生
CurrentStateChanged	当 CurrentState 属性的值更改时发生
DownloadProgressChanged	在 DownloadProgress 属性更改后发生
LogReady	当日志准备就绪时发生
MediaEnded	当 MediaElement 不再播放音频或视频时发生
MediaFailed	在存在与媒体 Source 关联的错误时发生
MediaOpened	当媒体流已被验证和打开且已读取文件头时发生

20.1.2 MediaElement 的状态

MediaElement 的当前状态(Buffering、Closed、Error、Opening、Paused、Playing 或 Stopped)会影响使用媒体的用户，如果某用户正在尝试查看一个大型视频，则 MediaElement 将可能长时间保持在 Buffering 状态。在这种情况下，可能希望用户界面中提供某种还不能播放媒体的提示。当缓冲完成时，再播放媒体。

表 20.4 概括了 MediaElement 可以处于的不同状态，这些状态与 MediaElementState 枚举的枚举值相对应。

表 20.4 MediaElement 的状态

值	说明
AcquiringLicense	仅在播放 DRM 受保护的内容时适用：MediaElement 正在获取播放 DRM 受保护的内容所需的许可证。调用 OnAcquireLicense 后，MediaElement 将保持在此状态下，直到调用了 SetLicenseResponse
Buffering	MediaElement 正在加载要播放的媒体。在此状态中，它的 Position 不前进。如果 MediaElement 已经在播放视频，则它将继续显示所显示的上一帧
Closed	MediaElement 不包含媒体。MediaElement 显示透明帧
Individualizing	仅在播放 DRM 受保护的内容时适用：MediaElement 正在确保正确的个性化组件(仅在播放 DRM 受保护的内容时适用)安装在用户计算机上
Opening	MediaElement 正在进行验证，并尝试打开由其 Source 属性指定的统一资源标识符(URI)
Paused	MediaElement 不会使它的 Position 前进。如果 MediaElement 正在播放视频，则它将继续显示当前帧
Playing	MediaElement 正在播放其源属性指定的媒体。它的 Position 向前推进
Stopped	MediaElement 包含媒体，但未播放或已暂停。它的 Position 为 0，并且不前进。如果加载的媒体为视频，则 MediaElement 显示第一帧

表 20.5 概括了这些 MediaElement 状态与在 MediaElement 上采取的操作(如调用 Play 方法、调用 Pause 方法等)。如表 20.5 所示，可供 MediaElement 使用的状态取决于其当前状态。例如，对于当前处于 Playing 状态的 MediaElement，如果更改了 MediaElement

的源，则状态更改为 Opening；如果调用了 Play 方法，则不会产生改变；如果调用了 Pause 方法，则状态更改为 Paused，等。在表 20.5 中可以看到的“未指定”状态，都是要避免的操作。例如，当媒体处于 Opening 状态时不应调用 Play 方法。为避免发生这种情况，可以在调用 Play 之前检查 MediaElement 的 CurrentState。通过注册 CurrentStateChanged 事件可以跟踪到媒体的状态变化。但是 CurrentStateChanged 事件有可能并不会被触发，例如当状态迅速更改时，多个事件可能合并到一个事件中。例如，CurrentState 属性可能会从 Playing 切换为 Buffering 并很快又切换回 Playing，以致只引发了单个 CurrentStateChanged 事件，在这种情况下，该属性将并不表现为具有已更改的值。此外，应用程序不应根据事件发生的顺序来做相关逻辑的处理，尤其是针对 Buffering 之类的瞬态，在事件报告中可能会跳过某一瞬态，因为该瞬态发生得太快。

表 20.5 MediaElement 状态与在 MediaElement 上采取的操作

状态	源设置	Play()	Pause()	Stop()	Seek()	默认退出条件
Closed (default)	Opening	未指定	未指定	未指定	未指定	
Opening	Opening (新源)	未指定	未指定	未指定	未指定	如果源有效：Buffering（如果 AutoPlay == true）或 Stopped（如果 AutoPlay == false）(MediaOpened）如果源无效：Opening (MediaFailed)
Buffering	Opening	Playing	Paused	Stopped	Buffering (新位置)	BufferingTime 到达：Playing
Playing	Opening	无选项	Paused	Stopped	Buffering (新位置)	流结尾：Paused 缓冲区结尾：Buffering
Paused	Opening	Buffering	无选项	Stopped	Paused (新位置)	
Stopped	Opening	Buffering	Paused	无选项	Paused (新位置)	

20.2 本地音频播放

在 Windows Phone 应用程序中，可以将音频文件直接放到程序包里面，然后在程序中就可以通过 MediaElement 元素，用相对的路径进行加载音频文件来播放。

下面给出播放程序音乐的示例：播放应用程序本地加载的音乐。

代码清单 20-1：播放程序音乐（源代码：第 20 章\Examples_20_1）

MainPage.xaml 文件主要代码

```
<StackPanel>
```

```
        <MediaElement x:Name = "sound" />
        <TextBlock FontSize = "30" Text = "请选择你要播放的歌曲" />
        <RadioButton Content = "罗志祥 - Touch My Heart" x:Name = "radioButton1" IsChecked =
"True" />
        <RadioButton Content = "陈小春 - 独家记忆" x:Name = "radioButton2" />
        <RadioButton Content = "大灿 - 贝多芬的悲伤" x:Name = "radioButton3" />
        <RadioButton Content = "筷子兄弟 - 老男孩"  x:Name = "radioButton4" />
        <RadioButton Content = "梁静茹 - 比较爱" x:Name = "radioButton5" />
        <Button Content = "播放" x:Name = "play" Click = "play_Click" />
        <Button Content = "暂停" x:Name = "pause" Click = "pause_Click" />
        <Button Content = "停止" x:Name = "stop"  Click = "stop_Click" />
    </StackPanel>
```

MainPage.xaml.cs 文件主要代码

```
    //播放音乐
    private void play_Click(object sender,RoutedEventArgs e)
    {
        //设置 MediaElement 的源
        if (radioButton1.IsChecked == true)
        {
            sound.Source = new Uri("ms - appx:///TouchMyHeart.mp3",UriKind.Absolute);
        }
        else if (radioButton2.IsChecked == true)
        {
            sound.Source = new Uri("ms - appx:///2.mp3",UriKind.Absolute);
        }
        else if (radioButton3.IsChecked == true)
        {
            sound.Source = new Uri("ms - appx:///3.mp3",UriKind.Absolute);
        }
        else if (radioButton4.IsChecked == true)
        {
            sound.Source = new Uri("ms - appx:///4.mp3",UriKind.Absolute);
        }
        else if (radioButton5.IsChecked == true)
        {
            sound.Source = new Uri("ms - appx:///5.mp3",UriKind.Absolute);
        }
        else
        {
            sound.Source = new Uri("ms - appx:///TouchMyHeart.mp3",UriKind.Absolute);
        }
        //播放
        sound.Play();
    }
    //暂停播放音乐
    private void pause_Click(object sender,RoutedEventArgs e)
    {
```

```
        sound.Pause();
    }
    //停止播放音乐
    private void stop_Click(object sender,RoutedEventArgs e)
    {
        sound.Stop();
    }
```

程序运行的效果如图 20.1 所示。

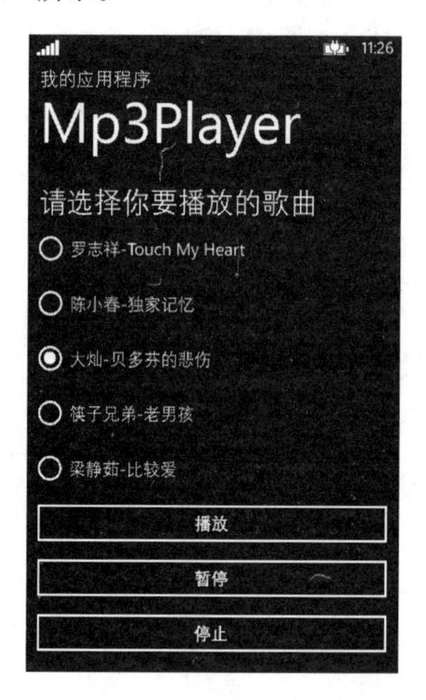

图 20.1　播放本地 MP3

20.3　网络音频播放

在 Windows Phone 应用程序中，播放网络音频和播放本地音频的处理方式差不多，只不过播放本地音频的时候使用的是音频本地相对路径，而播放网络音频的时候使用的是网络音频地址。需要注意的是，播放网络音频需要在手机联网的状态下才能够成功地播放，否则会抛出异常，所以在播放网络音频的时候需要检查手机的联网状态或者捕获该异常进行处理。

下面给出播放网络音乐的示例：播放网络上的 mp3 音乐，并将播放的记录保存到程序的独立存储里面。

代码清单 20-2：播放网络音乐（源代码：第 20 章\Examples_20_2）

MainPage.xaml 文件主要代码

```
<StackPanel>
```

```
    <! -- 用于播放网络音频的 MediaElement 元素 -->
    <MediaElement  Name="media"/>
    <TextBlock Name="textBlock1" FontSize="30" Text="播放的历史记录:" />
    <! -- 展示播放的历史记录的列表 -->
    <ListBox Height="200" HorizontalAlignment="Left" Name="listBox1"/>
    <TextBlock FontSize="30" Name="textBlock2" Text="请输入 mp3 的网络地址:"/>
    <TextBox Name = "mp3Uri" Text = "http://www.handbb.com:8080/files/841310728.mp3"
    TextWrapping="Wrap" />
    <Button Content="播放" Name="play"  Width="220" Click="play_Click" />
    <Button Content="停止" Name="stop"  Width="220" Click="stop_Click" />
</StackPanel>
```

MainPage.xaml.cs 文件主要代码

```
//本地存储设置
private ApplicationDataContainer _appSettings;
//用于存放音频名字的存储 Key
private const string KEY = "mp3Name";
//音频名字列表的字符串,每个名字之间用字符"|"隔开
private string fileList = "";
public MainPage()
{
    InitializeComponent();
    //获取本地存储设置
    _appSettings = ApplicationData.Current.LocalSettings;
    //判断是否有记录
    if (_appSettings.Values.ContainsKey(KEY))
    {
        fileList = _appSettings.Values[KEY].ToString();
        listBox1.ItemsSource = fileList.Split('|');
    }
    else
    {
        _appSettings.Values.Add(KEY,fileList);
    }
}
//保存播放的历史记录
private void savehistory()
{
    //提取文件名
    string fileName = System.IO.Path.GetFileName(mp3Uri.Text);
    if (!fileList.Contains(fileName))
    {
        fileList += "|" + fileName;
        _appSettings.Values[KEY] = fileList;
        //把文件名信息绑定到列表控件
        listBox1.ItemsSource = fileList.Split('|');
    }
}
```

```
//播放网络音频
private async void play_Click(object sender,RoutedEventArgs e)
{
    string erro = "";
    try
    {
        if (!string.IsNullOrEmpty(mp3Uri.Text))
        {
            media.Source = new Uri(mp3Uri.Text,UriKind.Absolute);
            media.Play();
            savehistory();
        }
        else
        {
            erro = "请输入 mp3 的网络地址!";
        }
    }
    catch (Exception)
    {
        erro = "无法播放!";
    }
    if (erro!= "")
    {
        await new MessageDialog(erro).ShowAsync();
    }
}
//停止播放
private void stop_Click(object sender,RoutedEventArgs e)
{
    media.Stop();
}
```

程序运行的效果如图 20.2 所示。

图 20.2 播放网络 MP3

20.4 使用 SystemMediaTransportControls 控件播放音乐

使用 MediaElement 控件在默认的情况下播放音频是没有可视化的界面的，不过 Windows Phone 8.1 引入了用于 MediaElement 的内置传输控件 SystemMediaTransportControls 控件。它们处理播放、停止、暂停、音量、静音、定位/前进，以及音轨选择。如果要在 MediaElement 控件里面启用 SystemMediaTransportControls 控件，需要将 AreTransportControlsEnabled 属性设置为 true，如果要禁用则设置为 false。

添加好 MediaElement 控件之后，首先需要在应用程序里面获取 SystemMediaTransportControls 的实例，可以通过调用 SystemMediaTransportControls 类的静态方法 GetForCurrentView 方法来获取。

如果要在传输控件上显示相关的按钮，可以通过相关按钮的启用属性设置为 true，例如 IsPlayEnabled、IsPauseEnabled、IsNextEnabled 和 IsPreviousEnabled。同时，还要添加按钮的处理事件 ButtonPressed 事件，用于处理按钮的所触发的事件进行处理。当按下了所启用的某个按钮时，SystemMediaTransportControls 会通过 ButtonPressed 事件通知你的应用。然后，应用程序可以对媒体进行控制，例如暂停或播放，以响应所按下的按钮。要从 ButtonPressed 事件处理程序更新 UI 线程上的对象（例如 MediaElement 对象），必须通过 UI 线程来调用，因为这个按钮事件是运行在后台线程的。当媒体的状态发生变化时，应用程序将通过 PlaybackStatus 属性通知 SystemMediaTransportControls。这使得传输控件能够更新按钮状态，以使它们与媒体源的状态一致。

下面给出使用媒体传输控件播放音频的示例：使用 MediaElement 控件结合 SystemMediaTransportControls 控件来实现音频播放的可视化 UI 界面。

代码清单 20-3：使用媒体传输控件播放音频（源代码：第 9 章\Examples_9_2）

MainPage.xaml 文件主要代码

```
-----------------------------------------------------------------
<StackPanel>
    <MediaElement x:Name="musicPlayer" AreTransportControlsEnabled="True"
                  Source="Music/music1.mp3"
                  CurrentStateChanged="MusicPlayer_CurrentStateChanged"
                  Height="100" Width="370"/>
</StackPanel>
```

MainPage.xaml.cs 文件主要代码

```
-----------------------------------------------------------------
//系统媒体传输控件的对象
SystemMediaTransportControls systemControls;
public MainPage()
{
    this.InitializeComponent();
```

```
        //获取系统媒体传输控件的对象
        systemControls = SystemMediaTransportControls.GetForCurrentView();
        //添加按钮事件
        systemControls.ButtonPressed += SystemControls_ButtonPressed;
        //在控件中显示播放和暂停按钮
        systemControls.IsPlayEnabled = true;
        systemControls.IsPauseEnabled = true;
    }
    //MediaElement 控件对音频的播放状态监控事件的处理程序
    void MusicPlayer_CurrentStateChanged(object sender,RoutedEventArgs e)
    {
        //把音频的播放状态同步修改到 SystemMediaTransportControls 控件上
        switch (musicPlayer.CurrentState)
        {
            case MediaElementState.Playing:
                systemControls.PlaybackStatus = MediaPlaybackStatus.Playing;
                break;
            case MediaElementState.Paused:
                systemControls.PlaybackStatus = MediaPlaybackStatus.Paused;
                break;
            case MediaElementState.Stopped:
                systemControls.PlaybackStatus = MediaPlaybackStatus.Stopped;
                break;
            case MediaElementState.Closed:
                systemControls.PlaybackStatus = MediaPlaybackStatus.Closed;
                break;
            default:
                break;
        }
    }
    //SystemMediaTransportControls 控件的按钮事件处理程序
    void SystemControls_ButtonPressed(SystemMediaTransportControls sender,
        SystemMediaTransportControlsButtonPressedEventArgs args)
    {
        //根据按钮的类型来选择播放或者暂停
        switch (args.Button)
        {
            case SystemMediaTransportControlsButton.Play:
                PlayMedia();
                break;
            case SystemMediaTransportControlsButton.Pause:
                PauseMedia();
                break;
            default:
                break;
        }
    }
    //播放音频
    async void PlayMedia()
    {
```

```
        await Dispatcher.RunAsync(Windows.UI.Core.CoreDispatcherPriority.Normal,() =>
        {
            musicPlayer.Play();
        });
    }
    //暂停播放
    async void PauseMedia()
    {
        await Dispatcher.RunAsync(Windows.UI.Core.CoreDispatcherPriority.Normal,() =>
        {
            musicPlayer.Pause();
        });
    }
```

应用程序的运行效果如图 20.3 所示。

图 20.3　系统媒体传输控件

20.5　本地视频播放

在 Windows Phone 应用程序中，播放视频依然还是使用 MediaElement 元素去实现。与音频播放不同的是，视频的播放还产生一个显示效果，也就是说 MediaElement 元素就必须要有一定的宽度和高度才能够把视频展现出来。

下面给出播放本地视频的示例：播放本地的视频程序，并将播放的进度用进度条显示出来。

代码清单 20-4：播放本地视频（源代码：第 20 章\Examples_20_4）

MainPage.xaml 文件主要代码

```
<Grid Background="{ThemeResource ApplicationPageBackgroundThemeBrush}">
    …省略若干代码
    <Grid x:Name="ContentPanel" Grid.Row="1" Margin="12,0,12,0">
        <Grid.RowDefinitions>
            <RowDefinition Height="350" />
            <RowDefinition Height="40" />
        </Grid.RowDefinitions>
        <!-- 添加 MediaElement 多媒体播放控件 -->
        <MediaElement Name="myMediaElement" AutoPlay="True" Grid.Row="0" />
        <ProgressBar Name="pbVideo" Grid.Row="1" />
    </Grid>
</Grid>
<!-- 3 个菜单栏：播放、暂停和停止 -->
<Page.BottomAppBar>
    <CommandBar>
        <AppBarButton x:Name="play" Icon="Play" Label="播放" Click="play_Click"/>
        <AppBarButton x:Name="pause" Icon="Pause" Label="暂停" Click="pause_Click"/>
        <AppBarButton x:Name="stop" Icon="Stop" Label="停止" Click="stop_Click"/>
    </CommandBar>
</Page.BottomAppBar>
```

MainPage.xaml.cs 文件代码

```
//使用定时器来处理视频播放的进度条
DispatcherTimer currentPosition = new DispatcherTimer();
//页面的初始化
public MainPage()
{
    InitializeComponent();
    //定义多媒体流可用并被打开时触发的事件
    myMediaElement.MediaOpened += new RoutedEventHandler(myMediaElement_MediaOpened);
    //定义多媒体停止时触发的事件
    myMediaElement.MediaEnded += new RoutedEventHandler(myMediaElement_MediaEnded);
    //定义多媒体播放状态改变时触发的事件
    myMediaElement.CurrentStateChanged += new RoutedEventHandler(myMediaElement_
CurrentStateChanged);
    //定时器时间间隔
    currentPosition.Interval = new TimeSpan(1000);
    //定义定时器触发的事件
    currentPosition.Tick += currentPosition_Tick;
    //设置多媒体控件的网络视频资源
    myMediaElement.Source = new Uri("ms-appx:///123.wmv",UriKind.Absolute);
}
//视频状态改变时的处理事件
void myMediaElement_CurrentStateChanged(object sender,RoutedEventArgs e)
{
    if (myMediaElement.CurrentState == MediaElementState.Playing)
```

```
    {                                               //播放视频时各菜单的状态
        currentPosition.Start();
        play.IsEnabled = false;                     //播放
        pause.IsEnabled = true;                     //暂停
        stop.IsEnabled = true;                      //停止
    }
    else if (myMediaElement.CurrentState == MediaElementState.Paused)
    { //暂停视频时各菜单的状态
        currentPosition.Stop();
        play.IsEnabled = true;
        pause.IsEnabled = false;
        stop.IsEnabled = true;
    }
    else
    {                                               //停止视频时各菜单的状态
        currentPosition.Stop();
        play.IsEnabled = true;
        pause.IsEnabled = false;
        stop.IsEnabled = false;
    }
}
//多媒体停止时触发的事件
void myMediaElement_MediaEnded(object sender,RoutedEventArgs e)
{
    //停止播放
    myMediaElement.Stop();
}
//多媒体流可用并被打开时触发的事件
void myMediaElement_MediaOpened(object sender,RoutedEventArgs e)
{
    //获取多媒体视频的总时长来设置进度条的最大值
    pbVideo.Maximum = (int)myMediaElement.NaturalDuration.TimeSpan.TotalMilliseconds;
    //播放视频
    myMediaElement.Play();
}
//定时器触发的事件
private void currentPosition_Tick(object sender,object e)
{
    //获取当前视频播放了的时长来设置进度条的值
    pbVideo.Value = (int)myMediaElement.Position.TotalMilliseconds;
}
//播放视频菜单事件
private void play_Click(object sender,RoutedEventArgs e)
{
    myMediaElement.Play();
}
//暂停视频菜单事件
private void pause_Click(object sender,RoutedEventArgs e)
{
    myMediaElement.Pause();
}
//停止视频菜单事件
```

```
private void stop_Click(object sender, RoutedEventArgs e)
{
    myMediaElement.Stop();
}
```

程序运行的效果如图 20.4 所示。

图 20.4　播放本地视频

20.6　网络视频播放

网络视频的播放处理方式是和本地视频播放相类似的，只不过是 MediaElement 的源换成了网络的视频文件。因为播放网络视频会受到网络的好坏影响，不过 Windows Phone 系统内部已经做了缓冲的处理，可以通过 MediaElement 类的 BufferingProgress 属性来获取视频缓冲的信息。

下面给出播放网络视频的示例：播放网络上的视频文件，并监控视频播放缓冲的情况和播放的进度。

代码清单 20-5：播放网络视频（源代码：第 20 章\Examples_20_5）

MainPage.xaml 文件主要代码

```
    <ScrollViewer>
        <StackPanel>
            <TextBox Header = "视频地址：" x:Name = "txtUrl" TextWrapping = "Wrap" FontSize
= "16" Text = "http://www.hsez.net/video/2010paocao.wmv"/>
<! -- 点击按钮后再加载网络的视频 -->
            <Button Content = "加载视频"  Name = "load"  Click = "load_Click" />
```

```
            <! -- 用于播放网络视频的 MediaElement 元素 -->
            <MediaElement x:Name = "mediaPlayer" Width = "380" Height = "220" AutoPlay =
"False"/>
            <! -- 播放的进度条 -->
            <Slider Name = "mediaTimeline" ValueChanged = "mediaTimeline_ValueChanged_1"
Maximum = "1" LargeChange = "0.1" />
            <! -- 视频的播放进度、缓冲和下载进度信息 -->
            <StackPanel Orientation = "Horizontal">
                <TextBlock Height = "30" Name = "lblStatus" Text = "00:00" Width = "88"
FontSize = "16" />
                <TextBlock Height = "30" x:Name = "lblBuffering" Text = "缓冲" FontSize = "16" />
                <TextBlock Height = "30" x:Name = "lblDownload" Text = "下载" FontSize = "16" />
            </StackPanel>
            <! -- 控制视频播放、停止、暂停和声音开关的按钮 -->
            <StackPanel Orientation = "Horizontal">
                 < AppBarButton Icon = "Play" x:Name = "btnPlay" Click = "btnPlay_Click"
IsCompact = "True" />
                 < AppBarButton Icon = "Stop" x:Name = "btnStop" Click = "btnStop_Click"
IsCompact = "True" />
                < AppBarButton Icon = "Pause" x:Name = "btnPause" Click = "btnPause_Click"
IsCompact = "True" />
                < AppBarButton Icon = "Volume" x:Name = "btnVolume" Click = "btnMute_Click"
IsCompact = "True" />
                 < AppBarButton Icon = "Mute" x:Name = "btnMute" Click = "btnMute_Click"
IsCompact = "True" />
                 < TextBlock x:Name = "lblSoundStatus"  Text = "声音开" FontSize = "20"
VerticalAlignment = "Center"/>
            </StackPanel>
        </StackPanel>
    </ScrollViewer>
```

MainPage.xaml.cs 文件代码

```
    //是否更新播放的进度显示
    private bool _updatingMediaTimeline;
    public MainPage()
    {
        InitializeComponent();
    }
    //暂停播放
    private void btnPause_Click(object sender,RoutedEventArgs e)
    {
        if (mediaPlayer.CanPause)
        {
            mediaPlayer.Pause();
            lblStatus.Text = "暂停";
        }
        else
        {
            lblStatus.Text = "不能暂停,请重试!";
        }
```

```
}
//停止播放
private void btnStop_Click(object sender,RoutedEventArgs e)
{
    mediaPlayer.Stop();
    mediaPlayer.Position = System.TimeSpan.FromSeconds(0);
    lblStatus.Text = "停止";
}
//播放视频
private void btnPlay_Click(object sender,RoutedEventArgs e)
{
    mediaPlayer.Play();
}
//关闭声音
private void btnMute_Click(object sender,RoutedEventArgs e)
{
    lblSoundStatus.Text = "声音关";
    mediaPlayer.IsMuted = true;
}
//打开声音
private void btnVolume_Click(object sender,RoutedEventArgs e)
{
    lblSoundStatus.Text = "声音开";
    mediaPlayer.IsMuted = false;
}
//进度条更改事件处理
private void mediaTimeline_ValueChanged_1(object sender,RangeBaseValueChangedEventArgs e)
{
    if (!_updatingMediaTimeline && mediaPlayer.CanSeek)
    {
        TimeSpan duration = mediaPlayer.NaturalDuration.TimeSpan;
        //计算视频的拖动的位置
        int newPosition = (int)(duration.TotalSeconds * mediaTimeline.Value);
        //跳转到该时间点的视频播放
        mediaPlayer.Position = new TimeSpan(0,0,newPosition);
    }
}
//加载网络视频
private void load_Click(object sender,RoutedEventArgs e)
{
    _updatingMediaTimeline = false;
    mediaPlayer.Source = new Uri(txtUrl.Text);
    //视频播放的位置从第 0 秒开始
    mediaPlayer.Position = System.TimeSpan.FromSeconds(0);
    //更新播放的进度百分比
    mediaPlayer.DownloadProgressChanged += (s,ee) =>
    {
            lblDownload.Text = string.Format("下载 {0:0.0%}", mediaPlayer.
DownloadProgress);
    };
    //更新缓冲的进度百分比
    mediaPlayer.BufferingProgressChanged += (s,ee) =>
```

```
        {
                lblBuffering. Text  =  string. Format ( " 缓 冲  {0: 0. 0 % }", mediaPlayer.
BufferingProgress);
        };
        //通过帧事件来更新视频播放的进度条
        CompositionTarget.Rendering += (s,ee) =>
        {
            _updatingMediaTimeline = true;
            TimeSpan duration = mediaPlayer.NaturalDuration.TimeSpan;
            if (duration.TotalSeconds != 0)
            {
                //计算播放的百分比
                double percentComplete = mediaPlayer.Position.TotalSeconds / duration.TotalSeconds;
                //设置进度条
                mediaTimeline.Value = percentComplete;
                TimeSpan mediaTime = mediaPlayer.Position;
                //显示视频当前的时间
                string text = string.Format("{0:00}:{1:00}",
                    (mediaTime.Hours * 60) + mediaTime.Minutes,mediaTime.Seconds);
                //显示相关的状态信息
                if (lblStatus.Text != text)
        lblStatus.Text = text;
                _updatingMediaTimeline = false;
            }
        };
        //播放视频
        mediaPlayer.Play();
    }
```

程序运行的效果如图 20.5 所示。

图 20.5　播放网络视频

第21章 地理位置

地理位置在智能手机的应用程序开发中应用非常广泛，例如可以通过定位来获取用户当前的位置，这个位置信息不仅仅是可以用来开发地图，导航之类的应用程序，也可以用来根据这个地理位置信息来向用户展示个性化的消息，例如天气预报、购物信息等。在 Windows Phone 中，可以使用相关得分 API 来创建利用手机的物理位置的应用程序。手机提供的位置数据来自多个来源，包括 GPS、Wi-Fi 和蜂窝基站。获取到地理位置的信息之后还可以使用 Windows Phone 内置的地图控件，通过地图来展示位置信息，把地理位置的数据通过可视化的地图来呈现。在 Windows Phone 里面还可以使用地理围栏的功能设定一个地理区域，可以用于实现区域进入提醒等一些实用的功能开发。本章讲解基于地理位置的相关的开发技术。

21.1 定位和地图

通过定位可以获取到设备当前的地理位置信息，然后地图可以把地理位置展示出来。在 Windows Phone 的应用程序里面，如果要使用到定位的功能，需要在应用程序清单文件 Package. appxmanifest 中勾选 Location 的功能权限，否则调用定位的 API 会引发异常。对于定位，我们不仅仅可以获取到当前的位置信息，还可以持续地跟踪地理位置的变压，如果需要在程序关闭或者挂起的情况继续跟踪地理位置的变化，这时候还可以使用后台任务来实现后台的地理位置跟踪。本节会讲解关于 Windows Phone 的定位和地图相关的知识。

21.1.1 获取定位信息

在 Windows Phone 里面 Geolocator 类表示提供对当前地理位置的访问操作类，在该类里面封装了获取当前地理位置信息，监控位置变化的相关方法和事件。在获取定位信息之前首先要创建一个 Geolocator 类对象，然后再调用其 GetGeopositionAsync 方法来获取定位的信息，获取到的地理位置的信息是一个 Geoposition 对象表示包含纬度和经度数据或民事地址数据的位置，根据 Geoposition 对象的 Coordinate 属性便可以获取到位置的经纬度信息。

定位默认的超时时间是7秒，如果要自定义超时的时间可以调用GetGeopositionAsync(TimeSpan,TimeSpan)方法，第一个参数表示是已缓存位置数据的最大可接受的时间，第二个参数表示超时时间，TimeSpan是指以100毫微秒为单位表示的时间段。调用GetGeopositionAsync方法之后，Geolocator对象的LocationStatus属性会发生改变。可以通过该属性来判断当前的定位状态，是成功还是失败。

获取定位信息的示例代码如下所示：

```
try
{
    //创建一个 Geolocator 对象
    Geolocator geolocator = new Geolocator();
    //获取当前的地理位置信息
    Geoposition pos = await geolocator.GetGeopositionAsync();
    //纬度信息
    double latitude = pos.Coordinate.Latitude;
    //经度信息
    double longitude = pos.Coordinate.Longitude;
    //准确性信息
    double accuracy = pos.Coordinate.Accuracy;
    //状态信息
    switch (geolocator.LocationStatus)
    {
        case PositionStatus.Ready:
            //地理位置信息可用
            break;
        case PositionStatus.Initializing:
            //地理位置服务正在初始化
            break;
        case PositionStatus.NoData:
            //地理位置服务不可用
            break;
        case PositionStatus.Disabled:
            //地理位置服务被用户禁用
            break;
        case PositionStatus.NotInitialized:
            //未请求地理位置信息
            break;
        case PositionStatus.NotAvailable:
            //设备不支持地理位置服务
            break;
        default:
            //未知状态
            break;
    }
}
catch (System.UnauthorizedAccessException)
{
    //服务被禁用异常
```

```
}
catch (TaskCanceledException)
{
    //请求被取消
}
```

21.1.2 在地图上显示位置信息

获取到地理位置信息之后还可以使用地图控件来显示当前的地理位置。Windows Phone内置了地图控件，可以直接调用地图控件来实现位置的信息。MapControl类表示是地图控件，可以直接在XAML上面进行使用。在添加MapControl控件之前需要先引入地图控件的命名空间然后再使用，如下所示：

```
<Page
    …省略若干代码
    xmlns:Maps = "using:Windows.UI.Xaml.Controls.Maps"
    …省略若干代码>
    …省略若干代码
    <Maps:MapControl />
    …省略若干代码
</Page>
```

对于地图控件，可以根据它的相关属性来设置地图的特性，例如通过ColorScheme属性设置地图的主题，是深色主题还是浅色主题；通过Style属性设置地图的样式，是卫星图还是平面路线图。如果要在地图上定位到某个位置就可以通过设置地图的Center属性，表示是地图的中心位置，Center的类型是Geopoint类类型，也就是经纬度的信息对象。

下面给出在地图上显示定位信息的示例：通过定位获取当前的位置信息，然后在地图上显示当前的地理位置。

代码清单21-1：在地图上显示定位信息(第21章\Examples_21_1)

MainPage.xaml文件主要代码

```
------------------------------------------------------------------
    <StackPanel>
        <! -- 地图控件 -->
        <Maps:MapControl x:Name = "myMap" Height = "300" ZoomLevel = "10"/>
        <Button x: Name = " getlocation" Content = " 在 地 图 上 显 示 当 前 的 位 置" Click =
"getlocation_Click"></Button>
        <TextBlock x:Name = "tbLatitude"></TextBlock>
        <TextBlock x:Name = "tbLongitude"></TextBlock>
        <TextBlock x:Name = "tbAccuracy"></TextBlock>
    </StackPanel>
```

MainPage.xaml.cs文件主要代码

```
------------------------------------------------------------------
    Geolocator geolocator = null;
```

```
public MainPage()
{
    this.InitializeComponent();
    this.NavigationCacheMode = NavigationCacheMode.Required;
    //创建一个 Geolocator 对象
    geolocator = new Geolocator();
    //设置地图的 ServiceToken,如果要上传电子市场需要通过开发者账号获取
    myMap.MapServiceToken = "AuthenticationToken";
}
//获取定位信息的按钮事件处理程序
private async void getlocation_Click(object sender,RoutedEventArgs e)
{
    try
    {
        //获取当前的地理位置信息
        Geoposition pos = await geolocator.GetGeopositionAsync();
        //设置地图的中心
        myMap.Center = pos.Coordinate.Point;
        //把地图放大 5 倍
        //myMap.ZoomLevel = 5;
        //纬度信息
        tbLatitude.Text = "纬度:" + pos.Coordinate.Point.Position.Latitude;
        //经度信息
        tbLongitude.Text = "经度:" + pos.Coordinate.Point.Position.Longitude;
        //准确性信息
        tbAccuracy.Text = "准确性:" + pos.Coordinate.Accuracy;
    }
    catch (System.UnauthorizedAccessException)
    {
        //服务被禁用异常
        tbLatitude.Text = "No data";
        tbLongitude.Text = "No data";
        tbAccuracy.Text = "No data";
    }
    catch (TaskCanceledException)
    {
        //请求被取消
        tbLatitude.Text = "Cancelled";
        tbLongitude.Text = "Cancelled";
        tbAccuracy.Text = "Cancelled";
    }
}
```

应用程序的运行效果如图 21.1 所示。

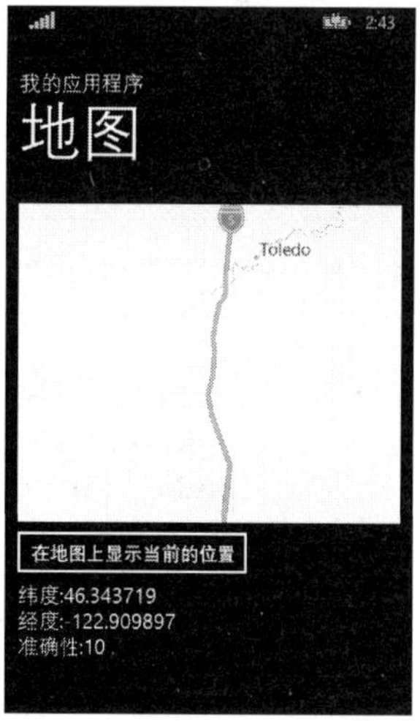

图 21.1 在地图上显示当前的位置

21.1.3 跟踪定位的变化

如果要开发类似导航这样的功能,就需要实时地去跟踪定位的变化。通过 Geolocator 类的 GetGeopositionAsync 方法,可以获取到当前位置,如果设备的位置发生了变化,还可

以通过 PositionChanged 事件去跟踪定位的变化。那么该事件触发的机制是需要通过位置变化的误差来设置的，可以通过 MovementThreshold 属性来设置位置变化的距离，单位是米，例如把 MovementThreshold 设置为 5 米，则当位置的变化达到了 5 米的时候就会触发 PositionChanged 事件。因为这个位置的变化会不停地请求定位的数据，所以一般在跟踪地理位置的变化的时候，还需要监控定位服务的状态，是否有出现异常，监控定位服务的状态可以通过 StatusChanged 事件来处理，如果定位服务的状态发生改变就可以通过该事件来获取到变化的信息。还要注意一点的就是 PositionChanged 事件和 StatusChanged 事件都是在后台线程上跑的，如果要在这两个事件的处理程序里面更新 UI 的内容必须要触发 UI 线程来进行处理。

下面给出跟踪定位变化的示例：使用 PositionChanged 事件和 StatusChanged 事件跟踪定位的变化和定位服务的状态变化，然后把位置在地图上显示出来。

代码清单 21-2：跟踪定位变化(第 21 章\Examples_21_2)

MainPage.xaml 文件主要代码

```
--------------------------------------------------------------------------
    <StackPanel>
        <Maps:MapControl x:Name="myMap" Height="450" ZoomLevel="10"/>
        <Button x:Name="getlocation" Content="跟踪位置的变化" Click="getlocation_
Click"></Button>
        <TextBlock x:Name="tbLatitude"></TextBlock>
        <TextBlock x:Name="tbLongitude"></TextBlock>
        <TextBlock x:Name="tbAccuracy"></TextBlock>
        <TextBlock x:Name="tbStatus"></TextBlock>
    </StackPanel>
```

MainPage.xaml.cs 文件主要代码

```
--------------------------------------------------------------------------
    Geolocator geolocator = null;
    public MainPage()
    {
        this.InitializeComponent();
        this.NavigationCacheMode = NavigationCacheMode.Required;
        //创建一个 Geolocator 对象
        geolocator = new Geolocator();
        //设置位置变化的精准度为 5 米
        geolocator.MovementThreshold = 5;
        //定位状态发生变化
        geolocator.StatusChanged += geolocator_StatusChanged;
        //位置发生变化
        geolocator.PositionChanged += geolocator_PositionChanged;
        //设置地图的 ServiceToken
        myMap.MapServiceToken = "AuthenticationToken";
    }
    //跟踪位置变化按钮事件处理程序
```

```
private async void getlocation_Click(object sender,RoutedEventArgs e)
{
    try
    {
        //获取当前的地理位置信息
        Geoposition pos = await geolocator.GetGeopositionAsync();
        //设置地图的中心
        myMap.Center = pos.Coordinate.Point;
        //纬度信息
        tbLatitude.Text = "纬度:" + pos.Coordinate.Point.Position.Latitude;
        //经度信息
        tbLongitude.Text = "经度:" + pos.Coordinate.Point.Position.Longitude;
        //准确性信息
        tbAccuracy.Text = "准确性:" + pos.Coordinate.Accuracy;
    }
    catch (System.UnauthorizedAccessException)
    {
        //服务被禁用异常
        tbLatitude.Text = "No data";
        tbLongitude.Text = "No data";
        tbAccuracy.Text = "No data";
    }
    catch (TaskCanceledException)
    {
        //请求被取消
        tbLatitude.Text = "Cancelled";
        tbLongitude.Text = "Cancelled";
        tbAccuracy.Text = "Cancelled";
    }
}
//状态改变事件处理程序
async void geolocator_StatusChanged(Geolocator sender,StatusChangedEventArgs args)
{
    await this.Dispatcher.RunAsync(CoreDispatcherPriority.Normal,() =>
        {
            //状态信息
            tbStatus.Text = "状态改变信息:" + GetStatusString(args.Status);
        });
}
//获取状态的详情
private string GetStatusString(PositionStatus status)
{
    var strStatus = "";
    switch (status)
    {
        case PositionStatus.Ready:
            strStatus = "地理位置信息可用";
            break;
        case PositionStatus.Initializing:
            strStatus = "地理位置服务正在初始化";
```

```
                break;
            case PositionStatus.NoData:
                strStatus = "地理位置服务不可用";
                break;
            case PositionStatus.Disabled:
                strStatus = "地理位置服务被用户禁用";
                break;
            case PositionStatus.NotInitialized:
                strStatus = "未请求地理位置信息";
                break;
            case PositionStatus.NotAvailable:
                strStatus = "设备不支持地理位置服务";
                break;
            default:
                strStatus = "未知状态";
                break;
        }
        return (strStatus);
    }
    //位置改变事件处理程序
    async void geolocator_PositionChanged(Geolocator sender,PositionChangedEventArgs args)
    {
            await this.Dispatcher.RunAsync(CoreDispatcherPriority.Normal,() =>
            {
                //获取变化的地理位置信息
                Geoposition pos = args.Position;
                //设置地图的中心
                myMap.Center = pos.Coordinate.Point;
                //纬度信息
                tbLatitude.Text = DateTime.Now.ToString() + "纬度:" + pos.Coordinate.
Point.Position.Latitude;
                //经度信息
                tbLongitude.Text = DateTime.Now.ToString() + "经度:" + pos.Coordinate.
Point.Position.Longitude;
                //准确性信息
                tbAccuracy.Text = DateTime.Now.ToString() + "准确性:" + pos.Coordinate.
Accuracy;
            });
    }
```

地理位置的变化测试我们可以通过模拟器的模拟地理位置来测试，模拟器的测试界面如图 21.2 所示。

21.1.4 后台定位

虽然通过 PositionChanged 事件可以跟踪到地理位置的变化，但是如果应用程序并不在前台运行的时候，这时候 PositionChanged 事件也是无法运行的。在第 17 章已经介绍了后台任务的相关知识，后台任务可以在引用程序离开的时候运行，可以利用后台任务来实现

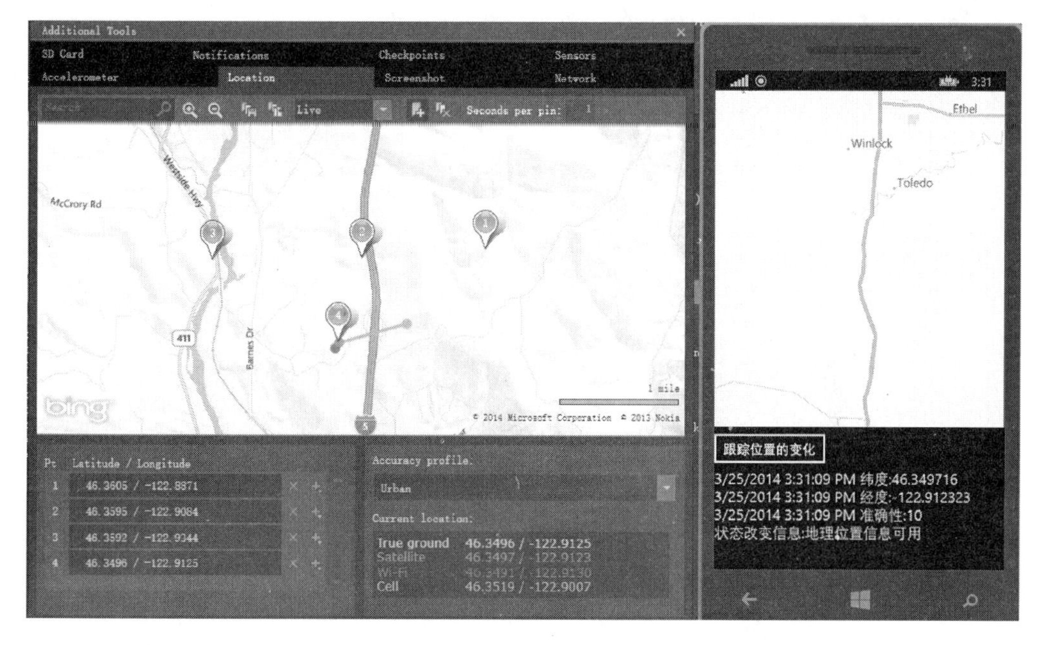

图 21.2　测试跟踪地理位置变化

定位，再把定位信息反馈台的应用程序。假如要开发一个应用程序来记录用户步行的路线图，记录用户一天都去了哪些地方，就可以通过这个后台定位的方式来实现。在后台定位中我们可以使用 TimeTrigger 触发器，每隔 15 分钟来获取一次用户的定位信息，收集到的这些地理位置的信息其实是可以实现很多有趣的功能的。

下面给出后台定位的示例：使用 TimeTrigger 触发器注册一个每 15 分钟运行一次的后台任务，在后台任务中获取当前的位置信息，当用户启动程序的时候，或者应用程序在前台的时候，把最新的地理位置信息通过地图展示出来。

代码清单 21-3：后台定位(第 21 章\Examples_21_3)

LocationBackgroundTask.cs 文件代码：在后台任务中获取地理位置并存储起来

```
public sealed class LocationBackgroundTask: IBackgroundTask
{
    CancellationTokenSource cts = null;
    async void IBackgroundTask.Run(IBackgroundTaskInstance taskInstance)
    {
        BackgroundTaskDeferral deferral = taskInstance.GetDeferral();
        try
        {
            //注册后台任务取消事件
            taskInstance.Canceled += new BackgroundTaskCanceledEventHandler(OnCanceled);
            if (cts == null)
            {
```

```
                cts = new CancellationTokenSource();
            }
            CancellationToken token = cts.Token;
            Geolocator geolocator = new Geolocator();
            //获取当前的位置
            Geoposition pos = await geolocator.GetGeopositionAsync().AsTask(token);
            DateTime currentTime = DateTime.Now;
            //写入状态信息
            WriteStatusToAppdata("Time: " + currentTime.ToString());
            //写入地理位置信息
            WriteGeolocToAppdata(pos);
        }
        catch (UnauthorizedAccessException)
        {
            WriteStatusToAppdata("Disabled");
            WipeGeolocDataFromAppdata();
        }
        catch (Exception ex)
        {
            //超时异常
            const int WaitTimeoutHResult = unchecked((int)0x80070102);
            if (ex.HResult == WaitTimeoutHResult)
            {
                WriteStatusToAppdata("An operation requiring location sensors timed out.
Possibly there are no location sensors.");
            }
            else
            {
                WriteStatusToAppdata(ex.ToString());
            }
            WipeGeolocDataFromAppdata();
        }
        finally
        {
            cts = null;
            deferral.Complete();
        }
    }
    //写入地理位置信息
    private void WriteGeolocToAppdata(Geoposition pos)
    {
        var settings = ApplicationData.Current.LocalSettings;
        settings.Values["Latitude"] = pos.Coordinate.Point.Position.Latitude.ToString();
        settings.Values["Longitude"] = pos.Coordinate.Point.Position.Longitude.ToString();
        settings.Values["Accuracy"] = pos.Coordinate.Accuracy.ToString();
    }
    //清空地理位置信息
    private void WipeGeolocDataFromAppdata()
    {
        var settings = ApplicationData.Current.LocalSettings;
```

```
            settings.Values["Latitude"] = "";
            settings.Values["Longitude"] = "";
            settings.Values["Accuracy"] = "";
        }
        //写入状态信息
        private void WriteStatusToAppdata(string status)
        {
            var settings = ApplicationData.Current.LocalSettings;
            settings.Values["Status"] = status;
        }
        //取消事件
        private void OnCanceled(IBackgroundTaskInstance sender, BackgroundTaskCancellationReason 
reason)
        {
            if (cts != null)
            {
                cts.Cancel();
                cts = null;
            }
        }
    }
```

MainPage.xaml 文件主要代码

```
    <StackPanel>
        <Maps:MapControl x:Name="myMap" Height="450" ZoomLevel="10"/>
        <TextBlock x:Name="tbLatitude"></TextBlock>
        <TextBlock x:Name="tbLongitude"></TextBlock>
        <TextBlock x:Name="tbAccuracy"></TextBlock>
        <TextBlock x:Name="tbStatus"></TextBlock>
    </StackPanel>
```

MainPage.xaml.cs 文件主要代码

```
    //注册的后台任务对象
    private IBackgroundTaskRegistration _geolocTask = null;
    //任务的取消信号对象
    private CancellationTokenSource _cts = null;
    //后台任务的名字
    private const string SampleBackgroundTaskName = "SampleLocationBackgroundTask";
    //后台任务的入口
    private const string SampleBackgroundTaskEntryPoint = "BackgroundTask.LocationBackgroundTask";
    //页面的进入事件处理程序
    protected override void OnNavigatedTo(NavigationEventArgs e)
    {
        //获取后台任务是否已经注册,如果已经注册则获取其注册对象
        foreach (var cur in BackgroundTaskRegistration.AllTasks)
        {
```

```
            if (cur.Value.Name == SampleBackgroundTaskName)
            {
                _geolocTask = cur.Value;
                break;
            }
        }
        if (_geolocTask != null)
        {
            //已注册后台任务,则监控其 Completed 事件,获取最新的位置信息
            _geolocTask.Completed += new BackgroundTaskCompletedEventHandler(OnCompleted);
        }
        else
        {
            //如果为注册后台任务,则注册后台任务
            RegisterBackgroundTask();
        }
    }
    //离开当前页面的时间处理程序
    protected override void OnNavigatingFrom(NavigatingCancelEventArgs e)
    {
        CancelGetGeoposition();
        if (_geolocTask != null)
        {
            _geolocTask.Completed -= new BackgroundTaskCompletedEventHandler(OnCompleted);
        }
        base.OnNavigatingFrom(e);
    }
    //如果获取地理位置还在进行中,则将其取消
    private void CancelGetGeoposition()
    {
        if (_cts != null)
        {
            _cts.Cancel();
            _cts = null;
        }
    }
    //添加跟踪位置的后台任务的注册
    private void RegisterBackgroundTask()
    {
        try
        {
            //注册一个在锁屏上定时 15 分钟执行的后台任务
            BackgroundTaskBuilder geolocTaskBuilder = new BackgroundTaskBuilder();
            geolocTaskBuilder.Name = SampleBackgroundTaskName;
            geolocTaskBuilder.TaskEntryPoint = SampleBackgroundTaskEntryPoint;
            var trigger = new TimeTrigger(15,false);
            geolocTaskBuilder.SetTrigger(trigger);
            _geolocTask = geolocTaskBuilder.Register();
            //注册后台任务完成事件
            _geolocTask.Completed += new BackgroundTaskCompletedEventHandler(OnCompleted);
```

```
        }
        catch (Exception ex)
        {

        }
    }
    //获取地理位置
    async private void GetGeopositionAsync()
    {
        try
        {
            //创建任务的取消信号对象,可用来取消异步请求
            _cts = new CancellationTokenSource();
            CancellationToken token = _cts.Token;
            Geolocator geolocator = new Geolocator();
            //获取当前的位置
            Geoposition pos = await geolocator.GetGeopositionAsync().AsTask(token);
            //设置地图的中心
            myMap.Center = pos.Coordinate.Point;
            //纬度信息
            tbLatitude.Text = "纬度:" + pos.Coordinate.Point.Position.Latitude;
            //经度信息
            tbLongitude.Text = "经度:" + pos.Coordinate.Point.Position.Longitude;
            //准确性信息
            tbAccuracy.Text = "准确性:" + pos.Coordinate.Accuracy;
        }
        catch (UnauthorizedAccessException)
        {
            //访问异常
        }
        catch (TaskCanceledException)
        {
            //请求被取消
        }
        catch (Exception ex)
        {
            //其他异常
        }
        finally
        {
            _cts = null;
        }
    }
    //后台任务完成事件,用以更新地理位置信息
    async private void OnCompleted(IBackgroundTaskRegistration sender,BackgroundTaskCompletedEventArgs e)
    {
        if (sender != null)
        {
            await Dispatcher.RunAsync(CoreDispatcherPriority.Normal,() =>
            {
```

```
try
{
    //检查是否出现异常
    e.CheckResult();
    //获取存储设置,在后台任务中把地理位置信息存储在里面
    var settings = ApplicationData.Current.LocalSettings;
    if (settings.Values["Status"] != null)
    {
        //状态信息
        tbStatus.Text = "状态改变信息:" + settings.Values["Status"].ToString();
    }
    bool latitude = false;
    if (settings.Values["Latitude"] != null)
    {
        //纬度信息
        tbLatitude.Text = "纬度:" + settings.Values["Latitude"].ToString();
        latitude = true;
    }
    else
    {
        tbLatitude.Text = "纬度:" + "No data";
    }
    bool longitude = false;
    if (settings.Values["Longitude"] != null)
    {
        //经度信息
        tbLongitude.Text = "经度:" + settings.Values["Longitude"].ToString();
        longitude = true;
    }
    else
    {
        tbLongitude.Text = "经度:" + "No data";
    }
    if (settings.Values["Accuracy"] != null)
    {
        //准确性信息
        tbAccuracy.Text = "准确性:" + settings.Values["Accuracy"].ToString();
    }
    else
    {
        tbAccuracy.Text = "准确性:" + "No data";
    }
    if (latitude & longitude)
    {
            //设置地图的中心
        myMap.Center = new Geopoint(new BasicGeoposition
        {
            Altitude = 0,
            Latitude = double.Parse(settings.Values["Latitude"].ToString()),
            Longitude = double.Parse(settings.Values["Longitude"].ToString())
```

```
                });
            }
        }
        catch (Exception ex)
        {
        }
    });
  }
}
```

应用程序的运行效果如图 21.3 所示。

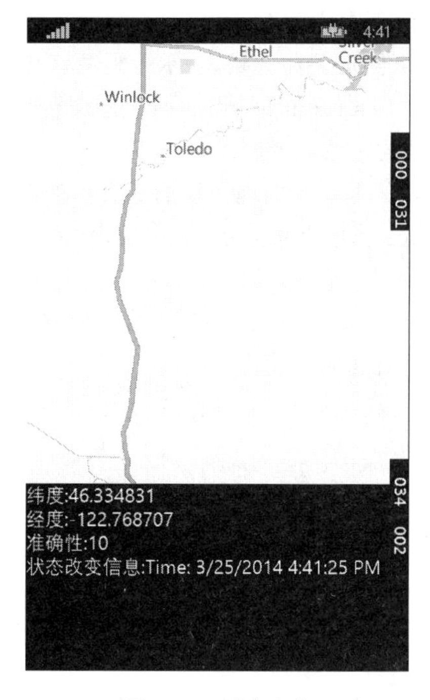

图 21.3　后台定位

21.2　地理围栏

地理围栏是 LBS 的一种新应用，就是用一个虚拟的栅栏围出一个虚拟地理边界。当手机进入、离开某个特定地理区域，或在该区域内活动时，手机可以接收自动通知和警告。有了地理围栏技术，位置社交网站就可以帮助用户在进入某一地区时自动登记。Windows Phone 提供了 API 直接支持地理围栏的编程，而不需要开发者去自定义实现这样的业务封装。

21.2.1 设置地理围栏

Windows. Devices. Geolocation空间下的Geofence类定义了地理围栏，我们可以使用Geofence类来创建一个地理围栏。在创建地理围栏之前，还需要在程序中确保有正确的地理位置权限，因为地理围栏也是需要用到定位的功能。所以在开始创建地理围栏对象的时候，需要通过获取当前的地理位置信息来判断当前的应用程序是否具有定位的能力。

创建一个围栏需要先创建一个Geofence对象，Geofence具有下面的一些重要的属性，用于定义地理围栏的值：

(1) string Id：用于识别地理围栏的Id。

(2) IGeoshape Geoshape：圆形关注区域，表示围栏的区域。

(3) MonitoredGeofenceStates MonitoredStates：指明需要为哪些地理围栏事件接收通知、输入定义的区域、保留定义的区域或者删除地理围栏。

(4) bool SingleUse：当满足了监视地理围栏的所有状态时，是否将删除地理围栏。

(5) TimeSpan DwellTime：指明在触发进入/退出事件之前，用户必须位于所定义区域之内/之外的时间。

(6) DateTimeOffset StartTime：指明何时开始监视地理围栏。

(7) TimeSpan Duration：监视地理围栏的时间。

可以通过4个构造方法来构造一个地理围栏的对象，分别如下所示：

```
public Geofence(string id, IGeoshape geoshape);
public Geofence(string id, IGeoshape geoshape, MonitoredGeofenceStates monitoredStates, bool singleUse);
public Geofence(string id, IGeoshape geoshape, MonitoredGeofenceStates monitoredStates, bool singleUse, TimeSpan dwellTime);
public Geofence(string id, IGeoshape geoshape, MonitoredGeofenceStates monitoredStates, bool singleUse, TimeSpan dwellTime, DateTimeOffset startTime, TimeSpan duration);
```

构造好维拉对象之后，把Geofence对象添加到地理围栏的监控中设置地理围栏，示例代码如下所示：

```
GeofenceMonitor.Current.Geofences.Add(geofence);
```

21.2.2 监听地理围栏通知

在创建地理围栏以后，需要添加逻辑，以便处理当出现地理围栏事件时所发生的情况。按照设置的MonitoredStates，可能会在下列情况中收到事件：

(1) 用户进入了关注的区域；

(2) 用户离开了关注的区域；

(3) 地理围栏过期或者已被删除，注意删除事件并不能激活后台应用。

当应用正在运行时，你可以直接从应用中侦听事件，或者注册一个后台任务，以便在发生事件时接收后台通知。

```
//给 GeofenceMonitor 对象添加地理围栏状态改变事件
GeofenceMonitor.Current.GeofenceStateChanged += OnGeofenceStateChanged;
//地理围栏状态改变事件
public async void OnGeofenceStateChanged(GeofenceMonitor sender,object e)
{
    //读取状态改变的报告
    var reports = sender.ReadReports();
    //启动 UI 线程
    await Dispatcher.RunAsync(CoreDispatcherPriority.Normal,() =>
    {
        foreach (GeofenceStateChangeReport report in reports)
        {
            //地理围栏的状态
            GeofenceState state = report.NewState;
            //地理围栏对象
            Geofence geofence = report.Geofence;
            if (state == GeofenceState.Removed)
            {
                //地理围栏已被移除
            }
            else if (state == GeofenceState.Entered)
            {
                //用户进入了地理围栏区域
            }
            else if (state == GeofenceState.Exited)
            {
                //用户退出地理围栏区域
            }
        }
    });
}
```

地理围栏的监控也可以使用后台任务来进行跟踪其状态的改变，实现的原理和思路和实现后台任务跟踪地理位置的做法是一样的。

下面给出监听地理围栏通知的示例：先使用定位服务获取当前的位置，然后再根据当前的经纬度信息，创建一个以当前地理位置为中心的周围20米的地理围栏区域，监控用户是否进入该区域和离开该区域，监控的时间是从现在开始为期10个小时。

代码清单21-4：监听地理围栏通知（第21章\Examples_21_4）

MainPage.xaml文件主要代码

```
--------------------------------------------------------------------
    <StackPanel>
        <TextBlock Text="创建一个地理围栏,在当前的定位位置,周围 20 米,从现在开始为期 10
个小时,并监控进入和退出的状态: " TextWrapping="Wrap"></TextBlock>
        <Button x:Name="creatGeofence" Content="创建地理围栏" Click="creatGeofence_
Click"></Button>
```

```
        <TextBlock x:Name="info"></TextBlock>
    </StackPanel>
```

MainPage.xaml.cs 文件主要代码

```
//地理围栏 ID
string fenceKey = "fenceKey";
public MainPage()
{
    this.InitializeComponent();
    this.NavigationCacheMode = NavigationCacheMode.Required;
    //添加地理围栏状态改变事件
    GeofenceMonitor.Current.GeofenceStateChanged += Current_GeofenceStateChanged;
}
//创建地理围栏的按钮事件处理程序
private async void creatGeofence_Click(object sender,RoutedEventArgs e)
{
    try
    {
        foreach(var geo in GeofenceMonitor.Current.Geofences)
        {
            if(geo.Id == fenceKey)
            {
                await new MessageDialog("该地理围栏已经添加").ShowAsync();
                return;
            }
        }
        //创建一个 Geolocator 对象
        Geolocator geolocator = new Geolocator();
        //获取当前的地理位置信息
        Geoposition pos = await geolocator.GetGeopositionAsync();
        //获取日历对象,并设置为当前的时间
        Calendar calendar = new Calendar();
        calendar.SetToNow();
        //获取当前的日期时间
        DateTimeOffset nowDateTime = calendar.GetDateTime();
        //使用经纬度来创建一个 BasicGeoposition 对象
        BasicGeoposition position;
        position.Latitude = pos.Coordinate.Point.Position.Latitude;
        position.Longitude = pos.Coordinate.Point.Position.Longitude;
        position.Altitude = 0.0;
        double radius = 20;
        //创建围栏的圆形区域
        Geocircle geocircle = new Geocircle(position,radius);
        //表示监控地理围栏 3 种状态的改变
        MonitoredGeofenceStates mask = 0;
```

```
            mask |= MonitoredGeofenceStates.Entered;
            mask |= MonitoredGeofenceStates.Exited;
            mask |= MonitoredGeofenceStates.Removed;
            //在进入状态改变事件之前,你需要持续在地理围栏内(外)的持续时间
            TimeSpan dwellTime = TimeSpan.FromSeconds(3);
            //该地理围栏持续 10 个小时
            TimeSpan duration = TimeSpan.FromHours(10);
            //创建围栏对象
            Geofence geofence = new Geofence(fenceKey, geocircle, mask, true, dwellTime,
nowDateTime,duration);
            GeofenceMonitor.Current.Geofences.Add(geofence);
            //添加成功
            await new MessageDialog("创建成功").ShowAsync();
        }
        catch (Exception)
        {
        }
    }
    //地理围栏状态改变事件处理程序
    async void Current_GeofenceStateChanged(GeofenceMonitor sender,object args)
    {
        var reports = sender.ReadReports();
        await Dispatcher.RunAsync(CoreDispatcherPriority.Normal,() =>
        {
            foreach (GeofenceStateChangeReport report in reports)
            {
                GeofenceState state = report.NewState;
                //获取地理围栏
                Geofence geofence = report.Geofence;
                if (state == GeofenceState.Removed)
                {
                    info.Text = "地理围栏已经被移除";
                    GeofenceMonitor.Current.Geofences.Remove(geofence);
                }
                else if (state == GeofenceState.Entered)
                {
                    info.Text = "进入地理围栏";
                }
                else if (state == GeofenceState.Exited)
                {
                    info.Text = "退出地理围栏";
                }
            }
        });
    }
```

使用模拟器来改变地理位置信息的运行效果如图 21.4 所示。

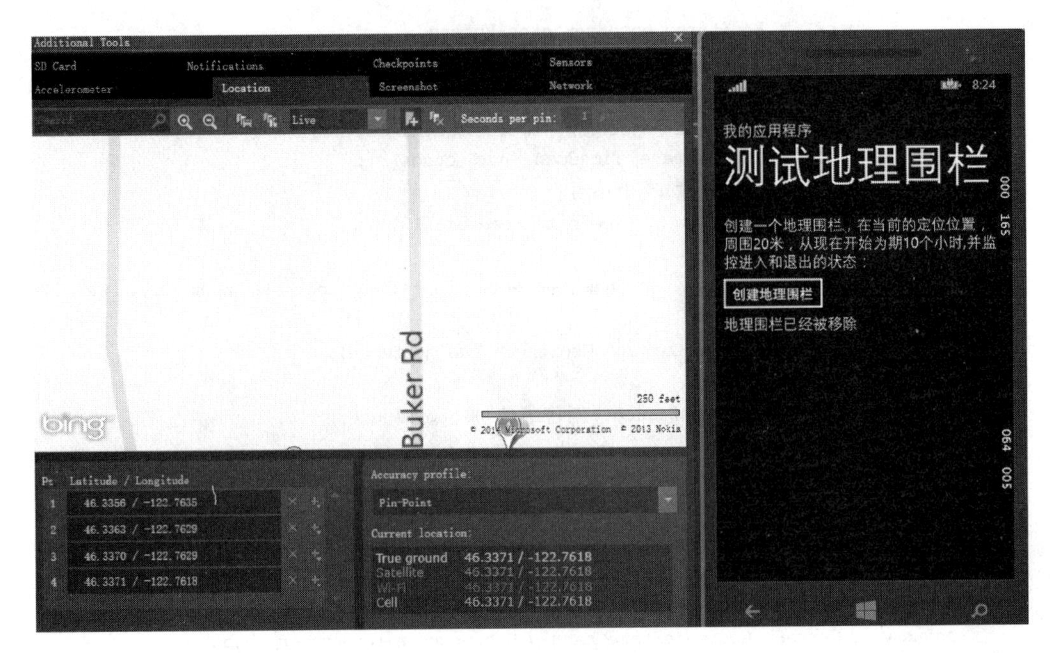
Additional Tools
SD Card
Notifications
Checkpoints
Sensors
Accelerometer
Location
Screenshot
Network
Live
Seconds per pin:
Buker Rd
250 feet
bing
Pt
Latitude / Longitude
46.3356 / -122.7635
46.3363 / -122.7629
46.3370 / -122.7629
46.3371 / -122.7618
Accuracy profile:
Pin-Point
Current location:
True ground 46.3371 / -122.7618
Satellite 46.3371 / -122.7618
Wi-Fi 46.3371 / -122.7618
Cell 46.3371 / -122.7618
8:24
我的应用程序
测试地理围栏
创建一个地理围栏，在当前的定位位置，周围20米，从现在开始为期10个小时,并监控进入和退出的状态：
创建地理围栏
地理围栏已经被移除

图 21.4　地理围栏

第 22 章

C#与 C++混合编程

Windows Phone C#的应用程序项目是可以和 C++的组件一起混合来使用的,这样可以非常方便地把一些 C++代码移植到项目中来使用。如果要 C#的应用程序项目中调用 C++的代码,可以通过 Windows 运行时组件来调用,Windows 运行时组件相当于一个连接纽带。在 Windows Phone 里面的 C++编程将会使用一种新的 C++语法,叫做 C++/CX,同时也支持使用标准 C++编程和调用标准 C++的组件。这种混合式编程,更大的意义是可以充分利用已有的 C++代码公共组件,而不必于在重新使用 C#代码进行编写;此外,对于一些复杂的加密算法类型的操作,使用 C++的代码会更加高效一些。本章将会详细地讲解 Windows Phone 的 C++/CX 编程语法,基于 C++的 Windows 运行时组件和如何使用标准的 C++以及如何在 C#的应用程序项目中调用基于 C#的 Windows 运行时组件等内容。

22.1 C++/CX 语法

C++/CX 是 Windows 运行时的 C++语法,在 Windows 运行时中提供的 C++编程的 API 就是基于 C++/CX 进行设计的,所以在 Windows 运行时下进行 C++编程将无处不在地使用着这样一种语法。目前,C++/CX 的编程应用在 Windows Phone 8/8.1 和 Windows 8/8.1 这两个新平台下,开启了微软对 C++扩展的新的路线,它提供了很多新的 C++的语法结构,不过也有很多语法特性与 C#语言很类似。C++/CX 是属于 Native C++,它不使用 CLR 也没有垃圾回收机制,这个和微软之前在.NET 平台下扩展的 C++/CLR 有本质的区别,虽然两者在语法方面比较类似,但是这两者是两种完全不同的东西。C++/CX 是基于 Windows 运行时而诞生的,它运行在 Windows 运行时上,比在.NET 平台上的托管 C++具有更高的效率,是一种新的技术产物。下面来看一下它的一些语法特性。

22.1.1 命名空间

命名空间(Namespace)表示标识符(identifier)的上下文(context)。一个标识符可在多个命名空间中定义,它在不同命名空间中的含义是互不相干的。这样,在一个新的命名空间中可定义任何标识符,它们不会与任何已有的标识符发生冲突,因为已有的定义都处于其他命名空间中。在标准C++里面命名空间是为了防止类型的冲突，但在Windows运行时中，使用C++编程需要给所有的程序类型添加上命名空间，这是Windows运行时的一种语法规范。这是C++/CX语法的命名空间与标准C++的命名空间最大的区别。在C++/CX中命名空间可以嵌套着使用，看下面的例子：

```
namespace Test
{
    public ref class MyClass{};
    public delegate void MyDelegate();
    namespace NestedNamespace
    {
        public ref class MyClass2
        {
            event Test::MyDelegate ^ Notify;
        };
    }
}
```

在MyClass2里来使用Test空间下面的类型需要通过Test::来调用。

Windows运行时的API都在Windows::*命名空间里面，在windows.winmd文件里面可以定义。这些命名空间都是为了Windows保留的，其他第三方自定义的类型不能够使用这些命名空间。Windows运行时API的命名空间如表22.1所示。

表22.1 C++/CX的命名空间

命名空间	描述
default	包含了数字和char16类型
Platform	包含了Windows运行时的一些主要的类型，如Array<T>，String，Guid和Boolean。也包含了一些特别的帮助类型如Platform::Agile<T>和Platform::Box<T>
Platform::Collections	包含了一些从IVector，Imap等接口中集成过来的集合类型。这些类型在collection.h头文件中定义，并不是在platform.winmd里面
Platform::Details	包含了在编译器里面使用的类型并不公开来使用

22.1.2 基本的类型

Windows运行时的C++/CX扩展了标准C++里面的基本的类型，C++/CX实现了布尔类型，字符类型和数字类型，这些类型都在default命名空间里面。另外，C++/CX还封装了一些在Windows运行时环境中独有的类型，这些类型在Windows运行时中也很常用。C++/CX的布尔类型和字符类型如表22.2所示，如果在公共接口中使用标准C++的bool和wchar_t类型，编译器会自动转换成C++/CX的类型。C++/CX的数字类型如表22.3所示，并不是所有标准C++内置类型都会在Windows运行时中得到支持，例如Windows运行时中不支持标准C++的long类型。Windows运行时类型如表22.4所示，这些类型在

Platform 空间中定义。

表 22.2　布尔类型和字符类型

命名空间	C++/CX 名字	定　　义	标准 C++名字	取值范围
Platform	Boolean	一个 8-bit 布尔类型	bool	true (非零)和 false (零)
default	char16	一个表示 Unicode (UTF-16) 16-bit 指针的非数字值	wchar_t 或 L'c'	标准 Unicode 字符

表 22.3　数字类型

C++/CX 名字	定　　义	标准 C++名字	取 值 范 围
int8	有符号 8-bit 整型	signed char	−128～127
uint8	无符号 8-bit 整型	unsigned char	0～255
int16	有符号 16-bit 整型	short	−32 768～32 767
uint16	无符号 16-bit 整型	unsigned short	0～65 535
int32	有符号 32-bit 整型	int	−2 147 483 648～2 147 483 647
uint32	无符号 32-bit 整型	unsigned int	0～4 294 967 295
int64	有符号 64-bit 整型	long long -or-__ int64	−9 223 372 036 854 775 808～9 223 372 036 854 775 807
uint64	无符号 64-bit 整型	unsigned long long-or-unsigned __ int64	0～18 446 744 073 709 551 615
float32	32-bit 浮点类型	float	3.4E+/−38 (7 digits)
float64	64-bit 浮点类型	double	1.7E +/−308 (15 digits)

表 22.4　Windows 运行时类型

名　　字	定　　义
Object	表示任何一个 Windows 运行时类型
String	字符串类型
Rect	矩形
SizeT	一个表示宽和高的大小类型
Point	点类型
Guid	表示一个 128-bit 的唯一字符串类型
UIntPtr	一个无符号 64 位值作为指针使用
IntPtr	一个有符号 64 位值作为指针使用
Enum	枚举类型

22.1.3　类和结构

C++/CX 语法定义一个类和创建一个对象所使用的语法和标准 C++是有区别的。在 C++/CX 中定义一个类和结构时需要使用“ref”关键字，如 ref class MyClass{…}，在程序中定义一个该类的对象的时候需要使用符号“^”来表示，如 MyClass ^ myClass = ref new

MyClass()。C++/CX 中的"ref"关键字和 C# 中的"ref"关键字是不一样的东西，C# 的"ref"关键字表示使参数按引用传递，C++/CX 表示 Windows 运行时的引用类。在 Windows 运行时中需要使用"public ref class"才可以提供给外部访问，也就是需要使用 C++/CX 的语法，也可以在 Windows 运行时中定义和使用标准 C++的类，但是无法提供给外部的程序进行调用和访问。

例如：

```
MyRefClass ^ myClass  =  ref new MyRefClass();
MyRefClass ^ myClass2  =  myClass;
```

myClass2 和 myClass 是指向相同的内存地址。

"^"符号的变量代表它是引用类型的，表示的是一个对象的指针，但是该指针不需要手动进行销毁，系统会负责它们的引用计数，当引用计数为 0 时，它们会被销毁。

"public ref class"的定义形式，一般是为了达到能够将这个对象在其他不同语言中使用的目的。Windows 运行时的 API 的开发模式是对外接口使用"public ref class"，内部使用标准 C++代码编写，在内部实现标准 C++和 C++/CX 的类型转换，然后通过转型到公共接口上。

下面来看一个使用 C++/CX 语法来定义类的代码示例：

Person.h 头文件

```
---------------------------------------------------------------------------------
#include <map>
using namespace std;                                    //引入标准 C++库
namespace WFC = Windows::Foundation::Collections;  //使用集合命名空间，在程序中定义为 WFC
ref class Person sealed                                 //使用 ref 关键字定义类
{
  //构造方法
  Person(Platform::String ^ name);
  //添加电话号码方法
  void AddPhoneNumber(Platform::String ^ type,Platform::String ^ number);
  //电话号码集合属性
  property WFC::IMapView < Platform::String ^,Platform::String ^>^ PhoneNumbers
  {
    //通过上面定义的集合空间名字来访问集合空间的 IMapView
    WFC::IMapView < Platform::String ^,Platform::String ^>^ get();
  }
private:
  //名字
  Platform::String ^ m_name;
  //电话号码
  std::map < Platform::String ^,Platform::String ^> m_numbers;
};
```

Person.cpp 源文件

```
-----------------------------------------------------------------------
using namespace Windows::Foundation::Collections;
using namespace Platform;
using namespace Platform::Collections;
//实现构造方法
Person::Person(String^ name): m_name(name) { }
//实现添加电话号码方法
void Person::AddPhoneNumber(String^ type,String^ number)
{
   m_numbers[type] = number;
}
//实现属性的 get 方法
IMapView<String^,String^>^ Person::PhoneNumbers::get()
{
   return ref new MapView<String^,String^>(m_numbers);
}
```

使用自定义的 Person 类

```
-----------------------------------------------------------------------
using namespace Platform;
//使用 ref new 来新建一个对象
Person^ p = ref new Person("ClarkKent");
//调用 Person 对象的方法
p->AddPhoneNumber("Home","425-555-4567");
p->AddPhoneNumber("Work","206-555-9999");
//调用 Person 对象的属性
String^ workphone = p->PhoneNumbers->Lookup("Work");
```

C++/CX 语法的结构体需要使用“value”关键字来进行声名，在结构体里面可以使用枚举、数据类型或者结构体等的数据，C++/CX 语法的结构体可以通过 Windows 运行时组件来进行传递。

下面来看一个使用 C++/CX 语法来定义结构体的代码示例：

```
//定义一个枚举
public enum class Continent {   Africa, Asia, Australia, Europe, NorthAmerica, SouthAmerica,
Antarctica };
//定义一个结构体,包含两个数字
value struct GeoCoordinates
{
  double Latitude;
  double Longitude;
};
//定义一个结构体,包含各种的数据结构
value struct City
{
  Platform::String^ Name;
  int Population;
  double AverageTemperature;
```

```
    GeoCoordinates Coordinates;
    Continent continent;
};
```

22.1.4 对象和引用计数

Winodws运行时是一个面向对象的库，在Windows运行时编程都是以对象的形式进行操作，但是Windows运行时中的C++对象跟C#里面的对象和标准C++里面的对象是不一样的。在Winodws运行时中，使用引用计数管理对象，关键字“ref new”新建一个对象，返回的是对象的指针，但是在Windows运行时中，使用“^”符号替代“*”，仍然使用“->”操作符访问对象的成员方法。另外，由于使用引用计数，不需要使用“delete”去释放指针的内存，对象会在最后一个引用失效的时候自动被释放。Winodws运行时内部是使用COM实现的，对于引用计数，在底层，Winodws运行时对象是一个使用智能指针管理的COM对象。创建一个C#对象，使用完毕的时候不需要释放，而是用GC垃圾回收期自动管理去回收对象。创建一个Winodws运行时的C++对象，使用完毕之后并不需要像标准C++一样去释放内存，而是由引用计数自动去释放。

在基于引用计数的任何类型的系统中，对类型的引用可以形成循环，即第一个对象引用第二个对象，第二个对象引用第三个对象，以此类推，直到某个最终对象引用回第一个对象。在一个循环中，当一个对象的引用计数变为零时，将无法正确删除该对象。为了帮助解决此问题，C++/CX提供了WeakReference类。WeakReference对象支持Resolve()方法，如果对象不再存在，则返回Null，或如果对象是活动的但不是类型T，则将引发InvalidCastException。

22.1.5 属性

C++/CX属性的语法是从C#的语法里面引进来的，作用与C#的一样，它提供灵活的机制来读取、编写或计算某个私有字段的值。可以像使用公共数据成员一样使用属性，但实际上它们是称作“访问器”的特殊方法。这使得可以轻松访问数据，此外还有助于提高方法的安全性和灵活性。属性里面包含了一个get访问器和一个set设置器，比其他的变量更加的灵活和强大，比如在属性里面可以定义该变量的访问权限和读取权限，也可以设置该变量的取值和赋值的复杂逻辑。

属性和字段的区别主要有下面的几点：属性是逻辑字段；属性是字段的扩展，源于字段；属性并不占用实际的内存，字段占内存位置及空间。属性可以被其他类访问，而大部分字段不能直接访问。属性可以对接收的数据范围作限定，而字段不能。最直接地说，属性是被“外部使用”，字段是被“内部使用”。

下面来看一个使用C++/CX语法来定义和使用属性的代码示例：

```
public ref class Prescription sealed
{
private:
    //字段
```

```
    Platform::String^ doctor;
    int quantity;
public:
    //属性
    property Platform::String^ Name;
    //只读属性
    property Platform::String^ Doctor
    {
      Platform::String^ get() { return doctor; }
    }
   //只写属性
    property int Quantity
    {
      int get() { return quantity; }
      void set(int value)
      {
        if (value <= 0) { throw ref new Platform::InvalidArgumentException(); }
        quantity = value;
      }
    }
};
```

22.1.6　接口

接口是一种约束形式,其中只包括成员定义,不包含成员实现的内容。接口的主要目的是为不相关的类提供通用的处理服务,接口是让一个类具有两个以上基类的唯一方式。接口是面向对象中一种非常强大的语法机制,但是在标准C++里面并没有接口的概念,不过在C++/CX语法中,微软引入了接口的语法机制。C++/CX的接口与C#的接口类似,一个C++/CX的ref类可以继承一个基类和多个接口,一个接口同时也可以继承多个接口。接口里面可以有事件、属性、方法等类型,这些类型必须是公开的,在C++/CX的接口里面不能够使用标准C++的类型,也不能使用静态的类型。

下面来看一个使用C++/CX语法来定义和实现接口的代码示例:

接口的定义:定义一个多媒体播放器的接口

```
-------------------------------------------------------------------
//播放状态
public enum class PlayState {Playing,Paused,Stopped,Forward,Reverse};
//播放器的事件参数
public ref struct MediaPlayerEventArgs
{
    property PlayState oldState;
     property PlayState newState;
};
//播放状态改变事件
public delegate void OnStateChanged(Platform::Object^ sender,MediaPlayerEventArgs^ a);
//接口
```

```
public interface class IMediaPlayer
    {
        //接口的成员
        event OnStateChanged^ StateChanged;
        property Platform::String^ CurrentTitle;
        property PlayState CurrentState;
        void Play();
        void Pause();
        void Stop();
        void Forward(float speed);
    };
```

接口的类实现：实现一个多媒体播放器的类

```
public ref class MyMediaPlayer sealed: public IMediaPlayer
    {
    public:
        //实现接口的成员
        virtual event OnStateChanged^ StateChanged;
        virtual property Platform::String^ CurrentTitle;
        virtual property PlayState CurrentState;
        virtual void Play()
        {
                            //…
            auto args = ref new MediaPlayerEventArgs();
            args->newState = PlayState::Playing;
            args->oldState = PlayState::Stopped;
            StateChanged(this,args);
        }
        virtual void Pause(){/*...*/}
        virtual void Stop(){/*...*/}
        virtual void Forward(float speed){/*...*/}
        virtual void Back(float speed){/*...*/}
    private:
        //...
    };
```

22.1.7 委托

委托是一种C++/CX语法中使用“ref”关键字来定义的特殊类，相当于标准C++里面的函数对象。它是封装可执行代码的类型。委托指定其包装函数必须具有的返回类型和参数类型，常与事件一起使用。委托的概念最先出现在.NET框架中，现在在C++/CX中引入了这样的语法，目的是解决函数指针的不安全性。函数指针是函数的地址，函数的入口点，函数指针既没有表示这个函数有什么返回类型，也没有指示这个函数有什么形式的参数，更没有指示有几个参数，所以标准C++的函数指针是非安全的。

委托需要使用“delegate”关键字来进行定义，可以在程序中定义委托，以便定义事件处理程序。委托的声明类似函数声明，但是它是一种类型。通常在命名空间范围声明委托，不过，也可以将委托声明嵌套在类声明中。

下面来看一个使用 C++/CX 语法来定义和使用委托的代码示例：

定义一个联系人信息类

```
------------------------------------------------------------------------
public ref class ContactInfo sealed
{
public:
    ContactInfo(){}
    ContactInfo(Platform::String ^ saluation, Platform::String ^ last, Platform::String ^
first,Platform::String ^ address1);
    property Platform::String ^ Salutation;
    property Platform::String ^ LastName;
    property Platform::String ^ FirstName;
    property Platform::String ^ Address1;
    //其他属性
    Platform::String ^ ToCustomString(CustomStringDelegate ^ func)
    {
        return func(this);
    }
};
```

定义，创建和使用委托

```
------------------------------------------------------------------------
//以下委托封装任何将 ContactInfo ^ 作为输入的函数并返回 Platform::String ^
public delegate Platform::String ^ CustomStringDelegate(ContactInfo ^ ci);
//创建一个自定义的委托
CustomStringDelegate ^ func = ref new CustomStringDelegate([] (ContactInfo ^ c)
{
        return c->FirstName + " " + c->LastName;
});
//使用委托
Platform::String ^ name = ci->ToCustomString(func);
```

委托和函数对象一样，包含将在未来某个时刻执行的代码。如果创建和传递委托的代码和接受并执行委托的函数在同一线程上运行，则情况就相对简单。如果该线程是 UI 线程，则委托可以直接操作用户界面对象（如 XAML 控件）。

22.1.8　事件

C++/CX 语法可以声明事件，同一组件或其他组件中的客户端代码可以订阅这些事件并在发布程序引发事件时执行自定义操作。可以在 ref 类或接口中声明事件，并且可以将其声明为公共、内部（公共/私有）、公共受保护、受保护、私有受保护或私有事件。事件的使用和 C# 的代码类似都是使用“+=”运算符来订阅事件，使用“-=”运算符来取消订阅。多个处理程序可以与同一事件关联，事件源按顺序从同一线程调用到所有事件处理程序。如果一个事件接收器在事件处理程序方法内受阻，则它将阻止事件源为该事件调用其他事件处理程序。事件源对事件接收器调用事件处理程序的顺序不能保证，可能因调用而异。

下面来看一个使用 C++/CX 语法来定义和使用事件的代码示例：

定义事件

```
------------------------------------------------------------------------
namespace EventTest
{
    ref class Class1;
    public delegate void SomethingHappenedEventHandler(Class1 ^ sender,Platform::String ^ s);
    public ref class Class1 sealed
    {
    public:
        Class1(){}
        event SomethingHappenedEventHandler ^ OnSomethingHappened;
        void DoSomething()
        {
            //其他一些逻辑处理
            …
            //触发事件
            OnSomethingHappened(this,L"Something happened.");
        }
    };
}
```

调用事件

```
------------------------------------------------------------------------
namespace EventClient
{
    using namespace EventTest;
    public ref class Subscriber sealed
    {
    public:
        Subscriber(): eventCount(0)
        {
            //创建拥有事件的类对象
            publisher = ref new EventTest::Class1();
            //订阅事件
            publisher->OnSomethingHappened +=
                ref new EventTest::SomethingHappenedEventHandler(
                this,
                &Subscriber::MyEventHandler);
        }
        //事件的处理方法
        void MyEventHandler(EventTest::Class1 ^ mc,Platform::String ^ msg)
        {
            //处理触发事件要做的事情
        }
```

```
    private:
        EventTest::Class1 ^ publisher;
    };
}
```

22.1.9 自动类型推导 auto

“auto”关键字表示自动类型推导类型，用于从初始化表达式中推断出变量的数据类型。通过“auto”的自动类型推断，可以大大简化编程工作。在 C++/CX 中的“auto”关键字与 C#之中的“var”关键字的用法是一样的。“auto”自动类型推导可以用到表示任何的一种类型，例如：

```
auto x = 0;                                    //因为 0 是 int 型,所以 x 为 int 类型,
auto y = 3.14;                                 //y 为 double 类型
```

“auto”也可以让代码更加简单和简洁，例如：

```
vector<int>::const_iterator temp = v.begin();
```

可以写成：

```
auto temp = v.begin();
```

22.1.10 Lambda 表达式

Lambda 表达式是一个匿名函数，它可以包含表达式和语句，并且可用于创建委托或表达式目录树类型。也就是说，一个 Lambda 表达式类似于普通的方法定义的写法，但是它没有函数名，这个方法没有普通方法那样的返回值类型。C++/CX 中 Lambda 表达式的标准形式是：[外部变量](参数)->返回值{函数体}，其中“->返回值”部分可以省略，如果省略则会有返回值类型推导，它的外部变量的传递方式如表 22.5 所示。

表 22.5 外部变量的传递方式

外部变量传递方式	说 明
[]	没有定义任何变量
[x,&y]	x 以传值方式传入(默认)，y 以引用方式传入
[&]	所有变量都以引用方式导入
[=]	所有变量都以传值方式导入
[&,x]	除 x 以传值方式导入外，其他变量以引用方式导入
[=,&z]	除 z 以引用方式导入外，其他变量以传值方式导入
[]	没有定义任何变量

使用 Lambda 表达式的两个整数相加的语法示例如下：

```
//两个整数相加
```

```
auto add = [](int x,int y){ return x + y;};
//调用 Lambda 表达式
int z = add(1,2);
```

使用 Lambda 表达式的向量求和语法示例如下：

```
//向量
std::vector<int> someList;
int total = 0;
std::for_each(someList.begin(),someList.end(),[&total](int x) {
  total += x;
});
```

22.1.11 集合

在 Windows 运行时里面可以使用 STL (Standard Template Library)集合库，但是不能在对外的接口和方法里面进行传递，所以在 Windows 运行时中需要使用 C++/CX 语法的集合进行信息的传递。Windows 运行时的集合在 collection.h 头文件中定义。下面来介绍一下 C++/CX 语法的集合类型：

Platform::Collections::Vector 类继承了 Windows::Foundation::Collections::IVector 接口类似于 C++标准库的 std::vector。

Platform::Collections::Map 类继承了 Windows::Foundation::Collections::IMap 接口类似于 C++标准库的 std::map。

VectorView 类继承了 IVectorView 接口，MapView 类继承了 IMap 接口。

Vector 类继承了 Windows::Foundation::Collections::IObservableVector 接口，Map 类继承了 Windows::Foundation::Collections::IObservableMap 接口，可以通过事件来监视集合的变化。

下面来看一下标准 C++的 vector 转换成 C++/CX 的 Vector 的示例：

```
#include <collection.h>
#include <vector>
#include <utility>
using namespace Platform::Collections;
using namespace Windows::Foundation::Collections;
using namespace std;
IVector<int>^ Class1::GetInts()
{
    vector<int> vec;
    for(int i = 0; i<10; i++)
    {
        vec.push_back(i);
    }
    //转换为 Vector
    return ref new Vector<int>(std::move(vec));
}
```

22.2　Windows 运行时组件

Windows 运行时是一个新的框架，目前主要应用在 Windows Phone 8/8.1 和 Windows 8/8.1 上，正是因为 Windows 运行时可以让 Windows Phone 8/8.1 和 Windows 8/8.1 更加容易地实现代码的共享。本节将会基于 Windows 运行时来介绍如何在 Windows Phone 上使用 C++编程和在 C#的应用程序项目中调用 C++的 API。

22.2.1　在项目中使用 Windows 运行时组件

通过 Windows 运行时组件可以让 C++的编程和 C#的项目无缝地整合起来，C#的 Windows Phone 项目调用 C++的 Windows 运行时组件就跟调用 C#的类库一样方便。

下面通过一个内存管理的例子（源代码：第 22 章\Examples_22_1）来看一下如何在 Windows 运行时中使用 C++的 API 并且通过 C#的项目进行调用。

首先，打开 Visual Studio 创建一个 C#的 Windows Phone 应用程序的项目并命名为 MemoryManagerDemo，然后在解决方案的名字上面，单击右键选择新建一个项目，选择 Visual C++，选中 Windows 运行时的项目模板，把项目组件命名为 MemoryManagerRT，可以看到如图 22.1 所示的 Windows 运行时组件的创建窗口。

图 22.1　创建 Windows 运行时组件

创建好 Windows 运行时组件之后，在 C#的应用程序项目 MemoryManagerDemo 项目里面添加 Windows 运行时组件 MemoryManagerRT 项目的引用。添加 Windows 运行时组件引用的窗口如图 22.2 所示。

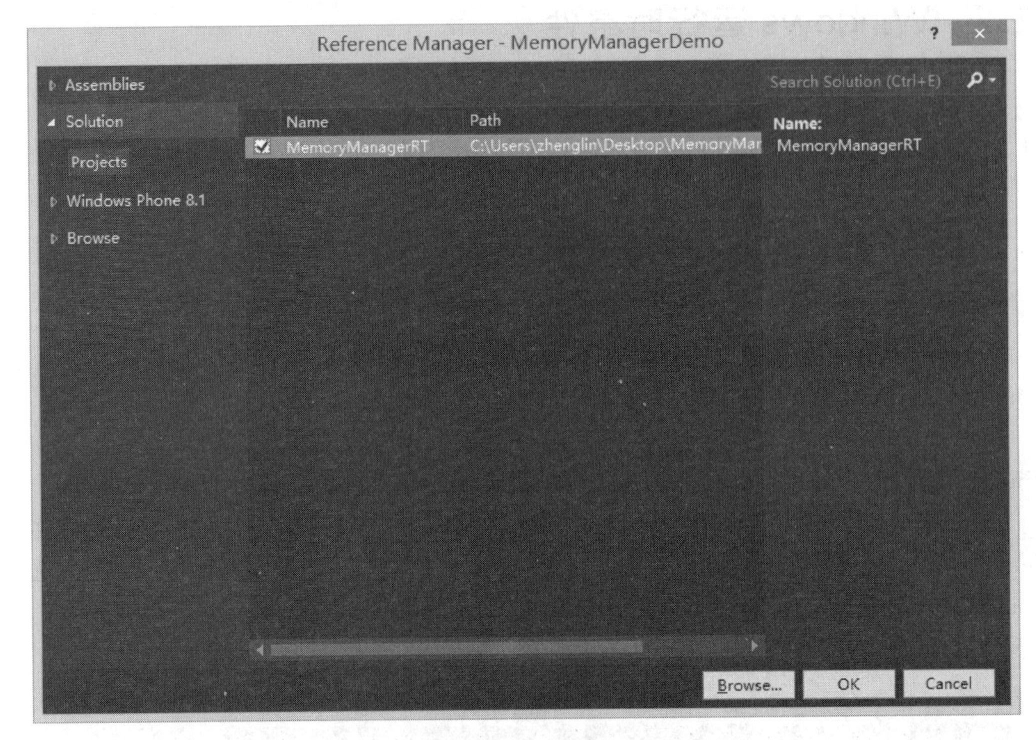

图 22.2　添加 Windows 运行时组件的引用

添加 Windows 运行时组件引用之后，现在整个项目的结构如图 22.3 所示。

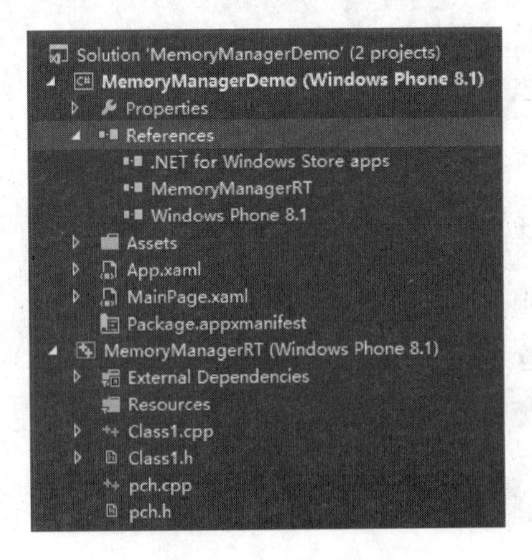

图 22.3　项目结构

在项目结构中，pch. h 和 pch. cpp 是预编译文件，下面来看一下在 Windows 运行时组件中添加 MemoryManagerRT. h 头文件和 MemoryManagerRT. cpp 源文件，并创建

CMemoryManagerRT 类来封装访问应用程序内存的代码。代码如下所示：

MemoryManagerRT.h 头文件

```
#pragma once
namespace MemoryManagerRT
{
    public ref class CMemoryManagerRT sealed
    {
    public:
        CMemoryManagerRT();
        //获取程序运行的内存大小
        static uint64 GetProcessCommittedBytes();
        //获取程序可用内存的大小
        static uint64 GetProcessCommittedLimit();
    };
}
```

MemoryManagerRT.cpp 源文件

```
#include "pch.h"
#include "MemoryManagerRT.h"
using namespace MemoryManagerRT;
using namespace Platform;
//引入内存管理的 C++空间
using namespace Windows::System;
CMemoryManagerRT::CMemoryManagerRT()
{
}
//获取程序运行的内存大小
uint64 CMemoryManagerRT::GetProcessCommittedBytes()
{
    return MemoryManager::AppMemoryUsage;
}
//获取程序可用内存的大小
uint64 CMemoryManagerRT::GetProcessCommittedLimit()
{
    return MemoryManager::AppMemoryUsageLimit;
}
```

MainPage.xaml.cs 文件：在 C# 的 Windows Phone 应用程序中调用 Windows 运行时的方法

```
    using Windows.UI.Xaml.Controls;
    using Windows.UI.Xaml.Navigation;
    //在 C# 的项目里面引入 C++项目的命名空间
    using MemoryManagerRT;
```

```
namespace MemoryManagerDemo
{
    public sealed partial class MainPage: Page
    {
        public MainPage()
        {
            this.InitializeComponent();
            //通过 Windows 运行时封装的 C++类在 C#中使用就和 C#的类的使用完全一样
            tbMemoryUsed.Text = CMemoryManagerRT.GetProcessCommittedBytes().ToString() +
"字节";
            tbMaxMemoryUsed.Text = CMemoryManagerRT.GetProcessCommittedLimit().
ToString() + "字节";
        }
    }
}
```

程序的运行效果如图 22.4 所示。

图 22.4　查看内存

22.2.2　Windows 运行时组件异步接口的封装

异步编程是 Windows Phone 使用非常频繁的方式，那么在 Windows 运行时里面这种异步编程也是很常用的，所以对于 C++的 Windows 运行时组件的封装也可以通过异步的方式来进行，封装之后在 C#的项目工程里面就可以通过“await”关键字来访问异步的方法。下面来看一下在 Windows 运行时里面封装异步方法接口的相关内容。

1. 引入头文件和空间

在 C++/CX 中，通过使用在 ppltasks.h 中的 concurrency 命名空间中定义的 task 类来使用异步方法。首先需要引入头文件"#include "ppltasks.h""和引用空间"using namespace concurrency;"，然后使用 IAsyncOperation 来定义异步方法。

2. 4 种异步处理的接口方式

Windows 运行时提供了 4 种异步处理的接口方式：

Windows::Foundation::IAsyncAction：无返回值，无处理进度报告。

Windows::Foundation::IAsyncActionWithProgress<TProgress>：无返回值，有处理进度报告。

Windows::Foundation::IAsyncOperation<TResult>：有返回值，无处理进度报告。

Windows::Foundation::IAsyncOperationWithProgress<TResult，TProgress>：有返回值，有处理进度报告。

3. 使用 create_async 方法创建异步任务

Concurrency::create_async 方法的参数是个 Lambda 表达式，也就是匿名函数指针。而 create_async 能根据 Lambda 表达式中的参数和返回值来决定 4 种接口中的一种作为返回类型。在 Windows 运行时内部使用的异步方法可以使用 create_task 方法来调用，但是这个不能作为 Windows 运行时的接口来提供。

下面给出 Windows 运行时异步接口实现的示例：创建一个 C++的 Windows 运行时，封装同步、异步和异步进度返回的接口，然后在 C# 的应用程序项目中调用。

代码清单 22-1：Windows 运行时异步接口的实现(第 22 章\Examples_22_2)

WindowsRuntimeComponent1.h 文件代码：Windows 运行时组件的头文件

```
#pragma once
#include "ppltasks.h"
using namespace concurrency;
using namespace Windows::Foundation;

namespace WindowsRuntimeComponent1
{
    //定义一个代理
    public delegate void CurrentValue(int sum);
    public ref class WindowsPhoneRuntimeComponent sealed
    {
    public:
        WindowsPhoneRuntimeComponent();
        //定义一个同步方法
        int Add(int x,int y);
        //定义一个异步方法
        IAsyncOperation<int>^ AddAdync(int x,int y);
        //定义一个返回进度条的方法
        IAsyncOperationWithProgress<int,double>^ AddWithProgressAsync(int x,int y);
```

```
            //定义一个事件,通过事件返回进度结果
            event CurrentValue^ currentValue;
        };
    }
```

WindowsRuntimeComponent1.cpp 文件代码：Windows 运行时组件的源文件

```
#include "pch.h"
#include "WindowsRuntimeComponent1.h"

using namespace Platform;
using namespace WindowsRuntimeComponent1;

WindowsPhoneRuntimeComponent::WindowsPhoneRuntimeComponent()
{
}
//同步方法的实现
int WindowsPhoneRuntimeComponent::Add(int x,int y)
{
    //使用 Lambda 表达式来定义两个整数相加的表达式
    auto f1 = [x,&y]() -> int
    {
        int z = x + y;
        return z;
    };
    y++;
    return f1();
}
//异步方法的实现
IAsyncOperation<int>^ WindowsPhoneRuntimeComponent::AddAdync(int x,int y)
{
    auto f1 = [x,y]() -> int
    {
        int z = x + y;
        return z;
    };
    y++;
    return create_async(f1);
}
//带有进度条的异步方法的实现
IAsyncOperationWithProgress<int,double>^ WindowsPhoneRuntimeComponent::AddWithProgressAsync
(int x,int y)
{
    //创建 create_async 异步方法,带有进度条对象和取消异步请求的对象
    return create_async([this,x,y]
        (progress_reporter<double> reporter,cancellation_token cts) -> int
    {
        if (x<0 || y<0 || x>y)
        {
```

```
                throw ref new InvalidArgumentException();
            }
            int sum = 0;
            for (int n = x; n< y; n++)
            {
                //如果请求取消任务,则调用 cancel_current_task 方法取消当前的异步任务
                if (cts.is_canceled())
                {
                    cancel_current_task();
                    return 0;
                }
                sum += n;
                //报告进度条
                reporter.report(n);
                //使用事件来报告进度条,这是实现进度条的另外一种方式
                this->currentValue(n);
                //阻塞 1 秒钟
                Concurrency::wait(1000);
            }
            return sum;
        });
    }
```

MainPage.xaml 文件代码：C#应用程序项目的界面代码

```
-----------------------------------------------------------------
    <StackPanel>
        <Button Content="测试运行时的方法" Click="Button_Click_1" Width="370"></Button>
        <Button Content="异步调用" Click="Button_Click_2" Width="370"></Button>
        <Button Content="测试进度条" Click="Button_Click_3" Width="370"></Button>
        <ProgressBar x:Name="progressBar" Height="30"></ProgressBar>
    </StackPanel>
```

MainPage.xaml.cs 文件代码

```
-----------------------------------------------------------------
    //Windows 运行时,用 C++定义的对象
    WindowsPhoneRuntimeComponent windowsPhoneRuntimeComponent;
    //异步任务的进度对象
    Progress<double> myProgress;
    //异步任务的取消对象
    CancellationTokenSource cancellationTokenSource;
    public MainPage()
    {
        InitializeComponent();
        //创建一个 Windows 运行时的类的对象
        windowsPhoneRuntimeComponent = new WindowsPhoneRuntimeComponent();
        //订阅事件
        windowsPhoneRuntimeComponent.currentValue += windowsPhoneRuntimeComponent_currentValue;
        //创建异步任务的进度对象
```

```
        myProgress = new Progress<double>();
        //订阅异步任务的进度对象的进度事件
        myProgress.ProgressChanged += myProgress_ProgressChanged;
    }
    //Windows 运行时组件事件的处理程序
    async void windowsPhoneRuntimeComponent_currentValue(int __param0)
    {
        await this.Dispatcher.RunAsync(CoreDispatcherPriority.Normal,() =>
            {
                progressBar.Value = __param0 * 10;
            });
        Debug.WriteLine("事件汇报的进度: " + __param0.ToString());
    }
    //异步任务的进度对象的进度事件的处理程序
    void myProgress_ProgressChanged(object sender,double e)
    {
        Debug.WriteLine("当前处理进度: " + e.ToString());
        //当进度等于 8 的时候测试取消异步任务
        if (e == 8)
        {
            cancellationTokenSource.Cancel();
        }
    }
    //调用 Windows 运行时的同步方法的按钮事件处理程序
    private async void Button_Click_1(object sender,RoutedEventArgs e)
    {
        int sum = windowsPhoneRuntimeComponent.Add(1,10);
        await new MessageDialog("结果: " + sum).ShowAsync();
    }
    //调用 Windows 运行时的异步方法的按钮事件处理程序
    private async void Button_Click_2(object sender,RoutedEventArgs e)
    {
        int sum = await windowsPhoneRuntimeComponent.AddAdync(1,10);
        await new MessageDialog("结果: " + sum).ShowAsync();
    }
    //调用 Windows 运行时的带进度条同步方法的按钮事件处理程序
    private async void Button_Click_3(object sender,RoutedEventArgs e)
    {
        try
        {
            cancellationTokenSource = new CancellationTokenSource();
            //只是带进度条的调用方式
            //int sum = await windowsPhoneRuntimeComponent.AddWithProgressAsync(1, 10).
AsTask(myProgress);
            //带进度条,同时可以取消任务的运行
            int sum = await windowsPhoneRuntimeComponent.AddWithProgressAsync(1,10).AsTask
(cancellationTokenSource.Token,myProgress);
```

```
            await new MessageDialog("结果: " + sum).ShowAsync();
            Debug.WriteLine("结果: " + sum);
        }
        catch (TaskCanceledException)
        {
            Debug.WriteLine("任务被取消了");
        }
        catch (Exception)
        {
        }
    }
```

应用程序的运行效果如图 22.5 所示。

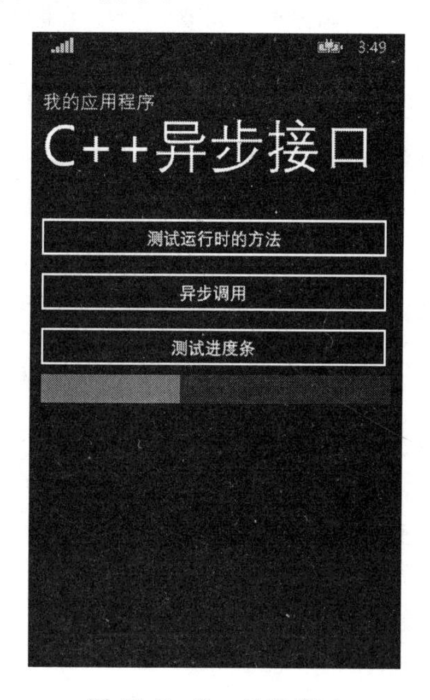

图 22.5　C++异步接口

22.3　使用标准 C++

虽然在 Windows Phone 里的 C++使用 C++/CX 语法，但是也同样支持标准 C++。Windows 运行时组件里面支持使用标准 C++的编程，但是只是内部支持，在对外调用的方法之中传递的参数必须要使用 C++/CX 语法的类型，所以在 Windows 运行时里面使用标准 C++编程通常需要将标准 C++的类型与 C++/CX 的类型进行转换。在 Windows 运行时里面使用标准 C++的通常方法是传入 C++/CX 类型的参数，然后将 C++/CX 的类型转化为标准 C++的类型，再编写标准 C++的代码，最后将结果从标准 C++转化为 C++/CX 的类型，作为返回值返回。

22.3.1 标准 C++与 C++/CX 的类型自动转换

标准 C++的布尔值、字符和数字基础类型会被自动转换为 C++/CX 对应的类型，所以标准 C++的布尔值、字符和数字基础类型无须再进行转换，可以直接进行赋值和使用。它们的对应关系如表 22.2 和表 22.3 所示。

22.3.2 标准 C++与 C++/CX 的字符串的互相转换

标准 C++的字符串和 C++/CX 的字符串类型是不一样的，在 Windows 运行时中使用的时候需要将两者进行转换。在 C++/CX 里面使用 Platform::String 类来表示字符串的类型，在 Windows 运行时的接口和方法中，需要使用 Platform::String 来作为字符串参数的传递。使用标准 C++的字符串类型如 wstring 或者 string 的时候，可以将 Platform::String 与标准的 C++的字符串进行相互转换。

String 类型表示 char16 的字符串，可以直接通过字符串的赋值进行构造，也可以使用标准 C++的 wchar_t * 指针进行构造。

```
//使用 wchar_t * 和 wstring 初始化一个 String
wchar_t msg[] = L"Test";
String ^ str8 = ref new String(msg);
std::wstring wstr1(L"Test");
String ^ str9 = ref new String(wstr1.c_str());
String ^ str10 = ref new String(wstr1.c_str(),wstr1.length());
```

String 类型提供了相关的方法来操作字符串，可以使用 String::Data()方法来返回一个 String ^ 对象的 wchar_t * 指针。下面来看一下 String 类型和标准 C++的 wstring 进行相互转换。

```
#include <string>
using namespace std;
using namespace Platform;
…
    //创建一个 String ^ v 变量
    String ^ str1 = "AAAAAAAA";
    //使用 str1 的值创建一个 wstring 变量
    wstring ws1(str1->Data());
    //操作 wstring 的值
    wstring replacement(L"BBB");
    ws1 = ws1.replace (1,3,replacement);
    //这时候 ws1 的值是 L"ABBBAAAA".
    //把 wstring 转化为 String ^ 类型
    str1 = ref new String(ws1.c_str());
…
```

22.3.3 标准 C++与 C++/CX 的数组的互相转换

标准 C++的数组类型 std::vector 和 C++/CX 中的数组类型 Platform::Array 在使用的过程中经常需要进行转换。不过，Platform::Array 类型既不像 std::vector 那样高效，也不像它那样功能强大。因此,一般原则是,避免在对数组元素执行大量操作的内部代码中使用该类型。下面来看一下这两者之间如何进行转换。

C++/CX 数组转化为标准 C++数组

```
---------------------------------------------------------------------------
#include <vector>
#include <collection.h>
using namespace Platform;
using namespace std;
using namespace Platform::Collections;
void ArrayConversions(const Array<int>^ arr)
{
    //构建一个标准 C++数组的两种方式
    vector<int> v1(begin(arr),end(arr));
    vector<int> v2(arr->begin(),arr->end());
    //使用循环的方式构建数组
    vector<int> v3;
    for(int i: arr)
    {
        v3.push_back(i);
    }
}
```

标准 C++数组转化为 C++/CX 数组

```
---------------------------------------------------------------------------
Array<int>^ App::GetNums()
{
    int nums[] = {0,1,2,3,4};
    return ref new Array<int>(nums,5);
}
```

22.3.4 在 Windows 运行时组件中使用标准 C++

下面给出 MD5 加密的示例:该示例通过 Windows 运行时组件来使用标准 C++编写 MD5 加密算法,然后在 Windows Phone 的项目里面调用这个 MD5 加密算法来加密字符串。

代码清单 22-2:MD5 加密(源代码:第 22 章\Examples_22_3)

md5.h 头文件

```
---------------------------------------------------------------------------
#ifndef BZF_MD5_H
#define BZF_MD5_H
#include <string>
#include <iostream>
class MD5
{
public:
  typedef unsigned int size_type;
//默认构造方法
```

```
    MD5();
    //计算 MD5 的字符串
    MD5(const std::string& text);
    //MD5 块的更新操作
    void update(const unsigned char * buf,size_type length);
    void update(const char * buf,size_type length);
    //结束 MD5 的操作
    MD5& finalize();
    std::string hexdigest() const;
    std::string md5() const;
    friend std::ostream& operator <<(std::ostream&,MD5 md5);
private:
    void init();
    typedef unsigned char uint1;                    //8bit
    typedef unsigned int uint4;                     //32bit
    enum {blocksize = 64};
    //采用 MD5 算法块
    void transform(const uint1 block[blocksize]);
    //解码输入到输出
    static void decode(uint4 output[],const uint1 input[],size_type len);
    //解码输入到输出
    static void encode(uint1 output[],const uint4 input[],size_type len);
    bool finalized;
    uint1 buffer[blocksize];                        //数据
    uint4 count[2];                                 //64bit 计算高低位
    uint4 state[4];                                 //状态
    uint1 digest[16];                               //结果
    //低位的逻辑操作
    static inline uint4 F(uint4 x,uint4 y,uint4 z);
    static inline uint4 G(uint4 x,uint4 y,uint4 z);
    static inline uint4 H(uint4 x,uint4 y,uint4 z);
    static inline uint4 I(uint4 x,uint4 y,uint4 z);
    static inline uint4 rotate_left(uint4 x,int n);
    static inline void FF(uint4 &a,uint4 b,uint4 c,uint4 d,uint4 x,uint4 s,uint4 ac);
    static inline void GG(uint4 &a,uint4 b,uint4 c,uint4 d,uint4 x,uint4 s,uint4 ac);
    static inline void HH(uint4 &a,uint4 b,uint4 c,uint4 d,uint4 x,uint4 s,uint4 ac);
    static inline void II(uint4 &a,uint4 b,uint4 c,uint4 d,uint4 x,uint4 s,uint4 ac);
};
#endif
```

创建一个 Windows 运行时组件，命名为 PhoneRuntimeComponent1，在组件里面添加上面的两个 md5 文件的源代码，然后编写 Windows 运行时的对外方法，代码如下所示。

PhoneRuntimeComponent1. h 头文件

```
------------------------------------------------------------------------
#pragma once
using namespace std;
namespace PhoneRuntimeComponent1
{
    public ref class CPhoneRuntimeComponent1 sealed
    {
```

```
    public:
        CPhoneRuntimeComponent1();
        Platform::String^ GetMd5(Platform::String^text);
    };
}
```

PhoneRuntimeComponent1.cpp 头文件

```
--------------------------------------------------------------------------
#include "pch.h"
#include "PhoneRuntimeComponent1.h"
#include "IntArray.h"
#include "md5.h"
#include <string>
#include <vector>
#include <iostream>
using namespace PhoneRuntimeComponent1;
using namespace Platform;
using namespace std;
CPhoneRuntimeComponent1::CPhoneRuntimeComponent1()
{
}
Platform::String^ CPhoneRuntimeComponent1::GetMd5(Platform::String^text)
{
    ///先把 Platform::String 转化为 std::string
    //转化为一个 std::wstring 对象
    std::wstring strr(text->Data());
    //获取区域设置
    std::locale const loc("");
    wchar_t const * from = strr.c_str();
    std::size_t const len = strr.size();
    std::vector<char> buffer(len + 1);
    //字符转换为类型 char 对应的字符在本机字符集
    std::use_facet<std::ctype<wchar_t>>(loc).narrow(from,from + len,'_',&buffer[0]);
    std::string str =  std::string(&buffer[0],&buffer[len]);
    //调用 MD5 加密算法
    MD5 md5(str);
    string result = md5.md5();
    //把 std::string 转化为 Platform::String 然后返回
    std::wstring wstr;
    wstr.resize(result.size() + 1);
    size_t charsConverted;
    //将多字节字符序列转换为相应的宽字符序列
    errno_t err = ::mbstowcs_s(&charsConverted,(wchar_t *)wstr.data(),wstr.size(),result.
data(),result.size());
    //清除最后一个字符
    wstr.pop_back();
    return ref new String(wstr.c_str());
}
```

在 Windows Phone 项目中,引入编写完成的 Windows 运行时组件,然后通过 Windows Phone 的应用程序用 C#代码来调用 Windows 运行时组件,从而实现了使用标准 C++的

MD5 加密算法。

MainPage. xaml 文件

```
<StackPanel>
    <TextBlock Text="请输入字符串："/>
    <TextBox x:Name="tbStr"/>
    <Button Content="获取 MD5 字符串" Click="Button_Click_1"/>
    <TextBlock x:Name="tbMd5"/>
</StackPanel>
```

MainPage. xaml. cs 文件

```
public sealed partial class MainPage: Page
    {
        public MainPage()
        {
            InitializeComponent();
        }
        private void Button_Click_1(object sender,RoutedEventArgs e)
        {
            //调用 Windows 运行时组件的类
            CPhoneRuntimeComponent1 rt = new CPhoneRuntimeComponent1();
            //调用 Windows 运行时组件的加密方法
            tbMd5.Text = rt.GetMd5(tbStr.Text);
        }
    }
```

程序的运行效果如图 22.6 所示。

图 22.6　C++MD5

开发实例篇

通过开发技术篇的学习，读者应掌握了一定的 Windows Phone 的开发技术，但是要真正掌握这些技术必须要通过不断的实例训练才能熟能生巧，才能够更加深入地去研究这些技术。本篇是以应用实例的形式来讲解 Windows Phone 的知识，每个实例都会对应上开发技术篇的若干个技术点，本篇对实例所涉及的知识点不会做详细的讲解，大部分的知识点都在开发技术篇已有说明。读者对本篇的学习可以从实际应用开发的角度去学习，就是准备去开发一个实际应用的时候，要先问清楚自己怎么去实现这些功能，用怎样的技术去实现，然后再去编码。当然，对于复杂的应用开发，更需要开发前期的准备工作，如详细设计文档等。这些实例涉及 Windows Phone 多方面的技术，是对前面所讲的知识的一个综合的运用。本篇内容也是对前面所学知识的一个加强训练。

本篇包含了第 23 章 Bing 在线壁纸和第 24 章记账本应用的开发，这两章都综合地使用了 Windows Phone 的各种开发技术，是在掌握了一定的 Windows Phone 编程知识后进行训练的很合适的实例。其中，第 23 章主要涉及基于网络方面的相关开发知识，第 24 章主要涉及本地数据存储的相关开发知识。

本篇包括以下章节：

第 23 章　应用实战：Bing 在线壁纸

介绍使用 Bing 在线壁纸的应用开发。

第 24 章　应用实战：记账本

介绍记账本的应用开发。

通过本篇的学习，将会更加深刻地理解和运用 Windows Phone 的技术知识来开发自己的应用，同时也可以学会综合运用 Windows Phone 的各种技术，打造出属于自己的 Windows Phone 应用程序。

第23章 应用实战：Bing在线壁纸

本章介绍一个使用Bing搜索引擎背景图接口实现的一个应用——Bing在线壁纸，介绍如何使用网络接口来实现一个壁纸下载，壁纸列表展示和网络请求封装的内容。通过该例子可以学习如何使用网络编程的知识和开放的接口来实现一些有趣的应用程序，如何在项目中封装相关的功能模块，从而进一步地掌握Windows Phone应用程序开发的过程。

23.1 应用实现的功能

微软的Bing搜索引擎每天都会挑选出一张图片作为今天的主题，并且对图片的含义或者图片所代表的意思进行一番解说，每天的图片和故事都不一样在网页上打开Bing搜索的中国区主页（http://cn.bing.com/），就可以看到今天的bing壁纸的内容和故事，每天都给用户带来有内涵有深度的图片和故事。在桌面的浏览器看到的Bing壁纸会很大，但是Bing还有手机的版本，对于手机版本Bing也是适配和符合手机分辨率的壁纸大小。

接下来要实现的Bing在线壁纸的应用程序使用了微软的Bing壁纸获取接口，把Bing搜索引擎每天的壁纸和故事通过网络接口来获取，然后在应用程序中显示出来。因为Bing壁纸每天都是不一样的，所以要实现的应用可以让用户不仅可以看到今天的壁纸和故事，也可以获取以前的壁纸和故事。Bing在线壁纸应用里面主要实现了两个功能，一是显示今天中国的壁纸主题，二是根据时间来获取壁纸的主题和故事，然后使用列表控件把主要国家的壁纸和故事展示出来，用户同时可以对壁纸进行相关的操作，如在浏览器打开、收藏等功能。

23.2 获取Bing壁纸的网络接口

Bing壁纸获取的网络接口网址格式如下：

http://appserver.m.bing.net/BackgroundImageService/TodayImageService.svc/GetTodayImage?dateOffset=0&urlEncodeHeaders=true&osName=windowsPhone&osVersion=8.10&orientation=480x800&deviceName=WP8&mkt=en-US

这个接口可以通过 HTTP 的 Get 请求来获取，可以直接在浏览器中打开链接便可以获取图片的显示效果，如图 23.1 所示。下面来看一下接口链接所传递过去的一些参数的说明。

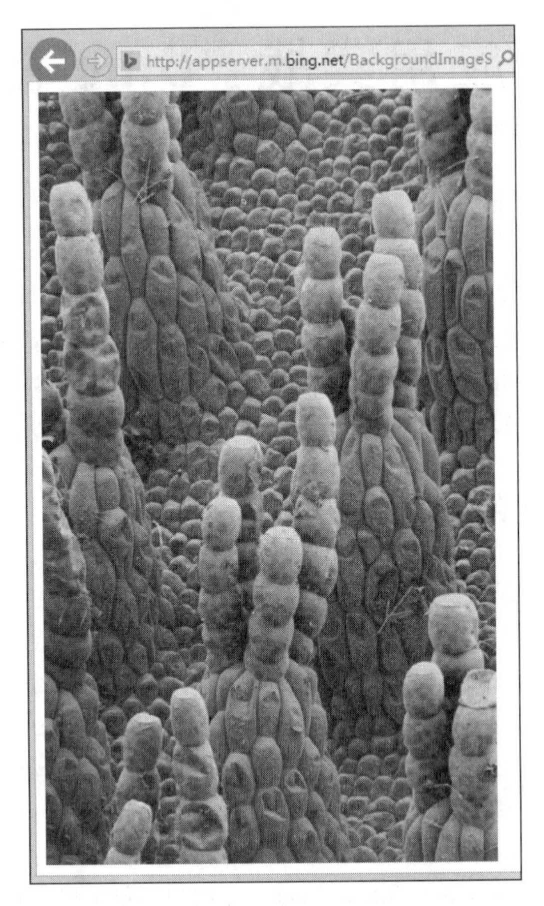

图 23.1　在浏览器查看 Bing 壁纸

(1) dateOffset：表示已经过去的天数，例如 0 表示是今天，1 则表示是昨天，4 表示是获取 4 天前的壁纸，以此类推。

(2) orientation：表示获取的壁纸图片的分辨率，可以设置为 480×800、1024×768 和 800×480。

(3) mkt：表示国家地区的语言编码，可以通过不同的语言编码来获取不同的国家和地区的 Bing 壁纸图片和信息，例如可以设置为 zh-CN、en-US 等。

直接从该接口下载获取的数据是整张图片的数据，如果要获取图片的主题和故事，需要通过 HTTP 头相关的参数来获取。在 IE 浏览器上打开上面的链接，然后从浏览器的设置选项，找到“F12 开发人员工具”的选项，单击启动 IE 浏览器的开发人员工具，然后在这里查看网络请求的头信息。找到网络类别，选择“详细信息”→“响应标头”就可以看到 HTTP 请求返回的响应头的信息，如图 23.2 所示。在这个响应头里面，我们主要是要找到关于图片主题和故事的信息。

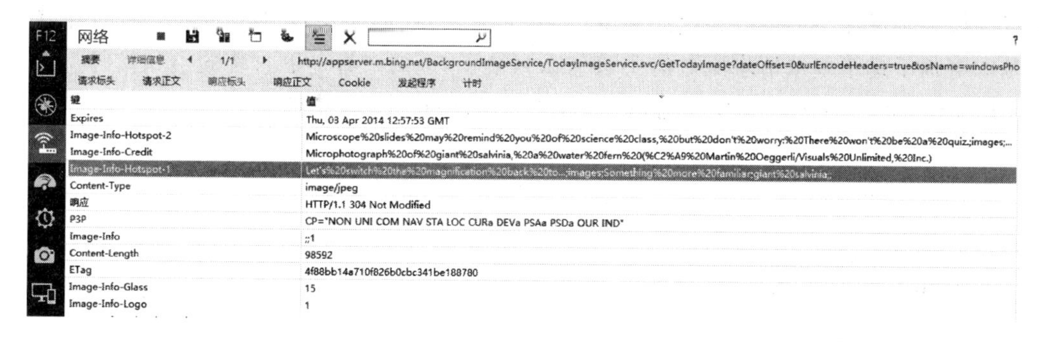

图 23.2　在开发人员工具里面查看 HTTP 响应头

(1) Image-Info-Credit(包含了图片的主题和版权信息)：

Microphotograph%20of%20giant%20salvinia,%20a%20water%20fern%20(%C2%A9%20Martin%20Oeggerli/Visuals%20Unlimited,%20Inc.)

(2) Image-Info-Hotspot-1(图片的热点说明 1)：

Let's%20switch%20the%20magnification%20back%20to...;images;Something%20more%20familiar;giant%20salvinia;;

(3) Image-Info-Hotspot-2(图片的热点说明 2)：

Microscope%20slides%20may%20remind%20you%20of%20science%20class,%20but%20don't%20worry:%20There%20won't%20be%20a%20quiz.;images;Just%20marvel%20at%20how%20amazing%20plants%20can%20look%20up%20close;microphotography%20plants;;

23.3　壁纸请求服务的封装

掌握了 Bing 壁纸的接口信息规则之后，接下来要做的事情就是根据业务的规则来封装壁纸请求服务，把与壁纸请求关联的业务规则通过一个类来封装起来，然后提供相关的方法给外部来调用。通过对应用程序相关的服务封装成为公共的方法或者接口，这是在程序架构上的基本原则，这样做的好处是不仅仅可以实现程序代码的共享，还可以实现解耦，程序逻辑清晰等好处。在封装 bing 壁纸请求服务的时候，首先要考虑的问题是业务的情景，然后根据这个情景封装一个什么样的方法？传递进来的是什么参数？然后返回什么样的返回值？通过什么方式返回结果？首先根据网络接口和业务情景，可以分析我们要实现的功能——根据时间来获取当前的壁纸详情，壁纸详情会包括壁纸地址、壁纸主题、壁纸热点说明等信息，然后同一天还需要获取多个国家的壁纸信息。通过这些分析，我们知道要传递进来的参数是时间，然后获取到的结果是多个国家在当天的壁纸信息。因为多个国家的壁纸信息，根据目前的接口情况是需要发起多次的请求才能获取到，并且HTTP的请求是异步请求，所以当发起这个网络服务请求时，我们是很有必要去提供当前的进度信息，因此我们可以提供一个进度条的事件来返回进度结果、异常消息、结果信息等。通过上面的分析，现在基本清晰了这个壁纸请求服务的类该怎么封装了，下面来看一下封装的类和代码。

PictureInfo类：表示壁纸信息的类，包含壁纸地址、主题、热点信息

```
///<summary>
///壁纸图片信息类
///</summary>
public class PictureInfo
{
    //壁纸的热点说明信息
    public List<string> hotspot { get; set; }
    //壁纸的主题
    public string imgTitle { get; set; }
    //壁纸图片的地址
    public Uri imageUri { get; set; }
    //壁纸位图对象
    public BitmapImage image { get; set; }
    //国家代码
    public string countryCode { get; set; }
    //壁纸图片信息类的初始化
    public PictureInfo(string _countryCode,string _imgTitle,string _imgUri)
    {
        countryCode = _countryCode;
        imgTitle = _imgTitle;
        imageUri = new Uri(_imgUri);
    }
}
```

ProgressEventArgs类：表示获取壁纸信息的进度返回的参数类

```
//下载进度参数类
public class ProgressEventArgs: EventArgs
{
    //进度的百分比值
    public int ProgressValue { get; set; }
    //是否完成了所有图片的下载
    public bool Complete { get; set; }
    //是否发生异常
    public bool IsException { get; set; }
    //异常消息
    public string ExceptionInfo { get; set; }
    //下载的图片列表信息,未完成时为null
    public List<PictureInfo> Pictures { get; set; }
}
```

WallpapersService类：表示获取壁纸信息的服务类，该类使用单例模式来设计——对于整个应用程序，这个服务类也只需要一个对象，更加适合设计成单例模式

```
///<summary>
///获取壁纸信息的服务类
///</summary>
public class WallpapersService
{
    //距离今天的天数，表示获取壁纸的时间
    private int selectedDay;
    //国家代码
    private List<string> countries = new List<string>(new string[] {
        "zh-CN","fr-FR", "de-DE","en-US", "ja-JP","en-GB"});
    //需要获取的请求次数
    private int http_times;
    //总的请求次数
    private int http_times_all;
    //是否已经开始下载了
    private bool downloading = false;
    //已经下载的图片信息
    private Dictionary<int,List<PictureInfo>> allHaveDownloadPictures;
    //完成进度事件
    public EventHandler<ProgressEventArgs> GetOneDayWallpapersProgressEvent;
    //触发完成进度事件的方法
    private void OnGetOneDayWallpapersProgressEvent(ProgressEventArgs progressEventArgs)
    {
        if (GetOneDayWallpapersProgressEvent != null)
        {
            GetOneDayWallpapersProgressEvent.Invoke(this,progressEventArgs);
        }
    }
    private static WallpapersService _Current;
    //单例对象
    public static WallpapersService Current
    {
        get
        {
            if (_Current == null)
                _Current = new WallpapersService();
            return _Current;
        }
    }
    //初始化对象
    private WallpapersService()
    {
        allHaveDownloadPictures = new Dictionary<int,List<PictureInfo>>();
    }
    ///<summary>
    ///获取所选时间的图片
```

```
        ///</summary>
        ///<param name="selectedDay">表示距离今天的时间,0 表示今天,1 表示昨天……</param>
        public void GetOneDayWallpapers(int day)
        {
            //如果当前正在下载图片则跳出该方法的调用
            if (downloading) return;
            //把当前的服务标志位正在下载
            downloading = true;
            selectedDay = day;
            //如果当前并没有该日期的数据则需要在字典对象里面添加上
            if(!allHaveDownloadPictures.Keys.Contains(selectedDay))
            {
                allHaveDownloadPictures.Add(selectedDay,new List<PictureInfo>());
            }
            //拼接网络请求地址
            string format = "http://appserver.m.bing.net/BackgroundImageService/
TodayImageService.svc/GetTodayImage?dateOffset=-{0}&urlEncodeHeaders=true&osName=
windowsPhone&osVersion=8.10&orientation=480x800&deviceName=WP8Device&mkt={1}";
            http_times_all = http_times = countries.Count<string>();
            foreach (string country in countries)
            {
                //判断该请求是否已经请求过,通过其所对应的日期和国家
                if (allHaveDownloadPictures[selectedDay].Select(item => item.countryCode ==
country).Count() == 0)
                {
                    //图片下载 url
                    string bingUrlFmt = string.Format(format,selectedDay,country);
                    //开始下载
                    HttpWebRequest request = (HttpWebRequest)WebRequest.Create(bingUrlFmt);
                    request.Method = "GET";
                    request.BeginGetResponse(result => this.responseHandler(result,
request,country,bingUrlFmt),null);
                }
                else
                {
                    //如果壁纸信息已经获取过则不要再重复获取,直接返回进度信息
                    SetProgress();
                }
            }
        }
        //获取的壁纸图片信息回调方法
        private void responseHandler(IAsyncResult asyncResult,HttpWebRequest request,string
myloc,string _imgUri)
        {
            HttpWebResponse response;
            try
            {
                response = (HttpWebResponse)request.EndGetResponse(asyncResult);
            }
            catch(Exception e)
```

```
            {
                downloading = false;
                //返回异常信息
                OnGetOneDayWallpapersProgressEvent(
                    new ProgressEventArgs
                    {
                        IsException = true,
                        Complete = false,
                        ExceptionInfo = e.Message,
                        ProgressValue = 0,
                        Pictures = null
                    });
                return;
            }
            if (request.HaveResponse)
            {
                //图片的热点说明信息
                List<string> _hotspot = new List<string>();
                string _imgTitle = "";
                //通过 HTTP 请求头传输图片相关的信息
                foreach (string str in response.Headers.AllKeys)
                {
                    string str2 = str;
                    string str3 = response.Headers[str];
                    //获取图片的说明信息和版权信息
                    if (str2.Contains("Image-Info-Credit"))
                    {
                        _imgTitle = WebUtility.UrlDecode(str3);
                    }
                    //获取图片的热点介绍信息
                    else if (str2.Contains("Image-Info-Hotspot-"))
                    {
                         string[] strArray = WebUtility.UrlDecode(str3).Replace(" ","").
Split(new char[] { ';' });
                        _hotspot.AddRange(strArray);
                    }
                }
                PictureInfo info = new PictureInfo(myloc,_imgTitle,_imgUri);
                info.hotspot = _hotspot;
                allHaveDownloadPictures[selectedDay].Add(info);
            }
            Debug.WriteLine("allHaveDownloadPictures[selectedDay].Count:" + allHaveDownloadPictures
[selectedDay].Count);
            //返回进度信息
            SetProgress();
        }
        //返回进度的信息
        private void SetProgress()
        {
            http_times--;
```

```
                bool finish = http_times == 0;
                if (finish)
                    downloading = false;
                //返回结果
                OnGetOneDayWallpapersProgressEvent(
               new ProgressEventArgs {
                   IsException = false,
                   Complete = finish,
                   ExceptionInfo = "",
                   ProgressValue = (int)(((float)(http_times_all - http_times) / (float)http_
times_all) * 100),
                   Pictures = allHaveDownloadPictures[selectedDay]
               });
            }
        }
```

23.4 应用首页的设计和实现

本节要实现的功能是Bing在线壁纸的首页页面，在首页页面添加上最近几天的壁纸的链接，单击直接跳转到壁纸详情列表里面。因为一般情况大部分用户会比较关注最近的几天壁纸信息和主题，微软的这个壁纸通常都是和最近的新闻或者节日相关。当然，我们在首页也提供自定义的选择，让用户可以自定义选择几天前的壁纸信息的获取。首页的背景直接使用了当天中国地区的壁纸图片。

MainPage.xaml页面主要代码：应用首页的设计和逻辑

```
------------------------------------------------------------------------
    <Page.Resources>
        <!--定义了一个显示出用户自定义日期的面板的动画资源，动画的效果是从上往下拉出来-->
        <Storyboard x:Name="showMorePicture">
            <DoubleAnimation Storyboard.TargetName="topTransform" Storyboard.TargetProperty=
"Y" From="-300" To="0" Duration="0:0:0.3"></DoubleAnimation>
        </Storyboard>
    </Page.Resources>
    <Grid>
        <Grid.RowDefinitions>
            <RowDefinition Height="Auto"/>
            <RowDefinition Height="*"/>
        </Grid.RowDefinitions>
        <Grid Opacity="0.5" Grid.RowSpan="2">
            <Grid.Background>
                <ImageBrush>
                    <ImageBrush.ImageSource>
                        <BitmapImage x:Name="background"></BitmapImage>
                    </ImageBrush.ImageSource>
                </ImageBrush>
            </Grid.Background>
```

```
        </Grid>
        <StackPanel x:Name="TitlePanel" Grid.Row="0" Margin="12,0,0,28">
            <TextBlock Text="Bing 壁纸" FontSize="20"  />
        </StackPanel>
        <Grid x:Name="ContentPanel" Grid.Row="1" Margin="12,0,12,0">
            <!--添加了5个HyperlinkButton控件,其中最后一个按钮会触发动画来显示出用户
自定义日期的面板-->
            <StackPanel VerticalAlignment="Bottom">
                <HyperlinkButton Content="今天壁纸" x:Name="today" Click="today_Click">
</HyperlinkButton>
                <HyperlinkButton Content="昨天壁纸" x:Name="yesterday" Click=
"yesterday_Click"></HyperlinkButton>
                <HyperlinkButton Content="2天前壁纸" x:Name="twodayago" Click=
"twodayago_Click"></HyperlinkButton>
                <HyperlinkButton Content="3天前壁纸" x:Name="threedayago" Click=
"threedayago_Click"></HyperlinkButton>
                <HyperlinkButton Content="更早的壁纸" x:Name="other" Click="other_
Click"></HyperlinkButton>
            </StackPanel>
        </Grid>
        <!--自定义日期的面板-->
        <StackPanel Grid.RowSpan="2" Background="#FF3E3E3E" Height="300"
VerticalAlignment="Top">
            <!--面板默认是在屏幕最上方顶上,用户一开始并看不到-->
            <StackPanel.RenderTransform>
                <TranslateTransform x:Name="topTransform" Y="-300"></TranslateTransform>
            </StackPanel.RenderTransform>
            <TextBlock Text="选择时间" FontSize="30" Margin="12 40 0 0"></TextBlock>
            <StackPanel Orientation="Horizontal" Margin="12 30 0 0">
                <!--使用两个AppBarButton来控制日期的增加和减少-->
                <AppBarButton Icon="Remove" IsCompact="True" x:Name="minus_bar" Click=
"minus_bar_Click"/>
                <TextBlock Text="4" x:Name="dayNumber" Margin="20 0 20 0" FontSize="30"
VerticalAlignment="Center"></TextBlock>
                <AppBarButton Icon="Add" IsCompact="True" x:Name="plus_bar" Click=
"plus_bar_Click"/>
                <TextBlock Text="天前的壁纸" FontSize="30" VerticalAlignment="Center"
Margin="24 0 0 0"></TextBlock>
            </StackPanel>
            <!--通过按钮事件来触发跳转到壁纸详情列表页面-->
            <Button Content="查看壁纸" x:Name="go" Click="go_Click" Width="370" Margin=
"0 40 0 0"></Button>
        </StackPanel>
    </Grid>
```

MainPage.xaml.cs 页面主要代码

```
    public sealed partial class MainPage: Page
    {
```

```
        private string TodayPictureUri = "http://appserver.m.bing.net/BackgroundImageService/
TodayImageService.svc/GetTodayImage?dateOffset = - 0&urlEncodeHeaders = true&osName =
windowsphone&osVersion = 8.10&orientation = 480x800&deviceName = WP8Device&mkt = zh - CN";
        public MainPage()
        {
            this.InitializeComponent();
        }
        //进入当前的页面
        protected override void OnNavigatedTo(NavigationEventArgs e)
        {
            background.UriSource = new Uri(TodayPictureUri);
        }
        //查看今天壁纸
        private void today_Click(object sender,RoutedEventArgs e)
        {
            Frame.Navigate(typeof(DayPicturesPage),0);
        }
        //查看昨天壁纸
        private void yesterday_Click(object sender,RoutedEventArgs e)
        {
            Frame.Navigate(typeof(DayPicturesPage),1);
        }
        //查看两天前壁纸
        private void twodayago_Click(object sender,RoutedEventArgs e)
        {
            Frame.Navigate(typeof(DayPicturesPage),2);
        }
        //查看三天前壁纸
        private void threedayago_Click(object sender,RoutedEventArgs e)
        {
            Frame.Navigate(typeof(DayPicturesPage),3);
        }
        //查看更早壁纸
        private void other_Click(object sender,RoutedEventArgs e)
        {
            showMorePicture.Begin();
        }
        //查看更早壁纸,减少天数的图标按钮事件
        private void minus_bar_Click(object sender,RoutedEventArgs e)
        {
            int day = Int32.Parse(dayNumber.Text);
            if(day > 0)
            {
                day--;
                dayNumber.Text = day.ToString();
            }
        }
        //查看更早壁纸,增加天数的图标按钮事件
        private void plus_bar_Click(object sender,RoutedEventArgs e)
        {
```

```
            int day = Int32.Parse(dayNumber.Text);
            day++;
            dayNumber.Text = day.ToString();
        }
        //前往查看自定义天数的壁纸
        private void go_Click(object sender,RoutedEventArgs e)
        {
            Frame.Navigate(typeof(DayPicturesPage),Int32.Parse(dayNumber.Text));
        }
    }
```

Bing 在线壁纸的首页显示的效果如图 23.3 所示，单击“更早的壁纸”按钮会出现一个动画，自定义的面板会从上面下拉下来，显示的效果如图 23.4 所示。

图 23.3　Bing 在线壁纸首页

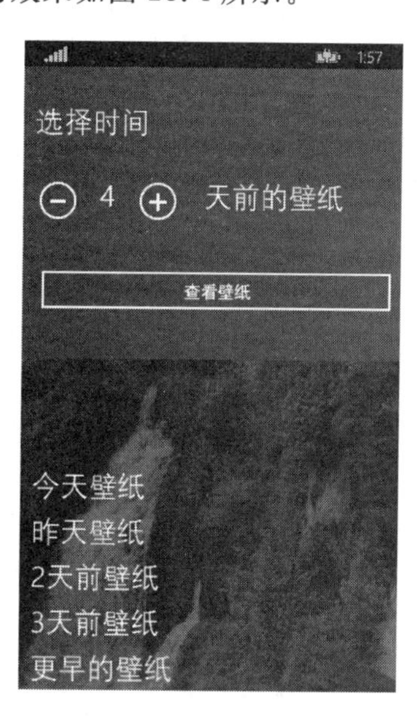

图 23.4　自定义选择时间面板

23.5　壁纸列表详情和操作的实现

接下来要实现壁纸列表详情页面，在该列表里会展示某一天的壁纸信息，采用水平滚动的列表来显示壁纸的图片显示和壁纸的热点信息说明，同时还提供了在浏览器打开和保存到应用文件的两个按钮操作功能。在该页面就需要去调用获取壁纸信息的服务类 WallpapersService 类的 GetOneDayWallpapers 方法来获取壁纸列表的信息，同时通过 GetOneDayWallpapersProgressEvent 事件把请求的进度在页面上显示出来，获取完成之后再把壁纸的信息绑定到列表控件。

DayPicturesPage. xaml 文件主要代码：使用列表显示壁纸图片和信息的详情

```
------------------------------------------------------------------------
    <Page.Resources>
        <!-- 绑定转换器：把国家代码转化国家的名称 -->
        <local:CountryNameConverter x:Key="CountryNameConverter" />
    </Page.Resources>
    <Grid Background="{ThemeResource ApplicationPageBackgroundThemeBrush}">
        <!-- 使用 ItemsControl 列表控件来显示壁纸的信息 -->
        <ItemsControl x:Name="pictureList"  >
            <ItemsControl.ItemsPanel>
                <ItemsPanelTemplate>
                    <!-- 设置列表控件的项目水平排列 -->
                    <StackPanel Orientation="Horizontal"></StackPanel>
                </ItemsPanelTemplate>
            </ItemsControl.ItemsPanel>
            <ItemsControl.Template>
                <ControlTemplate>
                    <!-- 设置列表控件的面板为水平滚动 -->
                    <ScrollViewer ScrollViewer.HorizontalScrollBarVisibility="Visible"
ScrollViewer.VerticalScrollBarVisibility="Disabled">
                        <ItemsPresenter />
                    </ScrollViewer>
                </ControlTemplate>
            </ItemsControl.Template>
            <ItemsControl.ItemTemplate>
                <DataTemplate>
                    <!-- 列表控件模板绑定壁纸的显示和相关的信息 -->
                    <Grid Width="400" Height="650">
                        <Image Width="380" Opacity="0.5">
                            <Image.Source>
                                <BitmapImage UriSource="{Binding imageUri}" ></BitmapImage>
                            </Image.Source>
                        </Image>
                        <!-- 绑定国家代码 -->
                        <TextBlock FontSize="30" Text="{Binding countryCode, Converter=
{StaticResource CountryNameConverter}}" Margin="24 30 0 0"></TextBlock>
                        <StackPanel Margin="24 90 0 0" >
                            <!-- 绑定壁纸主题 -->
                                <TextBlock FontSize="30" Text="{Binding imgTitle}"
TextWrapping="Wrap"></TextBlock>
                            <!-- 使用 ListView 列表绑定热点说明信息 -->
                            <ListView ItemsSource="{Binding hotspot}" Height="400">
                                <ListView.ItemTemplate>
                                    <DataTemplate>
                                        <TextBlock Text="{Binding}" FontSize="20"
TextWrapping="Wrap"></TextBlock>
                                    </DataTemplate>
                                </ListView.ItemTemplate>
                            </ListView>
                        </StackPanel>
                        <!-- 保存和查看按钮 -->
```

```
                        <StackPanel Orientation = "Horizontal" HorizontalAlignment =
"Right" VerticalAlignment = "Bottom" >
                            <AppBarButton Icon = "View" Label = "查看" x:Name = "view" Click =
"view_Click"/>
                            <AppBarButton Icon = "Save" Label = "保存" x:Name = "save" Click =
"save_Click"/>
                        </StackPanel>
                    </Grid>
                </DataTemplate>
            </ItemsControl.ItemTemplate>
        </ItemsControl>
        <!-- 进度信息面板,在网络请求的过程显示,请问完成之后隐藏 -->
        <StackPanel VerticalAlignment = "Center" x:Name = "tips">
            <!-- 进度条 -->
            <ProgressBar  x:Name = "progress" ></ProgressBar>
            <!-- 进度信息显示 -->
            <TextBlock Text = "" x:Name = "info" HorizontalAlignment = "Center" FontSize =
"30" TextWrapping = "Wrap"></TextBlock>
        </StackPanel>
    </Grid>
```

DayPicturesPage.xaml.cs 文件主要代码

```
---------------------------------------------------------------------------
    public sealed partial class DayPicturesPage: Page
    {
        public DayPicturesPage()
        {
            this.InitializeComponent();
        }
        //进入页面即开始加载网络的壁纸图片和信息
        protected override void OnNavigatedTo(NavigationEventArgs e)
        {
            if (e.Parameter != null && e.Parameter is int)
            {
                //订阅进度事件的处理程序
                WallpapersService.Current.GetOneDayWallpapersProgressEvent +=
OnOneDayWallpapersProgressEvent;
                //调用壁纸请求服务类来获取壁纸信息
                WallpapersService.Current.GetOneDayWallpapers((int)e.Parameter);
            }
        }
        //离开当前的页面则移除订阅的进度事件
        protected override void OnNavigatedFrom(NavigationEventArgs e)
        {
                WallpapersService. Current. GetOneDayWallpapersProgressEvent -=
OnOneDayWallpapersProgressEvent;
            base.OnNavigatedFrom(e);
        }
        //进度事件的处理程序
```

```
private async void OnOneDayWallpapersProgressEvent(object sender,ProgressEventArgs e)
{
    await this.Dispatcher.RunAsync(Windows.UI.Core.CoreDispatcherPriority.Normal,() =>
        {
            if(e.IsException)
            {
                //如果发生异常则显示异常信息
                info.Text = "获取图片异常：" + e.ExceptionInfo;
            }
            else
            {
                //正常返回设置进度条的值
                progress.Value = e.ProgressValue;
                //进度完整
                if(e.Complete)
                {
                    //把显示进度的面板隐藏
                    tips.Visibility = Visibility.Collapsed;
                    //把壁纸信息绑定到列表中
                    pictureList.ItemsSource = e.Pictures;
                    Debug.WriteLine("e.Pictures.Count:" + e.Pictures.Count);
                }
            }
        });
}
//查看按钮的事件处理程序
private async void view_Click(object sender,RoutedEventArgs e)
{
    PictureInfo pictureInfo = (sender as AppBarButton).DataContext as PictureInfo;
    //在浏览器打开壁纸
    await Launcher.LaunchUriAsync(pictureInfo.imageUri);
}
//保存按钮的事件处理程序
private async void save_Click(object sender,RoutedEventArgs e)
{
    PictureInfo pictureInfo = (sender as AppBarButton).DataContext as PictureInfo;
    List<Byte> allBytes = new List<byte>();
    //把壁纸的图片文件保存到当前的应用文件里面
    using (var response = await HttpWebRequest.Create(pictureInfo.imageUri).
GetResponseAsync())
    {
        using (Stream responseStream = response.GetResponseStream())
        {
            byte[] buffer = new byte[4000];
            int bytesRead = 0;
            while ((bytesRead = await responseStream.ReadAsync(buffer,0,4000)) > 0)
            {
                allBytes.AddRange(buffer.Take(bytesRead));
            }
        }
```

```
            }
            var file = await ApplicationData.Current.LocalFolder.CreateFileAsync(
                        "bingPicture" + DateTime.Now.Ticks + ".jpg", CreationCollisionOption.
ReplaceExisting);
            await FileIO.WriteBytesAsync(file,allBytes.ToArray());
        }
    }
```

壁纸详情页面显示效果如图 23.5 所示。

图 23.5　壁纸详情

第 24 章

应用实战：记账本

本章介绍一个记账本应用的开发，讲解在 Windows Phone 平台下如何开发一个记账本的应用软件。每一个软件都是从刚开始的第一个版本以及基本的功能开始，然后逐步完善和改进，这是软件工程项目管理的过程。这个记账本应用就是第一个版本，完成了记账的基本功能，读者可以在这个基础上继续改进和开发。

24.1 记账本概述

记账是人们理财的一部分，随着智能手机和网络的发展，越来越多的人选择了使用智能手机记账软件来进行记账，因为这种记账方式既方便又简单。那么一个手机上的记账软件需要具备哪些功能呢？首先最基本的功能就是添加一笔收入和支出，新增记账的记录，查看记账记录，查看分类报表收支报表等；其次就是一些智能的功能，包括超支提醒、智能理财计划分析等；最后还会包括一些安全类的功能，例如数据备份数据恢复等。

本实例的记账本应用实现了记账应用软件的基本功能，包括添加一笔收入、添加一笔支出、月报表、年报表、查询记录、分类图表。其中，理财计划、添加类别和设置的相关模块留着读者发挥想象的空间，继续进行开发和完善。

24.2 对象序列化存储

记账本应用采用了应用文件作为数据存储的机制，通过将记账的数据对象序列化成一个 XML 文件，然后将文件保存到应用文件里面，读取数据的时候再打开应用文件，把数据通过反序列化转化为具体的对象数据。这种数据存储的机制对于存储的数据比较灵活，把各种的数据结构体交给序列化类 DataContractSerializer 类来进行处理就可以了。

下面来看一下数据存储的公共类。

StorageFileHelper.cs 文件代码：StorageFileHelper 类是独立存储的公共类，负责数据文件的读些操作

```
---------------------------------------------------------------
    public class StorageFileHelper
    {
        //存储记账数据的文件夹名称
        private const string FolderName = "Data";
        //存储记账数据的文件夹对象
        private static IStorageFolder DataFolder = null;
        //获取存储记账数据的文件夹对象
        private static async Task<IStorageFolder> GetDataFolder()
        {
            //获取存储数据的文件夹
            if (DataFolder == null)
            {
                DataFolder = await ApplicationData.Current.LocalFolder.CreateFolderAsync
(FolderName,CreationCollisionOption.OpenIfExists);
            }
            return DataFolder;
        }
        ///<summary>
        ///读取本地文件夹根目录的文件
        ///</summary>
        ///<param name="fileName">文件名</param>
        ///<returns>读取文件的内容</returns>
        public static async Task<string> ReadFileAsync(string fileName)
        {
            string text;
            try
            {
                //获取存储数据的文件夹
                IStorageFolder applicationFolder = await GetDataFolder();
                //根据文件名获取文件夹里面的文件
                IStorageFile storageFile = await applicationFolder.GetFileAsync(fileName);
                //打开文件获取文件的数据流
                IRandomAccessStream accessStream = await storageFile.OpenReadAsync();
                //使用 StreamReader 读取文件的内容,需要将 IRandomAccessStream 对象转化为
Stream 对象来初始化 StreamReader 对象
                using (StreamReader streamReader = new StreamReader(accessStream.AsStreamForRead
((int)accessStream.Size)))
                {
                    text = streamReader.ReadToEnd();
                }
            }
            catch (Exception e)
            {
                text = "文件读取错误:" + e.Message;
            }
            return text;
        }
        ///<summary>
        ///写入本地文件夹根目录的文件
        ///</summary>
        ///<param name="fileName">文件名</param>
```

```
        ///<param name="content">文件里面的字符串内容</param>
        ///<returns></returns>
        public static async Task WriteFileAsync(string fileName,string content)
        {
            //获取存储数据的文件夹
            IStorageFolder applicationFolder = await GetDataFolder();
            //在文件夹里面创建文件,如果文件存在则替换掉
            IStorageFile storageFile = await applicationFolder.CreateFileAsync(fileName,
CreationCollisionOption.OpenIfExists);
            //使用 FileIO 类把字符串信息写入文件
            await FileIO.WriteTextAsync(storageFile,content);
        }
        ///<summary>
        ///把实体类对象序列化成 XML 格式存储到文件里面
        ///</summary>
        ///<typeparam name="T">实体类类型</typeparam>
        ///<param name="data">实体类对象</param>
        ///<param name="fileName">文件名</param>
        ///<returns></returns>
        public static async Task WriteAsync<T>(T data,string filename)
        {
            //获取存储数据的文件夹
            IStorageFolder applicationFolder = await GetDataFolder();
            StorageFile file = await applicationFolder.CreateFileAsync(filename,
CreationCollisionOption.OpenIfExists);
            //获取文件的数据流来进行操作
            using (IRandomAccessStream raStream = await file.OpenAsync(FileAccessMode.ReadWrite))
            {
                using (IOutputStream outStream = raStream.GetOutputStreamAt(0))
                {
                    //创建序列化对象写入数据
                    DataContractSerializer serializer = new DataContractSerializer(typeof(T));
                    serializer.WriteObject(outStream.AsStreamForWrite(),data);
                    await outStream.FlushAsync();
                }
            }
        }
        ///<summary>
        ///反序列化 XML 文件
        ///</summary>
        ///<typeparam name="T">实体类类型</typeparam>
        ///<param name="filename">文件名</param>
        ///<returns>实体类对象</returns>
        public static async Task<T> ReadAsync<T>(string filename)
        {
            //获取实体类类型实例化一个对象
            T sessionState_ = default(T);
            //获取存储数据的文件夹
            IStorageFolder applicationFolder = await GetDataFolder();
            StorageFile file = await applicationFolder.CreateFileAsync(filename,
CreationCollisionOption.OpenIfExists);
            if (file == null)
```

```
                return sessionState_;
            try
            {
                using (IInputStream inStream = await file.OpenSequentialReadAsync())
                {
                    //反序列化 XML 数据
                    DataContractSerializer serializer = new DataContractSerializer(typeof(T));
                    sessionState_ = (T)serializer.ReadObject(inStream.AsStreamForRead());
                }
            }
            catch(Exception)
            {
            }
            return sessionState_;
        }
    }
```

24.3 记账本首页磁贴设计

记账本应用的设计风格采用了 Windows Phone 的磁贴设计风格，通过单击相关功能的磁贴进入功能的页面，磁铁也可以动态地展示相关的信息，例如收入的磁贴，在磁贴的右上角会显示总收入的数据。磁贴按钮的控件使用 Button 控件改造而来，通过修改按钮的默认样式，把按钮相关的点击状态去除掉，再把按钮默认设置的间隔属性去除掉，然后设置其高度和宽度一致，便可以实现一个磁贴风格的控件了。

记账本应用的首页使用了 Hub 控件进行布局，左边是功能的磁贴按钮，右边是今日的记账记录，如图 24.1 和图 24.2 所示。

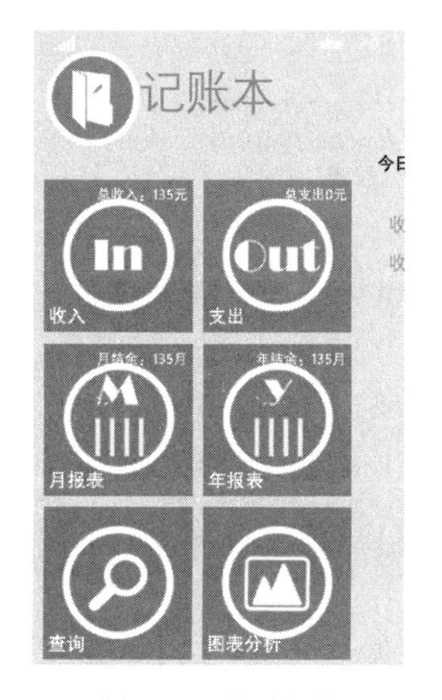

图 24.1　首页左边

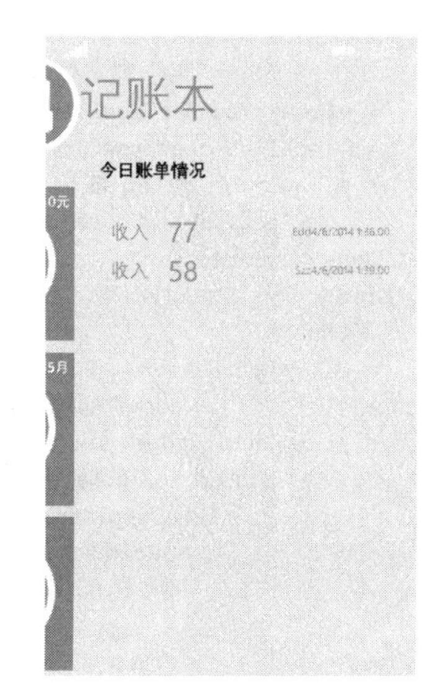

图 24.2　首页右边

首页的相关代码如下：

MainPage.xaml 文件主要代码

```
<Page
    //引入绑定转换器的空间
    xmlns:local = "using:AccountBook.Converter"
    ……省略若干代码>
    <!--设置页面的背景图片-->
    <Page.Background>
        <ImageBrush ImageSource = "Skin/PageBG.jpg" />
    </Page.Background>
    <Page.Resources>
        <!--自定义"磁贴"按钮的样式,去掉状态信息,边距信息-->
        <Style x:Key = "ButtonStyle1" TargetType = "Button">
            <Setter Property = "Template">
                <Setter.Value>
                    <ControlTemplate TargetType = "Button">
                        <Grid x:Name = "Grid" Background = "#FFEB6416" Height = "160"
Width = "160" Margin = "0,0,12,0" >
                            <Border x:Name = "Border"    >
                                <ContentPresenter x:Name = "ContentPresenter" Foreground =
"{TemplateBinding Foreground}"
                                Content = "{TemplateBinding Content}" ContentTemplate =
"{TemplateBinding ContentTemplate}" />
                            </Border>
                        </Grid>
                    </ControlTemplate>
                </Setter.Value>
            </Setter>
        </Style>
        <!--定义了两个绑定转换器-->
        <local:VoucherDescConverter  x:Key = "VoucherDescConverter"/>
        <local:VoucherTypeConverter  x:Key = "VoucherTypeConverter"/>
        <!--定义了今日记账信息列表绑定的视图资源-->
        <CollectionViewSource x:Name = "cvs1" />
    </Page.Resources>
    <Grid>
        <Hub>
            <Hub.Header>
                ……Hub的标题,省略若干代码
            </Hub.Header>
            <HubSection x:Name = "_columnItem" Foreground = "Black" >
                <DataTemplate>
                    <Grid>
                        <ScrollViewer>
                            <StackPanel>
                                <!--收入、支出-->
                                <StackPanel Orientation = "Horizontal">
                                    <Button Click = "Income_Tile_Click" Style =
```

```
"{StaticResource ButtonStyle1}">
                                        <Grid>
                                              <Image Source="Images/inlogo.png"
Stretch="None" />
                                                   <TextBlock Text="收入"
HorizontalAlignment="Left" VerticalAlignment="Bottom" Margin="5" FontSize="20">
</TextBlock>
                                                   <TextBlock Text="{Binding
SummaryIncome}" x:Name="SummaryIncome"  HorizontalAlignment="Right" VerticalAlignment=
"Top" Margin="5" FontSize="15"></TextBlock>
                                        </Grid>
                                    </Button>
                                    <Button Click="Expenses_Tile_Click" Style=
"{StaticResource ButtonStyle1}">
                                        <Grid>
                                              <Image Source="Images/outlogo.png"
Stretch="None" />
                                                   <TextBlock Text="支出"
HorizontalAlignment="Left" VerticalAlignment="Bottom" Margin="5" FontSize="20">
</TextBlock>
                                              <TextBlock Text="{Binding SummaryExpenses}"
x:Name="SummaryExpenses"  HorizontalAlignment="Right" VerticalAlignment="Top" Margin=
"5" FontSize="15"></TextBlock>
                                        </Grid>
                                    </Button>
                                </StackPanel>
                                <!--月结余、年结余-->
                                <StackPanel Orientation="Horizontal" Margin="0,12">
                                …省略若干代码,与"收入、支出-"类似
                                </StackPanel>
                                <!--查询、报表-->
                                <StackPanel Orientation="Horizontal">
                                …省略若干代码,与"收入、支出-"类似
                                </StackPanel>
                            </StackPanel>
                        </ScrollViewer>
                    </Grid>
                </DataTemplate>
            </HubSection>
            <HubSection x:Name="_historyItem" Foreground="Black">
                <HubSection.Header>
                    <StackPanel Orientation="Horizontal">
                        <TextBlock Text="今日账单情况"  Margin="0,0,5,0" />
                    </StackPanel>
                </HubSection.Header>
                <DataTemplate>
                    <!--今日账单的列表控件-->
                    <ListView x:Name="listToday" ItemsSource="{Binding Source=
{StaticResource cvs1}}">
                        <ListView.ItemTemplate>
```

```
                    <DataTemplate>
                        <StackPanel Orientation = "Horizontal" Margin = "12,0,0,0">
                            <TextBlock Foreground = "#FFEB6416" FontSize = "20"
Text = "{Binding Type, Converter = {StaticResource VoucherTypeConverter}}" TextWrapping =
"NoWrap" HorizontalAlignment = "Left" VerticalAlignment = "Center" Width = "60" />
                            <TextBlock Foreground = "#FFEB6416" FontSize =
"30" Text = "{Binding Money}" TextWrapping = "NoWrap" HorizontalAlignment = "Left"
VerticalAlignment = "Center" Width = "55" />
                            <TextBlock Foreground = "#FFEB6416" Text =
"{Binding Desc, Converter = {StaticResource VoucherDescConverter}}" TextWrapping = "NoWrap"
HorizontalAlignment = "Left" TextAlignment = "Right" VerticalAlignment = "Center" Width = "100" />
                            <TextBlock Foreground = "#FFEB6416" FontSize =
"12" Text = "{Binding DT}" TextWrapping = "NoWrap" HorizontalAlignment = "Left"
VerticalAlignment = "Center" Width = "85" />
                            <TextBlock Foreground = "#FFEB6416" FontSize =
"20" Text = "{Binding Category}" TextWrapping = "NoWrap" TextAlignment = "Right"
HorizontalAlignment = "Right" VerticalAlignment = "Center" Width = "70" />
                        </StackPanel>
                    </DataTemplate>
                </ListView.ItemTemplate>
            </ListView>
        </DataTemplate>
    </HubSection>
  </Hub>
 </Grid>
</Page>
```

MainPage.xaml.cs 文件主要代码

```
//页面继承了 INotifyPropertyChanged 接口用于实现绑定属性更改事件
public sealed partial class MainPage: Page, INotifyPropertyChanged
{
    //总收入属性
    private string summaryIncome;
    public string SummaryIncome
    {
        get
        {
            return summaryIncome;
        }
        set
        {
            summaryIncome = value;
            OnPropertyChanged("SummaryIncome");
        }
    }
    //总支出属性
    private string summaryExpenses;
    public string SummaryExpenses
```

```
        {
            …省略若干代码
        }
        //月结余属性
        private string mouthBalance;
        public string MouthBalance
        {
            …省略若干代码
        }
        //年结余属性
        private string yearBalance;
        public string YearBalance
        {
            …省略若干代码
        }
        public MainPage()
        {
            this.InitializeComponent();
            //设置磁贴一侧的数据上下文为当前的对象,用于显示上面所定义的属性更改
            _columnItem.DataContext = this;
            Loaded += MainPage_Loaded;
        }
        //页面加载处理
        private async void MainPage_Loaded(object sender,RoutedEventArgs e)
        {
            //设置收入 Tile 的总收入金额
            SummaryIncome = "总收入:" + (await Common.GetSummaryIncome()).ToString() + "元";
            //设置支出 Tile 的总支出金额
            SummaryExpenses = "总支出" + (await Common.GetSummaryExpenses()).ToString() +
"元";
            //计算月结余
            double mouthIncome = await Common.GetThisMouthSummaryIncome();
            double mouthExpenses = await Common.GetThisMouthSummaryExpenses();
            MouthBalance = "月结余:" + (mouthIncome - mouthExpenses).ToString() + "月";
            //计算年结余
            double yearIncome = await Common.GetThisYearSummaryIncome();
            double yearExpenses = await Common.GetThisYearSummaryExpenses();
            YearBalance = "年结余:" + (yearIncome - yearExpenses).ToString() + "月";
            //获取今日的账单记录,并绑定到首页的列表控件进行显示
            var items = await Common.GetThisDayAllRecords(DateTime.Now.Day,DateTime.Now.
Month,DateTime.Now.Year);
            cvs1.Source = items;
        }
        //跳转到新增一笔收入页面
        private void Income_Tile_Click(object sender,RoutedEventArgs e)
        {
            Frame.Navigate(typeof(AddAccount),0);
        }
        //跳转到新增一笔支出页面
        private void Expenses_Tile_Click(object sender,RoutedEventArgs e)
```

```
        {
            Frame.Navigate(typeof(AddAccount),1);
        }
        //跳转到图表分析页面
        private void Chart_Click(object sender,RoutedEventArgs e)
        {
            Frame.Navigate(typeof(ChartPage));
        }
        //跳转到月报表页面
        private void MouthReport_Click(object sender,RoutedEventArgs e)
        {
            Frame.Navigate(typeof(MouthReport));
        }
        //跳转到年报表页面
        private void YearReport_Click(object sender,RoutedEventArgs e)
        {
            Frame.Navigate(typeof(YearReport));
        }
        //跳转到查询页面
        private void Search_Click(object sender,RoutedEventArgs e)
        {
            Frame.Navigate(typeof(Search));
        }
        //属性改变事件
        public event PropertyChangedEventHandler PropertyChanged;
        public void OnPropertyChanged(string name)
        {
            PropertyChangedEventHandler handler = PropertyChanged;
            if (handler != null)
            {
                handler(this,new PropertyChangedEventArgs(name));
            }
        }
    }
```

24.4 添加一笔收入和支出

收入和支出的记账数据使用了同一个数据对象来保存，然后通过一个字段来区分，记账的数据对象如下所示：

Voucher.cs 文件代码：Voucher 类表示账单实体类

```
public class Voucher
{
    //金额
    public double Money { get; set; }
    //账单类型 0 表示收入 1 表示支出
```

```
        public short Type { get; set; }
        //说明
        public string Desc { get; set; }
        //时间
        public DateTime DT { get; set; }
        //唯一 id
        public Guid ID { get; set; }
        //图片
        public byte[] Picture { get; set; }
        //图片高度
        public int PictureHeight { get; set; }
        //图片宽度
        public int PictureWidth { get; set; }
        //类别
        public string Category { get; set; }
    }
```

记账的数据需要通过应用文件来存储，所以还需要一个记账数据存储的帮助类，记账数据存储的帮助类如下：

VoucherHelpr.cs 文件代码：VoucherHelpr 类表示账单操作帮助类

```
    public class VoucherHelpr
    {
        //记账列表
        private List<Voucher> _data;
        //添加一条记账记录
        public async void AddNew(Voucher item)
        {
            await Getdata();
            item.ID = Guid.NewGuid();
            this._data.Add(item);
        }
        //读取记账列表
        public async Task<bool> LoadFromFile()
        {
            this._data = await StorageFileHelper.ReadAsync<List<Voucher>>("Voucher.dat");
            return (this._data != null);
        }
        //保存记账列表
        public async void SaveToFile()
        {
            await StorageFileHelper.WriteAsync<List<Voucher>>(this._data,"Voucher.dat");
        }
        //获取记账列表
        public async Task<List<Voucher>> Getdata()
        {
            if (this._data == null)
            {
```

```
                bool isExist = await LoadFromFile();
                if (!isExist)
                {
                    this._data = new List<Voucher>();
                }
            }
            return this._data;
        }
        //移除一条记录
        public void Remove(Voucher item)
        {
            _data.Remove(item);
        }
    }
```

添加一笔收入和支出的功能是在同一个页面上，通过 Pivot 控件的两个页签来区分添加收入和添加支出的页面，然后保存和取消的按钮放在菜单栏上。页面的代码如下所示：

AddAccount.xaml 文件主要代码

```
    <!--使用Pivot控件来布局-->
    <Pivot x:Name="pivot" Title="添加一笔记录">
        <!--收入模式的录用界面-->
        <PivotItem  Header="收入">
            <ScrollViewer>
                <Grid>
                    <StackPanel Orientation="Vertical" VerticalAlignment="Top">
                        <TextBlock HorizontalAlignment="Left" Text="金额"/>
                        <TextBox x:Name="textBox_Income" TextWrapping="Wrap" InputScope
="Number" />
                        <TextBlock HorizontalAlignment="Left" Text="说明"/>
                        <TextBox x:Name="textBox_IncomeDesc"   TextWrapping="Wrap"
InputScope="Chat" />
                        <TextBlock HorizontalAlignment="Left" Text="类别"/>
                        <ComboBox x:Name="listPickerIncome"></ComboBox>
                        <TextBlock HorizontalAlignment="Left" Text="日期" />
                        <DatePicker x:Name="DatePickerIncome"></DatePicker>
                        <TextBlock HorizontalAlignment="Left" Text="时间"/>
                        <TimePicker x:Name="TimePickerIncome"></TimePicker>
                    </StackPanel>
                </Grid>
            </ScrollViewer>
        </PivotItem>
        <!--支出模式的录入界面-->
        <PivotItem Header="支出">
            <ScrollViewer>
                <Grid>
                    <StackPanel Orientation="Vertical" VerticalAlignment="Top">
                        <TextBlock HorizontalAlignment="Left" Text="金额"/>
```

```
                        <TextBox x: Name = " textBox _ Expenses " TextWrapping = " Wrap "
InputScope = "Number" />
                        <TextBlock HorizontalAlignment = "Left" Text = "说明"/>
                        <TextBox x: Name = " textBox_ExpensesDesc"  TextWrapping = " Wrap"
InputScope = "Chat"/>
                        <TextBlock HorizontalAlignment = "Left" Text = "类别"/>
                        <ComboBox x:Name ="listPickerExpenses"></ComboBox>
                        <TextBlock HorizontalAlignment = "Left" Text = "日期"/>
                        <DatePicker x:Name = "DatePickerExpenses"></DatePicker>
                        <TextBlock HorizontalAlignment = "Left" Text = "时间"/>
                        <TimePicker x:Name = "TimePickerExpenses"></TimePicker>
                    </StackPanel>
                </Grid>
            </ScrollViewer>
        </PivotItem>
    </Pivot>
    <! -- 菜单栏添加了新增、完成和取消三个按钮 -->
    <Page.BottomAppBar>
        <CommandBar>
            <AppBarButton Label = "新增" Click = "appbar_buttonAdd_Click">
                <AppBarButton.Icon>
                    <BitmapIcon UriSource = "ms - appx:///Images/appbar.add.rest.png"/>
                </AppBarButton.Icon>
            </AppBarButton>
            <AppBarButton Label = "完成" Click = "appbar_buttonFinish_Click">
                <AppBarButton.Icon>
                    <BitmapIcon UriSource = "ms - appx:///Images/appbar.finish.rest.png"/>
                </AppBarButton.Icon>
            </AppBarButton>
            <AppBarButton Label = "取消" Click = "appbar_buttonCancel_Click">
                <AppBarButton.Icon>
                    <BitmapIcon UriSource = "ms - appx:///Images/appbar.cancel.rest.png" />
                </AppBarButton.Icon>
            </AppBarButton>
        </CommandBar>
    </Page.BottomAppBar>
```

数据保存的代码在 AddAccount.xaml.cs 文件下，代码如下：

AddAccount.xaml.cs 文件保存收入数据的处理代码

```
-------------------------------------------------------------------------
    public sealed partial class AddAccount: Page
    {
        public AddAccount()
        {
            this.InitializeComponent();
            AddListPickerItems();
        }
        //添加下拉框的数据
        private void AddListPickerItems()
```

```
{
    //支出类别的信息
    listPickerExpenses.Items.Add("房租");
    listPickerExpenses.Items.Add("娱乐");
    listPickerExpenses.Items.Add("餐饮");
    listPickerExpenses.Items.Add("交通");
    listPickerExpenses.Items.Add("其他");
    listPickerExpenses.SelectedIndex = 0;
    //收入类别的信息
    listPickerIncome.Items.Add("工资");
    listPickerIncome.Items.Add("股票");
    listPickerIncome.Items.Add("投资");
    listPickerIncome.Items.Add("其他");
    listPickerIncome.SelectedIndex = 0;
}
//导航到当前页面的时间处理程序
protected override void OnNavigatedTo(NavigationEventArgs e)
{
    //根据传递进来的参数,判断是显示收入页面(0)还是支出页面(1)
    if(e.Parameter!= null)
    {
        if(e.Parameter.ToString() == "0")
        {
            pivot.SelectedIndex = 0;
        }
        else
        {
            pivot.SelectedIndex = 1;
        }
    }
}
//新增一条记账记录
private async void appbar_buttonAdd_Click(object sender,RoutedEventArgs e)
{
    //用于隐藏软键盘
    pivot.Focus(FocusState.Pointer);
    await SaveVoucher();
}
//新增一条记账记录并返回
private async void appbar_buttonFinish_Click(object sender,RoutedEventArgs e)
{
    if (await SaveVoucher())
    {
        //保存成功则返回上一页
        Frame.GoBack();
    }
}
//返回
private void appbar_buttonCancel_Click(object sender,RoutedEventArgs e)
{
```

```
        Frame.GoBack();
    }
    //保存记账数据
    private async Task<bool> SaveVoucher()
    {
        string erro = "";
        try
        {
            if (pivot.SelectedIndex == 0)
            {//收入
                if (this.textBox_Income.Text.Trim() == "")
                {
                    await new MessageDialog("金额不能为空").ShowAsync();
                    return false;
                }
                else
                {
                    //一条记账记录的对象
                    Voucher voucher = new Voucher
                    {
                        Money = double.Parse(this.textBox_Income.Text),
                        Desc = this.textBox_IncomeDesc.Text,
                        DT = DatePickerIncome.Date.Date.Add(TimePickerIncome.Time),
                        Category = listPickerIncome.SelectedItem.ToString(),
                        Type = 0
                    };
                    //添加一条记录
                    App.voucherHelper.AddNew(voucher);
                }
            }
            else
            {//支出
                if (this.textBox_Expenses.Text.Trim() == "")
                {
                    await new MessageDialog("金额不能为空").ShowAsync();
                    return false;
                }
                else
                {
                    //一条记账记录的对象
                    Voucher voucher = new Voucher
                    {
                        Money = double.Parse(this.textBox_Expenses.Text),
                        Desc = this.textBox_ExpensesDesc.Text,
                        DT = DatePickerExpenses.Date.Date.Add(TimePickerExpenses.Time),
                        Category = listPickerExpenses.SelectedItem.ToString(),
                        Type = 1
                    };
                    //添加一条记录
                    App.voucherHelper.AddNew(voucher);
```

```
                    }
                }
            }
            catch (Exception ee)
            {
                erro = ee.Message;
            }
            if (erro!= "")
            {
                await new MessageDialog(erro).ShowAsync();
                return false;
            }
            else
            {
                //保存数据
                App.voucherHelper.SaveToFile();
                await new MessageDialog("保存成功").ShowAsync();
                return true;
            }
        }
    }
```

添加一笔收入的页面设计如图 24.3 所示，添加一笔支出的页面设计如图 24.4 所示。

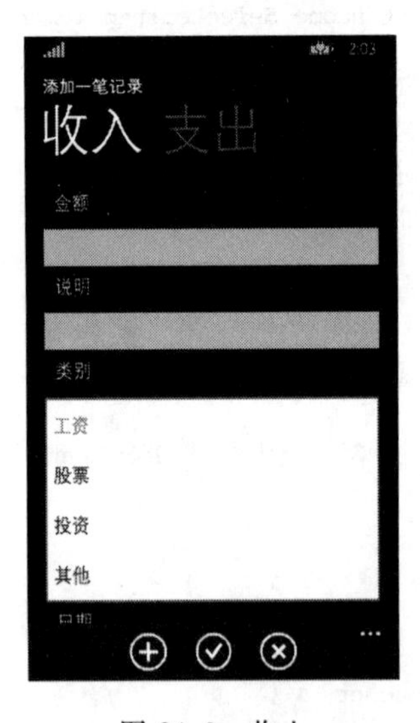

图 24.3　收入

图 24.4　支出

24.5　月报表

月报表是指按照月份来分类查询记账的数据记录。下面来看一下月报表的界面设计和代码实现。

MouthReport.xaml 文件主要代码：月报表的界面设计

```
<Grid>
    …省略若干代码
    <Grid x:Name="ContentPanel" Grid.Row="1" Margin="12,0,12,0">
        <!--记账记录列表头项目-->
        <StackPanel Height="31" Orientation="Horizontal" Grid.Row="0"
VerticalAlignment="Top">
            <Border BorderThickness="0,0,5,0" Width="80" Background="#FFEB6416">
                <TextBlock TextWrapping="Wrap" Text="收支" Foreground="White"
FontWeight="Bold" HorizontalAlignment="Center" VerticalAlignment="Center"/>
            </Border>
            <Border BorderThickness="0,0,5,0" Width="80" Background="#FFEB6416">
                <TextBlock TextWrapping="Wrap" Text="金额" Foreground="White"
FontWeight="Bold" HorizontalAlignment="Center" VerticalAlignment="Center"/>
            </Border>
            <Border BorderThickness="0,0,5,0" Width="150" Background="#FFEB6416">
                <TextBlock TextWrapping="Wrap" Text="备注" Foreground="White"
FontWeight="Bold" HorizontalAlignment="Center" VerticalAlignment="Center"/>
            </Border>
            <Border BorderThickness="0,0,5,0" Width="80" Background="#FFEB6416">
                <TextBlock TextWrapping="Wrap" Text="类别" Foreground="White"
FontWeight="Bold" HorizontalAlignment="Center" VerticalAlignment="Center"/>
            </Border>
        </StackPanel>
        <!--记账记录数据绑定列表-->
        <ListView x:Name="listMouthReport" Margin="0,35,0,80" Grid.Row="1">
            <ListView.ItemTemplate>
                <DataTemplate>
                    <StackPanel Orientation="Vertical">
                        <StackPanel Orientation="Horizontal">
                            <TextBlock FontSize="30" Text="{Binding Type, Converter=
{StaticResource VoucherTypeConverter}}" TextWrapping="NoWrap" HorizontalAlignment=
"Center" Width="80"/>
                            <TextBlock FontSize="30" Text="{Binding Money}"
TextWrapping="NoWrap" HorizontalAlignment="Center" Width="80"/>
                            <TextBlock Text="{Binding Desc, Converter={StaticResource
VoucherDescConverter}}" TextWrapping="NoWrap" HorizontalAlignment="Center" Width="150"/>
                            <TextBlock FontSize="20" Text="{Binding Category}"
TextWrapping="NoWrap" HorizontalAlignment="Center" Width="80"/>
                        </StackPanel>
                        <TextBlock FontSize="20" Text="{Binding DT}" TextWrapping=
"NoWrap" HorizontalAlignment="Right" Width="200"/>
                    </StackPanel>
                </DataTemplate>
            </ListView.ItemTemplate>
        </ListView>
        <!--显示本月收入、支出和结余-->
        <StackPanel Height="57" Orientation="Horizontal" Grid.Row="2" VerticalAlignment=
```

```
"Bottom" Margin = "0,0,0,10">
                <Border  Width = "120" Background = "#FFEB6416">
                    <TextBlock TextWrapping = "Wrap" x:Name = "inTB" Text = "" Foreground =
"White" FontWeight = "Bold" HorizontalAlignment = "Center" VerticalAlignment = "Center"/>
                </Border>
                <Border Width = "120" Background = "#FFEB6416">
                    <TextBlock TextWrapping = "Wrap" x:Name = "exTB" Text = "" Foreground =
"White" FontWeight = "Bold" HorizontalAlignment = "Center" VerticalAlignment = "Center"/>
                </Border>
                <Border Width = "120" Background = "#FFEB6416">
                    <TextBlock TextWrapping = "Wrap" x: Name = "balanceTB" Text = ""
Foreground = "White" FontWeight = "Bold" HorizontalAlignment = "Center" VerticalAlignment =
"Center"/>
                </Border>
            </StackPanel>
        </Grid>
    </Grid>
    <!--菜单栏-->
    <Page.BottomAppBar>
        <CommandBar>
            <AppBarButton Label = "上一月" Click = "ApplicationBarIconButton_Click">
                <AppBarButton.Icon>
                    <BitmapIcon UriSource = "ms-appx:///Images/appbar.First.rest.png"/>
                </AppBarButton.Icon>
            </AppBarButton>
            <AppBarButton Label = "下一月" Click = "ApplicationBarIconButton_Click">
                <AppBarButton.Icon>
                    <BitmapIcon UriSource = "ms-appx:///Images/appbar.Last.rest.png"/>
                </AppBarButton.Icon>
            </AppBarButton>
        </CommandBar>
    </Page.BottomAppBar>
```

MouthReport.xaml.cs 文件主要代码

```
    //当前记录的月份
    private int mouth;
    //当前记录的年份
    private int year;
    //导航进入界面的事件处理程序
    protected override void OnNavigatedTo(NavigationEventArgs e)
    {
        mouth = DateTime.Now.Month;
        year = DateTime.Now.Year;
        DisplayVoucherData();
    }
    //处理菜单栏单击事件
```

```
private void ApplicationBarIconButton_Click(object sender,RoutedEventArgs e)
{
    try
    {
        switch ((sender as AppBarButton).Label)
        {
            case "上一月":
                this.mouth--;
                if (this.mouth <= 0)
                {
                    this.year--;
                    this.mouth = 12;
                }
                break;
            case "下一月":
                this.mouth++;
                if (this.mouth >= 12)
                {
                    this.year++;
                    this.mouth = 1;
                }
                break;
        }
        DisplayVoucherData();
    }
    catch
    {
    }
}
//展现记账的数据
private async void DisplayVoucherData()
{
    //本月的收入
    double inSum = await Common.GetMouthSummaryIncome(mouth,year);
    //本月的支出
    double exSum = await Common.GetMouthSummaryExpenses(mouth,year);
    //显示本月收入
    inTB.Text = "收入:" + inSum;
    //显示本月支出
    exTB.Text = "支出:" + exSum;
    //显示本月结余
    balanceTB.Text = "结余:" + (inSum - exSum);
    //绑定当前月份的记账记录
    listMouthReport.ItemsSource = await Common.GetThisMonthAllRecords(mouth,year);
    PageTitle.Text = year + "年" + mouth + "月";
}
```

月报表的页面设计如图 24.5 所示。

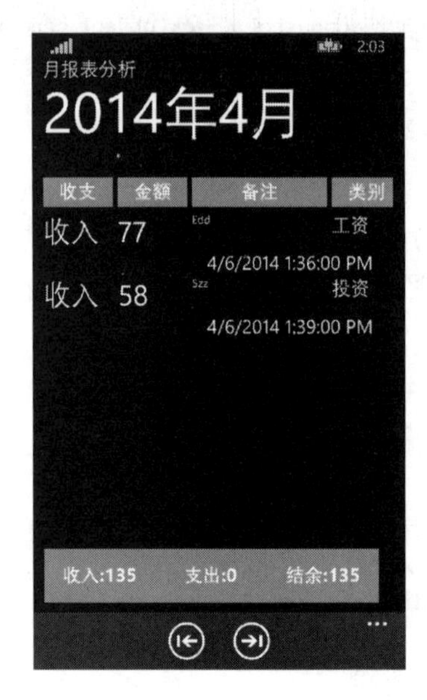

图 24.5　月报表

24.6　年报表

年报表是指按照年份来分类查询记账的数据记录。年报表的页面设计与月报表类似，下面来看一下年报表的代码处理。

YearReport.xaml.cs 文件主要代码：年报表的实现处理

```
//当前记录的年份
private int year;
//导航进入界面的事件处理程序
protected override void OnNavigatedTo(NavigationEventArgs e)
{
    year = DateTime.Now.Year;
    DisplayVoucherData();
}
//处理菜单栏单击事件
private void ApplicationBarIconButton_Click(object sender,RoutedEventArgs e)
{
    try
    {
        switch ((sender as AppBarButton).Label)
        {
            case "上一年":
                this.year--;
                break;
```

```
                case "下一年":
                    this.year++;
                    break;
            }
            DisplayVoucherData();
        }
        catch
        {
        }
    }
    //展现记账的数据
    private async void DisplayVoucherData()
    {
        //本年的收入
        double inSum = await Common.GetYearSummaryIncome(year);
        //本年的支出
        double exSum = await Common.GetYearSummaryExpenses(year);
        //显示本年收入
        inTB.Text = "收入:" + inSum;
        //显示本年支出
        exTB.Text = "支出:" + exSum;
        //显示本年结余
        balanceTB.Text = "结余:" + (inSum - exSum);
        //绑定当前年份的记账记录
        listYearReport.ItemsSource = await Common.GetThisYearAllRecords(year);
        PageTitle.Text = year + "年";
    }
```

年报表的页面设计如图 24.6 所示。

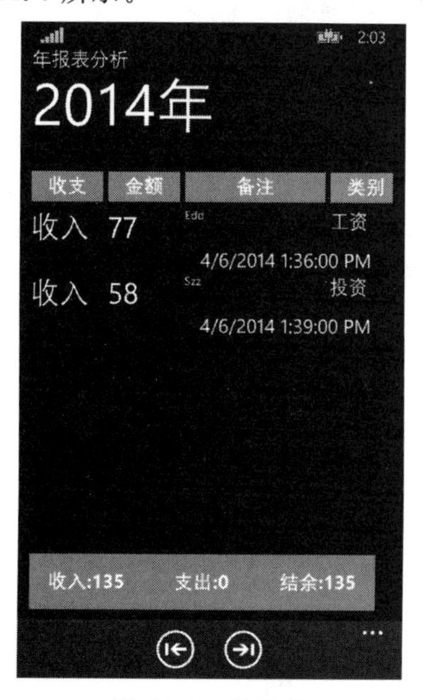

图 24.6　年报表

24.7 查询记录

查询记录的功能是指可以通过时间或者关键字来查询记账的记录。对于关键字查询，我们可以使用 LINQ 语句的查询语句来实现。下面来看一下查询记录的代码实现。

Search. xaml. cs 文件主要代码

```
//处理菜单栏单击事件,查询记账记录
private async void ApplicationBarIconButton_Click(object sender,RoutedEventArgs e)
{
    DateTime? begin = DatePickerBegin.Date.Date;
    DateTime? end = DatePickerEnd.Date.Date.AddDays(1);
    listReport.ItemsSource = await Common.Search(begin,end,keyWords.Text);
}
```

Common. cs 文件查询记账记录的 LINQ 语句代码

```
///<summary>
///查询记账记录
///</summary>
///<param name="begin">开始日期</param>
///<param name="end">结束日期</param>
///<param name="keyWords">关键字</param>
///<returns>记账记录</returns>
public static async Task<IEnumerable<Voucher>> Search(DateTime? begin, DateTime? end,
string keyWords)
{
    if (keyWords == "")
    {
        return (from c in await App.voucherHelper.Getdata()
                where c.DT >= begin && c.DT <= end
                select c);
    }
    else
    {
        return (from c in await App.voucherHelper.Getdata()
                where c.DT >= begin && c.DT <= end && c.Desc.IndexOf(keyWords) >= 0
                select c);
    }
}
```

查询记录的页面设计如图 24.7 所示。

图 24.7　查询记录

24.8　分类图表

图表是很直观的数据展示，它们对于记账类软件图表的展示是不可缺少的一部分。在记账本里面实现了按照类别进行图表统计，使用了饼状图和柱形图的表现形式，展现了每个类别的记账数目大小和所占的比例。图表控件使用的是 QuickCharts 图表控件库，QuickCharts 图表控件是 Amcharts 公司提供的一个开源的图表控件库，这个控件库支持 WPF、Silverlight 和 Windows Phone 等平台，源代码可以从 Github 网站上下载到(https://github.com/ailon/amCharts-Quick-Charts)。下面来看一下分类图表的实现。

首先定义好一个图表数据展现的实体类。

ChartData.cs 文件代码：ChartData 类表示图表数据类

```
public class ChartData
{
    //数值
    public double Sum { get; set; }
    //类型
    public string TypeName { get; set; }
}
```

ChartPage.xaml 文件代码：图表的 UI 绑定设计

```
<Pivot Title = "图表分析">
```

```
            <PivotItem Header = "圆饼图">
                <Grid>
                    <amq:PieChart x:Name = "pie1" TitleMemberPath = "TypeName" ValueMemberPath =
"Sum" ></amq:PieChart>
                </Grid>
            </PivotItem>
            <PivotItem Header = "柱形图">
                <Grid>
                    <amq:SerialChart x:Name = "chart1" CategoryValueMemberPath = "TypeName"
                            AxisForeground = "White"
                            PlotAreaBackground = "Black"
                            GridStroke = "DarkGray">
                        <amq:SerialChart.Graphs>
                            <amq:ColumnGraph ValueMemberPath = "Sum" Brush = "#8000FF00"
ColumnWidthAllocation = "0.4" />
                        </amq:SerialChart.Graphs>
                    </amq:SerialChart>
                </Grid>
            </PivotItem>
        </Pivot>
```

ChartPage.xaml.cs 文件主要代码

```
---------------------------------------------------------------------------------
    //导航进入界面的事件处理程序
    protected async override void OnNavigatedTo(NavigationEventArgs e)
    {
        //创建图表的数据源对象
        ObservableCollection<ChartData> collecion = new ObservableCollection<ChartData>();
        //获取所有的记账记录
        IEnumerable<Voucher> allRecords = await Common.GetAllRecords();
        //获取所有记账记录里面的类别
         IEnumerable<string> enumerable2 = (from c in allRecords select c.Category).
Distinct<string>();
        //按照类别来统计记账的数目
        foreach (var item in enumerable2)
        {
            //获取该类别下的钱的枚举集合
            IEnumerable<double> enumerable3 = from c in allRecords.Where<Voucher>(c =>
c.Category == item) select c.Money;
            //添加一条图表的数据
            ChartData data = new ChartData
            {
                Sum = enumerable3.Sum(),
                TypeName = item
            };
            collecion.Add(data);
        }
        //设置饼图的数据源
        pie1.DataSource = collecion;
```

```
    //设置柱形图形的数据源
    chart1.DataSource = collecion;
}
```

分类图表的页面设计如图 24.8 和图 24.9 所示。

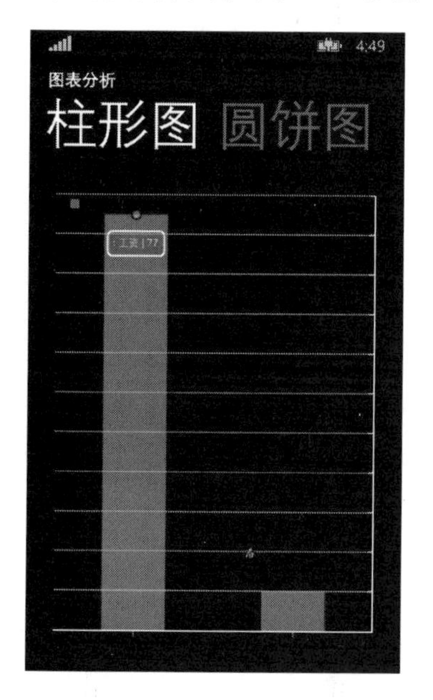

图 24.8　柱形图

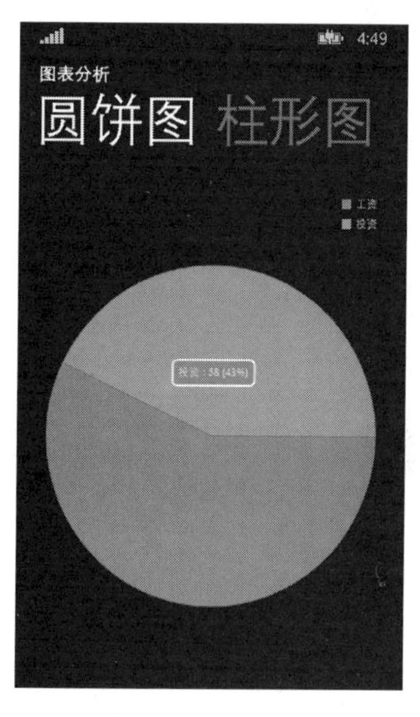

图 24.9　饼状图